A. A. ANDRONOW · A. A. WITT · S. E. CHAIKIN

THEORIE DER SCHWINGUNGEN

Teil II

A. A. ANDRONOW · A. A. WITT · S. E. CHAIKIN

Theorie der Schwingungen

TEIL II

Herausgegeben von

Prof. Dr.-Ing. habil. Fritz WIEGMANN, Dresden

Mit 256 Abbildungen

AKADEMIE-VERLAG · BERLIN

1969

А. А. АНДРОНОВ, А. А. ВИТТ И С. Э. ХАИКИН
ТЕОРИЯ КОЛЕБАНИ

Erschienen im Staatsverlag für physikalisch-mathematische Literatur
Moskau
Übersetzung aus dem Russischen:
Dipl.-Math. GÜNTER DÄHNERT

Erschienen im Akademie-Verlag GmbH, 108 Berlin, Leipziger Straße 3—4

Lizenznummer: 202 · 100/436/68
Gesamtherstellung: VEB Druckhaus „Maxim Gorki“ 74 Altenburg
Bestellnummer: 5385/II · ES: 18 B 2—18 B 6, 19 B 4, 20 C 4, 20 H 1,
20 K 2, 20 K 5

Inhaltsverzeichnis

Band II

Inhaltsverzeichnis

Band I

KAPITEL VIII

Die Methode der Punkttransformationen und stückweise lineare Systeme[1])

§ 1. Einleitung

Nunmehr folgt die quantitative Untersuchung nichtlinearer Systeme, wobei, wie im vorangegangenen, unabhängige Systeme zweiter Ordnung (mit einem Freiheitsgrad) zugrunde gelegt werden. Es war bereits darauf hingewiesen worden, daß der moderne Stand der Theorie dieser quantitativen Betrachtung (bei Verwendung analytischer Methoden) im wesentlichen eine befriedigende Behandlungsweise nur für drei Systemklassen zuläßt, denen dennoch beträchtliches Interesse zukommt. Eine dieser Klassen wird von Systemen gebildet, die nahezu konservativ sind. Insbesondere haben die Systeme sehr große Bedeutung, die einem harmonischen Oszillator ähnlich sind.

Die zweite Klasse besteht aus Systemen, in denen unstetige Schwingungen auftreten. Die genannten beiden Klassen werden in den Kapiteln IX und X untersucht werden. Die dritte Klasse machen schließlich die Systeme aus, deren quantitative Untersuchung auf die Methoden der Punkttransformation zurückgeführt werden kann[2]). Am einfachsten läßt sich diese Methode auf sogenannte stückweise lineare Systeme anwenden. Es handelt sich dabei um Systeme, deren Phasenraum aus Bereichen besteht, in denen jeweils die dynamischen Bewegungsgleichungen linear sind. Der quantitativen Untersuchung solcher stückweise linearer Systeme ist das vorliegende Kapitel gewidmet.

Einige Probleme selbsterregter Schwingungen stückweise linearer Systeme sind bei Verwendung der Punkttransformationsmethode bereits in Kap. III, § 4–6 betrachtet worden. Dabei wurde die Ermittlung der Grenzzyklen und die Untersuchung ihrer Stabilität auf die Konstruktion der Punkttransformation einer Halbgeraden in sich (auf die Berechnung der entsprechenden Folgefunktion), auf die Bestimmung der Fixpunkte dieser Transformation und auf die Untersuchung der Stabilität dieser Punkte zurückgeführt. Bei allen diesen Problemen wurde eine Folgefunktion in expliziter Form ermittelt oder hätte angegeben werden können.

Bei vielen Aufgaben ist es jedoch schwierig, die Folgefunktion in expliziter Form aufzuschreiben, doch kann relativ leicht ihre Parameterdarstellung angegeben werden. Es werde beispielsweise die x, y-Phasenebene eines dynamischen Systems durch die Geraden $x = x_1$ und $x = x_2$ so in drei Gebiete (I), (II) und (III) (Abb. 1) zerlegt, daß in jedem die Bewegungsgleichungen des betrachteten dynamischen Systems linear sind. Mit S, S_1, S_2 und S_3 seien dann die Halbgeraden be-

---

[1]) Dieses Kapitel wurde von N. A. Shelzesow verfaßt.

[2]) Es sei daran erinnert, daß die Grundbegriffe der Punkttransformationsmethode (die Begriffe „Folgefunktion“ und „Fixpunkt einer Punkttransformation und dessen Stabilität“ bereits im Kap. V, § 7 formuliert wurden. Dort findet sich auch der Satz von Koenigs über die Stabilität eines Fixpunktes.

zeichnet, auf denen der Bildpunkt jeweils vom Gebiet (I) ins Gebiet (II), von (II) in (III), von (III) in (II) und schließlich vom Gebiet (II) ins Gebiet (I) gelangt; s, s_1, s_2 und s_3 bedeuten die Ordinaten der Punkte auf dieser Halbgeraden. Die Phasentrajektorien des betrachteten Systems realisieren in den „Linearitätsbereichen" (I), (II), (III) die Punkttransformationen der Halbgeraden S in S_1, S_1 in S_2, S_2 in S_3 und S_3 in S indem sie eine umkehrbar eindeutige und stetige Zuordnung der Punkte dieser Halbgeraden herstellen. Diese Punkttransformationen seien entsprechend mit F_1, F_2, F_3 und F_4 bezeichnet. Werden die linearen Differentialgleichungen für die Bewegung des Systems in den jeweiligen Gebieten integriert, so läßt sich für jede dieser Punkttransformationen einer Halbgeraden in eine andere die Folgefunktion[1]) in Parameterdarstellung ermitteln:

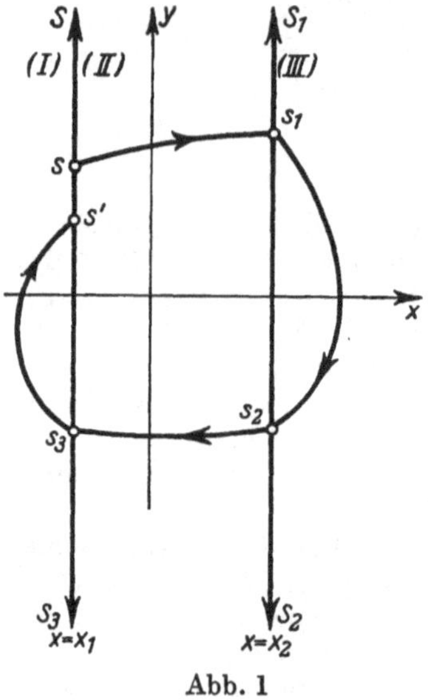

Abb. 1

$$\text{Für Transformation } F_1: s_1 = \varphi_1(\tau_1), \quad s = \psi_1(\tau_1),$$
$$\text{für Transformation } F_2: s_2 = \varphi_2(\tau_2), \quad s_1 = \psi_2(\tau_2),$$
$$\text{für Transformation } F_3: s_3 = \varphi_3(\tau_3), \quad s_2 = \psi_3(\tau_3),$$
$$\text{für Transformation } F_4: s' = \varphi_4(\tau_4), \quad s_3 = \psi_4(\tau_4). \tag{8.1}$$

In diesen Beziehungen bezeichnen τ_1, τ_2, τ_3 und τ_4 die Durchlaufzeit des Bildpunktes für das entsprechende Gebiet[2]).

Kehren die Phasentrajektorien, die von einem Intervall der Halbgeraden s_1 ausgehen, zu dieser zurück, wobei insgesamt drei Gebiete [(I), (II), (III) und (II);

---

[1]) Die Folgefunktion einer Punkttransformation einer Linie in eine andere wird gewöhnlich Zuordnungsfunktion genannt.

[2]) Da im Bereich (II) die Differentialgleichungen der Bewegung des Systems linear sind, hängt die Gleichung der Phasentrajektorie, die in diesem Bereich in einem Punkt s der Halbgeraden S für $t = 0$ beginnt, linear von s ab:

$$x = s f_1(t) + f_2(t), \quad y = s f_3(t) + f_4(t).$$

Es möge nun für $t = \tau_1$ ein Bildpunkt, der sich längs dieser Trajektorie bewegt, in einem Punkt mit der Ordinate s_1 die Halbgerade S_1 erreichen. Offensichtlich hat man dann

$$x_2 = s f_1(\tau_1) + f_2(\tau_1), \quad s_1 = s f_3(\tau_1) + f_4(\tau_1),$$

wobei x_2 die Abszisse der Punkte auf der Halbgeraden S_1 bedeutet. Löst man die erhaltenen Beziehungen nach s und s_1 auf, so ergibt sich die Zuordnungsfunktion für die Transformation F_1:

$$s = \frac{x_2 - f_2(\tau_1)}{f_1(\tau_1)} \equiv \psi_1(\tau_1), \quad s_1 = \psi_1(\tau_1) \cdot f_3(\tau_1) + f_4(\tau_1) \equiv \varphi_1(\tau_1).$$

Ebenso ermittelt man die Zuordnungsfunktionen für die übrigen Punkttransformationen F_2, F_3 und F_4.

s. Abb. 1] passiert werden, dann erhält man die Punkttransformation der Halbgeraden S_1 in sich (mit der Folgefunktion $s' = f(s)$ durch aufeinanderfolgende Anwendung der Transformationen F_1, F_2, F_3 und F_4. Anders ausgedrückt, bei der Transformation F handelt es sich um das Produkt der Transformationen F_1, F_2, F_3 und F_4:

$$F = F_1 \cdot F_2 \cdot F_3 \cdot F_4 .$$

Offensichtlich läßt sich die Ermittlung der Grenzzyklen, die insgesamt drei Gebiete [(I), (II), (III) und (II)] durchlaufen, auf die Bestimmung der Fixpunkte der Gesamttransformation F, d. h. auf die Lösungen eines (gewöhnlich transzendenten) Gleichungssystems

$$\begin{aligned} \varphi_1(\tau_1) &= \psi_2(\tau_2), \quad \varphi_3(\tau_3) = \psi_4(\tau_4), \\ \varphi_2(\tau_2) &= \psi_3(\tau_3), \quad \varphi_4(\tau_4) = \psi_1(\tau_1) \end{aligned} \tag{8.2}$$

zurückführen.

Die Stabilität eines Fixpunktes und des entsprechenden Grenzzyklus kann leicht festgestellt werden, wenn der Satz von KOENIGS verwendet und beachtet wird, daß in einem Fixpunkt

$$\frac{ds'}{ds} = \frac{\varphi_1'(\tau_{1,0})}{\psi_1'(\tau_{1,0})} \frac{\varphi_2'(\tau_{2,0})\varphi_3'(\tau_{3,0})}{\psi_2'(\tau_{2,0})\psi_3'(\tau_{3,0})} \frac{\varphi_4'(\tau_{4,0})}{\psi_4'(\tau_{4,0})}$$

gilt. Mit $\tau_{1,0}$, $\tau_{2,0}$, $\tau_{3,0}$ und $\tau_{4,0}$ sind hier die Werte für τ_1, τ_2, τ_3 und τ_4 im Fixpunkt bezeichnet worden; sie sind Lösung des Gleichungssystems (8.2)[1]).

Auf diesem Wege kann man prinzipiell die Punkttransformationen für beliebige stückweise lineare, dynamische Systeme zweiter Ordnung erhalten und deren qualitative Untersuchung durchführen. Natürlich werden die praktischen Schwierigkeiten bei der Untersuchung und Lösung des Gleichungssystems für die Fixpunkte und bei deren Stabilitätsermittlung rasch zunehmen, wenn sich die Anzahl der Linearitätsbereiche für die Bewegungsgleichungen, d. h. die Anzahl der Punkttransformationen, die die Gesamttransformation bilden, vergrößert. Im vorliegenden Kapitel werden, damit keine unnötigen Komplikationen in den Darlegungen entstehen, die Untersuchungen auf relativ einfache selbsterregte Schwingungsprobleme beschränkt bleiben. Es sollen nur Systeme betrachtet werden, für die die Gesamtpunkttransformation als ein Produkt von nicht mehr als zwei Punkttransformationen einer Geraden in eine andere dargestellt werden kann, und die einzelnen Transformationen in Parameterform gegeben sind. Bei diesen Problemen ergeben sich die Fixpunkte, die den Grenzzyklen zugeordnet sind, aus Systemen von jeweils zwei transzendenten Gleichungen; ihre Untersuchung wird am bequemsten an Hand der LAMEREschen Diagramme vorgenommen (s. Kap. III).

---

[1]) Im allgemeinen können in dem hier betrachteten dynamischen System auch Grenzzyklen auftreten, die nur in zwei Bereichen, beispielsweise in (I) und (II), verlaufen. Diese Zyklen lassen sich offensichtlich durch Konstruktion der Punkttransformation $F' = F_4 F_5$ ermitteln, wobei F_5 die Transformation der Halbgeraden S in S_3 bedeutet, die von denjenigen Phasentrajektorien realisiert wird, welche vollständig im Bereich (II) liegen.

§ 2. Der Röhrengenerator

1. Die Schwingungsgleichung

Zuerst sollen nun die selbsterregten Schwingungen eines Röhrengenerators mit einem Schwingkreis im Gitter- oder im Anodenkreis untersucht werden (Abb. 2). Unter Vernachlässigung der Anodenrückwirkung, der Gitterströme und der Kapa-

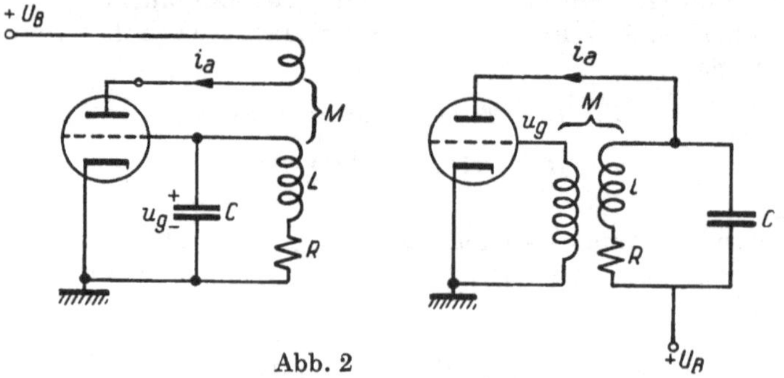

Abb. 2

zitäten im Inneren der Röhre gilt für einen solchen Generator (wie in Kap. I, § 6) eine Schwingungsgleichung, die sich in der folgenden Form schreiben läßt:

$$LC\,\frac{d^2u_g}{dt^{*2}} + [RC - MS(u_g)]\,\frac{du_g}{dt^*} + u_g = 0.^{1)} \tag{8.3}$$

Im vorliegenden Paragraphen wird eine stückweise lineare Approximation der Röhrenkennlinie $i_a = i_a(u)$ verwendet, wie sie in Abb. 3 dargestellt worden ist:

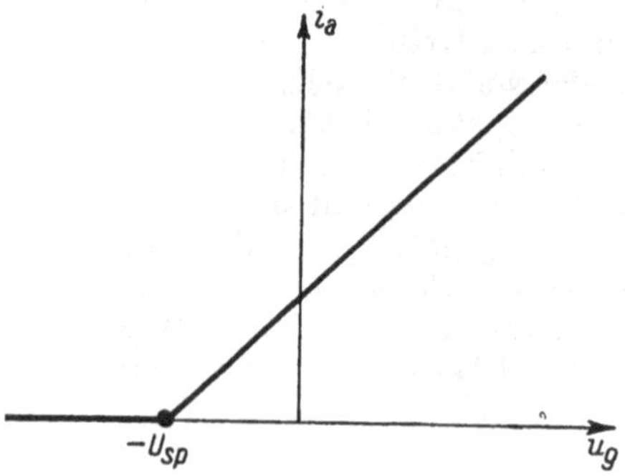

Abb. 3

$$i_a = \begin{cases} 0 & \text{für } u_g \leqq -U_{sp}, \\ S(u_g + U_{sp}) & \text{für } u_g > -U_{sp}. \end{cases} \tag{8.4}$$

In dieser Gleichung bedeutet S die Steilheit des Kennlinienanstiegs und U_{sp} den absoluten Betrag der Sperrspannung der Röhre $(U_{sp} > 0)$. Man führt nun die dimensionslosen Veränderlichen $x = \dfrac{u_g}{U_{sp}}$ und $t = \omega_0 t^*$ ein, dabei bedeutet $\omega_0 = \dfrac{1}{\sqrt{LC}}$ die Eigenfrequenz des Schwing-

[1]) Die Zeit wird hier mit t^* bezeichnet, da t im weiteren für die dimensionslose Zeit verwendet wird.

kreises. In diesen Veränderlichen erhält die Gleichung (8.3) bei der stückweise linearen Approximation der Röhrenkennlinie (8.4) die folgende Gestalt:

$$\begin{aligned} \ddot{x} + 2h_1\dot{x} + x &= 0 \quad \text{für} \quad x < -1, \\ \ddot{x} - 2h_2\dot{x} + x &= 0 \quad \text{für} \quad x > -1, \end{aligned} \tag{8.5}$$

wobei

$$h_1 = \frac{1}{2}\,\omega_0 RC \quad \text{und} \quad h_2 = \frac{1}{2}\,\omega_0[MS - RC]$$

gesetzt wurde.

Bei einer solchen stückweise linearen Approximation der Röhrenkennlinie wird also die x, y-Phasenebene ($y = \dot{x}$) des Röhrengenerators durch die Gerade $x = -1$ in die beiden Gebiete (I) und (II) zerlegt (Abb. 4), in denen jeweils die Phasentrajektorien durch die zugehörige lineare Differentialgleichung aus (8.5)[1]) definiert sind. Die Phasentrajektorien müssen augenscheinlich überall als stetige Kurven angenommen werden, insbesondere auch auf der Begrenzung des Linearitätsbereiches, auf der Geraden $x = -1$.

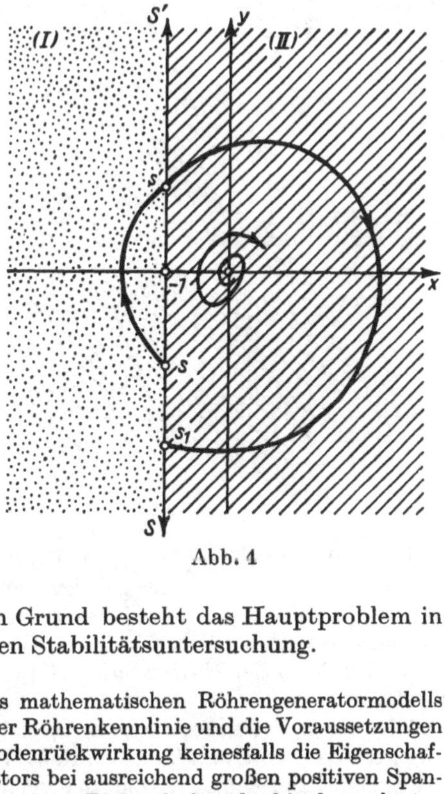

Abb. 4

Der einzige Gleichgewichtszustand $x = 0, y = 0$ liegt im Gebiet (II); er ist für $h_2 < 0$ (d. h. für $MS < RC$) stabil und für $h_2 > 0$ (für $MS > RC$) instabil. Im weiteren wird nur der letzte Fall betrachtet, für den eine Eigenerregung des Generators vorliegt[2]). Der Gleichgewichtszustand $x = 0$, $y = 0$ ist für $0 < h_2 < 1$ instabiler Brennpunkt und für $h_2 > 1$ instabiler Knotenpunkt. Es kann sich bei ihm niemals um einen Sattel handeln; daher werden der bereits bekannte Gleichgewichtszustand und die Grenzzyklen, wenn solche existieren, singuläre Trajektorien sein, die qualitativ die Unterteilung der Phasenebene festlegen. Aus diesem Grund besteht das Hauptproblem in der Ermittlung der Grenzzyklen und in deren Stabilitätsuntersuchung.

---

[1]) Es ist klar, daß die bei der Konstruktion des mathematischen Röhrengeneratormodells verwendete stückweise lineare Approximation der Röhrenkennlinie und die Voraussetzungen über das Fehlen von Gitterströmen und der Anodenrückwirkung keinesfalls die Eigenschaften einer realen Röhre und eines Röhrengenerators bei ausreichend großen positiven Spannungen u_g widerspiegeln können. Deshalb dürfen einige Eigenschaften des hier betrachteten mathematischen Modells eines Röhrengenerators (so z. B. das Vorhandensein von Trajektorien, die ins Unendliche laufen, für $h_2 > 1$) nicht als Eigenschaft eines realen Röhrengenerators angesehen werden.

[2]) Gilt $h_2 < 0$, d. h. $MS < RS$, so überzeugt man sich leicht davon, daß sich für $t \to +\infty$ alle Phasentrajektorien dem Koordinatenursprung — dem stabilen Gleichgewichtszustand — nähern und daß sich im Generator keine selbsterregten Schwingungen herausbilden.

Da die Differentialgleichungen der Phasentrajektorien — die Schwingungsgleichungen des Generators (8.5) — in jedem der Bereiche (I) und (II) linear sind, kann es in der Phasenebene keine Grenzzyklen geben, die vollständig im Inneren nur eines Bereiches verlaufen. Ein Grenzzyklus muß, wenn er überhaupt vorhanden ist, in beiden Gebieten (I) und (II) liegen und den Gleichgewichtszustand umschließen. Demzufolge muß er die Begrenzung dieser beiden Gebiete, die Gerade $x = -1$ schneiden.

Man teilt nun diese Gerade in zwei Halbgeraden auf, und zwar in $S: x = -1$, $y = -s (s > 0)$ und in $s': x = -1$, $y = S' > 0$. Bei diesen handelt es sich augenscheinlich um Halbgeraden ohne Kontakt: Die Halbgerade S wird von den Phasentrajektorien geschnitten, die (für zunehmendes t) vom Gebiet (II) ins Gebiet (I) laufen, während S' die Trajektorien schneidet, die vom Gebiet (I) ins Gebiet (II) führen.

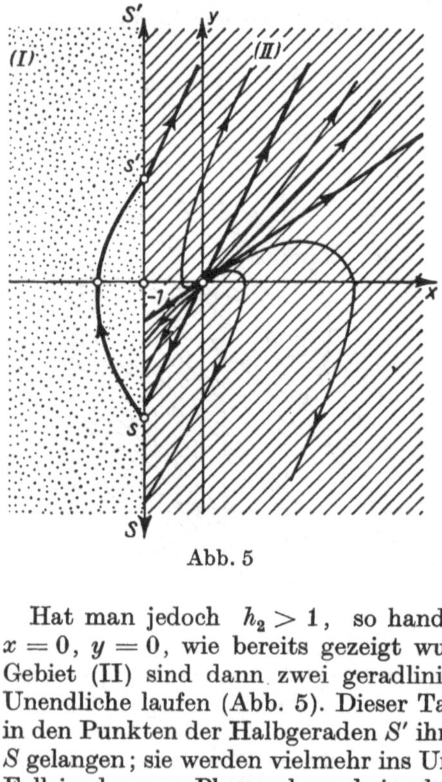

Abb. 5

Man betrachtet nun eine Phasentrajektorie, die in einem gewissen Punkt s der Halbgerade S ihren Ausgang nimmt. Diese Trajektorie schneidet dann, nachdem sie im Gebiet (I) verlaufen ist, die Halbgerade S' in einem Punkt s', um dann, wenn $h_2 < 1$ ist — wenn es sich also bei den Phasentrajektorien im Gebiet (II) um Spiralen handelt — die Halbgerade S erneut in einem Punkt s_1 zu erreichen (s. Abb. 4). Derartige Phasentrajektorien realisieren für $0 < h_2 < 1$ eine Punkttransformation der Halbgeraden S in sich, indem sie eine umkehrbar eindeutige und stetige Zuordnung zwischen den Punkten s und s_1 dieser Halbgeraden herstellen. Ein Fixpunkt dieser Transformation ist offensichtlich Schnittpunkt eines Grenzzyklus mit der Halbgeraden S.

Hat man jedoch $h_2 > 1$, so handelt es sich bei dem Gleichgewichtszustand $x = 0$, $y = 0$, wie bereits gezeigt wurde, um einen instabilen Sattelpunkt. Im Gebiet (II) sind dann zwei geradlinige Phasentrajektorien vorhanden, die ins Unendliche laufen (Abb. 5). Dieser Tatsache zur Folge können Trajektorien, die in den Punkten der Halbgeraden S' ihren Ausgang nehmen, nicht zur Halbgeraden S gelangen; sie werden vielmehr ins Unendliche führen. Es ist klar, daß in diesem Fall in der x, y-Phasenebene keinerlei Grenzzyklen existieren und alle Phasentrajektorien ins Unendliche laufen. Diese Trajektorien überschreiten also die Grenzen des Bereiches, in dem das verwendete mathematische Modell des Röhrengenerators die Eigenschaften eines realen Generators widerspiegelt.

2. *Die Punkttransformation*

Der Fall $0 < h_2 < 1$ wird betrachtet. Die Punkttransformation der Halbgeraden S in sich (sie sei mit F bezeichnet) läßt sich dann in Form eines Produktes zweier Transformationen darstellen: Die Transformation F_1 überführt die Punkte s der Halbgeraden S in die Punkte s' der Halbgeraden S'; sie wird von den Trajektorien im Gebiet (I) realisiert. Die Transformation F_2 überführt die Punkte s' in die Punkte s_1 der Halbgeraden S; sie wird von den Trajektorien im Gebiet (II) verwirklicht.

Nunmehr sollen die analytischen Ausdrücke für diese Transformationen bestimmt werden.

Im Gebiet (I) ($x < -1$) sind die Phasentrajektorien durch die erste der Differentialgleichungen (8.5) definiert. Ihre Lösung hat für eine Trajektorie, die für $t = 0$ den Punkt $x = x_0$, $y = y_0$ durchläuft, bekanntlich[1]) die Gestalt

$$x = e^{-h_1 t}\left\{x_0 \cos \omega_1 t + \frac{y_0 + h_1 x_0}{\omega_1} \sin \omega_1 t\right\},$$

$$y = \dot{x} = e^{-h_1 t}\left\{y_0 \cos \omega_1 t - \frac{x_0 + h_1 y_0}{\omega_1} \sin \omega_1 t\right\} \tag{8.6}$$

mit $\omega_1 = +\sqrt{1 - h_1^2}$.

Demnach ergibt sich für die Gleichung der Trajektorie, die für $t = 0$ im Punkt s der Halbgerade $S(x_0 = -1, y_0 = -s$ mit $s > 0)$ ihren Ausgang nimmt

$$\begin{aligned} x &= -e^{-h_1 t}\left[\cos \omega_1 t + \frac{s + h_1}{\omega_1} \sin \omega_1 t\right], \\ y &= \dot{x} = e^{-h_1 t}\left[-\cos \omega_1 t + \frac{1 + h_1 s}{\omega_1} \sin \omega_1 t\right]. \end{aligned} \tag{8.7}$$

Ein Bildpunkt, der sich längs der Trajektorie (8.7) bewegt, gelangt zum Zeitpunkt $t_1 = \frac{\tau_1}{\omega_1}$ im Punkt s' auf die Halbgerade S' $(x = -1, y = s' > 0)$ (Abb. 4). E ist dann

$$-1 = -e^{-\frac{h_1 \tau_1}{\omega_1}}\left[\cos \tau_1 + \frac{s + h_1}{\omega_1} \sin \tau_1\right],$$

$$s' = e^{-\frac{h_1 \tau_1}{\omega_1}}\left[-s \cos \tau_1 + \frac{1 + s h_1}{\omega_1} \sin \tau_1\right].$$

Löst man diese Gleichungen nach s und s' auf, so wird die Zuordnungsfunktion für die Transformation F_1 gewonnen, die in Parameterdarstellung die Gestalt

$$\begin{aligned} s &= \frac{e^{\gamma_1 \tau_1} - \cos \tau_1 - \gamma_1 \sin \tau_1}{\sqrt{1 + \gamma_1^2} \sin \tau_1}, \\ s' &= \frac{e^{-\gamma_1 \tau_1} - \cos \tau_1 + \gamma_1 \sin \tau_1}{\sqrt{1 + \gamma_1^2} \sin \tau_1} \end{aligned} \tag{8.8}$$

mit

$$\gamma_1 = \frac{h_1}{\omega_1} = \frac{h_1}{\sqrt{1 - h_1^2}}$$

---

[1]) S. beispielsweise Kap. I, § 4.

besitzt (ändert sich h_1 von 0 bis $+1$, so wächst γ_1 monoton von 0 bis $+\infty$). Es sei bemerkt, daß der Ausdruck für s' aus dem für s durch Ersetzen von γ_1 durch $-\gamma_1$ gewonnen werden kann. Werden die Gleichungen (8.8) differenziert; so entsteht

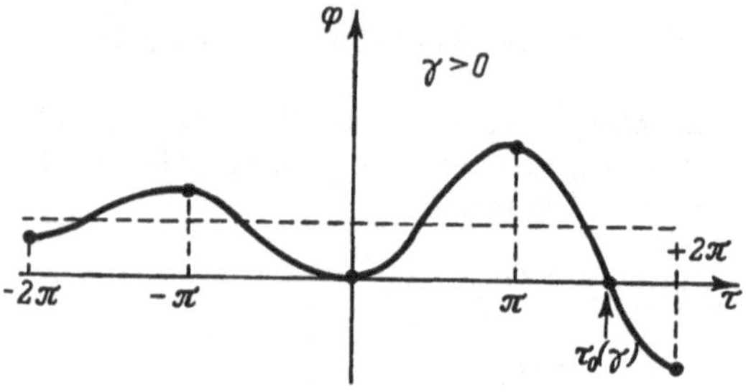

Abb. 6

$$\frac{ds}{d\tau_1} = \frac{1 - e^{\gamma_1 \tau_1}(\cos\tau_1 - \gamma_1 \sin\tau_1)}{\sqrt{1 + \gamma_1^2 \sin^2\tau_1}}$$

und

$$\frac{ds'}{d\tau_1} = \frac{1 - e^{-\gamma_1\tau_1}(\cos\tau_1 + \gamma\sin\tau_1)}{\sqrt{1 + \gamma_1^2 \sin^2\tau_1}}.$$

Man führt nun die Hilfsfunktion

$$\varphi(\tau, \gamma) = 1 - e^{\gamma\tau}(\cos\tau - \gamma\sin\tau) \tag{8.9}$$

ein, deren Bild für ein festes $\gamma > 0$ qualitativ in Abb. 6 dargestellt worden ist. Von den Eigenschaften dieser Funktion seien die folgenden drei hervorgehoben:

1. $\varphi(-\tau, -\gamma) \equiv \varphi(\tau, \gamma)$,
2. $\dfrac{\partial\varphi}{\partial\tau} = (1 + \gamma^2)\, e^{\gamma\tau} \sin\tau$,
3. für $\gamma > 0$ wird $\varphi(\tau, \gamma)$ für ein gewisses $\tau = \tau_0(\gamma)$ (mit $\pi < \tau_0 < 2\pi$) Null. Für $\tau < \tau_0$ ist diese Funktion größer als Null.

Es ist dann

$$\begin{aligned} s &= \frac{e^{\gamma_1\tau_1}\varphi(\tau_1, -\gamma_1)}{\sqrt{1 + \gamma_1^2 \sin\tau_1}}, & \frac{ds}{d\tau_1} &= \frac{\varphi(\tau_1, \gamma_1)}{\sqrt{1 + \gamma_1^2 \sin^2\tau_1}}, \\ s' &= \frac{e^{-\gamma_1\tau_1}\varphi(\tau_1, \gamma_1)}{\sqrt{1 + \gamma_1^2 \sin\tau_1}}, & \frac{ds'}{d\tau_1} &= \frac{\varphi(\tau_1, -\gamma_1)}{\sqrt{1 + \gamma_1^2 \sin^2\tau_1}}. \end{aligned} \tag{8.8a}$$

Aus den Ausdrücken (8.8a) und den Eigenschaften der Funktion $\varphi(\tau, \gamma)$ folgt, daß bei der Bestimmung der Mannigfaltigkeit aller s-Werte aus dem Intervall $0 < s < +\infty$, der Transformationsparameter τ_1 im Intervall $0 < \tau_1 < \pi$ variieren muß. Bei einer Änderung von τ_1 von 0 bis π wachsen s und s' monoton von 0 bis $+\infty$ (es gelten die Limesbeziehungen: für $\tau_1 \to +0$ gehen s und $s' \to 0$; für $\tau_1 \to \pi - 0$ gehen s und $s' \to +\infty$; im Intervall $0 < \tau_1 < \pi$ sind die Funktionen s, s', $\dfrac{ds}{d\tau_1}$ und $\dfrac{ds'}{d\tau_1}$ positiv und stetig)[1]).

[1]) Der Transformationsparameter τ_1 hat die Bedeutung der reduzierten Durchlaufzeit des Bildpunktes für den Bereich (I). Deshalb hat man von allen möglichen Werten τ_1, die vorgegebenen Werten s (gemäß der ersten Beziehung von (8.8)) entsprechen, den kleinsten positiven Wert auszuwählen. Variationsintervall von τ_1 wird also das kleinste Intervall positiver Werte sein, denen (8.8) zur Folge $0 < s < +\infty$ zugeordnet ist. Ein Intervall mit der angegebenen Eigenschaft ist $0 < \tau_1 < \pi$.
Die Grenzwerte von s und s' für $\tau_1 \to 0$ ergeben sich aus (8.8), beispielsweise bei Anwendung der Regel von DE L'HOSPITAL.

Zur Konstruktion des Bildes der Zuordnungsfunktion für die Transformation F_1, die die Werte s und s' miteinander verbindet, genügt es, folgendes zu bemerken:

1. Für $0 < \tau < \pi$ gilt

$$\frac{ds}{ds'} = \frac{\varphi(\tau_1, \gamma_1)}{\varphi(\tau_1, -\gamma_1)} > 0.$$

Dieser Ausdruck wächst monoton von 1 (bei $\tau_1 \to +0$) bis $e^{\gamma_1 \pi}$ (bei $\tau_1 \to \pi - 0$), da man für $0 < \tau < \pi$

$$\frac{d^2 s}{ds'^2} = \frac{\partial}{\partial \tau_1} \left\{ \frac{\varphi(\tau_1, \gamma_1)}{\varphi(\tau_1, -\gamma_1)} \right\} \frac{1}{ds'/d\tau_1}$$

$$= 2 \frac{(1+\gamma_1^2)^{3/2} \sin^3 \tau_1}{[\varphi(\tau_1, -\gamma_1)]^3} [\sinh \gamma_1 \tau_1 - \gamma_1 \sin \tau_1] > 0 \tag{8.10}$$

hat.

2. Für $\tau \to \pi - 0$ besitzt das Bild der Zuordnungsfunktion (8.8) die geradlinige Asymptote

$$s = e^{\gamma_1 \pi} s' + a \tag{8.11}$$

mit

$$a = \lim_{\tau \to \pi - 0} [s - e^{\gamma_1 \pi} s'] = -2\gamma_1 \frac{1 + e^{\gamma_1 \pi}}{\sqrt{1+\gamma^2}} < 0.$$

3. Wegen $\frac{d^2 s}{ds'^2} > 0$ und $a < 0$ ist die Kurve (8.8) oberhalb der Asymptote (8.11) angeordnet. Das Bild der Zuordnungsfunktion (8.8) findet sich in Abb. 7; die ausgezogene Linie veranschaulicht den betrachteten Fall $0 < h_1 < 1$.

Für $h_1 > 1$ gewinnt man die Lösung der Gleichung (8.5) im Bereich (I) aus (8.7), wenn dort die trigonometrischen Funktionen durch die entsprechenden hyperbolischen ersetzt werden und wenn außerdem an die Stelle von ω_1 die Größe $\overline{\omega}_1 = \sqrt{h_1^2 - 1}$ tritt. Es ist auch leicht einzusehen, daß die Zuordnungsfunktion für die Transformation F_1 in diesem Fall aus (8.8) auf dem gleichen Wege erhalten werden kann. Für $h_1 > 1$ ist also

$$\left.\begin{aligned} s &= \frac{e^{\overline{\gamma}_1 \tau_1} - \cosh \tau_1 - \overline{\gamma}_1 \sinh \tau_1}{\sqrt{\overline{\gamma}_1^2 - 1} \sinh \tau_1}, \\ s' &= \frac{e^{-\overline{\gamma}_1 \tau_1} - \cosh \tau_1 + \overline{\gamma}_1 \sinh \tau_1}{\sqrt{\overline{\gamma}_1^2 - 1} \sinh \tau_1} \end{aligned}\right\} \tag{8.12}$$

mit

$$\overline{\gamma}_1 = \frac{h_1}{\sqrt{h_1^2 - 1}}$$

(ändert sich h_1 von 1 bis $+\infty$, so nimmt $\overline{\gamma}_1$ von $+\infty$ bis $+1$ monoton ab). Man kann sich auch leicht davon überzeugen, daß bei einer Änderung von τ_1 von 0 bis $+\infty$ s von 0 bis $+\infty$ und s' von 0 bis

$$\bar{a} = \lim_{\tau_1 \to +\infty} s' = \sqrt{\frac{\overline{\gamma}_1 - 1}{\overline{\gamma}_1 + 1}}$$

monoton wächst. Das Bild der Zuordnungsfunktion (8.11) besitzt die in Abb. 7 durch eine punktierte Linie dargestellte Form.

Es soll nun die Punkttransformation F_2 untersucht werden, die die Punkte der Halbgeraden S' in die Punkte s_1 der Halbgeraden S überführt und von den Trajektorien im Gebiet (II) realisiert wird. Die Betrachtungen bleiben hier auf den Fall $0 < h_2 < 1$ beschränkt[1]). Für $t = 0$ möge ein Bildpunkt, indem er sich längs einer Trajektorie im Gebiet (II) bewegt, in einem Punkt s_1 die Halbgeraden S erreichen, nachdem er zu einem früheren Zeitpunkt $t = -\frac{\tau_2}{\omega_2} < 0$ im Punkt s die Halbgerade S' verlassen hat (Abb. 4). Da die Lösung der Gleichung (8.5) im Gebiet (II) aus der Lösung im Gebiet (I) erhalten wird, wenn man dort h_1 durch $-h_2$ und ω_1 durch $\omega_2 = +\sqrt{1-h_2^2}$ ersetzt, wird die Gleichung der hier interessierenden Trajektorie (mit $x = -1$, $y = -s_1 < 0$ für $t = 0$ und für $-\frac{\tau_2}{\omega_2} \leqq t \leqq 0$) aus (8.7) gewonnen, wenn dort h_1 durch $-h_2$, ω_1 durch ω_2, s durch s_1 und τ_1 durch $-\tau_2$ ersetzt wird.

Durch die gleichen Substitutionen gewinnt man aus (8.8) die Zuordnungsfunktion für die Transformation F_2, die die Werte s und s_1 über den Parameter τ_2 miteinander verbindet (die eingeführte Zeit τ_2, die der Bildpunkt für das Durchlaufen des Gebietes (II) benötigt, ist natürlich größer als Null). Aus den angeführten Gründen besitzt die Zuordnungsfunktion für die Transformation F_2 die folgende Gestalt:

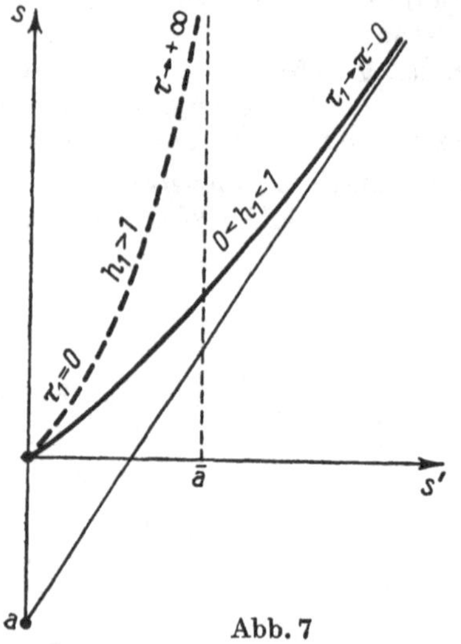

Abb. 7

$$s_1 = -\frac{e^{\gamma_2\tau_2} - \cos\tau_2 - \gamma_2\sin\tau_2}{\sqrt{1+\gamma_2^2}\sin\tau_2},$$
$$s' = -\frac{e^{-\gamma_2\tau_2} - \cos\tau_2 + \gamma_2\sin\tau_2}{\sqrt{1+\gamma_2^2}\sin\tau_2} \tag{8.13}$$

mit

$$\gamma_2 = \frac{h_2}{\omega_2} = \frac{h_2}{\sqrt{1-h_2^2}}.$$

Offensichtlich ist

$$s_1 = -\frac{e^{-\gamma_2\tau_2}\,\varphi(\tau_2, -\gamma_2)}{\sqrt{1+\gamma_2^2}\sin\tau_2},$$
$$s' = -\frac{e^{\gamma_2\tau_2}\,\varphi(\tau_2, \gamma_2)}{\sqrt{1+\gamma_2^2}\sin\tau_2}, \tag{8.13a}$$
$$\frac{ds_1}{ds'} = \frac{\varphi(\tau_2, \gamma_2)}{\varphi(\tau_2, -\gamma_2)}.$$

Der Transformationsparameter muß in einem so kleinen Intervall positiver Werte variieren, daß die Mannigfaltigkeit aller Werte aus $0 < s' < +\infty$ gewonnen

[1]) Oben war bewiesen worden, daß für $h_2 > 1$ die Transformation F_2 nicht existiert und alle Phasentrajektorien ins Unendliche laufen.

werden kann. Aus den Eigenschaften der Funktion $\varphi(\tau, \gamma)$ (Abb. 6) und den Ausdrücken (8.13a) folgt, daß es sich bei diesem Intervall um $\pi < \tau_2 < \tau_{2.0}$ handelt, wobei $\tau_{2.0}$ die kleinste positive Wurzel der Gleichung $s' = 0$ oder

$$\varphi(\tau_2, \gamma_2) = 0$$

bedeutet (augenscheinlich ist $\pi < \tau_{2.0} < 2\pi$). Ohne Schwierigkeiten überzeugt man sich von den folgenden Eigenschaften der Zuordnungsfunktion (8.13):

1. Nimmt τ_2 von $\tau_{2.0}$ bis π ab, so wächst s' monoton von 0 bis $+\infty$, während s_1 von einem gewissen Wert $s_{1,0}$ an ebenfalls bis $+\infty$ zunimmt.

2. Es gilt $\frac{d^2 s_1}{d s'^2} > 0$. Für den Beweis dieser Tatsache genügt es, in (8.10) s durch s_1, γ_1 durch $-\gamma_2$ und τ_1 durch $-\tau_2$ zu ersetzen; außerdem ist zu berücksichtigen, daß die Ungleichung $\pi < \tau_2 < \tau_{2,0} < 2\pi$ besteht. Folglich wächst $\frac{d s_1}{d s'}$ bei Zunahme von s' monoton von 0 bei $s' = 0$ (für $\tau_2 = \tau_{2,0}$) bis $e^{\gamma_2 \pi}$ bei $s' \to +\infty$ (für $\tau_2 \to \pi + 0$).

3. Für $\tau_2 \to \pi + 0$ besitzt die Kurve (8.15) die geradlinige Asymptote

$$s_1 = e^{\gamma_2 \pi} s' + \frac{2\gamma_2 (1 + e^{\gamma_2 \pi})}{\sqrt{1 + \gamma_2^2}}. \tag{8.14}$$

Das Bild der Folgefunktion (8.13) für die Punkttransformation F_2 ist in Abb. 8 dargestellt worden.

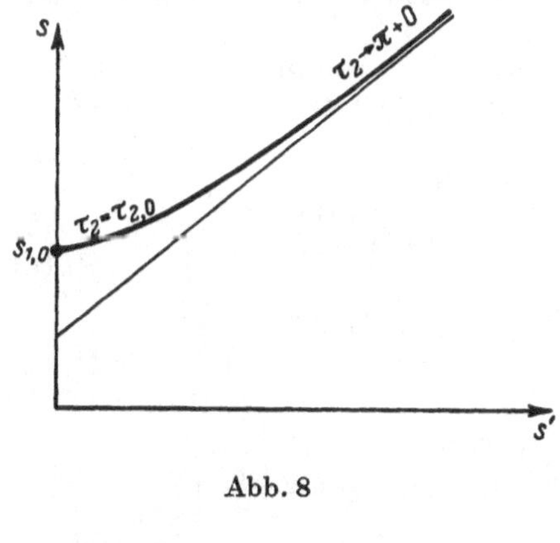

Abb. 8

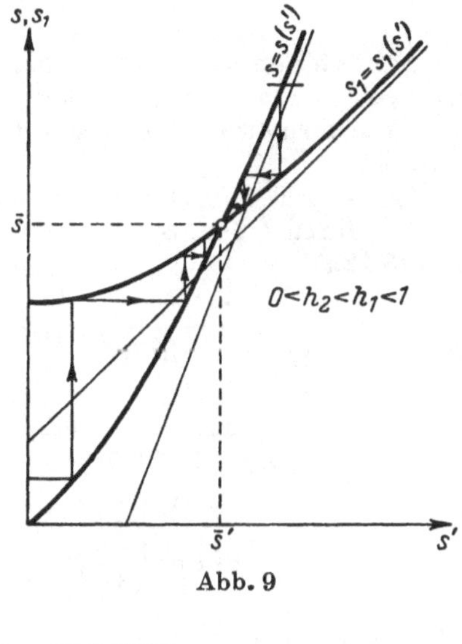

Abb. 9

3. *Der Fixpunkt und seine Stabilität*

Zur Bestimmung der Fixpunkte der Transformation F, die die Halbgerade S in sich überführt, zeichnet man in einem Diagramm (im Diagramm von LAMERE) die Bilder der Zuordnungsfunktionen von Transformation F_1 und F_2; man hat also die Kurven (8.8) und (8.13) darzustellen (Abbildungen 9, 10 und 11). Für

$0 < h_2 < h_1 < 1$ (Abb. 9) besitzen die Kurven $s = s(s')$ und $s_1 = s_1(s')$ eine ungerade Anzahl von Schnittpunkten, da sie einen stetigen Verlauf besitzen und $s' = 0$ für $s_1 > s$ gilt, während $s_1 > s$ für $s' \to +\infty$ ist (da die Ungleichung $\gamma_2 < \gamma_1$ besteht, ist die Asymptote (8.14) stärker geneigt als die Asymptote (8.11)).

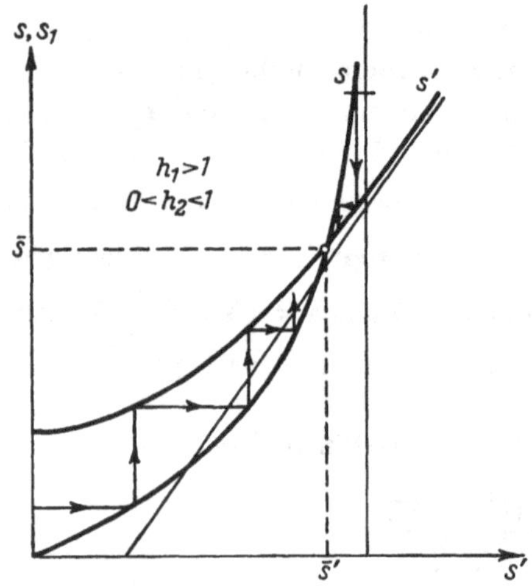

Abb. 10

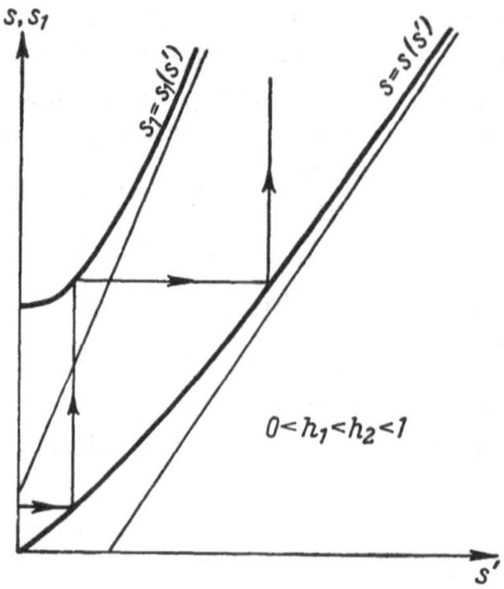

Abb. 11

Es läßt sich nun leicht zeigen, daß im betrachteten Fall nur ein Schnittpunkt der Kurven $s = s(s')$ und $s_1 = s_1(s')$ vorhanden ist, und folglich auch nur ein Fixpunkt der Transformation F und somit auch nur ein Grenzzyklus in der Phasenebene existiert.

Für einen Fixpunkt der Transformation F (die zu diesem gehörenden Größen werden durch Überstreichen gekennzeichnet) gilt nämlich auf Grund von (8.8a) und (8.13a)

$$\begin{aligned} \frac{e^{\gamma_1 \bar{\tau}_1}}{\sqrt{1+\gamma_1^2}\sin\bar{\tau}_1}\,\varphi(\bar{\tau}_1, -\gamma_1) &= -\frac{e^{-\gamma_2 \bar{\tau}_2}}{\sqrt{1+\gamma_2^2}\sin\bar{\tau}_2}\,\varphi(\bar{\tau}_2, -\gamma_2), \\ \frac{e^{-\gamma_1 \bar{\tau}_1}}{\sqrt{1+\gamma_1^2}\sin\bar{\tau}_1}\,\varphi(\bar{\tau}_1, \gamma_1) &= \frac{e^{\gamma_2 \bar{\tau}_2}}{\sqrt{1+\gamma_2^2}\sin\bar{\tau}_2}\,\varphi(\bar{\tau}_2, \gamma_2) \end{aligned} \tag{8.15}$$

und

$$\left(\overline{\frac{ds_1}{ds}}\right) = \left(\overline{\frac{ds_1}{ds'}}\right) : \left(\overline{\frac{ds}{ds'}}\right) = \frac{\varphi(\bar{\tau}_2, \gamma_2)\,\varphi(\bar{\tau}_1, -\gamma_1)}{\varphi(\bar{\tau}_2, -\gamma_2)\,\varphi(\bar{\tau}_1, \gamma_1)}$$

oder nach (8.15)

$$\left(\overline{\frac{ds_1}{ds}}\right) = e^{2(\gamma_2 \bar{\tau}_2 - \gamma_1 \bar{\tau}_1)} > 0\,. \tag{8.16}$$

Es sei nun angenommen, daß die Kurven $s = s(s')$ und $s_1 = s_1(s')$ mehrere Schnittpunkte besitzen. Für den ersten (er soll zu dem kleinsten s_0 gehören) besteht dann sicher, wegen $s_1 > s$ für kleines s' die Ungleichung

$$\left(\frac{ds_1}{ds'}\right)_1 < \left(\frac{ds}{ds'}\right)_1 \quad \text{oder} \quad \left(\frac{ds_1}{ds}\right)_1 < 1\,,$$

während für den zweiten, folgenden Fixpunkt

$$\left(\frac{ds_1}{ds'}\right)_2 > \left(\frac{ds}{ds'}\right)_2 \quad \text{oder} \quad \left(\frac{ds_1}{ds}\right)_2 > 1$$

gilt.

Die letzte Aussage ist aber nicht möglich, da einem größeren s_0' ein größeres $\bar{\tau}_1$ und ein kleineres $\bar{\tau}_2$ zugeordnet ist. Würde also ein zweiter Schnittpunkt existieren, so müßte für ihn, wegen (8.16), die Ungleichung $\left(\frac{ds_1}{ds}\right)_2 < \left(\frac{ds_1}{ds}\right)_1 < 1$ erfüllt sein. Es existiert also nur ein Schnittpunkt der Kurven $s = s(s')$ und $s_1 = s_1(s')$ und folglich auch nur ein Fixpunkt der Punkttransformation F, wobei für diesen

$$0 < \left(\frac{ds_1}{ds}\right) < 1$$

gilt. Demzufolge gibt es für $0 < h_2 < h_1 < 1$ in der Phasenebene einen einzigen Grenzzyklus der obendrein noch stabil ist. Zu ihm streben asymptotisch für $t \to +\infty$ alle Phasentrajektorien (Abb. 12).

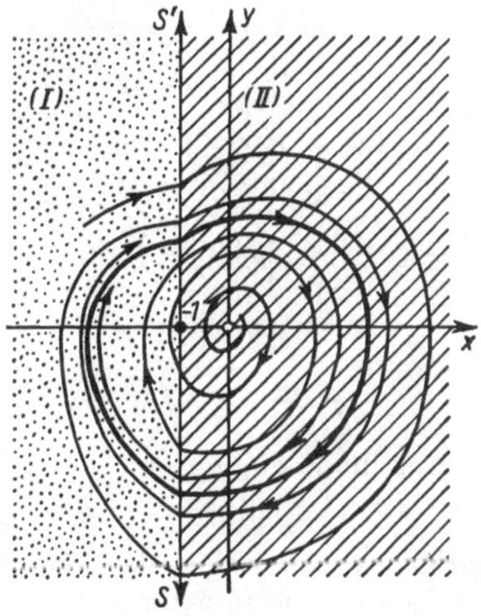

Abb. 12

Zu dem gleichen Ergebnis gelangt man auch im Fall $0 < h_2 < 1$, $h_1 > 1$ (Abb. 10); auch jetzt existiert ein einziger stabiler Grenzzyklus, dem sich asymptotisch für $t \to +\infty$ alle übrigen Trajektorien nähern.

Besteht jedoch die Ungleichung $0 < h_1 < h_2 < 1$, so schneiden sich die Kurven $s = s(s')$ und $s_1 = s_1(s')$ nicht (Abb. 11). Würden nämlich in diesem Fall Schnittpunkte existieren (ihre Anzahl wäre dann gerade), so müßte für den ersten (er gehört zu den kleinsten s_0') notwendigerweise

$$\left(\frac{ds_1}{ds}\right)_1 = \left(\frac{ds_1}{ds'}\right) : \left(\frac{ds}{ds'}\right) < 1$$

gelten, was aber nach (8.16) unmöglich ist. Man hat nämlich $\bar{\tau}_2 > \pi > \bar{\tau}_1$ und für $h_2 > h_1$ auch $\gamma_2 > \gamma_1$. Für $0 < h_1 < h_2 < 1$ besitzt also die Transformation F der Halbgeraden S in sich keine Fixpunkte, und es gibt demzufolge in der Phasenebene keinerlei Grenzzyklen. Man überzeugt sich auch leicht von der Tatsache, daß alle Phasentrajektorien in unendlich ferne Bereiche der Phasenebene führen (Abb. 13).

Der Röhrengenerator besitzt unter den angegebenen Voraussetzungen die beiden wesentlichen Parameter h_1 und h_2. Man kann also die Parameterebene in Bereiche zerlegen, in denen das betrachtete System jeweils unterschiedliches qualitatives Verhalten zeigt. In Abb. 14 ist eine solche Zerlegung des ersten Quadranten der h_1, h_2-Ebene in den Existenzbereich eines einzigen stabilen Grenzzyklus und in den Bereich „absoluter Instabilität" angegeben. Die Punkte des zuletzt genannten Gebietes sind solchen Parameterwerten zugeordnet, für die alle Phasentrajektorien ins Unendliche verlaufen. Offensichtlich liefert für $0 < h_1 < h_2 < 1$ oder für $h_2 > 1$ die hier entwickelte Theorie für Röhrengeneratoren keine brauchbaren Ergebnisse. Es wurden nämlich in der Vorgabe die Gitterströme und die Anodenrückwirkung vernachlässigt; ihnen kommt aber bei großen Schwingungsamplituden eine prinzipielle Bedeutung zu.

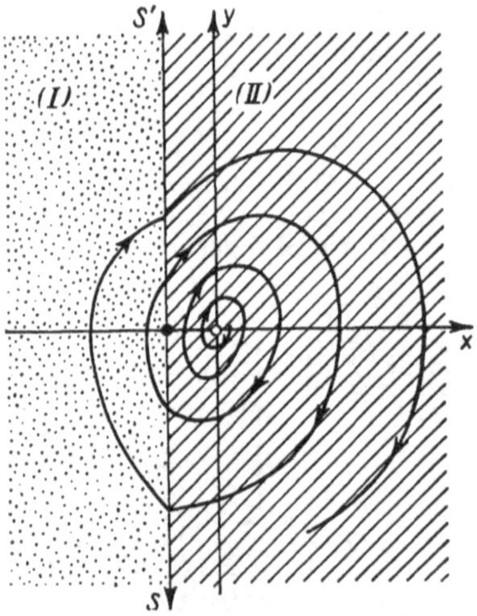

Abb. 13

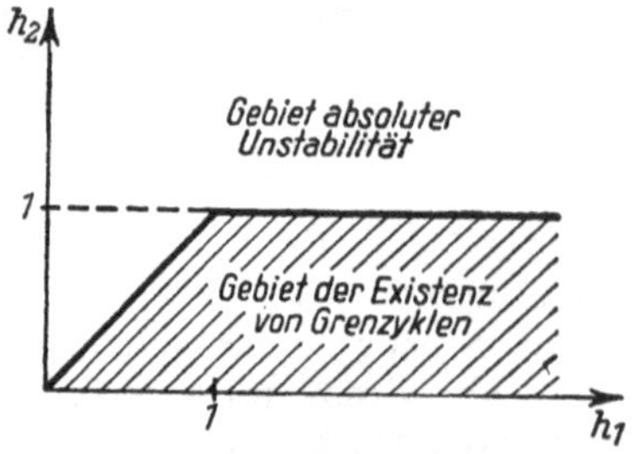

Abb. 14

4. *Der Grenzzyklus*

Sind die Bedingungen

$$0 < h_2 < h_1 \quad \text{und} \quad h_2 < 1$$

erfüllt, so existiert in der Phasenebene ein einziger Grenzzyklus, dem sich alle übrigen Phasentrajektorien für $t \to +\infty$ asymptotisch nähern, was der Herausbildung eines selbsterregten Schwingungsvorganges unter willkürlichen Anfangsbedingungen entspricht[1]). Für $0 < h_2 < h_1 < 1$ ist der Fixpunkt der Punkttransformation und demzufolge auch der Grenzzyklus eindeutig durch das Gleichungssystem (8.15) definiert:

$$\begin{aligned} \frac{e^{\gamma_1 \bar{\tau}_1} - \cos \bar{\tau}_1 - \gamma_1 \sin \bar{\tau}_1}{\sqrt{1+\gamma_1^2}\sin \bar{\tau}_1} &= -\frac{e^{\gamma_2 \bar{\tau}_2} - \cos \bar{\tau}_2 - \gamma_2 \sin \bar{\tau}_2}{\sqrt{1+\gamma_2^2}\sin \bar{\tau}_2}, \\ \frac{e^{-\gamma_1 \bar{\tau}_1} - \cos \bar{\tau}_1 + \gamma_1 \sin \bar{\tau}_1}{\sqrt{1+\gamma_1^2}\sin \bar{\tau}_1} &= -\frac{e^{-\gamma_1 \bar{\tau}_2} - \cos \bar{\tau}_2 + \gamma_2 \sin \bar{\tau}_2}{\sqrt{1+\gamma_2^2}\sin \bar{\tau}_2}, \end{aligned} \tag{8.15a}$$

[1]) Der betrachtete Generator besitzt also unter den angegebenen Voraussetzungen einen sogenannten „weichen Selbsterregungsvorgang".

wobei die Ungleichung

$$0 < \bar{\tau}_1 < \pi < \bar{\tau}_2 < \tau_{2.0} < 2\pi$$

besteht.

Hat man dieses System zweier transzendenter Gleichungen aufgelöst (und darin liegt die hauptsächliche rechnerische Schwierigkeit des hier behandelten Problems), so bereitet die Berechnung der Größen, die den selbsterregten Schwingungsvorgang charakterisieren, keine besondere Mühe mehr. So ergibt sich beispielsweise für die Periode der selbsterregten Schwingungen in Einheiten der dimensionslosen Zeit

$$\tau = \frac{\bar{\tau}_1}{\omega_1} + \frac{\bar{\tau}_2}{\omega_2}, \tag{8.17}$$

in den üblichen Einheiten hat man

$$T = \sqrt{LC}\left(\frac{\bar{\tau}_1}{\omega_1} + \frac{\bar{\tau}_2}{\omega_2}\right). \tag{8.17a}$$

Die Lösung des Gleichungssystems (8.15) kann bei Verwendung numerischer Berechnungsmethoden erfolgen, deren Darstellung den Rahmen dieses Buches übersteigt. Aus diesem Grunde beschränken wir uns hier nur auf die näherungsweise Berechnung von Periode und Amplitude der selbsterregten Schwingungen im Falle ausreichend kleiner Parameterwerte h_1 und h_2 (es liegt dann ein Generator mit einem Schwingkreis von hoher Güte und schwacher Rückkoppelung vor). Diesem Fall kommt, vom Standpunkt der praktischen Anwendungen aus gesehen, ein großes Interesse zu.

Mit a und b seien die Grenzwerte der Größen $\bar{\tau}_1$ und $\bar{\tau}_2$ für $h_1, h_2 \to 0$ bezeichnet. Zur Berechnung dieser Grenzwerte bringt man die Gleichungen (8.15a) auf die Form[1])

$$\left.\begin{aligned} \frac{\cosh \gamma_1\bar{\tau}_1 - \cos\bar{\tau}_1}{\sqrt{1+\gamma_1^2}\sin\bar{\tau}_1} &= -\frac{\cosh \gamma_2\bar{\tau}_2 - \cos\bar{\tau}_2}{\sqrt{1+\gamma_2^2}\sin\bar{\tau}_2}, \\ \frac{\sinh \gamma_1\bar{\tau}_1 - \gamma_1\sin\bar{\tau}_1}{\sqrt{1+\gamma_1^2}\sin\bar{\tau}_1} &= -\frac{\sinh \gamma_2\bar{\tau}_2 - \gamma_2\sin\bar{\tau}_2}{\sqrt{1+\gamma_2^2}\sin\bar{\tau}_2} \end{aligned}\right\} \tag{8.15b}$$

und trägt in diese die Näherungswerte ein, die für $h_1, h_2 \ll 1$ Gültigkeit besitzen:

$$\gamma_1 = h_1, \quad \gamma_2 = h_2,^{2)}$$
$$\cosh\gamma_1\bar{\tau}_1 = 1, \quad \cosh\gamma_2\bar{\tau}_2 = 1,$$
$$\sinh\gamma_1\bar{\tau}_1 = h_1 a, \quad \sinh\gamma_2\bar{\tau}_2 = h_2 b.$$

---

[1]) Die Gleichungen (8.15b) ergeben sich aus den Gleichungen (8.15) durch Addition und Subtraktion.

[2]) Man verifiziert ohne Schwierigkeit $\omega_1 = 1 + O(\gamma_1^2)$, $\omega_2 = 1 + O(\gamma_2^2)$, $h_1 = \gamma_1 + O(\gamma_1^3)$, $h_2 = \gamma_2 + O(\gamma_2^3)$, $\cosh\gamma_1\bar{\tau}_1 = 1 + O(\gamma_1^2)$, $\cosh\gamma_2\bar{\tau}_2 = 1 + O(\gamma_2^2)$, $\sinh\gamma_1\bar{\tau}_1 = \gamma_1 a + O(\gamma_1^2)$ und $\sinh\gamma_2\bar{\tau}_2 = \gamma_2 b + O(\gamma_2^2)$.

Die Gleichungen (8.15b) ergeben dann

$$\frac{1-\cos a}{\sin a} = \frac{1-\cos b}{\sin b}, \qquad h_1 \frac{a-\sin a}{\sin a} = -h_2 \frac{b-\sin b}{\sin b},$$

woraus $\tan\frac{a}{2} = -\tan\frac{b}{2}$, d. h. $a + b = 2$ und

$$a - \sin a = 2\pi \frac{h_2}{h_1+h_2} = 2\pi \frac{MS - RC}{MS} \tag{8.18}$$

folgen. Man kann sich nun leicht davon überzeugen, daß die Gleichung (8.15) für $h_2 < h_1$ (d. h. für $\frac{h_2}{h_1+h_2} < \frac{1}{2}$) eine eindeutige Lösung $0 < a < \pi$ besitzt; die graphische Lösung dieser Gleichung ist in Abb. 15 dargestellt worden. Da für $h_1, h_2 \ll 1$ die Gleichungen $\omega_1 = 1$, $\omega_2 = 1$ bestehen, ergibt sich für diePeriode der selbsterregten Schwingungen $\tau = a + b = 2\pi$; sie stimmt somit mit der Periode der Eigenschwingungen des Generatorschwingkreises überein[1]). Da für kleine h_1 und h_2 der Grenzzyklus nahezu Kreisform besitzt, ergibt sich für die Amplitude der selbsterregten Schwingungen (Abb. 16)

$$A = \frac{1}{\cos\frac{a}{2}}. \tag{8.19}$$

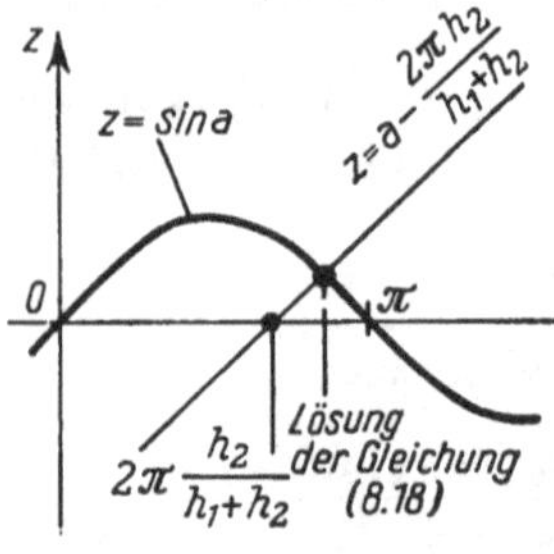

Abb. 15

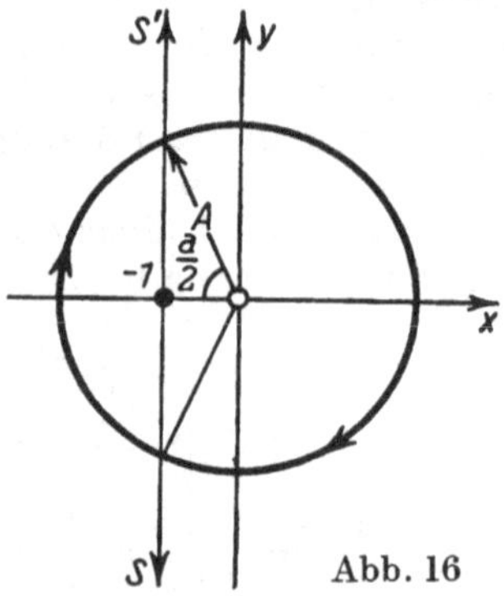

Abb. 16

[1]) Setzt man $\gamma_2 = \beta\gamma_1$ mit $\beta = \frac{\gamma_2}{\gamma_1} < 1$, so läßt sich die Lösung des Systems (8.15b) in Form einer Reihenentwicklung nach Potenzen von γ_1 ermitteln:

$$\bar{\tau}_1 = a + a_1\gamma_1 + a_2\gamma_1^2 + \cdots, \quad \bar{\tau}_2 = b + b_1\gamma_1 + b_2\gamma_1^2 + \cdots.$$

Trägt man in die Gleichungen (8.15b) die Potenzreihenentwicklungen aller Größen ein, die von γ_1 abhängen, so ergibt sich eine Folge von Gleichungen, aus denen sich die Koeffizienten $a, b, a_1, b_1, a_2, b_2, \ldots$ bestimmen lassen. Es ist leicht festzustellen, daß die Koeffizienten a und b durch die oben eingeführten Gleichungen definiert sind und daß $a_1 = 0$ und $b_1 = 0$ ist. Für die Periode der selbsterregten Schwingungen gilt also

$$\tau = 2\pi + O(\gamma_1^2),$$

d. h. die Periode τ der Eigenschwingungen des Generatorschwingkreises unterscheidet sich um eine Größe der Ordnung γ_1^2 (oder h_1^2) von 2π.

Die Abhängigkeit der Amplitude A der selbsterregten Schwingungen von den Parametern des Generators läßt sich in Parameterdarstellung durch die Beziehungen (8.18) und (8.19) zum Ausdruck bringen. In Abb. 17 ist das Bild der Amplitude A in Abhängigkeit vom Verhältnis $\frac{h_2}{h_1}$ dargestellt worden. Aus $\frac{h_2}{h_1} \to 1$ folgt $a \to \pi$, und auch $A \to +\infty$.

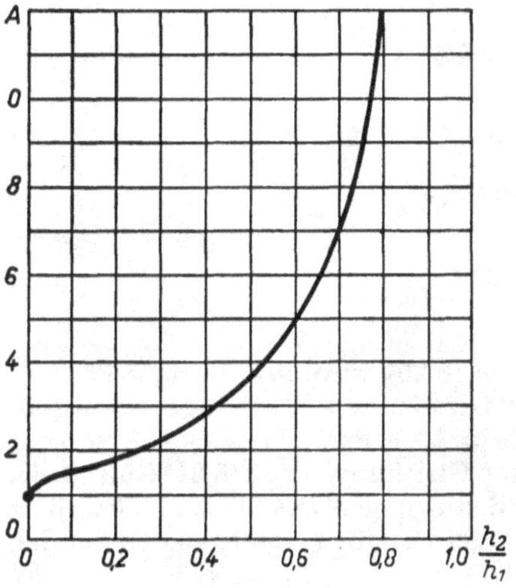

Abb. 17

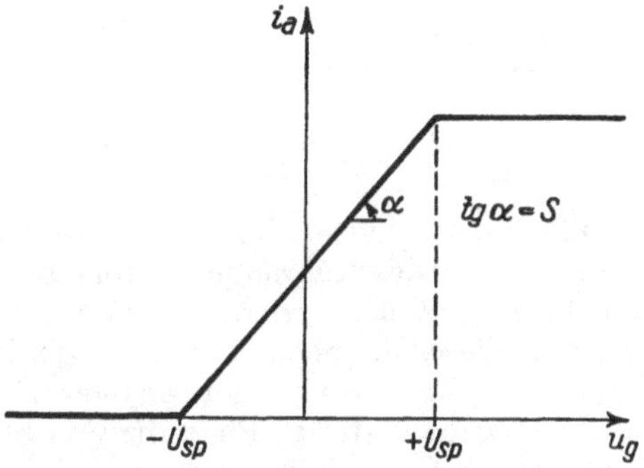

Abb. 18

§ 3. Der Röhrengenerator (symmetrischer Fall)

1. Die Schwingungsgleichung in der Phasenebene

Es wird nun ein Generator (Abb. 2) unter der Annahme untersucht, daß die Röhrenkennlinie eine Sättigung besitzt und symmetrisch verläuft (der Arbeitspunkt der Röhre, der einem Gleichgewichtszustand entspricht, liegt in der Mitte des Kennlinienanstieges). Diese Kennlinie soll hier durch die symmetrische, stückweise lineare Funktion

$$i_a = \begin{cases} 0 & \text{für } u_g < -U_{sp}, \\ S(u_g + U_{sp}) & \text{für } |u_g| < U_{sp}, \\ 2SU_{sp} & \text{für } u_g > U_{sp} \end{cases} \tag{8.20}$$

approximiert werden, deren Bild in Abb. 18 dargestellt worden ist.

Wie im vorangegangenen Paragraphen werden auch jetzt die Anodenrückwirkung, die Gitterströme, die parasitären Kapazitäten und die Röhrenkapazitäten vernachlässigt. Führt man die neuen Veränderlichen

$$x = \frac{u_g}{U_{sp}}, \qquad t = \omega_0 t^* \qquad \left(\omega_0 = \frac{1}{\sqrt{LC}}\right)$$

ein und berücksichtigt, daß jetzt

$$S(u_g) = \begin{cases} S & \text{für} \quad |x| < 1, \\ 0 & \text{für} \quad |x| > 1 \end{cases}$$

gilt, dann nimmt die Gleichung des Röhrengenerators (die Gleichung (8.3)) die folgende Gestalt an:

$$\begin{aligned} \ddot{x} + 2h_1\dot{x} + x &= 0 \quad \text{für} \quad |x| > 1, \\ \ddot{x} - 2h_2\dot{x} + x &= 0 \quad \text{für} \quad |x| < 1. \end{aligned} \tag{8.21}$$

Dabei ist, wie früher

$$h_1 = \frac{1}{2}\omega_0 RC \quad \text{und} \quad h_2 = \frac{1}{2}\omega_0 [MS - RC].$$

Für eine stückweise lineare Röhrenkennlinie (8.20) wird also die x, y-Phasenebene ($y = \dot{x}$) des Röhrengenerators durch die Geraden $x = -1$ und $x = +1$ in die drei Linearitätsbereiche (I) $x < -1$, (II) $|x| < 1$ und (III) $x > +1$ zerlegt. In jedem dieser Bereiche besitzt eine der linearen Gleichungen von (8.21) Gültigkeit. Geht man von vernünftigen physikalischen Bedingungen aus, so sind überall in der Phasenebene stetige Phasentrajektorien zu fordern, insbesondere auch auf den Grenzen der Linearitätsbereiche (auf den Geraden $x = -1$ und $x = +1$)[1]). Es sei auch noch bemerkt, daß die Gleichung (8.21) in bezug auf den Ersatz der Veränderlichen x, y durch $-x$, $-y$ invariant ist. Die Phasentrajektorien verlaufen in den Bereichen (I) und (III) in bezug auf den Koordinatenursprung zueinander symmetrisch. Eine solche Symmetrie liegt auch für die Trajektorien in der oberen und unteren Hälfte des Streifens (II) vor.

Das dynamische System (8.21) besitzt einen einzigen Gleichgewichtszustand, den Koordinatenursprung, der Sattel- oder Knotenpunkt ist. Er ist für $h_2 < 0$ (d. h. für $MS < RC$) stabil und für $h_2 > 0$ (für $MS > RC$) instabil. Im weiteren wird hauptsächlich der letzte Fall untersucht, für den Selbsterregung des Generators vorliegt. Es wird also $h_1 > 0$ und $h_2 > 0$ angenommen[2]).

2. *Die Punkttransformation*

Die x, y-Phasenebene des betrachteten Systems ist mit Trajektorienstücken der jeweiligen linearen Gleichungen (8.21) ausgefüllt. Diese Stücke werden an ihren Enden auf den Geraden $x = -1$ und $x = +1$ „zusammengeklebt", so daß eine

[1]) Die in Abb. 19 dargestellten Phasentrajektorien werden von Spiralen gebildet. Dies ist augenscheinlich nur für $|h_1| < 1$, $|h_2| < 1$ der Fall.

[2]) Hat man $h_1 > 0$, aber $h_2 < 0$, d. h. $MS < RC$, so läßt sich beweisen, daß sich alle Phasentrajektorien asymptotisch für $t \to +\infty$ dem stabilen Gleichgewichtszustand (0,0) nähern; demzufolge bilden sich im Röhrengenerator, wie auch die Anfangsbedingungen gewählt sein mögen, keine selbsterregten Schwingungen heraus.

ganze Phasentrajektorie entsteht. Die Zerlegungsstruktur in Trajektorien einer solchen geklebten Phasenebene kann bei Verwendung der Punkttransformation der Halbgeraden $x = -1$, $y = 0$ (der Halbgeraden S) in sich untersucht werden, die durch Bewegung des Bildpunktes längs der jeweiligen Trajektorienstücke vorgenommen wird.

Im hier betrachteten Fall $h_1 > 0$, $h_2 > 0$ ist das Unendliche, wie leicht festgestellt werden kann, instabil. Ebenfalls instabil ist der einzige Gleichgewichtszustand (0,0) (bei dem es sich für $0 < h_2 < 1$) um einen instabilen Brennpunkt und für $h_2 > 1$ um einen instabilen Knoten handelt). Aus diesem Grund gibt es in der Phasenebene wenigstens einen stabilen Grenzzyklus (s. Satz V auf S. 386 Teil I und die Fußnote auf dieser Seite). Es ist klar, daß die Grenzzyklen den Koordinatenursprung — den einzigen Gleichgewichtszustand — umschließen müssen und andererseits nicht vollständig im Streifen (II) ($|x| < 1$) liegen können, da im Inneren dieses Gebietes die Gleichung (8.21) linear ist. Mehr noch, da das hier betrachtete System keine unsymmetrischen Grenzzyklen besitzen kann[1]), werden die Grenzzyklen symmetrisch (in bezug auf den Koordinatenursprung) liegen und demzufolge alle drei Bereiche durchlaufen. Sie schneiden dann aber auch die angegebene Halbgerade „ohne Kontakt" (die Halbgerade S). Man gewinnt also alle Grenzzyklen (und kennt dann auch die Zerlegungsstruktur der x, y-Phasenebene in Trajektorien[2]), indem man die Punkttransformation der Halbgeraden S in sich konstruiert und deren Fixpunkt bestimmt. Die angeführte Punkttransformation wird durch die Trajektorien vollzogen, die in allen drei Linearitätsgebieten verlaufen.

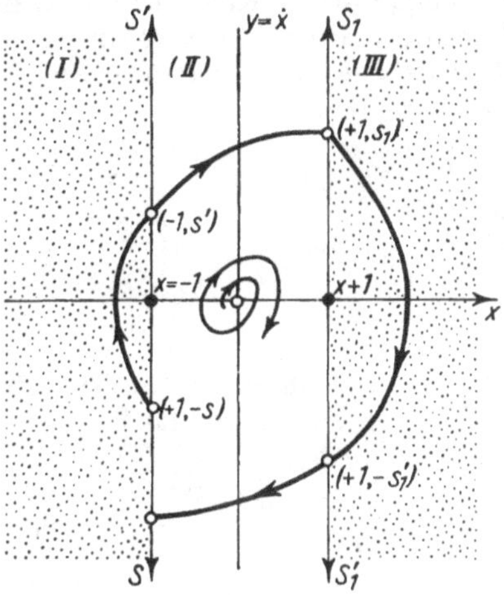

Abb. 19

Die Punkttransformation (sie sei mit F bezeichnet) läßt sich offenbar als Produkt der vier Transformationen F_1, F_2, F_3 und F_4 darstellen, bei denen es sich um die Punkttransformationen der Halbgeraden S in S', S' in S_1, S_1 in S_1', und S_1' in S handelt. Sie werden jeweils von den Trajektorien in den Gebieten (I), (II), (III) und (II) verwirklicht (Abb. 19).

Wegen der oben angeführten Symmetrie der Phasentrajektorien in bezug auf den Koordinatenursprung gilt aber

$$F_3 \equiv F_1 \quad \text{und} \quad F_4 \equiv F_2 .$$

---

[1]) Es sei angenommen, daß das System (8.21) einen unsymmetrischen Grenzzyklus Γ_1 besitzt, der bestimmt den Gleichgewichtszustand umschließt. Wegen der Symmetrie der Phasentrajektorien bezüglich des Koordinatenursprungs besitzt dann das System (8.21) einen anderen Grenzzyklus Γ_2, der symmetrisch zu Γ_1 liegt und sich demzufolge mit dem ersteren schneidet. Das letztere ist aber unmöglich. Das betrachtete System kann also nur symmetrische Grenzzyklen besitzen.

[2]) Im betrachteten Fall handelt es sich bei den singulären Trajektorien, die die qualitative Zerlegungsstruktur der Phasenebene in Trajektorien festlegen, nur um den Gleichgewichtszustand (0,0) (Knoten- oder Brennpunkt) und um die Grenzzyklen.

Wird dann die Transformation der Halbgeraden S in S' eingeführt, so ist

$$F' = F_1 F_2 \quad \text{und} \quad F = (F')^2.$$

Anders ausgedrückt, die „Gesamttransformation" F wird durch zweifache Anwendung der Transformation F' erhalten, da die Transformation $F_3 \cdot F_4$, die die Halbgerade S_1 in die Halbgerade S überführt und von den Trajektorien in den Bereichen (III) und (II) realisiert wird, mit der Transformation F' identisch ist.

Man kann sich deshalb bei der Untersuchung der Zerlegungsstruktur der Phasenebene in Trajektorien auf die Betrachtung der einfacheren Transformation F' beschränken. Die Fixpunkte dieser Transformation liefern offensichtlich die Schnittpunkte der symmetrischen Grenzzyklen mit den Halbgeraden S und S' (andere unsymmetrische Grenzzyklen gibt es bei diesem System nicht).

Es soll nun die Berechnung der Zuordnungsfunktion für die Transformation F' durchgeführt werden. Die Transformation F_1 stimmt augenscheinlich mit der Transformation F_1 des vorangegangenen Paragraphen überein (s. (8.8) und (8.12)). Für $0 < h_1 < 1$ hat also die Zuordnungsfunktion der Transformation F_1 die Gestalt

$$\begin{aligned} s &= \frac{e^{\gamma_1 \tau_1} - \cos \tau_1 - \gamma_1 \sin \tau_1}{\sqrt{1 + \gamma_1^2} \sin \tau_1}, \\ s' &= \frac{e^{-\gamma_1 \tau_1} - \cos \tau_1 + \gamma_1 \sin \tau_1}{\sqrt{1 + \gamma_1^2} \sin \tau_1}. \end{aligned} \tag{8.22}$$

Wie früher bedeutet τ_1 der Transformationsparameter (die reduzierte Zeit, die der Bildpunkt zum Durchlaufen des Gebietes (I) benötigt, wobei $0 < \tau_1 < \pi$ gilt); außerdem ist

$$\gamma_1 = \frac{h_1}{\omega_1} = \frac{h_1}{\sqrt{1 - h_1^2}}.$$

Das Bild der Zuordnungsfunktion (8.22) ist in Abb. 7 angegeben[1]).

Für die Phasentrajektorie, die für $t = 0$ im Punkt s' der Halbgeraden $S'\,(x = -1,\ y = s' > 0)$ ihren Ausgang nimmt und im Gebiet (II) verläuft, hat man wegen (8.21) (s. Kap. I, § 4) für $0 < h_2 < 1$

$$\begin{aligned} x &= e^{h_2 t}\left[-\cos \omega_2 t + \frac{s' + h_2}{\omega_2} \sin \omega_2 t\right], \\ \dot{x} = y &= e^{h_2 t}\left[s' \cos \omega_2 t + \frac{1 + s' h_2}{\omega_2} \sin \omega_2 t\right] \end{aligned} \tag{8.23}$$

mit

$$\omega_2 = \sqrt{1 - h_2^2}.$$

---

[1]) Hat man $h_1 > 1$, so entsteht der Ausdruck für die Zuordnungsfunktion, wenn in (8.22) die trigonometrischen Funktionen durch die entsprechenden hyperbolischen ersetzt werden (s. (8.12)). Das Bild der Zuordnungsfunktion ist für diesen Fall in Abb. 7 durch eine punktierte Linie dargestellt.

Ein Bildpunkt, der sich im Anfangsmoment auf der Halbgeraden S' befindet, gelangt nach einem gewissen Zeitintervall t_2 auf die Halbgerade S_1. Dieser Übergang wurde auch als Transformation F_2 bezeichnet. Die Parameterausdrücke für diese Transformation ergeben sich, indem in den Gleichungen (8.23) angenommen wird, daß für $t_2 = \frac{\tau_2}{\omega_2} > 0, x = +1, y = s' > 0$ ist. Die ermittelten Beziehungen werden nach s' und s_1 aufgelöst:

$$s_1 = \frac{e^{\gamma_2 \tau_2} + \cos \tau_2 + \gamma_2 \sin \tau_2}{\sqrt{1+\gamma_2^2} \sin \tau_2},$$
$$s' = \frac{e^{-\gamma_2 \tau_2} + \cos \tau_2 - \gamma_2 \sin \tau_2}{\sqrt{1+\gamma_2^2} \sin \tau_2}, \tag{8.24}$$

dabei ist

$$\gamma_2 = \frac{h_2}{\omega_2} = \frac{h_2}{\sqrt{1-h_2^2}}\,^{2)}$$

gesetzt worden.

Für die Untersuchung der Kurve (8.24) genügt es, folgendes zu bemerken:

1. für $\tau_2 \to +0$, hat man $s, s_1 \to +\infty$.

2. Es gilt $s' = 0$ für ein gewisses $\tau_2 = \tau_2' \, (0 < \tau_2' < \pi)$, das durch die Gleichung $s'(\tau_2') = 0$ oder durch $1 + e^{\gamma_2 \tau_2}(\cos \tau_2 - \sin \tau_2) = 0$ definiert wird. Dabei besteht, wie man leicht feststellt, die Ungleichung $s_1(\tau_2') > 0$.

3. Werden die Beziehungen (8.24) differenziert, so entsteht

$$\frac{ds_1}{d\tau_1} = -\frac{1 + e^{\gamma_2 \tau_2}(\cos \tau_2 - \gamma_2 \sin \tau_2)}{\sqrt{1+\gamma_2^2} \sin^2 \tau_2},$$
$$\frac{ds'}{d\tau_2} = -\frac{1 + e^{-\gamma_2 \tau_2}(\cos \tau_2 + \gamma_2 \sin \tau_2)}{\sqrt{1+\gamma_2^2} \sin^2 \tau_2},$$
$$\frac{ds_1}{ds'} = \frac{1 + e^{\gamma_2 \tau_2}(\cos \tau_2 - \gamma_2 \sin \tau_2)}{1 + e^{-\gamma_2 \tau_2}(\cos \tau_2 + \gamma_2 \sin \tau_2)}.$$

Da die Ungleichungen $1 + e^{\gamma_2 \tau_2}(\cos \tau_2 - \gamma_2 \sin \tau_2) > 0$ und

$$1 + e^{-\gamma_2 \tau_2}(\cos \tau_2 + \gamma_2 \sin \tau_2) > 0$$

für $0 < \tau_2 < \tau_2'$ gelten, ist in diesem Variationsintervall von $\frac{ds'}{d\tau_2} > 0, \frac{ds_1}{d\tau_2} > 0$

---

[1]) Gilt $h_2 > 1$, so entsteht die Folgefunktion für die Transformation F_2 aus (8.24), wenn dort die trigonometrischen durch die entsprechenden hyperbolischen Funktionen γ_2 durch

$$\bar{\gamma}_2 = \frac{h_2}{\sqrt{h_2^2 - 1}}$$

und $\sqrt{1+\gamma_2^2}$ durch $\sqrt{\bar{\gamma}_2^2 - 1}$ ersetzt werden.

und $\frac{ds_1}{ds} > 0$. Ändert sich also τ_2 von 0 bis τ_2', so fällt s' monoton von $+\infty$ bis 0, während s_1 von $+\infty$ bis $s_1(\tau_2') > 0$ abnimmt. Demzufolge wird $0 < \tau_2 < \tau_2'$ das Intervall der kleinsten positiven τ_2-Werte sein, bei dessen Durchlaufen alle Punkte der Halbgeraden S' erhalten werden.

4. Da

$$\frac{d^2 s_1}{ds'^2} = \frac{2(1+\gamma_2^2)^{3/2}\sin^3\tau_2\,(\sinh\gamma_2\tau_2 - \gamma_2\sin\tau_2)}{[1+e^{-\gamma_2\tau_2}(\cos\tau_2+\gamma_2\sin\tau_2)]^3} > 0$$

für beliebiges $0 < \tau_2 < \tau_2'$ gilt, wächst bei einer Zunahme von s' von 0 bis $+\infty$ (bei einer Abnahme von τ_2 von τ_2' bis 0) $\frac{ds_1}{ds}$ monoton von 0 (bei $s' = 0$) bis $+1$ (bei $s' \to +\infty$). Die Kurve (8.24) besitzt die Asymptote

$$s_1 = s' + \frac{4\gamma_2}{\sqrt{1+\gamma_2^2}},$$

wobei diese Kurve wegen $\frac{d^2 s_1}{ds'^2} > 0$ oberhalb der Asymptoten verläuft. Die angegebenen Eigenschaften reichen für die Konstruktion des Bildes der Zuordnungsfunktion (8.24) aus; es ist in Abb. 20 angegeben[1]) worden.

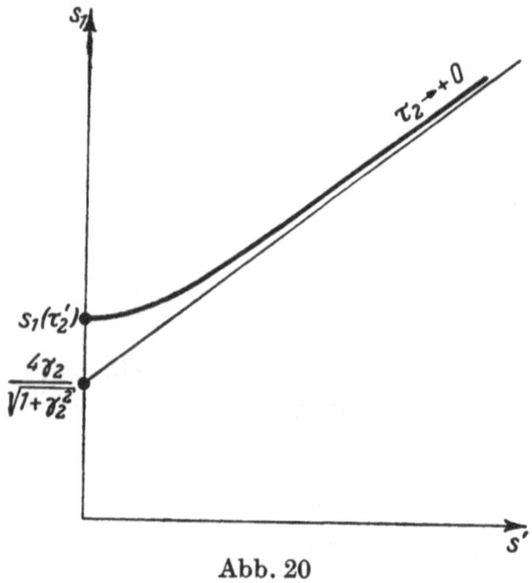

Abb. 20

3. Der Fixpunkt und der Grenzzyklus

Die Kurven (8.22) und (8.24) werden in einer Ebene — im Diagramm von LAMERE — konstruiert (Abb. 21). Ihre Schnittpunkte liefern offensichtlich die Fixpunkte der Transformation $F_0 = F_1 \cdot F_2$, die die Halbgerade S in die Halbgerade S_1 für $0 < h_1 < 1$ und für $0 < h_2 < 1$ überführt. Analytisch sind die Fixpunkte durch das folgende Gleichungssystem definiert:

$$\begin{aligned}\frac{e^{\gamma_1\tau_1} - \cos\tau_1 - \gamma_1\sin\tau_1}{\sqrt{1+\gamma_1^2}\sin\tau_1} &= \frac{e^{\gamma_2\tau_2} + \cos\tau_2 + \gamma_2\sin\tau_2}{\sqrt{1+\gamma_2^2}\sin\tau_2},\\ \frac{e^{-\gamma_1\tau_1} - \cos\tau_1 + \gamma_1\sin\tau_1}{\sqrt{1+\gamma_1^2}\sin\tau_1} &= \frac{e^{-\gamma_2\tau_2} + \cos\tau_2 - \gamma_2\sin\tau_2}{\sqrt{1+\gamma_2^2}\sin\tau_2}.\end{aligned} \tag{8.25}$$

[1]) Für $h_2 > 1$ besitzt das Bild der Zuordnungsfunktion der Transformation F_2, qualitativ die gleiche Form: Ändert sich s' von 0 bis $+\infty$, so wächst s_1 von einem bestimmten positiven Wert bis $+\infty$ monoton und die Ableitung $\frac{ds_1}{ds'}$ von 0 bis $+1$.

Sie ergeben sich aus den Ausdrücken (8.22) und (8.24), wenn dort die Ausdrücke für s' gleichgesetzt werden und auch $s_1 = s$ gesetzt wird.

Es wird nun gezeigt, daß ein einziger Schnittpunkt der Kurven (8.22) und (8.24) existiert. Die Existenz von mindest einem Schnittpunkt folgt aus der Stetigkeit dieser Kurve und aus den Ungleichungen

$$s_1 - s > 0 \quad \text{für} \quad s' = 0,$$

$$s_1 - s > 0 \quad \text{für ausreichend große} \quad s'\,[1].$$

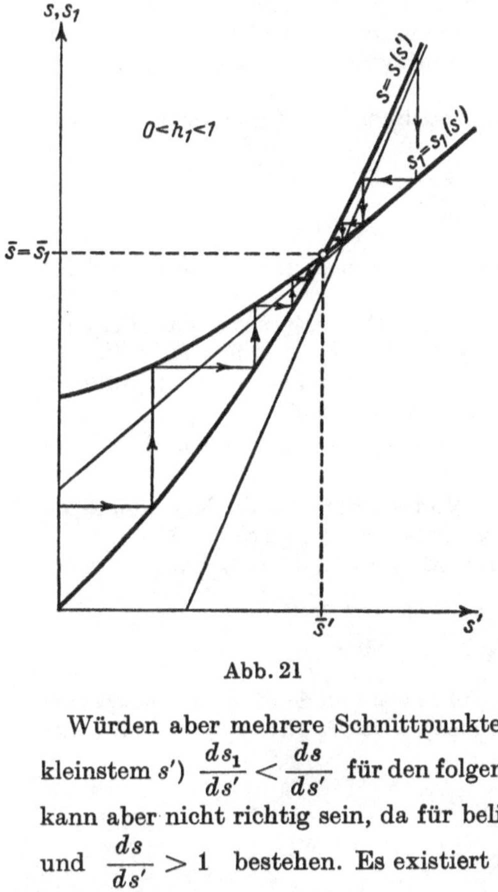

Abb. 21

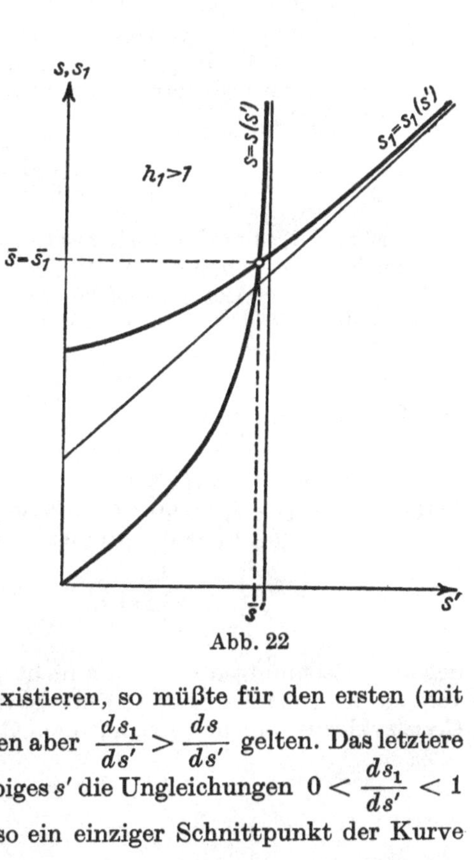

Abb. 22

Würden aber mehrere Schnittpunkte existieren, so müßte für den ersten (mit kleinstem s') $\frac{ds_1}{ds'} < \frac{ds}{ds'}$ für den folgenden aber $\frac{ds_1}{ds'} > \frac{ds}{ds'}$ gelten. Das letztere kann aber nicht richtig sein, da für beliebiges s' die Ungleichungen $0 < \frac{ds_1}{ds'} < 1$ und $\frac{ds}{ds'} > 1$ bestehen. Es existiert also ein einziger Schnittpunkt der Kurve (8.22) und (8.24) und somit ein einziger Fixpunkt der Transformation F für $0 < h_1 < 1$ und $0 < h_2 < 1$. Dieser ist obendrein stabil, da in ihm $0 < \frac{ds_1}{ds} < 1$ ist.

[1]) Die letzte Ungleichung folgt aus der Tatsache, daß die Steigungskoeffizienten der Asymptoten von (8.22) und (8.24) gleich $e^{\gamma_1 \pi}$ bzw. gleich 1 sind, d. h., die Asymptote von Kurve (8.22) verläuft steiler als die Asymptote von Kurve (8.24). Die Eigenschaften der Zuordnungsfunktion von Transformation F_1 sind dem vorangegangenen Paragraphen zu entnehmen.

Den gleichen Sachverhalt hat man auch für $0 < h_1 < 1$ und $h_2 > 1$, da das Bild der Funktion $s_1 = s_1(s')$ für $h_2 > 1$ die gleiche Form besitzt wie für $0 < h_2 < 1$.

Das LAMEREsche Diagramm für den Fall $h_1 > 1$ und beliebige $h_2 > 0$ ist in Abb. 22 dargestellt worden. Aus ihm geht hervor, daß für diese Parameterwerte h_1, h_2 ein einziger stabiler Fixpunkt der Punkttransformation F_0 vorhanden ist.

Auf Grund der angeführten Tatsache existiert für beliebige Parameterwerte $h_1 > 0$, $h_2 > 0$ in der Phasenebene ein einziger stabiler Grenzzyklus, dem sich für $t \to +\infty$ alle Phasentrajektorien nähern. Anders ausgedrückt, der Generator besitzt unter den in diesem Paragraphen verwendeten Voraussetzungen in bezug auf die Kennlinie und die Wahl des Arbeitspunktes der Röhre einen weichen Erregungsvorgang: Der einzige selbsterregte Schwingungsvorgang bildet sich unter beliebigen Anfangsbedingungen heraus.

Die Periode der selbsterregten Schwingung ergibt sich (in Einheiten der dimensionslosen Zeit) zu

$$\tau = 2\left[\frac{\bar{\tau}_1}{\omega_1} + \frac{\bar{\tau}_2}{\omega_2}\right].$$

$\bar{\tau}_1$ und $\bar{\tau}_2$ bedeuten dabei die Parameterwerte der Transformationen F_1 und F_2, die dem Fixpunkt entsprechen[1]).

Die numerische Lösung des transzendenten Gleichungssystems, das den Fixpunkt definiert (des Gleichungssystems (8.25) für $0 < h_1 < 1$, $0 < h_2 < 1$) soll hier nicht durchgeführt werden; derartige Darlegungen gehen über den Rahmen dieses Buches hinaus. Es werden nur drei Grenzfälle betrachtet:

1. Für $h_1 \to 0$ wird $\bar{\tau}_1 \to \pi$, $\bar{\tau}_2 \to 0$. Dabei läuft der Fixpunkt und mit ihm auch der Grenzzyklus ins Unendliche.

2. Für $h_2 \to 0$ ergibt sich $\bar{\tau}_1 \to 0$, $\bar{\tau}_2 \to \pi$. Man hat dann für die Koordinate des Fixpunktes $\bar{\tau}_1 \to 0$, und der Grenzzyklus entartet zum Kreis $x^2 + y^2 = 1$.

3. $h_1, h_2 \ll 1$ $(h_1, h_2 \to 0)$. In diesem Fall wird $\bar{\tau}_1$ durch die Gleichung

$$\bar{\tau}_1 - \sin \bar{\tau}_1 = \frac{\pi h_2}{h_1 + h_2} = \pi \frac{MS - RC}{MS}$$

definiert (Rechnungen sollen hier nicht angeführt werden, da diese mit denen vom vorangegangenen Paragraphen übereinstimmen). Für $\bar{\tau}_2$ gilt $\bar{\tau}_2 = \pi - \bar{\tau}_1$, der Grenzzyklus ist einem Kreis mit dem Radius

$$A = \frac{1}{\cos \frac{\bar{\tau}_1}{2}}$$

ähnlich, und die selbsterregten Schwingungen weichen nur wenig (in Einheiten der dimensionslosen Zeit) von einer Sinuslinie mit der Periode 2π ab.

---

[1]) Für $0 < h_1 < 1$, $0 < h_2 < 1$ sind $\bar{\tau}_1$ und $\bar{\tau}_2$ eindeutig durch das Gleichungssystem (8.25) festgelegt, in den übrigen Fällen sind diese Parameter durch ein System definiert, welches sich aus (8.25) ergibt, wenn die trigonometrischen durch entsprechende Hyperbelfunktionen ersetzt werden.

§ 4. Der Röhrengenerator mit verschobener $\lrcorner\!\ulcorner$-Kennlinie

In den beiden vorangegangenen Paragraphen waren Beispiele von Röhrengeneratoren mit weichem Erregungsvorgang untersucht worden. Nunmehr soll ein harter Erregungsvorgang von selbsterregten Schwingungen am Beispiel eines Röhrengenerators mit einem Schwingkreis im Anodenkreis und einer sogenannten verschobenen $\lrcorner\!\ulcorner$-Kennlinie betrachtet werden. Die Röhrenkennlinie wird hier (wie Kap. III, § 4) durch die $\lrcorner\!\ulcorner$-Kennlinie

$$i_a = \begin{cases} J_s & \text{für} \quad u_g > 0, \\ 0 & \text{für} \quad u_g < 0 \end{cases}$$

approximiert, wobei jedoch angenommen werden soll, daß im Gleichgewichtszustand der Schaltung die Röhre bei einer gewissen negativen Gittervorspannung $-U_g$ gesperrt ist (Abb. 23).

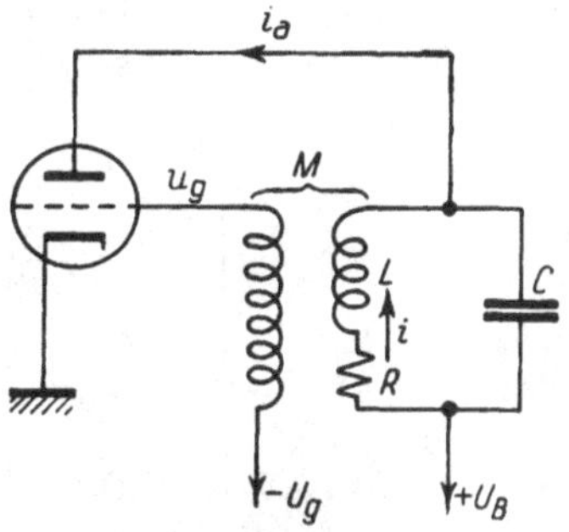

Abb. 23

1. Die Schwingungsgleichung und die Phasenebene

Die Schwingungsgleichung der zu untersuchenden Generatorschaltung läßt sich unter den gewöhnlichen, vereinfachenden Voraussetzungen (s. z. B. Kap. III, § 4) bekanntlich in der Gestalt

$$LC\frac{d^2i}{dt^2} + RC\frac{di}{dt} + i = \begin{cases} J_s & \text{für} \quad u_g > 0, \\ 0 & \text{für} \quad u_g > 0 \end{cases}$$

mit

$$u_g = -U_g - M\frac{di}{dt}$$

schreiben (s. (3.15)). Im weiteren sei $M < 0$ angenommen; denn es läßt sich zeigen, daß der Generator nur in diesem Fall selbsterregte Schwingungen ausführen kann.

Durch Einführung der neuen Veränderlichen

$$x = \frac{i}{J_s},$$

$$t_{\text{neu}} = \omega_0 t^{1)}$$

mit $\omega_0 = \frac{1}{\sqrt{LC}}$ erhält die Schwingungsgleichung des Generators die Form

$$\ddot{x} + 2h\dot{x} + x = \begin{cases} 1 & \text{für} \quad \dot{x} > b, \\ 0 & \text{für} \quad \dot{x} < b. \end{cases} \tag{8.26}$$

---

[1]) Im weiteren wird die Differentiation nach der neuen, dimensionslosen Zeit durch einen hochstehenden Punkt symbolisiert; die dimensionslose Zeit selbst wird einfach mit t bezeichnet.

Darin bedeutet $2h = \omega_0 RC$ die Dämpfung des Schwingkreises, außerdem wurde

$$b = \frac{U_g}{\omega_0 \, |M| \, J_s} \tag{8.26a}$$

gesetzt.

Durch die horizontale Gerade $y = b$ wird die $\dot{x}, y$-Phasenebene ($y = \dot{x}$) in die beiden Linearitätsbereiche (I) $y > b$ und (II) $y < b$ zerlegt (Abb. 24). In jedem dieser Bereiche hat eine lineare Gleichung Gültigkeit. Entlang der Geraden $y = b$ erfolgt nach dem Stetigkeitsprinzip die Verknüpfung der Phasentrajektorien in den Bereichen (I) und (II)[1]). Von dieser Geraden werden nun die Halbgeraden $S: y = b, x = -s$ mit $s > 2hb - 1$ und $S': y = b, x = s' > -2hb$ ausgesondert. Auf der zuerst genannten Halbgeraden treten die Phasentrajektorien für $y = b + 0$ und zunehmendes t in den Bereich (II), während sie auf der zweiten für $y = b - 0$ in den Bereich (II) gelangen. Vom Intervall $y = b$, $-2hb < x < 1 - 2hb$, das sich auf beiden Halbgeraden befindet, gelangen die Trajektorien sowohl (für $y = b + 0$) in den Bereich (I) als auch (für $y = b - 0$) in den Bereich (II). Diese angegebene Strecke soll im weiteren als „Intervall des Abstoßens" bezeichnet werden[2]).

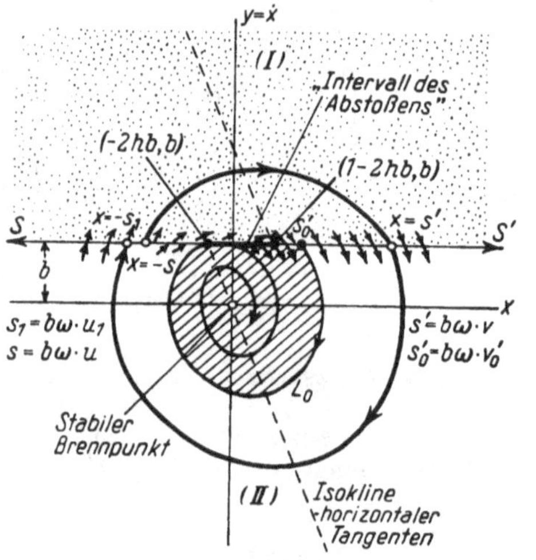

Abb. 24

Das betrachtete dynamische System (8.26) besitzt einen einzigen Gleichgewichtszustand der obendrein stabil ist, und zwar den Ursprung des Koordinatensystems (0, 0). Dieser ist für $h < 1$ Brennpunkt und für $h > 1$ Knoten. Man erkennt leicht, daß im zuletzt genannten Fall das System keine Grenzzyklen[3]) haben kann

[1]) Die Phasentrajektorien müssen überall, insbesondere auch auf der Geraden $y = b$, stetig sein. Die Begründung dieser Tatsache wurde in Kap. III, § 4 dargelegt.

[2]) Zur Erläuterung sei angeführt, daß es sich bei der Isokline der horizontalen Tangenten $\left(\frac{dy}{dx} = 0\right)$ im Bereich (II) um die Gerade $y = -2hx$ und im Bereich (I) um die Gerade $y = 1 - 2hx$ handelt. Links von der Isokline ist $\dot{y} > 0$ und rechts von ihr $\dot{y} < 0$.

Es sei auch bemerkt, daß sowohl in Punkten des „Abstoßungsintervalls" als auch auf der gesamten Geraden $y = b$ die Bildpunktbewegung nicht durch Gleichung (8.26) definiert ist; sie muß auf entsprechende Weise eine Ergänzung erfahren. In Punkten der Geraden $y = b$ außerhalb dieses Intervalls ist die Ergänzung trival: Der Bildpunkt verläßt die Gerade $y = b$ auf Trajektorien, die für $x < -2hb$ in den Bereich (I) und für $x > 1 - 2hb$ in den Bereich (II) laufen. Die Ergänzung der Bildpunktbewegung in den Punkten des „Abstoßungsintervalls" liegt weniger auf der Hand und soll an späterer Stelle erfolgen.

[3]) Für $h > 1$ gibt es im Bereich (II) zwei Integralgeraden, die aus dem Unendlichen kommen und durch einen Knotenpunkt laufen. Ein Grenzzyklus, wenn er existieren würde, müßte sich mit diesen Geraden schneiden, was unmöglich ist.

und demzufolge alle Trajektorien für $t \to +\infty$ zu dem stabilen Knotenpunkt streben werden. Das bedeutet nichts anderes, als daß der Generator keinerlei selbsterregte Schwingungen ausführen wird. Aus diesem Grund kann man sich im weiteren auf die Untersuchung des Falls $0 < h < 1$ beschränken.

2. Die Punkttransformation

Die Grenzzyklen müssen, wenn sie überhaupt vorhanden sind, den einzigen Gleichgewichtszustand — den Koordinatenursprung — umschließen; andererseits können diese Zyklen nicht vollständig nur im Bereich (I) oder nur im Bereich (II) liegen. Demnach werden sie bestimmt die Gerade $y = b$ und insbesondere auch die ausgewählte Halbgerade S schneiden. Zur Ermittlung der Grenzzyklen von Gleichung (8.26) genügt es deshalb, die Punkttransformation der Halbgeraden S in sich (mit der Folgefunktion $s_1 = f(s)$) zu betrachten, die von den Trajektorien dieser Gleichung vorgenommen wird (s. Abb. 24). Diese Transformation sei mit F bezeichnet. Es macht sich noch die Einführung von zwei weiteren Transformationen notwendig: die Transformation F_1, die den Übergang des Bildpunktes vom Punkt $(-s, b)$ der Halbgeraden S längs der entsprechenden Trajektorie im Bereich (I) in den Punkt (s', b) der Halbgeraden S' gewährleistet und die Transformation F_2, die den Punkt (s', b) längs einer Trajektorie im Gebiet (II) in den Punkt $(-s_1, b)$ (Abb. 24) der Halbgeraden S überführt. Die Gesamttransformation ergibt sich dann zu

$$F = F_1 \cdot F_2$$

Ohne Schwierigkeiten lassen sich nun die Parameterdarstellungen für die Zuordnungsfunktionen der Transformationen F_1 und F_2 aufstellen. Zu diesem Zweck betrachtet man die Trajektorie, die im Bereich (I) verläuft und für $t = 0$ in einem Punkt $(-s, b)$ der Halbgeraden S ihren Ausgang nimmt. Wegen (8.26) lautet dann die Gleichung dieser Trajektorie

$$x = 1 + e^{-ht}\left[-(1+s)\cos\omega t + \frac{b - h(1+s)}{\omega}\sin\omega t\right],$$

$$y = e^{-ht}\left[b\cos\omega t + \frac{1+s-hb}{\omega}\sin\omega t\right],$$

wobei

$$\omega = \sqrt{1-h^2}$$

gesetzt worden ist. Ein Bildpunkt, der sich entlang dieser Trajektorie bewegt, erreicht bestimmt (nach Verlauf einer Zeit t_1) im Punkt (s', b) die Halbgerade S'[1]. Für den zuletzt genannten Punkt gilt offensichtlich

$$s' = 1 + e^{-ht_1}\left[-(1+s)\cos\omega t_1 + \frac{b - h(1+s)}{\omega}\sin\omega t_1\right],$$

$$b = e^{-ht_1}\left[b\cos\omega t_1 + \frac{1+s-hb}{\omega}\sin\omega t_1\right].$$

[1]) Offensichtlich ist $s' > 1 - 2hb$, da die Phasentrajektorien im Bereich (I) für $x < 1 - 2hb$ von der Geraden $y = b$ ausgehen.

Werden diese Beziehungen nach s und s' aufgelöst, so entsteht die Zuordnungsfunktion für die Transformation F_1:

$$s = b\,\omega\,\frac{e^{\gamma\tau_1} - \cos\tau_1 + \gamma\sin\tau_1}{\sin\tau_1} - 1\,,$$

$$s' = b\,\omega\,\frac{e^{-\gamma\tau_1} - \cos\tau_1 - \gamma\sin\tau_1}{\sin\tau_1} + 1\,.$$

In diesen Gleichungen ist

$$\gamma = \frac{b}{\omega} = \frac{b}{\sqrt{1-h^2}}\,,$$

außerdem bedeutet $\tau_1 = \omega t_1$ die reduzierte Zeit, die der Bildpunkt für das Durchlaufen des Gebietes (I) benötigt. Führt man nun

$$u = \frac{s}{b\,\omega} \quad \text{und} \quad v = \frac{s'}{b\,\omega}$$

ein, so gewinnt die Zuordnungsfunktion für die Transformation F_1 die einfachere Gestalt

$$\begin{aligned} u &= \frac{e^{\gamma\tau_1} - \cos\tau_1 + \gamma\sin\tau_1}{\sin\tau_1} - a\,,\\ v &= \frac{e^{-\gamma\tau_1} - \cos\tau_1 - \gamma\sin\tau_1}{\sin\tau_1} + a \end{aligned} \tag{8.27}$$

mit

$$a = \frac{1}{b\,\omega} = \frac{\omega_0\,|M|\,J_s}{U_g\sqrt{1-h^2}}\,.$$

Ganz analog findet man die Zuordnungsfunktion für die Transformation F_2 der Punkte $(b\,\omega\,v,\, b)$ der Halbgeraden (S') in die Punkte $(-b\,\omega\,u_1,\, b)$ der Halbgeraden (S):

$$\begin{aligned} u_1 &= -\frac{e^{-\gamma\tau_2} - \cos\tau_2 - \gamma\sin\tau_2}{\sin\tau_2}\,,\\ v &= -\frac{e^{\gamma\tau_2} - \cos\tau_2 + \gamma\sin\tau_2}{\sin\tau_2}\,. \end{aligned} \tag{8.28}$$

Hier bedeutet $\tau_2 = \omega t_2$ die reduzierte Zeit, die der Bildpunkt zum Durchlaufen des Gebietes (II) benötigt.

Die Untersuchung der Zuordnungsfunktion (8.27) verläuft ganz analog zur Untersuchung der Funktion (8.8) (s. § 2). Ohne Schwierigkeiten kann gezeigt werden, daß der Parameter der Transformation F_1 im Intervall $0 < \tau_1 < \pi$ variiert, wobei u bei einer τ_1-Änderung von 0 bis π monoton von $u_0 = 2\gamma - a$ bis $+\infty$ und v von $v_0 = a - 2\gamma$ bis $+\infty$ wächst (die Anfangspunkte der Kurven (8.27) liegen augenscheinlich für verschiedene Werte des Parameters a auf der Geraden $u + v = 0$). Desweiteren hat man für $0 < \tau_1 < \pi$

$$\frac{du}{dv} = \frac{1 - e^{\gamma\tau_1}(\cos\tau_1 - \gamma\sin\tau_1)}{1 - e^{-\gamma\tau_1}(\cos\tau_1 + \gamma\sin\tau_1)} > 0,$$

$$\frac{d^2u}{dv^2} = \frac{2(1+\gamma^2)\sin^3\tau_1(\sinh\gamma\tau_1 - \gamma\sin\tau_1)}{[1 - e^{-\gamma\tau_1}(\cos\tau_1 + \gamma\sin\tau_1)]^3} > 0,$$

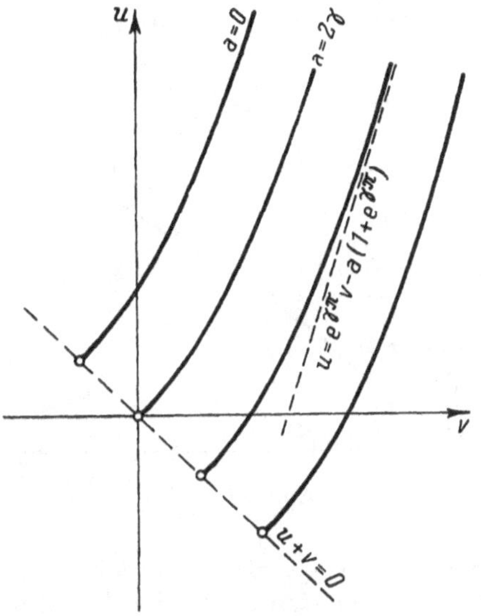

Abb. 25

d.h., bei einer τ_1-Änderung von 0 bsi π wächst die Ableitung $\frac{du}{dv}$ monoton von $\left(\frac{du}{dv}\right)_{\tau_1=0} = 1$ bis $\left(\frac{du}{dv}\right)_{\tau_1=\pi} = e^{\gamma\pi} > 1$. Die Kurve (8.27) besitzt schließlich für $\tau_1 \to \pi$ die Asymtote

$$u = e^{\gamma\pi}v - a(1 + e^{\gamma\pi}).$$

In Abb. 25 ist die Kurvenschar (8.27) für einen festen γ-Wert und für verschiedene Werte des Parameters $a \geqq 0$ dargestellt worden. Die Kurven für $a > 0$ werden aus der Kurve mit $a = 0$ durch eine Verschiebung um a nach rechts und nach unten erhalten.

Indem man zur Untersuchung der Zuordnungsfunktion (8.28) übergeht, läßt sich sofort feststellen, daß ein Bildpunkt, der sich längs einer spiralförmigen Trajektorie im Bereich (II) bewegt (entsprechend der Transformation F_2 der Halbgeraden S' in die Halbgerade S), mehr als einen halben, aber weniger als einen ganzen Umlauf um den stabilen Brennpunkt (0,0) ausführen muß. Der Radiusvektor r des Bildpunktes dreht sich nämlich um einen Winkel, der größer als π aber kleiner als 2π ist. Dabei wird dieser Winkel um so kleiner sein, je größer die Ausmaße der jeweiligen Trajektorie sind, je größer also s' und s_1 ausfallen. Aus diesem Grunde wird (s. Kap. I, § 4) der Parameter τ_2 der Transformation F_2 offensichtlich im Intervall $\pi < \tau_2 < 2\pi$ liegen, wobei einer Abnahme von τ_2 ein monotones Anwachsen von v und u_1 entspricht (für $\tau_2 \to \pi + 0$ gilt $v, u_1 \to +\infty$). Es werden jedoch nicht alle Punkte der Halbgeraden S' durch Trajektorien aus dem Bereich (II) in Punkte der Halbgeraden S transformiert. Zeichnet man im Bereich (II) die Phasentrajektorie L_0, die den Punkt $(-2hb, b)$ durchläuft, so wird durch die Kurve ein solches Gebiet ausgesondert (in Abb. 24 ist dieses schraffiert angegeben), daß die Trajektorien im Inneren desselben nicht mehr die Gerade $y = b$ erreichen können; sie umwinden vielmehr den stabilen Brennpunkt. Man bezeichne mit s_0' die Abszisse des Schnittpunktes der Trajektorie L_0 mit der Halbgeraden S' (Abb. 24). Augenscheinlich werden dann die Punkte der Halbgeraden S', für die $-2hb < x < s_0'$ gilt, nicht mehr durch die

Trajektorien aus dem Bereich (II) in Punkte der Halbgeraden S transformiert. Die reduzierte Durchlaufzeit $\tau_{0,2}$ wird für den Punkt $s' = s'_0$ $\left(\text{oder } v = v_0 = \frac{s'_0}{b\omega}\right)$ durch die Gleichung

$$-s_1(\tau_{0,2}) = -2hb \quad \text{oder} \quad u_1(\tau_{0,2}) = 2\gamma$$

und schließlich durch

$$1 - e^{\gamma\tau_{0,2}}(\cos\tau_{0,2} - \gamma\sin\tau_{0,2}) = 0$$

definiert. Es ist klar, daß $\pi < \tau_{0,2} < 2\pi$ gilt. Die graphische Lösung dieser Gleichung ist in Abb. 26 dargestellt worden.

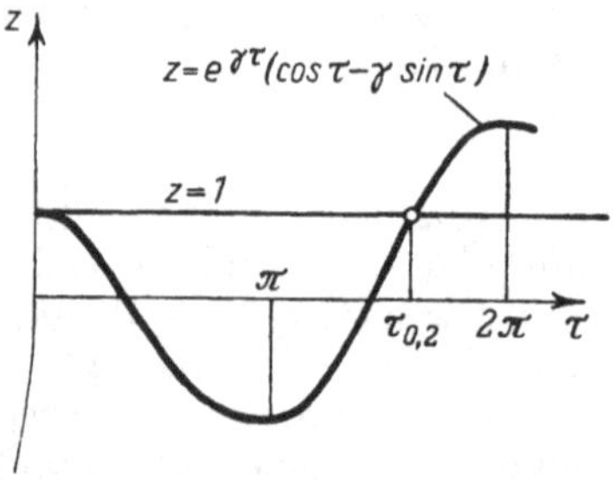

Abb. 26

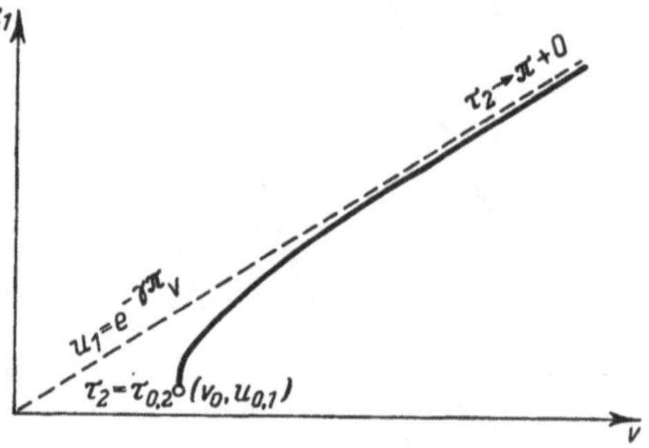

Abb. 27

Ändert sich also der Transformationsparameter τ_2 von $\tau_{0,2}$ bis π, so ergeben sich alle Punkte der Halbgeraden S', die durch die Transformation F_2 mit den Punkten der Halbgeraden S verbunden sind. Verkleinert sich dabei τ_2 von $\tau_{0,2}$ bis π, so wächst u_1 monoton von $u_{0,1} = 2\gamma$ bis $+\infty$ und v von

$$v_0 = v(\tau_{0,2}) = -2\,\frac{\sinh\gamma\tau_{0,2}}{\sin\tau_{0,2}} > 0 \quad \text{auch monoton}$$

bis $+\infty$.

$$\frac{du_1}{dv} = \frac{1 - e^{-\gamma\tau_2}(\cos\tau_2 + \gamma\sin\tau_2)}{1 - e^{\gamma\tau_2}(\cos\tau_2 - \gamma\sin\tau_2)} > 0$$

fällt ebenfalls monoton von $+\infty$ (für $\tau_2 = \tau_{0,2}$ bis $e^{-\gamma\pi}$ (für $\tau \to \pi$), da bei $\pi < \tau_2 < \tau_{0,2}$

$$\frac{d^2u_1}{dv^2} = \frac{2(1+\gamma^2)\sin^3\tau_2\,(\sinh\gamma\,\tau_2 - \gamma\sin\tau_2)}{[1 - e^{\gamma\tau_2}(\cos\tau_2 - \gamma\sin\tau_2)]^3} < 0$$

gilt. Für $\tau_2 \to \pi$ hat die Kurve (8.28) die Asymptote $u_1 = e^{-\gamma\pi}v$. Das Bild der Zuordnungsfunktion (8.28) für die Transformation F_2 ist in Abb. 27 dargestellt worden.

3. *Fixpunkte und Grenzzyklen*

Zur Ermittlung der Fixpunkte der Transformation $F = F_1 \cdot F_2$ (und folglich auch der Grenzzyklen) und zur Bestimmung ihrer Stabilität, hat man in einer Ebene die Bilder der Zuordnungsfunktionen (8.27) und (8.28) zu konstruieren. Auf der einen Achse wird dabei v und auf der anderen u und u_1 abgetragen. Man betrachtet nun die auf diese Weise erhaltenen LAMEREschen Diagramme für ein festes γ und verschiedene Werte des Parameters $a \geqq 0$ (Abb. 28).

Für $a = 2\gamma$ schneidet (8.27) offensichtlich die Kurve (8.28) nicht[1]). Desweiteren hängt die Kurve (8.28) nicht vom Parameter a ab, während die Kurve (8.27) bei Zunahme von a nach rechts verschoben wird und sich dabei beliebig weit entfernt. Aus diesem Grunde werden bei Zunahme des Parameters a nacheinander die Fälle (a), (b), (c), (d) und (e) realisiert, die in Abb. 28 dargestellt worden sind.

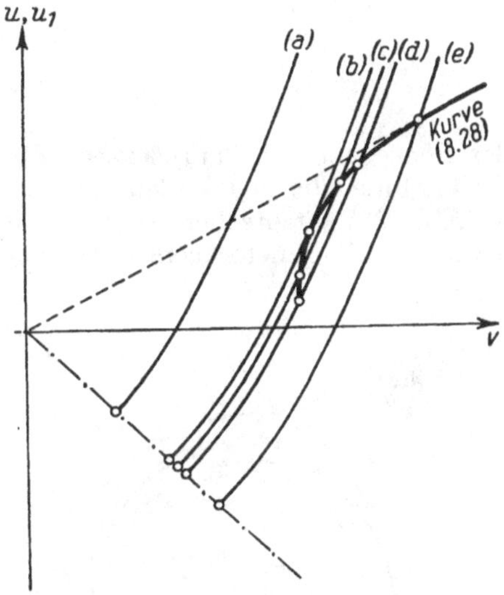

Abb. 28

Die Schnittpunkte der Kurven (8.27) und (8.28) (ihre Koordinaten seien mit $\bar{u}$, $\bar{v}$ bezeichnet, die entsprechenden Werte für τ_1, τ_2 sollen $\bar{\tau}_1$ und $\bar{\tau}_2$ genannt werden) definieren die Fixpunkte der Transformation F und somit auch die Grenzzyklen des betrachteten dynamischen Systems in der Phasenebene[2]). Analytisch sind die Fixpunkte durch das folgende Gleichungssystem definiert:

$$\frac{e^{\gamma\tau_1} - \cos\tau_1}{\sin\tau_1} - a = \frac{\cos\tau_2 - e^{-\gamma\tau_2}}{\sin\tau_2}, \quad (8.29)$$

$$\frac{e^{-\gamma\tau_1} - \cos\tau_1}{\sin\tau_1} + a = \frac{\cos\tau_2 - e^{\gamma\tau_2}}{\sin\tau_2}$$

$$(0 < \bar{\tau}_1 < \pi, \ \pi < \bar{\tau}_2 < \tau_{0,2} < 2\pi).$$

Es wird aus den Parameterdarstellungen der Zuordnungsfunktionen (8.27) und (8.28) gewonnen, wenn die Ausdrücke für v gleichgesetzt werden ($v = \bar{v}$) und außerdem $u_1 = u$ gesetzt wird.

---

1) Für $a \leqq 2\gamma$ verläuft die Kurve (8.27) oberhalb der Halbierenden $u = v$, während die Kurve (8.28) stets unter ihrer Asymptote $u_1 = e^{-\gamma\pi} v$ und somit auch unter $u_1 = v$ liegt.

2) Ohne Schwierigkeiten erkennt man, daß die Kurven (8.27) und (8.28) nicht mehr als zwei Schnittpunkte besitzen können. Wäre nämlich die Anzahl der Schnittpunkte dieser Kurve größer als zwei, so bestünden für den zweiten und dritten Schnittpunkt (wenn man sie in Richtung von zunehmenden $\bar{v}$ rechnet) die Ungleichungen

$$\left(\frac{du_1}{dv}\right)_{v=\bar{v}_2} < \left(\frac{du}{dv}\right)_{v=\bar{v}_2} \quad \text{und} \quad \left(\frac{du_1}{dv}\right)_{v=\bar{v}_3} > \left(\frac{du}{dv}\right)_{v=\bar{v}_3},$$

was aber unmöglich ist, da mit wachsendem v die Ableitung $\frac{du_1}{dv}$ abnimmt, $\frac{du}{dv}$ aber wächst.

Liegen zwei Fixpunkte vor (s. Fall (c) von Abb. 28), so gilt für den ersten (mit kleineren $\bar{u} = \bar{u}_{(1)}$, $\bar{v} = \bar{v}_1$, $\bar{\tau}_1$ und größerem $\bar{\tau}_2$)

$$\left(\frac{du_1}{du}\right)_{v=\bar{v}_1} = \left(\frac{du_1}{dv}\right)_{v=\bar{v}_1} : \left(\frac{du}{dv}\right)_{v=\bar{v}_1} > 1,$$

während man für den zweiten $(\bar{u} = \bar{u}_{(2)} > u_{(1)},\ \bar{v} = \bar{v}_2 > \bar{v}_1)$

$$0 < \left(\frac{du_1}{du}\right)_{v=\bar{v}_2} = \left(\frac{du_1}{dv}\right)_{v=\bar{v}_2} : \left(\frac{du}{dv}\right)_{x=\bar{v}_2} < 1$$

hat. Das bedeutet nichts anderes, als daß der erste Fixpunkt instabil und der zweite stabil ist. Liegt jedoch nur ein Fixpunkt der Transformation F vor (der Fall (e) von Abb. 28), so ist dieser stets stabil, da für ihn die Stabilitätsbedingung

$$0 < \left(\frac{du_1}{du}\right)_{v=\bar{v}} < 1$$

erfüllt ist.

Die unterschiedlichen Zerlegungsformen der Phasenebene in Trajektorien für einen Röhrengenerator mit verschobener ⌠-Kennlinie, die den Fällen (a), (b), (c), (d) und (e) der Lamereschen Diagramme (Abb. 28) entsprechen, sind in den Abb. 29—33 angegeben worden. In Abb. 34 ist die γ, a-Parameterebene des Gene-

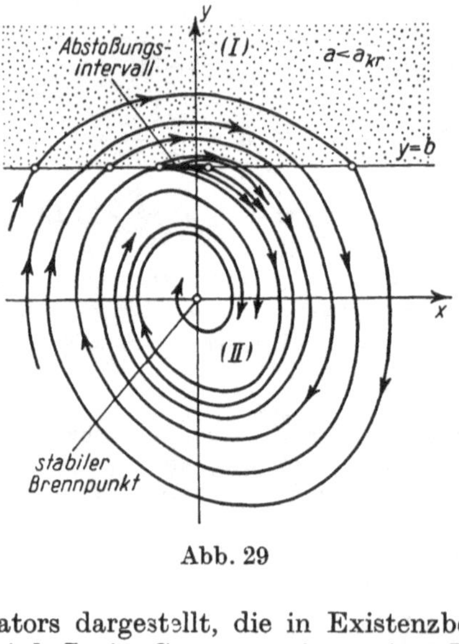

Abb. 29

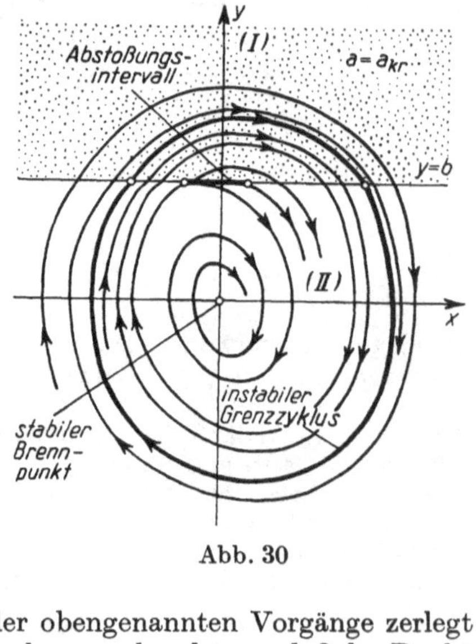

Abb. 30

rators dargestellt, die in Existenzbereiche der obengenannten Vorgänge zerlegt wird. Ist im Generator eine geringe Rückkoppelung vorhanden, so daß der Punkt (γ, a) im nichtschraffierten Gebiet der Parameterebene liegt (Abb. 34), welches dem Lamereschen Diagramm (a) entspricht, so verlaufen die Phasentrajektorien zu dem stabilen Gleichgewichtszustand (0,0). Dieser Zustand bildet sich demzufolge unter beliebigen Anfangsbedingungen heraus (Abb. 29). Bei einer kritischen Kopplung (für $a = a_{kr} = f(\gamma)$) erscheint in der Phasenebene ein halbstabiler Grenzzyklus (Abb. 30), der dem Berührungspunkt der Kurven im LAMEREschen Diagramm (b) von Abb. 28 zugeordnet ist. Dieser Grenzzyklus zerfällt bei einer beliebig kleinen

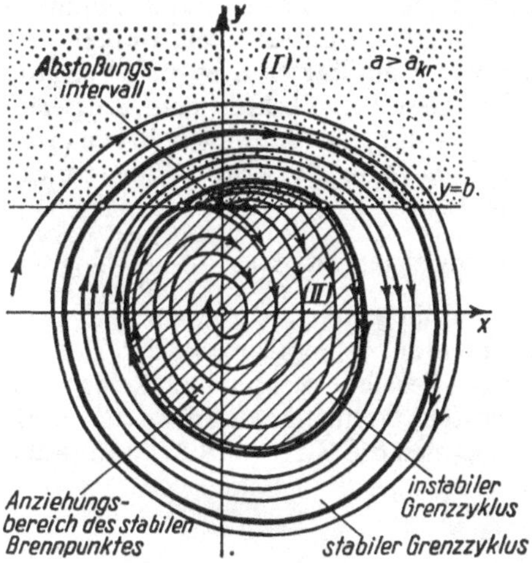

Abb. 31

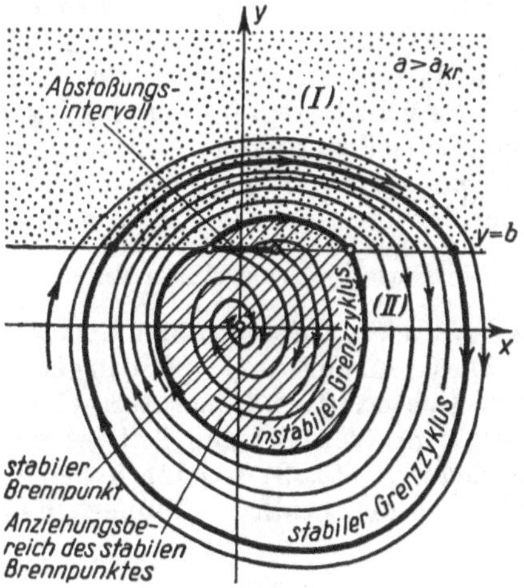

Abb. 32

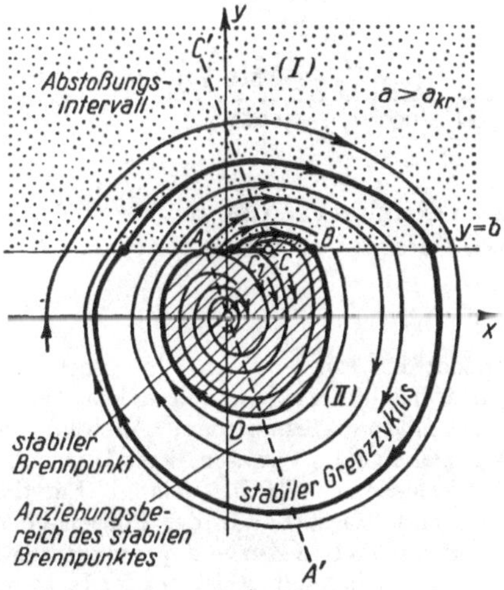

Abb. 33

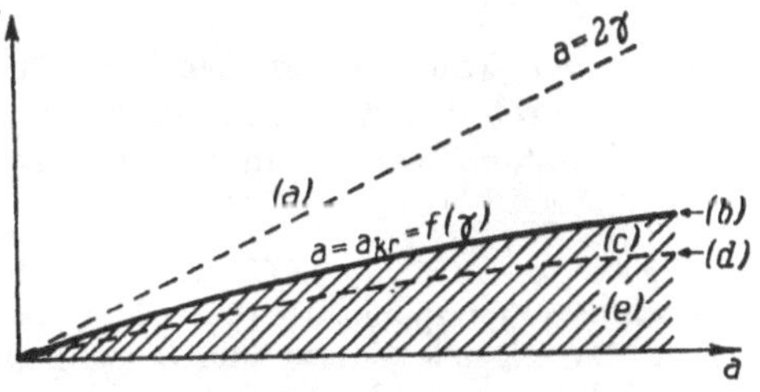

Abb. 34

Zunahme der Rückkoppelung (bei einer geringen Zunahme des Parameters a) in zwei Grenzzyklen, von denen der eine stabil und der andere instabil ist (Abb. 31). Bei weiterer Vergrößerung des Parameters a verringern sich die Ausmaße des instabilen Grenzzyklus, und für einen zweiten Bifurkationswert dieses Parameters $\left(a = a_{kr(2)} = f_1(\gamma)\right)$, der der Kurve (d) von Abb. 34 und dem LAMEREschen Diagramm (d) entspricht, fällt der instabile Grenzzyklus mit dem Intervall des Abstoßens zusammen (Abb. 32). In Abb. 33 ist schließlich die Zerlegung der Phasenebene in Trajektorien für $a > f_1(\gamma)$ angegeben, wenn der Punkt (γ, a) im Gebiet (e) von Abb. 34 liegt und die Punkttransformation einen einzigen Fixpunkt besitzt [Lameresches Diagramm (e)].

Für $a < a_{kr} = f(\gamma)$ kann also der Generator keinerlei selbsterregte Schwingungen ausführen; für Werte $a > a_{kr} = f(\gamma)$, die dem schraffierten Gebiet von Abb. 34 zugeordnet sind, findet jedoch im Generator ein harter Erregungsvorgang für die selbsterregten Schwingungen statt: Im Generator bildet sich ein periodischer (selbsterregter) Vorgang nur unter den Anfangsbedingungen heraus, die Bildpunkten außerhalb des instabilen Grenzzyklus (Abb. 31) oder außerhalb des schraffierten Gebietes von Abb. 33 entsprechen[1]).

Die Periode der stabilen selbsterregten Schwingungen ist $\tau = \frac{\bar{\tau}_1 + \bar{\tau}_2}{\omega}$, wobei $\bar{\tau}_1$ und $\bar{\tau}_2$ Lösungen des Systems (8.29) bedeuten[2]).

Die Grenzkurve $a_{kr} = f(\gamma)$ in der Parameterebene des Generators, die den Bereich des nichterregten Generators (Bereich a) vom Bereich des harten Erregungsvorganges (dem übrigen Teil des ersten Quadranten) trennt, ist offenbar durch die Gleichungen (8.29) und durch die Bedingung, daß sich die Kurven (8.27) und (8.28) für $a = a_{kr}$ berühren, definiert. Es muß also

$$\left(\frac{du_1}{dv}\right)_{v=\bar{v}} = \left(\frac{du}{dv}\right)_{v=\bar{v}}$$

oder

$$\frac{1 - e^{\gamma\bar{\tau}_1}(\cos\bar{\tau}_1 - \gamma\sin\bar{\tau}_1)}{1 - e^{-\gamma\bar{\tau}_1}(\cos\bar{\tau}_1 + \gamma\sin\bar{\tau}_1)} = \frac{1 - e^{-\gamma\bar{\tau}_2}(\cos\bar{\tau}_2 + \gamma\sin\bar{\tau}_2)}{1 - e^{\gamma\bar{\tau}_2}(\cos\bar{\tau}_2 - \gamma\sin\bar{\tau}_2)}$$

gelten. Auch kann gezeigt werden, daß diese Grenzkurve (die Kurve (b) von Abb. 34) durch den Koordinatenursprung der a, γ-Parameterebene führt und daß a_{kr} bei Zunahme von γ monoton wächst.

---

[1]) Die geschlossene Kurve AC_1BDA von Abb. 33 macht den Rand des Anziehungsbereichs des stabilen Brennpunktes (0,0) aus. Man hat auch instabile Grenzzyklen zu berücksichtigen. wenn der folgende Zusatz zum Bewegungsgesetz des Bildpunktes auf dem „Abstoßungsintervall" AC angegeben wird: Der Bildpunkt bewegt sich in allen Punkten dieses Intervalls nach rechts, mit Ausnahme von C_1, wo er auf die Trajektorie C_1BDA gelangt. Für die Nützlichkeit einer solchen Ergänzung spricht die folgende Tatsache: In der Phasenebene eines Generators mit einer Kennlinie, die durch eine glatte, stetige Kurve approximiert ist, und sich beliebig wenig von einer $\int$-Kennlinie unterscheidet, handelt es sich bei der Isokline der horizontalen Tangenten um eine stetige Kurve, die nahe beim Kurvenzug $A'ABC_1$ verläuft, während der instabile Grenzzyklus dicht bei der geschlossenen Kurve AC_1BDA liegt.

[2]) Besitzt das System zwei Lösungen für τ_1 und τ_2, die den Ungleichungen $0 < \bar{\tau}_1 < \pi$, $\pi < \bar{\tau}_2 < \tau_2 < 2\pi$ genügen (Fall (c) von Abb. 28) so muß man offensichtlich für die Berechnung der Periode der periodischen Generatorschwingungen den größeren der beiden Werte von $\bar{\tau}_1$ und den kleineren von $\bar{\tau}_2$ verwenden.

4. *Kleine a und γ*

Es sollen nun die Näherungsausdrücke für Periode und Amplitude der selbsterregten Schwingungen im Fall ausreichend kleiner a und $\gamma (a, \gamma \ll 1)$ ermittelt werden. Zu diesem Zweck schreibt man die Gleichungen (8.29) in der Gestalt

$$\frac{\cosh \gamma \tau_1 - \cos \tau_1}{\sin \tau_1} = -\frac{\cosh \gamma \tau_2 - \cos \tau_2}{\sin \tau_2},$$

$$\frac{\sinh \gamma \tau_1}{\sin \tau_1} - a = \frac{\gamma \tau_2}{\sin \tau_2}.$$

Für $\gamma, a \ll 1$ entsteht dann

$$\frac{1 - \cos \tau_1}{\sin \tau_1} = -\frac{1 - \cos \tau_2}{\sin \tau_2},$$

$$\frac{\gamma \tau_1}{\sin \tau_1} - a = \frac{\gamma \tau_2}{\sin \tau_2},$$

woraus $\bar{\tau}_1 + \bar{\tau}_2 = 2\pi$ folgt. Die Periode der selbsterregten Schwingungen ist also näherungsweise gleich 2π.

$\bar{\tau}_1$ genügt der Gleichung

$$\sin \bar{\tau}_1 = \frac{2\pi\gamma}{a},$$

die nur für $\frac{2\pi\gamma}{a} < 1$ die beiden reellen Wurzel $(\bar{\tau}_1)_1$ und $(\bar{\tau}_1)_2$ $(0 < (\bar{\tau}_1)_1 < \frac{\pi}{2}$, $\frac{\pi}{2}, < (\tau_1)_2 < \pi)$ besitzt.

Hieraus folgt

$$a_{kr} = 2\pi\gamma.$$

Die Radien der Grenzzyklen (die Zyklen sind nahezu kreisförmig) lassen sich ohne Schwierigkeiten zu

$$R = \frac{b}{\cos \frac{\bar{\tau}_1}{2}} = \frac{\sqrt{2}\, b}{\sqrt{1 + \cos \bar{\tau}_1}} = \frac{\sqrt{2}\, b}{\sqrt{1 \mp \sqrt{1 - \left(\frac{2\pi\gamma}{a}\right)^2}}}$$

berechnen. Dem stabilen Grenzzyklus entspricht dabei die größere der beiden Lösungen für $\bar{\tau}_1 \left(\frac{\pi}{2} < \bar{\tau}_1 < \pi\right)$ und das Minuszeichen in dem Ausdruck für den Radius des Grenzzyklus.

§ 5. Röhrengenerator mit zweifachem RC-Glied

Zwei Generatorschaltungen mit zweifachem RC-Glied (Doppeltriode mit Kathodenwiderstand und Pentode in Transitronschaltung) sind in Abb. 35 dargestellt worden[1]). Die Untersuchung ihrer selbsterregten Schwingungen wurde

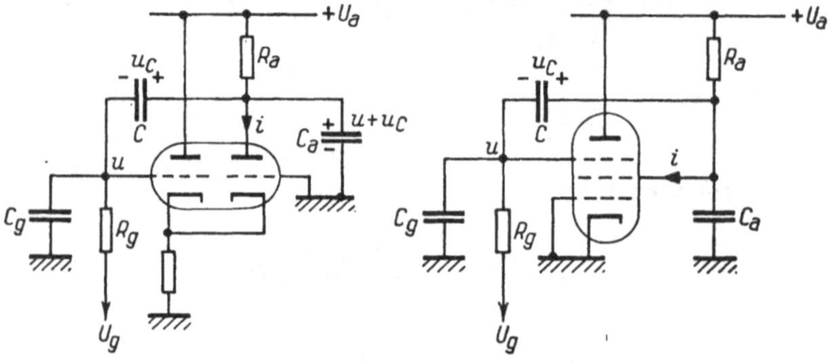

Abb. 35

bereits bei Verwendung der Isoklinenmethode in Kap. V, § 12 vorgenommen. Unter der Annahme, daß es sich bei C_a und C_g um kleine, parasitäre Kapazitäten handelt, stellen diese Schaltungen Multivibratoren mit einem einfachen RC-Glied dar (s. Kap. IV, § 7).

Damit beide Schaltungen als Generatoren arbeiten können, ist es von Bedeutung, daß die Kennlinie, die die Abhängigkeit der Stromstärke i von der Spannung u an der steuernden Elektrode der Röhre (oder der Röhrengruppe) zum Ausdruck bringt, einen fallenden Bereich besitzt. Im weiteren wird, wie früher, die Anodenrückwirkung vernachlässigt, es wird also angenommen, daß i nur von u abhängt ($i = i(u)$). Im Gegensatz zu Kap. V, § 12 soll jetzt, damit die Methode der Punkttransformationen für die Untersuchungen des Generators angewendet werden kann, diese Abhängigkeit durch eine stückweise lineare Funktion approximiert werden; ihr Bild ist in Abb. 36 dargestellt worden. In diesem Zusammenhang soll zwecks weiterer Vereinfachung des Problems die Gittervorspannung U_g so gewählt werden, daß der Arbeitspunkt der Röhre, der dem Gleichgewichtszustand entspricht, in der Mitte des fallenden Kennlinienbereiches liegt.

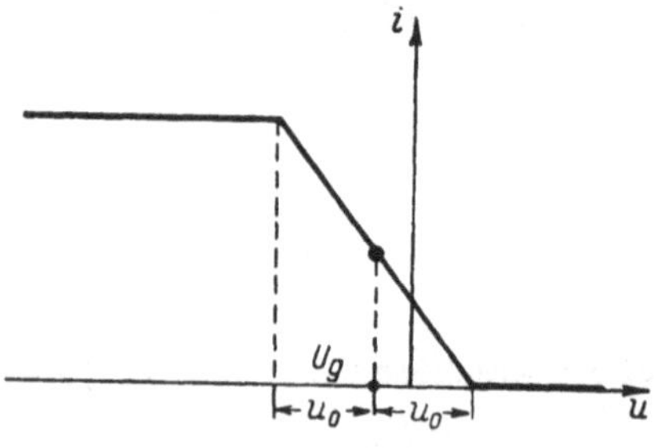

Abb. 36

Die Schwingungsgleichung des betrachteten Generators mit doppeltem RC-Glied läßt sich, wie in Kap. V, § 12 festgestellt werden konnte, in folgender Gestalt

[1]) Eine der Kapazitäten C_a und C_g braucht nicht vorhanden zu sein.

schreiben:

$$\begin{aligned} \mu \dot{x} &= -x - y - K\varphi(x), \\ \dot{y} &= x. \end{aligned} \tag{8.30}$$

In diesen Gleichungen bedeuten x und y Veränderliche, die mit den Spannungen u und u_c durch die Beziehungen

$$\begin{aligned} u &= U_g + u_0 x, \\ u_c &= U_a - U_g - R_a i(U_g) + u_0 \frac{C_g}{C} x + u_0 \left[1 + \frac{C_g}{C} + \frac{Ra}{Rg}\left(1 + \frac{Ca}{C}\right)\right] y \end{aligned}$$

verknüpft sind (für u_0 wurde die halbe „Länge" des fallenden Kennlinienbereiches gewählt; s. Abb. 36).

$$\varphi(x) = \frac{1}{u_0 S}\{i(U_g + u_0 x) - i(U_g)\} = \begin{cases} +1 & \text{für} \quad x < -1, \\ -x & \text{für} \quad |x| \leqq 1, \\ -1 & \text{für} \quad x > +1 \end{cases}$$

bedeutet die normierte (dimensionslose) Kennlinie der Röhre (oder der Röhrengruppe)[1]). Der Punkt über den Formelzeichen bedeutet Differentiation nach der dimensionslosen Zeit

$$t = \frac{t_{\text{mit Dimension}}}{R_a(C + C_a) + R_g(C + C_g)}.$$

Außerdem sind

$$K = \frac{S R_a}{1 + \frac{C_g}{C} + \frac{R_a}{R_g} + \left(1 + \frac{C_a}{C}\right)},$$

$$\mu = \frac{R_a}{R_g} \frac{\frac{C_a}{C} + \frac{C_g}{C} + \frac{C_a}{C}\frac{C_g}{C}}{\left[1 + \frac{C_g}{C} + \frac{R_a}{R_g}\left(1 + \frac{C_a}{C}\right)\right]^2}.$$

dimensionslose Parameter $\left(K > 0 \text{ und } \mu < \frac{1}{4}\right)$.[2])

Das Gleichungssystem (8.30) ist der Gleichung

$$\mu \ddot{x} + [1 + K\varphi'(x)]\dot{x} + x = 0$$

äquivalent. Ein Röhrengenerator mit doppeltem RC-Glied entspricht bei stückweiser linearer Approximation der Kennlinie der Röhrengruppe dem dynamischen

[1]) Unter S hat man den absoluten Betrag der Steilheit des fallenden Kennlinienbereichs $i = i(u)$ zu verstehen.

[2]) Die letzte Ungleichung steht mit der Tatsache im Zusammenhang, daß in zweigliedrigen RC-Ketten (in einem Generator mit ausgeschalteter Röhre, d. h. mit $K = 0$) alle Prozesse aperiodisch gedämpft verlaufen.

System, das bereits im § 3 des vorliegenden Kapitels untersucht wurde. Mit Rücksicht darauf, daß die Schwingungen des Generators ausführlich untersucht werden sollen, die nahezu unstetig sind (sie sind für C_a, $C_g \ll C$, d. h. für $0 < \mu \ll 1$ möglich), wird nochmals eine kurze Untersuchung dieses dynamischen Systems vorgenommen. Dabei soll jetzt von den Gleichungen (8.30) ausgegangen werden, deren Form für den vorliegenden Zweck sehr brauchbar ist. Auch soll nur der Fall des selbsterregten Generators betrachtet werden; $K > 1$ sei also angenommen.

1. Phasenebene und Punkttransformation

Genau wie im § 3 des vorliegenden Kapitels wird hier die x, y-Phasenebene des betrachteten dynamischen Systems (8.30) durch die Geraden $x = +1$ und $x = -1$ in die drei Bereiche (I), (II) und (III) zerlegt, in denen jeweils die linearen Gleichungen (8.30) gelten (Abb. 37). Bei den Trajektorien handelt es sich sowohl auf den Begrenzungen der Linearitätsbereiche als auch in der gesamten Phasenebene um stetige Kurven. Außerdem verläuft die Zerlegung der x, y-Ebene in Trajektorien in bezug auf den Koordinatenursprung symmetrisch, der Gleichgewichtszustand ist. Dies folgt aus der Symmetrie der Gleichungen (8.30).

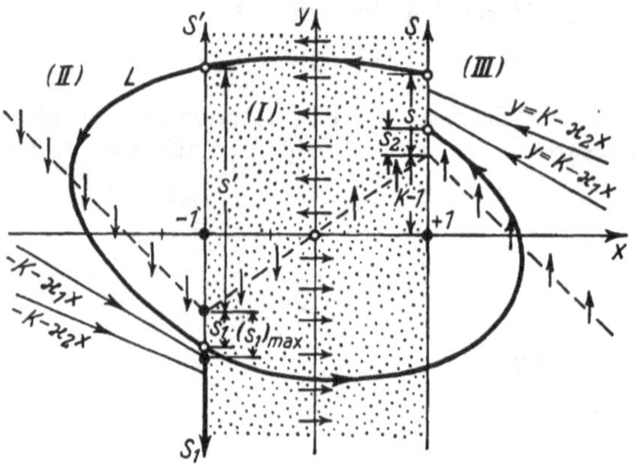

Abb. 37

Die qualitative Untersuchung des Systems (8.30) verläuft völlig analog zu der des Systems (5.89), die in Kap. V, § 12 durchgeführt wurde. Die Ordinatenachse ($x = 0$) ist Isokline der horizontalen Tangente (dort gilt $\dot{y} = 0$), während es sich bei dem Kurvenzug

$$y = -x - K\varphi(x)$$

um die Isokline der vertikalen Tangente handelt (auf ihr ist $\dot{x} = 0$). In den Bereichen (II) und (III) gibt es zwei geradlinige Trajektorien $y = \mp K - \chi_{1,2}x$, wobei die $\chi_{1,2}$ (sowohl dem Vorzeichen als auch dem Betrag nach) reziproke Werte der Wurzeln der Gleichung

$$\mu\lambda^2 + \lambda + 1 = 0 \tag{8.31}$$

bedeuten. Diese Gleichung ist charakteristische Gleichung für das System (8.30) in den Bereichen (II) und (III); deshalb sind χ_1 und χ_2 positive Zahlen.

Der einzige Gleichgewichtszustand befindet sich im Gebiet (I); es ist der Koordinatenursprung (0,0). Da im Bereich (I) die charakteristische Gleichung des Systems (8.30) in der Form

$$\mu\lambda^2 - (K - 1)\lambda + 1 = 0 \tag{8.32}$$

geschrieben werden kann, wird dieser Gleichgewichtszustand für $K > 1$ instabil sein. Er ist für $4\mu > (K-1)^2$ Brennpunkt und für $4\mu < (K-1)^2$ Knoten[1].

Da im Unendlichen stets Instabilität vorliegt, gibt es in der Phasenebene für $K > 1$ wenigstens einen (stabilen) Grenzzyklus, der in bezug auf den Koordinatenursprung symmetrisch verläuft. Auf der Grundlage der Ergebnisse von § 3 dieses Kapitels darf behauptet werden, daß dieser Grenzzyklus der einzige ist.

Das Aufsuchen dieses Grenzzyklus soll nun auf die Untersuchung einer Punkttransformation zurückgeführt werden. Da der Grenzzyklus symmetrisch verläuft[2], muß er den Gleichgewichtszustand (0,0) umschließen; auch kann er nicht vollständig im Bereich (I) liegen. Der Zyklus wird vielmehr in allen drei Linearitätsbereichen verlaufen, wobei er insbesondere die Geraden $x = +1$ und $x = -1$ schneidet. Von dieser Tatsache ausgehend, wählt man als „Intervall ohne Kontakt" die Halbgerade $S(x = +1, y = K - 1 + s$ mit $s > 0)$, in deren Punkten die Phasentrajektorien vom Gebiet (III) in das Gebiet (I) übergehen und ermittelt die Punkttransformation F dieser Halbgeraden in sich. Dies wird von den Trajektorien des Systems (8.30) verwirklicht werden. Genau wie in § 3 ergibt sich

$$F = F_1^2.$$

F_1 bedeutet dabei die Punkttransformation der Halbgeraden S in die zu ihr symmetrische Halbgerade $S_1(x = -1,\ y = -(K-1) - s_1$ mit $s_1 > 0)$. Diese Transformation wird von den Trajektorien des Systems (8.30) verwirklicht, die von den Punkten der Halbgeraden S ausgehen. Die Transformation F_1 läßt sich ihrerseits als Produkt zweier Transformationen F_2 und F_3 darstellen. Diese Transformationen überführen die Halbgerade S in die Halbgerade S' $(x = -1,$ $y = -(K-1) + s'$ mit $s' > 0)$ und die Halbgerade S' in die Halbgerade S_1. Sie werden jeweils von den Trajektorien in den Bereichen (I) und (II) bewirkt. Es ist also

$$F_1 = F_2 F_3.$$

Genau wie im vorangegangenen Paragraphen stellt man die Parameterausdrücke der Zuordnungsfunktionen für diese Transformation auf.

Bei der Berechnung der Zuordnungsfunktion der ersten Transformation müssen die Differentialgleichungen (8.30) im Bereich (I) benutzt werden; man schreibt diese Gleichungen am bequemsten in folgender Gestalt:

$$\begin{aligned} \mu\ddot{y} - (K-1)\dot{y} + y &= 0, \\ x &= \dot{y}. \end{aligned} \tag{8.30a}$$

Die charakteristische Gleichung dieses Systems (die Gleichung 8.32) besitzt für $4\mu > (K-1)^2$ die komplexen Wurzeln $\lambda = h_1 \pm j\omega$ und für $4\mu < (K-1)^2$

[1] Für $K < 1$ ist der Gleichgewichtszustand (0,0) stabil, und alle Trajektorien des Systems nähern sich ihm für $t \to +\infty$ asymptotisch.

[2] Der Beweis für die Symmetrie des Grenzzyklus stimmt vollständig mit dem in § 3 dieses Kapitels durchgeführten Beweis überein.

die reellen (positiven) Wurzeln $\lambda = h_1 \pm \omega_1 (h_1 > \omega_1)$ mit

$$h_1 = \frac{K-1}{2\mu},$$

$$\omega_1 = + \frac{1}{2\mu} \sqrt{|(K-1)^2 - 4\mu|} = + \sqrt{\left| h_1^2 - \frac{1}{\mu} \right|}.$$

Es gelte nun $4\mu > (K-1)^2$. Die allgemeine Lösung der Gleichungen (8.30a) erhält dann die Gestalt

$$\begin{aligned} y &= e^{h_1 t} \left[\frac{x_0}{\omega_1} \sin \omega_1 t + y_0 \left(\cos \omega_1 t - \frac{h_1}{\omega_1} \sin \omega_1 t \right) \right], \\ x &= e^{h_1 t} \left[x_0 \left(\cos \omega_1 t + \frac{h_1}{\omega_1} \sin \omega_1 t \right) - \frac{y_0}{\mu \omega_1} \sin \omega_1 t \right] \end{aligned} \tag{8.33}$$

(x_0, y_0 bedeuten darin die Koordinaten des Anfangspunktes für $t = 0$; s. Kap. I, § 4). Für die Trajektorie L, die von einem Punkt s der Halbgeraden S ausgeht (es sei dabei $t = 0$ angenommen), muß $x_0 = +1$, $y_0 = K - 1 + s$ gesetzt werden. t_1 bedeute nun die Zeit, die der Bildpunkt zum Durchlaufen der Trajektorie L im Bereich (I) benötigt, um von der Halbgeraden S zur Halbgeraden S' zu gelangen. Für $t_1 > 0$ ist dann $x = -1$ und $y = -(K-1) + s'$, also

$$-(K-1) + s' = e^{\gamma_1 \tau_1} \left[\frac{1}{\omega_1} \sin \tau_1 + (K-1+s)(\cos \tau_1 - \gamma_1 \sin \tau_1) \right],$$

$$-1 = e^{\gamma_1 \tau_1} \left[\cos \tau_1 + \gamma_1 \sin \tau_1 - \frac{1}{\mu \omega_1} (K-1+s) \sin \tau_1 \right]$$

mit

$$\begin{aligned} \tau_1 &= \omega_1 t_1, \\ \gamma_1 &= \frac{h_1}{\omega_1} = \frac{K-1}{+\sqrt{|(K-1)^2 - 4\mu|}} \end{aligned} \tag{8.34}$$

Löst man nun die zweite der gewonnenen Beziehungen nach s und danach die erste nach s' auf, so ergibt sich die Zuordnungsfunktion für die Transformation F_2 (im Fall $4\mu > (K-1)^2$), die s und s' miteinander verbindet, in der folgenden Parameterdarstellung:

$$\begin{aligned} s &= \frac{K-1}{2} \, \frac{e^{-\gamma_1 \tau_1} + \cos \tau_1 - \gamma_1 \sin \tau_1}{\gamma_1 \sin \tau_1}, \\ s' &= \frac{K-1}{2} \, \frac{e^{\gamma_1 \tau_1} + \cos \tau_1 + \gamma_1 \sin \tau_1}{\gamma_1 \sin \tau_1}. \end{aligned} \tag{8.35}$$

Bei der Herleitung muß berücksichtigt werden, daß

$$\mu_1 \omega_1 = \mu h_1 \frac{\omega_1}{h_1} = \frac{K-1}{2\gamma_1}$$

gilt.[1])

Analog gewinnt man für $4\mu < (K-1)^2$, wenn also die Wurzeln der charakteristischen Gleichung reell sind, die allgemeine Lösung der Gleichungen (8.30a) aus (8.33). Man hat dort nur die trigonometrischen Funktionen durch die entsprechenden hyperbolischen zu ersetzen. Die Zuordnungsfunktion der Transformation F_2 nimmt dann die Form

$$\begin{aligned} s &= \frac{K-1}{2} \frac{e^{-\gamma_1 \tau_1} + \cosh \tau_1 - \gamma_1 \sinh \tau_1}{\gamma_1 \sinh \tau_1}, \\ s' &= \frac{K-1}{2} \frac{e^{\gamma_1 \tau_1} + \cosh \tau_1 + \gamma_1 \sinh \tau_1}{\gamma_1 \sinh \tau_1} \end{aligned} \qquad (8.36)$$

an. τ_1 und γ_1 lassen sich wiederum aus den Beziehungen (8.34) ermitteln, nur ist jetzt $\gamma_1 > 1$.

Im Bereich (II) können die Gleichungen (8.30) in folgender Weise geschrieben werden:

$$\begin{aligned} \mu \ddot{y} + \dot{y} + y &= -K, \\ x &= \dot{y}. \end{aligned} \qquad (8.30\text{b})$$

---

[1]) Der Ausdruck für s' kann auch auf andere Weise, wenn man im Ausdruck für s den Wert von s durch $-s'$ und τ_1 durch $-\tau_1$ ersetzt, erhalten werden: Es sei

$$x = x_0 f_1(t) + y_0 f_2(t), \quad y = x_0 f_3(t) + y_0 f_4(t)$$

die Gleichung der Trajektorie im Bereich (I), die durch die Punkte s und s' läuft (x_0, y_0 bezeichnen die Werte von x, y für $t = 0$); desweiteren bedeute $t_1 (t_1 > 0)$ die Zeit, die der Bildpunkt benötigt, um auf dieser Trajektorie von Punkt s zum Punkt s' zu gelangen. Die Zeit soll von dem Moment an gezählt werden, in dem sich der Bildpunkt in s befunden hat ($x_0 = +1$, $y_0 = K - 1 + s$). Für $t = t_1$ ist dann $x = -1$, d. h.

$$-1 = f_1(t_1) + (K - 1 + s) f_2(t_1),$$

woraus

$$s = -\frac{1 + f_1(t_1)}{f_2(t_1)} - (K - 1 = \varphi_1(t_1).$$

folgt. Man benutzt nun, daß die Wahl des Ursprungs der Zeitkoordinate willkürlich vorgenommen werden kann und verwendet jetzt für $t = 0$ den Zeitpunkt, in dem sich der Bildpunkt in s' befunden hat ($x_0 = -1$, $y_0 = -(K-1) + s'$). Für $t = -t_1$ hat man dann $x = +1$, was

$$+1 = -f_1(-t_1) - (K - 1 - s') f_2(-t_1),$$

d. h.

$$s' = \frac{1 + f_1(-t_1)}{f_2(-t_1)} + (K - 1) = -\psi_1(-t_1).$$

liefert. s' hat sich also aus dem Ausdruck für s ergeben, indem dort t_1 durch $-t_1$ (oder τ_1 durch $-\tau_1$) ersetzt und ergänzend eine Vorzeichenänderung vorgenommen wurde.

Die charakteristische Gleichung (8.31) hat für dieses System stets die reellen negativen Wurzeln $\lambda = -h_2 \pm \omega_2$ mit

$$h_2 = \frac{1}{2\mu},$$

$$\omega_2 = \frac{\sqrt{1-4\mu}}{2\mu},$$

wobei $h_2 > \omega_2$ ist. In diesem Zusammenhang sei daran erinnert, daß die Ungleichung $0 < \mu < \frac{1}{4}$ besteht. Auf Grund der angeführten Tatsachen hat die allgemeine Lösung der Gleichungen (8.30b) die Form

$$y = -K + e^{-h_2 t}\left[\frac{x_0}{\omega_2}\sinh\omega_2 t + (y_0 + K)\left(\cosh\omega_2 t + \frac{h_2}{\omega_2}\sinh\omega_2 t\right)\right],$$

$$x = e^{-h_2 t}\left[x_0\left(\cosh\omega_2 t - \frac{h_2}{\omega_2}\sinh\omega_2 t\right) - \frac{y_0 + K}{\mu\omega_2}\sinh\omega_2 t\right]. \tag{8.37}$$

Für $t = 0$ möge nun $x = x_0 = -1$, $y = y_0 = -(K-1) + s'$ sein und für $t = t_2 = \frac{\tau_2}{\omega_2} > 0$ entsprechend $x = -1$, $\gamma = -(K-1) - s_1$ (t_2 bedeutet die Zeit, die der Bildpunkt benötigt, um auf der Trajektorie L im Bereich (II) vom Punkt s' zum Punkt s_1 zu gelangen). Die zweite Beziehung von (8.37) liefert dann

$$-1 = e^{-\gamma_2\tau_2}\left[-(\cosh\tau_2 - \gamma_2\sinh\tau_2) - \frac{1}{\mu\omega_2}(1 + s')\sinh\tau_2\right]$$

mit

$$\tau_2 = \omega_2 t_2,$$

$$\gamma_2 = \frac{h_2}{\omega_2} = \frac{1}{\sqrt{1-4\mu}} > 1. \tag{8.38}$$

Wird die so ermittelte Gleichung nach s' aufgelöst, wobei die Beziehung

$$\mu\omega_2 = \mu h_2\frac{\omega_2}{h_2} = \frac{1}{2\gamma_2}$$

verwendet wird, und danach in dem für s' ermittelten Ausdruck s' durch $-s_1$ und τ_2 durch $-\tau_2$ ersetzt, dann entsteht die Zuordnungsfunktion für die Transformation F_3[1]):

$$s_1 = \frac{e^{-\gamma_2\tau_2} - \cosh\tau_2 + \gamma_2\sinh\tau_2}{2\gamma_2\sinh\tau_2},$$

$$s' = \frac{e^{\gamma_2\tau_2} - \cosh\tau_2 - \gamma_2\sinh\tau_2}{2\gamma_2\sinh\tau_2}. \tag{8.39}$$

[1]) Der Beweis für die Richtigkeit der angegebenen Methode, die zur Herleitung des Ausdrucks von s benutzt wurde, stimmt mit den Ausführungen in der Fußnote von S. 40 vollständig überein.

2. Die Untersuchung der Zuordnungsfunktionen

Die Untersuchungen der Zuordnungsfunktionen von F_2 und F_3 sollen mit der Funktion von F_2 im Fall $4\mu > (K-1)^2$ $(K > 1)$ begonnen werden, wenn es sich bei dem Gleichgewichtszustand (0,0) um einen instabilen Brennpunkt handelt und im Bereich (I) spiralenförmige Trajektorien vorliegen, die sich vom Brennpunkt abwickeln. Die Zuordnungsfunktion selbst ist dann durch die Beziehungen (8.35) gegeben. Da ein Bildpunkt bei der Bewegung längs einer spiralenförmigen Trajektorie im Bereich (I), um von dem Punkt s zu dem Punkt s' zu gelangen, weniger als einen halben Umlauf um den Brennpunkt (0,0) ausführt, genügt der Transformationsparameter τ_1 augenscheinlich der Ungleichung $0 < \tau_1 < \pi$, wobei einem kleinen τ_1 größere s und s' entsprechen[1]). τ_1 bedeutet hierbei die normierte Zeit, die der Bildpunkt zum Durchlaufen des Bereiches (I) benötigt. Man bezeichnet nun den Wert von τ_1, der $s = 0$ zugeordnet ist, mit $\tau_{0.1}$. Dieser Randwert des Parameters τ_1 wird dann offensichtlich durch die Gleichung

$$\psi(\tau_1, \gamma_1) = 0$$

mit

$$\psi_1(\tau, \gamma) = 1 + e^{\gamma\tau}(\cos\tau - \gamma\sin\tau)$$

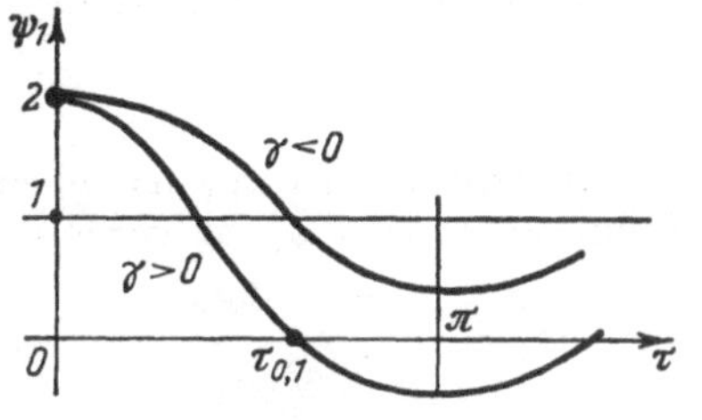

Abb. 38

definiert. Das Bild dieser Funktion und die graphische Lösung der Gleichung für $\tau_{0.1}$ sind in Abb. 38 angegeben worden. Es versteht sich von selbst, daß die Ungleichung $0 < \tau_{0.1} < \pi$ bestehen muß. Ändert sich dann τ_1 von $\tau_{0.1}$ bis 0, dann gewinnt man die gesamte Menge der s-Werte von 0 bis $+\infty$. Gleichzeitig wächst s' monoton von einem gewissen positiven Wert

$$s_0' = (K-1)\left[\frac{\sinh\gamma_1\tau_{0.1}}{\gamma_1\sin\tau_{0.1}} + 1\right] > 2(K-1)$$

bis $+\infty$.

Werden die Gleichungen (8.35) differenziert, dann entsteht

$$\frac{ds}{d\tau_1} = -\frac{K-1}{2\gamma_1}\,\frac{1 + e^{-\gamma_1\tau_1}(\cos\tau_1 + \gamma_1\sin\tau_1)}{\sin^2\tau_1} = -\frac{K-1}{2\gamma_1}\,\frac{\psi_1(\tau_1, -\gamma_1)}{\sin^2\tau_1},$$

$$\frac{ds'}{d\tau_1} = -\frac{K-1}{2\gamma_1}\,\frac{1 + e^{\gamma_1\tau_1}(\cos\tau_1 - \gamma_1\sin\tau_1)}{\sin^2\tau_1} = -\frac{K-1}{2\gamma_1}\,\frac{\psi_1(\tau_1, \gamma_1)}{\sin^2\tau_1},$$

$$\frac{ds}{ds'} = \frac{\psi_1(\tau_1, -\gamma_1)}{\psi_1(\tau_1, \gamma_1)},$$

$$\frac{d^2s}{ds'^2} = -\frac{4\gamma_1(\gamma_1^2+1)\sin^3\tau_1}{(K-1)\,[\psi_1(\tau_1, \gamma_1)]^3}\,[\sinh\gamma_1\tau_1 - \gamma_1\sin\tau_1].$$

---

[1]) Das ist völlig verständlich, da sich der Bildpunkt auf Trajektorien mit größeren y-Werten schneller bewegt. Je größer y ausfällt, desto größer ist $|\dot{x}|$ (wegen der ersten Gleichung von (8.3)) und desto kleiner fällt $t_1(\tau_1)$ aus; für $y \to +\infty$ hat man $\dot{x} \to -\infty$ und $t_1 \to 0$.

Da für $0 < \tau_1 < \tau_{01}$ die Ungleichungen $\psi_1(\tau_1, \gamma_1) > 0$ und $\psi_1(\tau_1, -\gamma_1) > 0$ gelten, hat man in diesem τ_1-Intervall $\frac{ds}{d\tau_1} < 0$, $\frac{ds'}{d\tau_1} < 0$, $\frac{ds}{ds'} > 0$. Wegen $\frac{d^2s}{ds'^2} < 0$ ändert sich $\frac{ds}{ds'}$ außerdem von $+\infty$ bis $+1$. Dies trifft zu, wenn τ_1 von $\tau_{0,1}$ bis 0 verringert oder von 0 bis $+\infty$ vergrößert wird.

Auch sei noch hervorgehoben, daß

$$s' - s = (K-1)\left[\frac{\sinh \gamma_1 \tau_1}{\gamma_1 \sin \tau_1} + 1\right] > 2(K-1)$$

gilt und für $\tau_1 \to +0$ die Limesbeziehung $s' - s \to 2(K-1)$ besteht. Daher besitzt die Kurve (8.35) die Asymptote

$$s = s' - 2(K-1).$$

Die angeführten Faktoren reichen für die Konstruktion des Bildes der Zuordnungsfunktion (8.35) aus; sie wurde in Abb. 39 ausgeführt.

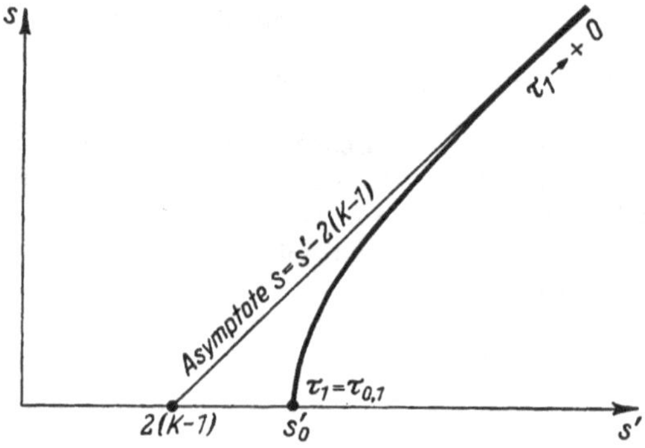

Abb. 39

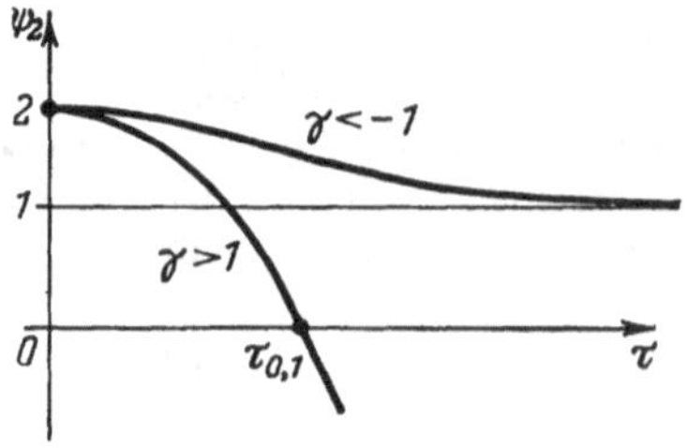

Abb. 40

Für $4\mu < (K-1)^2$, wenn also die Zuordnungsfunktion der Transformation F_2 die Gestalt (8.36) besitzt, variiert der Transformationsparameter τ_1 ebenfalls im Intervall $0 < \tau_1 < \tau_{0,1}$, wobei $\tau_{0,1}$ der Wert von τ_1 bedeutet, dem $s = 0$ entspricht. Er ist jedoch durch die Gleichung

$$\psi_2(\tau_1, \gamma_1) \equiv 1 + e^{\gamma_1 \tau_1} (\cosh \tau_1 - \gamma_1 \sinh \tau_1) = 0$$

definiert. Das Bild der Funktion $\psi_2(\tau, \gamma)$ ist für $\gamma = \gamma_1 > 1$ und $\gamma = -\gamma_1 < -1$ in Abb. 40 dargestellt worden. Verringert man τ_1 von $\tau_{0,1}$ bis 0, dann wachsen, genau wie im vorangegangenen Fall, s von 0 bis $+\infty$ und s' von

$$s_0' = (K-1)\left[\frac{\sinh \gamma_1 \tau_{0,1}}{\gamma_1 \sinh \tau_{0,1}} + 1\right] > 2(K-1)$$

bis $+\infty$ monoton[1]). Wegen

$$\frac{d^2 s}{d s'^2} = -\frac{4\gamma_1(\gamma_1^2 - 1)\sinh^3 \tau_1}{(K-1)\,[\psi_2(\tau_1, \gamma_1)]^3}\,[\sinh \gamma_1 \tau_1 - \gamma_1 \sinh \tau_1] < 0$$

für $0 < \tau_1 < \tau_{0,1}$ nimmt die Ableitung

$$\frac{ds}{ds'} = \frac{\psi_2(\tau_1, -\gamma_1)}{\psi_2(\tau_1, \gamma_1)}$$

monoton von $+\infty$ bis 1 ab. Das Bild der Zuordnungsfunktion (8.36) hat also das gleiche Aussehen wie das Bild der Zuordnungsfunktion (8.35) (Abb. 38).

Nun soll die Untersuchung der Zuordnungsfunktion (3.39) von Transformation F_3 vorgenommen werden. Um hier die gesamte Punktmenge der Halbgeraden $S': 0 < s' < +\infty$ zu erhalten, muß der Transformationsparameter τ_2 zwischen 0 und $+\infty$ variieren, wobei s' (im Gegensatz zur soeben betrachteten Zuordnungsfunktion von F_2) bei einer τ_2-Änderung von 0 bis $+\infty$ monoton von 0 bis $+\infty$ und s_1 von 0 bis $(s_1)_{\max} = \dfrac{\gamma_2 - 1}{2\gamma_2} > 0$ wächst[2]).

Um zu beweisen, daß s' und s_1 monoton zunehmen, wenn τ_2 von 0 bis $+\infty$ wächst, genügt die Berechnung der Ableitungen $\dfrac{ds}{d\tau_2}$ und $\dfrac{ds_1}{d\tau_2}$. Ohne Schwierigkeiten läßt sich feststellen, daß für diese Ableitungen die folgenden Gleichungen bestehen:

$$\frac{ds_1}{d\tau_2} = \frac{\psi_3(\tau_2, -\gamma_2)}{2\gamma_2 \sinh^2 \tau_2}, \quad \frac{ds'}{d\tau_2} = \frac{\psi_3(\tau_2, \gamma_2)}{2\gamma_2 \sinh^2 \tau_2}, \quad \frac{ds_1}{ds'} = \frac{\psi_3(\tau_2, -\gamma_2)}{\psi_3(\tau_2, \gamma_2)},$$

$$\frac{d^2 s_1}{d s'^2} = -\frac{4\gamma_2(\gamma_2^2 - 1)\sinh^3 \tau_2}{[\psi_3(\tau_2, \gamma_2)]^3}\,[\sinh \gamma_2 \tau_2 - \gamma_2 \sinh \tau_2].$$

In ihnen ist

$$\psi_3(\tau, \gamma) = 1 - e^{\gamma\tau}(\cosh \tau - \gamma \sinh \tau) = 2 - \psi_2(\tau, \gamma).$$

---

[1]) Die Kurve (8.36) besitzt für $\tau_1 \to 0$ die Asymptote $s = s' - 2(K-1)$.

[2]) Alles hier Gesagte läßt sich an Hand folgender elementarer Überlegungen in bezug auf den Trajektorienverlauf im Bereich (II) nachweisen: 1. Da sich die Trajektorien nicht überschneiden können, muß bei einer Zunahme von s' auch ein Anwachsen von s_1 zu verzeichnen sein. Dabei werden größeren s' auch größere Bogenstücken der Trajektorien zwischen s' und s_1 entsprechen; daraus ergeben sich natürlich größere Durchlaufszeiten t_2 (größere τ_2). 2. Alle Trajektorien, die im Bereich (II) von der Halbgeraden (S') ausgehen, verlaufen oberhalb der geradlinigen Trajektorie $y = -K - \gamma_1 x$; aus diesem Grund hat man $s_1 < (s_1)_{\max}$, wobei $(s_1)_{\max}$ der Wert von s_1 für den Schnittpunkt dieser geradlinigen Trajektorie mit der Halbgeraden S_1 bedeutet. Die Grenzwerte von s' und s_1 für $\tau_2 \to 0$ und $\tau_2 \to +\infty$ lassen sich bei Anwendung der Regel von DE L'HOSPITAL ermitteln.

Da $\gamma_2 > 1$ gilt und $\psi_3(\tau, \gamma) > 0$ ist für $|\gamma| > 1$ und $\tau > 0$ [1]), bestehen für beliebiges $0 < \tau_2 < +\infty$ die Ungleichungen

$$\frac{ds_1}{d\tau_2} > 0, \quad \frac{ds'}{d\tau_2} > 0, \quad 0 < \frac{ds_1}{ds'} < 1, \quad \frac{d^2 s_1}{ds'^2} < 0.$$

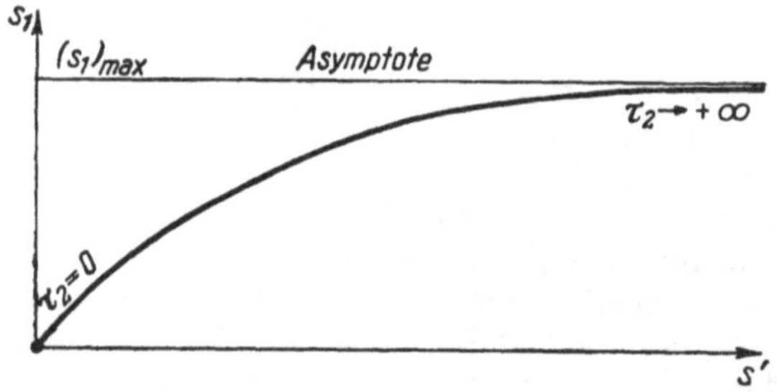

Bei einer τ_2-Änderung von 0 bis $+\infty$ oder einer s'- Änderung von 0 bis $+\infty$ fällt $\frac{ds_1}{ds'}$ monoton von 1 bis Null.

In Abb. 41 findet sich das Bild der soeben betrachteten Zuordnungsfunktion von Transformation F_3.

Abb. 41

3. *Das Diagramm von* Lamere

In Abb. 42 wurde das Lameresche Diagramm konstruiert, indem die Bilder der Zuordnungsfunktionen für die Transformationen F_2 und F_3 in einer Ebene dargestellt wurden. Auf der Abszissenachse liegen die s'-Werte, während auf der Ordinatenachse die Werte von s und s_1 aufgetragen worden sind. Diese graphischen Darstellungen besitzen nur einen Schnittpunkt, den Fixpunkt der Transformation F_1. Die Existenz dieses Punktes folgt aus der Stetigkeit der Zuordnungsfunktionen und aus dem Bestehen der Ungleichungen

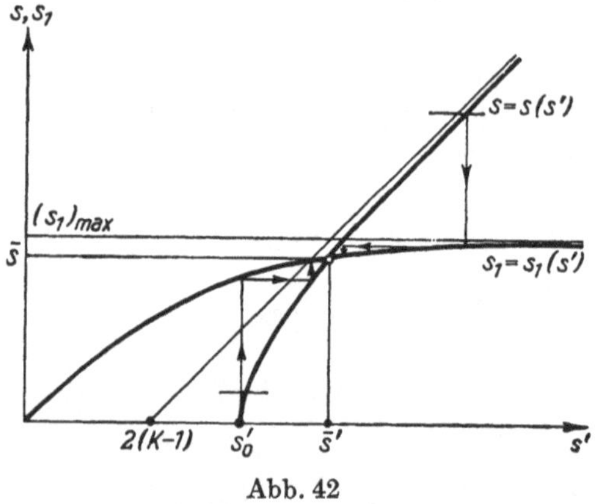

Abb. 42

$$s_1 - s > 0 \quad \text{für} \quad s' = s'_0$$

und

$$s_1 - s < 0 \quad \text{für hinreichend große } s'.$$

Aus den Ungleichungen

$$0 < \frac{ds_1}{ds'} < 1 < \frac{ds}{ds'},$$

die für beliebiges $s' \geqq s'_0$ gelten, folgt, daß es sich um den einzigen und stabilen Fixpunkt handelt.

[1]) Für den Beweis der Ungleichung genügt die Bemerkung, daß $\Psi_3(0, \gamma) = 0$ ist und daß für $|\gamma| > 1$ und $\tau > 0$ die Ungleichung

$$\frac{\partial \psi_3}{\partial \tau_2} = (\gamma^2 - 1) e^{\gamma\tau} \sinh \tau > 0$$

besteht.

Analytisch wird der Fixpunkt der Transformation F_1 für $4\mu < (K-1)^2$ durch das transzendente Gleichungssystem

$$\begin{aligned} \frac{K-1}{2}\,\frac{e^{-\gamma_1\tau_1}+\cos\tau_1-\gamma_1\sin\tau_1}{\gamma_1\sin\tau_1} &= \frac{e^{-\gamma_2\tau_2}-\cosh\tau_2+\gamma_2\sinh\tau_2}{2\gamma_2\sinh\tau_2}, \\ \frac{K-1}{2}\,\frac{e^{\gamma_1\tau_1}+\cos\tau_1+\gamma_1\sin\tau_1}{\gamma_1\sin\tau_1} &= \frac{e^{\gamma_2\tau_2}-\cosh\tau_2-\gamma_2\sinh\tau_2}{2\gamma_2\sinh\tau_2} \end{aligned} \tag{8.40}$$

definiert; für $4\mu > (K-1)^2$ läßt er sich aus dem System

$$\begin{aligned} \frac{K-1}{2}\,\frac{e^{-\gamma_1\tau_1}+\cosh\tau_1-\gamma_1\sinh\tau_1}{\gamma_1\sinh\tau_1} &= \frac{e^{-\gamma_2\tau_2}-\cosh\tau_2+\gamma_2\sinh\tau_2}{2\gamma_2\sinh\tau_2}, \\ \frac{K-1}{2}\,\frac{e^{\gamma_1\tau_1}+\cosh\tau_1+\gamma_1\sinh\tau_1}{\gamma_1\sinh\tau_1} &= \frac{e^{\gamma_2\tau_2}-\cosh\tau_2-\gamma_2\sinh\tau_2}{2\gamma_2\sinh\tau_2} \end{aligned} \tag{8.40a}$$

ermitteln.

Die Punkttransformation der Halbgeraden S in die Halbgerade S_1 besitzt also einen einzigen, obendrein stabilen Fixpunkt $(s = s_1 = \bar{s},\ s' = \bar{s}')$. Demnach gibt es in der Phasenebene nur einen symmetrischen und stabilen Grenzzyklus, zu

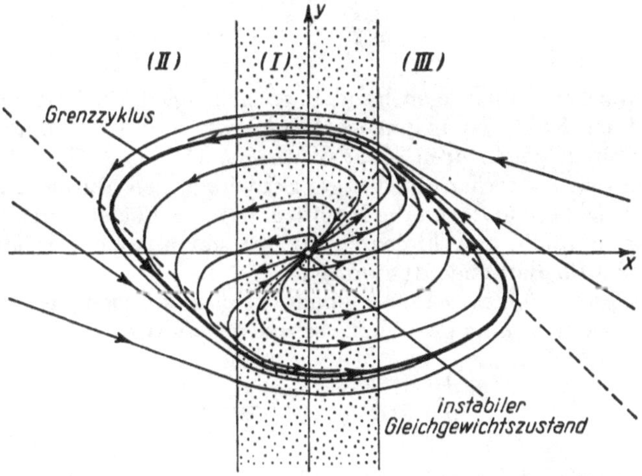

Abb. 43

dem für $t \to +\infty$ alle Phasentrajektorien streben (Abb. 43). In der Schaltung bilden sich also für $K > 1$ unter beliebigen Anfangsbedingungen selbsterregte Schwingungen aus[1]).

---

[1]) In Abb. 43 ist die Zerlegung der Phasenebene in Trajektorien für den Fall $K > 1 + 2\sqrt{\mu}$ dargestellt, wenn es sich bei dem Gleichgewichtszustand um einen stabilen Knoten handelt.

Die Periode der selbsterregten Schwingungen ist in Einheiten der dimensionslosen Zeit

$$\tau = 2\left(\frac{\bar{\tau}_1}{\omega_1} + \frac{\bar{\tau}_2}{\omega_2}\right)$$

und in gewöhnlichen Einheiten

$$T = 2[R_a(C + C_1) + R_g C]\left(\frac{\bar{\tau}_1}{\omega_1} + \frac{\bar{\tau}_2}{\omega_2}\right).$$

Hierbei bedeuten $\bar{\tau}_1$ und $\bar{\tau}_2 (0 < \bar{\tau}_1 < \tau_{01}, 0 < \bar{\tau}_2 < +\infty)$ die Werte von τ_1 und τ_2, die dem Fixpunkt entsprechen; sie sind für $4\mu > (K-1)^2$ eindeutig durch das Gleichungssystem (8.40) und für $4\mu < (K-1)^2$ durch das System (8.40a) definiert.

Ein Grenzfall sei noch besonders hervorgehoben. Für $K \to 1\,(K > 1)$ konvergiert der Grenzzyklus gegen den Kreis $x^2 + y^2 = 1$, da dann $\bar{\tau}_1 \to \pi$ und $\bar{\tau}_2 \to 0$ gilt. Die selbsterregten Schwingungen gleichen Sinuslinien mit der Periode $2\pi[R_a(C + C_1) + R_g(C + C_g)]$.

4. Unstetige Schwingungen

Es soll nun ein anderer, sehr interessanter Grenzfall untersucht werden, und zwar

$$\mu \ll 1,$$

$$\mu \ll \frac{1}{4}(K-1)^2.$$

Bei Erfüllung dieser Bedingungen handelt es sich um die Schaltung eines Multivibrators mit einem RC-Glied, in dem unstetig selbsterregte Schwingungen möglich sind (für die kleinen parasitären Kapazitäten ist C_a, $C_g \ll C$). Wie in Kap. X gezeigt werden wird, werden unstetige Schwingungen durch Differentialgleichungen wiedergegeben, in denen die Koeffizienten der höchsten Ableitungen klein sind. Das System (8.30) mit kleinen μ liefert ein ausreichend einfaches, aber typisches Beispiel für derartige dynamische Systeme.

Um die Zerlegung der x, y-Phasenebene in Trajektorien des Systems (8.30) bei ausreichend kleinem μ zu gewinnen, schreibt man die Gleichung der Integralkurven

$$\frac{dy}{dx} = \frac{\mu x}{x + y + K\varphi(x)} \tag{8.41}$$

auf und konstruiert in der x, y-Ebene die Isokline der vertikalen Tangenten, und zwar die Kurve L

$$y = -x - K\varphi(x). \tag{8.42}$$

Auf ihr ist $\dot{x} = 0$ und $\frac{dy}{dx} = \infty$.

Aus den Gleichungen (8.30) und (8.41) folgt, daß $|\dot{x}|$ sehr rasch wächst, $\left|\frac{dy}{dx}\right|$ aber bei Entfernung von der Isokline L rasch abnimmt: In den Punkten (x, y), die sich in einem Abstand der Ordnung μ von dieser Kurve befinden, gilt

$$\dot{x} = O(1), \quad \frac{dy}{dx} = O(1);$$

in Abständen der Größenordnung $\sqrt{\mu}$ hat man

$$\dot{x} = O\left(\mu^{-\frac{1}{2}}\right), \quad \frac{dy}{dx} = O\left(\mu^{\frac{1}{2}}\right),$$

d. h., für $\mu \to +0$ gilt $\dot{x} \to +\infty$, aber $\frac{dx}{dy} \to 0$[1]). Die Phasentrajektorien weichen daher außerhalb der $\sqrt{\mu}$-Umgebung der Kurve L beliebig wenig von den horizontalen Geraden $y = \text{const.}$ ab (dort konvergiert $\frac{dy}{dx}$ mindestens genau so stark gegen Null wie $\sqrt{\mu}$), und der Bildpunkt bewegt sich auf ihnen mit beliebig großer Geschwindigkeit ($\dot{x}$ strebt wie $\frac{1}{\sqrt{\mu}}$ nach Unendlich oder noch rascher)[2]).

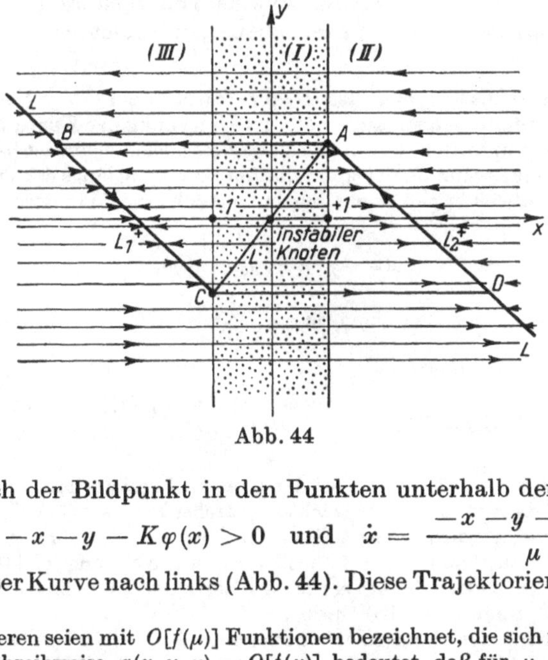

Abb. 44

Dabei bewegt sich der Bildpunkt in den Punkten unterhalb der Isokline L nach rechts (dort gilt $-x - y - K\varphi(x) > 0$ und $\dot{x} = \frac{-x - y - K\varphi(x)}{\mu} \to +\infty$) und oberhalb dieser Kurve nach links (Abb. 44). Diese Trajektorien beliebig rascher,

[1]) Hier und im weiteren seien mit $O[f(\mu)]$ Funktionen bezeichnet, die sich für kleine μ wie $f(\mu)$ verhalten. Die Schreibweise $g(x, y, \mu) = O[f(\mu)]$ bedeutet, daß für $\mu \to +0$ der Quotient $\frac{g(x, y, \mu)}{f(\mu)}$ gegen einen endlichen Grenzwert strebt, der im allgemeinen von x und y abhängt.

[2]) Unter der ε-Umgebung einer Kurve hat man, wie früher, die Menge aller Punkte zu verstehen, deren Abstand von der gegebenen Kurve ε nicht übertrifft. Augenscheinlich zieht sich eine $\sqrt{\mu}$-Umgebung der Kurve L für $\mu \to 0$ auf L zusammen.

sprunghafter Systembewegungen laufen aus dem Unendlichen und von der Strecke CA der Isokline L zu den Halbgeraden L_1^+ und L_2^+, die Teile der Isokline L sind und in den Bereichen (II) und (III) liegen. In den μ-Umgebungen der Halbgeraden L_1^+ und L_2^+ bleibt $\dot{x}$ für $\mu \to +0$ beschränkt; dort liegen also Trajektorien „langsamer" Systembewegungen, bei denen die Phasengeschwindigkeiten für $\mu \to +0$ beschränkt bleiben[1]). In den $\sqrt{\mu}$-Umgebungen der Punkte A und C geht die langsame Bewegung des Bildpunktes in eine sehr rasche, sprunghafte über.

Die Bildpunktbewegung eines Systems (8.30) mit ausreichend kleinem μ setzt sich also abwechselnd aus beliebig raschen, sprunghaften Bewegungen längs Trajektorien, die beliebig wenig von den horizontalen Geraden $y = \text{const.}$ abweichen und aus langsamen Bewegungen längs Trajektorien aus den μ-Umgebungen der Halbgeraden L_1^+ und L_2^+ zusammen. In Abb. 44 ist die Zerlegung der Phasenebene in Trajektorien für den Grenzfall $\mu \to +0$ angegeben. Die Trajektorien sprunghafter Bewegungen (plötzliche Sprünge) werden durch die Geraden $y = \text{const.}$ veranschaulicht, während es sich bei den Trajektorien langsamer Bewegungen um die Halbgerade L_1^+ und L_2^+ handelt. Als Grenzzyklus findet man die geschlossene Kurve $ABCDA$[2]).

Es soll nun streng bewiesen werden, daß es sich bei der Kurve $ABCDA$ tatsächlich um die Grenzlage des Grenzzyklus von System (8.30) für $\mu \to +0$ handelt. Man konstruiert in der Phasenebene ein Gebiet ΔG von der Beschaffen-

---

[1]) Es sei daran erinnert, daß $y = \dot{x}$ ist. Dieser Tatsache zur Folge bleibt diese Größe für $\mu \to 0$ sowohl innerhalb als auch außerhalb der Umgebung der Kurve L beschränkt.

[2]) Näherungsweise (asymptotisch) lassen sich Bewegungsgleichungen des betrachteten Systems für hinreichend kleine μ während der sprunghaften Bewegung längs der Trajektorie $y = y_0 =$ const. (aber außerhalb einer gewissen Umgebung der Kurve L) in der Gestalt

$$\mu \dot{x} = -x - y_0 - K\varphi(x)$$

schreiben; für die langsame Bewegung (in der Nähe von L_1^+ und L_2^+) lauten sie

$$\left.\begin{aligned} \dot{y} &= x \\ y &= -x - K\varphi(x) \end{aligned}\right\} \quad \text{oder} \quad \dot{x}[1 + K\varphi'(x)] + x = 0.$$

Die zweite Darstellung wurde bereits bei der Untersuchung des Multivibrators in Kap. IV, § 7 benutzt, wobei die dynamische Betrachtung rascher Prozesse (bei $C_a, C_g \ll C$) durch ein Sprungpostulat ersetzt wurde. Dieses Postulat (das System „springt" plötzlich von Zuständen $|x| \leqq 1$ in Zustände $|x| > 1$, wobei bei diesem Sprung y, d. h. die Spannung am Kondensator C, ungeändert bleibt) ergibt sich jetzt als Folgerung aus den dynamischen Gleichungen (8.30), wenn $\mu \to +0$ strebt.

Wird die Gleichung der „langsamen" Bewegung $\dot{x} + x = 0$ (s. Kap. IV, § 7) auf den Strecken BC und DA integriert, so entsteht der Grenzwert für die Periode der selbsterregten Schwingungen

$$\lim_{\mu \to +0} \tau = 2 \ln (2K - 1),$$

da für die periodische Bewegung bei $\mu \to 0$ die Durchlaufzeit des Bildpunktes im Bereich (I) nach Null und im Bereich (II) gegen $\ln (2K - 1)$ strebt ($t_1^- \to 0$, $t_2^- \to \ln (2K - 1)$).

heit, daß die Kurve $ABCDA$ in seinem Inneren (oder auf seinem Rand) liegt und das sich für $\mu \to +0$ auf die genannte Kurve zusammenzieht. Aus diesem Gebiet werden dann die Phasentrajektorien für zunehmendes t nicht heraustreten. Zu dem genannten Zweck zeichnet man in der Phasenebene (Abb. 45) die Isoklinen $\chi = 0$ (die y-Achse), $\chi = \infty$ (die Kurve L von Abb. 44), $\chi = -\sqrt{\mu}$, $\chi = +\sqrt{\mu}$[1]) und die geschlossenen Kurven P und Q, die in bezug auf den Koordi-

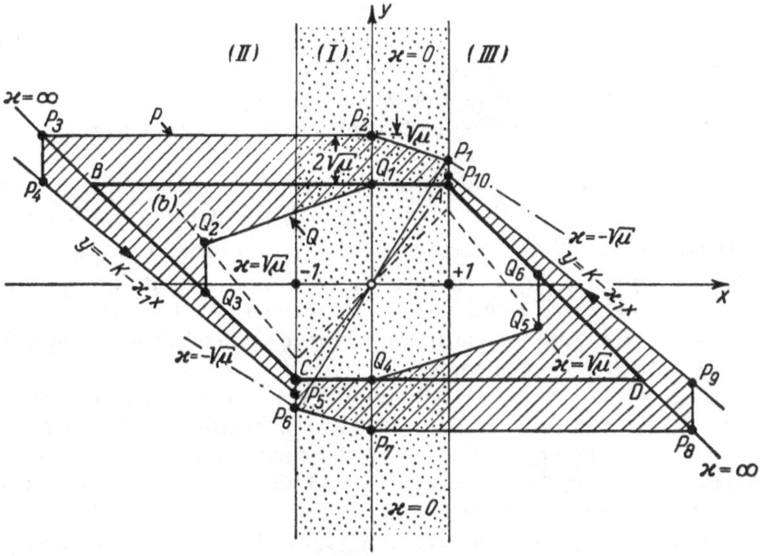

Abb. 45

natenursprung symmetrisch verlaufen und von Geradenabschnitten auf folgende Weise gebildet werden.

Die Konstruktion der ersten Kurve $P(P_1P_2P_3P_4P_5P_6P_7P_8P_9P_{10}P_1)$ wird mit dem Punkt $P_1(1, K - 1 + \sqrt{\mu})$ begonnen, bei dem es sich um den Schnittpunkt der Isokline $\chi = -\sqrt{\mu}$ mit der Geraden $x = +1$ handelt. Der Abschnitt P_1P_2 besitzt den Steigungskoeffizienten $-\sqrt{\mu}$ und verbindet die Punkte P_1 und P_2 $(0, K - 1 + 2\sqrt{\mu})$. Weiterhin zeichnet man den horizontalen Abschnitt P_2P_3 bis zum Schnitt mit der Isokline $\chi = \infty$ und danach den vertikalen Abschnitt

---

[1]) Wegen (8.41) ergibt sich für die Gleichung der Isokline $\frac{dy}{dx} = \varkappa$

$$\chi = -\frac{\mu x}{x + y + K\varphi(x)} \quad \text{oder} \quad y = -\left(1 + \frac{\mu}{\chi}\right)x - K\varphi(x),$$

demzufolge handelt es sich bei den Isoklinen $\varkappa = \pm\sqrt{\mu}$ um die Kurvenzüge

$$y = -(1 \pm \sqrt{\mu})x - K\varphi(x).$$

P_3P_4 bis zum Schnitt mit der geradlinigen Trajektorie des Systems (8.30) im Bereich (II):

$$y = -K - \chi_1 x$$

mit

$$\chi_1 = \frac{1 + \sqrt{1 - 4\mu}}{2} = 1 + O(\mu).$$

P_4P_5 stellt einen Abschnitt dieser Trajektorie dar. P_5P_6 bezeichnet schließlich den Abschnitt auf der Geraden $x = -1$, wobei der Punkt $P_6(-1, -K + 1 - \sqrt{\mu})$ symmetrisch zum Punkt P_1 liegt und tiefer als der Punkt $P_5(-1, -K - \chi_1)$ angeordnet ist. Die andere Hälfte der Kurve P verläuft symmetrisch zu dem eben konstruierten Streckenzug.

Die eine Hälfte der Kurve Q besteht aus dem Abschnitt AQ_1 der horizontalen Geraden $y = K - 1$ (der Punkt Q_1 liegt auf der Ordinatenachse), aus dem Abschnitt Q_1Q_2 mit dem Steigungskoeffizienten $+\sqrt{\mu}$ (der Punkt Q_2 befindet sich auf der Isokline $\chi = +\sqrt{\mu}$), aus dem vertikalen Abschnitt Q_2Q_3, der bis zum Schnitt mit der Isokline $\chi = \infty$ gezeichnet ist und aus dem Abschnitt Q_3C der Isokline $\chi = \infty$. Die andere Hälfte der Kurve Q (der Streckenzug $CQ_4Q_5Q_6A$) verläuft zu dem oben beschriebenen symmetrisch.

Es soll nun gezeigt werden, daß der Bereich ΔG, der zwischen den Konturen P und Q eingeschlossen ist (in Abb. 45 wurde er schraffiert gezeichnet), den angegebenen Forderungen genügt. Dieser Bereich enthält einerseits in seinem Inneren (oder auf dem Rand) die Kurve $ABCDA$ und zieht sich für $\mu \to +0$ auf diese Kurve zusammen. Das ist der Fall, weil die maximalen Abstände der Kurven P und Q (der Ränder des Gebietes ΔG) die Werte $2\sqrt{\mu}$ bzw. $(2K - 1)\sqrt{\mu}$ nicht überschreiten und demzufolge für $\mu \to +0$ ebenfalls gegen Null konvergieren. Andererseits können die Phasentrajektorien den Bereich ΔG bei Zunahme von t nicht verlassen, da auf dessen Begrenzungen die Trajektorien entweder den Rand berühren oder ihn schneiden, wobei sie in das Innere des Bereiches ΔG laufen.

Für den Beweis der letzten Behauptung genügt es, den Verlauf der Trajektorien von System (8.30) entlang der Streckenzüge $P_1P_2P_3P_4P_5P_6$ und $AQ_1Q_2Q_3C$ zu verfolgen. Auf der Strecke P_1P_2, die zwischen den Isoklinen $\chi = -\sqrt{\mu}$ und $\chi = 0$ oberhalb der Isokline L liegt, ist $-\sqrt{\mu} \leqq \frac{dy}{dx} \leqq 0$ und $\dot{x} < 0$; dort besitzen die Trajektorien eine geringere Neigung als die Strecke und der Bildpunkt bewegt sich nach links, er gelangt somit in das Gebiet ΔG. Eine Ausnahme bildet lediglich der Punkt P_1, in dem die Trajektorie die Strecke P_1P_2 berührt. Auf P_2P_3 gilt $\dot{y} = x \leqq 0$ (die Trajektorie verläuft nach unten); auf P_3P_4 und P_5P_6 hat man, da diese Strecken unterhalb der Kurve L angeordnet sind, $\dot{x} > 0$ (die Trajektorien verlaufen nach rechts). P_4P_5 ist selbst Trajektorie und kann somit nicht von anderen Trajektorien überschnitten werden. Die Trajektorien des Systems (8.30) berühren also die Kurve auf der Hälfte $P_1P_2P_3P_4P_5P_6$ oder überschneiden sie, wobei die Trajektorien in das Gebiet ΔG führen. Aus Symmetriegründen lassen sich in bezug auf den Trajektorienverlauf für die andere Hälfte der Kurve P die gleichen Aussagen machen.

Analog hat man auf der Strecke AQ_1 $\dot{y} = x \geqq 0$, auf der Strecke Q_1Q_2, die zwischen den Isoklinen $\chi = 0$ und $\chi = +\sqrt{\mu}$ eingeschlossen ist, $0 \leqq \frac{dy}{dx} \leqq +\sqrt{\mu}$ und $\dot{x} < 0$ und auf Q_2Q_3 $\dot{x} \leqq 0$. Auf Q_3C gilt $\dot{x} = 0$, aber $\dot{y} < 0$. Hieraus folgt daß die Trajektorien nur in den Bereich ΔG und durch dessen inneren Rand Q laufen. Diese Tatsache wurde nur für die eine Hälfte $AQ_1Q_2Q_3C$ der Kurve bewiesen; auf Grund der Symmetrie ist diese Behauptung auch für die andere Hälfte $CQ_4Q_5Q_6A$ der Kurve Q richtig.

Die Ränder des Bereiches ΔG — die Kurven P und Q — werden also von den Trajektorien des Systems (8.79) entweder berührt oder geschnitten, wobei diese Kurven in das Gebiet ΔG führen. Da in diesem Bereich keine Gleichgewichtszustände enthalten sind, muß nach einem bekannten Satz aus der qualitativen Theorie der Differentialgleichungen zweiter Ordnung (s. Kap. IV, § 2, Satz V), in dem genannten Gebiet ein stabiler Grenzzyklus existieren. Hier ist gezeigt worden, daß sich der einzige, stabile Grenzzyklus des Systems (8.30) in dem soeben konstruierten Gebiet ΔG befindet und folglich für $\mu \to +0$ gegen $ABCDA$ konvergiert[1]).

5. *Die Periode der selbsterregten Schwingungen für kleine μ*

Die asymptotische Formel für die Periode der unstetigen selbsterregten Schwingungen

$$\tau = 2 \ln (2K - 1) \tag{8.43}$$

wurde an früherer Stelle (s. z. B. Kap. IV, § 7) hergeleitet. Dort hatte sich ergeben, daß die Periode der selbsterregten Schwingungen des Multivibrators mit einem ziemlich bedeutenden Fehler behaftet ist, wenn der Parameter μ nicht allzu klein ausfällt. So beträgt beispielsweise für $\mu = 0{,}05$ und $K = 2$, wenn die selbsterregten Schwingungen nur sehr wenig von unstetigen abweichen[2]), der durch Formel (8.43) verursachte Fehler ungefähr 20%. In diesem Zusammenhang erscheint es zweckmäßig, bei der Berechnung des asymptotischen Ausdrucks für die Periode der selbsterregten Multivibratorschwingungen für kleine μ ($C_a \ll C$, $C_g \ll C$) nicht vom Grenzwert ($\mu \to 0$) der Zerlegungsstruktur der Phasenebene in Trajektorien auszugehen (Abb. 44). Man verwendet zweckdienlicher die Zuordnungsfunktionen (8.36) und (8.39) der Transformationen F_2 und F_3 und die

[1]) Diese Tatsache läßt sich auch anders formulieren. Der Grenzzyklus des Systems (8.30) befindet sich in der δ-Umgebung der Kurve $ABCDA$, wobei $\delta = O(\sqrt{\mu})$ ist. Beispielsweise enthält die δ-Umgebung der Kurve $ABCDA$ die δ-Umgebung, wenn für δ die größere der beiden Zahlen $2\sqrt{\mu}$ und $(2K-1)\sqrt{\mu}$ genommen wird. Sie enthält dann aber sicher auch den Grenzzyklus.

[2]) Für $\mu = 0{,}05$ und $K = 2$ bestehen die selbsterregten Multivibratorschwingungen abwechselnd aus „langsamen" und „raschen", sprunghaften Änderungen von x. Die Änderungsgeschwindigkeit $\dot{x}$ ist bei den ersten von der Größenordnung Eins und bei den zuletzt genannten $\frac{1}{\mu} = 20$.

Gleichungen (8.40a), welche den Fixpunkt der Transformation F_1 und den Grenzzyklus für kleines μ exakt definieren[1]).

Die Schreibweise der Zuordnungsfunktionen (8.36) und (8.39) und auch die der Gleichungen (8.40a) ist für den genannten Zweck nicht sonderlich bequem. Es ist deshalb besser, in (8.36) und (8.39) von $\tau_1 = \omega_1 t_1$ und $\tau_2 = \omega_2 t_2$ unmittelbar zu den Zeiten t_1 und t_2 überzugehen, die der Bildpunkt zum Durchlaufen der Bereiche (I) und (II) benötigt. Man bezeichnet die Wurzeln der charakteristischen Gleichungen (8.32) im Bereich (I) mit λ_1 und λ_1'

$$\begin{aligned}\lambda_1 = h_1 - \omega_1 &= \frac{K-1-\sqrt{(K-1)^2-4\mu}}{2\mu}\\ &= \frac{1}{K-1} + \frac{\mu}{(K-1)^3} + 2\,\frac{\mu^2}{(K-1)^5} + \cdots,\\ \lambda_1' = h_1 + \omega_1 &= \frac{K-1+\sqrt{K-1)^2-4\mu}}{2\mu}\\ &= \frac{K-1}{\mu} - \frac{1}{K-1} - \frac{\mu}{(K-1)^3} - 2\,\frac{\mu^2}{(K-1)^5} - \cdots.\end{aligned} \tag{8.44}$$

Die absoluten Beträge der Wurzeln der charakteristischen Gleichung (8.31) im Bereich (II) sollen λ_2 und λ_2' genannt werden:

$$\begin{aligned}\lambda_2 = h_2 - \omega_2 &= \frac{1-\sqrt{1-4\mu}}{2\mu} = 1 + \mu + 2\mu^2 + \cdots,\\ \lambda_2' = h_2 + \omega_2 &= \frac{1+\sqrt{1-4\mu}}{2\mu} = \frac{1}{\mu} - 1 - \mu - 2\mu^2 - \cdots.\end{aligned} \tag{8.44a}$$

Trägt man $\tau_1 = \omega_1 t_1$ in den Ausdruck (8.36) für s ein und multipliziert Zähler und Nenner mit $e^{h_1 t_1}$, so entsteht

$$s = \frac{K-1}{2}\,\frac{\omega_1}{h_1}\,\frac{1 + \frac{1}{2}\left[e^{\lambda_1' t_1} + e^{\lambda_1 t_1}\right] - \frac{1}{2}\frac{h_1}{\omega_1}\left[e^{\lambda_1' t_1} - e^{\lambda_1 t_1}\right]}{\frac{1}{2}\left[e^{\lambda_1' t_1} - e^{\lambda_1 t_1}\right]}.$$

Beachtet man, daß die Gleichungen

$$\frac{K-1}{2h_1} = \mu,$$

$$h_1 = \frac{1}{2}(\lambda_1' + \lambda_1)$$

und

$$\omega_1 = \frac{1}{2}(\lambda_1' - \lambda_1)$$

---

[1]) S. auch [114, 52, 93, 158, 159]. Dort werden asymptotische Entwicklungen für die Periode periodischer Lösungen gewisser Differentialgleichungen zweiter Ordnung angegeben. In [114] ist beispielsweise eine Gleichung untersucht worden, die dem System (8.30) mit $K = 2$ äquivalent ist.

bestehen, so ergibt sich die nachstehende Parameterdarstellung für die Zuordnungsfunktion der Transformation F_2:

$$s = \mu \frac{\lambda_1'[1 + e^{\lambda_1 t_1}] - \lambda_1[1 + e^{\lambda_1' t_1}]}{e^{\lambda_1' t_1} - e^{\lambda_1 t_1}},$$

$$s' = \mu \frac{\lambda_1'[1 + e^{-\lambda_1 t_1}] - \lambda_1[1 + e^{-\lambda_1' t_1}]}{e^{-\lambda_1 t_1} - e^{-\lambda_1' t_1}}. \tag{8.45}$$

Der Ausdruck für s' folgt aus dem für s, wenn das Vorzeichen geändert und t_1 durch $-t_1$ ersetzt wird (s. auch Fußnote von S. 41). Ebenso gilt für die Transformation F_3

$$s_1 = \mu \frac{\lambda_2[e^{\lambda_2' t_2} - 1] - \lambda_2'[e^{\lambda_2 t_2} - 1]}{e^{\lambda_2' t_1} - e^{\lambda_2 t_2}},$$

$$s' = \mu \frac{\lambda_2'[1 - e^{-\lambda_2 t_2}] - \lambda_2[1 - e^{-\lambda_2 t_2}]}{e^{-\lambda_2 t_2} - e^{-\lambda_2' t_2}}, \tag{8.46}$$

wenn in (8.38) τ_2 durch $\omega_2 t_2$ ersetzt und die Beziehungen

$$\gamma_2 \omega_2 = h_2, \quad \frac{1}{2h_2} = \mu, \quad h_2 + \omega_2 = \lambda_2', \quad h_2 - \omega_2 = \lambda_2,$$

$$h_2 = \frac{1}{2}(\lambda_2' + \lambda_2) \quad \text{und} \quad \omega_2 = \frac{1}{2}(\lambda_2' - \lambda_2)$$

verwendet werden. Aus den Darstellungen der Zuordnungsfunktionen von F_2 und F_3 lassen sich nun leicht die asymptotischen Entwicklungen für die Zuordnungsfunktionen und auch für die Periode der selbsterregten Schwingungen bei kleinem μ herleiten. Man hat dabei lediglich den Größenordnungsunterschied der Wurzeln λ_1, λ_2 und λ_1', λ_2' also die Beziehungen

$$\lambda_1, \lambda_2 = O(1), \quad \lambda_1', \lambda_2' = O\left(\frac{1}{\mu}\right)$$

zu beachten. Es ist klar, daß bei der Bewegung eines Bildpunktes längs irgendeiner Trajektorie, die die Halbgerade S schneidet (z. B. entlang eines Grenzzyklus), für die Durchlaufzeit im Bereich (I) $t_1 \to +0$ für $\mu \to +0$ gilt, während im Bereich (II) t_2 gegen einen endlichen Grenzwert konvergiert $(t_2 = 0(1))$[1]). Dann gilt aber

[1]) Im Bereich (I) ändert sich die Abszisse x des Bildpunktes von $+1$ zu -1 mit einer Geschwindigkeit $\dot{x}$ die für $\mu \to +0$ gegen $-\infty$ strebt. Aus diesem Grund hat man für $\mu \to +0$ auch $t_1 \to +0$. Es läßt sich zeigen, daß in den Grenzen $0 < s < M$ die Ungleichung $O(\mu) < t_1 < O\left(\mu \ln \frac{1}{\mu}\right)$ besteht. Im Bereich (II) ändert sich die Ordinate y des Bildpunktes mit endlicher Geschwindigkeit $\dot{y} = x$ um eine endliche Größe, und zwar von $y' = -(K-1) + s' > K - 1$ (wegen $s' > 2(K-1)$) bis $y_1 = -(K-1) - s_1 < -$ $-(K-1)$. Daraus folgt $t_2 = O(1)$.

$e^{-\lambda_3 t_3} = O(1)$ und $e^{-\lambda_3' t_3} = O\left(e^{-\frac{1}{\mu}}\right)$. Der letzte Ausdruck strebt also für $\mu \to +0$ schneller gegen Null als eine beliebige Potenz von μ. Aus diesem Grund kann die Zuordnungsfunktion von Transformation F_3 (bis auf Glieder der Ordnung $e^{-\frac{1}{\mu}}$ in folgender Form geschrieben werden[1]):

$$s_1 = \mu\lambda_2 + O\left(e^{-\frac{1}{\mu}}\right),$$

$$s' = \mu[(\lambda_2' - \lambda_2)e^{\lambda_2 t_2} - \lambda_2'] + O\left(e^{-\frac{1}{\mu}}\right). \tag{8.46a}$$

Mit dem gleichen Genauigkeitsgrad hat man für den Grenzzyklus:

$$\bar{s} = \bar{s}_1 = \mu\lambda_2 + O\left(e^{-\frac{1}{\mu}}\right). \tag{8.46b}$$

Wird (8.46b) in die erste Beziehung von (8.45) eingesetzt, so ergibt sich die Gleichung für die Zeit $\bar{t}_1$. Sie wird von einem Bildpunkt zum Durchlaufen des Grenzzyklus im Bereich (I) benötigt:

$$\left[\lambda_2 + \lambda_1 + O\left(e^{-\frac{1}{\mu}}\right)\right] e^{\lambda_1' \bar{t}_1} = (\lambda_1' + \lambda_2)\, e^{\lambda_1 \bar{t}_1} + \lambda_1' - \lambda_1. \tag{8.47}$$

Die gewonnene Gleichung läßt sich bei Benutzung der Methode der schrittweisen Näherungen lösen, wobei die Unterschiede in den Größenordnungen der Wurzeln λ_1 und λ_1' berücksichtigt werden. Zuerst soll die Größenordnung von $\bar{t}_1$ abgeschätzt werden. Da für $\mu \to 0$ $e^{\lambda_1 \bar{t}_1} \to 1$ gilt, muß $e^{\lambda_1' \bar{t}_1}$, damit die Gleichung (8.47) erfüllt wird, von der Größenordnung λ_1' sein; es ist also $e^{\lambda_1' \bar{t}_1} = O\left(\frac{1}{\mu}\right)$, $\lambda_1' \bar{t}_1 = O\left(\ln \frac{1}{\mu}\right)$ und $\bar{t}_1 = O\left(\mu \ln \frac{1}{\mu}\right)$[2]. Trägt man $e^{\lambda_1 \bar{t}_1} = 1 + O(\lambda_1 \bar{t}_1) = 1 + O\left(\mu \ln \frac{1}{\mu}\right)$ in (8.47)

---

[1]) Der asymptotische Ausdruck (8.46a) hat für beliebige s' Gültigkeit, die größer als eine beliebig kleine, aber feste Größe sind ($s' > a$). Die erste Beziehung von (8.46a) zeigt, daß alle Trajektorien, die die Halbgerade s' außerhalb einer gewissen, festen Umgebung des Punktes $s' = 0$ schneiden und insbesondere auch alle aus Bereich (III) kommenden, den Zyklus umschließenden Trajektorien, im Bereich (II) in einer kleinen Umgebung (der Ordnung $e^{-\frac{1}{\mu}}$) der geradlinigen Trajektorie $y = -K - \varkappa_1 x$ verlaufen.

[2]) Man hat also für $\mu \to +0$ auch $\bar{t}_1 \to 0$, wobei sich dieser Vorgang für μ langsamer und für $\mu^\beta (0 < \beta < 1)$ schneller vollzieht, da bei beliebigen $0 < \beta < 1$ und hinreichend keinen μ die Ungleichung $O(\mu) < O\left(\mu \ln \frac{1}{\mu}\right) < O(\mu^\beta)$ besteht. Ein solcher Kleinheitsgrad von t_1 wird dadurch hervorgerufen, daß der Grenzzyklus im Bereich (I) zuerst in einer Umgebung (der Ordnung μ) des Punktes $A(1, K - 1)$ der Isokline L verläuft, wo $|\dot{x}| < O(1)$ gilt. Für die Trajektorien, die die Halbgerade S in einem endlichen Abstand vom Punkt A schneiden, ist $t_1 = O(\mu)$.

ein, so wird

$$e^{\lambda_1'\bar{t}_1} = \frac{2\lambda_1' + \lambda_2 - \lambda_1 + \lambda_1' O\left(\mu \ln \frac{1}{\mu}\right)}{\lambda_2 + \lambda_1} = \frac{2(K-1)^2}{\mu K}\left[1 + O\left(\mu \ln \frac{1}{\mu}\right)\right],$$

woraus

$$\lambda_1'\bar{t}_1 = \ln \frac{1}{\mu} + \ln \frac{2(K-1)^2}{K} + \ln\left[1 + O\left(\mu \ln \frac{1}{\mu}\right)\right],$$

oder wegen

$$\ln\left[1 + O\left(\mu \ln \frac{1}{\mu}\right)\right] = O\left(\mu \ln \frac{1}{\mu}\right)$$

und

$$\frac{1}{\lambda_1'} = \mu\lambda_1 = \frac{\mu}{K-1} + O(\mu^2) \tag{8.48}$$

schließlich

$$\bar{t}_1 = \frac{\mu}{K-1} \ln \frac{1}{\mu} + \frac{\mu}{K-1} \ln \frac{2(K-1)^2}{K} + O\left(\mu^2 \ln \frac{1}{\mu}\right)$$

folgt[1]).

Es soll nun die Benutzung der zweiten Beziehung von (8.45) die asymptotische Entwicklung für $\bar{s}'$ (für die Schnittpunktkoordinate des Grenzzyklus mit der Halbgerade S') ermittelt werden, damit nachfolgend auf der Grundlage von (8.46a) t_2 und die Periode der selbsterregten Schwingungen bestimmt werden können. Wegen (8.48) hat man

$$e^{-\lambda_1'\bar{t}_1} = \frac{\mu K}{(K-1)^2} + O\left(\mu^2 \ln \frac{1}{\mu}\right),$$

$$\lambda_1\bar{t}_1 = \frac{\mu}{(K-1)^2} \ln \frac{1}{\mu} + \frac{\mu}{(K-1)^2} \ln \frac{2(K-1)^2}{K} + O\left(\mu^2 \ln \frac{1}{\mu}\right)$$

und

$$e^{\lambda_1\bar{t}_1} = 1 + \lambda_1\bar{t}_1 + O(\lambda_1^2\bar{t}_1^2)$$

$$= 1 + \frac{\mu}{(K-1)^2} \ln \frac{1}{\mu} + \frac{\mu}{(K-1)^2} \ln \frac{2(K-1)^2}{K} + O\left(\mu^2 \ln^2 \frac{1}{\mu}\right).$$

---

[1]) Trägt man den gewonnenen asymptotischen Ausdruck (8.48) in die rechte Seite von (8.47) ein, so entsteht die folgende Näherung für $\bar{t}_1$, die bis auf Glieder der Ordnung $\mu^3 \ln \frac{1}{\mu}$ genau ist. Auf diesem Weg der sukzessiven Näherungen kann die asymptotische Entwicklung für $\bar{t}_1$ mit einer Genauigkeit bis zu $O\left(\mu^n \ln \frac{1}{\mu}\right)$ erhalten werden, wobei n eine beliebige natürliche Zahl bedeutet. Dennoch konvergiert diese Entwicklung nicht.

Aus diesem Grund entsteht, da die zweite Gleichung von (8.45) in der Gestalt

$$s' = \frac{(\mu\lambda_1' - \mu\lambda_1)e^{\lambda_1 t_1} + \mu\lambda_1' - \mu\lambda_1 e^{\lambda_1 t_1} e^{-\lambda_1' t_1}}{1 - e^{\lambda_1 t_1} e^{-\lambda_1' t_1}}$$

geschrieben werden kann,

$$\bar{s}' = \left[1 + \frac{\mu K}{2(K-1)^2}\right]\left\{\left(K - 1 - \frac{2\mu}{K-1}\right)e^{\lambda_1 \bar{t}_1} + K - 1 - \frac{\mu}{K-1}\right\} + O(\mu^2)$$

$$= 2(K-1) + \frac{\mu}{K-1}\ln\frac{1}{\mu} + \frac{\mu}{K-1}\left[K - 3 + \ln\frac{2(K-1)^2}{K}\right] + O\left(\mu^2 \ln^2\frac{1}{\mu}\right)^{1)}.$$

Wird dann die zweite Gleichung von (8.46a) benutzt, so ergibt sich

$$e^{\lambda_2 \bar{t}_2} = \frac{\bar{s}' + \mu\lambda_2'}{\mu\lambda_2' - \mu\lambda_2} = (1 + 2\mu)(\bar{s}' + 1 - \mu) + O(\mu^2)$$

$$= (2K-1)\left\{1 + \frac{\mu\ln\frac{1}{\mu}}{(K-1)(2K-1)} + \mu\left[\frac{2K(2K-3)}{(K-1)(2K-1)} + \frac{\ln\frac{2(K-1)^2}{K}}{(K-1)(2K-1)}\right] + O\left(\mu^2\ln^2\frac{1}{\mu}\right)^{2)}\right.,$$

---

1) Der Fehler des Zählers ist gleich $O\left(\mu^2 \ln\frac{1}{\mu}\right)$; deshalb kann man die Ausdrücke für $\mu\lambda_1'$ und $\mu\lambda_1'$ mit einer Genauigkeit bis zu $O(\mu^2)$ nehmen,

$$\frac{1}{1 - e^{\lambda_1\bar{t}_1}\, e^{-\lambda_1'\bar{t}_1}} = 1 + \frac{\mu K}{2(K-1)^2} + O\left(\mu^2\ln\frac{1}{\mu}\right),$$

und

$$\mu\lambda_1 e^{\lambda_1\bar{t}_1}\, e^{-\lambda_1'\bar{t}_1'} = O\left(\mu^2\ln\frac{1}{\mu}\right)$$

wird für das restliche Glied eingetragen.
Aus dem für $\bar{s}'$ gewonnenen asymptotischen Ausdruck folgt, daß der Punkt des Grenzzyklus mit der Abszisse $x = -1$ in einem Abstand der Ordnung $\mu\ln\frac{1}{\mu}$ von der Kurve $ABCDA$ liegt.

2) Alle Glieder sind bis auf eine Genauigkeit von $O\left(\mu^2\ln\frac{1}{\mu}\right)$ aufgeschrieben. Insbesondere hat man

$$\mu\lambda_2' = 1 - \mu + O(\mu^2) \quad \text{und} \quad \frac{1}{\mu\lambda_2' - \mu\lambda_2} = 1 + 2\mu + O(\mu^2).$$

$$\lambda_2 \bar{t}_2 = \ln(2K-1) + \frac{\mu \ln \frac{1}{\mu}}{(K-1)(2K-1)} + \mu \frac{2K(2K-3) + \ln \frac{2(K-1)^2}{K}}{(K-1)(2K-1)}$$

$$+ O\left(\mu^2 \ln^2 \frac{1}{\mu}\right)^{1)}$$

und schließlich

$$\bar{t}_2 = \frac{1}{\lambda_2} (\lambda_2 \bar{t}_2) = (1-\mu)\, \lambda_2 \bar{t}_2 + O(\mu^2)$$

oder

$$\bar{t}_2 = \ln(2K-1) + \frac{\mu \ln \frac{1}{\mu}}{(K-1)(2K-1)}$$

$$+ \mu \left[\frac{2K(2K-3)}{(K-1)(2K-1)} + \frac{\ln \frac{2(K-1)^2}{K}}{(K-1)(2K-1)} - \ln(2K-1)\right] + O\left(\mu^2 \ln^2 \frac{1}{\mu}\right). \tag{8.49}$$

Nach Summation mit (8.48) entsteht der folgende asymptotische Ausdruck für die Periode der selbsterregten Multivibratorschwingungen, d. h. für die Periode der periodischen Lösung des Systems (8.39) für kleines μ:

$$\tau = 2(\bar{t}_1 + \bar{t}_2) = 2 \ln(2K-1) + \frac{4K}{(K-1)(2K-1)} \mu \ln \frac{1}{\mu}$$

$$+ \left[\frac{4K(2K-3)}{(K-1)(2K-1)} + \frac{4K \ln \frac{2(K-1)^2}{K}}{(K-1)(2K-1)} - 2\ln(2K-1)\right] \mu + O\left(\mu^2 \ln \frac{1}{\mu}\right). \tag{8.50}$$

In dieser asymptotischen Entwicklung stimmt das höchste Glied, wie zu erwarten, mit dem Grenzwert (8.43) der Multivibratorperiode für $\mu \to 0$ überein.

§ 6. Zweipositions-Selbststeuerung

In diesem Paragraphen wird die Dynamik eines Wasserfahrzeuges untersucht daß mit einem einfachen, sogenannten Zweipositions-Stabilitätssystem des Kurses mit einer Zweipositions-Selbststeuerung ausgestattet ist.

---

1) Hier läßt sich bequem die Entwicklung

$$\ln(1+x) = x - \frac{1}{2} x^2 + O(x_3)$$

verwenden.

1. Problemstellung

φ bedeutet die Abweichung des Wasserfahrzeuges vom vorgegebenen Kurs (Abb. 46). Es ist nun die vereinfachte Gleichung für die Drehung des Schiffes um die vertikale Achse, die durch dessen Schwerpunkt läuft, aufgestellt. Dabei wird das Schlingern des Wasserfahrzeuges in einer Kurve vernachlässigt und sowohl das Kräftemoment $M = M(\psi)$, das sich am Steuer herausbildet, als auch das Widerstandsmoment $-H\frac{d\varphi}{dt}$ berücksichtigt. H bezeichnet den Koeffizienten der zähen

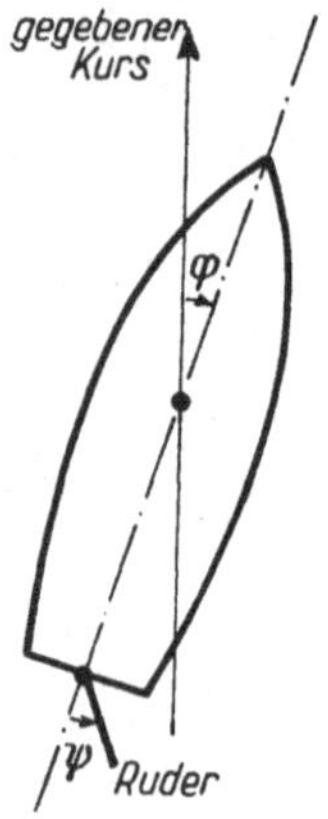

Abb. 46

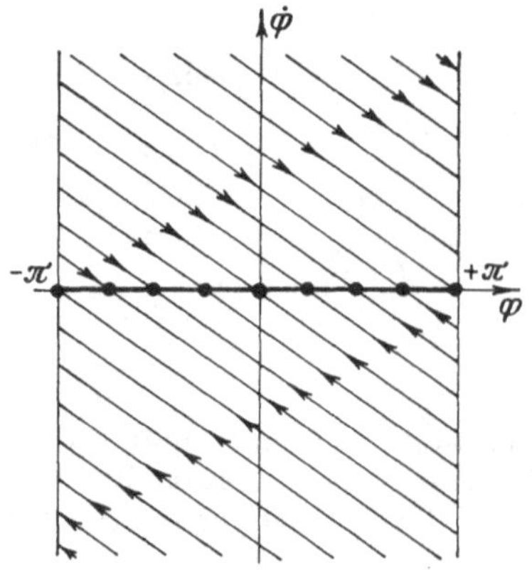

Abb. 47

Reibung. Bedeutet J das Trägheitsmoment des Schiffes in bezug auf dessen vertikale Hauptachse, so erhält die Gleichung für die Drehung des Wasserfahrzeuges die Form

$$J\frac{d^2\varphi}{dt^2} + H\frac{d\varphi}{dt} = M. \tag{8.51}$$

Das Schiff besitzt keine eigene Kursstabilität. Für $M = 0$ (das Steuer befindet sich dann in der Diametralebene, also in der Symmetrieebene des Schiffes $\psi = 0$) gerät nämlich das Wasserfahrzeug auf irgendeinen konstanten Kurs $\varphi = \text{const.}$, der aber von den Anfangsbedingungen abhängt und beliebig sein kann. Zur Veranschaulichung des soeben Gesagten ist in Abb. 47 die Phasenebene (die Mantelfläche des Phasenzylinders) des Wasserfahrzeuges mit dem Steuer in der Diametralebene dargestellt worden. Die Phasentrajektorien werden von einer Schar von Geraden gebildet, auf denen sich der Bildpunkt für $t \to +0$ den Gleichgewichtszuständen nähert, die die gesamte φ-Achse ausfüllen. Eine Stabilität des vorgegebenen Schiffskurses ist nur durch die Steuerung, durch die entsprechenden Einstellungen des Ruders zu erreichen. In der Sprache der Zerlegung der Phasenebene in Trajektorien ausgedrückt, besteht das Steuerungsproblem (gleichgültig, ob von einem Menschen gesteuert wird oder ob eine automatische Kursstabilisierung vorhanden ist) in der Herstellung eines einzigen stabilen Gleichgewichtszustandes, der dem vorgegebenen Kurs $\varphi = 0$ entspricht, an Stelle eines Kontinuums von Gleichgewichtszuständen.

Eines der einfachsten Systeme zur automatischen Kursstabilisierung wird von einer sogenannten Zweipositions-Selbststeuerung geliefert, bei der das Ruder die beiden Lagen $\psi = \pm \psi_0$ annehmen kann, in denen sich jeweils Kraftmomente herausbilden, die gleichen Betrag M_0 aber entgegengesetzte Richtung besitzen. In diesem Zusammenhang sei angenommen, ohne daß in die Betrachtung eigentlich eine Selbststeuerung einbezogen wird, daß die Lage des Ruders einer bestimmten Gesetzmäßigkeit zur Folge vom Zustand des Wasserfahrzeuges abhängt ($M = \pm M_0$ ist auch eine Funktion von φ und $\frac{d\varphi}{dt}$). Die einfachste Zweipositions-Reglung des Kurses liegt dann vor, wenn die Lenkung des Ruders von der einen Schiffsseite zur anderen durch eine Selbststeuerung ausgeführt wird, während das Wasserfahrzeug auf vorgegebenem Kurs $\varphi = 0$ fährt. Dabei sei angenommen worden, daß das Umlegen des Ruders plötzlich vonstatten geht. Im weiteren kann man sich davon überzeugen, daß eine solche automatische Konstruktion bei Erfüllung gewisser Forderungen tatsächlich eine Stabilisierung des Schiffskurses bewirkt[1]). Natürlich kann man sich vorstellen, wenn man dabei von den Erfahrungen beim Steuern eines gewöhnlichen Bootes ausgeht, daß die stabilisierende Wirkung der Konstruktion wirksamer sein wird, wenn die Lenkung des Steuers nicht beim Gleiten des Bootes auf den vorgegebenen Kurs erfolgt, sondern etwas früher, wenn die Abweichung vom Kurs gering, aber noch nicht Null ist. Eine solche „vorgreifende" Rudereinstellung kann in der Praxis gewöhnlich auf folgende Weise erreicht werden: Entweder wird eine sogenannte Geschwindigkeitskorrektur vorgenommen oder man führt eine sogenannte starre Rückkoppelung ein[2]).

Bei einer Geschwindigkeitskorrektur erfolgt, in bezug auf die hier zu untersuchende, einfachste Zweipositions-Selbststeuerung, die Rudereinstellung nicht beim Fahren des Schiffes auf dem vorgegebenen Kurs $\varphi = 0$, sondern beim Verschwinden einer Linearkombination, gebildet aus Auslenkung vom Kurs und Geschwindigkeitsänderung dieser Auslenkung:

$$\sigma = \varphi + b \frac{d\varphi}{dt}.$$

Ohne Schwierigkeiten kann festgestellt werden, daß für $b > 0$ eine Rudereinstellung mit Vorlauf (bis zum Anliegen des vorgegebenen Kurses) erfolgt.

Die Schaltung einer solchen Zweipositions-Selbstregelung mit Geschwindigkeitskorrektur (mit elektrischer Rudermaschine) findet sich in Abb. 48; dort ist das Blockschema des Systems „Wasserfahrzeug + Selbststeuerung" dargestellt worden. In dieser Abbildung sind die wesentlichen Elemente dieser Schaltung und ihr Zusammenhang angegeben worden. Die dargestellte Selbststeuerung ist durch

---

[1]) Damit eine Selbststeuerung ordnungsgemäß arbeitet ist beispielsweise erforderlich, daß bei einer rechten Abweichung des Wasserfahrzeuges vom vorgegebenen Kurs ($\varphi > 0$) das Ruder nach Steuerbord umgestellt wird ($\psi = -\psi_0$, $M = -M_0$), im entgegengesetzten Fall $\varphi < 0$ hat man $\psi = +\psi_0$ und $W = +M_0$.

[2]) Eine Selbststeuerung mit starrer Rückkopplung wird kurz in Abschn. 4 des vorliegenden Kapitels betrachtet werden.

zwei Daten gekennzeichnet: einmal durch die Abweichung vom Kurs φ, die vom Kreiselkompaß angegeben wird, und durch die Geschwindigkeitsabweichung vom Kurs $\frac{d\varphi}{dt}$, die man als „dämpfendes Gyroskop" bezeichnet[1]).

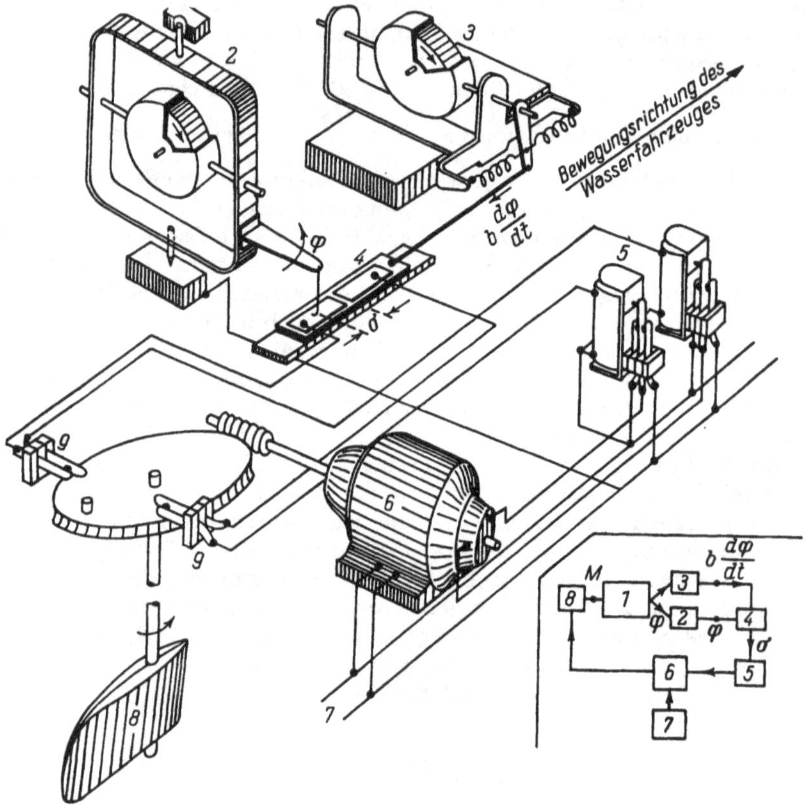

Abb. 48

Diese beiden Geber verschieben die in Kontakt tretenden „Fühler" und die Kontaktflächen des elektrischen Schiebeschalters so, daß der Schiebeschalter in Übereinstimmung mit dem Vorzeichen von $\sigma = \varphi + b\,\frac{d\varphi}{dt}$ die Rudermaschine auf

[1]) Ein dämpfendes Gyroskop wird von einem Gyroskop zweiten Grades gebildet (es kann sich nur um die vertikale Achse zusammen mit dem Wasserfahrzeug drehen), zu dessen horizontaler Achse das Moment der Federkräfte und der zähen Reibungskräfte des Spezialdämpfers gerichtet sind. Die Drehung der horizontalen Gyroskopachse erweist sich (nach Dämpfung ihrer Eigenschwingungen) der Geschwindigkeit der Kursänderung des Wasserfahrzeuges proportional. Die Bezeichnungsweise ist dadurch bedingt, daß ein derartiges, in die Selbststeuerung eingeschaltetes Gyroskop eine Dämpfung der Kursschwingungen des Wasserfahrzeuges bewirkt.

der erforderlichen Seite über ein Hilfsrelais einschaltet. Dadurch wird das Ruder rasch (bei den vorliegenden Betrachtungen „plötzlich") in eine der Grenzlagen gebracht, die durch die Endausschalter definiert sind. Sobald das Ruder in die Randlagen $\psi = +\psi_0$ bzw. $\psi = -\psi_0$ gerät, in denen die Endausschalter das Relais ausschalten, wird auch die Rudermaschine ausgeschaltet und die weitere Verstellung des Ruders unterbrochen. Offensichtlich muß die Rudermaschine so geschaltet werden, daß das Ruder für $\sigma > 0$ nach Backbord ($\psi = -\psi_0$ und $M = -M_0$) und für $\sigma < 0$ nach Steuerbord ($\psi = +\psi_0$ und $M = +M_0$) gelegt wird. Für $\sigma \neq 0$ nimmt also das Ruder eine der beiden äußeren Lagen an; dadurch ergibt sich auch die Bezeichnung Zweipositions-Selbststeuerung. Hat man $\sigma = 0$ (die elektrischen Schieber befinden sich dann in einer neutralen Lage), so ist die Rudermaschine ausgeschaltet, und das Ruder kann zwischen den Randlagen eine beliebige Stellung einnehmen:

$$-\psi_0 \leqq \psi \leqq \psi_0, \quad -M_0 \leqq M \leqq M_0 \quad \text{(Abb. 49)}.$$

Wird der Spielraum zwischen den Kontakten des Schiebeschalters vernachlässigt und die Rudereinstellung als plötzlich angenommen, so läßt sich die Gleichung für eine Zweipositions-Selbststeuerung mit Geschwindigkeitskorrektur angenähert in Form von

$$M = M_0 Z\left(\varphi + b\,\frac{d\varphi}{dt}\right) \tag{8.52}$$

schreiben. In dieser Gleichung bedeutet

$$Z(\sigma) = \begin{cases} -1 & \text{für } \sigma > 0, \\ +1 & \text{für } \sigma < 0 \end{cases}$$

und

$$|Z(0)| \leqq 1.$$[1]

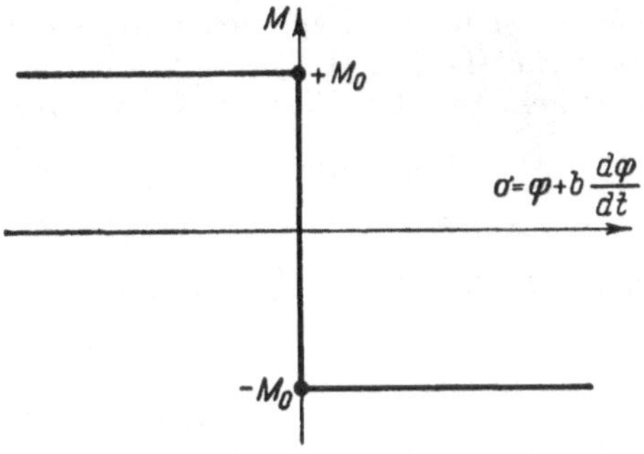

Abb. 49

2. *Die Phasenebene. „Gleitvorgang"*

Nach diesen vorbereitenden Bemerkungen soll nun die Untersuchung der Dynamik eines Wasserfahrzeuges, das mit einer Zweipositions-Selbststeuerung mit Geschwindigkeitskorrektur ausgestattet ist, vorgenommen werden. Zuerst sind die Gleichungen (8.51) des Systems „Wasserfahrzeug + Selbststeuerung" dahingehend zu vereinfachen, daß zu den dimensionslosen Veränderlichen x, t_{neu} und z übergegangen wird. Diese Variablen sind durch die Beziehungen

$$\varphi = Ax, \; t_{\text{alt}} = T t_{\text{neu}}, \; M = M_0 z$$

mit

$$A = \frac{M_0 J}{H^2} \quad \text{und} \quad T = \frac{J}{H}$$

[1]) Diese Funktion wurde hier nicht mit sgn σ bezeichnet, da die Funktion sgn σ gewöhnlich so definiert wird, daß $\text{sgn}(0) = 0$ ist.

definiert. In den neuen Veränderlichen erhalten diese Gleichungen die Gestalt

$$\ddot{x} + x = z$$

und

$$z = Z(x + \beta \dot{x}) \tag{8.53}$$

mit

$$\beta = \frac{b}{T} = b\frac{H}{J}.$$

Der Punkt über den Formelzeichen bezeichnet dabei die Differentiation nach der neuen, dimensionslosen Zeit (im weitern soll diese einfach t genannt werden). Da weiterhin nur kleine Abweichungen des Schiffes vom vorgegebenen Kurs von Interesse sind ($|\varphi|$ ist offensichtlich kleiner als π), kann als x, $\dot{x}$-Phasenraum des zu untersuchenden dynamischen Systems (Wasserfahrzeug + Selbststeuerung) eine gewöhnliche Ebene Verwendung finden.

Man setzt nun $\dot{x} = y$ und betrachtet die Zerlegung der x, y-Phasenebene in Phasentrajektorien. Diese Phasenebene wird durch die „Gerade des Umschaltens"

$$x + \beta y = 0 \tag{8.54}$$

die der neutralen Lage des elektrischen Schiebeschalters entspricht, in die beiden Bereiche (I) und (II) zerlegt. In jedem von ihnen gelten lineare Bewegungsgleichungen. Für den Bereich (I) $(x + \beta y > 0)$ hat man

$$\begin{aligned} \dot{x} &= y, \\ \dot{y} &= -y - 1 \end{aligned} \tag{8.55}$$

und für den Bereich (II) $(x + \beta y < 0)$

$$\begin{aligned} \dot{x} &= y, \\ \dot{y} &= -y + 1. \end{aligned} \tag{8.55a}$$

Die zuletzt genannten Gleichungen ergeben sich aus (8.55), wenn dort x, y durch $-x$, $-y$ ersetzt werden. Aus diesem Grund verlaufen die Trajektorien in den Bereichen (I) und (II) in bezug auf den Koordinatenursprung zueinander symmetrisch.

Auf der „Umschaltungsgeraden" selbst bleibt die Bewegung des Bildpunktes unbestimmt, da dort die Gleichung der Selbststeuerung (die zweite Gleichung von (8.53)) nicht eindeutig durch die rechte Seite der Bewegungsgleichung des Wasserfahrzeuges definiert wird. Für $\sigma = 0$ kann ja die Koordinate des Ruders beliebige Werte aus $-1 \leqq z \leqq +1$ annehmen. Bei der Herstellung des gesamten Zerlegungsbildes der Phasenebene in Trajektorien hat man daher, damit jede Systembewegung unbegrenzt im Verlaufe der Zeit verfolgt werden kann, die Bewegungsgleichungen des betrachteten dynamischen Systems für $x + \beta y = 0$ entsprechend zu ergänzen[1]). Zu diesem Zweck verfolgt man den Verlauf der Phasentrajektorien

[1]) Eine derartige Ergänzung erfordert gewöhnlich einige zusätzliche Kenntnisse über die Prozesse im zu untersuchenden physikalischen System. Sie kann beispielsweise erhalten werden, wenn zu komplizierteren Gleichungssystemen übergegangen wird, die detaillierter die Besonderheiten der Prozesse in der Selbststeuerung widerspiegeln und nachfolgend eine vernünftige Wahl des Grenzüberganges erfolgt (s. den folgenden Paragraphen).

in der Nachbarschaft der Geraden (8.54), führt die reduzierte Koordinate des elektrischen Schiebeschalters

$$\xi = x + \beta y$$

ein und berechnet $\dot{\xi}$. Für den Bereich (I) entsteht dann:

$$\dot{\xi} = \dot{x} + \beta \dot{y} = y - \beta(y - 1) = (1 - \beta) y - \beta .$$

Die Isokline $\dot{\xi} = 0$ (der geometrische Ort aller Punkte, in denen die Trajektorien parallel zur „Gerade des Umschalters" laufen) fällt augenscheinlich mit der horizontalen Geraden

$$y = \frac{\beta}{1 - \beta}$$

zusammen. Es sei nun $0 < \beta < 1$. In diesem Fall hat man über dieser Isokline $\dot{\xi} > 0$, und die Phasentrajektorien entfernen sich von der Geraden (8.54); unterhalb der Isokline nähern sie sich dieser Geraden. Für den Bereich (II) findet man ein dazu symmetrisches Bild. Auf der „Umschaltungsgeraden" (8.54) gibt es also eine Strecke

$$|y| \leqq \left| \frac{\beta}{1 - \beta} \right|, \qquad (8.56)$$

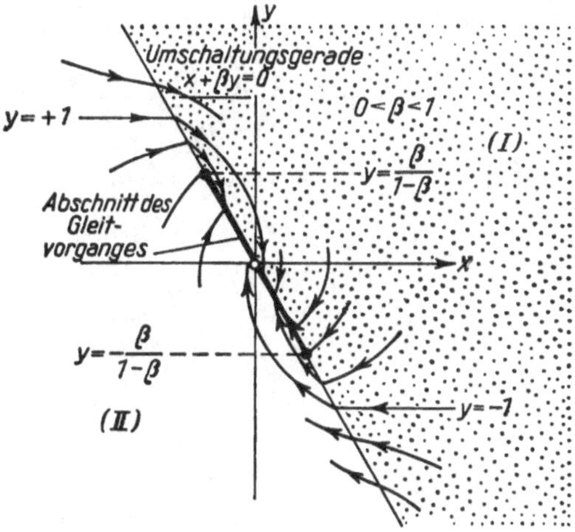

Abb. 50

der sich die Phasentrajektorien von beiden Seiten nähern. Außerhalb dieses Abschnittes laufen die Phasentrajektorien von der einen Seite zur Geraden (8.54), während sie sich auf der anderen Seite von ihr entfernen (Abb. 50). Das gleiche Bild ergibt sich auch für $\beta > 1$ (Abb. 51). Jetzt nähern sich im Bereich (I) die Trajektorien der Umschaltungsgeraden ($\dot{\xi} < 0$), wenn die Ungleichung $y > \frac{\beta}{1 - \beta}$ besteht und sie entfernen sich von dieser ($\dot{\xi} > 0$), wenn $y < \frac{\beta}{1 - \beta}$ gilt.

Ein derartiger Verlauf der Phasentrajektorien in der Nachbarschaft der Umschaltungsgeraden, die die Bereiche (I) und (II) voneinander trennt, gestattet nun, die folgende Ergänzung für die Bewegung des Bildpunktes auf dieser Geraden anzugeben (Bewegungsergänzung für das System mit Elektroschiebeschalter in neutraler Lage):

1. Gelangt der Bildpunkt außerhalb der Strecke (8.56) auf die „Umschaltungsgerade", so schneidet er diese und läuft vom Bereich (I) in den Bereich (II) oder umgekehrt.

2. Gelangt der Bildpunkt innerhalb der Strecke (8.56) auf die „Umschaltungsgerade", dann bewegt er sich auf diesem Abschnitt weiter.

Im zuletzt genannten Fall ergibt sich das Bewegungsgesetz aus der Gleichung der „Umschaltungsgeraden" (8.54), wenn dort $y = \dot{x}$ gesetzt wird. Man hat dann

$$x + \beta \dot{x} = 0,$$

woraus

$$x = x_0 e^{-\frac{t}{\beta}} \tag{8.57}$$

folgt.

Man spricht hier von einem sogenannten Gleitvorgang der Zweipositions-Selbststeuerung [98]. Arbeitet die Selbststeuerung auf diese Weise, dann befindet sich der elektrische Schiebeschalter in neutraler Lage und das Ruder wird zügig

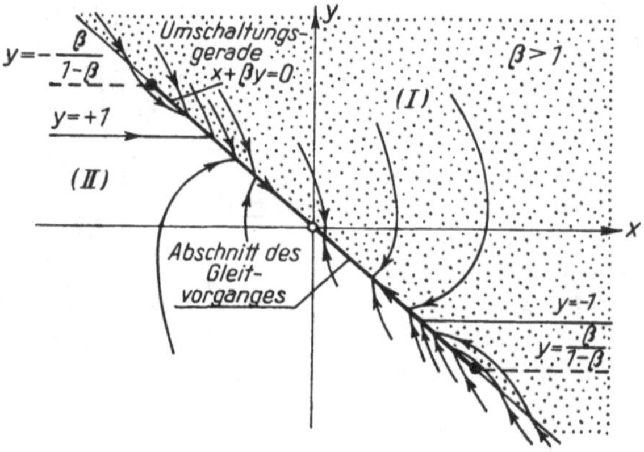

Abb. 51

von der größten Auslenkung bis zur Nullstellung umgesteuert. Die reduzierte Koordinate z des Steuers ändert sich dann offensichtlich gemäß folgender Gleichung:

$$z = \dot{x} + \ddot{x} = x_0 \left(\frac{1}{\beta^2} - \frac{1}{\beta}\right) e^{-\frac{t}{\beta}}. \tag{8.57a}$$

Zum besseren Verständnis der Wirkungsweise des Mechanismus im Gleitvorgang ist es erforderlich, ergänzend einige (im allgemeinen zweitrangige) Faktoren zu berücksichtigen; so beispielsweise eine Verzögerung in der Selbststeuerung oder die Trägheit der Rudermaschine. Diese Faktoren sind stets in realen Selbststeuerungen wirksam und führen dazu, daß die Einstellung des Ruders tatsächlich erst dann erfolgt, nachdem der elektrische Schiebeschalter die Nullage ($\xi = 0$) durchlaufen hat. Wegen des Vorhandenseins der genannten Faktoren besteht der Gleitvorgang aus einem mehrfachen Umschalten des Elektroschiebeschalters, das entweder zur Verschiebung des Ruders in kleinen Stufen führt oder Schwingungen, die nur wenig von (8.57) abweichen, um die mittlere Lage des Ruders verursacht[1]). Je öfter dabei das Umschalten erfolgt, desto geringer wird auch die Verzögerung in der Selbst-

[1]) S. den folgenden Paragraphen.

steuerung bzw. die für die Rudereinstellung von der Rudermaschine benötigte Zeit sein. Die Idealisierung des Gleitvorganges, die aus vereinfachter Betrachtungsweise und der oben angeführten Ergänzungsbewegung des Systems für $x + \beta y = 0$ besteht, darf als Grenzfall angesehen werden, wenn die angegebenen ergänzenden Faktoren (für das Umlegen des Steuers ist eine endliche Zeit erforderlich) gegen Null konvergieren.

Im Gleitvorgang wird die Abweichung des Wasserfahrzeugs vom gegebenen Kurs gemäß (8.57) aperiodisch gedämpft, und zwar um so rascher, je geringer β ausfällt. Man hat sich jedoch daran zu erinnen, daß bei einer Abnahme von β auch der Bereich des Gleitvorganges zusammenschrumpft und außerhalb desselben, wie noch gezeigt werden wird, die Schwingungen eine oszillatorische und relativ langsame Dämpfung erfahren. Aus diesem Grunde führen sowohl sehr kleine als auch sehr große Werte des Parameters β, der den Betrag der Geschwindigkeitskorektur charakterisiert, zu einer allmählichen Verwirklichung des vorgegebenen Kurses.

3. Die Punkttransformation

Es soll nunmehr der Verlauf der Phasentrajektorien außerhalb des Bereiches für den Gleitvorgang betrachtet werden, wobei dieses Problem auf eine Punkttransformation einer Geraden in eine andere zurückgeführt wird. Es gelte $0 < \beta < 1$[1]. Für die Konstruktion der Punkttransformation betrachtet man die Phasentrajektorie, die die „Gerade des Umschaltens" (8.54) schneidet und (für $t = 0$) in einen Punkt $s_0(-\beta s_0, s_0)$ im Bereich (I) läuft. Offensichtlich besteht dann die Ungleichung $s_0 > \dfrac{\beta}{1-\beta}$. Wird (8.55) integriert, so entsteht die allgemeine Lösung für den Bereich (I):

$$\begin{aligned} y &= -1 + (y_0 + 1)e^{-t}, \\ x &= x_0 - t + (y_0 + 1)(1 - e^{-t}), \\ \xi = x + \beta y &= \xi_0 - t + (1 - \beta)(y_0 + 1)(1 - e^{-t}). \end{aligned} \tag{8.58}$$

x_0, y_0, ξ_0 bezeichnen die Werte von x, y, ξ an der Stelle $t = 0$. Für die betrachtete Trajektorie hat man $x_0 = -\beta s_0$ und $\xi_0 = 0$; für ein gewisses $t = \tau > 0$, welches eindeutig durch die Gleichung

$$(1 - \beta)(y_0 + 1)(1 - e^{-\tau}) - \tau = 0 \tag{8.59}$$

definiert ist, wird dann die Koordinate ξ des elektrischen Schiebeschalters Null und der Bildpunkt kehrt zur „Umschaltungsgeraden" im Punkt $s_1(\beta s_1 - s_1)$ zurück. Für s_1 besteht die Beziehung

$$s_1 = 1 - (s_0 + 1)e^{-\tau}. \tag{8.59a}$$

[1]) Dem Fall $\beta > 1$ kommt wegen der langsamen Dämpfung der Abweichungen des Wasserfahrzeuges vom gegebenen Kurs im Gleitvorgang kein wesentliches Interesse zu. In diesem Fall tritt der Gleitvorgang, wie man leicht an Hand von Abb. 51 erkennt, höchstens bei der zweiten Umstellung des Ruders ein.

Es können nun zwei Fälle auftreten. Besteht die Ungleichung $s_1 \leqq \frac{\beta}{1-\beta}$, so mündet die Phasentrajektorie in den Abschnitt des Gleitvorganges und die weitere Bewegung vollzieht sich nach (8.57). Hat man jedoch $s_1 > \frac{\beta}{1-\beta}$, so gelangen die Trajektorien in den Bereich (II) und wiederum in einem Punkt $s_2(-\beta s_2, s_2)$ zur „Umschaltungsgeraden" usw.[1]).

Auf die angegebene Weise entsteht die Folge der Schnittpunkte der betrachteten Trajektorie mit der Umschaltungsgeraden

$$s_0, s_1, s_2, \ldots, s_k, s_{k+1}, \ldots.$$

Da die Phasentrajektorien in den Bereichen (I) und (II) in bezug auf den Koordinatenursprung symmetrisch verlaufen, ist leicht einzusehen, daß jeder nachfolgende Punkt s_{k+1} aus seinem Vorgänger s_k durch die gleiche Transformation gewonnen wird wie der Punkt s_1 aus dem Punkt s_0. Bei dieser handelt es sich um eine Transformation mit der Folgefunktion

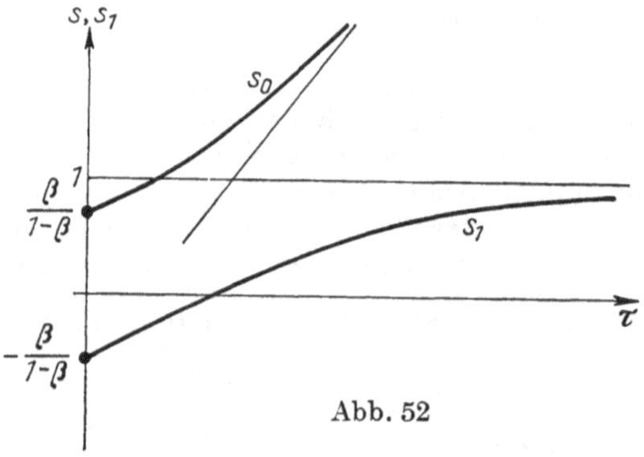

Abb. 52

$$s_0 = -1 + \frac{\tau}{(1-\beta)\,(1-e^{-\tau})},$$
$$s_1 = +1 - \frac{\tau}{(1-\beta)\,(e^{\tau}-1)}, \qquad (8.60)$$

die aus (8.59) und (8.59a) erhalten wurde. Dabei besitzt der Punkt s_k nur dann einen Nachfolger s_{k+1}, wenn $s_k > \frac{\beta}{1-\beta}$ gilt. Im gegenteiligen Fall hat der Punkt s_k auf der Halbgeraden S keinen Nachfolger, da das entsprechende $|y_k|$ kleiner als $\frac{\beta}{1-\beta}$ ist und die betrachtete Phasentrajektorie in die Strecke des Gleitvorganges mündet. Die Bilder der Funktionen (8.60) sind in Abb. 52 dargestellt worden. Für $\tau = 0$ ist $s_0 = \frac{\beta}{1-\beta}$ und $s_1 = -\frac{\beta}{1-\beta}$. Bei Zunahme von τ wachsen s_0 und s_1 monoton, wobei die folgenden Limesbeziehungen bestehen: Für $\tau \to +\infty$ hat man $s_0 \to +\infty$ und $s_1 \to +1$[2]). Diese Kurven schneiden

[1]) Ohne Schwierigkeiten erkennt man, daß der Fall $s_1 < -\frac{\beta}{1-\beta}$ nicht vorkommen kann.

[2]) Man hat nämlich für $\tau > 0$

$$\frac{ds_0}{d\tau} = \frac{e^{-\tau}\,[e^{\tau} - (\tau+1)]}{(1-\beta)\,(1-e^{-\tau})^2} > 0 \quad \text{und} \quad \frac{ds_1}{d\tau} = \frac{e^{\tau}[\tau - (1-e^{-\tau})]}{(1-\beta)(e^{\tau}-1)^2} > 0.$$

sich nicht, und die Transformation (8.60) besitzt keine Fixpunkte, weil die Ungleichung

$$s_1 - s_0 = -2\left[\frac{\frac{\tau}{2}}{(1-\beta)\tanh\frac{\tau}{2}} - 1\right] < 0$$

besteht. Es ist nämlich $\beta < 1$ und $\frac{\tau}{2} > \tanh\frac{\tau}{2}$. Jeder nachfolgende Schnittpunkt der gegebenen Phasentrajektorie mit der „Umschaltungsgerade" liegt also näher beim Koordinatenursprung als sein Vorgänger, und nach einer endlichen Anzahl von Schwingungen gelangt die Selbststeuerung in den Gleitvorgang.

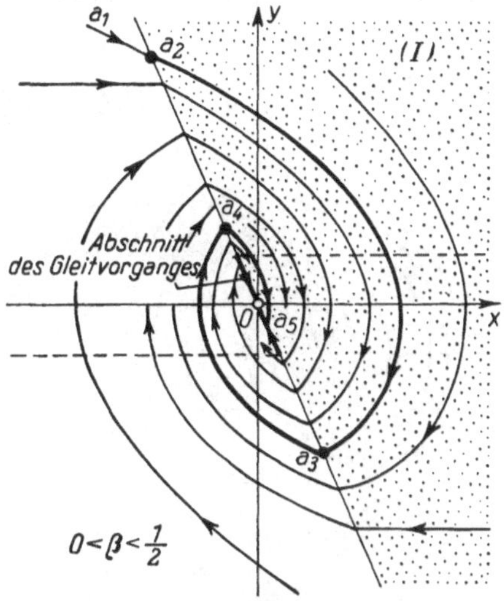

Abb. 53

Die Anzahl der Schwingungen des Wasserfahrzeuges (die Anzahl der Ruderumlegungen) bis zum Eintritt in den Gleitvorgang hängt augenscheinlich von den Anfangsbedingungen und von der Größe des Parameters β ab. Hat man $\frac{1}{2} \leqq \beta < 1$, so besteht für beliebige τ (also für beliebige s_0) die Ungleichung $s_1 < 1 < \frac{\beta}{1-\beta}$ und die Phasentrajektorie gelangt nach einem Schnitt mit der Geraden (8.54) zur Strecke des Gleitvorganges. Das gleiche Bild ergibt sich auch, wie festgestellt werden konnte, für $\beta > 1$. Berücksichtigt man nun, daß sich bei einer Vergrößerung von β die Zeitkonstante der aperiodischen Dämpfung für die Abweichung des Schiffes vom gegebenen Kurs im Gleitvorgang der Selbststeuerung verringert, so bedeutet dies offensichtlich eine unzweckmäßige Anwendung der Selbststeuerung für große Geschwindigkeitskorrekturen, nicht nur für $\beta > 1$, sondern auch für $\beta > \frac{1}{2}$. In Abb. 53 findet sich die Zerlegung der Phasenebene in Trajektorien für $\beta < \frac{1}{2}$; in Abb. 54 wurde das Oszillogramm des Kurses für ein Wasserfahr-

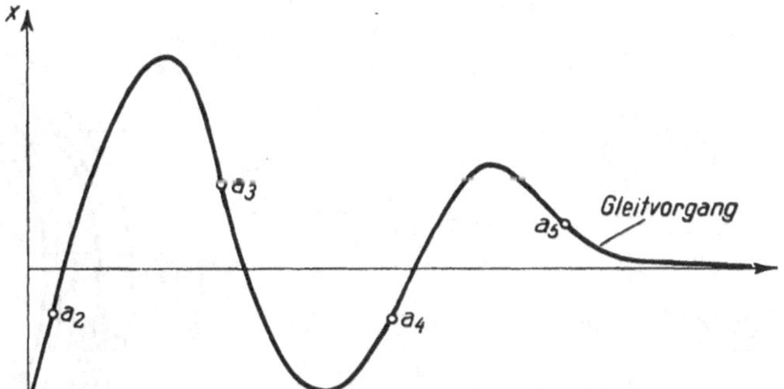

Abb. 54

zeug mit Zweipositions-Selbststeuerung dargestellt, dem die Phasentrajektorie $a_1 a_2 a_3 a_4 a_5 O$ von Abb. 53 entspricht. Unter beliebigen Anfangsbedingungen gelangt die Selbststeuerung in den Gleitvorgang, worauf eine aperiodische Herausbildung des gegebenen Kurses erfolgt. Je kleiner dabei β ausfällt, desto geringer ist auch die Strecke des Gleitvorganges und desto länger führt das System Schwingungen aus, bevor der Gleitvorgang beginnt. Für $\beta = 0$ (es ist dann keine Geschwindigkeitskorrektur vorhanden) existiert im allgemeinen kein Gleitvorgang, und der gesamte Schwingungsprozeß des Schiffskurses klingt unter relativ geringer Dämpfung aus. Zur Veranschaulichung des soeben dargelegten ist in Abb. 55 die Phasenebene für das System mit $\beta = 0$ dargestellt worden.

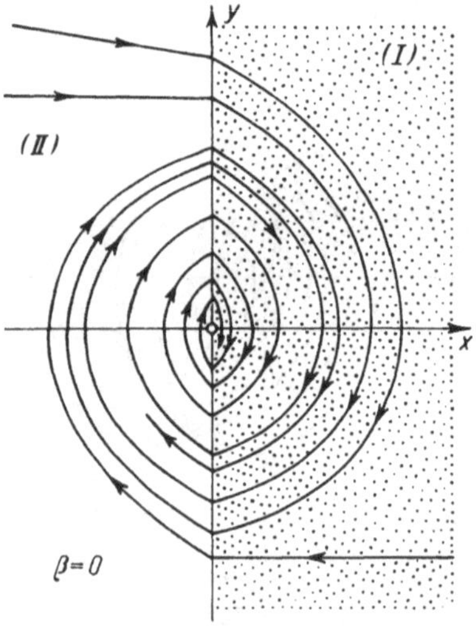

Abb. 55

Es sei noch bemerkt, daß im betrachteten System „Wasserfahrzeug + Zweipositions-Selbststeuerung" unter den oben angegebenen, vereinfachenden Voraussetzungen für $\beta < 0$ selbsterregte Schwingungen entstehen. Dies bedeutet, daß bei unsachgemäßem Zuschalten des dämpfenden Gyroskops das Ruder umgesteuert wird, auch nachdem sich das Schiff auf dem vorgegebenen Kurs befindet.

In diesem Fall läßt sich die Betrachtung der Zerlegungsstruktur der Phasenebene in Trajektorien ebenfalls auf die Schnittpunkttransformation der Trajektorien mit der „Umschaltungsgeraden" zurückführen. Auch die Folgefunktion läßt sich

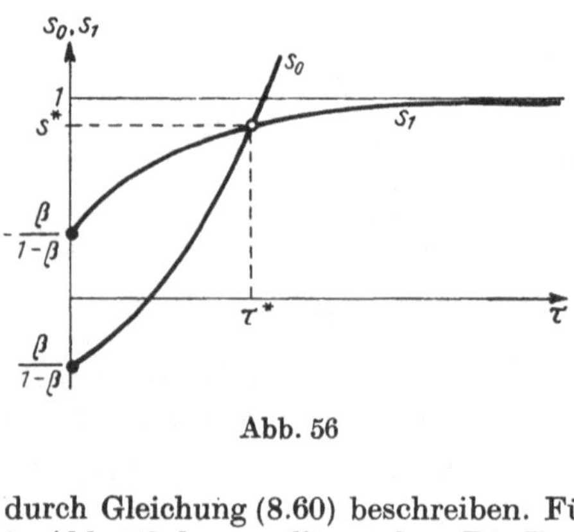

Abb. 56

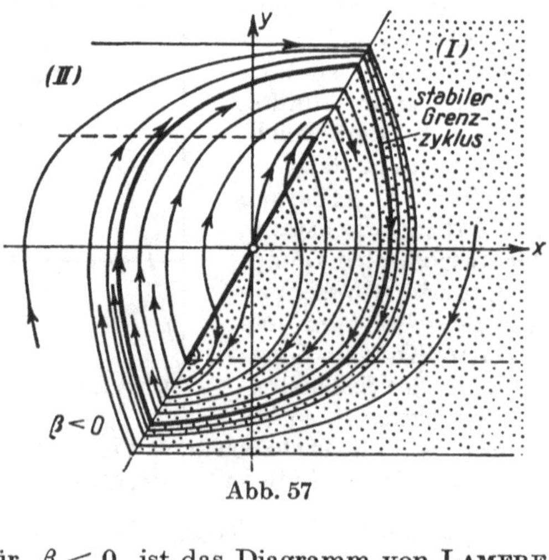

Abb. 57

durch Gleichung (8.60) beschreiben. Für $\beta < 0$ ist das Diagramm von Lamère in Abb. 56 dargestellt worden. Die Punkttransformation (8.60) besitzt für $\beta < 0$ einen einzigen stabilen Fixpunkt, dem in der Phasenebene (Abb. 57) ein stabiler, symmetrischer Grenzzyklus entspricht. Die Halbperiode der selbsterregten Schwingungen kann aus den Gleichungen (8.60) bestimmt werden, wenn in diesen $s_1 = s_0$ gesetzt wird. Auch Gleichung

$$1 - \beta = \frac{\tau^*}{2} \coth \frac{\tau^*}{2}$$

kann dafür verwendet werden. Ohne Schwierigkeiten läßt sich nachweisen, daß Amplitude und Periode der selbsterregten Schwingungen im Schiffskurs für $\beta \to -0$ gegen Null konvergieren.

4. Selbststeuerung mit starrer Rückkoppelung

Es soll nun kurz auf das zweite Verfahren eingegangen werden, mit dessen Hilfe das Umlegen des Steuers realisiert werden kann (das Umlegen erfolgt so lange, bis das Wasserfahrzeug auf gegebenem Kurs fährt). Dieses Verfahren wird ebenfalls in

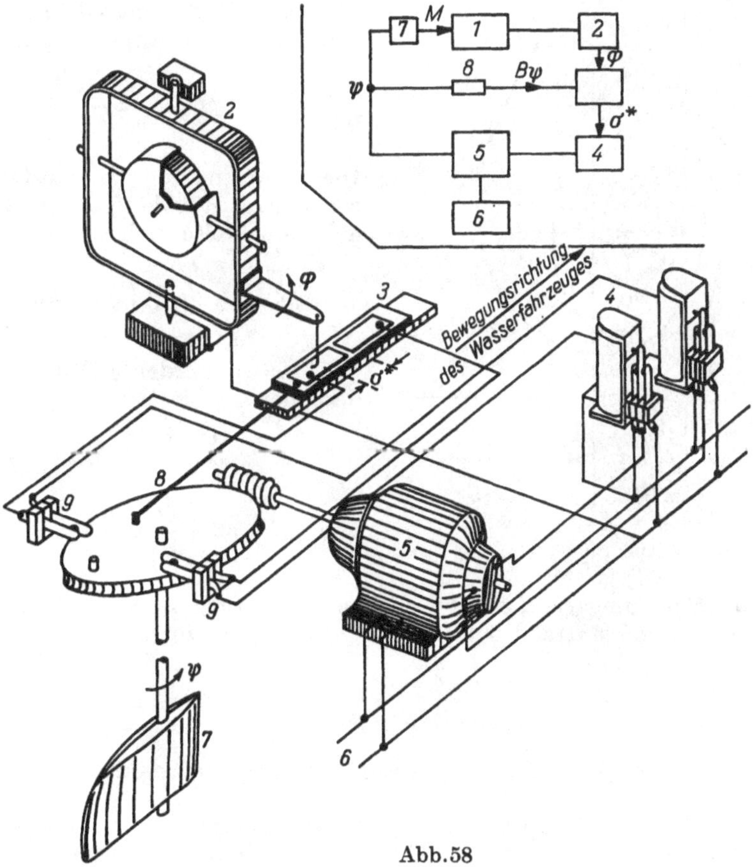

Abb.58

der Praxis der automatischen Regelung angewandt und besteht darin, daß in die Selbststeuerungsschaltung eine starre Rückkoppelung eingeführt wird. Die Schaltung einer solchen Selbststeuerung und das Blockschema des Systems „Wasserfahrzeug + Selbststeuerung" sind in Abb. 58 dargestellt worden. Beim Vorhandensein einer starren Rückkoppelung wird die Rudermaschine durch einen Elektroschiebeschalter gesteuert, dessen Position durch

$$\sigma^* = \varphi + B\psi$$

beschrieben wird. ψ bedeutet darin die Auslenkung des Ruders in bezug auf die Diametralebene des Schiffes. Für $\sigma^* > 0$ wird das Ruder nach Backbord (in die Lage $\psi = -\psi_0$) und für $\sigma^* < 0$ nach Steuerbord (in die Lage $\psi = +\psi_0$) gebracht. Für $\sigma^* = 0$ (der Elektroschiebeschalter befindet sich in neutraler Lage) ist die Rudermaschine ausgeschaltet, und das Ruder kann eine beliebige Lage $-\psi_0 \leqq \psi \leqq \psi_0$ annehmen[1]).

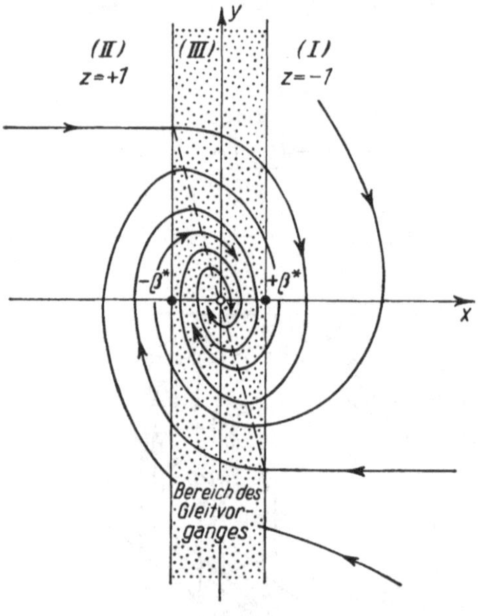

Abb. 59

Vernachlässigt man nun wieder die Zeit, die zum Umlegen des Ruders erforderlich ist, und nimmt das Kraftmoment M, das am Ruder angreift, proportional zum Drehwinkel an, dann gilt

$$M = \frac{M_0}{\psi_0}\,\psi.$$

Die Gleichung für die Selbststeuerung mit starrer Rückkoppelung kann dann näherungsweise in der Form

$$M = +M_0 Z\left(\varphi + B\psi_0 \frac{M}{M_0}\right)$$

geschrieben werden[2]). Mit den Veränderlichen

$$x = \frac{H^2}{M_0 J}\,\varphi, \quad t_{\text{neu}} = \frac{H}{J}\,t_{\text{alt}}$$

und

$$z = \frac{M}{M_0} = \frac{\psi}{\psi_0}$$

läßt sich die Bewegungsgleichung für ein Wasserfahrzeug mit einer Zweipositions-Selbststeuerung und starrer Rückkoppelung überführen in

$$\begin{aligned} \ddot{x} + \dot{x} &= z, \\ z &= Z(x + \beta^* z). \end{aligned} \tag{8.61}$$

$\beta^* = B\psi_0$ bedeutet darin den normierten Rückkoppelungsfaktor.

[1]) Man stellt leicht fest, daß ein Überholen der Steuerumlegung nur für $B > 0$ erhalten wird.

[2]) Die Definition der Funktion $Z(\sigma^*)$ ist in Abschn. 1 des vorliegenden Paragraphen angegeben.

Die x, y-Phasenebene ($y = \dot{x}$) des Systems wird durch die Geraden $x = +\beta^*$ und $x = -\beta^*$ in die Bereiche (I), (II) und (III) zerlegt (Abb. 59). Im Bereich (I), in dem $z = -1$ gilt (das Ruder befindet sich in der äußersten linken Lage) und in dem folglich auch die Ungleichung $\xi^* = x - \beta^* \geqq 0$ gilt, ist $x > \beta^*$. Dort sind die Bewegungsgleichungen des Systems durch (8.55) gegeben. Beim Bereich mit $z = +1$ und $\xi^* = x + \beta^* \leqq 0$ handelt es sich um das Gebiet (II) $x < -\beta^*$ (das Ruder befindet sich in der äußersten rechten Lage). Im Streifen $-\beta^* < x < +\beta^*$ [in (III)] wird z weder $+1$ noch -1 sein (das Ruder kann sich dann in keiner äußeren Lage befinden). Aus diesem Grunde ist dort $\xi^* = x + \beta^* z \equiv 0$. Der Elektroschiebeschalter hat neutrale Stellung, während sich das Ruder schwimmend verstellt, wobei es irgend eine Lage zwischen den äußeren Stellungen besitzt

$$z = -\frac{x}{\beta^*}. \tag{8.62}$$

Es liegt also ebenfalls ein Gleitvorgang vor, dem jetzt aber (beim Vorhandensein einer starren Rückkoppelung) kein Geradenabschnitt, sondern der gesamte Streifen $-\beta^* < x < +\beta^*$ der Phasenebene zugeordnet ist. Aus diesem Grund erfolgt jetzt, im Gegensatz zur Selbststeuerung mit Geschwindigkeitskorrektur, die Herausbildung des Gleitvorganges bei jeder Ruderstellung. Anders ausgedrückt, alle Ruderverstellungen werden durch die Selbststeuerung hervorgerufen, die im Gleitvorgang arbeitet.

Bei einem realen Zweipositions-Selbstregler mit starrer Rückkoppelung besteht der Gleitvorgang aus mehrmaligem Ein- und Ausschalten der Rudermaschine, wobei das Ruder in kleinen Stufen nach einer Gesetzmäßigkeit verstellt wird, die sich nur wenig von (8.62) unterscheidet. Dies geschieht auf folgende Weise: Zum Zwecke einer Kursänderung schaltet der Elektroschiebeschalter die erforderliche Seite der Rudermaschine ein, die daß Ruder und auch gleichzeitig über die starre Rückkoppelung die Kontaktschichten des Elektroschiebeschalters umsteuert. Nach kurzer Zeit führt dies zur Ausschaltung der Rudermaschine. Bei einer weiteren Kursänderung erfolgt erneut ein kurzzeitiges Einschalten der Rudermaschine usw. Die Schaltfrequenz und das Ausschalten der Rudermaschine sind durch eine Verzögerung im Funktionsablauf der Sebststeuerung (einschließlich der Relaiskonstruktion) und der Trägheit der Rudermaschine selbst bedingt. Bei diesen Faktoren handelt es sich um Größen, die in einer beliebigen, realen Selbststeuerung wirksam sind und im vorliegenden Paragraphen vernachlässigt wurden. Die genannte Frequenz wird um so größer sein, je kleiner die angegebenen Faktoren sind. Die hier vorgenommene Idealisierung des Gleitvorganges [die Gleichungen der Selbststeuerung wurden durch (8.62) ergänzt] führt auf den Grenzfall, daß die Verzögerung der Selbststeuerung und die Trägheit der Rudermaschine gegen Null streben.

Es sei noch hervorgehoben, daß man zur Ergänzung (8.62) des Gleitvorganges auch durch einen Grenzübergang kommen kann, der an der in Abb. 60 dargestellten stetigen Kennlinie vorgenommen wird. Für eine solche Kennlinie hat

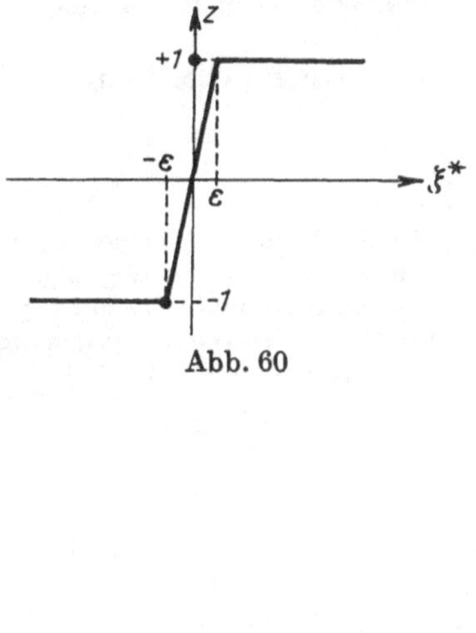

Abb. 60

man, wenn $\xi^* = x + \beta^* z$ gesetzt wird, für $|\xi^*| < \varepsilon$

$$z = \frac{\xi^*}{\varepsilon} = \frac{x + \beta^* z}{\varepsilon} \quad \text{oder} \quad z = -\frac{x}{\beta^* - \varepsilon},$$

woraus beim Grenzübergang $\varepsilon \to 0$ (8.62) entsteht.

Die Kursänderungen des Schiffes während des Gleitvorganges der Selbststeuerung [im Bereich (III) der Phasenebene] lassen sich wegen der ersten Gleichung (8.61) und wegen Gleichung (8.62) durch eine lineare Gleichung

$$\ddot{x} + \dot{x} + \frac{x}{\beta^*} = 0 \qquad (8.62\,\text{a})$$

veranschaulichen. Diese Kursänderungen sind also stets gedämpft, wobei für $\beta^* < 4$ eine oszillatorische und für $\beta^* > 4$ eine aperiodische Dämpfung vorhanden ist. Die maximale Wirksamkeit der Dämpfung ergibt sich offensichtlich für $\beta^* = 4$.

In Abb. 59 ist die Aufteilung der Phasenebene in Trajektorien für das System „Wasserfahrzeug + Zweipositons-Selbststeuerung" mit starrer Rückkoppelung angegeben. Man kann nun beispielsweise zeigen, daß alle Trajektorien für $t \to +\infty$ zu dem stabilen Gleichgewichtszustand $x = 0$ streben, wenn das Problem auf eine Punkttransformation einer Geraden in eine andere zurückgeführt wird. Das bedeutet nichts anderes, als daß das Wasserfahrzeug unter beliebigen Anfangsbedingungen auf vorgegebenem Kurs fahren wird, wobei in der letzten Etappe die Verwirklichung des Kurses über die Selbststeuerung im Gleitvorgang erfolgt.

5. Andere Systeme automatischer Regelung

Am Ende dieses Paragraphen sei noch darauf hingewiesen, daß sich auf die hier betrachteten dynamischen Systeme unter entsprechenden Voraussetzungen eine Vielzahl anderer Systeme der automatischen Regelung und Steuerung zurückführen läßt. Als Beispiel soll hier das System indirekter Geschwindigkeitsregelung eines Antriebes mittels eines Servomotors mit „konstanter Geschwindigkeit" ohne „tote Zone" untersucht werden, wobei ideale empfindliche Elemente vorausgesetzt werden (Masse und Reibung sind also im Drehzahlmesser des Motors zu vernachlässigen)[1]). Die Schaltung eines derartigen Systems der automatischen Regelung ist in Abb. 61 dargestellt worden. Seine Bewegungsgleichungen für Zustände der Regelstrecke in der Umgebung eines gewissen Gleichgewichtszustandes $\omega = \Omega$ lassen sich in der folgenden, in der Regelungstechnik gebräuchlichen Form, schreiben[2]):

Linearisierte Gleichung der Regelstrecke (mit positiver Selbstregelung)

$$T_a \frac{d\varphi}{dt} + k\varphi = \mu,$$

---

[1]) Die Geschwindigkeitsregelung wurde nur einer größeren Bestimmtheit wegen genommen: Das hier betrachtete Reglungsobjekt kann durch ein beliebiges anderes mit einem halben Freiheitsgrad und mit einer positiven Selbstregelung ersetzt werden. Ebenso kann der elektrische Servomotor gegen einen beliebigen anderen ausgetauscht werden.

[2]) S. beispielsweise [1, 99, 120].

Gleichung des idealen Meßgrößenwandlers

$$\delta\eta + \varphi = 0,$$

Gleichung der Rückkoppelung

$$\sigma = \eta - \gamma\mu,$$

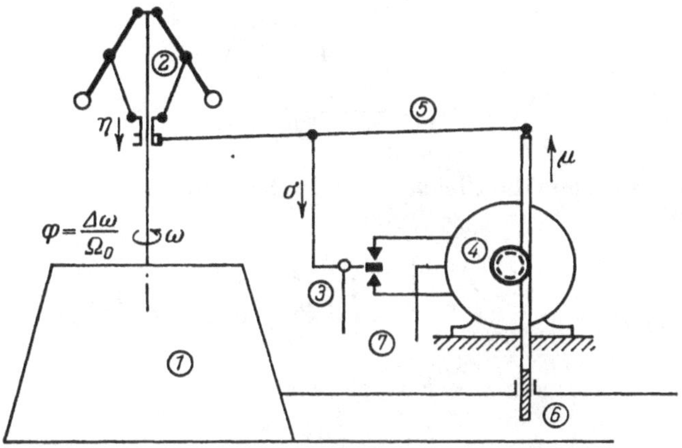

Abb. 61

Gleichung des Servomotors mit „konstanter Geschwindigkeit" ohne „tote Zone"

$$\frac{d\mu}{dt} \begin{cases} +\dfrac{1}{T_s} & \text{für} \quad \sigma > 0, \\ -\dfrac{1}{T_s} & \text{für} \quad \sigma < 0. \end{cases}$$

In diesen Gleichungen bedeutet φ die relative Geschwindigkeitsänderung des Antriebsmotors, η die relative Änderung der Ausgangskoordinate des Meßgrößenwandlers (die relative Verschiebung der Muffe des Fliehkraftreglers), σ die relative Verschiebung des Servomotorschiebers, μ die relative Verschiebung des Ventils, das die Regelstrecke steuert (die relative Verschiebung der Motordrossel), T_a die sogenannte Startzeit, k der Selbstregelungskoeffizient des Motors, δ der Ungleichmäßigkeitskoeffizient des Meßgrößenwandlers, γ der Koeffizient der starren Rückkoppelung und T_s die Laufzeit des Servomotors. Alle Koeffizienten der angeführten Gleichungen sind positiv. Trägt man nun die letzte Gleichung in die erste und die zweite Gleichung in die dritte ein, so entsteht

$$T_a T_s \frac{d^2\varphi}{dt^2} + k T_s \frac{d\varphi}{dt} = \begin{cases} +1 & \text{für} \quad \sigma > 0, \\ -1 & \text{für} \quad \sigma < 0, \end{cases}$$

$$\sigma = -\left(\frac{1}{\delta} + \gamma k\right)\varphi - \gamma T_a \frac{d\varphi}{dt}.$$

Werden dann die neuen Veränderlichen x und ξ und die neue dimensionslose Zeit t_{neu} eingeführt, die mit den alten Variablen durch die Beziehungen

$$t = \frac{T_a}{k} t_{\text{neu}},$$

$$\varphi = \frac{T_a}{k^2 T_s} x,$$

$$\sigma = -\frac{T_a\left(\frac{1}{\delta} + \gamma k\right)}{k^2 T_s} \xi$$

verbunden sind, so gehen die Gleichungen des betrachteten Systems der indirekten Regelung in die Gestalt

$$\ddot{x} + \dot{x} = \begin{cases} -1 & \text{für} \quad \xi > 0, \\ +1 & \text{für} \quad \xi < 0 \end{cases}$$

mit

$$\xi = x + \beta\dot{x},$$

$$\beta = \frac{\gamma k}{\frac{1}{\delta} + \gamma k}$$

über[1]). Das ist aber ein Gleichungssystem der Form (8.53).

§ 7. Zweipositions-Selbststeuerung mit Verzögerung

Im vorangegangenen Paragraphen konnte festgestellt werden, daß zur Erläuterung des Mechanismus eines Gleitvorganges bei einer Zweipositions-Selbststeuerung die einen oder anderen Faktoren unbedingt berücksichtigt werden müssen, die in einer realen Selbststeuerung wirksam werden und zu einem verzögerten Umlegen des Ruders führen [zu einer Ruderumlegung, nachdem der Elektroschiebeschalter die Nullage ($\sigma = 0$) passiert hat]. Von diesen Faktoren wurden bereits der verzögerte Funktionsablauf der Selbststeuerung und die Trägheit der Rudermaschine (die kleine, aber endliche Umstellungsdauer des Ruders) genannt. Im vorliegenden Paragraphen soll nun die Dynamik eines Wasserfahrzeuges mit Selbststeuerung bei näherungsweiser (getrennter) Berücksichtigung dieser Faktoren untersucht werden, indem der Fall einer Zweipositions-Selbststeuerung mit Geschwindigkeitskorrektur betrachtet wird[2]).

---

[1]) Offensichtlich hat man für das betrachtete System $0 < \beta < 1$.

[2]) Die Betrachtung des Gleitvorganges einer Zweipositions-Selbststeuerung mit starrer Rückkoppelung macht den Übergang zu dynamischen Systemen mit eineinhalb Freiheitsgraden erforderlich; eine Untersuchung derartiger Systeme würde den Rahmen des vorliegenden Buches übersteigen.

Als erste Ursache, die die verzögerte Ruderumstellung hervorruft, ist die sogenannte „räumliche Verzögerung" des Elektroschiebeschalters anzusehen. Es sei vorausgesetzt, daß die plötzliche Ruderumstellung von der einen Schiffsseite zur anderen nicht dann erfolgt, wenn die Koordinate σ des Elektroschiebeschalters den Wert Null erreicht, sondern vielmehr in $\sigma + \sigma_0$, wenn σ zunimmt (das Ruder wird in die Lage $\psi = -\psi_0$ gebracht) und in $\sigma - \sigma_0$, wenn σ abnimmt (das Ruder gelangt in die Stellung $\psi = +\psi_0$). Die entsprechende Kennlinie der Selbststeuerung ist in Abb. 62 angegeben worden. Eine derartige räumliche Verzögerung kann beispielsweise durch das Vorhandensein eines Spielraumes im Elektroschiebeschalter bedingt sein, (durch einen Spielraum $2\sigma_0$ im Zug, der das dämpfende Gyroskop mit den Kontaktschichten des Elektroschiebeschalters verbindet, s. Abb. 63). Die angegebene Problemstellung führt auf die Untersuchung eines dynamischen Systems mit zweiblättrigem Phasenraum.

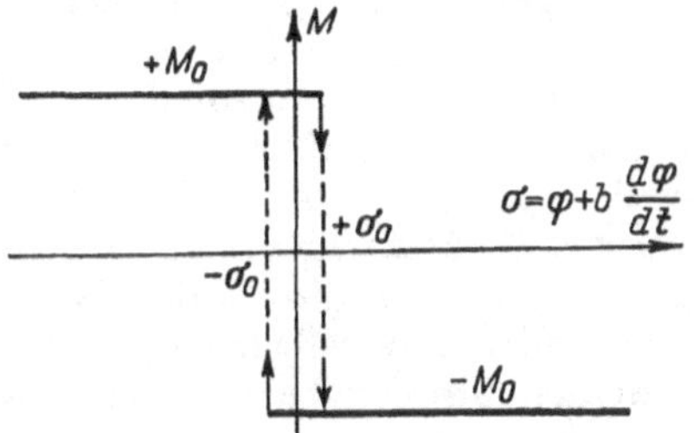

Abb. 62

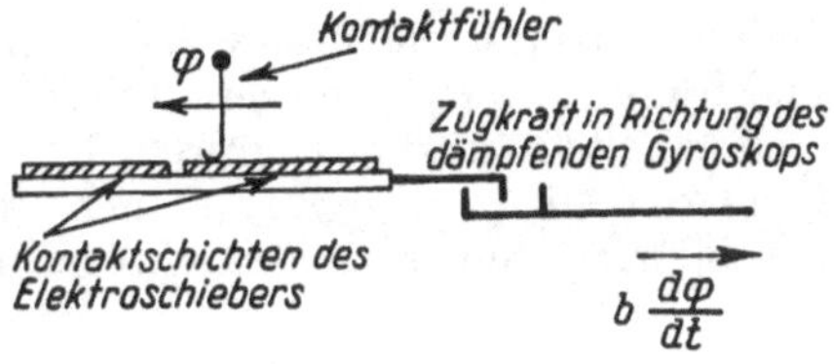

Abb. 63

Eine andere Ursache für die verzögerte Rudereinstellung ist eine endliche Änderungsgeschwindigkeit der Ruderstellung (des Winkels ψ) beim Umlegen des Ruders durch die Rudermaschine. Man könnte voraussetzen, daß die Ruderumstellung unmittelbar beginnt, nachdem die Koordinate σ des Elektroschiebeschalters den Wert Null erreicht hat, und zwar nicht plötzlich, sondern mit einer konstanten Geschwindigkeit $\dot{\psi} = -A \operatorname{sgn} \sigma$ ($A = \text{const.}$) solange erfolgt, wie das Ruder die äußere Lage $\psi = \pm\psi_0$ nicht erreicht oder σ nicht erneut Null wird. Im zuerst genannten Fall ist die Dauer der Ruderumstellung gleich $2\psi_0/A$[1]). Bei diesem dynamischen System „Wasserfahrzeug + Selbststeuerung mit einem Steuermechanismus konstanter Geschwindigkeit" sind jedoch eineinhalb Freiheitsgrade vorhanden (der Phasenraum ist dreidimensional), und seine Untersuchung läßt sich nicht auf die Betrachtung einer Punkttransformation einer Geraden in eine andere zurückführen.

Aus diesem Grund soll hier die ziemlich ausführliche und detaillierte Betrachtungsweise der Ruderumstellung durch die vereinfachende Voraussetzung ersetzt werden, daß diese Umstellung plötzlich, aber im Verlauf eines konstanten Zeit-

[1]) Eine solche Aufgabenstellung trägt der Tatsache Rechnung, daß $\dot{\varphi}$ sofort (plötzlich) nach dem Einschalten der Rudermechanik den konstanten Wert $\pm A$ und nach dem Ausschalten derselben den Wert Null annimmt. Es werden also das Trägheitsmoment der Rudermechanik und die Masse aller Teile der Ruderkonstruktion vernachlässigt, durch die deren Bewegung herbeigeführt wird.

intervalls Δ erfolgt, nachdem die Koordinate σ des Elektroschiebeschalters Null geworden ist (in Δ geht der Zeitanteil für den Funktionsablauf der Relaiskonstruktion ein, die den Rudermechanismus steuert)[1]. Es ergibt sich dann ein stückweise lineares System zweiter Ordnung mit zeitweiliger Verzögerung, dessen Bewegung durch eine Differential-Differenzen-Gleichung zweiter Ordnung beschrieben werden kann. Die Untersuchung der Bewegung eines derartigen Systems läßt sich für eine bestimmte, wesentliche Klasse von Bewegungen auf die Betrachtung einer Punkttransformation einer Geraden in sich zurückführen.

1. Selbststeuerung mit räumlicher Verzögerung

Es folgt nun die Untersuchung der Dynamik des Systems „Wasserfahrzeug + Zweipositions-Selbststeuerung" mit Geschwindigkeitskorrektur bei Berücksichtigung einer räumlichen Verzögerung im Elektroschiebeschalter. Die Kennlinie einer derartigen Selbststeuerung wurde in Abb. 62 dargestellt. Die Selbststeuerung hält für $\sigma < \sigma_0$ das Ruder in der Lage $\psi = +\psi_0$ ($M = +M_0$) und für $\sigma > -\sigma_0$ in der Stellung $\psi = -\psi_0$ ($M = -M_0$). Die Umstellung des Ruders von der einen äußeren Lage in die andere erfolgt plötzlich nur für $\sigma = +\sigma_0$, wenn σ zunimmt, und für $\sigma = -\sigma_0$, wenn σ abnimmt. Im Intervall $-\sigma_0 < \sigma < \sigma_0$ ist die Ruderstellung nicht eindeutig durch die Koordinate σ des Elektroschiebeschalters (es kann sowohl $\psi = +\psi_0$ als auch $\psi = -\psi_0$ gelten), sondern durch die vorausgehenden Systemzustände definiert. Das Ruder verbleibt in derselben Lage, die es in den unmittelbar vorangegangenen Zeitmomenten angenommen hat. Diese Nichteindeutigkeit der Selbststeuerungskennlinie (die Nichteindeutigkeit des Moments der Ruderkräfte in Abhängigkeit von der Koordinate $\sigma = \varphi + b\,\dfrac{d\varphi}{dt}$ des Elektroschiebeschalters) führt offensichtlich dazu, daß als Phasenraum des Systems nicht die $\varphi, \dfrac{d\varphi}{dt}$-Ebene verwendet werden kann. Der Phasenraum ist zweiblättrig und besteht aus den Blättern (I) und (II), die jeweils von der Menge der Systemzustände mit dem Ruder in linken und rechten äußeren Lagen gebildet werden und sich in den Grenzen der „Nichteindeutigkeitszone" $|\sigma| < \sigma_0$ überdecken (Abb. 64). Dabei hat man in Übereinstimmung mit der verwendeten Kenn-

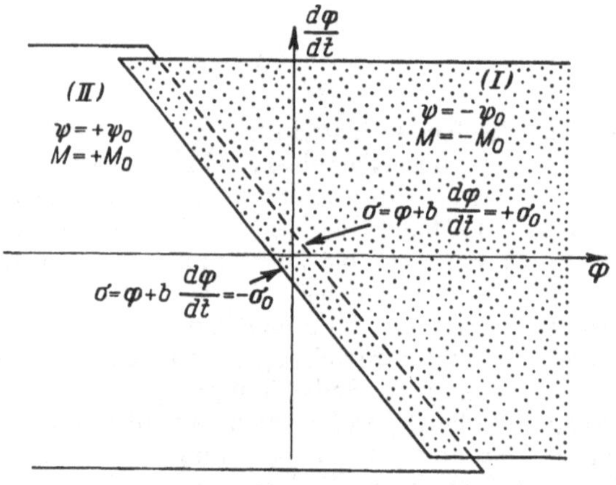

Abb. 64

[1]) Eine solche Verspätung um ein gewisses konstantes Zeitintervall bezeichnet man gewöhnlich als zeitlich, im Gegensatz zur räumlichen Verspätung. Im zuletzt genannten Fall wird die Verspätung des Relaissystems nicht durch ein Zeitintervall, sondern durch die Verschiebung des Bildpunktes im Phasenraum um einen bestimmten, konstanten Abstand festgelegt (beim Selbststeuerungsproblem erfährt $|\sigma|$ eine Änderung um σ_0).

linie zu berücksichtigen, daß der Übergang eines Bildpunktes von Blatt (I) zu Blatt (II) nur auf dem Rand von Blatt (I) und der umgekehrte Übergang nur auf dem Rand von Blatt (II) stattfindet[1]).

Ebenso wie im vorangegangenen Paragraphen werden die neuen Veränderlichen x, ξ, z und die neue dimensionslose Zeit t_{neu} eingeführt, die mit den alten Variablen durch die Beziehungen

$$\varphi = \frac{M_0 J}{H^2}\, x, \quad \sigma = \frac{M_0 J}{H^2}\, \xi,$$

$$M = +\, M_0 z, \quad t = \frac{J}{H}\, t_{\text{neu}}$$

verbunden sind. Die Bewegungsgleichungen des betrachteten dynamischen Systems werden dann in eine, zu (8.53) analoge Form, überführt:[2])

$$\dot{x} = y,$$

$$\dot{y} = -y + z$$

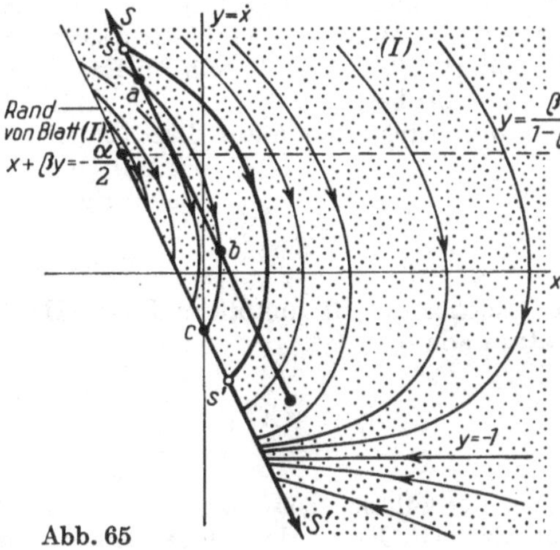

Abb. 65

mit

$$z = Z^*(\xi) = \begin{cases} -1 & \text{für} \quad \xi > -\dfrac{\alpha}{2}, \\ +1 & \text{für} \quad \xi < +\dfrac{\alpha}{2}, \end{cases} \tag{8.63}$$

$$\xi = x + \beta y, \qquad \alpha = \frac{2H^2}{M_0 J}\, \sigma_0, \qquad \beta = \frac{bH}{J}.$$

Auf Blatt (I), dem die Menge der Systemzustände mit Ruder in linker äußerer Stellung ($\psi = -\psi_0$) entspricht und welches von der Halbebene

$$\xi = x + \beta y > -\frac{\alpha}{2}$$

gebildet wird, gilt $M = -M_0$. Dort ist also $z = -1$, und die Bewegungsgleichungen des Systems haben demzufolge die Form (8.55); ihre Lösungen sind durch die Beziehungen (8.58) gegeben. Die Zerlegung dieses Blattes in Phasentrajektorien ist in Abb. 65 dargestellt worden (der Bestimmtheit halber wurde $0 < \beta < \dfrac{1}{2}$

---

[1]) S. auch Kap. III, § 6; dort wurden zwei dynamische Systeme mit zweiblättriger Phasenfläche betrachtet.

[2]) Für $|\xi| < \dfrac{\alpha}{2}$ hat man $z = +1$ oder $z = -1$, wobei der Wert der vorangegangenen Zeitmomente beibehalten wird.

gewählt). Wie leicht festgestellt werden kann, gibt es auf Blatt (I) keine Gleichgewichtszustände, und alle Phasentrajektorien überschneiden den Rand

$$\xi = x + \beta y = -\frac{\alpha}{2}$$

desselben, um danach auf Blatt (II) zu verlaufen. Es sei hervorgehoben, daß die Trajektorien auf Blatt (II) in bezug auf den Koordinatenursprung zu denen von Blatt (I) symmetrisch verlaufen. Diese Symmetrie folgt unmittelbar aus den Gleichungen (8.63), da diese beim Ersetzen von x und y durch $-x$ und $-y$ ungeändert bleiben.

Man konstruiert nun auf Blatt (I) (Abb. 65) die Halbgerade S':

$$x + \beta y = -\frac{\alpha}{2},$$
$$\xi = (1-\beta)\,y - \beta \leqq 0,$$

auf welcher der Bildpunkt zu Blatt (II) übergeht und die zu ihr symmetrische Halbgerade S:

$$x + \beta y = +\frac{\alpha}{2},$$
$$(1-\beta)y + \beta \geqq 0.$$

Längs der zuletzt genannten Halbgeraden laufen die Trajektorien von Blatt (II) auf Blatt (I). Es werde nun auf der Halbgeraden S die Koordinate $s = y$ und auf S' die Koordinate $s = -y$ gewählt (symmetrischen Punkten auf diesen Halbgeraden entsprechen gleiche Werte der Koordinate s). Außerdem wird die Punkttransformation F der Halbgeraden S in die Halbgerade S' konstruiert:

$$s' = F(s).$$

Diese Transformation wird von den Trajektorien auf Blatt (I) realisiert[1]). Die Punkte der Halbgeraden S' werden ihrerseits durch die Trajektorien auf Blatt (II) in Punkte der Halbgeraden S transformiert, wobei wegen der oben genannten Symmetrie der Trajektorien auf den Blättern (I) und (II) diese Transformation mit der Transformation F identisch sein wird. Diese Transformation F definiert also in der Folge der Schnittpunkte einer jeden gegebenen Phasentrajektorie mit den Halbgeraden S und S' (mit den Halbgeraden des Umschaltens)

$$s,\ s_1,\ s_2,\ \ldots,\quad s_k,\ s_{k+1},\ \ldots$$

jeden nachfolgenden Wert s_{k+1} durch den vorangegangenen s_k:

$$s_{k+1} = F(s_k).$$

---

[1]) Es ist klar, daß jeder Punkt s der Halbgeraden S einen Nachfolgepunkt s' auf der Halbgeraden S' besitzt. Diese Transformation ist eindeutig und stetig; dennoch kann von einer umkehrbaren Eindeutigkeit der Transformation F nicht die Rede sein, da es sich bei S nicht um eine Halbgerade ohne Kontakt handelt (in ihrem Punkt $s = y = \dfrac{\beta}{1-\beta}$ ist $\xi = 0$, d. h., Phasentrajektorien berühren diese Halbgerade). Beispielsweise werden die Punkte a und b der Halbgeraden S in Abb. 65, die ein und derselben Trajektorie angehören, durch die Transformation F in den Punkt c der Halbgeraden S' überführt.

Dadurch läßt sich die Untersuchung der Zerlegungsstruktur der zweiblättrigen Phasenfläche in Trajektorien auf die Betrachtung dieser Punkttransformation zurückführen.

Trägt man nun $\xi_0 = +\frac{\alpha}{2}$ und $y_0 = s$ in (8.58) ein und bezeichnet mit τ die Zeit, die der Bildpunkt benötigt, um längs einer Trajektorie auf Blatt (I) von der Halbgeraden S nach S' zu gelangen (für $t = \tau > 0$ ist $\xi = -\frac{\alpha}{2}$ und $y = -s'$), dann gilt

$$-\frac{\alpha}{2} = +\frac{\alpha}{2} - \tau + (1-\beta)(s+1)(1-e^{-\tau}),$$
$$-s' = -1 + (s+1)e^{-\tau}.$$

Die Auflösung dieser Gleichungen nach s und s' ergibt die Parameterdarstellung der Zuordnungsfunktion für die Transformation F

$$s = -1 + \frac{\tau - \alpha}{(1-\beta)(1-e^{-\tau})}, \qquad s' = +1 - \frac{\tau-\alpha}{(1-\beta)(e^{\tau}-1)}. \tag{8.64}$$

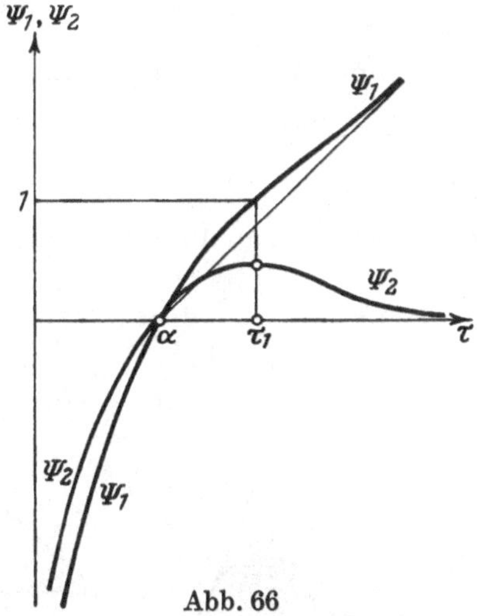

Abb. 66

Zur Konstruktion des LAMEREschen Diagramms führt man die Hilfsfunktionen

$$\Psi_1(\tau) = \frac{\tau-\alpha}{1-e^{-\tau}}, \qquad \Psi_2(\tau) = \frac{\tau-\alpha}{e^{\tau}-1} = \psi_1(\tau)e^{-\tau} \tag{8.65}$$

ein, die für $\tau > 0$ in Abb. 66 dargestellt worden sind. Die Funktionswerte der ersten dieser Funktionen nehmen mit τ monoton zu, dagegen besitzt die zweite an der Stelle $\tau - \tau_1$ ein Maximum, das durch die Bedingung

$$\Psi_1(\tau_1) = 1$$

definiert ist[1]). Für $\tau \to 0$ streben Ψ_1 und $\Psi_2 \to -\infty$, während für $\tau \to +\infty$ $\Psi_1 \to \tau - \alpha$, $\Psi_2 \to +0$ gilt.

[1]) Man hat nämlich

$$\frac{d\Psi_1}{d\tau} = \frac{1 - e^{-\tau} - (\tau-\alpha)e^{-\tau}}{[1-e^{-\tau}]^2} = \frac{e^{-}[\alpha + e^{\tau} - \tau - 1]}{[1-e^{-\tau}]^2} > 0$$

für $\tau > 0$ und $\alpha > 0$; desweitern ist

$$\frac{d\Psi_2}{d\tau} = \frac{e^{\tau} - 1 - (\tau-\alpha)e^{+\tau}}{[e^{\tau}-1]^2} = \frac{1 - \Psi_1(\tau)}{e^{\tau}-1},$$

d. h., die Funktion $\Psi_0(\tau)$ nimmt ein Maximum an, wenn $\frac{\Psi_1}{\Psi_2'}$ Eins wird. Für $\tau < \tau_1$ ist $\Psi_2' > 0$ und für $\tau > \tau_1$ $\Psi_2' < 0$. Es ist klar, daß die Ungleichung $\tau_1 > \alpha$ besteht.

Offensichtlich bestehen die Gleichungen

$$s = -1 + \frac{\Psi_1(\tau)}{1-\beta}, \quad s' = +1 - \frac{\Psi_2(\tau)}{1-\beta},$$

$$\frac{ds}{d\tau} = \frac{\Psi_1'(\tau)}{1-\beta}, \quad \frac{ds'}{d\tau} = -\frac{\Psi_2'(\tau)}{1-\beta}, \quad \frac{ds'}{ds} = -\frac{\Psi_2'(\tau)}{\Psi_1'(\tau)}, \tag{8.64a}$$

wobei dem Anfangspunkt $s = s_0 = -\frac{\beta}{1-\beta}$ der Halbgeraden S der Wert $\tau = \tau_0$ entspricht. Dieser ist durch die Gleichung

$$\Psi_1(\tau_0) = 1 - 2\beta$$

definiert[2]).

Es sei nun $0 < \beta < 1$. In diesem Fall gilt auf der Halbgeraden S die Beziehung $s = y \geqq s_0 = -\frac{\beta}{1-\beta}$. Aus diesem Grund sind die Punkte dieser Halbgeraden den Werten $\tau \geqq \tau_0$ des Transformationsparameters zugeordnet (für $\beta < 1$ ist $\frac{ds}{d\tau} > 0$). Verwendet man die Bilder der Funktionen Ψ_1 und Ψ_2 sowie die

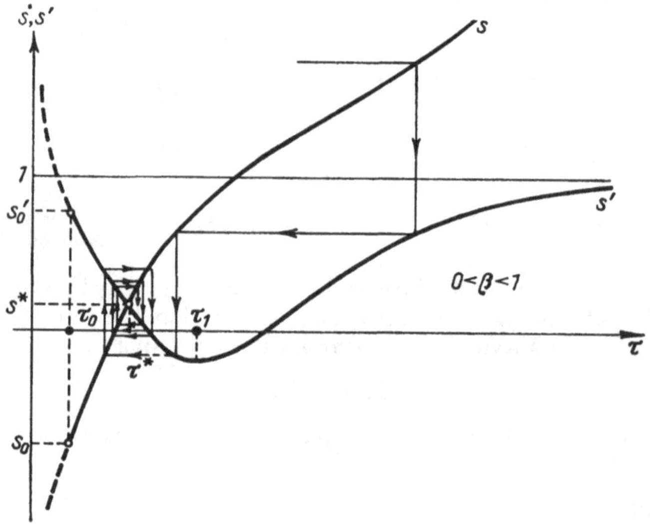

Abb. 67

Beziehungen (8.64a), so läßt sich ohne Schwierigkeiten das LAMEREsche Diagramm konstruieren. Abb. 67 zeigt es für $0 < \beta < 1$. Offensichtlich besitzen die Kurven (8.64) einen einzigen Schnittpunkt, demzufolge hat auch die Transformation F

[2]) τ_0 und τ_1 sind wegen der Monotonie der Funktion $\Psi_1(\tau)$ durch die oben angegebenen Gleichungen eindeutig definiert. Offensichtlich ist $\tau_0 < \tau_1$.

nur einen Fixpunkt ($s = s' = s^*$, $\tau = \tau^*$). Diese Feststellung folgt unmittelbar daraus, daß die Differenz

$$s - s' = -2 + \frac{1}{1-\beta}\,[\Psi_1(\tau) + \Psi_2(\tau)] = -2 + \frac{\tau - \alpha}{1-\beta}\coth\frac{\tau}{2}$$

eine stetige und monoton zunehmende Funktion von τ ist, da $\beta < 1$ gilt und für $\alpha, \tau > 0$ auch die Beziehung

$$\frac{d}{d\tau}\,\Psi_1[(\tau) + \Psi_2(\tau)] = \frac{d}{d\tau}\left[(\tau - \alpha)\coth\frac{\tau}{2}\right] = \frac{\alpha + \sinh\tau - \tau}{2\sinh^2\dfrac{\tau}{2}} > 0 \qquad (8.65\text{a})$$

besteht. Die angegebene Differenz strebt für $\tau \to +\infty$ ebenfalls gegen ∞; für $\tau = \tau_0$ ergibt sich

$$s_0 - s_0' = -2 + \frac{1}{1-\beta}\,(1 - 2\beta)\,(1 + e^{-\tau_0}) = -\frac{1 - e^{-\tau_0} + 2\beta e^{-\tau_0}}{1-\beta} < 0\,.$$

Der Parameterwert $\tau = \tau^*$ für den Fixpunkt der Transformation ist offensichtlich durch die Gleichung

$$-2 + \frac{\tau^* - \alpha}{1-\beta}\coth\frac{\tau^*}{2} = 0$$

oder

$$\tau^* - 2(1-\beta)\tanh\frac{\tau^*}{2} = \alpha \qquad (8.66)$$

definiert, während die Koordinate s^* des Fixpunktes der Beziehung

$$s^* = -1 + \frac{\tau^* - \alpha}{(1-\beta)\,(1 - e^{-\tau^*})}$$

oder wegen

$$\frac{\tau^* - \alpha}{1-\beta} = 2\tanh\frac{\tau^*}{2} = 2\,\frac{1 - e^{-\tau^*}}{1 + e^{-\tau^*}}$$

der Gleichung

$$s^* = -1 + \frac{2}{1 + e^{-\tau^*}} = \frac{1 - e^{-\tau^*}}{1 + e^{-\tau^*}} = \tanh\frac{\tau^*}{2} \qquad (8.66\text{a})$$

genügt. Es sei bemerkt, daß für kleine α (bei geringer Breite der „Unbestimmtheitszone" der Selbststeuerungscharakteristik, d. h. bei geringer Verzögerung) τ^* und s^* ebenfalls nur kleine Werte annehmen. Mit einer Genauigkeit bis auf Glieder der Ordnung α^3 gilt nämlich

$$\left.\begin{aligned} \tau^* &= \frac{\alpha}{\beta}\,, \\ s^* &= \frac{\alpha}{2\beta}\,. \end{aligned}\right\} \qquad (8.66\text{b})$$

Dieser Fixpunkt $(s = s' = s^*,\ \tau = \tau^*)$ ist stabil, da die Stabilitätsbedingung

$$\left|\frac{ds'}{d\tau}\right| < \left|\frac{ds}{d\tau}\right| \quad \text{für} \quad \tau = \tau^*$$

wegen (8.64a) auf die Ungleichung

$$\frac{d\Psi_1}{d\tau} > \left|\frac{d\Psi_2}{d\tau}\right| \quad \text{für} \quad \tau = \tau^*,$$

die stets erfüllt ist, zurückgeführt werden kann. Gilt nämlich $\tau^* > \tau_1$, so besteht für $\tau = \tau^*$ die Ungleichung $\frac{d\Psi_2}{d\tau} < 0$, und die Stabilitätsbedingung des Fixpunktes ist der Ungleichung

$$\frac{d}{d\tau}(\Psi_1 + \Psi_2) > 0 \quad \text{für} \quad \tau = \tau^*$$

äquivalent, deren Gültigkeit bereits für beliebiges $\tau > 0$ bewiesen wurde [s. (8.65a)]. Besteht jedoch die Ungleichung $\tau^* < \tau_1$, so hat man für $\tau = \tau^*$ die Beziehung $\frac{d\Psi_2}{d\tau} > 0$, und die Stabilitätsbedingung nimmt auf Grund dieser Tatsache die Form

$$\frac{d}{d\tau}(\Psi_1 - \Psi_2) > 0 \quad \text{für} \quad \tau = \tau^*$$

an. Diese Bedingung ist jedoch ebenfalls wegen

$$\Psi_1 - \Psi_2 = \tau - \alpha$$

und

$$\frac{d}{d\tau}(\Psi_1 - \Psi_2) = 1$$

stets erfüllt.

Für $0 < \beta < 1$ hat also die Punkttransformation F einen einzigen Fixpunkt, der obendrein stabil ist. Es handelt sich dabei, wie unschwer festgestellt werden kann, um den Häufungspunkt der Folge

$$s,\ s_1,\ s_2,\ \ldots$$

bei beliebigem Anfangspunkt s.

Der gleiche Sachverhalt liegt für $\beta \geqq 1$ vor. Für $\beta = 1$ verwandeln sich die Halbgeraden S und S' in die Geraden $x + \beta y = \frac{\alpha}{2}$ und $x + \beta y = -\frac{\alpha}{2}$, wobei wegen (8.58) die Zeit, die der Bildpunkt benötigt, um von der Geraden S zur Geraden S' zu gelangen, nicht von s abhängt und durch $\tau = \alpha$ gegeben ist. In diesem Fall wird die Folgefunktion der Transformation F in expliziter Form durch

$$s' = 1 - (s + 1)\, e^{-\alpha}$$

dargestellt. Die Punkttransformation F besitzt den einzigen, stabilen Fixpunkt $s^* = \tanh \frac{\alpha}{2}$.

Für $\beta > 1$ ist in den Punkten der Halbgeraden S die Beziehung $s = y \leqq -\frac{\beta}{1-\beta} = s_0$ erfüllt. Da aber für $\beta > 1$ die Ungleichung $\frac{ds}{d\tau} < 0$ Gültigkeit besitzt, entsprechen den Punkten dieser Halbgeraden, wie früher, Werte $\tau \geqq \tau_0$. Das LAMEREsche Diagramm für diesen Fall zeigt Abb. 68. Die Existenz des Fixpunktes folgt aus der Stetigkeit der Funktionen (8.64) und aus den Ungleichungen $s - s' > 0$ für $\tau = \tau_0$ und $s - s' < 0$ $(s - s' \to -\infty)$ für $\tau \to +\infty$. Seine Eindeutigkeit ergibt sich aus der monotonen Abnahme von $s - s'$, wenn sich τ von τ_0 bis $+\infty$ ändert. Der Stabilitätsbeweis für den Fixpunkt im Fall $\beta > 1$ unterscheidet sich nicht von dem, der bereits für $0 < \beta < 1$ geführt wurde.

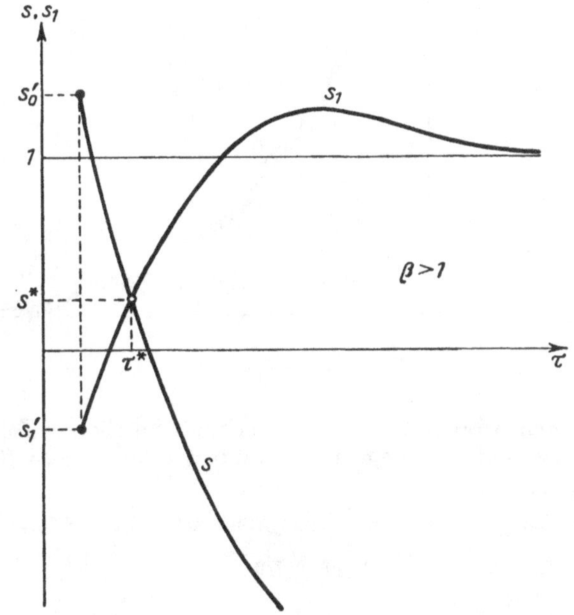

Abb. 68

Für einen beliebigen positiven Parameterwert β besitzt also das betrachtete dynamische System einen einzigen, stabilen und symmetrischen Grenzzyklus, zu dem für $t \to +\infty$ alle Phasentrajektorien streben (Abb. 69). Anders ausgedrückt, das Wasserfahrzeug mit der angegebenen Selbststeuerung steuert unter beliebigen Anfangsbedingungen einen Kurs, der aus selbsterregten ungedämpften periodischen Schwingungen in der Umgebung des gegebenen Kurses ($\varphi = 0$ oder $x = 0$) besteht. Die Amplitude und die Periode dieser Schwingungen werden um so kleiner sein, je geringer die Verzögerung der Selbststeuerung und je größer

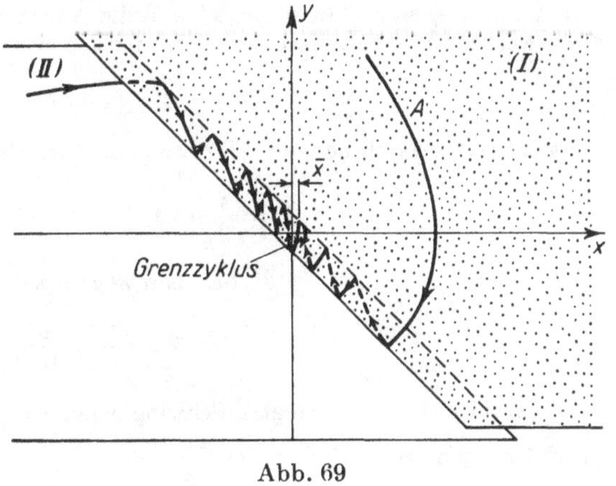

Abb. 69

die Geschwindigkeitskorrektur ist[1]). Ein Oszillogramm für Schwingungen des Schiffskurses ist in Abb. 70 dargestellt worden; es entspricht der Trajektorie A von Abb. 69. Die Umschaltzeiten der Selbststeuerung sind auf der Kurve durch

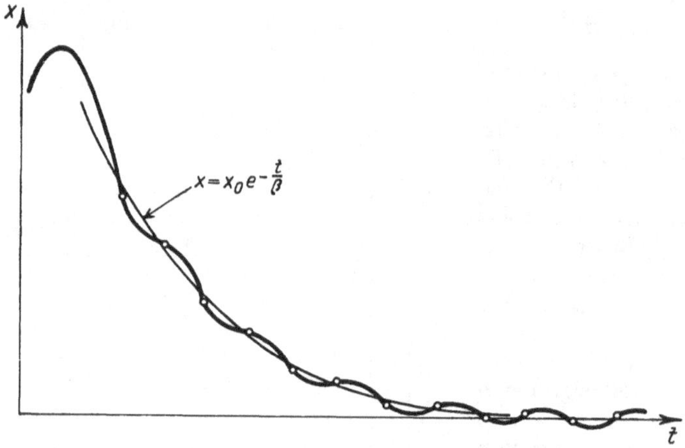

Abb. 70

Punkte besonders gekennzeichnet. In diesen Zeitpunkten wird das Ruder von einer äußeren Lage in die andere umgesteuert. Trajektorien, die auf den „Um-

---

[1]) Die Gleichung des Grenzzyklusabschnittes auf Blatt (I) kann wegen (8.58) $(y_0 = s^*, x_0 = \frac{\alpha}{2} - \beta s^*)$, in der Form

$$y = -1 + (1 + s^*)e^{-t}, \quad x = \frac{\alpha}{2} - \beta s^* - t + (1 + s^*)(1 - e^{-t})$$

geschrieben werden. Man bezeichnet mit $\bar{t}$ das Zeitintervall, nach dessen Verlauf der Bildpunkt die Abszissenachse schneidet und die Abweichung vom Kurs ihren größten Amplitudenwert erreicht hat. Man hat dann offensichtlich

$$e^{\bar{t}} = 1 + s^*, \quad \text{d. h.} \quad \bar{t} = \ln(1 + s^*)$$

woraus für die Amplitude der selbsterregten Kursschwingungen

$$\bar{x} = \frac{\alpha}{2} + (1 - \beta)s^* - \ln(1 + s^*)$$

folgt. Für kleine s^* (für $\alpha \ll \beta$) hat man wegen (8.66b)

$$\bar{x} = \frac{s^{*2}}{2} = \frac{\alpha^2}{8\beta^2}.$$

Die Periode der selbsterregten Schwingungen ist in Einheiten der dimensionslosen Zeit gleich $2\tau^*$, d. h. für $\alpha \ll \beta$ gleich $\frac{2\alpha}{\beta}$.

schaltungsgeraden“ $x + \beta y = \pm \frac{\alpha}{2}$ von Punkten mit $|y| < \frac{\beta}{|1-\beta|}$ ausgehen, verlaufen weiterhin zwischen diesen Geraden. Sie liegen dann also in der Umgebung δ der Geraden $x + \beta y = 0$, wobei $\delta = \frac{\alpha}{\sqrt{1+\beta^2}}$ zu setzen ist. Diese zackenförmigen Trajektorien entsprechen offensichtlich dem Gleitvorgang der Selbststeuerung, wenn diese mehrmals das Ruder abwechselnd von der einen zur anderen äußeren Lage umstellt, ohne daß dabei die Begrenzung der „Nichteindeutigkeitszone“ überschritten wird. Diese Vorgänge vollziehen sich in Zeitintervallen Δt der Größenordnung $\frac{\alpha}{\beta}$ [1]). Während des Gleitvorganges $y = x = -\frac{x}{\beta} + O(\alpha)$ und folglich auch bei Verkleinerung der Verzögerungszone der Selbststeuerung (für $\alpha \to 0$, wenn die Zeitintervalle Δt, in denen die Umstellung des Ruders erfolgt, gegen Null konvergieren) streben die zackenförmigen Trajektorien zur Geraden $x + \beta y = 0$, $x \to x_0 e^{-\frac{t}{\beta}}$; die Ausmaße des Grenzzyklus und der Amplitude der selbsterregten Kursschwingungen konvergieren aber gegen Null. Beim Grenzübergang $\alpha \to 0$ gewinnt man also jene Ergänzung des Gleitvorganges, die im vorangegangenen Paragraphen in Form eines Postulates angegeben wurde.

2. *Selbststeuerung mit zeitlicher Verzögerung*

Die gleichen qualitativen Ergebnisse erhält man auch, wenn man ein dynamisches Modell eines Wasserfahrzeuges mit Zweipositions-Selbststeuerung betrachtet, bei der die Verzögerung des Funktionsablaufs der Selbststeuerung als zeitliche Verspätung idealisiert wird. Es sei vorausgesetzt, daß die Selbststeuerung das Ruder erst nach einem gewissen konstanten Zeitintervall Δ umstellt, nachdem die Koordinate σ des Elektroschiebeschalters den Wert Null durchlaufen hat.

Unter Verwendung der gleichen Variablen, die bereits im vorangegangenen Teil des vorliegenden Paragraphen benutzt wurden, kann die Bewegungsgleichung eines Wasserfahrzeuges mit einer Zweipositions-Selbststeuerung, die eine zeitliche Verzögerung aufweist, offensichtlich in die Form

$$\dot{x} = y,$$
$$\dot{y} = -y + z$$

mit

$$z(t) = Z[\xi(t-\Theta)] = \begin{cases} -1 & \text{für } \xi(t-\Theta) > 0, \\ +1 & \text{für } \xi(t-\Theta) < 0 \end{cases} \tag{8.67}$$

[1]) Die Änderung von y in den Zeitintervallen zwischen den Umschaltungen der Selbststeuerung sind von der Größenordnung $\frac{\alpha}{\beta}$, während bei $|\dot{y}|$ eine Größe der Ordnung Eins vorliegt; die Zeitintervalle Δt zwischen den Umschaltungen der Selbststeuerung besitzen die Größenordnung $\frac{\alpha}{\beta}$.

gebracht werden. In diesen Gleichungen ist $\xi = x + \beta y$. $\Theta = \frac{H}{J} \Delta$ bedeutet die reduzierte Verzögerungsdauer.

Im Gegensatz zu den früher betrachteten Systemen handelt es sich jetzt bei den Bewegungsgleichungen des Wasserfahrzeuges mit Selbststeuerung nicht um Differential-, sondern um Differential-Differenzengleichungen. Die Änderungsgeschwindigkeiten der Variablen x und y zur Zeit t (insbesondere der Winkelbeschleunigung des Wasserfahrzeuges) sind nicht nur durch den Wert von y zu diesem Zeitpunkt definiert, sie werden auch durch die Koordinate ξ des Elektroschiebeschalters in einem vorangegangenen Zeitpunkt $t' = t - \Theta$ festgelegt. Dieser Bewegung des Systems für $t > t^*$ zufolge sind die Werte von x, y zum Zeitpunkt t^* nicht eindeutig definiert. Zu ihrer vollständigen und eindeutigen Festlegung ist die Vorgabe einer Funktion $x(t)$ auf dem Intervall $t^* - \Theta \leqq t \leqq t^*$ erforderlich. Anders ausgedrückt, die Zustände des betrachteten Systems zu einer beliebigen Zeit t^* werden durch den Wert der gegebenen Funktion $x(t)$ auf dem Zeitintervall $t^* - \Theta \leqq t \leqq t^*$ (oder, was auf dasselbe hinausläuft, durch den Wert von x, y zum Zeitpunkt t^* und eine stückweise konstante Funktion $Z[\xi(t)]$ für $t^* - \Theta < t \leqq t^*$) definiert. Bei dem Phasenraum des Systems handelt es sich deshalb nicht um eine Fläche, sondern um einen Funktionalraum[1]).

Damit die Untersuchung der Dynamik des Systems einfacher wird und sich auf die Betrachtung der Punkttransformation einer Geraden in eine andere zurückführen läßt, sollen im weiteren diese Untersuchungen nur auf eine spezielle Klasse von Systembewegungen beschränkt bleiben, deren Trajektorien auf einer bestimmten zweiblättrigen Fläche, die aus dem gesamten (funktionalen) Phasenraum ausgewählt ist, miteinander vergleichbar sind. Man bezeichnet nun mit K_0 die Menge der Zustände (zu einem willkürlichen Zeitpunkt t^*), die der Bedingung genügen, daß die Koordinate ξ des Elektroschiebeschalters für $t^* - \Theta < t \leqq t^*$ nicht Null wird. Im weiteren sollen nur die Systembewegungen betrachtet werden, die in den genannten Zuständen beginnen. Die Zustände des Typs K_0 (die Zustände, die zur Menge K_0 gehören) sind zu einem beliebigen Zeitpunkt eindeutig durch die Werte von x und y in diesem Zeitmoment gegeben; sie werden deshalb umkehrbar eindeutig und stetig auf die Punkte (x, y) der x, y-Ebene abgebildet, wobei die Gerade $\xi = x + \beta y = 0$ ausgenommen ist. Diese Mannigfaltigkeit sei als K_0-Ebene bezeichnet[2]).

---

[1]) Dieser Funktionalraum kann offensichtlich als ein Raum „mit einer unendlichen Anzahl von Dimensionen" angesehen werden, da die Funktion $x(t)$ (oder $Z[\xi(t)]$) auf dem Intervall $t^* - \Theta \leqq t \leqq t^*$ durch die abzählbar unendliche Menge der Koeffizienten der FOURIER-Entwicklung dieser Funktion gegeben sein kann.

[2]) Werden x, γ (außerhalb der Geraden $x + \beta y = 0$) für $t = t^*$ vorgegeben, so erfolgt im gleichen Zeitmoment auch die Vorgabe der Funktion $\xi \neq 0$. ξ behält dann, wegen der Zugehörigkeit der Zustände zur Menge K_0, auch für $t^* - \Theta < t \leqq t^*$ gleiches Vorzeichen; die auf $t^* - \Theta < t \leqq t^*$ erklärte Funktion $Z[\xi(t)]$ (oder $z(t)$ für $t^* < t = t^* + \Theta$) nimmt in Abhängigkeit vom Vorzeichen von ξ die Werte $+1$ oder -1 an. Aus diesem Grund ist nach Vorgabe von x, γ für $t = t^*$ die Bewegung des Systems für $t > t^*$ vollständig und eindeutig definiert, d. h., die Systemzustände vom Typ K_0 werden im Moment t^* vollständig und eindeutig festgelegt.

Sind im allgemeinen Fall die Systemzustände durch die Werte x, y für t^* und durch die FOURIER-Koeffizienten $\{a_n, b_n\}$ der Funktion $Z[\xi(t)]$ auf dem Intervall $t^* - \Theta \leqq t \leqq t^*$

Der Bestimmtheit wegen mögen nun die Punkte (x_0, y_0), die die Anfangszustände des Typs K_0 (für $t = 0$) abbilden, auf der Halbebene K_0' $(x + \beta y > 0)$ liegen. Das bedeutet nichts anderes, als daß für die Anfangswerte der Koordinate des Elektroschiebeschalters $\xi_0 = \xi(0) = x_0 + \beta y_0 > 0$ gilt. Auf Grund der Definition der Zustandsmenge K_0 hat man dann auch $\xi > 0$ für $-\Theta < t \leqq 0$. Demnach wird wenigstens für $0 < t \leqq \Theta$, $z = -1$ auch die Bewegung des Systems durch die Differentialgleichungen (8.55)

$$\dot{x} = y,$$

$$\dot{y} = -y - 1$$

beschrieben. Diese Gleichungen werden solange gültig bleiben, wie keine Umstellung des Ruders erfolgt und z sich nicht von -1 zu $+1$ verändert. Bezeichnet man mit $t_1 = t_1(x_0, y_0)$ den Zeitpunkt, in dem ξ bei einer Bewegung, die für $t = 0$ in einem Zustand (x_0, y_0) ihren Ausgang nimmt, Null wird, so beschreiben die Gleichungen von (8.55) die Systembewegungen offensichtlich für $0 < t < t_1 + \Theta$[1]). Für $0 < t < t_1$, solange also ξ nicht Null wird, durchläuft das System Zustände, die zur Menge K_0 gehören, und es lassen sich diese Bewegungen des Systems mit den Bewegungen des Bildpunktes (x, y) längs der Phasentrajektorien (8.58) von Gleichung (8.55) auf der Halbebene K_0' vergleichen. Dennoch gehören die Systemzustände für $t_1 < t < t_1 + \Theta$ bereits nicht mehr zu dieser Menge, da für $t = t_1$ $\xi = 0$ folgt. Aus diesem Grund werden diese Zustände durch die Punkte eines ergänzenden Streifens K_1' veranschaulicht, der an die Halbebene K_0' „angesetzt" wird und zur Halbebene K_0'' $(x + \beta\gamma < 0)$ gehört (Abb. 71)[2]). Der ergänzende

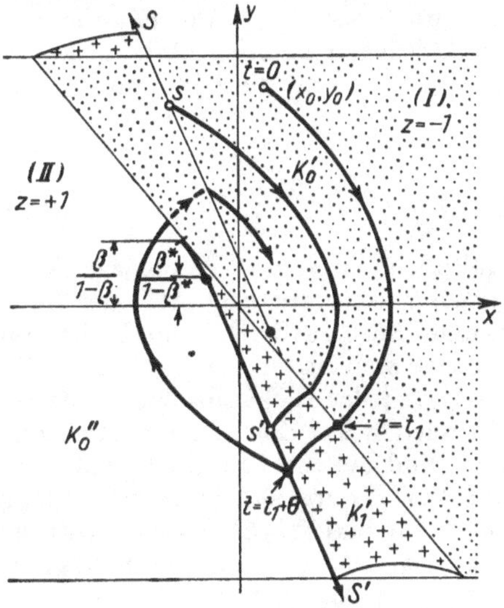

Abb. 71

---

vorgegeben (es ist

$$Z[\xi(t)] = \frac{a_0}{2} + \sum_{n=1}^{\infty} a_n \cos\frac{2\pi n t}{\Theta} + b_n \sin\frac{2\pi n t}{\Theta}$$

für $t^* - \Theta < t < t^*$), so handelt es sich bei der Zustandsmenge K_0 um den Unterraum:

$$a_n = b_n = 0 \text{ für } n = 1, 2, \ldots \text{ und } \frac{a_0}{2} = -\operatorname{sgn}(x + \beta y).$$

Hierzu sei bemerkt, daß die Aussonderung dieser zweidimensionalen Menge von Zuständen K_0, in die das System bei einigen Bewegungsformen versetzt wird, aus dem gesamten Funktionalraum nur deswegen möglich ist, weil es sich bei dem hier betrachteten System mit zeitlicher Verspätung um ein Relaissystem handelt [$\xi(t - 0)$ ist nur Argument der stückweisen konstanten Funktion Z, die vollständig durch das Vorzeichen von ξ definiert ist].

[1]) Aus der allgemeinen Lösung (8.58) von Gleichung (8.55) folgt, daß für beliebige (x_0, y_0) ein Zeitmoment $t_1 = t_1(x_0, y_0)$ eindeutig existiert, so daß für $t = t_1$ $\xi = 0$ und für $t > t_1$ $\xi < 0$ gilt.

[2]) In Abb. 71 ist $0 < \beta < 1$ und die Θ-Werte sind nicht allzu groß.

Streifen K_1' macht zusammen mit der Halbebene K_0' das Blatt (I) der Phasenfläche aus. Dieses Blatt entspricht der Menge der Zustände, die das System bei Bewegungen durchläuft, die in Zuständen des Typs K_0 ($\xi_0 > 0$) beginnen und durch die Gleichungen (8.55) definiert sind.

Für $t = t_1 + \Theta$ (d. h. im Zeitintervall Θ, nachdem ξ Null geworden ist) erfolgt die Umstellung des Ruders. Die Koordinate z des Rudes erhält zwar den Wert $+1$, aber die Systemzustände gehören wieder zur Menge K_0 (die entsprechenden Bildpunkte liegen auf der Linie S' in der Halbebene K_0''). Im weiteren, solange noch $z = +1$ ist und die Differentialgleichungen (8.55a)

$$\dot{x} = y,$$
$$\dot{y} = -y + 1$$

Gültigkeit besitzen, durchläuft das System bei seinen Bewegungen Zustände, denen Punkte auf Blat (III) der Phasenfläche zugeordnet sind. Dieses Blatt liegt symmetrisch zu Blatt (I) und wird von der Halbebene K_0'' ($x + \beta y < 0$) und dem ergänzenden Streifen K_1'' gebildet. Nach Ablauf der Zeit Θ und nachdem die Koordinate ξ des Elektrobschiebeschalters Null geworden ist, ändert sich auch deren Vorzeichen auf der Linie S, die den Rand von Blatt (II) bildet, von minus zu plus, und die Koordinate z erhält erneut den Wert -1. Der Bildpunkt gelangt auf Blatt (I), um sich in diesem so lange zu bewegen, bis die Linie S' — die Begrenzung von Blatt (I) — erreicht wird usw.

Gehört also ein Anfangszustand des Systems (für $t = 0$) zur Menge K_0, so durchläuft das System bei seiner weiteren Bewegung (für $t > 0$) nur Zustände, die zur Menge $K = K_0 + K_1' + K_1''$ gehören und umkehrbar eindeutig und stetig den Punkten der zweiblättrigen Phasenfläche K entsprechen, die in Abb. 71 dargestellt worden ist. Einer jeden solchen Systembewegung sind umkehrbar eindeutig und stetig Phasentrajektorien der Phasenfläche K zugeordnet[1]). Es versteht sich von selbst, daß wegen der Symmetrie der Gleichungen (8.55) und (8.55a), die die Bewegungen des Systems auf Blatt (I) bzw. auf Blatt (II) definieren, die Zerlegungen der Blätter (I) und (II) in Phasentrajektorien ebenfalls zueinander symmetrisch bezüglich des Koordinatenursprungs sein werden. Aus diesem Grunde läßt sich die Aufgabe, die Dynamik des Systems „Wasserfahrzeug + Selbststeuerung mit räumlicher Verzögerung" zu untersuchen, unter Beschränkung auf Bewegungen, die in Zuständen des Typs K_0 beginnen, auf die Untersuchung der Punkttransformation der Linie S in die Linie S' zurückführen. Diese Transformation wird von den Trajektorien (8.58) auf Blatt (I) realisiert[2]).

Es werden nun die Gleichungen für die Linien S und S' ermittelt, auf denen die Phasentrajektorien vom Blatt (II) zum Blatt (I) und vom Blatt (I) zum

---

[1]) Bei derartigen Systembewegungen hat man für die Zeitintervalle zwischen den Ruderumstellungen $\Delta t > \Theta$. Diese Bewegungen bilden, wie gezeigt wurde, eine spezielle Bewegungsklasse des betrachteten Relaissystems mit zeitlicher Verspätung und besitzen größtes praktisches Interesse. Es wäre noch die Erläuterung der Frage von Interesse, welche anderen Bewegungen (Bewegungen, die in Zuständen beginnen, welche nicht zur Menge K_0 gehören) bei auswachsendem t in Bewegungen der hier betrachteten Klasse übergehen.

[2]) Die Koordinaten s und s' auf den Linien S und S' sind so zu wählen, daß symmetrischen Punkten dieser Linien gleiche Werte s und s' entsprechen.

Blatt (II) übergehen. Bei der Bestimmung der Linie S' — des Randes von Blatt (I) — ist zu beachten, daß dort ξ gleich Null wird, wobei diese Koordinate nur in den Punkten der Halbgeraden

$$\xi = x + \beta y = 0,$$
$$\dot{\xi} = \dot{x} + \beta \dot{y} = (1 - \beta) y - \beta < 0,$$

d. h. in den Punkten

$$x = -\beta u,$$
$$y = u$$

mit

$$u < \frac{\beta}{1 - \beta} \quad \text{für} \quad \beta < 1$$

und

$$u > \frac{\beta}{1 - \beta} \quad \text{für} \quad \beta > 1$$

das Vorzeichen von plus zu minus ändert.

Da also der Rand S' von Blatt (I) der Menge von Zuständen zugeordnet ist, in die das System versetzt wird, nachdem ξ Null geworden und eine Zeit Θ vergangen ist, erhält man die Gleichung dieser Linie aus der allgemeinen Gleichung (8.58), wenn dort als Anfangspunkte für die Halbgeraden $\xi = 0$, $\dot{\xi} < 0$ $(x_0 = -\beta u,$ $y_0 = u)$ gewählt und außerdem $t = \Theta$ angenommen wird:

$$y = -1 + (u + 1) e^{-\Theta},$$
$$x = -\beta u - \Theta + (u + 1)(1 - e^{-\Theta}).$$

Das bedeutet nichts anderes, als daß es sich bei der Linie S' um die Halbgerade

$$x + \beta^* y = -\frac{\alpha^*}{2}$$

handelt. In dieser Gleichung ist

$$\beta^* = \beta e^{\Theta} - (e^{\Theta} - 1),$$
$$\frac{\alpha^*}{2} = (\beta - 1)(e^{\Theta} - 1) + \Theta \tag{8.68}$$

mit dem Anfangspunkt $\left(\text{er entspricht} \quad u = \frac{\beta}{1 - \beta}\right)$

$$y_{\text{anf.}} = -1 + \frac{1}{1 - \beta} e^{-\Theta} = \frac{\beta^*}{1 - \beta^*}.$$

Die Halbgerade S verläuft symmetrisch zur Halbgeraden S'; ihre Gleichung lautet

$$x + \beta^* y = +\frac{\alpha^*}{2},$$

wobei $y = -\frac{\beta^*}{1-\beta^*}$ den Anfangspunkt kennzeichnet. Auf der Halbgeraden S gelten die folgenden Ungleichungen:

$$y > -\frac{\beta^*}{1-\beta^*}, \quad \text{wenn} \quad \beta^* < 1$$

und

$$y < \frac{\beta^*}{\beta^*-1}, \quad \text{wenn} \quad \beta^* > 1.$$

Das Bild der zweiblättrigen Phasenfläche des betrachteten Systems in Abhängigkeit vom Vorzeichen von α^* und β^* ist in den Abb. 72—75 dargestellt[1]) worden.

Besteht die Ungleichung $\beta < 1$ und ist die Verspätungsdauer Θ nicht allzugroß (das ist der Fall, wenn $\beta < 1 - e^{-\Theta}$ ist) oder gilt $\beta > 1$, aber $\alpha^* > 0$, $\beta^* > 0$, dann besitzt das in diesem Abschnitt untersuchte System Wasserfahrzeug + Zweipositions-Selbststeuerung mit zeitlicher Verzögerung (und Geschwindigkeitskorrektur) die gleiche Dynamik (die gleichen Bewegungen) wie ein Wasserfahrzeug mit einer Selbststeuerung, das eine äquivalente räumliche Verzögerung α^* und eine Geschwindigkeitskorrektur β^* besitzt. Dieser Fall läßt sich vollständig auf die Betrachtung des ersten Teils dieses Paragraphen zurückführen: Alle Systembewegungen (die in Zuständen der Menge K_0 beginnen) führen zur Herausbildung von selbsterregten Kursschwingungen, deren Amplitude und Periode um so kleiner sind, je geringer die Verzögerung Θ ist und je größere Werte die Geschwindigkeitskorrektur β aufweist. Bei geringen zeitlichen Verzögerungen handelt es sich auf der Phasenfläche um zackenförmige Phasentrajektorien, die zwischen den nahe beieinanderliegenden Halbgeraden S und S' verlaufen und dem Arbeitsgang der Selbststeuerung im Gleitvorgang bei mehrmaliger Umstellung des Ruders von der einen zur anderen Schiffsseite entsprechen. Je öfter die Umstellung erfolgt, desto kleiner ist Θ (Abb. 72 u. 73)[2]). Für große Θ $\left(\text{für } 1 - \frac{\Theta}{e^{\Theta}-1} \leqq \beta < 1 - e^{-\Theta}\right)$ ist $\alpha^* \geqq 0$, aber $\beta^* < 0$. Das bedeutet also, daß eine solche zeitliche Verzögerung der Selbststeuerung einer gewissen räumlichen Verzögerung α^* äquivalent ist, die aber bei Vorhandensein einer Geschwindigkeitskorrektur ein falsches Vorzeichen

---

[1]) Es sei bemerkt, daß $\beta^* - \beta = (\beta - 1)(e^{\Theta} - 1)$ ist; deshalb hat man $\beta^* > \beta$ für $\beta > 1$ und $\beta^* < \beta$ für $\beta < 1$. Aus diesem Grund ist für $\beta > 1$ $\alpha^* > 0$, während für $\beta < 1$ sowohl α^* als auch β^* negative Größen sein können, wenn Θ ausreichend groß ist. Man hat nämlich $\beta^* < 0$ für $\beta < 1 - e^{-\Theta}$ und $\alpha^* < 0$ für $\beta < 1 - \frac{\Theta}{e^{\Theta}-1}$. Bei Zunahme von Θ wird zuerst β^* und danach α^* negativ, so daß für $\alpha^* \leqq 0$ sicher $\beta^* < 0$ ist.

[2]) Für kleine Θ ist $\beta^* \approx \beta - (\beta - 1)\,\Theta \approx \beta$ und $\frac{\alpha^*}{2} = \beta\Theta$, deshalb hat man für die Periode der selbsterregten Schwingungen (bis auf Glieder der Ordnung Θ^2 genau) $2\tau^* = 2\frac{\alpha^*}{\beta^*} \approx 4\Theta$. Die gleiche Größenordnung besitzen auch die Zeitintervalle Δt zwischen den Ruderumstellungen der Selbststeuerung im Gleitvorgang. Die Amplitude der selbsterregten Kursschwingungen ist für kleine Θ offensichtlich gleich $\bar{x} \approx \frac{\alpha^{*2}}{\gamma\beta^{*2}} = \frac{\Theta^2}{2}$ (s. Fußnote von [86].

besitzt (beim Vorhandensein einer Verzögerung jedoch nicht beim Vorauseilen, ist wie früher die Geschwindigkeitskorrektur $\beta^* < 0$). Die Untersuchung dieses Falls unterscheidet sich nicht von der Betrachtung, die im vorangegangenen Abschnitt des Paragraphen angestellt wurde. Es ergibt sich das gleiche LAMERE-

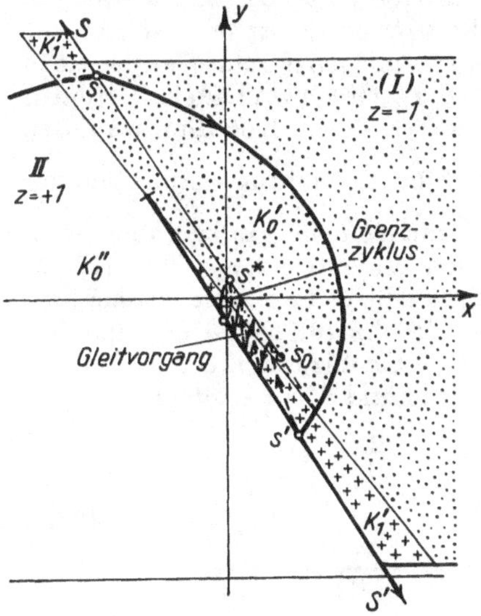

Abb. 72

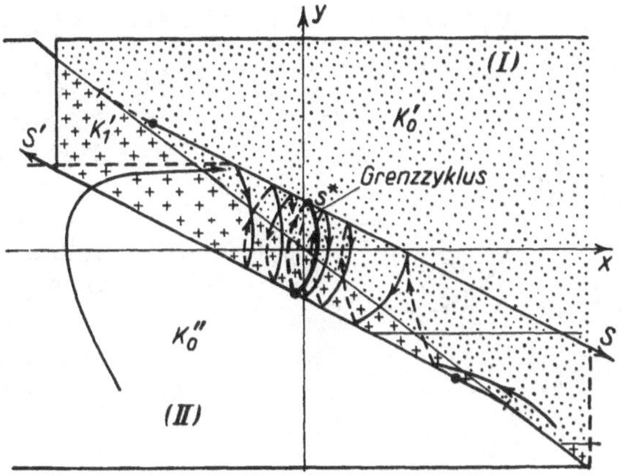

Abb. 73

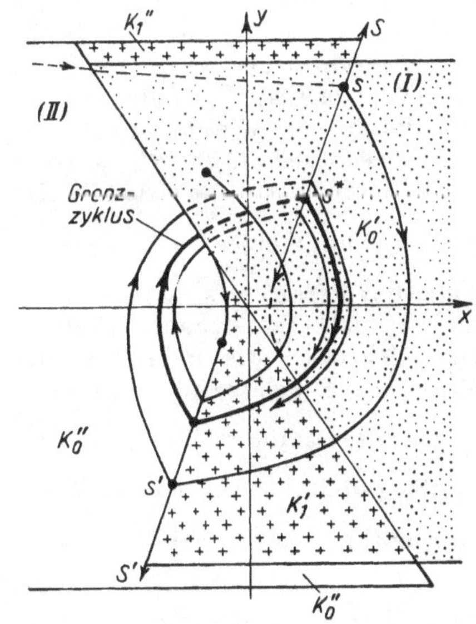

Abb. 74

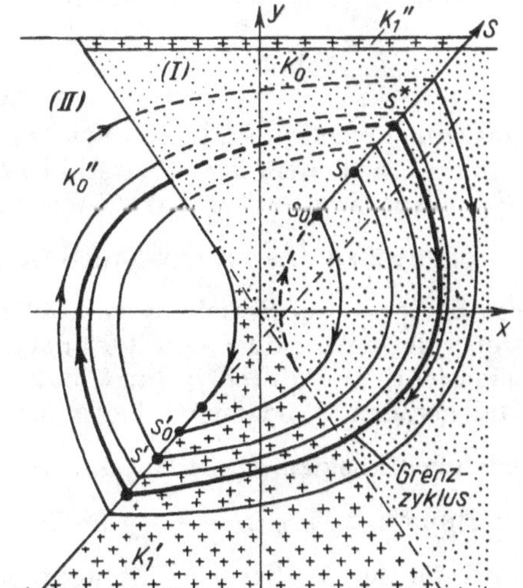

Abb. 75

sche Diagramm (Abb. 67), jetzt aber mit $\tau_0 > \tau_1$, was die Existenzmöglichkeit eines Gleitvorganges ausschließt. Alle Trajektorien streben für $t \to +\infty$ zu dem einzigen, stabilen Grenzzyklus (Abb. 74).

Zum Abschluß dieses Paragraphens soll noch kurz der letzte Fall $\beta < 1 - \frac{\Theta}{e^\Theta - 1}$ betrachtet werden, wenn α^* und β^* negative Größen sind. Die zu diesem Fall gehörige Phasenfläche ist in Abb. 75 dargestellt worden. Jetzt erweist sich die zeitliche Verzögerung der Selbststeuerung einem räumlichen Vorauseilen (es ist ja $\alpha^* < 0$) beim Vorhandensein einer „verspäteten" Geschwindigkeitskorrektur $\beta^* < 0$ äquivalent. Man wählt nun $s = y$ und $s' = -y$ als Koordinate auf den Halbgeraden S und S' $\left(s, s' > s_0 = -\frac{\beta^*}{1 - \beta^*}\right)$. Für die Zuordnungsfunktion der Punkttransformation der Halbgeraden S in S', die von den Trajektorien auf Blatt (I) realisiert wird, bleiben dann, wie früher, die Parameterausdrücke (8.64) gültig. Man hat in ihnen nur die Koeffizienten α und β durch die negativen α^* und β^* zu ersetzen:

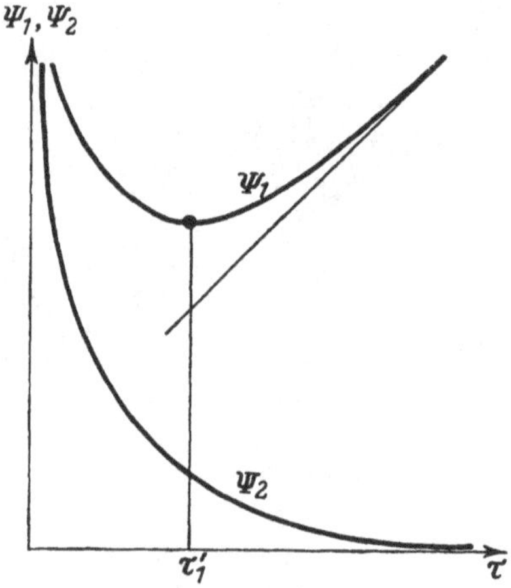

Abb. 76

$$s = -1 + \frac{\tau - \alpha^*}{(1 - \beta^*)(1 - e^{-\tau})},$$
$$s' = +1 - \frac{\tau - \alpha^*}{(1 - \beta^*)(e^\tau - 1)}. \tag{8.69}$$

Im Unterschied zum Fall $\alpha > 0$, der im ersten Teil des Paragraphen betrachtet wurde, besitzt jetzt (für $\alpha = \alpha^* < 0$) die Funktion $\Psi_1(\tau)$ [s. (8.65)] an der Stelle $\tau = \tau_1'$ ein Minimum der Größe $e^{\tau_1'} > 1$. Wegen dieser Tatsache ist $\Psi_2(\tau)$ eine monoton abnehmende Funktion von τ. τ_1 wird durch die Gleichung $\alpha^* + e^\tau - \tau - 1 = 0$ definiert. Weiterhin bestehen die Limesbeziehungen $\Psi_1 \to +\infty$, $\Psi_2 \to +\infty$ für $\tau \to +0$ und $\Psi_1 \to +\infty$, aber $\Psi_2 \to +0$ für $\tau \to +\infty$ (Abb. 76). Im Zusammenhang damit steht auch die Tatsache, daß jedem Wert $s > s_0 = \frac{-\beta^*}{1 - \beta^*}$ gemäß der ersten Beziehung von (8.69) zwei Werte des Parameters τ entsprechen, wobei der eine größer und der andere kleiner als τ_1' ist[1]). Dieser Sachverhalt ist offensichtlich dadurch bedingt, daß alle Phasentrajektorien, die in Punkten der Halbgeraden S beginnen, bevor sie zur Halbgeraden S' gelangen, deren Fortsetzung schneiden. Diese Trajektorien schneiden also die Gerade $x + \beta^* y = -\frac{\alpha^*}{2}$ in Punkten mit $y > \frac{\beta^*}{1 - \beta^*}$ (außerhalb der Halbgeraden S'). Aus diesem Grund wird die Zeit τ, die der Bildpunkt benötigt, um entlang einer Trajektorie vom

---

[1]) Ohne Schwierigkeiten zeigt man, daß wegen (8.68) $s_0 = \frac{-\beta^*}{1 - \beta^*} > s_{\min} = (s)_{\tau = \tau_1'}$ ist.

Punkt s der Halbgeraden S zum Punkt s' der Halbgeraden S' zu gelangen, vom größeren der beiden Werte des Parameters τ geliefert. Beide Werte entsprechen, wegen (8.69) einem vorgegebenen Wert von s; in den Ausdrücken (8.69) hat man deshalb $\tau > \tau_2'$ vorauszusetzen.

Es sei nun mit τ_0 der Wert von τ bezeichnet, der dem Anfangspunkt s_0 der Halbgeraden S zugeordnet ist[1]). Wegen $\frac{d\Psi_1}{d\tau} > 0$, $\frac{ds}{d\tau} > 0$ für $\tau > \tau_1'$ entsprechen dann die Punkte $s > s_0$ der Halbgeraden S zugehörigen Parameterwerten $\tau > \tau_0 > \tau_1'$; ändert sich τ von τ_0 bis $+\infty$, so wächst s monoton von $s_0 = \frac{\beta^*}{1 - \beta^*}$ bis $+\infty$.

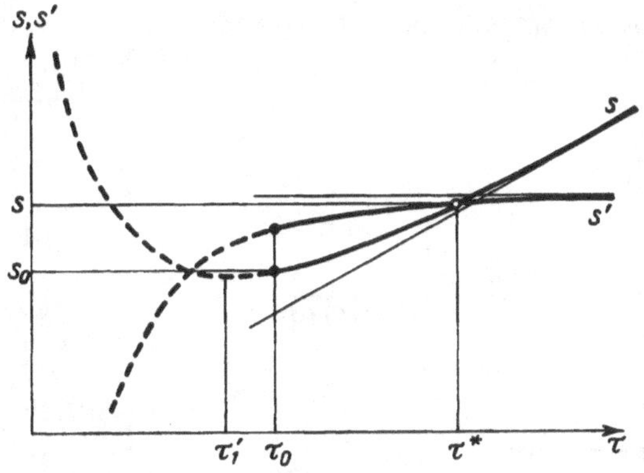

Abb. 77

Für den betrachteten Fall $\beta < 1 - \frac{\Theta}{e^{\Theta} - 1}$ ist das Diagramm von LAMERE in Abb. 77 angegeben worden. Ohne Schwierigkeiten läßt sich zeigen, daß die Punkttransformation der Halbgeraden S in die Halbgerade S' in diesem Fall einen einzigen, stabilen Fixpunkt besitzt[2]). Diesem Fixpunkt auf der Phasenfläche entspricht ein einziger, stabiler Grenzzyklus, zu dem für $t \to +\infty$ alle Phasentrajektorien streben (Abb. 75).

§ 8. Relaissystem automatischer Regelung (mit einer toten Zone und räumlicher Verzögerung)

In den vorangegangenen beiden Paragraphen wurde als Beispiel ein selbstgesteuertes System automatischer Regelung vom Zweipositions-Typ betrachtet, in dem sich unter beliebigen Anfangsbedingungen selbsterregte Schwingungen herausbilden, die durch eine Verzögerung des Reglers bedingt sind. Im vorliegenden Paragraphen soll nun zur Untersuchung der Dynamik einiger komplizierter Relaissysteme zweiter Ordnung der automatischen Regelung übergegangen werden, in deren Bestandteilen ein trägheitsfreies Glied vom Relaistypus mit symmetrischer Charakteristik enthalten ist. Eine solche Charakteristik ist in Abb. 78 dargestellt worden [122, 102][3]).

---

[1]) τ_0 ist, wie früher, durch die Gleichung $\Psi_1(\tau_0) = 1 - 2\beta^*$ definiert, jetzt hat man aber unter τ_0 die größere Wurzel $\tau_0 > \tau_1'$ dieser Gleichung zu verstehen.

[2]) Der Beweis für Existenz, Eindeutigkeit und Stabilität des Fixpunktes der Punkttransformation der Halbgeraden S in die Halbgerade S' wird ebenso geführt, wie dies im ersten Teil des vorliegenden Paragraphen geschehen ist.

[3]) Gewöhnlich wird als Relais ein trägheitsloses Verbindungsglied bezeichnet, dessen Ausgangskoordinate nur gewisse diskrete Werte annehmen kann. Man spricht von einem Relaissystem, wenn das System aus Relais und linearen Gliedern besteht.

Die Ausgangskoordinate U des Relaisverbindungsgliedes kann einen der drei möglichen Werte $+U_0$, 0 und $-U_0$ annehmen. Dies erfolgt in Abhängigkeit vom Wert der Eingangskoordinate σ und vom Zustand des Gliedes in den vorangegangenen Zeitmomenten. War das Verbindungsglied zu einem vorangegangenen Zeitpunkt ausgeschaltet (es ist dann $U = 0$, was nur für $|\sigma| < \sigma_0$ eintreten kann), so wird es solange in diesem Zustand verbleiben, wie die Eingangskoordinate σ des Gliedes bei ihrer Änderung die Begrenzungen der „toten Zone" $|\sigma| < \sigma_0$ nicht überschreitet. Sind die Grenzen der toten Zone erreicht, so wird das Verbindungsglied zu der einen oder anderen Seite eingeschaltet, d. h. U ändert sich plötzlich (sprunghaft) für $\sigma = +\sigma_0$ von 0 bis $+U_0$ und für $\sigma = -\sigma_0$ von 0 bis $-U_0$. Das Verbindungsglied, welches eingeschaltet wird, bleibt nicht nur außerhalb der toten Zone in diesem Zustand, sondern auch in einem gewissen Bereich derselben. Der Zustand des Verbindungsgliedes bleibt $U = +U_0$ für $\sigma > \sigma_1$ und $U = -U_0$ für $\sigma < -\sigma_1$ ($|\sigma_1| \leqq \sigma_0$). Nur für $\sigma = \pm\sigma_1$ wird das früher „eingeschaltete" Glied geschlossen. Insbesondere wird für $-\sigma_0 < \sigma < -\sigma_1$ und für $\sigma_1 < \sigma < \sigma_0$ der Zustand des Verbindungsgliedes (U bezeichnet dessen Ausgangskoordinate) ausschließlich durch den vorangegangenen Zustand festgelegt, je nachdem ob es in einem früheren vorangegangenen Zeitmoment ein- oder ausgeschaltet gewesen ist. Ein derartiges Verbindungsglied (mit einer in Abb. 78 dargestellten Kennlinie) läßt sich gewöhnlich durch drei Parameter charakterisieren: Durch den absoluten Betrag der Ausgangskoordinate U_a des „eingeschalteten" Gliedes, durch die Breite der toten Zone σ_0 und den sogenannten Rückkehrkoeffizienten $\lambda = \dfrac{\sigma_1}{\sigma_0}$ $(-1 \leqq \lambda \leqq 1)$ des Relaisverbindungsgliedes[1]).

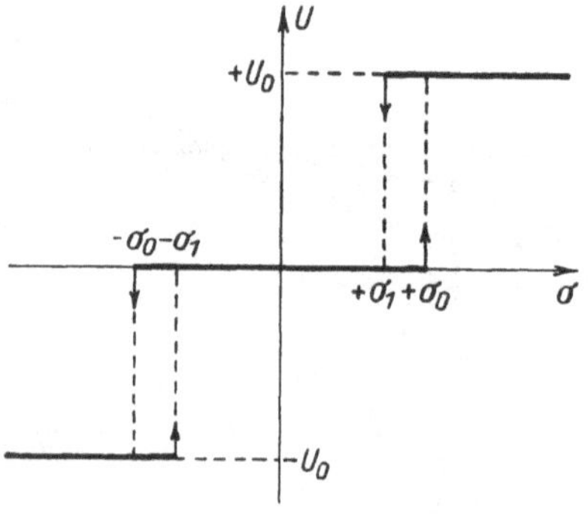

Abb. 78

Das betrachtete Relaisverbindungsglied des Systems automatischer Regelung besitzt also sowohl eine räumliche Verzögerung (d. h. eine Hysterese-Kennlinie mit zwei Nichteindeutigkeitsbereichen) als auch eine tote Zone (ein Gebiet der Unempfindlichkeit). Als derartige Relaisverbindungsglieder können gewöhnlich elektromagnetische Relais (oder Relaisgruppen), verschiedene elektronische Kontaktkonstruktionen und auch Hilfsmotoren „konstanter Geschwindigkeit" bei Berücksichtigung der toten Zone und des Spielraumes im Schiebeschalter dienen[2]).

Im weiteren wird festgestellt werden, daß jetzt, wie auch beim soeben betrachteten System „Wasserfahrzeug + Selbststeuerung", die räumliche Verzögerung

[1]) Für die Kennlinie einer Selbststeuerung mit räumlicher Verspätung, wie sie im vorangegangenen Paragraphen betrachtet wurde, ist $\sigma_1 = -\sigma_0$, d. h. $\lambda = -1$.

[2]) Bei gewöhnlichen elektromagnetischen Relais vergrößert sich die Anziehungskraft des Ankers zum Kernstück, wenn sich der Spielraum zwischen diesen Teilen verringert. Aus diesem Grund erfolgt die Anziehung des Relaisankers zum Kernstück bei größeren Stromstärken als der umgekehrte Übergang. Die elektrischen Kontaktkonstruktionen besitzen, wegen der Bildung eines Lichtbogens beim Ausschalten der Kontakte, ebenfalls Hysteresis-Kennlinien.

des Relaisverbindungsgliedes die Ursache für das Auftreten selbsterregter Schwingungen darstellt. Im Gegensatz zu einem System ohne tote Zone können jetzt jedoch die selbsterregten Schwingungen durch Einführung einer ausreichend starken starren Rückkoppelung oder einer Geschwindigkeitskorrektur unterdrückt werden.

1. Bewegungsgleichungen einiger Relaissysteme

Es soll das Überwachungssystem mit Relais untersucht werden, dessen Blockschema in Abb. 79 dargestellt worden ist. Der Servomotor dieses Systems (ein Elektromotor mit konstanter, unabhängiger Erregung) wird von einem Relaisverbindungsglied (oder einer Relaisgruppe) mit der früher betrachteten Kennlinie

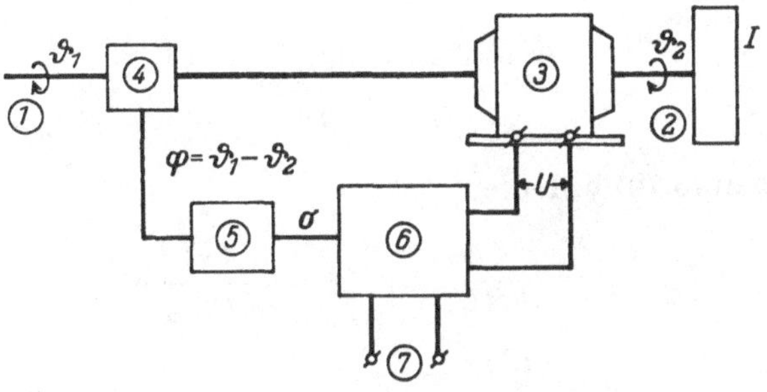

Abb. 79

(Abb. 78) gesteuert. Die Spannung U am Anker des Motors ist Ausgangskoordinate dieses Relaisverbindungsgliedes, welches seinerseits vom Systemfehler $\varphi = \vartheta_1 - \vartheta_2$ und dessen Ableitung gesteuert wird. Es sei nun $\sigma = \varphi + B \dfrac{d\varphi}{dt}$ Eingangskoordinate des Relaisgliedes, J das Trägheitsmoment der Arbeitsachse des Überwachungssystems (einschließlich des Servomotors), $k \dfrac{d\vartheta_2}{dt}$ die Gegenspannung des Motorankers, i die Stromstärke im Anker, $A\,i$ das Kräftemoment am Motor und R der Widerstand der Ankerwicklung[1]). Die Bewegungsgleichungen der Arbeitsachse des Überwachungssystems und der Schwingungen des Ankerstromes haben dann offensichtlich die Form

$$J \frac{d^2\vartheta_2}{dt^2} = A\,i,$$

$$R\,i = U - k \frac{d\vartheta_2}{dt}$$

[1]) Es wird folgendes angenommen: Befindet sich die Relaisgruppe in neutraler Lage (für die Spannung am Motoranker ist dann $U = 0$), so wird der Motoranker in den Widerstand der „dynamischen Bremse“ geschlossen, und zwar so, daß der Gesamtwiderstand der Ankerschaltung bei allen drei Lagen der Relaisgruppe gleich wird.

oder

$$J\frac{d^2\vartheta_2}{dt^2}+\frac{Ak}{R}\frac{d\vartheta_2}{dt}=\frac{A}{R}U\text{[1]}.$$

Es soll nun ein Spezialfall der Bewegung des Überwachungssystems betrachtet werden, und zwar die Bewegung bei starrer Antriebsachse (für $\vartheta_1 = \text{const.}$). In diesem Fall lauten die Bewegungsgleichungen

$$J\frac{d^2\varphi}{dt^2}+\frac{Ak}{R}\frac{d\varphi}{dt}=-\frac{A}{R}U,$$

$$\sigma=\varphi+B\frac{d\varphi}{dt}$$

oder in dimensionsloser Form

$$\ddot{x}+\dot{x}=-u(\xi),\qquad \xi=x+\beta\dot{x}. \tag{8.70}$$

In den Gleichungen (8.70) bedeuten

$$x=\frac{Ak^2}{JRU_0}\varphi,\quad \xi=\frac{Ak^2}{JRU_0}\sigma,\qquad u=\frac{U}{U_0}$$

neue, dimensionslose Veränderliche; die Punkte über den Veränderlichen bezeichnen die Differentiation nach der dimensionslosen Zeit

$$t_{\text{neu}}=\frac{Ak}{JR}t_{\text{alt}}.$$

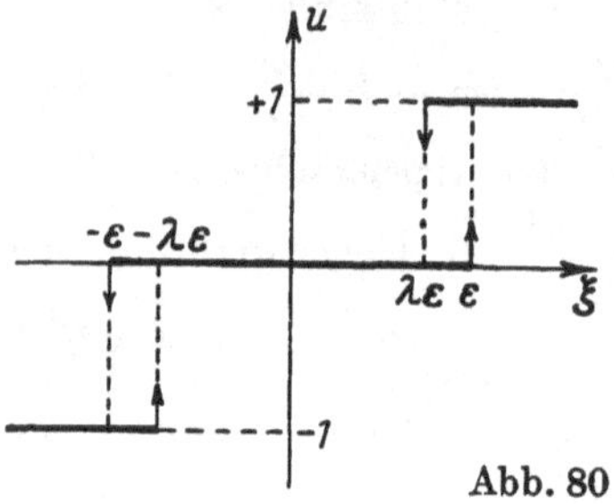

Abb. 80

$u=u(\xi)$ bedeutet die normierte Relaiskennlinie mit der normierten toten Zone

$$\varepsilon=\frac{Ak^2\sigma_0}{JRU_0},$$

die in Abb. 80 dargestellt worden ist. $\beta=\frac{Ak}{JR}B$ bezeichnet den normierten (dimensionslosen) Steuerungskoeffizienten entsprechend der Geschwindigkeitsabweichung.

---

[1]) Es bleiben die Reibungskräfte unberücksichtigt, die auf die Arbeitsachse des überwachten Systems wirken. Außerdem sei hervorgehoben, daß das Berücksichtigen der zähen Reibung nicht die Form der Bewegungsgleichungen des dynamischen Systems ändert, sondern nur den Koeffizienten von $\frac{d\vartheta_2}{dt}$ vergrößert.

Auf die Gleichungen (8.70) lassen sich auch unter entsprechenden Voraussetzungen die Gleichungen eines Systems indirekter Regelung mit einem Servomotor „konstanter Geschwindigkeit“ und starrer Rückkoppelung zurückführen (Abb. 81; s. auch Abb. 61). Die Gleichungen des Servomotors „konstanter Geschwindigkeit“ lauten bei Berücksichtigung des Spielraums und der toten Zone im Schiebeschalter

$$\frac{d\mu}{dt} = \begin{cases} +\frac{1}{T_s} & \text{für} \quad \sigma > \lambda\sigma_0, \\ 0 & \text{für} \quad |\sigma| < \sigma_0, \\ -\frac{1}{T_s} & \text{für} \quad \sigma < -\lambda_0\sigma_0. \end{cases}$$

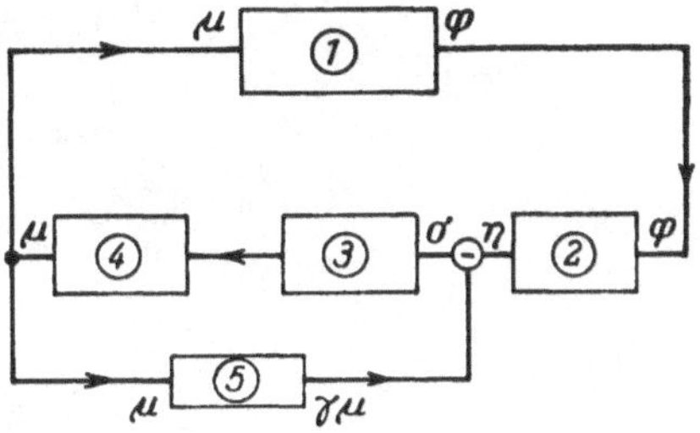

Abb. 81

In ihnen bedeuten σ_0 und λ die Breite der toten Zone und der Rückkehrkoeffizient des Relaisverbindungsgliedes, d. h. des Schiebeschalters des Servomotors, dessen Kennlinie mit der in Abb. 78 dargestellten Kurve zusammenfällt, wenn dort U durch $\frac{d\mu}{dt}$ und U_0 durch $\frac{1}{T_s}$ ersetzt wird[1]). Die Gleichungen der übrigen linearen Glieder (des Regelungsobjekts mit positiver Eigenregelung, des idealen empfindlichen Elements und der starren Rückkoppelung) lassen sich dann auf die gleiche Weise wie in Abschnitt 5, § 6 des vorliegenden Kapitels ermitteln und lauten

$$T_a \frac{d\varphi}{dt} + k\varphi = \mu,$$

$$\delta\eta + \varphi = 0,$$

$$\sigma = \eta - \gamma\mu.$$

Diese Gleichungen des Systems indirekter Regelung lassen sich durch Einführung neuer Veränderlichen

$$\varphi = \frac{T_a}{k^2 T_s} x, \quad t_{\text{alt}} = \frac{T_a}{k} t_{\text{neu}},$$

$$\sigma = \frac{T_a\left(\frac{1}{\delta} + \gamma k\right)}{k^2 T_s}, \quad T_s \frac{d\mu}{dt} = -u$$

---

[1]) Bezeichnet man mit l und Δ den Abstand zwischen den Kontakten des Elektroschiebers (Abb. 61) und den Spielraum im Schiebermechanismus, die in den gleichen relativen Einheiten gemessen werden wie σ, so ist

$$\sigma_0 = \frac{l + \Delta}{2} \quad \text{und} \quad \lambda = \frac{l - \Delta}{l + \Delta}.$$

auf die Gleichungen (8.70) zurückführen. Für die dimensionslose Breite der toten Zone und für den dimensionslosen Koeffizienten der Rückkopplung gilt dabei

$$\varepsilon = \frac{k^2 T_s \sigma_0}{T_a \left(\frac{1}{\delta} + \gamma k\right)},$$

$$\beta = \frac{\gamma k}{\frac{1}{\delta} + \gamma k} \qquad (0 < \beta < 1).$$

2. *Die Phasenfläche*

Beide untersuchten Relaissysteme automatischer Regelung lassen sich auf ein einziges dynamisches System zurückführen, das durch die Gleichungen (8.70) beschrieben wird. Um die Untersuchung der Bewegungen dieses dynamischen Systems zu vereinfachen, werden nun die Veränderlichen $y = \dot{x}$ und ξ verwendet. In diesen Variablen können die Bewegungsgleichungen des Systems in Form der Differentialgleichungen erster Ordnung

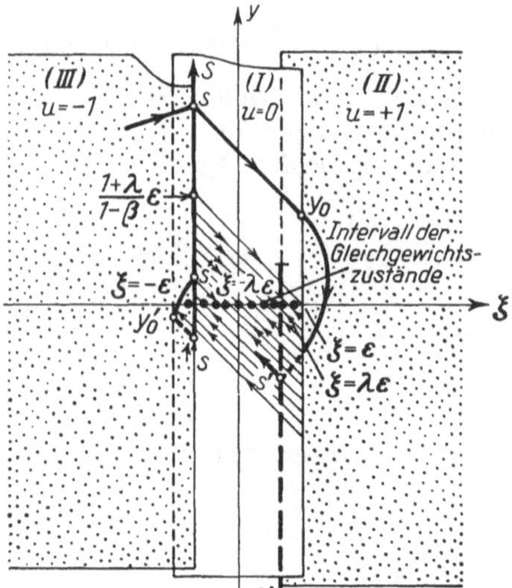

Abb. 82

$$\dot{y} = -y - u(\xi),$$
$$\dot{\xi} = (1 - \beta) y - \beta u(\xi) \qquad (8.71)$$

geschrieben werden.

Da zwei Nichteindeutigkeitszonen der Kennlinie $u = u(\xi)$ des Relaisverbindungsgliedes vorhanden sind, handelt es sich bei der Phasenfläche des Systems um eine dreiblättrige Fläche. Sie ist in Abb. 82 dargestellt und besteht aus dem Streifen (I): $|\xi| < \varepsilon$, in dessen Punkten $u = 0$ ist (das Relaisverbindungsglied befindet sich in neutraler Lage) und den diesen Streifen teilweise überlagernden Halbebenen (II): $\xi > \lambda\varepsilon$ und (III): $\xi < -\lambda\varepsilon$ entsprechend den eingeschalteten Zuständen des Relaisverbindungsgliedes. Auf der Halbebene (II) gilt $u = +1$ und auf der Halbebene (III) $u = -1$. Der Übergang des Bildpunktes vom Streifen (I) auf die Halbebene (II) und (III) erfolgt nur auf den Begrenzungen des Streifens, der umgekehrte Übergang nur auf den Begrenzungen der Halbebenen (jeweils für $\xi = +\lambda\varepsilon$ und $\xi = -\lambda\varepsilon$). Bei den Übergängen des Bildpunktes von einem zu einem anderen Blatt der Phasenfläche ändern sich die Koordinaten ξ und y stetig.

Es läßt sich sofort feststellen, daß die Phasentrajektorien in bezug auf den Koordinatenursprung symmetrisch verlaufen. Dies folgt unmittelbar aus der Symmetrie der Kennlinie $u = u(\xi)$ des Relaisverbindungsgliedes.

Auf dem Streifen (I) ist $u = 0$ (das Relaisverbindungsglied befindet sich in neutraler Lage) und die Bewegungsgleichungen (8.71) besitzen die Gestalt

$$\dot{y} = -y,$$

$$\dot{\xi} = (1 - \beta)y$$

oder (8.71 a)

$$\frac{dy}{d\xi} = -\frac{1}{1-\beta}.$$

Aus diesem Grund sind alle Punkte der Abszissenachse innerhalb der Begrenzungen dieses Streifens ($|\xi| < \varepsilon,\quad y = 0,\quad u = 0$) Gleichgewichtszustände. Diese sind stabil, da sich die Bildpunkte innerhalb des Streifens (I) entlang der Phasentrajektorien

$$\xi + (1 - \beta)y = \text{const}$$

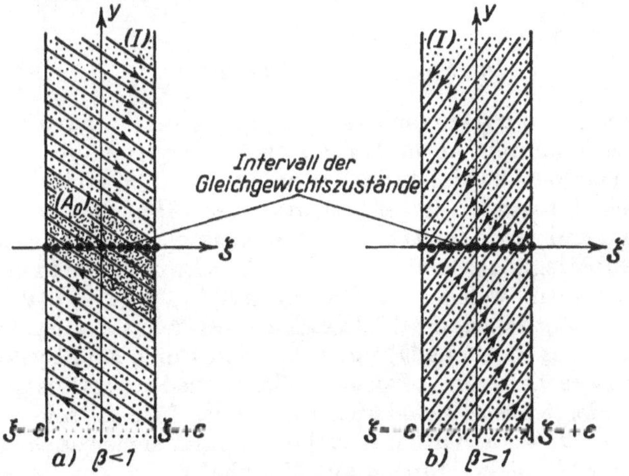

Abb. 83

in Richtung der Abszissenachse bewegen (Abb. 83). Den genannten Gleichgewichtszuständen nähern sich offensichtlich für $t \to +\infty$ auch alle Trajektorien, deren Punkte der Ungleichung

$$|\xi + (1 - \beta)y| < \varepsilon$$

genügen.

Auf der Halbebene (II), die dem eingeschalteten Zustand des Relaisverbindungsgliedes $u = +1$ entspricht, erhalten die Bewegungsgleichungen des Systems die Form

$$\dot{y} + y = -1,$$

$$\dot{\xi} = (1 - \beta)y - \beta. \tag{8.71 b}$$

Dort gibt es keine Gleichgewichtszustände. Alle Phasentrajektorien (genauer gesagt, ihre Fortsetzungen über den Rand von Blatt (II) hinaus) nähern sich asymptotisch der Phasengeraden $y = -1$, $\xi = -t + \text{const}$. Ein Bildpunkt, der sich auf Blatt (II) befindet, bewegt sich längs einer entsprechenden Trajektorie zu dessen Rand $\xi = +\lambda\varepsilon$ und geht dort auf den Streifen (I) über. In Abb. 84 ist die Zerlegung von Blatt (II) der Phasenfläche in Phasentrajektorien (für den Fall $\beta < 1$) dargestellt worden. Die Phasentrajektorien auf Blatt (III) (dort ist $u = -1$) verlaufen, wegen der Symmetrie der Gleichungen (8.71), augenscheinlich symmetrisch zu den eben betrachteten Trajektorien von Blatt (II).

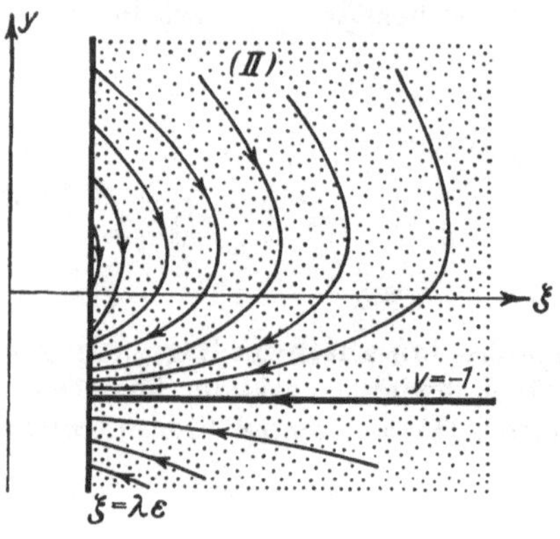

Abb. 84

Da der Bewegungscharakter des hier betrachteten Relaissystems wesentlich vom Vorzeichen der Differenz $\beta - 1$ abhängt, müssen jeweils für sich die Fälle $\beta < 1$ und $\beta > 1$ untersucht werden[1]).

3. *Die Punkttransformation für* $\beta < 1$

Die Untersuchung der Dynamik des Relaissystems — die Untersuchung der Zerlegung seiner Phasenfläche in Trajektorien — soll mit dem interessantesten Fall $\beta < 1$ begonnen werden. Die Zerlegung in Trajektorien des Streifens (I) und des Blattes (II) wurden im einzelnen in den Abb. 83a und 84 dargestellt. Augenscheinlich sind zwei Formen von Phasentrajektorien und somit zwei Formen von Systembewegungen vorhanden. Die Trajektorien, die in den Punkten des Streifens (I) beginnen, welche der Ungleichung $|\xi + (1 - \beta)y| < \varepsilon$ genügen, nähern sich asymptotisch den Gleichgewichtszuständen des Systems, wobei sie nicht die Grenzen des Streifens (I) überschreiten. Ihnen sind Systembewegungen mit beständig ausgeschaltetem Relaisverbindungsglied zugeordnet, die zur Herausbildung dieses oder jenes Gleichgewichtszustandes führen. Alle übrigen Trajektorien laufen von Blatt zu Blatt (sie verlaufen dann sicher auch im Streifen (I)) und entsprechen Systembewegungen mit Umschaltungen des Relaisverbindungsgliedes.

Das Studium der Trajektorien zweiter Art (der Trajektorien, die verschiedene Blätter der Phasenfläche durchlaufen) und insbesondere die Bestimmung der Grenztrajektorien, zu denen bei zunehmenden t die zuerstgenannten Trajektorien streben, lassen sich, wie bei früheren Aufgaben, auf die Untersuchung einer gewissen Punkttransformation einer Geraden in eine andere zurückführen. Zu

[1]) Im Grenzfall $\beta = 1$ sind die Phasentrajektorien im Streifen (I) vertikale Geraden, auf denen die Bildpunkte sich asymptotisch Gleichgewichtszuständen nähern: $|\xi| < \varepsilon$, $y = 0$, $u = 0$. Diejenigen Trajektorien, die sich auf den Blättern (II) und (III) befinden, überschreiten sicher die Begrenzungen dieser Blätter und streben danach für $t \to +\infty$ zu Gleichgewichtszuständen: $\xi = \pm\lambda\varepsilon$, $y = 0$, $u = 0$. Für $\beta = 1$ sind also alle Bewegungen des Systems gedämpft und führen zur Herausbildung von Gleichgewichtszuständen.

diesem Zweck konstruiert man auf der Phasenfläche (Abb. 82) zwei Halbgeraden ohne Kontakt.

Halbgerade S

$$\xi = -\lambda\varepsilon,$$

$$y > \frac{\beta}{1-\beta}$$

und Halbgerade S'

$$\xi = +\lambda\varepsilon,$$

$$y < \frac{\beta}{1-\beta},$$

in deren Punkten die Trajektorien jeweils von den Blättern (III) und (II) auf den Streifen (I) gelangen[1]). Auf der Halbgeraden S wird nun die Koordinate $s = y$ und auf der Halbgeraden S' die Koordinate $s = -y$ mit einer solchen Zählung eingeführt, daß symmetrischen Punkten der Halbgeraden gleiche Werte der Koordinate s entsprechen. Offensichtlich ist $s > -\frac{\beta}{1-\beta}$. Mit den konstruierten Halbgeraden S und S' werden sich alle Trajektorien des Systems schneiden, mit Ausnahme derjenigen, die zu Gleichgewichtszuständen streben, wobei sie in den Grenzen des Streifens (I) verbleiben. Aus diesem Grund läßt sich die Untersuchung des Verhaltens einer jeden solchen Trajektorie auf die Betrachtung der Folge ihrer Schnittpunkte mit diesen Halbgeraden zurückführen. In dieser Punktfolge wird jeder nachfolgende Punkt s', wenn er existiert, eindeutig durch seinen Vorgänger s definiert:

$$s' = F(s).$$

Das Phasenporträt des Systems, d. h. die Phasenfläche im ganzen und ihre Zerlegung in Trajektorien, die in bezug auf den Koordinatenursprung symmetrisch sind, und die Trajektorien, die durch symmetrische Punkte s der Halbgeraden S und S' laufen, sind symmetrisch. Demzufolge werden ihre nachfolgenden Schnittpunkte mit diesen Halbgeraden gleiche Koordinaten s' besitzen. Auf Grund des soeben Dargelegten braucht also nicht zwischen den Halbgeraden S und S' unterschieden zu werden (symmetrische Punkte dieser Halbgeraden lassen sich identifizieren) und man kann eine einzige Punkttransformation $s' = F(s)$ unabhängig von der Tatsache verwenden, mit welcher der beiden Halbgeraden S oder S' sich die betrachtete Trajektorie schneidet.

Um die Folgefunktion dieser Punkttransformation zu berechnen, betrachtet man eine willkürliche Phasentrajektorie, die aus Blatt (III) in den Streifen (I) läuft. Der Bestimmtheit wegen sei angenommen, daß der Übergang im Punkt s

---

[1]) Auf Grund der zweiten Gleichung von (8.71) hat man auf der Halbgeraden S

$$\dot{\xi} = (1-\beta)\,y + \beta > 0$$

und auf der Halbgeraden S'

$$\dot{\xi} = (1-\beta)\,y - \beta < 0.$$

der Halbgeraden S erfolgt (Abb. 82). Innerhalb des Streifens (I) handelt es sich bei dieser Trajektorie um die Gerade

$$\xi + (1 - \beta) y = -\lambda\varepsilon + (1 - \beta) s. \tag{8.72}$$

Aus diesem Grund ist $|-\lambda\varepsilon + (1 - \beta)\, s| < \varepsilon$, d. h. für

$$-\frac{1 - \lambda}{1 - \beta}\,\varepsilon < s < \frac{1 + \lambda}{1 - \beta}\,\varepsilon \tag{8.72a}$$

wird der Bildpunkt asymptotisch zu einem entsprechenden Gleichgewichtszustand streben, wobei er die Grenzen des Streifens (I) nicht überschreitet. Die hier betrachtete Trajektorie besitzt dann keine nachfolgenden Schnittpunkte mit den Halbgeraden S und S'.

Für

$$s \geqq \frac{1 + \lambda}{1 - \beta}\,\varepsilon \tag{8.72b}$$

überschreitet der Bildpunkt im Punkt

$$\xi = +\varepsilon,$$
$$y = y_0 = s - \frac{1 + \lambda}{1 - \beta}\,\varepsilon \geqq 0$$

den rechten Rand des Streifens (I), um sich danach auf Blatt (II) entlang einer Trajektorie zu bewegen, die den Differentialgleichungen (8.71 b) und den Anfangsbedingungen $\xi = +\varepsilon$, $y = y_0$ für $t = 0$ genügt. Bei dieser Trajektorie handelt es sich um

$$y = -1 + (1 + y_0) e^{-t},$$
$$\xi = \varepsilon - t + (1 - \beta)(1 + y_0)(1 - e^{-t}).$$

Diese Kurve erreicht sicher den Rand dieses Blattes, und zwar die Halbgerade S'[1]). τ bezeichne nun die Zeit, in der der Bildpunkt das Blatt (II) durchläuft. Für $t = \tau > 0$ ist dann $\xi = +\lambda\varepsilon$, $y = -s'$, was nach Verwendung der Beziehung

$$s = y_0 + \frac{1 + \lambda}{1 - \beta}\,\varepsilon$$

die folgende Parameterdarstellung für die Folgefunktion liefert:

$$s = -1 + \frac{1 + \lambda}{1 - \beta}\,\varepsilon + \frac{\tau - (1 - \lambda)\varepsilon}{(1 - \beta)(1 - e^{-\tau})} \quad \text{für} \quad s \geqq \frac{1 + \lambda}{1 - \beta}\,\varepsilon,$$
$$s' = +1 - \frac{\tau - (1 - \lambda)\varepsilon}{(1 - \beta)(e^{\tau} - 1)}. \tag{8.73a}$$

---

[1]) Als Ursprung der Zeitkoordinate wird der Zeitpunkt gewählt, in dem sich der Bildpunkt auf dem rechten Rand des Streifens (I) — auf der Geraden $\xi = +\varepsilon$ — befunden hat. Hier und im weiteren ist unter t die dimensionslose, neue Zeit t_{neu} zu verstehen.

Schließlich bewegt sich der Bildpunkt für

$$s \leqq -\frac{1-\lambda}{1-\beta}\,\varepsilon, \tag{8.72c}$$

was nur für $\beta > (1-\lambda)\varepsilon$ möglich ist, entlang der Trajektorie (8.72) und gelangt zum linken Rand des Streifens (I) in einem Punkt mit der Ordinate

$$y_0' = s + \frac{1-\lambda}{1-\beta}\,\varepsilon \leqq 0,$$

um dann nach der Bewegung auf der Halbebene (III) im Verlauf eines gewissen Zeitintervalls τ im Punkt s' zur Halbgeraden S zurückzukehren. Ohne Schwierigkeiten erkennt man, daß sich in diesem Fall die Folgefunktion auf folgende Weise zum Ausdruck bringen läßt:

$$s = +1 - \frac{1-\lambda}{1-\beta}\,\varepsilon - \frac{\tau-(1-\tau)\varepsilon}{(1-\beta)\,(1-e^{-\tau})} \quad \text{für} \quad s \leqq -\frac{1-\lambda}{1-\beta}\,\varepsilon,$$

$$s' = +1 - \frac{\tau-(1-\lambda)\varepsilon}{(1-\beta)\,(e^{\tau}-1)}. \tag{8.73b}$$

Die Beziehungen (8.73a) und (8.73b) definieren vollständig die hier interessierende Punkttransformation $s' = F(s)$ der Halbgeraden S und S' ineinander oder in sich, die von den Phasentrajektorien des Systems realisiert wird. Durch die Koordinate des vorangegangenen Punktes s wird außerhalb von Intervall (8.72a) eindeutig der Transformationsparameter τ festgelegt, der seinerseits ebenfalls eindeutig die Koordinate s' des Nachfolgerpunktes definiert. Die Abhängigkeiten τ von s und s' von τ werden nicht nur durch eindeutige, sondern auch stetige Funktionen ausgedrückt; sie seien im weiteren mit $\tau = f(s)$ und $s' = g(\tau)$ bezeichnet.

4. *Das Diagramm von* Lamere

Es folgt nun die Untersuchung der für die Folgefunktion $s' = F(s)$ ermittelten Parameterdarstellungen, wobei die im vorangegangenen Paragraphen eingeführten Hilfsfunktionen $\Psi_1(\tau)$ und $\Psi_2(\tau)$ Verwendung finden [s. (8.65) und Abb. 66]. Wird in (8.65) $\alpha = (1-\lambda)\,\varepsilon \geqq 0$ gesetzt (es sei daran erinnert, daß für den Rückkehrkoeffizienten des Relaisverbindungsgliedes die Ungleichung $-1 \leqq \lambda \leqq +1$ besteht), so läßt sich die Folgefunktion $s' = F(s)$ in folgender Form schreiben:

$$s = \begin{cases} -1 + \dfrac{1+\lambda}{1-\beta}\,\varepsilon + \dfrac{\Psi_1(\tau)}{1-\beta} & \text{für} \quad s \geqq \dfrac{1+\lambda}{1-\beta}\,\varepsilon, \\[2ex] +1 - \dfrac{1-\lambda}{1-\beta}\,\varepsilon - \dfrac{\Psi_1(\tau)}{1-\beta} & \text{für} \quad s \leqq \dfrac{1-\lambda}{1-\beta}\,\varepsilon, \end{cases} \tag{8.73}$$

$$s' = 1 - \frac{\Psi_2(\tau)}{1-\beta}.$$

τ_0 bezeichnet den Wert von τ, der

$$s = \frac{1+\lambda}{1-\beta}\,\varepsilon$$

und

$$s = -\frac{1-\lambda}{1-\beta}\,\varepsilon$$

zugeordnet ist. Er wird eindeutig durch die Gleichung

$$\Psi_1(\tau_0) = 1-\beta \tag{8.74}$$

oder

$$(1-\beta)(1-e^{-\tau_0}) = \tau_0 - (1-\lambda)\varepsilon$$

definiert und legt seinerseits eindeutig für $\tau = \tau_0$ den Anfangswert der Koordinate des Nachfolgerpunktes

$$(s')_{\tau=\tau_0} = s'_0 = 1 - e^{-\tau_0} = \frac{\tau_0-(1-\lambda)\varepsilon}{1-\beta} \tag{8.74a}$$

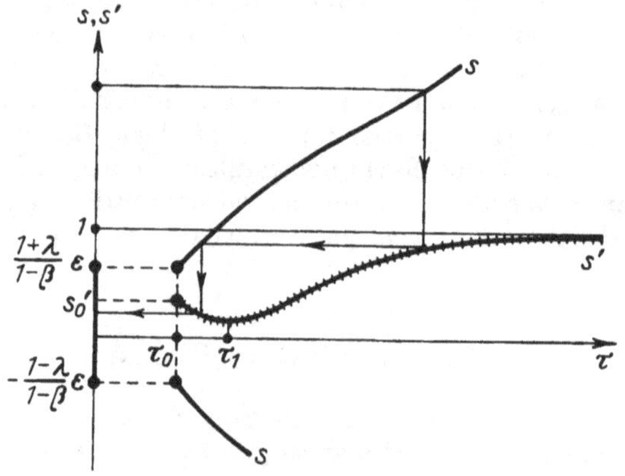

Abb. 85

fest. Dabei besteht die Ungleichung $(1-\lambda)\varepsilon < \tau_0 < \tau_1$, wobei τ_1 denjenigen Wert des Parameters τ bedeutet, für den die Funktion Ψ_2 ein Maximum annimmt[1]). Da es sich bei Ψ_1 um eine monoton zunehmende Funktion von τ handelt, muß sich

[1]) Ebenso wie im vorangegangenen Paragraphen wird τ_1 eindeutig durch die Gleichung $\Psi_1(\tau_1) = 1$ definiert. Bei τ_1 handelt es sich um eine monoton zunehmende Funktion von $\alpha = (1-\lambda)\varepsilon$ (für kleine α ist $\tau_1 = \sqrt{2\alpha}$). Der entsprechende minimale Wert ergibt sich zu

$$(s')_{\min} = 1 - \frac{e^{-\tau_1}}{1-\beta} > -\frac{\beta}{1-\beta}.$$

dann bei der Bestimmung der Werte

$$s \geqq \frac{1+\lambda}{1-\beta}\,\varepsilon \quad \text{und} \quad s \leqq -\frac{1-\lambda}{1-\beta}\,\varepsilon$$

der Transformationsparameter τ in den Grenzen $\tau_0 \leqq \tau < +\infty$ ändern.

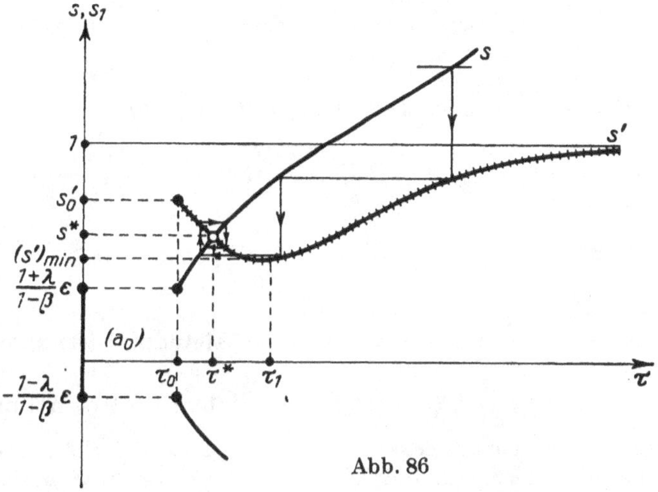

Abb. 86

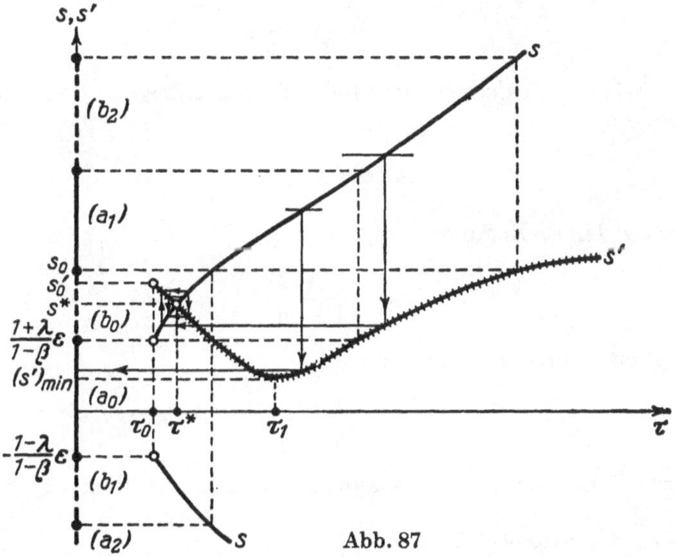

Abb. 87

Man konstruiert nun das LAMEREsche Diagramm (Abb. 85—87), wobei auf der Abszissenachse der Transformationsparameter τ und auf der Ordinatenachse die Koordinaten s und s' der vorhergehenden und nachfolgenden Schnittpunkte der

Trajektorien mit den Halbgeraden S und S' abgetragen werden. Es sei vor allem hervorgehoben, daß wegen

$$\frac{d\Psi_1}{d\tau} > \left|\frac{d\Psi_2}{d\tau}\right| \text{ [1]} \quad \text{und} \quad \beta < 1$$

für beliebiges $\tau \geqq \tau_0$ die Ungleichung

$$\left|\frac{ds'}{d\tau}\right| < \left|\frac{ds}{d\tau}\right| \tag{8.75}$$

besteht. Außerdem folgt aus den Beziehungen (8.73), daß

$$s' - s = \frac{\tau}{1-\beta} \geqq \frac{\tau_0}{1-\beta} > 0 \quad \text{für} \quad s \leqq -\frac{1-\lambda}{1-\beta}\,\varepsilon,$$

$$s' - s = 2 - \frac{1+\lambda}{1-\beta}\,\varepsilon - \frac{1}{1-\beta}\,[\Psi_1 + \Psi_2] \quad \text{für} \quad s \geqq \frac{1+\lambda}{1-\beta}\,\varepsilon$$

ebenfalls von $s_0' - \dfrac{1+\lambda}{1-\beta}\,\varepsilon$ bis $-\infty$ monoton abnimmt, wenn sich τ von τ_0 bis $+\infty$ ändert. Es ist ja $\dfrac{d}{d\tau}\,[\Psi_1 + \Psi_2] > 0$ und für $\tau \to +\infty$ hat man $s' \to +1$ aber $s \to +\infty$. Aus dem angegebenen Grund kann die Punkttransformation $s' = F(s)$ keine Fixpunkte auf dem Teil der Halbgeraden S besitzen, der der Bedingung

$$s \leqq -\frac{1-\lambda}{1-\beta}\,\varepsilon$$

genügt. Ein Fixpunkt existiert nur (und ist dann einziger Punkt dieser Art) auf der Halbgeraden

$$s \geqq \frac{1+\lambda}{1-\beta}\,\varepsilon$$

und zwar unter der Bedingung

$$s_0' \geqq \frac{1+\lambda}{1-\beta}\,\varepsilon.$$

In Abhängigkeit vom Vorzeichen von

$$s_0' - \frac{1+\lambda}{1-\beta}\,\varepsilon$$

sind also zwei Formen des LAMEREschen Diagramms möglich.

---

[1] Diese Tatsache folgt aus den Ungleichungen

$$\frac{d\Psi_1}{d\tau} > 0, \quad \frac{d}{d\tau}\,[\Psi_1 + \Psi_2] > 0 \quad \text{und} \quad \frac{d}{d\tau}\,[\Psi_1 - \Psi_2] > 0,$$

die im vorangegangenen Paragraphen für beliebiges $\tau > 0$ bewiesen wurden.

Für

$$s_0' < \frac{1+\lambda}{1-\beta}\,\varepsilon$$

schneiden sich die Kurven $\tau = f(s)$ und $s' = g(\tau)$, die den Beziehungen (8.73) entsprechen, für $\tau \geqq \tau_0$ nirgends (Abb. 85) und die Punkttransformation $s' = F(s)$ besitzt keinerlei Fixpunkte. Ohne Schwierigkeiten erkennt man, daß in diesem Fall jeder nachfolgende Punkt s' näher am Intervall (8.72) liegt als ein Vorgänger s[1]). Aus diesem Grund besitzt eine beliebige Trajektorie nach einer endlichen Anzahl von Schnittpunkten mit den Halbgeraden S und S' einen Schnittpunkt mit der Koordinate

$$-\frac{1-\lambda}{1-\beta}\,\varepsilon < s < \frac{1+\lambda}{1-\beta}\,\varepsilon, \tag{8.72a}$$

um danach, ohne den Streifen (I) zu verlassen, sich asymptotisch dem einen oder anderen Gleichgewichtszustand zu nähern. Anders ausgedrückt, im betrachteten Fall liegt absolute Stabilität des Systems vor, d. h., unter beliebigen Anfangsbedingungen mündet die Bewegung in irgendeinem Gleichgewichtszustand.

Das andere Diagramm gilt für

$$s_0' > \frac{1+\lambda}{1-\beta}\,\varepsilon$$

(Abb. 86 und 87). Die Kurven $\tau = f(s)$ und $s' = g(\tau)$ besitzen jetzt einen einzigen Schnittpunkt, und die Punkttransformation $s' = F(s)$ hat einen Fixpunkt

$$s^* > \frac{1+\lambda}{1-\beta}\,\varepsilon,$$

der obendrein noch stabil ist. Ihm entspricht in der Phasenebene ein symmetrischer Grenzzyklus (Abb. 88)[2]). Die Größe des Transformationsparameters τ^*, der dem

---

[1]) Wird die Entfernung des Punktes s vom Intervall (8.72a)

$$R = \begin{cases} -s - \dfrac{1+\lambda}{1-\beta}\,\varepsilon & \text{für } s \geqq \dfrac{1+\lambda}{1-\beta}\,\varepsilon, \\[2ex] 0 & \text{für } -\dfrac{1-\lambda}{1-\beta}\,\varepsilon < s < \dfrac{1+\lambda}{1-\beta}\,\varepsilon, \\[2ex] -\dfrac{1-\lambda}{1-\beta}\,\varepsilon - s & \text{für } s \leqq -\dfrac{1-\lambda}{1-\beta}\,\varepsilon \end{cases}$$

eingeführt, so besteht für die Entfernung zu diesem Intervall des nachfolgenden Punktes die Ungleichung $R' < R$; außerdem ist diese Entfernung endlich.

[2]) Die Existenz des Fixpunktes

$$s^* > \frac{1+\lambda}{1-\beta}\,\varepsilon$$

folgt aus der Stetigkeit der Kurven $\tau = f(s)$ und $s' = g(\tau)$ und aus dem unterschiedlichen Vorzeichen der Differenz $s' - s$ für $\tau = \tau_0$ und $\tau \to +\infty$. Die Eindeutigkeit ergibt sich aus dem monotonen Verhalten von $s' - s$ in Abhängigkeit von τ und die Stabilität aus der Ungleichung (8.75). Es sei noch hervorgehoben, daß der symmetrische Grenzzyklus jeweils in einem Punkt die Halbgeraden S und S' schneidet.

Fixpunkt s^* zugeordnet ist, wird durch die Gleichung $s' = s$ oder durch

$$[\tau^* - (1 - \lambda)\varepsilon] \coth \frac{\tau^*}{2} = 2(1 - \beta) - (1 + \lambda)\varepsilon \tag{8.76}$$

definiert[1]).

Man bestimmt nun, in welchem Bereich des β, ε, λ-Systemparameterraumes $(0 < \beta < 1,\ \varepsilon > 0,\ -1 \leqq \lambda \leqq 1)$ die Existenzbedingung des Grenzzyklus

$$s_0' = \frac{\tau_0 - (1 - \lambda)\varepsilon}{1 - \beta} > \frac{1 + \lambda}{1 - \beta}\varepsilon$$

oder

$$\tau_0 > 2\varepsilon \tag{8.77}$$

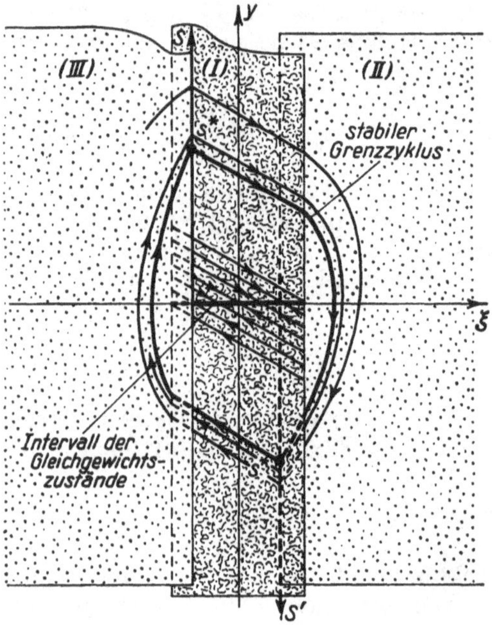

Abb. 88

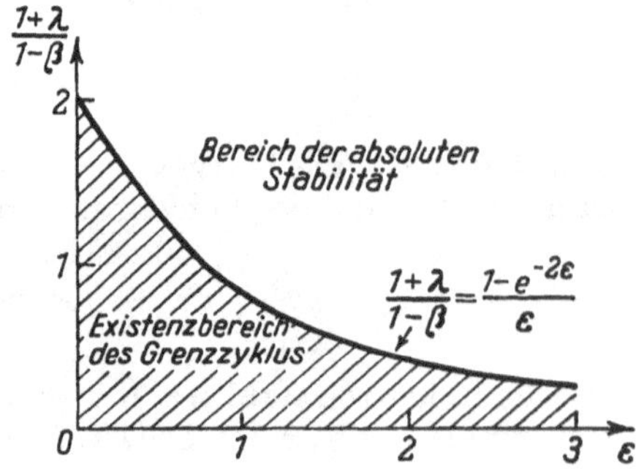

Abb. 89

erfüllt ist. Offensichtlich gilt im Grenzfall (d. h. auf der Fläche im β, ε, λ-Parameterraum, die den Existenzbereich des symmetrischen Grenzzyklus vom Bereich der „absoluten Stabilität“ trennt)

$$\tau_0 = 2\varepsilon .$$

Wegen (8.74) ist dann

$$(1 - \beta)(1 - e^{-2\varepsilon}) = 2\varepsilon - (1 - \lambda)\varepsilon = (1 + \lambda)\varepsilon$$

oder

$$\frac{1 + \lambda}{1 - \beta} < \frac{1 - e^{-2\varepsilon}}{\varepsilon} \tag{8.77a}$$

Gleichung dieser Grenzfläche im Parameterraum. In Abb. 89 ist die Ebene der Parameter ε, $\dfrac{1 + \lambda}{1 - \beta}$ dargestellt und in ihr die Kurve (8.77a) konstruiert worden.

---

[1]) Wegen $\tau^* > \tau_0 > (1 - \lambda)\varepsilon$, wird der Fixpunkt s^* sicher nicht vorhanden sein, wenn die Ungleichung $(1 + \lambda)\varepsilon > 2(1 - \beta)$ besteht.

Da auf Grund von Gleichung (8.74) τ_0 bei Annahme von β wächst (auch bei festen Werten der Parameter ε und λ)[1]), so läßt sich die Behauptung aufstellen, daß unterhalb der Kurve (8.77a) von Abb. 89 die Bedingung (8.77) erfüllt ist. Dort befindet sich also der Existenzbereich des Grenzzyklus, während oberhalb dieser Kurve das Gebiet der „absoluten Stabilität“ liegt.

5. *Die Zerlegungsstruktur der Phasenfläche in Trajektorien*

Es soll nun der Fall

$$\frac{1+\lambda}{1-\beta} < \frac{1-e^{-2\varepsilon}}{\varepsilon} \tag{8.77b}$$

ausführlicher untersucht werden, wenn auf der Phasenfläche außer dem Intervall stabiler Gleichgewichtszustände im Streifen (I) ($|\xi| < \varepsilon$, $y = 0$, $u = 0$) auch noch ein symmetrischer, stabiler Grenzzyklus existiert (Abb. 88). Sowohl das Intervall der Gleichgewichtszustände als auch der Grenzzyklus besitzen auf der Phasenfläche ihre Anziehungsgebiete. Das sind Gebiete, die von Punkten der Trajektorien gebildet werden, die sich für $t \to +\infty$ asymptotisch jeweils den Gleichgewichtszuständen oder dem Grenzzyklus nähern.

In diesem Zusammenhang wird die Frage aufgeworfen, ob die Phasenfläche von diesen beiden Gebieten ausgefüllt wird. Gibt es also außer den beiden angeführten stabilen Regimen noch andere, ebenfalls stabile Vorgänge, in die das System unter entsprechenden Anfangsbedingungen versetzt werden kann? Der Nachweis, daß im vorliegenden Fall keine anderen stabilen Vorgänge existieren, die sich von den Gleichgewichtszuständen und den symmetrischen, selbsterregten Schwingungen unterscheiden, kann ohne eine ausführlichere Untersuchung der Punkttransformation nicht erbracht werden. Da im betrachteten dynamischen System die Funktion $s = s(\tau)$ doppeldeutig ist und die Kurve $s' = g(\tau)$ für $\tau_0 \leqq \tau < \tau_1$ einen fallenden Bereich besitzt, können beispielsweise kompliziertere, unsymmetrische periodische Vorgänge auftreten, die nicht durch den Fixpunkt der Transformation $s' = F(s)$, sondern durch den der mehrfachen Transformation

$$s' = F\{F\{F\{\cdots\{F(s)\}\cdots\}\}\} = F^n(s)$$

definiert werden. Im LAMEREschen Diagramm würde dann einem solchen komplizierten Vorgang nicht der Schnittpunkt der Kurven $\tau = f(s)$ und $s' = g(\tau)$, sondern eine geschlossene Kontur entsprechen, die abwechselnd von vertikalen und horizontalen Strecken gebildet wird und deren Spitzen auf diesen Kurven liegen. Aus diesem Grund ist es unmöglich, alle Bewegungsformen des betrachteten Relaissystems zu erläutern, wenn man sich auf die Bestimmtheit der Gleichgewichtszustände und der Fixpunkte der Transformation $s' = F(s)$ und deren Stabilitätsuntersuchung beschränkt. Man hat vielmehr eine detailliertere Untersuchung der Zerlegungsstruktur der Phasenfläche in Trajektorien durchzuführen

[1]) Die Differentiation von (8.74) nach β liefert bei festem ε und λ

$$\frac{\partial\tau_0}{\partial\beta} = -\frac{1-e^{-\tau_0}}{1-(1-\beta)e^{-\tau_0}} < 0.$$

und muß insbesondere die Struktur der Anziehungsbereiche des Intervalls der Gleichgewichtszustände und des symmetrischen Grenzzyklus eingehender untersuchen.

Zum Anziehungsbereich des Gleichgewichtszustands-Intervalls gehört bei beliebigen Anfangsbedingungen das Gebiet A_0 ($|\xi + (1-\beta)y| < \varepsilon$) im Streifen (I) (Abb. 83a), dem auf den Halbgeraden S und S' das Intervall

$$-\frac{1-\lambda}{1-\beta}\,\varepsilon < s < \frac{1+\lambda}{1-\beta}\,\varepsilon$$

entspricht. Im weiteren sei dieses Intervall mit (a_0) bezeichnet. Verwendet man die inverse Transformation (die Transformation s' in s)[1]), so kann man zu diesem Intervall andere Intervalle (a_1), (a_2), ... finden, deren Punkte durch die Phasentrajektorien [oder, anders ausgedrückt, durch die Transformation $s' = F(s)$] in die Punkte des Intervalls (a_0) überführt werden. An Hand dieser Trajektorien läßt sich die Struktur des Anziehungsgebietes des Gleichgewichtszustands-Intervalls erläutern. In Abhängigkeit von der Beziehung zwischen $(s')_{\min} = (s')_{\tau=\tau_1}$ und $\frac{1+\lambda}{1-\beta}\,\varepsilon$ können hier zwei Fälle auftreten.

Es sei

$$(s')_{\min} \geqq \frac{1+\lambda}{1-\beta}\,\varepsilon .$$

Das LAMEREsche Diagramm ist für diesen Fall in Abb. 86 dargestellt worden. Der Bestimmtheit wegen wurde $\tau^* < \tau_1$ gewählt. Wie zu erkennen ist, besitzen alle Trajektorien, die die Halbgeraden S und S' außerhalb des Intervalls (a_0) schneiden, die folgenden Schnittpunkte

$$s' \geqq (s')_{\min} \geqq \frac{1+\lambda}{1-\beta}\,\varepsilon$$

mit diesen Halbgeraden, die also ebenfalls außerhalb von (a_0) liegen. Diese Trajektorien streben asymptotisch zum symmetrischen Grenzzyklus. Für den Beweis der letzten Behauptung betrachtet man die Folge der Schnittpunkte irgendeiner Trajektorie mit den Halbgeraden S und S'

$$s_0,\ s_1,\ s_2,\ \ldots,\ s_k,\ s_{k+1},\ \ldots$$

mit $S_{k+1} = F(s_k)$. Der Anfangspunkt s_0 soll außerhalb von Intervall (a_0) liegen. Offensichtlich handelt es sich um eine unendliche Zahlenfolge und es ist für $k \geqq 1$[2]) stets

$$s_k \geqq \frac{1+\lambda}{1-\beta}\,\varepsilon .$$

---

[1]) Es sei hervorgehoben, daß die inverse Transformation mehrdeutig ist, da jedem Wert $s' > (s')_{\min}$ ein oder zwei Werte von τ entsprechen; jedem Wert von τ sind zwei Werte von s zugeordnet, von denen der eine größer als $\frac{1+\lambda}{1-\beta}\,\varepsilon$ und der andere kleiner als $-\frac{1-\lambda}{1-\beta}\,\varepsilon$ ist.

[2]) s_0 kann kleiner als $-\frac{1-\lambda}{1-\beta}\,\varepsilon$ sein.

Wegen (8.75) besteht die Ungleichung

$$|s_{k+1} - s^*| < |s_k - s^*|. \tag{8.78}$$

Diesen Tatsachen zur Folge hat eine jede solche Zahlenfolge $s_0, s_1, s_2, \ldots$ den Fixpunkt s^* zum Grenzwert, und die entsprechenden Phasentrajektorien nähern sich für $t \to +\infty$ asymptotisch dem symmetrischen Grenzzyklus. Im betrachteten Fall besteht also der Anziehungsbereich des Gleichgewichtszustands-Intervalls

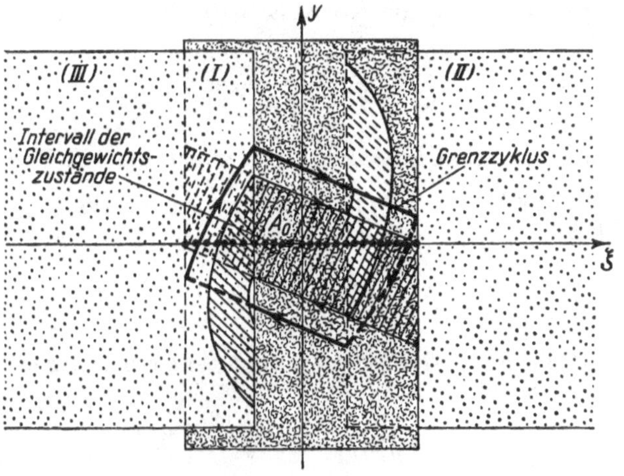

Abb. 90

aus dem Gebiet A_0 und kleinen segmentförmigen Gebieten auf den Blättern (II) und (III). Alle übrigen Teile der Phasenfläche machen den Anziehungsbereich des einfachen symmetrischen Zyklus aus (Abb. 90).

Eine andere kompliziertere Struktur erhält man bei

$$(s')_{\min} < \frac{1+\lambda}{1-\beta}\,\varepsilon$$

für die Anziehungsbereiche des Gleichgewichtszustands-Intervalls und des Grenzzyklus[1]). Der Kürze wegen soll hier nur der Fall

$$-\frac{1-\lambda}{1-\beta}\,\varepsilon < (s')_{\min} < \frac{1+\lambda}{1-\beta}\,\varepsilon$$

[1]) Man überzeugt sich leicht davon, daß diese Ungleichung für

$$\frac{1+\lambda}{1-\beta} < \frac{1 - \dfrac{e^{-\beta}}{1-\beta}\,e^{-2\varepsilon}}{\varepsilon}$$

besteht.

ausführlich untersucht werden, für den das LAMEREsche Diagramm die in Abb. 87 angegebene Form besitzt. Eine gleichartige Untersuchung kann bei gleicher Schlußweise auch für

$$(s')_{\min} \leqq -\frac{1-\lambda}{1-\beta}\varepsilon$$

durchgeführt werden.

Es ist hier stets $\tau^* < \tau_1$, und die aufeinanderfolgenden Schnittpunkte der Phasentrajektorien mit den Halbgeraden S und S' brauchen nicht nur außerhalb von (a_0) zu liegen, sie befinden sich zum Teil auch in diesem Intervall.

Man bezeichnet nun mit $'s_0$ die Koordinate des Punktes auf der Halbgeraden

$$s \geqq \frac{1+\lambda}{1-\beta}\varepsilon,$$

der durch die Transformation $s' = F(s)$ mit einem kleinen Parameterwert τ in den Punkt $\frac{1+\lambda}{1-\beta}\varepsilon$ überführt wird; (b_0) bedeute das Intervall

$$\frac{1+\lambda}{1-\beta}\varepsilon \leqq s \leqq {}'s_0.$$ [1])

Offensichtlich wird die Folge der Schnittpunkte einer beliebigen Trajektorie mit den Halbgeraden S und S'

$$s_0, s_1, s_2, \ldots, s_k, \ldots$$

mit dem Anfangspunkt s_0 aus (b_0) unendlich sein (wobei alle Punkte s_k zu diesem Intervall gehören) und den Fixpunkt s^* zum Grenzwert besitzen, da für diese Folge die Ungleichung (8.78) besteht. (b_0) ist also „Anziehungsstrecke" des Fixpunktes s^*, und alle Trajektorien, die die Halbgeraden S und S' in Punkten des Intervalls (b_0) überschneiden, streben für $t \to +\infty$ zum symmetrischen Grenzzyklus. Die Punkte dieser Trajektorien machen auch das Anziehungsgebiet des Grenzzyklus aus; in Abb. 91 ist es schraffiert dargestellt worden.

Man wendet nun die inverse Transformation $s' = F(s)$ an, d. h., zu vorgegebenen S' werden diejenigen Punkte s bestimmt, die als ihre Nachfolger diese Punkte s' besitzen und zerlegt, ausgehend von (a_0) und (b_0), die Halbgerade

$$s \geqq -\frac{\beta}{1-\beta}$$

---

[1]) Auf der Halbgeraden

$$s \geqq \frac{1+\lambda}{1-\beta}\varepsilon$$

gibt es zwei Punkte, die den Punkt $\frac{1+\lambda}{1-\beta}\varepsilon$ zum Nachfolger haben. Unter $'s_0$ ist derjenige dieser beiden Punkte zu verstehen, dem der kleinere Parameterwert τ entspricht. Offensichtlich hat man, wegen Ungleichung (8.75) $'s_0 > s_0'$, und die Strecke (b_0) enthält den Fixpunkt s^*.

in eine endliche Anzahl von Intervallen (a_1), (a_2), ..., (a_m) und Abschnitten (b_0), (b_1), ..., (b_m), deren Punkte durch die Phasentrajektorien jeweils in die Punkte von (a_0) und (b_0) überführt werden (Abb. 87)[1]. Da das Intervall (a_0) und der Abschnitt (b_0) den gemeinsamen Randpunkt

$$s = \frac{1+\lambda}{1-\beta}\,\varepsilon$$

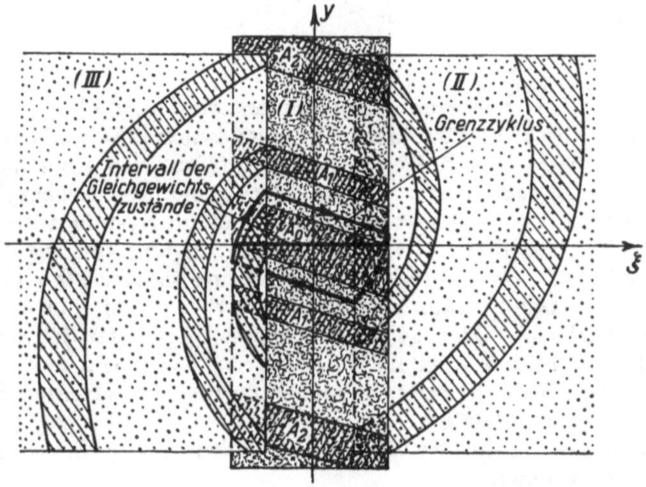

Abb. 91

besitzen, werden sich die oben genannten Intervalle und Abschnitte abwechseln, wobei sie sich aneinanderreihen[2]. Aus diesem Grund kann die Behauptung aufgestellt werden, daß jeder Punkt der Halbgeraden

$$s \geqq -\frac{1+\lambda}{1-\beta}\,\varepsilon$$

nach einer endlichen Anzahl von Transformationen $s' = F(s)$ in einen Punkt überführt wird, der entweder zum Intervall (a_0) oder zum Abschnitt (b_0) gehört. Die entsprechende Phasentrajektorie nähert sich entweder einem der Gleich-

[1]) Die Konstruktion der Intervalle (a_i) und der Abschnitte (b_j) braucht nur auf der Halbgeraden

$$s \geqq -\frac{\beta}{1-\beta}$$

durchgeführt werden, da nur die Punkte dieser Halbgeraden vermittels der Transformation $s' = F(s)$ in Punkte der Halbgeraden S' überführt werden. Desweiteren wird wegen $(s')_{\min} \leqq s < 1$ die Anzahl der Intervalle (a_i) und der Abschnitte (b_j) endlich sein, wobei die letzteren Punkte mit beliebig großem s enthalten.

[2]) Die Randpunkte eines jeden Intervalls sind nämlich Endpunkte der benachbarten Abschnitte (b_j), während die Endpunkte eines jeden Abschnitts (b_j) ihrerseits wieder die Randpunkte der benachbarten Intervalle (a_i) bilden.

gewichtszustände oder dem symmetrischen Grenzzyklus asymptotisch in Abhängigkeit davon, ob sich der erste Schnittpunkt dieser Trajektorie mit der Halbgeraden S (oder S') in einem Intervall (a_i) oder auf einem Abschnitt (b_j) befindet.

Eine solche Konstruktion von Intervallen (a_i) und Abschnitten (b_j) läßt sich mit gleichen Ergebnissen auch für

$$(s')_{\min} \leqq -\frac{1-\lambda}{1-\beta}\,\varepsilon$$

ausführen.

Demzufolge darf als bewiesen angenommen werden, daß bei Erfüllung der Existenzbedingung (8.77b) für einen einfachen symmetrischen Grenzzyklus die Phasenfläche des betrachteten Relaissystems nur aus den Anziehungsbereichen des Gleichgewichtszustands-Intervalls und des genannten Grenzzyklus besteht. Anders ausgedrückt, es ist bewiesen worden, daß im System außer den Gleichgewichtszuständen und dem selbsterregten Schwingungsvorgang, dem ein einfacher symmetrischer Grenzzyklus entspricht, keine anderen stabilen, stationären Prozesse existieren. Das System gelangt also zu dem einen oder anderen Gleichgewichtszustand oder es bildet sich in ihm ein selbsterregter Schwingungsprozeß heraus. Welche der beiden Möglichkeiten eintritt, hängt von den Anfangsbedingungen ab, je nachdem, in welchem Anziehungsbereich sich der Bildpunkt im Anfangszeitpunkt befunden hat. Bei Erfüllung der Bedingung (8.77b) besitzt deshalb das hier untersuchte System für die selbsterregten Schwingungen einen harten Erregungsvorgang.

Es ist auch von Interesse, daß die Grenze, die die Anziehungsbereiche des Grenzzyklus und des Intervalls der Gleichgewichtszustände voneinander trennt, nicht von einem instabilen Grenzzyklus gebildet wird, wie das bei früher betrachteten dynamischen Systemen mit einer Ebene als Phasenfläche der Fall war. Diese Grenzlinie wird hier von Phasentrajektorien gebildet, die durch die Randpunkte des Intervalls der Gleichgewichtszustände laufen. Eine solche, relativ ungewöhnliche Struktur der Trajektorienzerlegung der Phasenfläche des hier untersuchten Systems ist natürlich durch die Mehrblättrigkeit dieser Fläche bedingt.

6. Die Dynamik des Systems bei starker Geschwindigkeitskorrektur

Es ist noch die Bewegung des Systems für $\beta > 1$ zu untersuchen[1]). Die Zerlegung des Streifens (I) in Trajektorien (das Relais ist ausgeschaltet) findet man für diesen Fall in Abb. 83. Wie früher bewegen sich die Bildpunkte in diesem Streifen entlang der geradlinigen Phasentrajektorien

$$\xi + (1-\beta)y = \text{const}$$

[1]) Es sei daran erinnert, daß dieser Fall nur im überwachten System (Abb. 79) realisiert werden kann, da im Relaissystem der automatischen Regelung (in einem System indirekter Regelung mit einem Servomotor „konstanter Geschwindigkeit" und mit einer starren Rückkoppelung; Abb. 81) der Koeffizient $\beta < 1$ ist.

in Richtung der Abszissenachse, nur hat man jetzt

$$\frac{dy}{d\xi} = \frac{1}{\beta - 1} > 0$$

im Unterschied zu dem soeben betrachteten Fall $\beta < 1$.

Wie früher bezeichnet man mit S und S' die Teile der Ränder von Blatt (III) und Blatt (II), in deren Punkten der Bildpunkt auf den Streifen (I) gelangt; mit s seien die Koordinaten der Punkte dieser Halbgeraden bezeichnet. Es ist dann $y = +s$ auf der Halbgeraden S

$$\xi = -\lambda\varepsilon,$$

$$y < \frac{\beta}{\beta - 1}$$

und $y = -s$ auf der Halbgeraden S'

$$\xi = +\lambda\varepsilon,$$

$$y > -\frac{\beta}{\beta - 1}.$$

Genau wie im Fall $\beta < 1$ erhält man ohne Schwierigkeiten die folgenden Gleichungen für die Punkttransformation der Halbgeraden S und S' ineinander, die von den Phasentrajektorien des Systems realisiert werden:

$$s = \begin{cases} -1 - \dfrac{1+\lambda}{\beta - 1}\,\varepsilon - \dfrac{\tau - (1-\lambda)\varepsilon}{(\beta - 1)(1 - e^{-\tau})} & \text{für} \quad s \leqq -\dfrac{1+\lambda}{\beta - 1}\,\varepsilon, \\[2ex] 1 + \dfrac{1-\lambda}{\beta - 1}\,\varepsilon + \dfrac{\tau - (1-\lambda)\varepsilon}{(\beta - 1)(1 - e^{-\tau})} & \text{für} \quad s \geqq \dfrac{1-\lambda}{\beta - 1}\,\varepsilon, \end{cases} \tag{8.79}$$

$$s' = 1 + \frac{\tau - (1-\lambda)\varepsilon}{(\beta - 1)(e^{\tau} - 1)}.$$

Hier bezeichnet s die Koordinate des Ausgangspunktes der Halbgeraden S oder S', s' bedeutet die Koordinate des Nachfolgerpunktes auf diesen Halbgeraden. Die Punkte der Halbgeraden S und S' mit Koordinaten

$$-\frac{1+\lambda}{\beta - 1}\,\varepsilon < s < \frac{1-\lambda}{\beta - 1}\,\varepsilon$$

werden durch Phasentrajektorien, die nicht die Grenzen von Streifen (I) überschreiten, augenscheinlich in Punkte des Gleichgewichtszustands-Intervalls dieses Streifens überführt. Es sei noch bemerkt, daß der Transformationsparameter τ in den Parameterausdrücken (8.79) Werte aus $\tau_0 < \tau < +\infty$ annimmt, wobei τ_0, wie früher, die Wurzel der Gleichung (8.74) bezeichnet. τ bedeutet die Durchlaufszeit des Bildpunktes für Blatt (II) oder für Blatt (III).

Das LAMEREsche Diagramm für den hier untersuchten Fall $\beta > 1$ ist in Abb. 92 angegeben worden. Die Kurven für s und s' schneiden sich nirgends, die Transformation (8.79) hat keine Fixpunkte, und auf der Phasenfläche gibt es keine Grenzzyklen[1]). Da die Ungleichung

$$\frac{ds'}{d\tau} < \frac{ds}{d\tau} \quad \text{für} \quad s \geqq \frac{1-\lambda}{\beta-1}\,\varepsilon$$

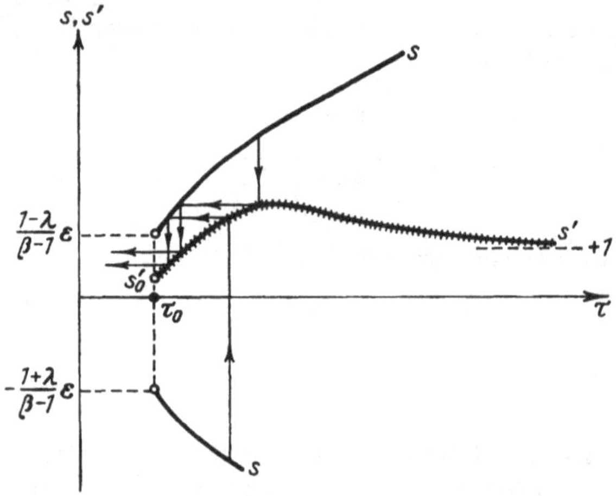

Abb. 92

[1]) In der Tat, man hat für

$$s \geqq \frac{1-\lambda}{\beta-1}\,\varepsilon$$

die Ungleichung

$$s - s' = \frac{\tau}{\beta-1} \geqq \frac{\tau_0}{\beta-1}$$

woraus auch

$$\frac{ds}{d\tau} - \frac{ds'}{d\tau} = \frac{1}{\beta-1} > 0$$

folgt. Für

$$s \leqq -\frac{1+\lambda}{\beta-1}\,\varepsilon$$

ist

$$s - s' = -\frac{1+\lambda}{\beta-1}\,\varepsilon - 2 - \frac{1}{\beta-1}\,\{\Psi_1 + \Psi_2\},$$

d. h. wegen (8.65a) liegt eine monoton abnehmende Funktion vor und wegen

$$(s)_{\tau=\tau_0} - (s')_{\tau=\tau_0} = -\frac{1}{1-\lambda}\left\{2(1-e^{-\tau_0}) + \frac{1+\lambda}{\beta-1}\,\tau_0\right\} < 0$$

schneidet die Kurve für s die Kurve für s' auch für

$$s \leqq -\frac{1+\lambda}{\beta-1}\,\varepsilon$$

nirgends.

besteht, gelangt das Relaissystem unter beliebigen Ausgangsbedingungen zu einem der Gleichgewichtszustände, weil alle „LAMEREschen Treppen" (s. Abb. 92) nach einer endlichen Anzahl von Stufen in das Intervall

$$-\frac{1+\lambda}{\beta-1}\,\varepsilon < s < \frac{1-\lambda}{\beta-1}\,\varepsilon$$

führen, dessen Punkte, wie gezeigt worden war, in das Intervall der Gleichgewichtszustände überführt werden. Die Zerlegung der Phasenfläche des Systems in Trajektorien ist für $\beta > 1$ in Abb. 93 dargestellt worden.

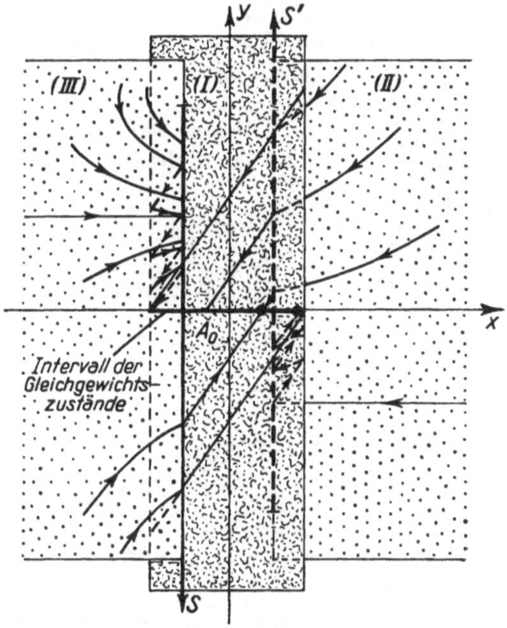

Abb. 93

Faßt man die Ergebnisse der durchgeführten Betrachtungen zusammen, so läßt sich die Behauptung aufstellen, daß im untersuchten Relaissystem die Hysteresiseigenschaft der Relaiskennlinie die Ursache für das Auftreten selbsterregter Schwingungen darstellt. Dennoch lassen sich selbsterregte Schwingungen durch Einführung einer ausreichend festen Rückkopplung (oder einer ausreichend starken Geschwindigkeitskorrektur) unterdrücken, wobei die Rückkopplung (oder die Geschwindigkeitskorrektur), um so loser sein kann, je größer die tote Zone des Relais ist.

§ 9. Oszillator mit quadratischer Reibung

Es soll nun nochmals der Oszillator mit quadratischer Reibung betrachtet werden, dessen Schwingungen durch die Gleichung

$$2\ddot{x} + \dot{x}^2 \operatorname{sgn} \dot{x} + x = 0$$

oder durch das Gleichungssystem

$$\dot{x} = y,$$
$$2\dot{y} = -x - y^2 \operatorname{sgn} y \tag{8.80}$$

beschrieben werden (s. Kap. III, § 1). Man zeigt auf dem Weg der Konstruktion der entsprechenden Punkttransformation einer Geraden in eine andere, daß sich in der x, y-Phasenebene alle Phasentrajektorien zusammenwickeln und für $t \to \infty$ asymptotisch zum Koordinatenursprung (0,0) streben. Dieser ist also Gleichgewichtszustand, und zwar stabiler Brennpunkt[1]). Das betrachtete System ist stückweise konservativ (jedoch nicht stückweise linear). Vom Gesichtspunkt der Theorie der Punkttransformationen ist die eigenartige Form der Zuordnungsfunktion und auch die Tatsache von Interesse, daß sich die Stabilität des Fixpunktes, der dem Gleichgewichtszustand entspricht, nicht mit Hilfe des Satzes von KOENIGS erklären läßt.

Es sei an die wesentlichen Ergebnisse erinnert, die in Kap. III, § 1, bei der Untersuchung eines solchen Oszillators erhalten wurden. Im oberen Teil der x, y-Phasenebene ($y > 0$) haben die Schwingungsgleichungen die Form

$$\dot{x} = y,$$
$$2\dot{y} = -x - y^2.$$

Phasentrajektorien sind die Kurven

$$(y^2 + x - 1)\,e^x = C. \tag{8.81}$$

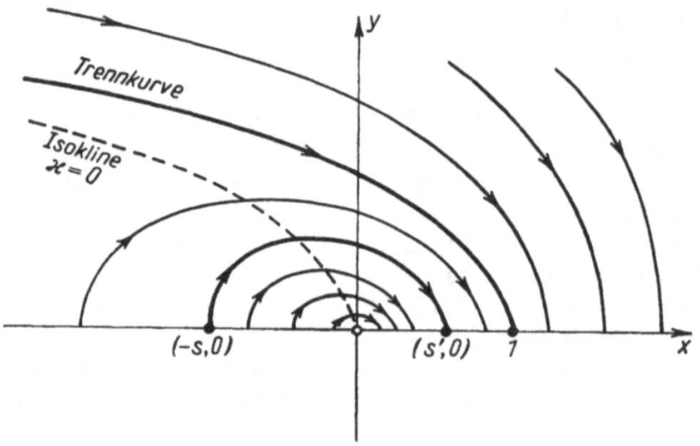

Abb. 94

C bedeutet in dieser Gleichung eine Integrationskonstante, für die $C \geqq -1$ gilt. Bei der Parabel $x^2 = 1 - x$, die dem Wert $C = 0$ zugeordnet ist, handelt es sich um die Trennkurve, welche die aus dem Unendlichen kommenden Trajektorien $C > 0$ von den Kurven trennt, die in Punkten der Abszissenachse links vom Koordinatenursprung beginnen. Für diese hat nämlich die Ungleichung $-1 < C < 0$ Gültigkeit. Dem Wert $C = -1$ entspricht der isolierte singuläre

[1]) Aus den Gleichungen (8.80) folgt, daß es sich bei dem einzigen Gleichgewichtszustand des Systems um den Punkt (0,0) handelt. Hierzu sei bemerkt, daß die Untersuchung des Charakters (der Stabilität) dieses Gleichgewichtszustandes nicht durch Linearisierung der Gleichungen (8.80) in der Umgebung des Punktes (0,0) durchgeführt werden kann. Wird nämlich in den Gleichungen (8.80) zum Zwecke ihrer Linearisierung das Glied y^2 sgn y — das einzige Glied, das im Vergleich zu x und y von zweiter Ordnung klein ist — unberücksichtigt gelassen, so entsteht die Gleichung des harmonischen Oszillators mit dem singulären Punkt (0,0) vom Zentrumstyp. Dann liegt aber gerade der Fall vor, bei dem die Stabilität eines Gleichgewichtszustandes des nichtlinearen Ausgangssystems nicht an Hand der entsprechenden linearisierten Gleichungen ermittelt werden kann.

Punkt (0,0), der Gleichgewichtszustand des Systems. Alle Trajektorien in der oberen Halbebene erreichen die Abszissenachse rechts vom Koordinatenursprung (Abb. 94).

Da die Gleichungen (8.80) ihre Form nicht ändern, wenn x und y durch $-x$ und $-y$ ersetzt werden, verlaufen die Trajektorien im unteren Teil der Phasenebene ($y < 0$) in bezug auf den Koordinatenursprung zu den Trajektorien der oberen Halbebene symmetrisch. Insbesondere führen alle Trajektorien der unteren Halbebene zur Abszissenachse links vom Ursprung des Koordinatensystems.

Diese Eigenschaften der Phasentrajektorien von (8.80) ermöglichen es, die Betrachtung des Trajektorienverlaufs auf die Untersuchung der Folge der Schnittpunkte einer willkürlichen Phasentrajektorie mit der Abszissenachse zurückzuführen (Abb. 95). Man hat also die Punkttransformation des positiven und negativen Teils der Abszissenachse (der Halbegraden U und V von Abb. 95) ineinander zu betrachten, die von den Trajektorien der Gleichungen (8.80) realisiert

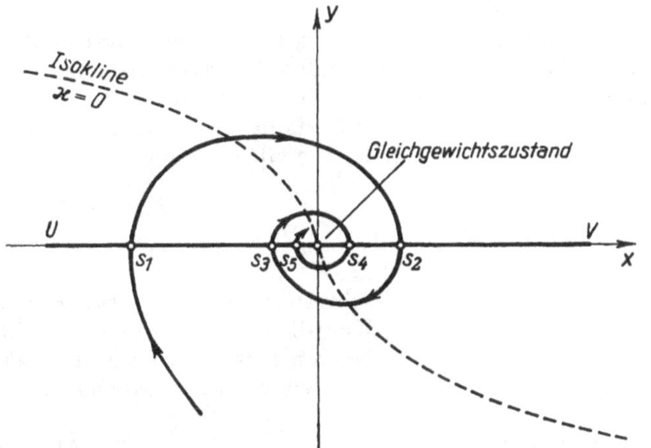

Abb. 95

wird. Es wird dann auf der positiven und negativen x-Achse (auf den Halbgeraden U und V) als Koordinate der Abstand $s\,(s > 0)$ vom Koordinatenursprung eingeführt. Symmetrische Punkte auf der Abszissenachse entsprechen dann gleichem s und die Punkttransformation der negativen x-Achse (der Halbgeraden U) in die positive x-Achse (in die Halbgerade V) ist identisch mit der Punkttransformation der Halbgeraden V in die Halbgerade U. Beide Transformationen besitzen also die gleiche Zuordnungsfunktion. Aus diesem Grund ist in der Folge der Schnittpunkte einer willkürlichen Phasentrajektorie mit der Abszissenachse

$$s_1,\ s_2,\ \ldots,\ s_k,\ s_{k+1},\ \ldots$$

jeder nachfolgende Punkt durch den vorangegangenen mittels einer einzigen Punkttransformation (einer einzigen Zuordnungsfunktion)

$$s_{k+1} = f(s_k)$$

definiert. Diese Tatsache ist unabhängig davon, zu welcher Halbgeraden (zu U oder zu V) der vorangegangene Punkt gehört.

Für die Berechnung der Zuordnungsfunktion dieser Punkttransformation betrachtet man eine Halbtrajektorie der oberen x, y-Halbebene, die im Punkt $(-s, 0)$ der Halbgeraden U ihren Anfang nimmt und die Abszissenachse auf der Halbgeraden V im Punkt $(s', 0)$ wieder erreicht (Abb. 95). Hier bedeutet s die Koordinate des Punktes auf der Halbgeraden U und s' die Koordinate seines Nachfolgers auf der Halbgeraden V. Dabei gilt $s > 0$ und $0 < s' < 1$. Gemäß (8.81) sind die Koordinaten dieser Punkte durch die Gleichung

$$-(s+1)e^{-s} = (s'-1)e^{s'} \quad (= C) \tag{8.82}$$

verbunden, wobei die Ungleichung $-1 < C < 0$ besteht. Wegen

$$\frac{d}{ds'}[(s'-1)e^{s'}] = s'e^{s'} > 0$$

definiert diese Gleichung die eindeutige und stetige Zuordnungsfunktion $s' = f(s)$. Um die Fixpunkte der zu untersuchenden Punkttransformation zu ermitteln, wird der Parameter $\xi = -C$ $(0 < \xi < 1)$ eingeführt. Die Gleichung (8.82) läßt sich dann in Parameterform in Gestalt der beiden Gleichungen

$$(1+s)e^{-s} = \xi,$$
$$(1-s')e^{s'} = \xi \tag{8.82a}$$

schreiben, die, wie früher, s und s' — die Koordinate des Ausgangspunktes und seines Nachfolgers — durch den Parameter ξ in impliziter Form ausdrücken:

$$s = \varphi(\xi),$$
$$s' = \psi(\xi).$$

φ und ψ bezeichnen dabei, wie leicht zu erkennen ist, eindeutige und stetig differenzierbare Funktionen. Man konstruiert nun in einem gemeinsamen Diagramm (im Diagramm von LAMERE) die Bilder dieser beiden Funktionen (Abb. 96). Offensichtlich schneiden sich diese Kurven im Punkt $s = s' = 0$, $\xi = 1$, d. h., der Punkt $\bar{s} = 0$ ist Fixpunkt der Punkttransformation; diesem Fixpunkt entspricht der Gleichgewichtszustand des Systems. Da

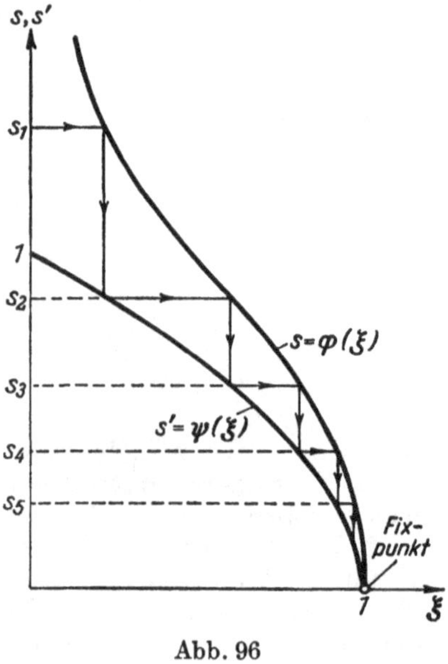

Abb. 96

$$\frac{d\xi}{ds} = -se^{-s} < 0,$$
$$\frac{d\xi}{ds'} = -s'e^{s'} < 0$$

gilt, besteht folglich auch bei gleichem s und s' die Ungleichung

$$\frac{d\xi}{ds} > \frac{d\xi}{ds'}$$

und die Kurve $s = \varphi(\xi)$ verläuft rechts von der Kurve $s' = \psi(\xi)$, d. h., für jedes $0 < \xi < 1$ ist

$$s' = \psi(\xi) < s = \varphi(\xi).$$

$s = 0$ ist also der einzige Fixpunkt der betrachteten Punkttransformation. Außerdem ist der Punkt $\bar{s} = 0$ stabil, da eine beliebige Punktfolge

$$s_1, s_2, \ldots, s_k, s_{k+1}, \ldots$$

mit $s_{k+1} = f(s_k)$ gegen diesen Punkt konvergiert (man betrachte die LAMEREsche Treppe, die in Abb. 96 konstruiert worden ist)[1]). Dementsprechend nähert sich eine beliebige Phasentrajektorie für $t \to +\infty$ asymptotisch dem Gleichgewichtszustand (0,0). Dabei wächst die Anzahl ihrer Schnittpunkte mit der Abszissenachse unbegrenzt. Demzufolge besitzen alle Trajektorien des Gleichungssystems (8.80) die Form von Spiralen, die sich um den Gleichgewichtszustand (0,0) aufwickeln. Wegen der zuletzt genannten Eigenschaft ist dieser Punkt stabiler Brennpunkt.

§ 10. Die Dampfmaschine

Zum Abschluß dieses Kapitels soll noch ein Beispiel eines selbstrotierenden Systems betrachtet werden, und zwar das einfachste dynamische Modell einer Dampfmaschine (mit einem Freiheitsgrad und zylindrischem Phasenraum), dessen Schema in Abb. 97 dargestellt worden ist.

---

[1]) Wegen $f'(0) = \lim\limits_{s \to 0} f'(s) = 1$ kann der analytische Beweis für die Stabilität des Fixpunktes $s = 0$ nicht bei Verwendung des Satzes von KOENIGS erbracht werden. Es läßt sich aber der folgende einfache Beweis für die Stabilität dieses Fixpunktes angeben, der sich auf dessen Eindeutigkeit stützt. Man betrachtet eine Zahlenfolge

$$s_1, s_2, \ldots, s_k, s_{k+1}, \ldots,$$

mit $s_{k+1} = f(s_k)$, und zwar die Folge der Schnittpunktkoordinaten einer Phasentrajektorie mit der Abszissenachse. Eine jede solche Folge wird von positiven, monoton abnehmenden Zahlen gebildet und besitzt deshalb einen Grenzwert. Es sei angenommen, daß dieser Wert $a > 0$ ist. Man hat dann $\lim\limits_{k \to +\infty} s_k = a$ und $\lim\limits_{k \to \infty} s_{k+1} = a$, aber $s_{k+1} = f(s_k)$, wobei $f(s)$ für alle $s > 0$ eine stetige Funktion ist. Auf Grund eines Satzes über den Grenzwert einer stetigen Funktion hat man dann

$$a = \lim_{k \to +\infty} s_{k+1} = \lim_{k \to +\infty} f(s_k) = f(a),$$

d. h., der Punkt $s = a$ ist ebenfalls Fixpunkt der Transformation, was der Eindeutigkeit des Fixpunktes $\bar{s} = 0$ widerspricht. Eine beliebige Folge

$$s_1, s_2, \ldots, s_k,$$

strebt also gegen Null, d. h. der einzige Fixpunkt $\bar{s} = 0$ ist stabil.

Bekanntlich handelt es sich bei der Dampfmaschine um ein System mit „Rückkopplung“: Der Schieber der Maschine, der mit der Hauptwelle durch eine Exzentrik verbunden ist, steuert den Eintritt des Dampfes in den Zylinder (den Dampfeintritt in dessen linke oder rechte Bohrung, je nachdem, welche Lage die Welle besitzt) und gestattet durch das Vorhandensein einer konstanten Energiequelle (durch das Dampfzuleitungsrohr mit konstantem Dampfdruck P_0) eine solche veränderliche Einwirkung auf den Kolben, daß die Schwingungsbewegung des Kolbens und die Rotationsbewegung der Maschinenwelle (des Schwungrades) aufrechterhalten werden, unabhängig davon, ob Bremskräfte vorhanden sind. Bei den letzten handelt es sich insbesondere um Kräfte, die auf die Maschine von seiten ihrer Belastung wirken[1]). Die Kraft f des Dampfdrucks am Kolben ist bei vor-

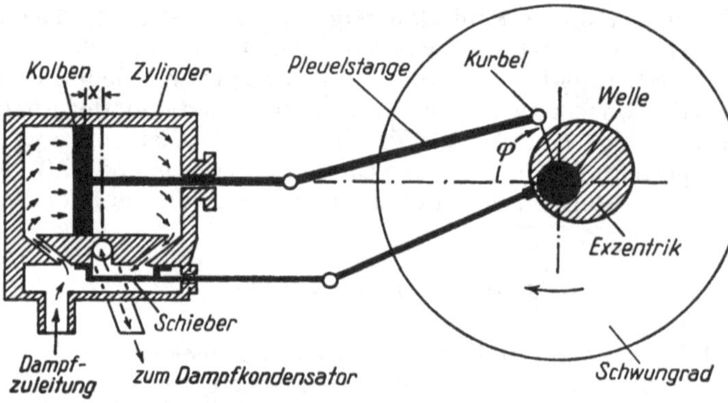

Abb. 97

gegebenem Dampfdruck im Dampfzuleitungsrohr von der Lage des Schiebers abhängig, der die Verbindung der einen oder anderen Zylinderhälfte mit dem Dampfzuleitungsrohr oder mit dem Dampfkondensator oder mit dem Dampfrohr herstellt. Außerdem hängt f von der Kolbenlage ab, da der Dampfdruck in der Zylinderhälfte eine Funktion des Zylindervolumens ist, wenn der Einlaßkanal durch den Schieber verschlossen worden ist. Um eine Vereinfachung des Problems zu erreichen, sollen andere Größen, von denen f ebenfalls abhängt, so z. B. die Geschwindigkeit des Kolbens, nicht in Betracht gezogen werden[2]). Da die Lage von Kolben, Welle und Schieber der Maschine eindeutig durch den Drehungswinkel ψ der Welle definiert wird, ist die Kraft f eine eindeutige Funktion der Periode 2π des

[1]) Um eine veränderliche Druckkraft des Dampfes am Kolben zu erhalten, die die Rotation der Maschinenwelle aufrecht erhält, muß die Exzentrik des Schiebers bezüglich des Pleulstangengelenks in Rotationsrichtung um 90° gedreht sein.

[2]) Genaugenommen hängt die Druckkraft f des Dampfes am Kolben auch von der Bewegungsgeschwindigkeit des Kolbens ab, da bei größeren Kolbengeschwindigkeiten ein volumenmäßig größerer Dampfaufwand und ein geringerer Dampfdruck in der Zylinderhölung auftritt. Die Ursache hierfür ist im vergrößerten Druckabfall an den Öffnungen und in den Kanälen des Dampfverteilers (des Schiebers) zu suchen, die einen gewissen hydraulischen Widerstand (verschieden von Null) besitzen. Diese Abhängigkeit ist jedoch gewöhnlich nicht groß und kann hier vernachlässigt werden.

Winkels φ; ihr Bild wurde in Abb. 98 qualitativ dargestellt. Hierzu ist noch zu bemerken, daß die genannten Lagen beispielsweise nicht eindeutig durch die Koordinaten x des Kolbens festgelegt werden. Zum andern ist der Zustand des angenommenen dynamischen Dampfmaschinenmodells mit einem mechanischen Freiheitsgrad eindeutig durch Vorgabe des Drehwinkels φ und der Winkelgeschwindigkeit $\frac{d\varphi}{dt}$ der Welle definiert. Dementsprechend wird die Phasenfläche dieses Modells zylindrisch sein[1]).

Die Gleichung für die Rotation der Maschinenwelle besitzt unter den genannten Voraussetzungen die Form

$$J \frac{d^2\varphi}{dt^2} = M - M_H. \tag{8.83}$$

In dieser Gleichung haben die einzelnen Buchstaben folgende Bedeutung: J bezeichnet das Trägheitsmoment der rotierenden Maschinenteile (zu dem hauptsächlich das Schwungrad beiträgt) und der Belastung und ist auf die Welle bezogen. Im weiteren wird J unabhängig von φ angenommen, d. h. J ist als

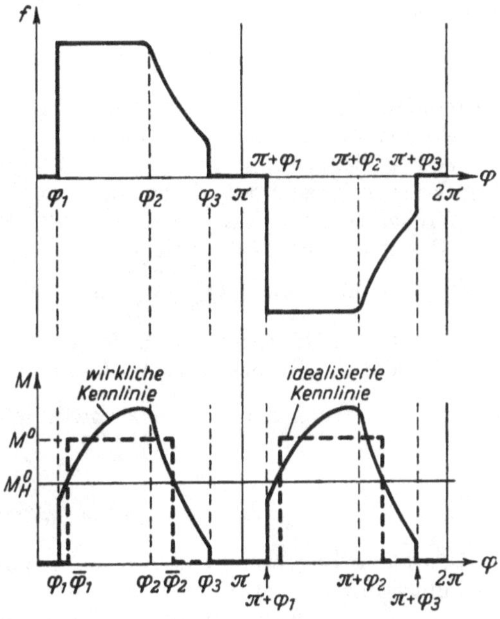

Abb. 98

[1]) Es soll noch der Verlauf der Funktion f in Abhängigkeit vom Winkel φ erläutert werden (Abb. 98). Für $\varphi_1 < \varphi < \varphi_2$, wenn die Dampfzuleitung mit der linken Zylinderbohrung verbunden ist, bleibt der Dampfdruck in der Bohrung konstant ($= P_0$), d. h., die Druckkraft f des Dampfes auf den Kolben wird ebenfalls konstant sein. Tritt für ein gewisses $\varphi = \varphi_2$ kein Dampf mehr in die linke Bohrung ein, so verringert sich bei weiterer Vergrößerung von φ der Dampfdruck und die Kraft f, da das Volumen der linken Zylinderbohrung zunimmt, in ihr aber die Masse des Dampfes konstant bleibt. Schließlich wird für $\varphi = \varphi_3$ die linke Bohrung mit dem Dampfkondensator verbunden, und f wird Null (die rechte Zylinderbohrung ist mit dem Dampfkondensator für alle $0 < \varphi < \pi$ verbunden). Für $\pi < \varphi < 2\pi$ verlaufen die Prozesse analog, nur mit dem Unterschied, daß jetzt die linke Zylinderbohrung mit dem Dampfkondensator verbunden wird und der Dampf aus dem Zuleitungsrohr für $\pi + \varphi_1 < \varphi < \pi + \varphi_2$ in die rechte Bohrung eintritt. Es ist klar, daß wegen der Symmetrie des Dampfverteilers der Maschine die Funktion $f = f(\varphi)$ der Bedingung $f(\pi + \varphi) \equiv -f(\varphi)$ genügt.

Die Funktion $f(\varphi)$ ist als empirisch gegeben anzusehen. Ihre Herleitung und Untersuchung ist kein Problem der Schwingungstheorie, sondern der Thermodynamik.

Folgendes sei noch hervorgehoben. Da der Winkel φ die Lage des Schiebers und folglich auch die Kraft f keine eindeutigen Funktionen der Koordinate x des Kolbens sind, kann die $x, \frac{dx}{dt}$ – Ebene nicht als Phasenfläche des betrachteten dynamischen Systems genommen werden.

konstant anzusehen. M bedeutet das Kraftmoment (das „Bewegungsmoment"), welches an der Welle vom Maschinenkolben her wirksamer wird. M_H symbolisiert das von der Maschine zu überwindende Moment der Bremskräfte, einschließlich des Kraftmomentes, das an der Welle infolge der Maschinenbelastung wirksam wird. Das Kraftmoment M ist mit der Dampfdruckkraft f am Zylinder durch die Beziehung

$$M = f(\varphi)\, A \sin\varphi$$

verbunden. Der Einfachheit halber, sei der Fall angenommen, bei dem der Abstand A zwischen den Achsen der Welle und der Pleuelstangenkurbel im Vergleich zur Länge der Pleuelstange gering ist. Auf Grund dieser Annahme handelt es sich bei dem Bewegungsmoment M ebenfalls um eine eindeutige und periodische Funktion des Winkels φ mit der Periode π (Abb. 98). Für das Weitere ist von Bedeutung, daß das Bewegungsmoment, welches für alle Winkel φ der Ungleichung $M \geqq 0$ genügt, ein Maximum $M_{\max}$ für Winkel φ in den Umgebungen von $\frac{\pi}{2}$ und $\frac{3\pi}{2}$ erreicht. In der Nähe der „toten Punkte" $\varphi = 0,\ \pi, 2\pi$ wird dieses Moment Null. Das Moment der Bremskräfte M_H kann bei vorgegebener Belastung in den meisten Fällen als nur von der Winkelgeschwindigkeit $\frac{d\varphi}{dt}$ der Welle abhängig angenommen werden.

1. Eine Maschine, die bei „konstanter" Belastung arbeitet

Es sei nun angenommen, daß die Belastung der Maschine durch „konstante Reibungskräfte bewirkt wird, die dem COULOMBschen Gesetz (s. Kap. III, § 2) genügen. Es bestehen demzufolge die Beziehungen

$$\begin{aligned} &M_H = M_{H0} \operatorname{sgn} \frac{d\varphi}{dt} \quad \text{für} \quad \frac{d\varphi}{dt} \neq 0, \\ &\left.\begin{aligned} M_H &= M, \quad \text{wenn } M \leqq M_{H0} \\ M_H &= M_{H0}, \quad \text{wenn } M \geqq M_{H0} \end{aligned}\right\} \text{für} \quad \frac{d\varphi}{dt} = 0, \end{aligned} \tag{8.84}$$

in denen M_{H0} das maximale Moment der Ruhereibung bedeutet, für das die Ungleichung $M_{H0} < M_{\max}$ besteht[1]). Bei einer derartigen Belastung besitzt die Maschine stabile Gleichgewichtszustände, die in der Nähe der „toten Punkte" gelegen sind. Bezeichnet man nämlich mit $\overline{\varphi}_1$ und $\overline{\varphi}_2$ die Drehwinkel der Welle, für die das Bewegungsmoment gleich M_{H0} wird (s. Abb. 98), so gewinnt man für $0 < \varphi < \overline{\varphi}_1$, für $\overline{\varphi}_2 < \varphi < \pi + \overline{\varphi}_1$ und für $\pi + \overline{\varphi}_2 < \varphi < 2\pi$ die Ungleichung $M(\varphi) < M_{H0}$. Aus diesem Grund handelt es sich bei allen Zuständen $(\varphi^*, 0)$, mit beliebigem Winkel φ^* aus einem der drei angegebenen Intervalle, um Gleichgewichtszustände.

---

[1]) Ohne Schwierigkeiten erkennt man, daß für $M_{H0} > M_{\max}$ die Maschinenwelle in Abhängigkeit von den Anfangsbedingungen entweder nicht rotiert oder nach einer endlichen Zeit zum Stehen kommt. Im weiteren wird dieser wenig interessante Fall nicht betrachtet.

In ihnen gilt wegen (8.84) $M_H = M(\varphi^*)$, da die Beziehungen $\frac{d\varphi}{dt} = 0$ und folglich auch $\frac{d^2\varphi}{dt^2} = 0$ bestehen. Die Stabilität dieser Zustände wird an späterer Stelle nachgewiesen werden.

Dieser Umstand bedingt die nachstehend angegebene einfachste Idealisierung der Merkmale des Bewegungsmomentes $M = M(\varphi)$, die wesentlich vereinfachte Betrachtungsweise der Dampfmaschinen-Dynamik und ermöglicht gleichzeitig die Gewinnung der oben genannten Gleichgewichtszustände. Die Idealisierung besteht darin, daß die tatsächliche Kennlinie des Bewegungsmoments der Dampfmaschine durch die unstetige, stückweise konstante Funktion

$$M = \begin{cases} 0 \quad \text{für} \quad 0 \leqq \varphi < \overline{\varphi}_1, \quad \overline{\varphi}_2 \leqq \varphi < \pi + \overline{\varphi}_1, \\ \qquad\qquad \pi + \overline{\varphi}_2 \leqq \varphi < 2\pi, \\ M \quad \text{für} \quad \overline{\varphi}_1 \leqq \varphi < \overline{\varphi}_2, \quad \pi + \overline{\varphi}_1 \leqq \varphi < \pi + \overline{\varphi}_2 \end{cases} \tag{8.85}$$

ersetzt wird. Das Bild dieser Funktion ist im unteren Teil von Abb. 98 durch eine punktierte Linie veranschaulicht worden. Die „Amplitude" des idealisierten Bewegungsmoments $M_0 = \text{const}$ sei so gewählt, daß bei jedem Halbumlauf der Welle die Arbeit des Moments (8.85) der Arbeit der Dampfmaschine gleich ist. Man hat also

$$M_0 = \frac{1}{\theta} \int_0^\pi M(\varphi)\, d\varphi > M_{H0},$$

wobei $\theta = \overline{\varphi}_2 - \overline{\varphi}_1$ den sogenannten „Sperrwinkel" des Dampfes bedeutet und $M(\varphi)$ die Kennlinie des Bewegungsmoments der Dampfmaschine bezeichnet. Eine solche Wahl von M_0 garantiert die beste energetische Übereinstimmung von Dampfmaschine und dynamischem Modell.

Ohne Schwierigkeiten erkennt man sofort, daß sich die Bewegung mit einer Vergrößerung der Winkelgeschwindigkeit vollzieht (die Maschine „geht durch"), wenn die Ungleichung

$$M_0 > \frac{\pi}{\theta} M_{H0}$$

besteht. In diesem Fall wird nämlich nach jedem halben Umlauf die Arbeit des Bewegungsmoments ($= \theta M_0$) größer sein als die Arbeit der „konstanten" Reibungskräfte der Belastung ($= \pi M_{H0}$). Ist

$$M_0 = \frac{\pi}{\theta} M_{H0},$$

dann wird das betrachtete Modell „quasi-konservativ" sein; es besitzt dann ein Kontinuum periodischer Bewegungen mit $\frac{d\varphi}{dt} > 0$. Diese Bewegungen entsprechen geschlossenen Phasentrajektorien, die den Phasenzylinder im Bereich $\frac{d\varphi}{dt} > 0$

umlaufen. Schließlich sind alle Bewegungen für

$$M_0 < \frac{\pi}{\theta} M_{H0}$$

gedämpft, d. h. die Maschine bleibt unter beliebigen Anfangsbedingungen stehen. Die Nichtgrobheit des quasikonservativen Falls liegt auf der Hand. Die Maschine „geht durch" oder wird bei einer willkürlichen, beliebig kleinen Verletzung der Gleichung

$$M_0 = \frac{\pi}{\theta} M_{H0}$$

wegen der Veränderung der „Amplitude" des Bewegungsmoments M_0 oder des maximalen Belastungsmoments M_{H0}, zum Stehen kommen.

Die ermittelten Ergebnisse spiegeln die Eigenschaften realer, mit konstanter Belastung arbeitender Dampfmaschinen wider, die bekanntlich eine sehr kleine Selbstregulierung besitzen, d. h., die Rotationsgeschwindigkeit der Welle ändert sich bei relativ geringen Änderungen der Belastung oder des Dampfdruckes im Zuleitungsrohr. Aus diesem Grund sind Dampfmaschinen gewöhnlich mit Reglern für die Rotationsgeschwindigkeit der Welle ausgestattet.

Bei einer Dampfmaschine, die unter „konstanter Belastung" arbeitet, handelt es sich also unter den oben angegebenen Voraussetzungen nicht um ein selbstrotierendes System. Obwohl die Untersuchung anderer dynamischer Modelle selbstrotierender Systeme vorgenommen werden soll, sei hier auch eine kurze Analyse der Zerlegung des Phasenzylinders in Trajektorien für den untersuchten Fall des dynamischen Systems angegeben.

Werden die neuen Veränderlichen

$$\vartheta = \varphi - \overline{\varphi}_1,$$

$$t_{\text{neu}} = \sqrt{\frac{M_{H0}}{J}}\, t$$

eingeführt, dann erhält die Gleichung (8.83) für den betrachteten Fall einer konstanten Belastung die dimensionslose Form[1])

$$\dot{\vartheta} = z, \qquad \dot{z} = \lambda \Phi(\vartheta) - \Psi(z, \vartheta) \tag{8.83a}$$

mit

$$\lambda = \frac{M_0}{M_{H0}} > 1 \quad (\text{weil } M_0 > M_{H0})$$

und

$$\Phi(\vartheta) = \begin{cases} 1 & \text{für} \quad 0 \leqq \vartheta < \theta \quad \text{und} \quad \pi \leqq \vartheta < \pi + \theta, \\ 0 & \text{für} \quad \theta \leqq \vartheta < \pi \quad \text{und} \quad \pi + \theta \leqq \vartheta < 2\pi \end{cases} \tag{8.85a}$$

---

[1]) Hier und im weiteren bedeuten die Punkte über den Veränderlichen die Differentiation nach der neuen, dimensionslosen Zeit t_{neu}.

(hier bedeutet $\theta = \overline{\varphi}_2 - \overline{\varphi}_1$ den früher eingeführten „Sperrwinkel" des Dampfes) sowie

$$\Psi(z, \vartheta) = \begin{cases} \operatorname{sgn} z \text{ für } z \neq 0 \text{ und beliebiges } \vartheta, \\ 1 \text{ für } z = 0 \text{ und } 0 \leqq \vartheta < \theta \text{ oder } \pi \leqq \vartheta < \pi + \theta, \\ 0 \text{ für } z = 0 \text{ und } \theta \leqq \vartheta < \pi \text{ oder } \pi + \theta \leqq \vartheta < 2\pi. \end{cases} \quad (8.84\text{a})$$

Die beiden zuletzt angegebenen Funktionen bringen die normierten, idealisierten Merkmale des Bewegungsmoments der Maschine und des „konstanten" Belastungsmoments der Maschine zum Ausdruck (Abb. 99).

Es seien nun einige Besonderheiten der Zerlegung des ϑ, z-Phasenzylinders in Trajektorien der Gleichungen (8.83a) hervorgehoben:

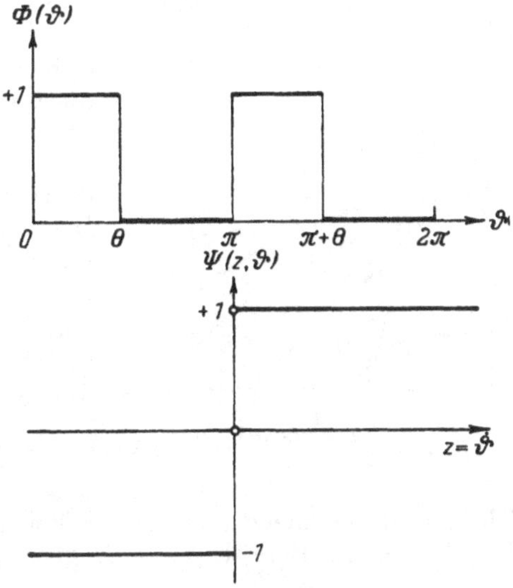

Abb. 99

1. Auf dem Kreis $z = 0$ gibt es zwei Ruheintervalle $\theta \leqq \vartheta$ und $\pi + \theta \leqq \vartheta < 2\pi$, die aus stabilen Gleichgewichtszuständen bestehen. In diesen Punkten ist $\dot{\vartheta} = 0$, $\dot{z} = 0$. Sowohl die Trajektorie der oberen als auch der unteren Zylinderhälfte laufen mit wachsendem t zu diesen Punkten, da für die genannten ϑ-Werte für $z > 0$ die Gleichung $\dot{z} = -1$ und für $z < 0$ die Gleichung $\dot{z} = +1$ besteht.

2. Auf der unteren Hälfte des Phasenzylinders (für $z < 0$ und beliebiges ϑ) gilt $\dot{z} > 0$. Aus diesem Grund führen dort alle Trajektorien zum Kreis $z = 0$, d. h., diese Kurven erreichen entweder die Gleichgewichtszustände der „Ruheintervalle" oder sie gelangen in die obere Zylinderhälfte. Auf dem Kreis hat man in den „Ruheintervallen" $\theta \leqq \vartheta < \pi$ und $\pi + \theta \leqq \vartheta < 2\pi$ die Gleichungen $z = 0$, $\dot{z} = 0$, während außerhalb dieser Intervalle, also für $0 \leqq \vartheta < \theta$ und $\pi \leqq \vartheta < \pi + \theta$, ebenfalls die Ungleichung $\dot{z} = \lambda - 1 > 0$ besteht.

3. Es gibt keine Phasentrajektorien, die bei zunehmendem t von der oberen Hälfte des Phasenzylinders in die untere laufen.

Die Trajektorien in der oberen Hälfte des Phasenzylinders $(z > 0)$ definieren zwei Punkttransformationen: Die Transformation F, die die Punkte der Halbgeraden U ($\vartheta = 0$, $z = u > 0$) in die Punkte der Halbgeraden U' ($\vartheta = \pi$, $z = u' > 0$) überführt und die Transformation F_1 der Halbgeraden U' in die Halbgerade $\vartheta = 2\pi, z > 0$, d. h. in die Halbgerade U. Da das Bewegungsmoment und demzufolge auch die rechten Seiten der Gleichungen (8.83) periodische Funktionen des Winkels ϑ mit der Periode π sind, werden die Zerlegungen der Zylinderhälften in Phasentrajektorien $0 \leqq \vartheta < \pi$ und $\pi \leqq \vartheta < 2\pi$ einander identisch sein. Auf Grund dieser Tatsache stimmen auch die Punkttransformationen F und F_1 überein ($F \equiv F_1$). Deshalb ist in der Folge der Schnittpunkte einer willkürlich gewählten Trajektorie mit den Halbgeraden U und U'

$$u_1, u_2, \ldots u_k, u_{k+1}, \ldots$$

jeder nachfolgende Punkt durch den vorangegangenen auf Grund einer einzigen Punkttransformation (beispielsweise durch die Transformation F) definiert; unabhängig davon, auf welcher Halbgeraden dieser Punkt liegt:[1])

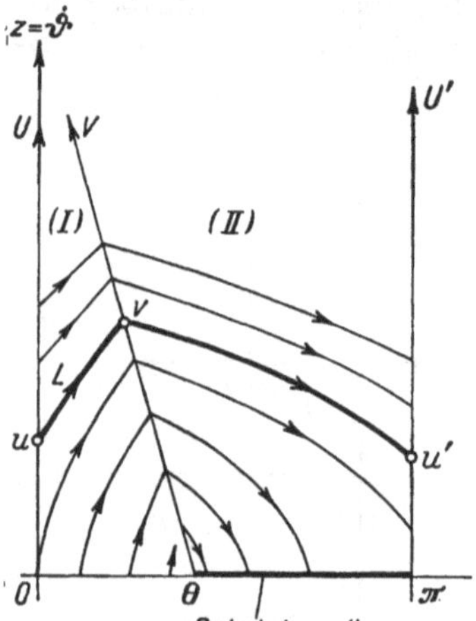

Abb. 100

$$u_{k+1} = F(u_k).$$

Zur Berechnung der Zuordnungsfunktion für die Punkttransformation F konstruiert man auf dem Teil $0 \leqq \vartheta < \pi$, $z > 0$ des Zylinders die Phasentrajektorien der Gleichungen (8.83a), die diese Transformation festlegen (Abb. 100). Im Bereich (I): $0 \leqq \vartheta < \theta$, $z > 0$ besitzen die Bewegungsgleichungen (8.83a) die Gestalt

$$\dot{\vartheta} = z,$$
$$\dot{z} = \lambda - 1,$$

woraus

$$\frac{dz}{d\vartheta} = \frac{\lambda - 1}{z}$$

folgt. Wird die zuletzt gewonnene Gleichung integriert, dann ergeben sich für die Trajektorien im Bereich (I) die Bogenstücke der Parabeln

$$z^2 - 2(\lambda - 1)\,\vartheta = \text{const.} \qquad (8.86\text{a})$$

Analog hat man im Bereich (II): $\theta \leqq \vartheta < \pi$, $z > 0$, in dem die Gleichungen

$$\dot{\vartheta} = z, \quad \dot{z} = -1 \quad \text{und} \quad \frac{dz}{d\vartheta} = -\frac{1}{z}$$

gelten, die Bogenstücke der Parabeln

$$z^2 + 2\vartheta = \text{const} \qquad (8.86\text{b})$$

als Trajektorien.

Es sei nun L die Trajektorie der Gleichungen (8.83a), die in einem gewissen Punkt u der Halbgeraden U (d. h. in einem Punkt mit $\vartheta = 0$ und $z = u > 0$) ihren Anfang nimmt. Die Gleichung dieser Trajektorie lautet dann für $0 \leqq \vartheta < \theta$:

$$z^2 = u^2 + 2(\lambda - 1)\vartheta.$$

[1]) Die Punktfolge $u_1, u_2, \ldots$ kann endlich sein, da ein solcher Fall auftreten kann, bei dem es auf der Halbgeraden U eine Strecke gibt, deren Punkte durch die Phasentrajektorien nicht in Punkte der Halbgeraden U', sondern in Punkte des „Ruheintervalls" überführt werden (die Punkte dieser Strecke der Halbgeraden U besitzen auf der Halbgeraden U' keine Nachfolger).

Sie überschreitet deshalb den Rand von Bereich (I) und erreicht in einem Punkt, dessen Ordinate v durch die Beziehung

$$v^2 = u^2 + 2(\lambda - 1)\,\theta$$

definiert ist, die Halbgerade V ($\vartheta = \theta$, $z = v > 0$). Im Bereich (II) lautet die Gleichung der Trajektorie L

$$z^2 = v^2 - 2(\vartheta - \theta).$$

Demzufolge ergibt sich für die Schnittpunkte der Trajektorie L mit der Halbgeraden U' die Beziehung

$$u'^2 = v^2 - 2(\pi - \theta)^{1)}$$

oder

$$u'^2 = u^2 + 2(\lambda\theta - \pi).$$

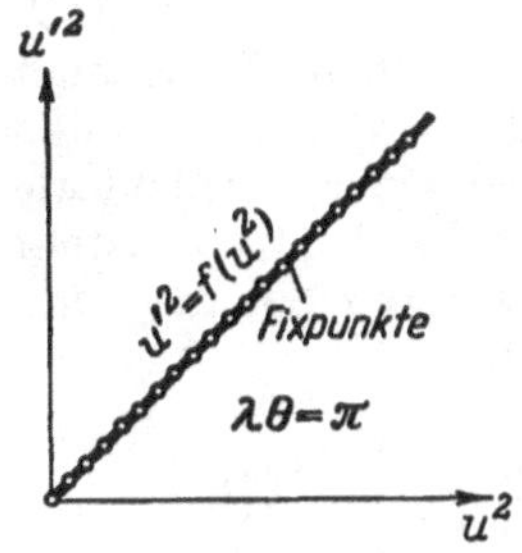

Abb. 101

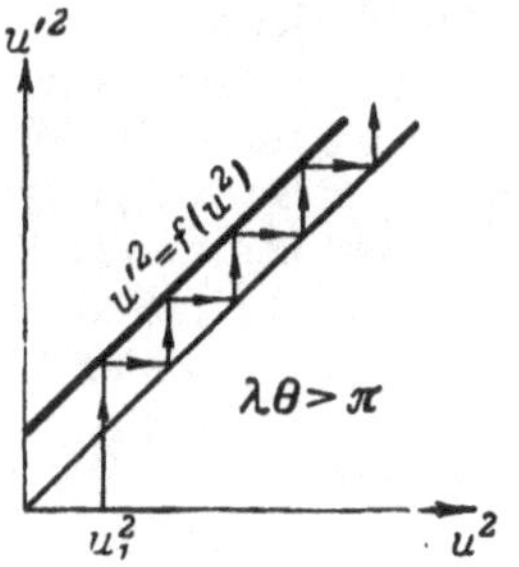

Abb. 102

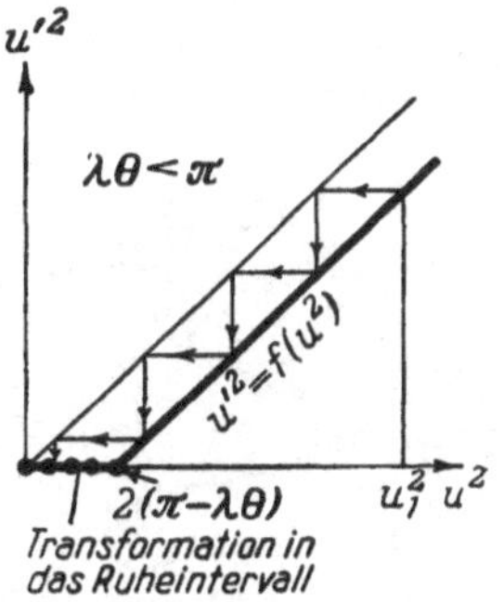

Abb. 103

Diese Gleichung definiert in expliziter Form die Zuordnungsfunktion für die Punkttransformation F, die die Punkte der Halbgeraden U (mit den Ordinaten u) in die Punkte der Halbgeraden U' (mit den Ordinaten u') überführt[2]).

Die Lamereschen Diagramme für die drei möglichen Fälle

a) $\lambda\theta > \pi$,

b) $\lambda\theta = \pi$ und

c) $\lambda\theta < \pi$

sind in den Abb. 101–103 dargestellt. Werden auf den Achsen u^2 und u'^2 aufgetragen, so ergeben sich für die Bilder der Zuordnungsfunktionen Geraden.

---

[1]) Die Trajektorie, die vom Punkt (Θ, v) ausgeht, gelangt nur für $v \geqq \sqrt{2(\pi - \Theta)}$ zur Halbgeraden U'. In diesem Fall besitzt der Punkt v der Halbgeraden V einen Nachfolger auf der Halbgeraden U'. Hat man jedoch $v < \sqrt{2(\pi - \Theta)}$, so läuft die angegebene Trajektorie zum „Ruheintervall" $\Theta \leqq \vartheta < \pi$, $z = 0$, und der Punkt v der Halbgeraden V hat auf U' keinen Nachfolger.

[2]) Für $\lambda\Theta \geqq \pi$ besitzen alle Punkte der Halbgeraden U Nachfolger auf der Halbgeraden U'; hat man jedoch $\lambda\Theta < \pi$, so haben nur die Punkte von u auf U' Nachfolger, für die die Ungleichung

$$u^2 \geqq 2(\pi - \lambda\theta)$$

besteht.

Für $\lambda\theta > \pi$ hat man $u'^2 > u^2$ (Abb. 101). Aus diesem Grund nimmt die Folge der Schnittpunktsordinaten einer beliebigen Trajektorie mit den Halbgeraden U und U' unbegrenzt zu, und die Phasentrajektorien, die den Zylinder umfassen, laufen ins Unendliche (d. h., die Maschine „geht durch").

Für $\lambda\theta = \pi$ ist $u'^2 \equiv u^2$ (Abb. 102), und alle Punkte der Halbgeraden U (oder der Halbgeraden U') sind Fixpunkte der Transformation F. Demzufoge ist das System in diesem Fall „quasikonservativ": Durch jeden Punkt der Halbgeraden U führt eine geschlossene Trajektorie, die den Zylinder umläuft. Die Maschine kann mit einer beliebigen mittleren Rotationsgeschwindigkeit der Welle arbeiten; der Betrag dieser Geschwindigkeit wird durch die Anfangsgeschwindigkeit festgelegt. Es sei noch bemerkt, daß sowohl für $\lambda\theta > \pi$ als auch für $\lambda\theta = \pi$ auf dem Phasenzylinder „Ruheintervalle" mit einem bestimmten Anziehungsbereich existieren, d. h., in diesen Fällen lassen sich Anfangsbedingungen vorgeben, bei denen die Maschine zum Stehen kommt.

Schließlich sind für $\lambda\theta < \pi$ (Abb. 103), wenn die Ungleichung $u'^2 < u^2$ besteht, alle Folgen der Schnittpunkte der Trajektorien mit den Halbgeraden U und U' monoton fallend und endlich. Bezeichnet man nämlich mit u_1 die Ordinate des ersten Schnittpunktes irgendeiner Trajektorie mit den Halbgeraden U und U', so besteht für die Ordinate des n-ten Schnittpunktes, wenn

$$n = E\left[\frac{u_1^2}{2(\pi - \lambda\theta)}\right] + 1^{1)}$$

ist, die Ungleichung

$$u_n < \sqrt{2(\pi - \lambda\theta)}$$

d. h., dieser Punkt besitzt bei Anwendung der Punkttransformation F keinen Nachfolger, und die entsprechende Trajektorie verläuft zu einem der Punkte des „Ruheintervalls", wobei sie die Halbgeraden U und U' nicht mehr schneidet. Im Fall $\lambda\theta < \pi$ führen also alle Trajektorien zu den „Ruheintervallen", was nichts anderes bedeutet, als daß die Maschine unter beliebigen Anfangsbedingungen zum Stehen kommt.

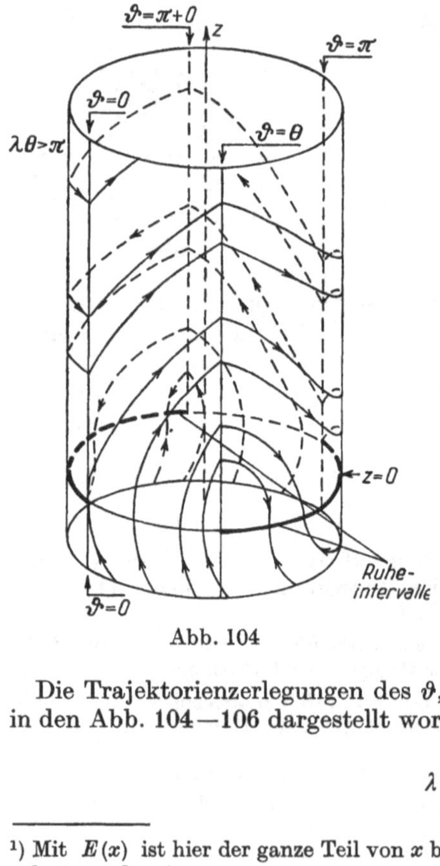

Abb. 104

Die Trajektorienzerlegungen des ϑ, z-Phasenzylinders sind für diese drei Fälle in den Abb. 104—106 dargestellt worden. Wegen

$$\lambda = \frac{M_0}{M_{H0}}$$

[1]) Mit $E(x)$ ist hier der ganze Teil von x bezeichnet. Es ist also $E(x) = l$ ($l = 0, 1, 2, \ldots$) für $l \leqq x < l + 1$.

stimmen die gewonnenen Resultate offensichtlich mit den Ergebnissen der an früherer Stelle durchgeführten energetischen Betrachtungen überein.

Eine Dampfmaschine kann also bei „konstanter Belastung“ nicht stabil arbeiten. Sie kommt entweder zum Stehen oder „geht durch“. Damit sich ein stabiler

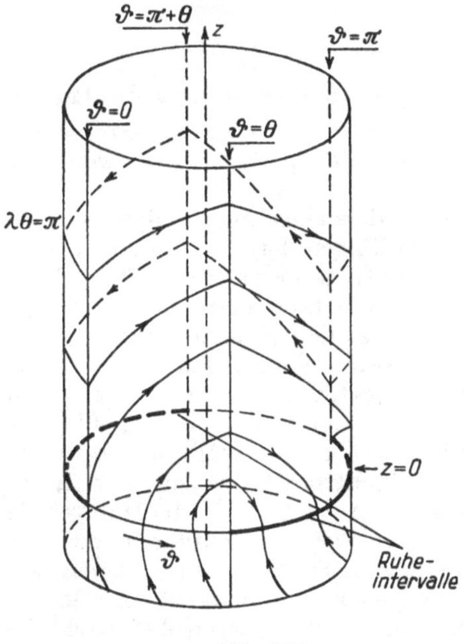

Abb. 105

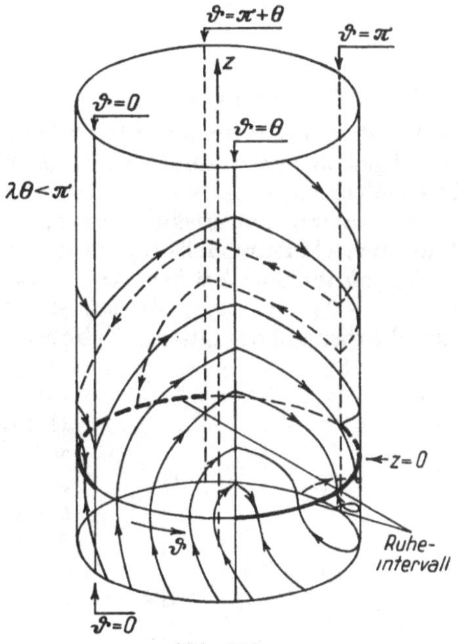

Abb. 106

Arbeitsvorgang bei „konstanter“ Belastung herausbildet, bei dem die Maschinenwelle mit einer vorgegebenen mittleren Winkelgeschwindigkeit, unabhängig von den Anfangsbedingungen, rotiert (damit sich also ein stabiler Vorgang der Selbstrotation einstellt), müssen Regler für die Rotationsgeschwindigkeit der Welle angebracht werden.

2. Die Dampfmaschine, die in „konstanter“ Belastung arbeitet und mit einem Regler ausgestattet ist

Es soll nun die Dynamik einer Dampfmaschine untersucht werden, die bei „konstanter“ Belastung arbeitet und mit einem Regler für die Rotationsgeschwindigkeit der Welle versehen ist. Eine sehr weit verbreitete Reglerkonstruktion der Dampfmaschine besteht im folgenden: Mit der Maschinenwelle ist ein Winkelgeschwindigkeitsmesser für die Wellenrotation (ein Tachometer) verbunden, der den Schieber der Maschine (entweder direkt oder über ein entsprechendes Hilfssystem) steuert, indem er den „Sperrwinkel“ des Dampfes, und damit auch die Arbeit der Bewegungsmomente bei Zunahme der Rotationsgeschwindigkeit der

Maschinenwelle vermindert. Wird ein solcher „trägheitsloser“, plötzlich arbeitender Regler in die Betrachtung einbezogen, so darf angenommen werden, daß es sich bei dem „Sperrwinkel“ θ nicht mehr um eine konstante Größe handelt. Er ist jetzt als eine bestimmte (der Einfachheit halber als lineare) Funktion der Rotationsgeschwindigkeit $\dot{\vartheta} = z$ der Welle anzusehen:

$$\theta = \theta_0 - kz .$$

In dieser Gleichung bezeichnet $k > 0$ den Übertragungskoeffizienten des Reglers und θ_0 den „Sperrwinkel“ für $\dot{\vartheta} = 0$. Die übrigen früher angegebenen Voraussetzungen in bezug auf Bewegungs- und Belastungsmoment behalten weiterhin ihre Gültigkeit.

Die Trajektorienzerlegung des ϑ, z-Phasenzylinders eines solchen dynamischen Dampfmaschinenmodells mit Regler ist in vielen Dingen der soeben betrachteten Zerlegung ähnlich: Auf dem Kreis $z = 0$ gibt es zwei „Ruheintervalle“ $\theta_0 \leqq \vartheta < \pi$ und $\pi + \theta \leqq \vartheta < 2\pi$, die aus stabilen Gleichgewichtszuständen bestehen. Alle Trajektorien auf der unteren Zylinderhälfte führen zu den „Ruheintervallen“ oder laufen in die obere Zylinderhälfte. Die Untersuchung des Trajektorienverlaufs in der oberen Hälfte des Phasenzylinders (für $z > 0$) läßt sich, wie früher, auf die Konstruktion und Untersuchung der Punkttransformation der Halbgeraden $U\,(\vartheta = 0,\ z = u > 0)$ in die Halbgerade $U'\,(\vartheta = \pi,\ z = u' > 0)$ zurückführen, die von diesen Trajektorien realisiert wird. Genau wie im vorangegangenen Fall, handelt es sich bei den Trajektorien in der oberen Zylinderhälfte im Gebiet (I) um die Parabeln (8.86a), wenn für das Bewegungsmoment $M = M_0$ gilt, d. h. wenn die Gleichung $\Phi(\vartheta) = 1$ besteht. Die Parabeln (8.86b) bleiben im Gebiet (II), wenn das Bewegungsmoment $M = 0$ ist, ebenfalls Phasentrajektorien. Jetzt wird aber der Rand der Bereiche (I) und (II) nicht von $\vartheta = \theta = \text{const}$, sondern von der geneigten Strecke $V\left(\vartheta = \theta_0 - kz,\ 0 < z \leqq \frac{\theta_0}{k}\right)$ (Abb. 107) gebildet. Diese Tatsache verändert die Zuordnungsfunktion wesentlich.

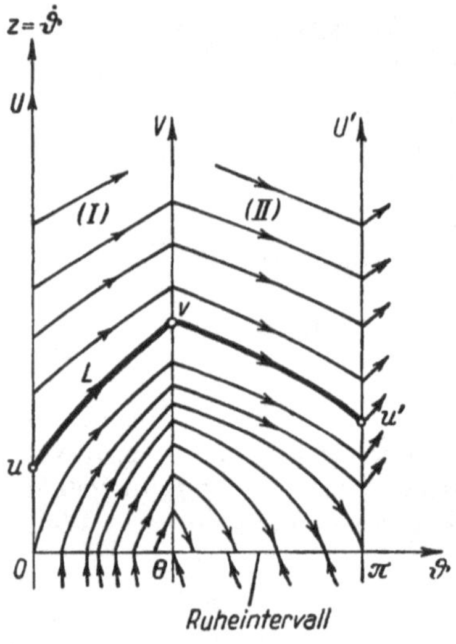

Abb. 107

Für die Berechnung der Zuordnungsfunktion verwendet man eine Trajektorie L, die in einem willkürlichen Punkt u der Halbgeraden U beginnt. Besteht die Ungleichung $u < \frac{\theta_0}{k}$, so verläuft diese Trajektorie L zuerst im Gebiet (I) $\left(0 < \vartheta < \theta_0 - kz,\ 0 < z < \frac{\theta_0}{k}\right)$, ihre Gleichung lautet dann

$$z^2 = u^2 + 2(\lambda - 1)\vartheta .$$

Aus diesem Grund überschreitet diese Kurve den Rand des Bereiches (I) auf der Strecke V in einem Punkt, dessen Ordinate v der Gleichung

$$v^2 = u^2 + 2(\lambda - 1)(\theta_0 - kv) \tag{8.87a}$$

genügt. Im weiteren verläuft die Trajektorie L im Bereich (II): Ihre Gleichung lautet dort

$$z^2 = v^2 - 2(\vartheta - \theta_0 + kv).$$

Sie gelangt schließlich in einen Punkt, dessen Ordinate u' von der Gleichung

$$u'^2 = v^2 - 2(\pi - \theta_0 + kv) \tag{8.87b}$$

geliefert wird, zur Halbgeraden U. Die gewonnenen Beziehungen (8.87a) und (8.87b) definieren auch (in Parameterform, wobei v als Parameter fungiert) die Zuordnungsfunktion der Punkttransformation der Halbgeraden U in die Halbgerade U' für $u < \frac{\theta_0}{k}$: $u^2 = v^2 - 2(\lambda - 1)(\theta_0 - kv)$, $u'^2 = v^2 - 2(\pi - \theta_0 + kv)$. Natürlich werden in die Punkte der Halbgeraden U' nur diejenigen Punkte der Halbgeraden U überführt, die der Ungleichung

$$u'^2 = v^2 - 2(\pi - \theta_0 + kv) \geqq 0,$$

d. h. der Ungleichung

$$v \leqq v_0 = k + \sqrt{k^2 + 2(\pi - \theta_0)} > k$$

genügen. Punkte der Halbgeraden U, mit $v < v_0$ werden in Punkte eines „Ruheintervalls“ überführt.

Hat man jedoch $u \geqq \frac{\theta_0}{k}$, so gelangt die Trajektorie L sofort in das Gebiet (II) und ihre Gleichung besitzt die Form

$$z^2 = u^2 - 2\vartheta.$$

Dieser Tatsache zu Folge wird die Ordinate u' der Schnittpunkte dieser Trajektorie mit der Halbgeraden U (oder anders ausgedrückt, die Zuordnungsfunktion für $u \geqq \frac{\theta_0}{k}$) durch die Gleichung

$$u'^2 = u^2 - 2\pi$$

definiert. Es ist klar, daß für $u \geqq \frac{\theta_0}{k}$ keine Fixpunkte der betrachteten Punkttransformation existieren, und daß jeder Punkt der Halbgeraden U und U' mit einer Koordinate $u \geqq \frac{\theta_0}{k}$ nach einer endlichen Anzahl von Transformationen in einen Punkt mit der Koordinate $u < \frac{\theta_0}{k}$ überführt wird. Aus diesem Grund kann man sich im weiteren bei der Konstruktion der Lamereschen Diagramme auf das u-Intervall von 0 bis $\frac{\theta_0}{k}$ beschränken.

Bei den Kurven (8.87) handelt es sich in dem hier interessierenden Quadranten des LAMEREschen Diagramms (u, $u' > 0$, $v > 0$) um Hyperbeln. Diese Kurven haben entweder keine Schnittpunkte (Abb. 108) oder sie schneiden sich in einem Punkt, der dem Fixpunkt $\bar{u}$ der Punkttransformation entspricht (Abb. 109). Für den Fixpunkt ($u = u' = \bar{u}$, $v = \bar{v}$) hat man

$$\bar{v}^2 - 2(\lambda - 1)(\theta_0 - k\bar{v}) = \bar{v}^2 - 2(\pi - \theta_0 + k\bar{v})$$

d. h.

$$\theta_0 - k\bar{v} = \frac{\pi}{\lambda} \quad \text{oder} \quad \bar{v} = \frac{1}{k}\left(\theta_0 - \frac{\pi}{\lambda}\right).$$

Diesem Wert $\bar{v}$ entspricht

$$\bar{u}^2 = \bar{v}^2 - 2(\lambda - 1)(\theta_0 - k\bar{v}) = \frac{1}{k^2}\left(\theta_0 - \frac{\pi}{\lambda}\right)^2 - 2(\lambda - 1)\frac{\pi}{\lambda}.$$

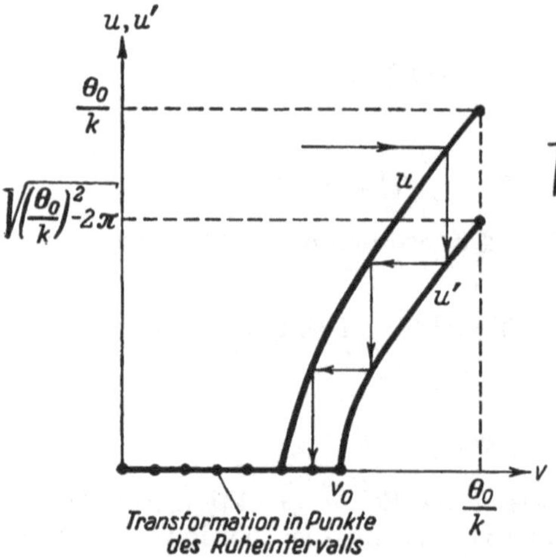

Abb. 108

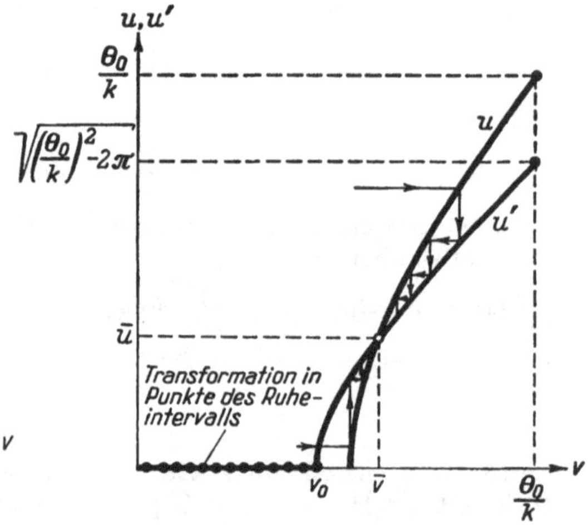

Abb. 109

Da für den Fixpunkt, wenn er überhaupt existiert, die Ungleichungen $\bar{v} > 0$ und $\bar{u}^2 > 0$ gelten, müssen für seine Existenz die Bedingungen

$$\lambda\theta_0 > \pi \quad \text{und} \quad k^2 < \frac{(\lambda\theta_0 - \pi)^2}{2\pi\lambda(\lambda - 1)} \tag{8.88}$$

erfüllt sein. Dieser Fixpunkt ist stabil, da für ihn (wegen $\bar{v} > v_0 > k > 0$) die Beziehungen

$$\frac{du'}{dv} = 2\bar{v} - 2k > 0, \quad \frac{du}{dv} = 2\bar{v} + 2k(\lambda - 1) > \frac{du'}{dv}$$

bestehen; ihnen zur Folge hat man

$$0 < \frac{du'}{du} < 1.$$[1]

Sind also die Bedingungen (8.88) nicht erfüllt, so besitzt das LAMEREsche Diagramm die in Abb. 108 angegebene Form, und alle Trajektorien auf dem ϑ, z-Phasenzylinder laufen zu Punkten der „Ruheintervalle" (Abb. 110). Die Maschine kommt dann unter beliebigen Anfangsbedingungen zum Stehen.

Sind jedoch die Bedingungen (8.88) erfüllt, so konvergieren alle Folgen der Schnittpunkte der Trajektorien mit den Halbgeraden U und U' zu einem einzigen, stabilen Fixpunkt $\bar{u}$ (Abb. 109). Das bedeutet nichts anderes, als daß auf dem Phasenzylinder ein und nur ein stabiler Grenzzyklus vorhanden ist, der den Zylinder umschließt und deshalb einer Selbstrotation als Arbeitsvorgang der Maschine entspricht. Diesem Grenzzyklus nähern sich asymptotisch alle Trajektorien, die die Halbgeraden U oder U' wenigstens einmal schneiden (Abb. 111)[2]. Außerdem gibt es auf dem Phasenzylinder auch Trajektorien, die zu den „Ruheintervallen" führen; sie schneiden die Halbgeraden U und U' nicht. Aus diesem Grund liegt, wenn die Bedingungen (8.88) erfüllt sind, eine harte Erregung der Selbstrotation vor: In der Maschine bildet sich ein Vorgang der Selbstrotation (mit einer bestimmten, von den Anfangsbedingungen unabhängigen Rotationsperiode der Maschinenhauptwelle) heraus, wenn die Anfangsbedingungen so gewählt werden, daß sich der Bildpunkt für $t = 0$ außerhalb der Anziehungsbereiche der „Ruheintervalle" befindet. Die Anziehungsbereiche der „Ruheintervalle" bestehen aus den Punkten der Trajektorie, die zu den Ruheintervallen laufen. Die Begrenzungen dieser Bereiche werden von Trajektorien gebildet, die zu den Punkten $(\theta, 0)$ und $(\pi + \theta, 0)$ führen. Die genannten Bereiche sind in Abb. 111 schraffiert dargestellt worden.

Die sachgemäße Wahl des Geschwindigkeitsreglers für die Wellenrotation stabilisiert also die Arbeit der Dampfmaschine: Beim Vorhandensein eines derartigen Reglers wird eine stabile Arbeit der Dampfmaschine bei „konstanter" Belastung möglich. Eine entsprechende stabilisierende Einwirkung auf die Arbeit

---

[1] Im Fall $k < 0$, d. h. im Fall der unsachgemäßen Schaltung des Reglers, wird der Fixpunkt ebenfalls existieren, wenn die Bedingung (8.88) erfüllt ist. Er ist dann allerdings wegen

$$0 < \frac{du}{dv} < \frac{du'}{dv} \quad \text{oder} \quad \frac{du'}{dv} > l$$

für $k < 0$ instabil.

[2] Die Periode der selbstrotierenden Bewegung läßt sich wie folgt berechnen. Auf Grund der zweiten Gleichung von (8.83) hat man $\dot{z} = \lambda - l$ im Bereich (I) und $\dot{z} = -l$ im Bereich (II). Aus diesem Grund ist die Zeit, die der Bildpunkt benötigt, um auf dem Grenzzyklus den Bereich (I) zu durchlaufen, gleich

$$\tau_1 = \frac{\bar{v} - \bar{u}}{\lambda - l};$$

für den Bereich (II) findet man $\tau_2 = v - \bar{u}$. Für die Rotationsperiode der Maschinenwelle ergibt sich dann (in Einheiten der dimensionslosen Zeit)

$$\tau = 2(\tau_1 + \tau_2) = \frac{2\lambda}{\lambda - 1}(\bar{v} - \bar{u}) = \frac{2\lambda}{\lambda - 1}\left[\frac{1}{k}\left(\Theta_0 - \frac{\pi}{\lambda}\right) - \sqrt{\frac{1}{k_2}\left(\Theta_0 - \frac{\pi}{\lambda}\right)^2 - 2(\lambda - 1)\frac{\pi}{\lambda}}\right].$$

der Dampfmaschine wird auch durch das Belastungsmoment hervorgerufen, dessen Kräftemoment sich mit Zunahme der Rotationsgeschwindigkeit der Welle vergrößert. Eine derartige Belastung ermöglicht kein unbeschränktes Anwachsen der Rotationsgeschindigkeit der Welle, da bei einem solchen Anwachsen auch (nach jedem Halbumlauf der Welle) eine unbegrenzte Zunahme der von Kräften geleisteten Arbeit erfolgen müßte, die auf die Maschine vonseiten der Belastung wirken. Aus diesem Grund arbeitet eine Dampfmaschine bei einer Belastung, die mit der Vergrößerung der Rotationsgeschwindigkeit der Welle zunimmt, auch ohne jeden Regler stabil.

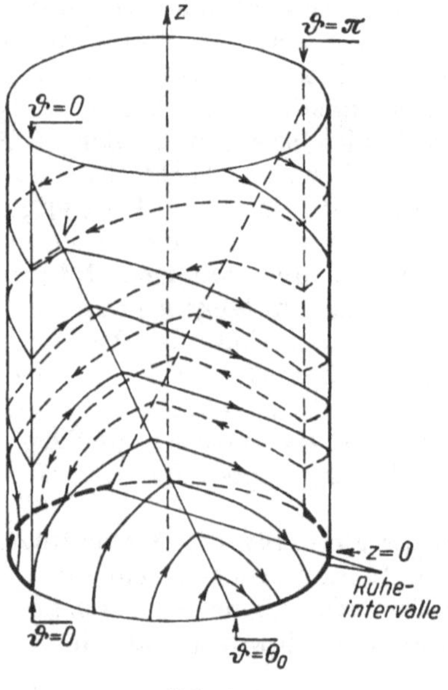

Abb. 110

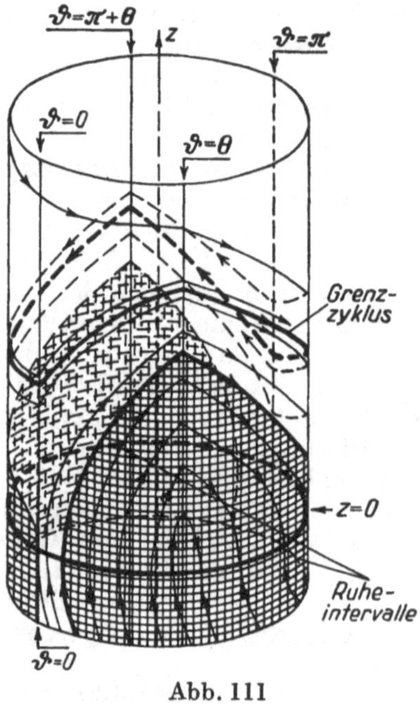

Abb. 111

3. Eine Maschine, die bei einer von der Geschwindigkeit abhängigen Belastung arbeitet

Es soll nun noch die Dynamik einer Dampfmaschine unter der Voraussetzung untersucht werden, daß ihre Belastung durch trockene oder zähe Reibungskräfte verursacht wird. Für das Kräftemoment der Belastung hat man dann

$$M_H = \begin{cases} M_{H0} \operatorname{sgn} \dfrac{d\varphi}{dt} + H \dfrac{d\varphi}{dt} & \text{für} \quad \dfrac{d\varphi}{dt} = 0, \\[2ex] M, \quad \text{wenn} \quad \dfrac{d\varphi}{dt} = 0 \quad \text{und} \quad M \leqq M_{H0}, \\[2ex] M_{H0}, \quad \text{wenn} \quad \dfrac{d\varphi}{dt} = 0, \quad \text{aber} \quad M > M_{H0}. \end{cases}$$

In dieser Beziehung bedeuten: M_{H0} das maximale Moment der Ruhereibung und H der Koeffizient, der das Anwachsen der Kräfte des Belastungsmoments mit zunehmender Rotationsgeschwindigkeit der Welle charakterisiert ($H > 0$). Unter einer derartigen Belastung arbeitet beispielsweise die Dampfmaschine eines Dampfschiffes.

Bei der angegebenen Belastung lassen sich die Gleichungen für die Rotation der Maschinenhauptwelle (in dem Abschn. 1 dieses Paragraphen eingeführten Veränderlichen) offensichtlich wie folgt schreiben:

$$\begin{aligned} \dot{\vartheta} &= z, \\ \dot{z} &= \lambda \Phi(\vartheta) - \Psi(z, \vartheta) - hz. \end{aligned} \tag{8.89}$$

In ihnen bezeichnen $\Phi(\vartheta)$ und $\Psi(z, \vartheta)$ Funktionen, die durch die Beziehungen (8.85a) und (8.84a) definiert sind. Außerdem ist

$$\lambda = \frac{M}{M_{H0}} > 1 \quad \text{und} \quad h = \frac{H}{\sqrt{M_{H0} J}} > 0,$$

wobei der „Sperrwinkel" θ des Dampfes wiederum als konstant angenommen wird.

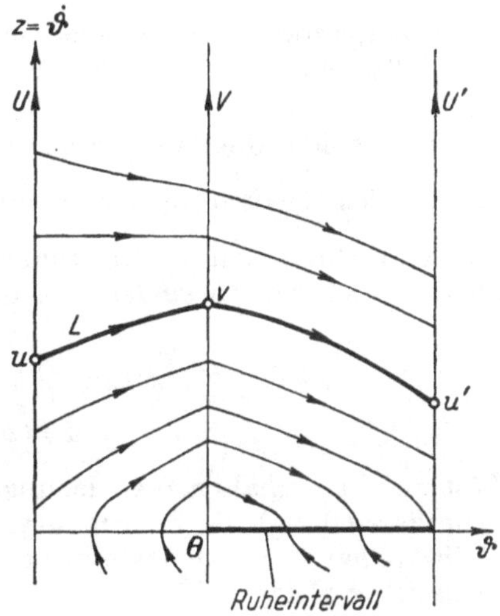

Abb. 112

Die Zerlegung des Streifens $0 \leqq \vartheta < \pi$ des ϑ, z-Phasenzylinders in Trajektorien der Gleichungen (8.89) ist in Abb. 112 angegeben worden. Die Trajektorienzerlegung des Streifens $0 \leqq \vartheta < 2\pi$ des Zylinders ist mit der von $0 \leqq \vartheta < \pi$ identisch, da die rechte Seite der zweiten Gleichung von (8.89) eine periodische Funktion des Drehungswinkels ϑ der Maschinenwelle mit der Periode π ist. Wie früher, gibt es auch jetzt auf dem Kreis $z = 0$ des Phasenzylinders die beiden „Ruheintervalle" $\theta \leqq \vartheta < \pi$ und $\pi + \theta \leqq \vartheta < 2\pi$, die aus stabilen Gleichgewichtszuständen bestehen. Die Trajektorien auf der unteren Hälfte des Phasenzylinders laufen entweder zu den „Ruheintervallen" oder sie gelangen in die obere Zylinderhälfte. Außerdem sind auf dem Phasenzylinder des Systems keine Trajektorien vorhanden, die von der oberen in die untere Zylinderhälfte führen. Aus diesem Grund läßt sich, genau wie in Abschn. 1 dieses Paragraphen, die Untersuchung der Dynamik einer Dampfmaschine, die mit einer bei Zunahme der Rotationsgeschwindigkeit der Maschinenwelle anwachsenden Belastung arbeitet (und insbesondere auch die Ermittlung der periodischen Bewegungen), auf die Betrachtung der Punkttransformation der Halbgeraden U ($\vartheta = 0$, $z = u > 0$) in die Halbgerade U' ($\vartheta = \pi$, $z = u' > 0$) zurückführen, die von den Trajektorien des Systems in der oberen Hälfte des Phasenzylinders realisiert wird.

Für die Berechnung der Zuordnungsfunktion dieser Punkttransformation betrachtet man eine Trajektorie L, die durch einen willkürlichen Punkt u der Halbgeraden U läuft (Abb. 112). Werden die Gleichungen (8.89) im Bereich (I) ($0 \leqq \vartheta < 0$, $z > 0$) integriert, so ergeben sich die Gleichungen dieser Trajektorie im Bereich (I):

$$z = a + (u - a)e^{-ht},$$

$$\vartheta = at + \frac{1}{h}(u - a)(1 - e^{-ht})$$

mit

$$a = \frac{\lambda - 1}{h} > 0.$$

Diese Trajektorie überschneidet sicher die rechte Begrenzung des Bereichs (I) — die Halbgerade V ($\vartheta = \theta$, $z = v > 0$) —, da in diesem Gebiet auf dem Bogen $0 \leqq \vartheta < \theta$ des Kreises $z = 0$ die Beziehungen $\dot{\vartheta} = z > 0$ und $\dot{z} > 0$ gelten. Bezeichnet man die Zeit, die der Bildpunkt benötigt, um auf der Trajektorie L den Bereich (I) zu durchlaufen, mit $t_1 = \frac{\tau_1}{h}$, so genügen diese Durchlaufszeit und die Ordinate v des Schnittpunktes der Trajektorie L mit der Halbgeraden V offensichtlich dem folgenden Gleichungssystem:

$$\theta = \frac{a}{h}\tau_1 + \frac{1}{h}(u - a)(1 - e^{-\tau_1}),$$

$$v = a + (u - a)e^{-\tau_1}.$$

Löst man die erhaltenen Gleichungen nach u und v auf, so ergibt sich (in Parameterdarstellung) die Zuordnungsfunktion für die Punkttransformation F_1 der Halbgeraden U in die Halbgerade V, die von den Trajektorien im Bereich (I) realisiert wird:

$$u = a\left[1 + \frac{\alpha - \tau_1}{1 - e^{-\tau_1}}\right],$$

$$v = a\left[1 + \frac{\alpha - \tau_1}{e^{\tau_1} - 1}\right] \tag{8.90}$$

mit

$$\alpha = \frac{h\theta}{a} = \frac{h^2\theta}{\lambda - 1}.$$

Dem Punkt $u = 0$ der Halbgeraden U entspricht der Parameterwert $\tau_1 = \tau_{0,1}$, der durch Gleichung

$$\tau_{0,1} - 1 + e^{-\tau_{0,1}} = \alpha \tag{8.90a}$$

($\tau_{10} > \alpha$) definiert ist. Der Nachfolgerpunkt auf der Halbgeraden V besitzt die Ordinate

$$v = v_0' = a(1 - e^{-\tau_{0,1}}) = a(\tau_{0,1} - a) \tag{8.90b}$$

(es besteht die Ungleichung $0 < v_0' < a$). Desweiteren sind, wegen

$$\frac{du}{d\tau_1} = a\,\frac{-(1 - e^{-\tau_1}) - (\alpha - \tau_1)e^{-\tau_1}}{(1 - e^{-\tau_1})^2} = -\frac{v}{1 - e^{-\tau_1}} < 0,$$

$$\frac{dv}{d\tau_1} = a\,\frac{-(e^{\tau_1} - 1) - (\alpha - \tau_1)e^{\tau_1}}{(e^{\tau_1} - 1)^2} = -\frac{u}{e^{\tau_1} - 1} < 0$$

und

$$\frac{du}{dv} = \frac{du}{d\tau_1} : \frac{dv}{d\tau_1} = \frac{v}{u} e^{\tau_1} > 0 \tag{8.90c}$$

u und v monoton fallende Funktionen des Parameters τ_1. Aus diesem Grund entspricht die Menge der u-Koordinaten von 0 bis $+\infty$ den Werten des Parameters τ_1 zwischen $\tau_{0,1}$ und 0 und den Koordinatenwerten v der Nachfolgerpunkte zwischen v_0' und $+\infty$. Es sei auch darauf hingewiesen, daß die Gleichungen $\frac{du}{dv} = +\infty$ für $u = 0$ (und $v = v_0'$) und $u - v = a(\alpha - \tau_1)$ bestehen; aus der letzteren ergibt sich $u = v = a$ für $\tau_1 = \alpha$ [diese Punkte gehören der geradlinigen Trajektorie $z = a$ im Bereich (I) an]. Außerdem hat man $u < v < a$ für $\alpha < \tau_1 < \tau_{0,1}$, $u > v > a$ für $0 < \tau_1 < \alpha$ und $u \to v + a\alpha$ für $\tau_1 \to +0$ ($u, v \to +\infty$). Das Bild der Zuordnungsfunktion (8.90) von Transformation F_1 ist in Abb. 113 dargestellt worden.

Nach dem Schnitt mit der Halbgeraden V verläuft die Phasentrajektorie L im Bereich (II): $\theta \leqq \vartheta < \pi$, $z > 0$; ihre Gleichungen haben dort die Gestalt

$$z = -b + (v + b)e^{-ht},$$

$$\vartheta = \theta - bt + \frac{1}{h}(v + b)(1 - e^{-ht}).$$

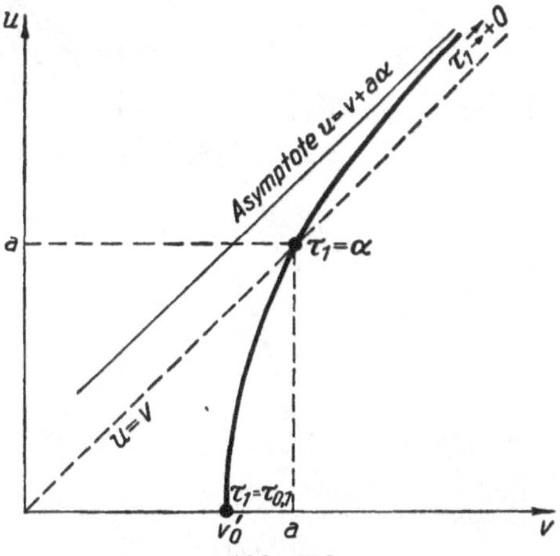

Abb. 113

In ihnen ist $b = \frac{1}{h}$ gesetzt; auch wurde ein neuer Ursprung der Zeitzählung so gewählt, daß $\vartheta = \theta$ und $z = v$ für $t = 0$ gilt. Schneidet die Trajektorie L die Halbgerade U', so genügt die Ordinate dieses Schnittpunktes dem Gleichungssystem:

$$\pi = \theta - \frac{b}{h}\tau_2 + \frac{1}{h}(v + b)(1 - e^{-\tau_2}),$$

$$u' = -b + (v + b)e^{-\tau_2}.$$

Hier ist $\tau_2 = ht_2$ gesetzt, wobei t_2 die Zeit bezeichnet, die der Bildpunkt benötigt, um auf der Trajektorie L im Bereich (II) von der Halbgeraden V zur Halbgeraden U' zu gelangen. Werden diese Gleichungen nach u' und v aufgelöst, so ergibt sich (ebenfalls in Parameterdarstellung) die Zuordnungsfunktion für die Punkttransformation F_2 der Halbgeraden V in die Halbgerade U', die von den Trajektorien im Bereich (II) realisiert wird:

$$u' = b\left[-1 + \frac{\beta + \tau_2}{e^{\tau_2} - 1}\right], \quad v = b\left[-1 + \frac{\beta + \tau_2}{1 - e^{-\tau_2}}\right]. \tag{8.91}$$

In diesen Gleichungen ist

$$\beta = \frac{h(\pi - \theta)}{b} = h^2(\pi - \theta).$$

Man bezeichnet nun mit $\tau_{0,2}$ den Wert von τ_2, der $u' = 0$ entspricht und deshalb von der Gleichung

$$e^{\tau_{0,2}} - 1 - \tau_{0,2} = \beta \tag{8.91 a}$$

definiert wird; diesem Parameterwert $\tau_2 = \tau_{0,2}$ ist der Punkt der Halbgeraden V zugeordnet, der die Ordinate

$$v = v_0'' = b\,(e^{\tau_{0,2}} - 1) = b\,(\beta + \tau_{0,2}) \tag{8.91 b}$$

besitzt. Es ist klar, daß nur Punkte $v \geqq v_0''$ der Halbgeraden V durch die Trajektorien im Bereich (II) in Punkte der Halbgeraden U' $(u' \geqq 0)$ überführt werden. Punkte der Halbgeraden V mit Ordinaten $0 < v < v_0''$ werden in Punkte eines „Ruheintervalls" transformiert, da die Trajektorien, die von diesen Punkten der Halbgeraden V ausgehen, zu einem „Ruheintervall" führen, ohne die Halbgerade U' zu schneiden.

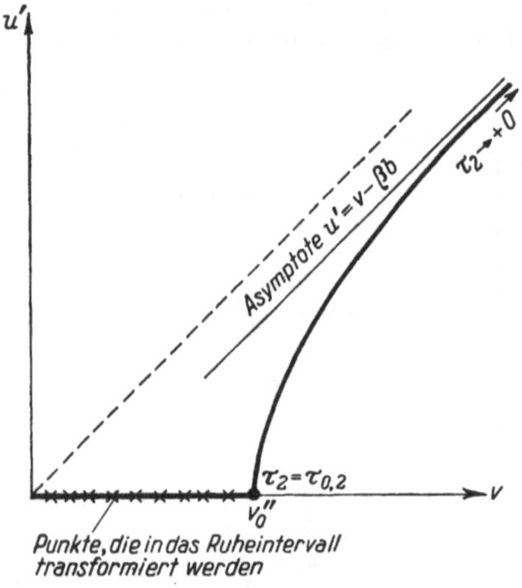

Abb. 114

Differenziert man die Gleichungen (8.91), so entsteht

$$\frac{du'}{d\tau_2} = -\frac{v}{e^{\tau_2} - 1} < 0,$$

$$\frac{dv}{d\tau_2} = -\frac{u}{1 - e^{-\tau_2}} < v$$

und

$$\frac{du'}{dv} = \frac{v}{u'}\,e^{-\tau_2} < 0, \tag{8.91 c}$$

was nichts anderes bedeutet, als daß es sich bei u und v um monoton abnehmende Funktionen des Parameters τ_2 handelt. Dieser Tatsache zur Folge ist die Punktmenge der Halbgeraden V $(v \geqq v_0'')$, die von den Trajektorien im Bereich (II) in Punkte der Halbgeraden U' überführt wird, den Werten $0 < \tau_2 \leqq \tau_{0,2}$ des Transformationsparameters τ_2 zugeordnet. Wegen $u' - v = -b(\beta + \tau_2)$, hat man $u' < v - b\beta$ für alle $0 < \tau_2 \leqq \tau_{0,2}$ (für $\tau_2 \to +0$ ist $u' \to v - b\beta$, wobei $u', v \to +\infty$ gilt). Das Bild der Folgefunktion (8.91) für die Punkttransformation F_2 ist in Abb. 114 dargestellt worden.

Die hier interessierende „gesamte" Punkttransformation F der Halbgeraden U in die Halbgerade U' wird vom Produkt der beiden gewonnenen Punkttransformationen F_1 und F_2 geliefert:

$$F = F_1 \cdot F_2.$$

Der Fixpunkt dieser Transformation $(u' = u = \bar{u},\ v = \bar{v},\ \tau_1 = \bar{\tau}_1,\ \tau_2 = \bar{\tau}_2)$, der einem, den Zylinder umlaufenden Grenzzyklus entspricht (ihm ist also eine Selbstrotation als Arbeitsvorgang der Dampfmaschine zugeordnet), genügt augenscheinlich dem folgenden System transzendenter Gleichungen:

$$a\left[1+\frac{\alpha-\bar{\tau}_1}{1-e^{-\bar{\tau}_1}}\right]=b\left[-1+\frac{\beta+\bar{\tau}_2}{e^{\bar{\tau}_2}-1}\right],$$
$$a\left[1+\frac{\alpha-\bar{\tau}_1}{e^{\bar{\tau}_1}-1}\right]=b\left[-1+\frac{\beta+\bar{\tau}_2}{1-e^{-\bar{\tau}_2}}\right]. \tag{8.92}$$

(Es ist klar, daß die Ungleichungen $\alpha < \bar{\tau}_1 \leqq \tau_{0.1}$ und $0 < \bar{\tau}_2 \leqq \tau_{0.1}$ bestehen.) Wegen (8.90c) und (8.91c) hat man für diesen Punkt

$$0 < \frac{du'}{du} = \frac{dv'}{dv} : \frac{du}{dv} = e^{-(\bar{\tau}_1+\bar{\tau}_2)} < 1. \tag{8.92a}$$

Dieser Beziehung zur Folge ist der Fixpunkt, wenn er existiert, stabil und eindeutig[1]).

In Abhängigkeit von den Werten der Systemparameter h, λ und θ können zwei qualitativ verschiedene Fälle auftreten. Sind die Systemparameter von der Beschaffenheit, daß die Ungleichung $v_0' < v_0''$ besteht, so besitzt die Transformation F keine Fixpunkte (Abb. 115)[2]). Alle Folgen von Schnittpunkten der Trajektorien mit den Halbgeraden U und U' sind dann endlich, wobei die letzten Punkte dieser Folgen in Punkte der „Ruheintervalle" überführt werden. In diesem Fall laufen also alle Trajektorien des Systems, zu den „Ruheintervallen", was nichts anderes bedeutet, als daß die Dampfmaschine unter beliebigen Anfangsbedingungen zum Stehen kommt.

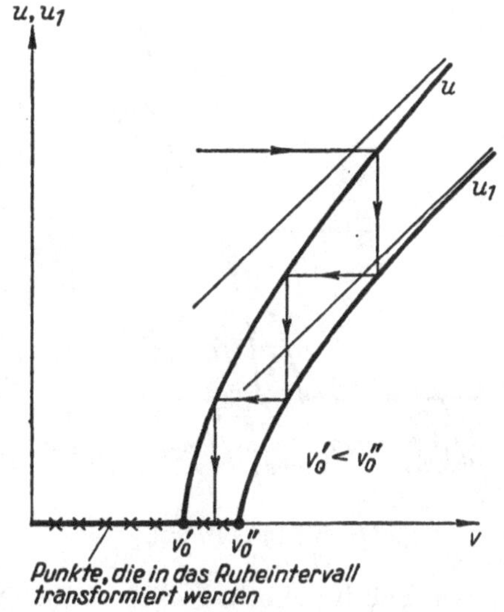

Abb. 115

[1]) Die Stabilität des Fixpunktes folgt unmittelbar aus dem Satz von Koenigs. Eine Eindeutigkeit ergibt sich aus der Tatsache, daß beim Vorhandensein mehrerer Fixpunkte, wenigstens für einen von ihnen (auf Grund der Stetigkeit von u und u' als Funktionen von v und der Stetigkeit ihrer Ableitungen $\frac{du}{dv}$ und $\frac{du'}{dv}$) die Ungleichung

$$\frac{du'}{dv} > \frac{du}{dv} > 0$$

bestehen muß, was aber wegen (892a) nicht möglich ist.

[2]) Da für $v_0'' < v_0'$ sowohl für $v = v_0''$ als auch für $v \to \infty$ $u' < v$ gilt, werden sich die Bilder der Zuordnungsfunktionen (8.90) und (8.91), die in einem gemeinsamen Diagramm (im Diagramm von Lamere) konstruiert sind, entweder nicht schneiden (die Transformation F hat dann keine Fixpunkte) oder es ist eine gerade Anzahl von Schnittpunkten vorhanden (F besitzt eine gerade Anzahl von Fixpunkten). Das letztere ist aber auf Grund des oben angegebenen Beweises nicht möglich.

Hat man jedoch $v_0' > v_0''$, so besitzt die Punkttransformation F einen einzigen stabilen Fixpunkt, gegen den alle Folgen der Schnittpunkte der Trajektorien mit den Halbgeraden U und U' konvergieren (Abb. 116)[1]). Deshalb existiert auf dem Phasenzylinder ein einziger, stabiler Grenzzyklus, der den Zylinder umläuft, dem sich asymptotisch für $t \to +\infty$ alle Trajektorien nähern, die die Halbgeraden U und U' überschneiden. Da außerdem stabile Gleichgewichtszustände vorhanden sind, die auf dem Phasenzylinder die „Ruheintervalle" bilden, findet eine harte Herausbildung der Selbstrotation statt. Die Zerlegung des Phasenzylinders ist für

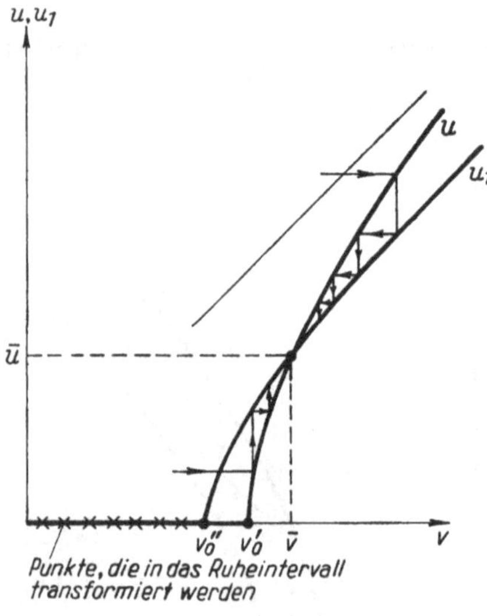

Abb. 116

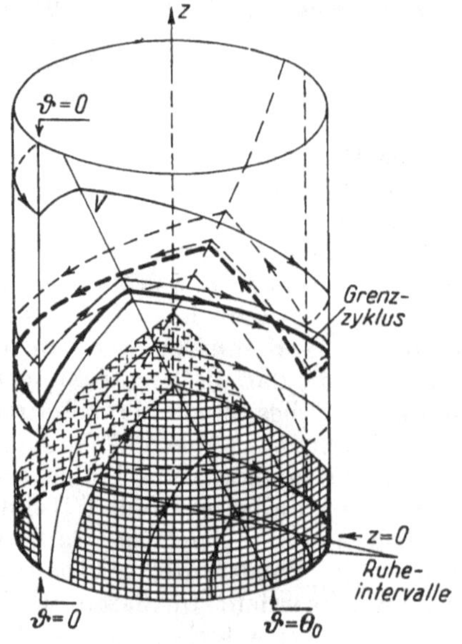

Abb. 117

diesen Fall in Abb. 117 dargestellt. Die Periode der stationären selbstrotierenden Bewegung der Maschinenwelle ergibt sich (in Einheiten der dimensionslosen Zeit) zu

$$\tau = 2(\bar{\tau}_1 + \bar{\tau}_2).$$

In dieser Beziehung bedeuten $\bar{\tau}_1$ und $\bar{\tau}_2$ die Wurzeln des Gleichungssystems (8.92), welches den Fixpunkt der Transformation F definiert.

Die Bedingungen für die Existenz einer Selbstrotation als Arbeitsvorgang der Dampfmaschine läßt sich also auf die Ungleichung

$$v_0' > v_0''$$

---

[1]) Da jetzt $u' > u$ für $v = v_0'$ ist, aber wie früher $u' < u$ für $v \to \infty$ gilt, existiert wegen der Stetigkeit der Zuordnungsfunktionen (8.90) und (8.91) wenigstens ein Schnittpunkt der Bilder dieser Funktionen, die in einem gemeinsamen Diagramm gezeichnet sind (s. Abb. 116). Es ist also wenigstens ein Fixpunkt der Transformation F vorhanden. Oben ist auf der Grundlage von Ungleichung (8.92a) die Stabilität und die Eindeutigkeit dieses Fixpunktes bewiesen worden.

oder wegen (8.90b) und (8.91b) auf

$$(\lambda - 1)(1 - e^{-\tau_{0,1}}) > e^{\tau_{0,2}} - 1 \tag{8.93}$$

zurückführen. Das hier untersuchte dynamische Dampfmaschinenmodell besitzt die drei unabhängigen Parameter λ, θ und h, die jeweils das Bewegungsmoment der Dampfmaschine, den „Sperrwinkel" des Dampfes und den Koeffizienten der zähen Belastungsreibung charakterisieren; sie lassen sich durch die oben eingeführten Parameter a, α, b und β ausdrücken:

$$a = \frac{\lambda - 1}{h}, \quad \alpha = \frac{h^2\theta}{\lambda - 1},$$

$$b = \frac{1}{h}, \quad \beta = h^2(\pi - \theta).$$

Dementsprechend kann man nun den dreidimensionalen λ, θ, h-Parameterraum (genauer gesagt, den Teil $\lambda > 1$, $0 < \theta < \pi$, $h > 0$ dieses Raumes) verwenden und seine Zerlegung in den Existenzbereich der Selbstrotation mit harter Erregung betrachten, in dem die Bedingung (8.93) erfüllt ist und in den anderen Bereich, in dem die Maschine unter beliebigen Anfangsbedingungen zum Stehen kommt. Die Bedingung (8.93) hat dann keine Gültigkeit mehr. Die Gleichung der Grenzfläche, die diese Bereiche voneinander trennt, lautet

$$(\lambda - 1)(1 - e^{-\tau_{0,1}}) = e^{\tau_{0,2}} - 1,$$

und die Gleichungen (8.90a) und (8.91) besitzen die Gestalt

$$\frac{h^2\theta}{\lambda - 1} = \tau_{0,1} - 1 + e^{-\tau_{0,1}}, \quad h^2(\pi - \theta) = e^{\tau_{0,2}} - 1 - \tau_{0,2},$$

oder in Parameterdarstellung

$$\lambda - 1 = \frac{e^{\tau_{0,2}} - 1}{1 - e^{-\tau_{0,1}}},$$

$$\frac{\pi}{\theta} = 1 + \frac{1}{\lambda - 1} \frac{e^{\tau_{0,2}} - 1 - \tau_{0,2}}{\tau_{0,1} - 1 + e^{-\tau_{0,1}}}, \tag{8.94}$$

$$h^2 = \frac{1}{\pi}\left[e^{\tau_{0,2}} - 1 - \tau_{0,2} + (\lambda - 1)(\tau_{0,1} - 1 + e^{-\tau_{0,1}})\right].$$

Die Gleichungen (8.94) ermöglichen relativ einfach die Konstruktion der Schnitte der Grenzfläche mit den Ebenen $\lambda = \text{const.}$[1]). Diese Grenzfläche ist in Abb. 118

[1]) Wird ein gewisser Wert des Parameters $\lambda > l$ und eine Serie von Werten $\tau_{0,1}$ vorgegeben, so definiert die erste Gleichung von (8.94) eine entsprechende Serie von Werten von $\tau_{0,2}$, während die beiden übrigen Gleichungen die entsprechenden Werte von Θ und h liefern. Die Koordinaten der Kurvenpunkte ergeben sich als Schnitt der Grenzfläche mit der gewählten Ebene $\lambda = \text{const.}$

dargestellt worden. Da bei Vergrößerung des Parameters θ (die übrigen Parameter λ und h sollen fest bleiben) α und $\tau_{0,1}$ wachsen, aber β und $\tau_{0,2}$ abnehmen, so wird

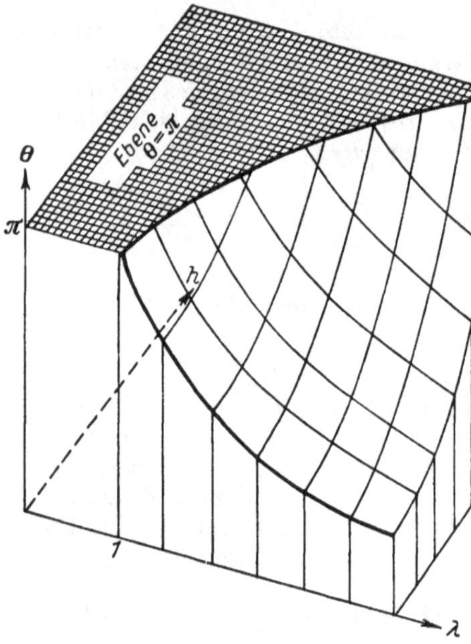

Abb. 118

im Gebiet über der Grenzfläche die Bedingung (8.93) erfüllt sein, d. h., oberhalb der Grenzfläche befindet sich der Existenzbereich für die Selbstrotation als Arbeitsvorgang der Dampfmaschine.

KAPITEL IX

Nichtlineare Systeme, die einem harmonischen Oszillator ähnlich sind[1])

§ 1. Einleitung

Es sollen nun quantitative Untersuchungsmethoden für unabhängige dynamische Systeme (mit einem Freiheitsgrad) dargelegt werden, die sich nur wenig von konservativen Systemen unterscheiden. Es wird hier allerdings nur der einfachste Fall behandelt werden, daß Systeme vorliegen, die einem linearen konservativen System — einem harmonischen Oszillator — ähnlich sind. Die Bewegungsgleichungen derartiger Systeme lassen sich in Gestalt folgender Gleichung zweiter Ordnung schreiben[2]):

$$\ddot{x} + x + \mu f(x, \dot{x}). \tag{9.1}$$

---

[1]) Die §§ 1 und 3 wurden von N. A. SHELZOW überarbeitet, § 3, § 4 Abschn. 2 und § 7 Abschn. 1 sind vom gleichen Autor neu geschrieben worden.

[2]) Die Gleichung eines Systems, das einem harmonischen Oszillator ähnlich ist, besitzt in gewöhnlichen Veränderlichen die Gestalt

$$\frac{d^2 v}{d\tau^2} + \omega_0^2 v = \mu F\left(v, \frac{dv}{d\tau}, \mu\right). \tag{α}$$

In ihr bedeuten τ die Zeit, ω_0 die Kreisfrequenz, v die abhängige Veränderliche, beispielsweise die Spannung oder den Strom und μ einen sogenannten kleinen Parameter, der als dimensionslos angenommen werden soll und der angibt, in welchem Maße das betrachtete System einem linearen konservativen System ähnlich ist. Werden die dimensionslose Veränderliche $t = \omega_0 \tau$ und die dimensionslose abhängige Veränderliche $x = v/v_0$ eingeführt, wobei v_0 eine physikalische Größe bedeutet, die die gleiche Dimension besitzt wie v (beispielsweise die Sättigungsspannung oder -strom), so erhält die Gleichung (α) die Gestalt

$$\ddot{x} + x = \mu \frac{1}{v_0 w_0^2} F(v_0 x, v_0 w_0 \dot{x}; \mu)$$

oder, wenn

$$\frac{1}{v_0 w_0^2} F(v_0 x, v_0 w_0 \dot{x}; \mu) = f(x, \dot{x}; \mu)$$

gesetzt wird, die Gestalt

$$\ddot{x} + x = \mu f(x, \dot{x}; \mu). \tag{β}$$

Es sei auch noch hervorgehoben, daß die Überführung der Gleichung eines Systems, das einem linearen konservativen System ähnlich ist, in die für theoretische Untersuchung sehr bequeme Form (β) auch auf einem anderen Wege erfolgen kann: Beispielsweise kann ein kleiner Parameter eingeführt und gleichzeitig in der Gleichung zur dimensionslosen Form übergegangen werden, usw.

Der Einfachheit halber bleiben die Ausführungen im Text auf den Spezialfall beschränkt, bei dem in Gleichung (β) $f(x, \dot{x}, \mu)$ nicht von μ abhängt. Handelt es sich bei $f(x, \dot{x}, \mu)$ um ein Polynom in μ, dessen Koeffizienten ihrerseits Polynome in x und $\dot{x}$ sind, so bleiben die Formeln, die sich auf die erste Näherung für die Gleichungen (9.2) beziehen, bespielsweise die Formeln (9.13a) und (9.14a) auch für die Gleichung (β) gültig, wenn nur $f(\xi, \eta)$ durch $f(\xi, \eta, 0)$ ersetzt wird.

Setzt man $\dot{x} = y$, so kann eine solche Gleichung in Form von zwei Gleichungen erster Ordnung

$$\begin{aligned} \dot{x} &= y, \\ \dot{y} &= -x + \mu f(x, y) \end{aligned} \qquad (9.2)$$

geschrieben werden. Hier bedeutet μ einen dimensionslosen, positiven Parameter, der im weiteren als ausreichend klein angenommen wird. Die Größe dieses Parameters definiert bei Vorgabe der Funktion $f(x, y)$ den Annäherungsgrad des betrachteten Systems an einen harmonischen Oszillator.

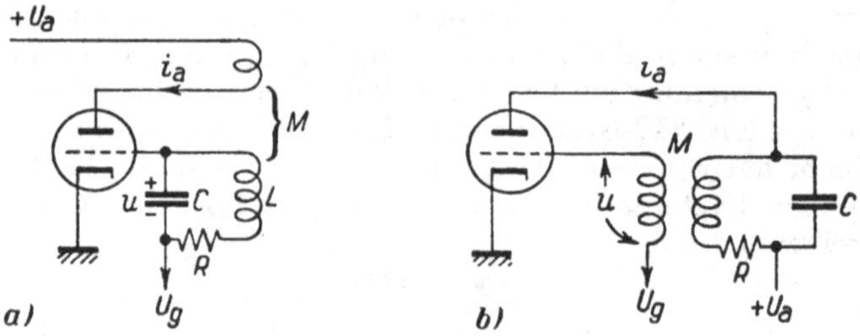

Abb. 119

Ein Röhrengenerator mit fester Gittervorspannung und mit einem Schwingkreis im Gitterkreis (Abb. 119a) oder Anodenkreis (Abb. 199b) ist (natürlich unter bestimmten Bedingungen) ein typisches Beispiel für ein System, das einem harmonischen Oszillator ähnlich ist. Die Schwingungsgleichung eines derartigen Generators hat bekanntlich bei Vernachlässigung der Anodenrückwirkung, der Gitterströme und der parasitären Parameter, insbesondere der Elektrodenkapazitäten in der Röhre und der Schaltkapazitäten, die Form[1])

$$LC \frac{d^2u}{dt^2} + [RC - MS(Ug + u)] \frac{du}{dt} + u = 0.$$

Trägt man in diese Gleichung die Veränderlichen $t_{\text{neu}} = \omega_0 t_{\text{alt}}$ und $x = \frac{U}{U_0}$ ein, wobei $\omega_0 = \frac{1}{\sqrt{LC}}$ ist und u_0 eine bestimmte konstante Spannung bedeutet, so entsteht die Gleichung

$$\ddot{x} + x = \mu[-1 + \alpha s(x)]\dot{x}. \qquad (9.3)$$

t_{neu} und x sind dimensionslose Größen; außerdem bedeutet $\mu = \omega_0 RC$ die

---

[1]) Für einen Röhrengenerator mit einem Schwingkreis im Gitterkreis war diese Gleichung in Kap. I, § 6 (s. Gleichung (1.36)) angegeben worden. Auf sie lassen sich auch die Schwingungsgleichungen eines Generators mit einem Schwingkreis im Anodenkreis (Abb. 119b)

$$LC \frac{d^2i}{dt^2} + RC \frac{di}{dt} + i = i_a(U_g + u), \quad u = -M \frac{di}{dt}$$

zurückführen (s. Kap. III, § 4), wenn die erste dieser Gleichungen differenziert und

$$\frac{di}{dt} = -\frac{u}{M}.$$

gesetzt wird.

Dämpfung des Schwingkreises. Als Abkürzung bedeutet $\alpha = \frac{MS_0}{RC}$, wobei $S_0 = S(Ug)$ die Steilheit der Kennlinie im Arbeitspunkt bezeichnet, und

$$s(x) = \frac{S(Ug + \mu_0 x)}{S_0}$$

ist gleich der reduzierten, dimensionslosen Steilheit der Röhre [$s(x)$ besitzt die Größenordnung Eins]. Offensichtlich ist die Gleichung (9.4) der Gleichung eines harmonischen Oszillators für

$$\mu \ll \beta,$$
$$\mu\alpha = \omega_0 M S_0 \ll 1$$

ähnlich. Der Röhrengenerator darf also als ein System angesehen werden, das nur wenig von einem harmonischen Oszillator abweicht, wenn die Dämpfung des Schwingkreises und die Rückkopplung im Generator ausreichend klein sind[1]).

Für die Lösung von Gleichungen der Gestalt (9.1) mit ausreichend kleinem μ ist eine Anzahl von asymptotischen Näherungsmethoden ausgearbeitet worden, von denen im vorliegenden Kapitel zwei behandelt werden sollen. Bei ihnen handelt es sich einmal um die Methode der sich langsam ändernden Amplituden (um die Methode von VAN DER POL [186]) und um die Methode von POINCARÉ [184, 185]. Das zuerst genannte Verfahren ermöglicht es, die asymptotischen Lösungen einer Gleichung (9.1) sowohl für periodische Bewegungen als auch für Entstehungsvorgänge (Einschwingvorgänge) von periodischen Bewegungen oder von Gleich-

[1]) Ist jedoch die Dämpfung des Schwingkreises $\omega_0 RC$ im Generator nicht gering, so müssen die Schwingungsgleichungen des Generators auf andere Weise auf die Form (9.1) gebracht werden. Man führt dann die Abweichung der Kennliniensteilheit vom Wert im Gleichgewichtszustand

$$s_1(x) = S(U_g + u_0 x) - S_0 = S_{0,1}\varphi(x)$$

ein, die natürlich durch die Nichtlinearität der Röhrenkennlinie bedingt ist (unter $S_{0,1}$ hat man den Wert von $S_1(x_0)$ bei beliebigem festen x_0 zu verstehen, der durch die Größenordnung von $S_1(x)$ im hier interessierenden Intervall der x-Werte definiert ist). Die Gleichung des Röhrengenerators läßt sich dann in der Form

$$\ddot{x} + x = \omega_0[-RC + MS_0 + MS_{0,1}\varphi(x)]\dot{x}$$

schreiben. Diese Gleichung wird unter anderen Bedingungen, und zwar für

$$\omega_0 \,|MS_0 - RC| \ll 1 \quad \text{und} \quad \omega_0 M S_{0,1} \ll 1,$$

d. h. in der Nähe der Selbsterregungsgrenze des Generators und bei geringer Nichtlinearität der Röhrenkennlinie, der Gleichung eines harmonischen Oszillators ähnlich sein. Setzt man

$$\mu = \omega_0(MS_0 - RC)$$

und

$$\beta = \frac{MS_{0,1}}{MS_0 - RC},$$

so lautet die Generatorgleichung

$$\ddot{x} + x = \mu[1 + \beta\varphi(x)]\dot{x},$$

d. h. sie hat die Form (9. 1).

gewichtszuständen zu ermitteln. Die Annäherung wird dabei um so genauer sein, je kleinere Werte der Parameter μ besitzt. Die Methode von POINCARÉ gestattet es, periodische Lösungen der Gleichung (9.1) in Gestalt von Potenzreihenentwicklungen nach dem Parameter μ anzugeben. Man kann hierbei prinzipiell einen beliebigen Genauigkeitsgrad erzielen, wenn diese Reihen konvergent sind[1]).

§ 2. Die Methode von van der Pol

Bei der Untersuchung eines Gleichungssystems (9.2) mit ausreichend kleinen Parameterwerten μ kann die folgende Näherungsmethode für nichtlineare Systeme, die auch „Methode der sich langsam ändernden Amplituden" oder Methode von VAN DER POL genannt wird, Verwendung finden.

Man kann nämlich an Stelle der Gleichungen (9.2) auch andere, nach einer bestimmten Vorschrift gebildete Gleichungen, die sogenannten verkürzten VAN DER POLschen Gleichungen betrachten, die eine relativ einfache Näherungslösung der Ausgangsgleichungen ermöglichen. Die Näherungen werden dabei um so genauer sein, je kleiner die Werte von μ sind. Insbesondere läßt sich das Problem, periodischer Lösungen der Gleichungen (9.2) (die Grenzzyklen in der x, y-Phasenebene) zu bestimmen, auf die relativ einfache Aufgabe zurückführen, die Gleichgewichtszustände der verkürzten Gleichungen zu ermitteln. Hierzu ist zu bemerken, daß es sich bei der Methode von VAN DER POL in dem Sinne um eine linearer Systeme spezifische Untersuchungsmethode handelt, daß bei ihr die Besonderheiten nichtlinearer Systeme berücksichtigt werden; sowohl die verkürzten als auch die Ausgangsgleichungen sind jedoch nichtlinear.

Es soll nun die Aufstellung der verkürzten Gleichungen für das hier interessierende System (9.2) vorgenommen werden.

Vor allem sei hervorgehoben, daß sich das System (9.2) für $\mu = 0$ in die Gleichungen des gewöhnlichen harmonischen Oszillators verwandelt; diese haben bekanntlich (s. beispielsweise Kap. I, §§ 1 und 2)

$$x = a \cos t + b \sin t,$$
$$y = -a \sin t + b \cos t \tag{9.4}$$

oder

$$x = K \cos (t + \vartheta),$$
$$y = -K \sin (t + \vartheta) \tag{9.5}$$

---

[1]) Die Methoden von VAN DER POL und von POINCARÉ besitzen auch für Lösungen unabhängiger Gleichungen der Form

$$\ddot{x} + x = \mu f(x, \dot{x}, t)$$

Gültigkeit, wobei μ ein ausreichend kleiner, positiver Parameter bedeutet; sie lassen sich auch auf (unabhängige und abhängige) Systeme verallgemeinern, die nahezu konservativ sind und eine beliebige Anzahl von Freiheitsgraden besitzen [41, 107].

Andere Methoden, die für die Untersuchung nahezu konservativer Systeme ausgearbeitet werden (beispielsweise die Methode der „mittleren Steilheit" [18, 73, 74, 136, 178] und der harmonischen Bilanz [2, 46, 47, 78, 79] u. a. [118]) setzen voraus, daß die Schwingungen Sinuslinien ähnlich sind. Im wesentlichen handelt es sich bei ihnen um Modifikationen der Methoden, die im vorliegenden Kapitel dargelegt werden.

zur Lösung. a und b bzw. K und ϑ bedeuten dabei Integrationskonstanten. Die Phasentrajektorien sind Kreise mit dem Koordinatenursprung als Mittelpunkt; auf ihnen bewegen sich die Bildpunkte mit der konstanten Winkelgeschwindigkeit.

Es sollen nun die Lösungen der Gleichungen (9.2) für ausreichend kleine μ $(0 < \mu \ll 1)$ in Form von (9.4) oder (9.5) ermittelt werden, wobei natürlich a und b (oder K und ϑ) nicht als Konstanten, sondern als gewisse, vorerst unbekannte Funktionen der Zeit anzusehen sind. Im weiteren wird ersichtlich werden, daß es sich bei ihnen um Funktionen handelt, die sich nur langsam im Zeitablauf ändern. Dieser Ersatz der Veränderlichen x, y durch die VAN DER POLschen Variablen a, b (oder K, ϑ) kann geometrisch als Übergang von der x, y-Phasenebene zu einer anderen Ebene gedeutet werden (zur Ebene der VAN DER POLschen Variablen), die in Pfeilrichtung in bezug auf die x, y-Ebene mit der konstanten Winkelgeschwindigkeit $\omega = 1$ (um den Koordinatenursprung) rotiert. Auf dieser sich drehenden Ebene sind a, b rechtwinklige und K, ϑ Polarkoordinaten (Abb. 120). Gemäß (9.4) und (9.5) sind a, b und K, ϑ durch die Beziehungen

$$a = K\cos\vartheta,$$
$$b = -K\sin\vartheta \tag{9.6}$$

miteinander verbunden[1]).

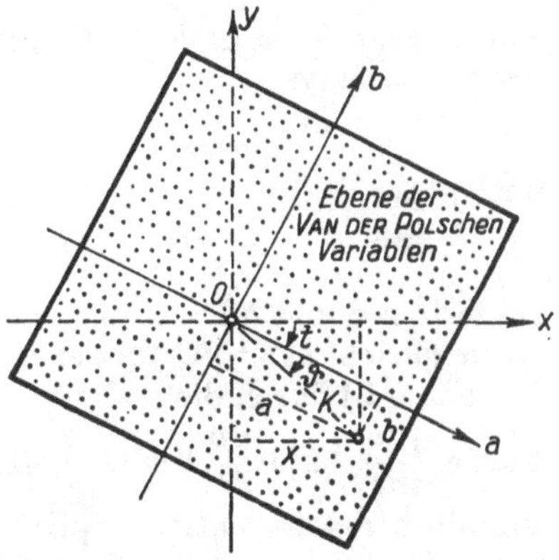

Abb. 120

In den Veränderlichen a, b erhalten die Gleichungen (9.2) die Form

$$\frac{da}{dt}\cos t + \frac{db}{dt}\sin t = 0,$$
$$-\frac{da}{dt}\sin t + \frac{db}{dt}\cos t = \mu f(a\cos t + b\sin t, \; -a\sin t + b\cos t)$$

oder

$$\frac{da}{dt} = -\mu f(a\cos t + b\sin t, \; -a\sin t + b\cos t)\sin t,$$
$$\frac{db}{dt} = \mu f(a\cos t + b\sin t, \; -a\sin t + b\cos t)\cos t. \tag{9.7}$$

Werden nun die rechten Seiten der gewonnenen Gleichungen als Funktionen der drei Veränderlichen a, b und t aufgefaßt (diese Funktionen sind in t periodisch und besitzen die Periode 2π) und nach t in FOURIER-Reihen entwickelt (die

[1]) Wegen (9.6) fällt die positive Zählung des Polarwinkels ϑ mit dem Uhrzeigerdrehsinn zusammen.

Es sei noch hervorgehoben, daß ein Bildpunkt, der sich für $\mu = 0$ auf einer kreisförmigen Phasentrajektorie in der x, y-Phasenebene bewegt, in bezug auf die sich drehende Ebene unverändert bleibt, d. h. für $\mu = 0$ ist jeder Punkt der VAN DER POLschen Variablenebene Gleichgewichtszustand.

FOURIER-Koeffizienten sind dann Funktionen von a und b), so ergibt sich

$$\frac{da}{dt} = \mu \left\{\frac{\varphi_0(a, b)}{2} + \varphi_1(a, b) \cos t + \overline{\varphi}_1(a, b) \sin t + \varphi_2(a, b) \cos 2t + \overline{\varphi}_2(a, b) \sin 2t + \cdots\right\},$$

$$\frac{db}{dt} = \mu \left\{\frac{\psi_0(a, b)}{2} + \psi_1(a, b) \cos t + \overline{\psi}_1(a, b) \sin t + \psi_2(a, b) \cos 2t + \overline{\psi}_2(a, b) \sin 2t + \cdots\right\}, \tag{9.7a}$$

wobei $\varphi_i(a, b)$, $\overline{\varphi}_i(a, b)$, $\psi_i(a, b)$ und $\overline{\psi}_i(a, b)$ jeweils die FOURIER-Koeffizienten der Funktionen

$$-\mu f(a \cos t + b \sin t, \; - a \sin t + b \cos t) \sin t$$

und

$$+\mu f(a \cos t + b \sin t, \; - a \sin t + b \cos t) \cos t$$

bei festem a und b bedeuten.

Die Gleichungen (9.7) [oder (9.7a)] stellen nun das System dar, in welches das System (9.2) durch die anderen, sich langsam ändernden Variablen a, b überführt wurde $\left(\frac{da}{dt}\right.$ und $\frac{db}{dt}$ besitzen die Größenordnung $\left.\mu\right)$. Da die Formeln (9.4) der Variablentransformation explizit die Zeit enthalten, werden die Gleichungen des neuen Systems nicht voneinander unabhängig sein, obwohl sie das im Ausgangssystem gewesen sind. Vom Gleichungssystem (9.7a) in den sich langsam ändernden Variablen kann nun zu den verkürzten VAN DER POLschen Näherungsgleichungen

$$\frac{da}{dt} = \mu \frac{\varphi_0(a, b)}{2},$$

$$\frac{db}{dt} = \mu \frac{\psi_0(a, b)}{2} \tag{9.8}$$

übergegangen werden, wobei in den rechten Seiten alle „oszillierenden“ Glieder unberücksichtigt bleiben. Anders ausgedrückt, es erfolgt die Mitteilung der rechten Seiten von (9.7) oder (9.7a) über die explizit vorkommende Zeit.

Die Lösungen des auf diese Weise erhaltenen verkürzten Gleichungssystems (9.8) approximieren für ausreichend kleine Werte des Parameters μ die Lösungen des vollständigen Systems (9.7), welches dem Ausgangssystem (9.2), wie bereits nachgewiesen wurde, äquivalent ist. Ermittelt man die Lösungen der verkürzten Gleichungen $a = a_0(t)$, $b = b_0(t)$, so können dann mit Hilfe der Formeln (9.4) für die Variablentransformation die Näherungslösungen des Systems (9.2)

$$x_0(t) = a_0(t) \cos t + b_0(t) \sin t,$$

$$y_0(t) = -a_0(t) \sin t + b_0(t) \cos t \tag{9.9}$$

bestimmt werden. Sie werden um so genauer sein, je kleiner der Parameter μ ist. Insbesondere entsprechen die Gleichgewichtszustände $a_0(t) \equiv \text{const}$, $b_0(t) \equiv \text{const}$ der verkürzten Gleichungen näherungsweise den sinusförmigen periodischen Lösungen der Gleichungen (9.2) mit der Periode 2π.

Der Beweis dafür, daß die verkürzten Gleichungen zur Gewinnung einer Näherungslösung geeignet sind, soll bis zum folgenden Paragraphen zurückgestellt werden. An dieser Stelle sollen nur die Eigenschaften der verkürzten Gleichungen untersucht werden, indem die Konstruktion ihrer Phasentrajektorien in der a, b-Ebene vorgenommen wird. Das System der verkürzten Gleichungen (9.7) ist, genau wie das ursprüngliche System (9.2), unabhängig und kann bei Verwendung der üblichen Methoden untersucht werden. Besonders einfach gestaltet sich diese Untersuchung in den Polarkoordinaten K, ϑ, in denen die verkürzten Gleichungen voneinander trennbare Veränderliche besitzen.

Zur Herleitung der verkürzten Gleichungen in Polarkoordinaten hat man in den Ausgangsgleichungen (9.2) die Variablen x, y gemäß (9.5) durch die VAN DER POLschen Polarkoordinaten K, ϑ zu ersetzen[1]):

$$\frac{dK}{dt}\cos(t+\vartheta) - K\frac{d\vartheta}{dt}\sin(t+\vartheta) = 0,$$

$$-\frac{dK}{dt}\sin(t+\vartheta) - K\frac{d\vartheta}{dt}\cos(t+\vartheta) = \mu f[K\cos(t+\vartheta); -K\sin(t+\vartheta)].$$

Löst man diese Gleichungen nach $\frac{dK}{dt}$ und nach $\frac{d\vartheta}{dt}$ auf, so wird

$$\begin{aligned} \frac{dK}{dt} &= -\mu f[K\cos(t+\vartheta), -K\sin(t+\vartheta)]\sin(t+\vartheta), \\ \frac{d\vartheta}{dt} &= -\frac{\mu}{K} f[K\cos(t+\vartheta), -K\sin(t+\vartheta)]\cos(t+\vartheta). \end{aligned} \tag{9.10}$$

Nimmt man nun in den rechten Seiten der für das betrachtete dynamische System erhaltenen Gleichungen die Mittelung über die explizit vorkommende Zeit vor (oder, was dasselbe ist, über $u = t + \vartheta$ da die Zeit t in die rechten Seiten nur in Form der Kombination $t + \vartheta$ eingeht), dann entstehen die folgenden verkürzten Gleichungen für K und ϑ:

$$\begin{aligned} \frac{dK}{dt} &= \mu\Phi(K), \\ \frac{d\vartheta}{dt} &= \mu\Psi(K). \end{aligned} \tag{9.11}$$

[1]) Die verkürzten Gleichungen lassen sich in den Veränderlichen K, ϑ natürlich auch aus den verkürzten Gleichungen (9.8) bei Verwendung der Variablentransformation (9.6) gewinnen.

In ihnen bedeuten

$$\Phi(K) = -\frac{1}{2\pi}\int_0^{2\pi} f[K\cos u,\ -K\sin u]\sin u\,du,$$

$$\Psi(K) = -\frac{1}{2\pi K}\int_0^{2\pi} f[K\cos u,\ -K\sin u]\cos u\,du \tag{9.12}$$

die Mittelwerte der periodischen Funktionen

$$-f[K\cos u,\ -K\sin u]\sin u,$$

$$-\frac{1}{K}f[K\cos u,\ -K\sin u]\cos u$$

(mit der Periode 2π) über u, die nur von K abhängen[1]).

Es soll nun die Untersuchung des verkürzten Gleichungssystems und die Konstruktion seiner Phasentrajektorien in der Ebene der VAN DER POLschen Variablen durchgeführt werden.

Hierbei wird mit der ersten Gleichung von (9.11)

$$\frac{dK}{dt} = \mu\Phi(K) \tag{9.11a}$$

begonnen, die unabhängig von der zweiten untersucht werden darf. Das qualitative Bild einer solchen Gleichung ist, wie gezeigt wurde, vollständig durch die Anordnung und den Charakter der Gleichgewichtszustände auf einer entsprechenden Phasengeraden festgelegt.

---

[1]) In der Tat, die rechten Seiten der verkürzten Gleichungen für K und ϑ — die Absolutglieder der FOURIERentwicklungen nach der explizit auftretenden Zeit in den rechten Seiten der Gleichungen (9.9) — sind jeweils gleich

$$\Phi = -\frac{1}{2\pi}\int_0^{2\pi} f[K\cos(\xi+\vartheta),\ -K\sin(\xi+\vartheta)]\sin(\xi+\vartheta)\,d\xi$$

und

$$\Psi = -\frac{1}{2\pi K}\int_0^{2\pi} f[K\cos(\xi+\vartheta),\ -K\sin(\xi+\vartheta)]\cos(\xi+\vartheta)\,d\xi$$

(die Integration wird bei festen Werten von K und ϑ ausgeführt). Setzt man sodann $u = \xi + \vartheta$ und beachtet die Periodizität des Integranden in bezug auf u (die Periode ist gleich 2π), so entsteht (9.12).

Es sei bemerkt, daß die verkürzten Gleichungen für abhängige Systeme der Form $\ddot{x} + x = \mu f(x, \dot{x}, t)$ ebenfalls durch Übergang zu langsam sich ändernden Variablen und nachfolgender Mittelbildung in den rechten Seiten der erhaltenen Gleichungen über die explizit vorkommende Zeit gewonnen werden können. Die verkürzten Gleichungen sind dann ebenfalls unabhängig, sie haben jedoch auch in den Polarkoordinaten K, ϑ keine trennbaren Veränderlichen.

Die Koordinaten dieser Gleichgewichtszustände sind Wurzeln der Gleichung

$$\Phi(K) = 0 \tag{9.13}$$

oder

$$-\frac{1}{2\pi}\int\limits_0^{2\pi} f[K\cos u,\ -K\sin u]\sin u\,du = 0. \tag{9.13a}$$

Ein Gleichgewichtszustand $K = K_i$ wird stabil sein, wenn

$$\Phi'(K_i) < 0 \tag{9.14}$$

oder[1])

$$\frac{1}{2\pi}\int\limits_0^{2\pi} f'_y(K_i\cos u,\ -K_i\sin u)\,du < 0 \tag{9.14a}$$

gilt; er ist instabil, wenn die Ungleichung

$$\Phi'(K_i) > 0$$

besteht.

Die übrigen Bewegungen streben entweder sowohl für $t \to +\infty$ als auch für $t \to -\infty$ asymptotisch zu Gleichgewichtszuständen oder sie verlaufen für $t \to +\infty$ zu einem Gleichgewichtszustand und für $t \to -\infty$ ins Unendliche usw.

Für diese Bewegungen lassen sich, wie stets in derartigen Fällen, auch analytische Ausdrücke angeben[2]).

---

[1]) Es gilt nämlich

$$\Phi'(K) = -\frac{1}{2\pi}\int\limits_0^{2\pi} f'_x\cos u\sin u\,du + \frac{1}{2\pi}\int\limits_0^{2\pi} f'_y\sin^2 u\,du$$

$$= -\frac{1}{2\pi K}\int\limits_0^{2\pi}[f'_x K\sin u + f'_y K\cos u]\cos u\,du + \frac{1}{2\pi}\int\limits_0^{2\pi} f'_y\,du$$

$$= \frac{1}{2\pi K}\int\limits_0^{2\pi}\frac{d}{du}\{f\cos u\}\,du + \frac{1}{2\pi K}\int\limits_0^{2\pi} f\sin u\,du + \frac{1}{2\pi}\int\limits_0^{2\pi} f'_y\,du$$

$$= \frac{1}{2\pi K}\int\limits_0^{2\pi} f\sin u\,du + \frac{1}{2\pi}\int\limits_0^{2\pi} f'_y\,du,$$

woraus auf Grund von (9.13)

$$\Phi'(K_i) = \frac{1}{2\pi}\int\limits_0^{2\pi} f'_y(K_i\cos u,\ -K_i\sin u)\,du.$$

folgt.

[2]) Hier soll nicht untersucht werden, ob sich die Integrale tatsächlich berechnen lassen, die diese analytischen Ausdrücke enthalten.

In der Tat, aus (9.11 a) entsteht

$$\mu(t-t_0)=\int\limits_{K_0}^{K}\frac{dK}{\Phi(K)},$$

wobei K_0 der Wert von K für $t=t_0$ bedeutet. Wird diese Gleichung nach K aufgelöst, so ergibt sich

$$K=K\{\mu(t-t_0)\}.$$

Nunmehr wird zur zweiten Gleichung

$$\frac{d\vartheta}{dt}=\mu\Psi(K) \tag{9.11 b}$$

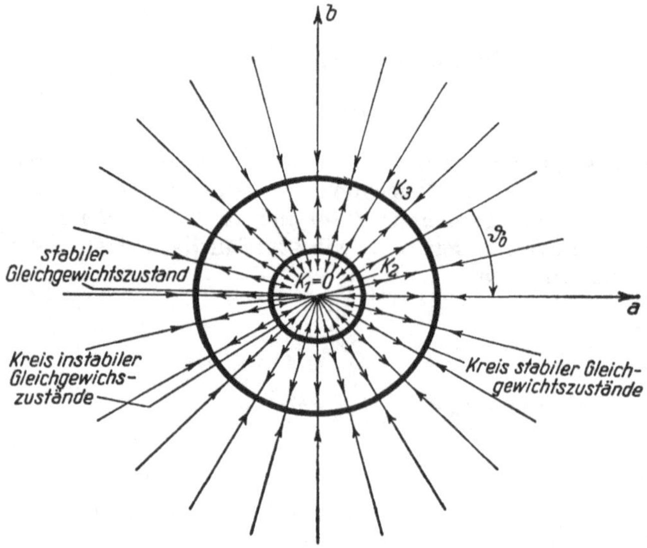

Abb. 121

von (9.11) übergegangen. Bei der Untersuchung sind zwei Fälle zu unterscheiden. Im ersten Fall, der sehr oft in der Praxis vorkommt, ist

$$\Psi(K)\equiv 0$$

oder

$$\frac{1}{2\pi K}\int\limits_0^{2\pi} f(K\cos u,\,-K\sin u)\cos u\,du\equiv 0.$$

Die zweite Gleichung ist dann ohne weiteres integrierbar:

$$\frac{d\vartheta}{dt}=0$$

oder

$$\vartheta = \text{const} = \vartheta_0,$$

und man kann sofort das Bild der Phasentrajektorien in der Ebene der VAN DER POLschen Variablen darstellen. Alle Integralkurven sind Geraden, die den Ursprung des Koordinatensystems durchlaufen und mit der positiven x-Achse alle möglichen Winkel $\vartheta = \text{const}$ bilden. Die Bewegungen entlang all dieser Geraden sind gleich und werden durch die Gleichung (9.11a) definiert. Die Wurzeln $K = K_i$ von Gleichung (9.13) liefern die Radien der Kreise, auf denen jeder Punkt Gleichgewichtszustand des verkürzten Systems ist. Als Beispiel sei in Abb. 121 das Bild der Trajektorienzerlegung in der Ebene der VAN DER POLschen Variablen (in der a, b-Ebene) für den Spezialfall angegeben, daß die verkürzte Gleichung (9.11a) drei Gleichgewichtszustände besitzt.

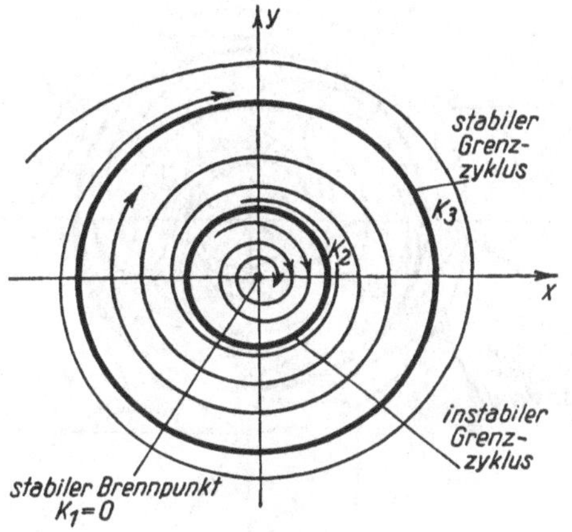

Abb. 122

Geht man nun von der rotierenden a, b-Ebene bei Verwendung der Transformationsformeln (9.4) oder (9.5) zur beweglichen x, y-Ebene über, so verwandeln sich die Kreise, die von den Gleichgewichtszuständen in der a, b-Ebene gebildet werden, in der x, y-Ebene in kreisförmige Grenzzyklen, die ebenfalls die Radien K_i besitzen (Abb. 122). Die Bildpunktbewegung längs irgendeines Zyklus mit einem Radius K_i erfolgt nach dem Gesetz

$$\begin{aligned} x &= a \cos t + b \sin t = K_i \cos (t + \vartheta_0), \\ y &= -a \sin t + b \cos t = -K_i \sin (t + \vartheta_0), \end{aligned} \tag{9.15}$$

wobei ϑ_0 beliebig gewählt werden kann. Die willkürliche Wahl der Anfangsphase ϑ für die periodischen Bewegungen entlang eines, in der x, y-Ebene liegenden Grenzzyklus ist durch den Umstand bedingt, daß die Gleichgewichtszustände der verkürzten Gleichungen in der a, b-Ebene vollständige Kreise bilden.

Man erkennt sofort, daß ein Grenzzyklus bahnstabil sein wird, wenn die entsprechenden Gleichgewichtszustände in der a, b-Ebene stabil sind und umgekehrt. Die übrigen Trajektorien, die in der a, b-Ebene durch Geradenabschnitte veranschaulicht werden, transformieren sich in der x, y-Ebene in Spiralen, die sich entweder für $t \to +\infty$ oder für $t \to -\infty$ auf die Grenzzyklen aufwickeln.

Es soll nun der zweite Fall untersucht werden, bei dem $\Psi(K) \not\equiv 0$ ist. Die Gleichung $\Psi(K) \equiv 0$ möge mehrere Wurzeln $\overline{K}_1, \overline{K}_2, \ldots, \overline{K}_m$ besitzen. Es sei dann vorausgesetzt, daß keine der Wurzeln $\overline{K}_1, \overline{K}_2, \ldots, \overline{K}_m$ mit den Zahlen $K_1, K_2, \ldots, K_n$ zusammenfällt, deren Bedeutung bereits erläutert wurde.

Man gelangt nun leicht, wenn die Gleichungen (9.11) verwendet werden, zu der Schlußfolgerung, daß die Gleichgewichtszustände von Gleichung (9.11a) in der a, b-Phasenebene kreisförmigen Grenzzyklen entsprechen, die wiederum die Radien

$K_1, K_2, \ldots, K_n$ besitzen. Die Bildpunktbewegung in der a, b-Phasenebene entlang irgendeinem Grenzzyklus mit einem Radius K_j unterliegt den Gleichungen

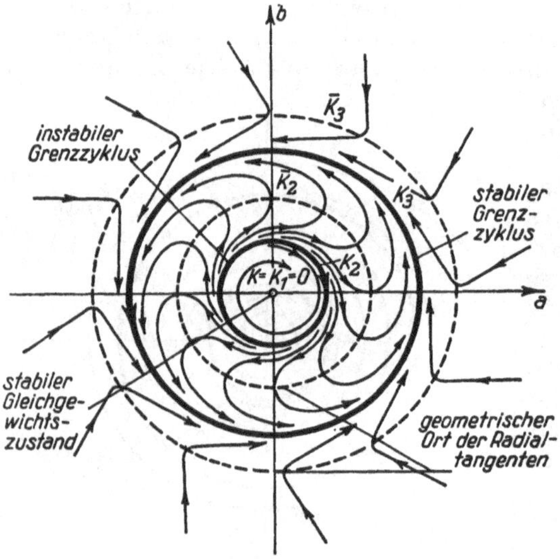

Abb. 123

$$K = K_j = \text{const},$$
$$\vartheta = \mu\Psi(K_j)\, t + \vartheta$$

oder

$$a = K_j \cos\{\mu\Psi(K_j)\, t + \vartheta_0\}$$
$$b = -K_j \sin\{\mu\Psi(K_j) t + \vartheta_0\}.$$

Die Stabilität oder Instabilität eines betrachteten Grenzzyklus ist durch die Stabilität oder Instabilität des entsprechenden Gleichgewichtszustandes der Gleichung (9.11a) festgelegt; die Bewegungsrichtung aber wird durch das Vorzeichen von $\Psi(K_j)$ definiert.

Bei den übrigen Kurven handelt es sich um Spiralen, die sich auf die Grenzzyklen (oder einen Gleichgewichtszustand) entweder für $t \to +\infty$ oder für $t \to -\infty$ aufwickeln (Abb. 123). Geht man nun auch in diesem Fall zu dem unbeweglichen Koordinatensystem über, dann ergibt sich ein Bild, das vollständig dem entspricht, welches in dieser Ebene bereits für den ersten Fall gewonnen wurde. Wiederum ergeben sich Grenzzyklen mit den Radien $K_1, K_2, \ldots, K_n$. Die Bewegung entlang eines solchen Grenzzyklus mit einem Radius $K = K_j$ ist durch die Gleichungen

$$x = K_j \cos\{[1 + \mu\Psi(K_j)]\, t + \vartheta_0\},$$
$$y = -K_j \sin\{[1 + \mu\Psi(K_j)]\, t + \vartheta_0\} \qquad (9.15\text{a})$$

gegeben[1]). Dieser Fall unterscheidet sich vom vorangegangenen nur dadurch, daß hier eine gewisse Korrektur der Frequenz $\Delta\omega = \mu\Psi(K_j)$ vorliegt, die in erster Näherung von μ einer Korrektur der Periode $\tau = -2\pi\mu\Psi(K_j)$ gleich kommt $\left[\text{d. h. einer relativen Korrektur von } \frac{\pi}{2\pi} = -\mu\Psi(K_j)\right]$. Die übrigen Trajektorien sind wiederum Spiralen, die sich langsam auf die Grenzzyklen oder um den Gleichgewichtszustand $x = 0$, $y = 0$ aufwickeln, wenn der letztere existiert und stabil ist.

Bisher wurden nur Untersuchungsergebnisse der verkürzten Gleichungen [der Gleichungen (9.8) bzw. der Gleichungen (9.11)] in der x, y-Hauptebene gedeutet. Nunmehr entsteht die Frage, in welchem Maße diese Resultate die Eigenschaften der Lösungen der Ausgangsgleichungen (9.2) widerspiegeln.

---

[1]) Es sei hervorgehoben, daß für diese Lösung $\frac{dx}{dy}$ nur mit einer Genauigkeit der Größenordnung μ gleich y ist.

Man kann nun beweisen (und darin besteht auch die Begründung der VAN DER POLschen Methode), daß die Zerlegung der x, y-Phasenebene in Trajektorien, die soeben durch die Lösungen der verkürzten Gleichungen erhalten wurde, für hinreichend kleine μ das Bild der Phasentrajektorien des Ausgangsgleichungssystems (9.2) approximiert. Diese Formulierung kann noch exakter gefaßt werden. In bezug auf die Grenzzyklen läßt sich beweisen, daß für hinreichend kleine μ die Gleichungen (9.2) tatsächlich Grenzzyklen besitzt (wenn die Gleichung $\Phi(K) = 0$ die einfachen Wurzeln K_i besitzt), die Kreisen mit den Radien K_i ähnlich sind und daß es keine anderen Grenzzyklen gibt. Diese Grenzzyklen, die periodischen, nahezu sinusförmigen Bewegungen entsprechen, sind stabil, wenn die Ungleichung $\Phi'(K_i) < 0$ besteht[1]).

Was nun die Lösungen angeht, die Entstehungsprozessen (Einschwingvorgängen) zugeordnet sind, so kann nach L. I. MANDELSTAM und N. D. PAPALEKSI [90] bewiesen werden, daß die Lösungen der verkürzten Gleichungen sich von den Lösungen der Ausgangsgleichungen (9.2) bei gleichen Anfangsbedingungen im Verlauf eines beliebig großen Zeitintervalls $\frac{D}{\mu}$ beliebig wenig unterscheiden (D bedeutet eine positive, beliebig große Zahl), wenn nur der Parameter μ hinreichend klein ist.

§ 3. Begründung der Methode von van der Pol

1. *Die Begründung der* VAN DER POL*schen Methode für Einschwingvorgänge* [90], [149]

Um die letzte Behauptung zu beweisen, die am Ende des vorangegangenen Paragraphen in bezug auf die approximierenden Eigenschaften des Ausdrucks (9.9) aufgestellt und mit Hilfe der Lösung der verkürzten Gleichung gewonnen wurde, genügt es, die Richtigkeit des folgenden Satzes nachzuweisen:

Satz I. *Es bedeute* $a = a(t)$, $b = b(t)$ *die Lösung des „vollständigen“ Systems*

$$\frac{da}{dt} = \mu \left\{\frac{\varphi_0(a, b)}{2} + \sum_j [\varphi_j(a, b) \cos jt + \overline{\varphi}_j(a, b) \sin jt]\right\},$$
$$\frac{db}{dt} = \mu \left\{\frac{\Psi_0(a, b)}{2} + \sum_j [\psi_j(a, b) \cos jt + \overline{\psi}_j(a, b) \sin jt]\right\} \tag{9.7a}$$

und $a = a_0(t)$, $b = b_0(t)$ *die Lösung des Systems der verkürzten Gleichungen*

$$\frac{da}{dt} = \mu \frac{\varphi_0(a, b)}{2},$$
$$\frac{db}{dt} = \mu \frac{\psi_0(a, b)}{2}, \tag{9.8}$$

[1]) In § 5 dieses Kapitels wird bei der Behandlung der POINCARÉschen Methode ein Ausdruck für die Periode der selbsterregten Schwingungen in Form einer Reihe erhalten, der nach Potenzen des Parameters μ fortschreitet. Dabei ist der Koeffizient des Gliedes, welches μ proportional ist, gleich $-2\pi\Psi(K_i)$.

die beide den gleichen Anfangsbedingungen $a(t_0) = a_0(t_0)$, $b(t)_0 = b_0(t_0)$ *für* $t = t_0$ *genügen. Nach Vorgabe von positiven Zahlen* ε *und* D (ε *kann beliebig klein und* D *beliebig groß sein) läßt sich dann stets ein hinreichend kleines* μ *so bestimmen, daß*

$$|a(t) - a_0(t)| < \varepsilon,$$

$$|b(t) - b_0(t)| < \varepsilon$$

oder

$$t_0 \leqq t \leqq t_0 + \frac{D}{\mu}$$

gilt.

Beweis. Vor allem sei hervorgehoben, daß sich die verkürzten Gleichungen (9.8) durch die Zeittransformation $\tau = \mu t$ (hier bedeutet τ die sogenannte „reduzierte“ Zeit) auf die Form

$$\frac{da}{d\tau} = \frac{\varphi_0'(a, b)}{2},$$

$$\frac{db}{d\tau} = -\frac{\psi_0(a, b)}{2}$$

bringen lassen. Aus diesem Grund hängt ihre Lösung nur von der „reduzierten“ Zeit τ und von den Anfangsbedingungen für ein gewisses $\tau = \tau_0$ ab. Wenn also die Anfangswerte $a_0(t_0)$, $b_0(t_0)$ und ein Intervall D der „langsamen“ Zeit vorgegeben werden, dann bedeutet das in der a, b-Ebene die Vorgabe einer gewissen endlichen, nicht von μ abhängenden Phasentrajektorie $a = a_0(t)$, $b = b_0(t)$ $\left(t_0 \leqq t \leqq t_0 + \frac{D}{\mu}\right)$ der verkürzten Gleichungen. Im vorliegenden Satz wird also behauptet, daß die Lösung der verkürzten Gleichungen, wie oben angegeben als Näherung längs eines beliebig vorgegebenen Bogens der Phasentrajektorien der verkürzten Gleichungen brauchbar ist (in endlichen Intervallen der Veränderlichen a und b).

Zur Abkürzung der Rechnungen soll der oben formulierte Satz für den Fall einer Gleichung erster Ordnung

$$\frac{da}{dt} = \mu F(a, t) \tag{9.16}$$

bewiesen werden. Die zugehörige verkürzte Gleichung lautet dann:

$$\frac{da}{dt} = \mu f(a). \tag{9.17}$$

Hier bedeutet $F(a, t)$ eine in bezug auf die explizit vorkommende Zeit t periodische Funktion (mit der Periode 2π) und

$$f(a) = \frac{1}{2\pi} \int_0^{2\pi} F(a, \xi)\, d\xi,$$

deren Mittelwert über t bei beliebigem, festem a. Es sei bemerkt, daß die Funktion $F(a, t)$ in der Form

$$F(a, t) = f(a) + \varphi(a, t) \tag{9.18}$$

dargestellt werden kann, wobei $\varphi(a, t)$ offensichtlich eine in t periodische Funktion (der Periode 2π) bedeutet und (ebenfalls für t und beliebiges, aber festes a) den Mittelwert Null hat. Es gilt also für beliebiges a und t

$$\int_t^{t+2\pi} \varphi(a, \xi)\, d\xi \equiv 0. \tag{9.19}$$

Der Beweis für den hier interessierenden Fall des Systems zweiter Ordnung (9.7a) (oder für ein Gleichungssystem beliebiger Ordnung, das langsam sich ändernde Variablen enthält) unterscheidet sich in der Anlage nicht von dem Beweis, der im weiteren durchgeführt wird.

Es sollen nun die Lösung $a = a(t)$ der „vollständigen" Gleichung (9.16) und die Lösung $a = a_0(t)$ der verkürzten Gleichung (9.17) betrachtet werden, die beide ein und derselben Anfangsbedingung

$$a(t_0) = a_0(t_0) = \eta \quad \text{für} \quad t = t_0$$

genügen.

Für das Weitere wird angenommen, daß auf einem gewissen Variationsintervall von a

$$|a - \eta| < A \tag{9.20}$$

und bei beliebigem t die Funktionen $f(a)$ und $F(a, t)$ [oder $f(a)$ und $\varphi(a, t)$] stetig und beschränkt sind und außerdem Lipschitzbedingungen genügen. Es existieren dann also positive Zahlen M, P, Q und B, so daß für beliebige a, a' und a'' aus Intervall (9.20) und beliebiges t die Ungleichungen[1])

$$\begin{gathered} |f(a)| < M, \quad |\varphi(a, t)| < P, \\ |\varphi(a'', t) - \varphi(a', t)| < Q\,|a'' - a'|, \\ |F(a'', t) - F(a', t)| < B\,|a'' - a'| \end{gathered} \tag{9.21}$$

erfüllt sind. Hierzu sei bemerkt, daß die letzten beiden Ungleichungen von (9.21) auf Grund eines Satzes von Lagrange über den endlichen Zuwachs von Funktionen sicher erfüllt sind, wenn die Funktionen $f(a)$ und $F(a, t)$ im Intervall (9.20) stetige und beschränkte Ableitungen nach a besitzen.

Man muß nun beweisen, daß nach beliebiger Vorgabe von positiven Zahlen ε und D (ε soll beliebig klein sein) stets ein hinreichend kleines μ so angegeben werden kann, daß für alle t, die der Bedingung

$$0 \leqq \mu(t - t_0) \leqq D$$

genügen, die Ungleichung

$$|a(t) - a_0(t)| < \varepsilon$$

erfüllt ist. Der Zahl D ist nur eine Einschränkung auferlegt: D muß so beschaffen sein, daß die Lösung $a_0(t)$ für beliebiges μ und alle t, die der Ungleichung

[1]) Den Werten von t brauchen infolge der Stetigkeit und Periodizität von $\varphi(a, t)$ in bezug auf t keine Beschränkungen auferlegt werden.

$0 \leqq \mu(t - t_0) \leqq D$ genügen, die Grenzen des oben angegebenen Intervalls (9.20) nicht überschreitet, d. h. es muß

$$|a_0(t) - \eta| < A \tag{9.22}$$

für

$$0 \leqq \mu(t - t_0) \leqq D$$

gelten.

Eine Zahl D von dieser Beschaffenheit läßt sich stets angeben, da die Lösung $a_0(t)$ nur eine Funktion von $\mu(t - t_0)$ ist. Es sei hervorgehoben, daß auch hier mit der Vorgabe des Anfangswertes μ und eines Intervalls D der „reduzierten" Zeit auf der Trajektorie $a = a_0(t)$ der verkürzten Gleichung ein gewisser Abschnitt endlicher Länge vorgegeben wird. Man hat also zu beweisen, daß die Lösung $a_0(t)$ für ausreichend kleines μ die Lösung $a(t)$ auf diesem ganzen Trajektorienabschnitt der verkürzten Gleichung, d. h. bei endlich großen Änderungen der Veränderlichen a, approximiert.

Für den Beweis des Satzes soll die Lösung von Gleichung (9.16) bei Anwendung sukzessiver Näherungen ermittelt werden, wobei $a_0(t)$ als nullte Näherung angenommen wird. Um die erste Näherung zu bestimmen, trägt man $a_0(t)$ in die rechte Seite von Gleichung (9.16) ein und integriert:

$$a_1(t) = \eta + \mu \int_{t_0}^{t} F[a_0(t), t]\, dt. \tag{9.23}$$

Ebenso findet man die zweite Näherung

$$a_2(t) = \eta + \mu \int_{t_0}^{t} F[a_1(t), t]\, dt. \tag{9.24}$$

Für die n-te Näherung ergibt sich schließlich

$$a_n(t) = \eta + \mu \int_{t_0}^{t} F[a_{n-1}(t), t]\, dt. \tag{9.25}$$

Bei Erfüllung der Bedingungen (9.21) existiert bekanntlich $\lim_{n\to\infty} a_n(t)$ und $a(t)$ ist die einzige Lösung von Gleichung (9.16), die der Anfangsbedingung $a(t_0) = \eta$ genügt[1]).

Die Differenzen $a_n - a_0$ sollen nun nacheinander abgeschätzt werden. Für die erste Näherung hat man

$$a_1(t) = \eta + \mu \int_{t_0}^{t} F[a_0(t), t]\, dt = \eta + \mu \int_{t_0}^{t} f[a_0(t)]\, dt + \mu \int_{t_0}^{t} \varphi[a_0(t), t]\, dt.$$

---

[1]) Die Methode der sukzessiven Approximation und der Beweis, daß die Funktionen $a_n(t)$ für $n \to \infty$ gegen die Lösung der Gleichung (9.16) konvergieren, finden sich beispielsweise in [113].

Wegen

$$\eta + \mu \int_{t_0}^{t} f[a_0(t)]\,dt \equiv a_0(t)$$

entsteht

$$a_1(t) - a_0(t) = \mu \int_{t_0}^{t} \varphi[a_0(t), t]\,dt.$$

Es ist nachzuweisen, daß das auf der rechten Seite stehende Integral beschränkt ist. Zu diesem Zweck wird mit N der ganzzahlige Bestandteil des Bruches $\frac{t - t_0}{2\pi}$ bezeichnet. N gibt dann die Anzahl der Perioden des Integranten an (in bezug auf die explizit vorkommende Zeit t), die vollständig im Integrationsintervall $[t_0, t]$ liegen. Wegen (9.19) ist dann

$$\int_{t_0}^{t} \varphi[a_0(t), t]\,dt = \sum_{k=0}^{N-1} \int_{t_0+2\pi k}^{t_0+2\pi(k+1)} \varphi[a_0(t), t]\,dt + \int_{t_0+2\pi N}^{t} \varphi[a_0(t), t]\,dt$$

$$= \sum_{k=0}^{N-1} \int_{t_0+2\pi k}^{t_0+2\pi(k+1)} \{\varphi[a_0(t), t] - \varphi[a_0(t_0 + 2\pi k), t]\}\,dt + \int_{t_0+2\pi N}^{t} \varphi[a_0(t), t]\,dt.$$

Benutzt man die Ungleichungen (9.21) und den Satz von LAGRANGE über den endlichen Zuwachs von Funktionen, so wird

$$|\varphi[a_0(t), t] - \varphi[a_0(t_0 + 2\pi k), t]| < Q\,|a_0(t) - a_0(t_0 + 2\pi k)|$$
$$< \mu M Q\,|t - (t_0 + 2\pi k)|$$

und folglich

$$\left|\int_{t_0+2\pi k}^{t_0+2\pi(k+1)} \{\varphi[a_0(t), t] - \varphi[a_0(t_0 + 2\pi k), t]\}\,dt\right| < \mu M Q \int_{t_0+2\pi k}^{t_0+2\pi(k+1)} [t - (t_0 + 2\pi k)\,dt = 2\pi^2 \mu M Q.$$

Auf Grund von $\mu N \leqq D$ und $\left|\int_{t_0+2\pi N}^{t} \varphi[a_0(t), t]\,dt\right| < 2\pi P$ ist auch

$$\left|\int_{t_0}^{t} \varphi[a_0(t), t]\,dt\right| < 2\pi^2 M Q D + 2\pi P.$$

Man hat also

$$|a_1(t) - a_0(t)| < \mu S \tag{9.26}$$

mit

$$S = 2\pi^2 M Q D + 2\pi P.$$

Die abzuschätzende Differenz ist also von der Größenordnung μ.

In bezug auf die Abschätzung der Differenz $a_2(t) - a_0(t)$ sei hervorgehoben, daß die Ungleichung

$$|a_2(t) - a_0(t)| \leqq |a_2 - a_1| + |a_1 - a_0|$$

besteht. Es ist

$$a_2 - a_1 = \mu \int_{t_0}^{t} [F(a_1, t) - F(a_0, t)]\, dt.$$

Findet die letzte der Ungleichungen (9.21) Verwendung, so entsteht

$$|a_2(t) - a_1(t)| < \mu B \int_{t_0}^{t} |a_1 - a_0|\, dt < \mu^2 BS\, |t - t_0| \leqq \mu BSD,$$

woraus sich

$$|a_2(t) - a_0(t)| < \mu S(1 + BD) \tag{9.27}$$

ergibt. Desweiteren hat man

$$|a_3(t) - a_0(t)| \leqq |a_3 - a_2| + |a_2 - a_1| + |a_1 - a_0|$$

und

$$\begin{aligned} |a_3 - a_2| &= \mu \left| \int_{t_0}^{t} [F(a_2, t) - F(a_1, t)]\, dt \right| \\ &< \mu B \int_{t_0}^{t} |a_2 - a_1|\, dt < \mu^3 B^2 S\, \frac{|t - t_0|^2}{1 \cdot 2} \\ &\leqq \mu S\, \frac{(BD)^2}{1 \cdot 2}, \end{aligned}$$

woraus

$$|a_3 - a_0| < \mu S \left[1 + BD + \frac{(BD)^2}{1 \cdot 2}\right] \tag{9.28}$$

folgt. Wird dieses Verfahren fortgesetzt, so hat man schließlich

$$|a_n - a_{n-1}| < \mu S\, \frac{(BD)^{n-1}}{(n-1)!},$$

$$|a_n - a_0| < \mu S \left[1 + BD + \frac{(BD)^2}{1 \cdot 2} + \cdots + \frac{(BD)^{n-1}}{(n-1)!}\right] < \mu S e^{BD}. \tag{9.29}$$

Da $\lim_{n\to\infty} a_n(t)$ Lösung von Gleichung (9.16) ist, wird daraus

$$|a - a_0| \leqq \mu S e^{BD}. \tag{9.30}$$

Dennoch sind alle Abschätzungen, die beispielsweise bei Verwendung der Ungleichungen (9.21) entstanden sind, nur solange gültig, wie sich alle Funktionen $a_j(t)$ in den oben genannten Grenzen befinden, solange also die Ungleichung

$$|a_j(t) - \eta| < A \tag{9.31}$$

für

$$0 \leqq \mu(t - t_0) \leqq D$$

besteht.

Es soll nun festgestellt werden, ob diese Bedingung erfüllt ist. Auf Grund der Ungleichung (9.22) existiert offensichtlich eine solche Zahl α ($\alpha > 0$)[1]), daß

$$|a_0(t) - \eta| \leqq A - \alpha \tag{9.32}$$

für alle t gilt, die der Bedingung

$$0 \leqq \mu(t - t_0) \leqq D$$

genügen. Wird nun zu $a_1(t)$ übergegangen, so ergibt sich auf der Grundlage von (9.26) für alle Werte von t

$$|a_1(t) - \eta| \leqq |a_1 - a_0| + |a_0 - \eta| < |\mu S + A - \alpha|,$$

woraus folgt, daß die Ungleichung $\mu S < \alpha$ zur Erfüllung der Ungleichung (9.31) für $a_1(t)$ hinreichend ist.

Desweiteren gilt

$$|a_2(t) - \eta| \leqq |a_2 - a_0| + |a_0 - \eta| < |\mu S(1 + BD) + A - \alpha|.$$

Damit also $|a_2 - \eta|$ kleiner als A ist, genügt es,

$$\mu S(1 + BD) < \alpha$$

zu wählen.

Wird dieses Verfahren weiter fortgesetzt, so erkennt man ohne Schwierigkeiten, daß alle durchgeführten Abschätzungen richtig sind, wenn $\mu S e^{BD} < \alpha$ ist.

Wie klein auch ε sein mag, es läßt sich stets ein μ so angeben, daß die Ungleichungen

$$\mu S e^{BD} < \alpha \tag{9.33}$$

und

$$|a(t) - a_0(t)| < \mu S e^{BD} < \varepsilon$$

für alle t bestehen, die der Bedingung $\mu(t - t_0) \leqq D$ genügen. Hierfür genügt es, μ kleiner als die kleinste der beiden Zahlen

$$\frac{\alpha}{S e^{BD}}, \quad \frac{\varepsilon}{S e^{BD}}$$

zu wählen.

Damit ist der Beweis des angegebenen Satzes abgeschlossen.

Bei entsprechenden Voraussetzungen in bezug auf die Eigenschaften der rechten Seiten der Gleichungen läßt sich auch der Satz vollständig beweisen, der zu Beginn des Paragraphen für das System (9.7a) zweiter Ordnung formuliert wurde. Wird von den langsam sich ändernden Variablen a, b zu x, y übergegangen, so lassen sich die folgenden Behauptungen aufstellen:

In einem gewissen Bereich A (beispielsweise im Inneren eines Kreises mit einem Radius R und dem Mittelpunkt im Koordinatenursprung) möge die

[1]) Die Größe α ist festgelegt, sobald D vorgegeben und A ausgewählt ist. Die Wahl von μ hat keinen Einfluß auf α.

Funktion $f(x, y)$ in den Gleichungen

$$\dot{x} = y, \qquad \dot{y} = -x + \mu f(x, y) \tag{9.2}$$

stetig und beschränkt sein und LIPSCHITZbedingungen genügen (für das letztere reicht es aus, wenn f stetige und beschränkte Ableitungen nach x und y besitzt[1]).

$$x_0(t) = a_0(t) \cos t + b_0(t) \sin t = K_0(t) \cos [t + \vartheta_0(t)],$$
$$y_0(t) = a_0(t) \sin t + b_0(t) \cos t = -K_0(t) \sin [t + \vartheta_0(t)] \tag{9.9}$$

sei eine Näherungslösung. $a_0(t), b_0(t)$ bzw. $K_0(t), \vartheta_0(t)$ bedeuten darin die Lösungen der verkürzten Gleichungen (9.8) bzw. (9.11), während $x = x(t)$, $y = y(t)$ die Lösung des Gleichungssystems (9.2) bezeichnen. Beide Lösungen mögen den gleichen Anfangsbedingungen

$$x(t_0) = x_0(t_0),$$
$$y(t_0) = y_0(t_0)$$
$$\text{für } t = t_0$$

genügen. Nach Vorgabe von beliebigen positiven Zahlen ε und D[2]) kann dann stets eine so kleine Zahl μ angegeben werden, daß

$$|x(t) - x_0(t)| < \varepsilon,$$
$$|y(t) - y_0(t)| < \varepsilon$$

für alle t erfüllt ist, die der Bedingung

$$0 \leqq \mu(t - t_0) \leqq D$$

genügen (d. h. bei endlichen Veränderungen der sich langsam ändernden Variablen a, b oder K, ϑ).

2. Begründung der Methode von VAN DER POL *für stationäre Schwingungen*

Der folgende Satz soll nun bewiesen werden:

Satz II. *Besitzt die Gleichung $\Phi(K) = 0$ die einfache Wurzel K_i ($\Phi'(K_i) \neq 0$), so kann nach Vorgabe einer beliebig kleinen positiven Zahl ε stets ein so kleiner Parameterwert μ angegeben werden, daß das System* (9.2) *einen Grenzzyklus besitzt,*

[1]) Offensichtlich gewährleisten diese Bedingungen die Stetigkeit und die Beschränktheit der rechten Seiten der Gleichungen, die auf langsam sich ändernde Variablen transformiert werden sollen [die rechten Seiten der Gleichungen (9.7) oder (9.10)]; für sie sind dann auch die LIPSCHITZbedingungen erfüllt.

[2]) ε darf beliebig klein sein, und D muß die Eigenschaft besitzen, daß für $0 \leqq \mu(t - t_0) \leqq D$ die Näherungslösung (9.9) die Begrenzungen des Bereichs A nicht überschreitet.

der in der ε-Umgebung des Kreises $x^2 + y^2 = K^2$ liegt. Dieser Grenzzyklus ist stabil, wenn $\Phi'(K_i) < 0$ gilt und instabil, wenn die Ungleichung $\Phi'(K_i) > 0$ gilt.

Beweis. Beim Beweis dieser Behauptung sei im weiteren vorausgesetzt, daß die Funktion $\Phi(K)$ wenigstens in einer gewissen Umgebung der Wurzel K_i eine stetige Ableitung besitzt. Das ist der Fall, wenn die Funktion $f(x, y)$ in den Gleichungen (9.2) stetige Ableitungen hat (s. Formel (9.14a) und die sich auf sie beziehende Fußnote).

Der Bestimmtheit wegen sei vorausgesetzt, daß für die einfache Wurzel K_i der Gleichung $\Phi(K) = 0$ die Ungleichung $\Phi'(K_i) < 0$ besteht[1]). $K = K_i$ ist dann stabiler Gleichgewichtszustand der ersten verkürzten Gleichung

$$\frac{dK}{dt} = \mu\Phi(K). \tag{9.11a}$$

In der x, y-Phasenebene gibt es dann einen stabilen Grenzzyklus der verkürzten Gleichungen, und zwar den Kreis mit dem Radius K_i. Man betrachtet nun eine willkürliche, hinreichend kleine ε-Umgebung dieses Kreises (Abb. 124) von der Beschaffenheit, daß in ihr, d. h. für $K_i - \varepsilon \leqq K = K_i + \varepsilon$, die Beziehung

$$\Phi'(K) \leqq -\beta \tag{9.34}$$

besteht, wobei β eine gewisse, positive Zahl bedeutet. Das ist immer möglich, da es sich bei $\Phi'(K)$ um eine stetige Funktion handelt und $\Phi'(K_i) < 0$ ist.

Man betrachtet sodann in der x, y-Phasenebene die Trajektorie L

$$x = x(t),$$
$$y = y(t)$$

der Gleichungen (9.2) und die Trajektorie L_0

$$x_0(t) = K_0(t)\cos[t + \vartheta_0(t)],$$
$$y_0(t) = -K_0(t)\sin[t + \vartheta_0(t)]$$

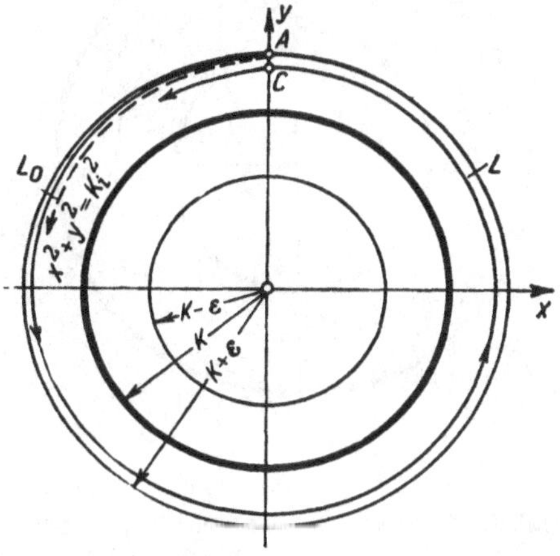

Abb. 124

der verkürzten Gleichungen, die beide für $t = 0$ durch ein und denselben Punkt A $(0, K_i + \varepsilon)$ laufen. Hierbei bedeutet wie früher $K_0(t)$, $\vartheta_0(t)$ die Lösung der verkürzten Gleichungen (9.11). Die Trajektorie L_0 ist eine Spirale, die sich für $t \to +\infty$ dem Kreis $x^2 + y^2 = K_i^2$ aufwickelt, da wegen (9.34) für $K_i \leqq K \leqq K_i + \varepsilon$

$$\Phi(K) \leqq -\beta(K - K_i) < 0 \tag{9.34a}$$

ist und folglich $K_0(t)$ monoton abnimmt, wobei es für $t \to +\infty$ zu K_i strebt.

---

[1]) Der Beweis für den Fall $\Phi'(K_i) > 0$ läßt sich auf den weiter unten durchgeführten Beweis zurückführen, wenn dort t durch $-t$ ersetzt wird. $\Phi'(K_i) = 0$ kann nicht auftreten, da es sich bei den K_i um einfache Wurzeln der Gleichung $\Phi(K) = 0$ handelt.

Man wählt nun ein solches Intervall D der reduzierten Zeit, daß für $t = \frac{D}{\mu}$

$$K_0(t) - K_i \leqq \frac{\varepsilon}{2}$$

ist und die Trajektorie L_0 nach dem Zeitintervall $\frac{D}{\mu}$ mehr als einmal den Koordinatenursprung umlaufen hat[1]).

Auf Grund des in Abschnitt 1 dieses Paragraphen formulierten Satzes existiert ein solches $\mu = \mu(\varepsilon, D)$, für das der Bildpunkt $[x(t), y(t)]$ die Begrenzung der $\frac{\varepsilon}{2}$-Umgebung des Punktes $[x_0(t), y_0(t)]$ im ganzen Zeitintervall $0 \leqq t \leqq \frac{D}{\mu}$ nicht überschreitet. Dieser Parameterwert μ wird im Gleichungssystem (9.2) gewählt. Bei diesem Wert von μ befindet sich der Punkt $\left[x\left(\frac{D}{\mu}\right), y\left(\frac{D}{\mu}\right)\right]$ der Trajektorie L offensichtlich im Inneren der vorgegebenen ε-Umgebung des Kreises $x^2 + y^2 = K_i^2$, und die Trajektorie L selbst führt mehr als einen Umlauf im Verlauf des Zeitintervalls $0 \leqq t \leqq \frac{D}{\mu}$ um den Koordinatenursprung aus. Da L Phasentrajektorie des unabhängigen Systems (9.2) ist und sich deshalb nicht selbst überschneiden kann, wird ihr erster Schnittpunkt mit der y-Achse (für $t > 0$) ein Punkt P mit einer Ordinate

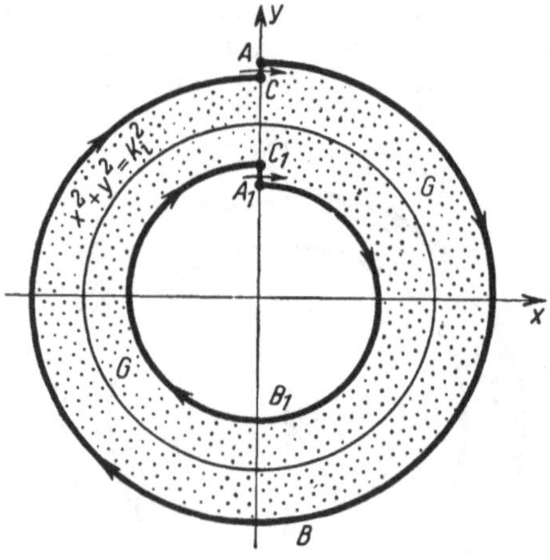

Abb. 125

$$y_c < K_i + \varepsilon$$

sein. Aus diesem Grund können durch die geschlossene Kurve $ABCA$ (Abb. 125), die von dem Trajektorienbogen ABC von L und der Strecke CA auf der y-Achse gebildet wird, die Phasentrajektorien des Systems (9.2) für zunehmendes t nur in den Bereich hineinführen, der von dieser Kurve umschlossen wird[2]).

[1]) Nach (9.34) hat man für $K_i \leqq K \leqq K_i + \varepsilon$

$$\frac{dK}{dt} = \mu\Phi(K) \leqq -\mu\beta(K - K_i),$$

d. h., für die Trajektorie L_0 besteht die Ungleichung

$$0 < K_0(t) - K_i \leqq \varepsilon e^{-\mu\beta t}.$$

Aus diesem Grund kann $D = \frac{1}{\varepsilon} \ln 2$ für das hier erforderliche Intervall D der langsamen Zeit gewählt werden. Die Anzahl der Umläufe der Spirale L_0 nach Verlauf dieses Zeitintervalls kann beliebig ausfallen, jenachdem wie klein μ gewählt wird.

[2]) Die Trajektorien des Systems (9.2) können das Bogenstück ABC der Trajektorie L des Gleichungssystems nicht überschneiden, auf dem Abschnitt CA der y-Achse gilt aber $\dot{x} = y > 0$.

Auf die gleiche Weise läßt sich eine andere geschlossene Kurve $A_1B_1C_1A_1$ konstruieren. Sie besteht aus dem Bogen $A_1B_1C_1$ der Trajektorie des Systems (9.2), die den Punkt A_1 $(0, -K_i - \varepsilon)$ durchläuft und aus der Strecke C_1A_1 auf der y-Achse. Auf dieser Kurve können die Trajektorien (ebenfalls für wachsendes t) nur in deren äußeres Gebiet gelangen.

Auf die angegebene Weise erhält man also in der x, y-Phasenebene ein ringförmiges Gebiet G, das von den Kurven $ABCA$ und $A_1B_1C_1A_1$ (Abb. 125) begrenzt wird, und das die Trajektorien des Systems (9.2) für zunehmendes t nicht verlassen können. Da in diesem Gebiet keinerlei Gleichgewichtszustände des Systems (9.2) liegen[1]), befindet sich in ihm, d. h. in der ε-Umgebung des Kreises $x^2 + y^2 = K_i^2$, nach einem Satz der qualitativen Theorie der Differentialgleichungen zweiter Ordnung (s. Kap. VI, § 2) ein stabiler Grenzzyklus des Systems (9.2) mit dem oben ausgewählten Parameterwert μ.

Der Existenzbeweis für einen instabilen Grenzzyklus des Systems (9.2) bei ausreichend kleinem μ, der in der Nachbarschaft des Kreises $x^2 + y^2 = K_i^2$ liegt, wobei K_i Wurzel der Gleichung $\Phi(K) = 0$ ist und $\Phi'(K_i) > 0$ gilt, läßt sich auf die soeben durchgeführten Überlegungen zurückführen, wenn t durch $-t$ ersetzt wird. Damit ist der Satz bewiesen[2]), der am Anfang des angegebenen Abschnitts von § 2 formuliert wurde.

Als Abschluß dieses Paragraphen soll nun noch bewiesen werden, daß für hinreichend kleine μ das Gleichungssystem (9.2) keine Grenzzyklen besitzt, die außerhalb kleiner Umgebungen eines Kreises $x^2 + y^2 = K_i^2$ liegen. Anders ausgedrückt, es soll bewiesen werden, daß sich durch die Bestimmung der Wurzeln K_i der Gleichung $\Phi(K) = 0$ (sie seien sämtlich einfach) alle Grenzzyklen des Gleichungssystems (9.2) mit ausreichend kleinen Parameterwerten μ finden lassen. Exakt wird folgendes bewiesen:

Es gelte $\Phi(K) \neq 0$ für $0 \leqq R_1 \leqq K \leqq R_2$; dann existieren hinreichend kleine Parameterwerte

$$0 < \mu \leqq \mu_0$$

von der Beschaffenheit, daß das Gleichungssystem (9.2) im ringfömigen Gebiet R

$$R_1^2 \leqq x^2 + y^2 \leqq R_2^2$$

keine Grenzzyklen besitzt.

Es sei also $\Phi(K) > 0$ für $R_1 \leqq K \leqq R_2$. Auf Grund der Stetigkeit von $\Phi(K)$ [diese liegt bestimmt vor, da $f(x, y)$ stetig ist] existieren positive Zahlen ε und Φ_0, so daß für

$$R_1 \leqq K \leqq R_2 + \varepsilon$$

$$\Phi(K) > \Phi_0 > 0 \tag{9.35}$$

---

[1]) Der einzige Gleichgewichtszustand des Systems (9.2) für hinreichend kleines μ liegt auf der x-Achse in der Nähe des Koordinatenursprungs. Seine Abszisse wird von Gleichung

$$-x + \mu f(x_1 0) = 0$$

definiert.

[2]) Für den Beweis wurde ein Satz über die Existenz eines Grenzzyklus verwendet, der nur für unabhängige Systeme zweiter Ordnung Gültigkeit hat. Der Beweis der analogen Behauptung für Systeme mit einer beliebigen Anzahl von Freiheitsgraden ist in den Arbeiten von N. N. BOGOJUBOW [35, 36] enthalten.

ist. Man betrachtet dann in der x, y-Ebene die Trajektorie L

$$x = x(t),$$
$$y = y(t)$$

des Systems (9.2) und die Trajektorie L_0

$$x_0(t) = K_0(t) \cos [t + \vartheta_0(t)],$$
$$y_0(t) = -K_0(t) \sin [t + \vartheta_0(t)]$$

der verkürzten Gleichungen, die beide für $t = 0$ in irgendeinem Punkt des Kreises $x^2 + y^2 = R_1^2$ beginnen (Abb. 126). Für die Lösung $K = K_0(t)$ der ersten verkürzten Gleichung hat man offensichtlich auf $R_1 \leqq K \leqq R_2 + \varepsilon$

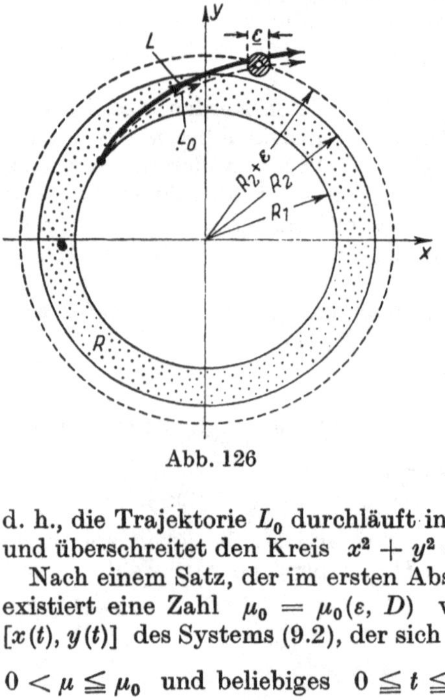

Abb. 126

$$\frac{dK}{dt} > \mu \Phi_0 > 0,$$

d. h., für die Trajektorie L ist auf diesem Variationsintervall von $K_0(t)$ (auch für $t > 0$)

$$K_0(t) > R_1 + \mu \Phi_0 t.$$

Folglich hat man

$$K_0\left(\frac{D}{\mu}\right) > R_2 + \varepsilon$$

für

$$t = \frac{R_2 + \varepsilon - R_1}{\mu \Phi_0} = \frac{D}{\mu},$$

d. h., die Trajektorie L_0 durchläuft in einer Zeit $0 \leqq t \leqq \frac{D}{\mu}$ das Ringgebiet R und überschreitet den Kreis $x^2 + y^2 = (R_2 + \varepsilon)^2$.

Nach einem Satz, der im ersten Abschnitt dieses Paragraphen bewiesen wurde, existiert eine Zahl $\mu_0 = \mu_0(\varepsilon, D)$ von der Beschaffenheit, daß der Bildpunkt $[x(t), y(t)]$ des Systems (9.2), der sich auf der Trajektorie L bewegt, für beliebiges $0 < \mu \leqq \mu_0$ und beliebiges $0 \leqq t \leqq \frac{D}{\mu}$ die ε-Umgebung des Punktes $[x_0(t), y_0(t)]$ nicht verläßt. Demzufolge durchquert in einer Zeit $0 \leqq t \leqq \frac{D}{\mu}$ nicht nur die Kurve L_0, sondern auch die Trajektorie L des Systems (9.2) das Gebiet R und überschreitet dessen Begrenzung.

Da das ringförmige Gebiet R für ausreichend kleine μ keine Gleichgewichtszustände des Systems (9.2) enthält, müssen in ihm geschlossene Phasentrajektorien (Grenzzyklen) des Systems (9.2) liegen, die den Kreis $x^2 + y^2 = R_1^2$ umschließen. Das System (9.2) besitzt aber keine solchen Grenzzyklen, da sich diese anderenfalls mit der Trajektorie L des Gleichungssystems (9.2) schneiden müßten, was unmöglich ist[1]).

Damit ist bewiesen, daß das Gleichungssystem (9.2) für ausreichend kleine μ Grenzzyklen besitzt, die in der Nähe der Kreise $x^2 + y^2 = K_i^2$ verlaufen, wobei die K_i die Wurzeln der Gleichung $\Phi(K) = 0$ bedeuten, und daß es keine weiteren Grenzzyklen gibt[2]).

Damit sei die Begründung der VAN DER POLschen Methode abgeschlossen. Es folgt nun die Untersuchung einiger selbsterregter Schwingungssysteme, wobei diese Methode Anwendung findet.

§ 4. Die Anwendung der Methode von van der Pol

Unter Zuhilfenahme der VAN DER POLschen Methode sollen nun die Schwingungen eines Röhrengenerators mit einem Schwingkreis im Gitter- oder im Anodenkreis der Röhre untersucht werden (Abb. 119). Wie üblich werden auch jetzt die Anodenrückwirkung und die Gitterströme vernachlässigt.

Für die Dämpfung des Schwingkreises möge gelten

$$\omega_0 RC \ll 1 .$$

Die Gleichung des Röhrengenerators kann dann (s. § 1 des vorliegenden Kapitels) auf die folgende Gleichung zurückgeführt werden, die der Gleichung eines harmonischen Oszillators ähnlich ist:

$$\ddot{x} + x = \mu[-1 + \alpha s(x)]\,\dot{x} . \tag{9.3}$$

In ihr ist $x = \dfrac{u}{u_0}$ (u_0 bedeutet einen bestimmten Spannungsmaßstab) und $\mu = \omega_0 RC \ll 1$. Desweiteren bezeichnet $\alpha = \dfrac{MS_0}{RC}$ den Erregungskoeffizienten des Generators und

$$s(x) = \frac{S(U_g + u_0 x)}{S_0}$$

die normierte, dimensionslose Steilheit der Röhrenkennlinie.

Die verkürzten Gleichungen (8.11) haben für diese Gleichung offensichtlich die Form

$$\frac{dK}{dt} = \mu\Phi(K), \quad \frac{d\vartheta}{dt} = \mu\Psi(K)$$

[1]) Der Beweis für den Fall $\Phi(K) < 0$ für $R_1 \leqq K \leqq R_2$ verläuft völlig analog zu den Darlegungen im Text, nur hat man jetzt den Anfangspunkt der Trajektorien L und L_0 auf dem Kreis $x^2 + y^2 = R_2^2$ zu wählen.

[2]) Der Beweis erfolgt für den Fall eines groben Systems (9.2), wenn alle Wurzeln von $\Phi(K) = 0$ einfach sind.

mit

$$\Phi(K) = \frac{1}{2\pi} \int_{-\pi}^{\pi} [-1 + \alpha s(K \cos \xi)] \, K \sin^2 \xi \, d\xi$$

$$= \frac{K}{\pi} \int_{0}^{\pi} [-1 + \alpha s(K \cos \xi)] \sin^2 \xi \, d\xi .$$

In der zweiten Darstellung der Gleichung ist berücksichtigt worden, daß der Integrand eine gerade Funktion ist. Dementsprechend gilt

$$\Psi(K) = \frac{1}{2\pi K} \int_{-\pi}^{\pi} [-1 + \alpha s(K \cos \xi)] \, K \sin \xi \cos \xi \, d\xi \equiv 0, \qquad (9.36)$$

wenn der Integrand ungerade ist.

Für eine beliebige Röhrenkennlinie ist also $\Psi(K) \equiv 0$, und die Periode der selbsterregten Schwingungen fällt (bis auf Glieder der Ordnung μ^2) mit der Periode der Eigenschwingungen des Schwingkreises (bei $R = 0$) zusammen.

1. Der Röhrengenerator bei weichem Schwingungseinsatz

Die Röhrenkennlinie soll durch das Polynom dritten Grades

$$i_a = f(U_g + u) = i_{ao} + S_0 u + S_1 u^2 - S_2 u^3 \qquad (9.37)$$

angenähert darstellbar sein. Für die Steilheit der Kennlinie wird dann

$$S(U_g + u) = \frac{d i_a}{d u_g} = S_0 + 2 S_1 u - 3 S_2 u^2 .$$[1]

Man setzt $u = u_0 x$. Wird der Spannungsmaßstab u_0 so gewählt, daß der Koeffizient von x^2 Eins wird:

$$u_0 = \sqrt{\frac{S_0}{3 S_2}},$$

dann ist

$$s(x) = 1 + \beta_1 x - x^2$$

mit

$$\beta_1 = \frac{2 S_1}{S} u_0$$

die dimensionslose Steilheit $s(x)$.

[1] Die Kennliniensteilheit im Gleichgewichtszustand beträgt $S_0 > 0$; es soll auch $S_2 > 0$ angenommen werden. Das letztere bewirkt eine Verringerung der Steilheit $S(U_g + u)$ beim Anwachsen von $|u|$ bei hinreichend großem $|u|$, was für reale Röhren charakteristisch ist.

Für eine symmetrische Röhrenkennlinie kann als Näherung das Polynom

$$i_a = i_{a0} + S_0 u - S_2 u^3$$

benutzt werden (Abb. 127). Die Spannung u_0 hat dann die physikalische Bedeutung einer „Sättigungsspannung" der Kennlinie. (Für $u = \pm u_0$ ist $S_0 = 0$.) Augenscheinlich gibt ein solches Polynom den Verlauf einer realen Kennlinie nur für $|u| \leqq u_0$, d. h. für $|x| \leqq 1$, angenähert wieder.

Bei Annäherung der Röhrenkennlinie durch das Polynom (9.37) läßt sich also die Gleichung des Röhrengenerators (für $\omega_0 RC \ll 1$) auf die Gleichung

$$\ddot{x} + x = \mu[-1 + \alpha(1 + \beta_1 x - x^2)]\dot{x} \qquad (9.38)$$

zurückführen, für die in Übereinstimmung mit (9.11) und (9.12) die verkürzten Gleichungen in den VAN DER POLschen Polarkoordinaten K, ϑ die Form

$$\frac{dK}{dt} = \mu \frac{K}{2}\left[\alpha - 1 - \alpha \frac{K^2}{4}\right], \qquad \frac{d\vartheta}{dt} = 0 \qquad (9.39)$$

besitzen[1]).

Gleichung

$$\Phi(K) \equiv \frac{K}{2}\left[\alpha - 1 - \alpha \frac{K^2}{4}\right] = 0 \qquad (9.40)$$

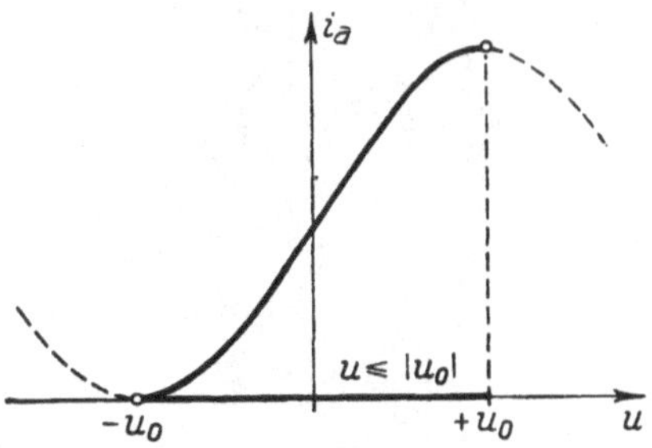

Abb. 127

bestimmt die Radien der Grenzzyklen in der x, y-Ebene (in nullter Näherung).

Hierbei sind nun zwei Fälle möglich. Gilt $\alpha < 1$, d. h. $MS_0 < RC$ (die Bedingungen der Selbsterregung des Generators sind nicht erfüllt), so hat die Gleichung (9.40) die einzige reelle Wurzel $K = 0$, die dem Gleichgewichtszustand (0,0) des

---

[1]) Die Funktion $\Phi(K)$ — die rechte Seite der ersten verkürzten Gleichung — kann durch Mittelbildung der Funktion

$$[-1 + \alpha(1 + \beta_1 K \cos\xi - K^2 \cos^2\xi)]\, K \sin^2\xi,$$

über ξ gewonnen werden. Es ist

$$\Phi(K) = K[(\alpha - 1)\,\overline{\sin^2\xi} + \alpha\beta_1 K\,\overline{\cos\xi\sin^2\xi} - aK^2\,\overline{\cos^2\xi\sin^2\xi}]$$

(hier und im weiteren symbolisiert die Überstreichung die Mittelwerte der entsprechenden Funktionen in bezug auf ξ).

Wegen

$$\overline{\sin^2\xi} = \frac{1}{2}, \quad \overline{\cos\xi\sin^2\xi} = \overline{\sin\xi\cos^2\xi} = 0, \quad \overline{\cos^2\xi\sin^2\xi} = \frac{1}{4}\,\overline{\sin^2 2\xi} = \frac{1}{8}$$

gilt

$$\Phi(K) = \frac{K}{2}\left[\alpha - 1 - \frac{\alpha}{4} K^2\right].$$

Röhrengenerators zugeordnet ist. Dieser Gleichgewichtszustand ist stabil, da für $\alpha < 1$ die Ungleichung

$$\Phi'(0) = \frac{\alpha - 1}{2} < 0$$

besteht. Alle übrigen Trajektorien sind, wie leicht zu erkennen ist, Spiralen, die sich für $t \to +\infty$ dem Gleichgewichtszustand im Koordinatenursprung nähern. Für $\alpha < 1$ hat man also in der x, y-Phasenebene ein Bild, das für gedämpfte Schwingungen charakteristisch ist (Abb. 128a). Unter beliebigen Anfangsbedingungen sind im Generator nur gedämpfte Schwingungen möglich, die mit einem Gleichgewichtszustand enden.

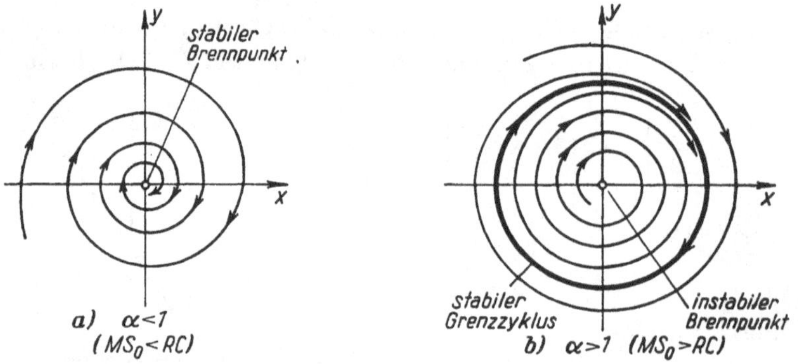

Abb. 128

Für $\alpha > 1$ (d. h. für $MS_0 > RC$) ist die Bedingung für die Selbsterregung des Generators erfüllt und Gleichung (9.40) besitzt die beiden Wurzeln

$$K = 0 \quad \text{und} \quad K = 2\sqrt{\frac{\alpha - 1}{\alpha}} = K_0,$$

die von Bedeutung sind. Die erste entspricht dem instabilen Gleichgewichtszustand (0,0), da jetzt

$$\Phi'(0) = \frac{\alpha - 1}{2} > 0$$

ist. Der zweiten Wurzel ist ein Grenzzyklus mit dem Radius

$$K_0 = 2\sqrt{\frac{\alpha - 1}{\alpha}} = 2\sqrt{\frac{MS_0 - RC}{MS_0}} \tag{9.41}$$

zugeordnet, der wegen

$$\Phi'(K_0) = -\frac{\alpha K_0^2}{4} < 0$$

stabil ist. Die übrigen Trajektorien teilen sich in zwei Klassen auf; und zwar in Trajektorien, die sich von außen für $t \to +\infty$ auf den Grenzzyklus aufwickeln und für $t \to -\infty$ ins Unendliche laufen und in Trajektorien, die sich von innen her für $t \to +\infty$ auf den Grenzzyklus aufwickeln und für $t \to -\infty$ zum Gleichgewichtszustand streben. Damit hat sich ein Bild ergeben, wie es für ein sehr einfaches selbsterregtes Schwingungssystem charakteristisch ist, das mit einem weichen Schwingungseinsatz arbeitet (Abb. 128b). Unter beliebigen Anfangsbedingungen nähert sich der Bildpunkt für $t \to +\infty$ asymptotisch dem stabilen Grenzzyklus, was im Generator der Herausbildung periodischer, nahezu sinusförmiger Schwingungen (selbsterregter Schwingungen) entspricht.

Die Amplitude der selbsterregten Schwingungen wird vom Radius K_0 des Grenzzyklus geliefert und ist in dimensionslosen Einheiten gleich

$$U_0 = u_0 K = 2\sqrt{\frac{MS_0 - RC}{3MS_2}}.$$

Die Periode der selbsterregten Schwingungen ist in dimensionslosen Einheiten (bis auf Glieder der Ordnung μ^2 genau) gleich 2π, da $\Psi(K) \equiv 0$ ist. In gewöhnlichen Einheiten hat man

$$T = 2\pi\sqrt{LC}.$$

Wird der Parameter stetig verringert, beginnend mit einem Wert $\alpha > 1$ (das kann beispielsweise durch Verkleinerung des Rückkoppelungskoeffizienten M geschehen), dann verringert sich der Radius des Grenzzyklus ebenfalls stetig und strebt für $\alpha \to 1$ gegen Null. Für $\alpha = 1$ verschwindet der Grenzzyklus und wird zum Brennpunkt, wobei er diesem seine Stabilität verleiht. Man erkennt, daß es sich bei $\alpha = 1$ um einen Bifurkationswert des Parameters α handelt[1]). Ändert sich α stetig von einem Wert $\alpha < 1$ bis zu einem Wert $\alpha > 1$, so entstehen beim Durchlaufen von $\alpha = 1$ selbsterregte Schwingungen, deren Amplitude von Null an stetig zunimmt[2]). Bei einer entgegengesetzten Änderung von α nimmt die Amplitude der Schwingungen allmählich und stetig bis zum Wert Null ab, die selbsterregten Schwingungen verschwinden, und der Generator beginnt sich wie ein gedämpfter Oszillator zu verhalten (Abb. 129). Ein derartiges Verhalten kennzeichnet den weichen Einsatz selbsterregter Schwingungen (im vorliegenden Fall bei der Änderung des Parameters α). Im Gegensatz dazu steht der harte Schwingungseinsatz, wenn sich sofort Schwingungen endlicher Amplitude herausbilden, ungeachtet der Tatsache, daß der Parameter stetig und langsam geändert wird.

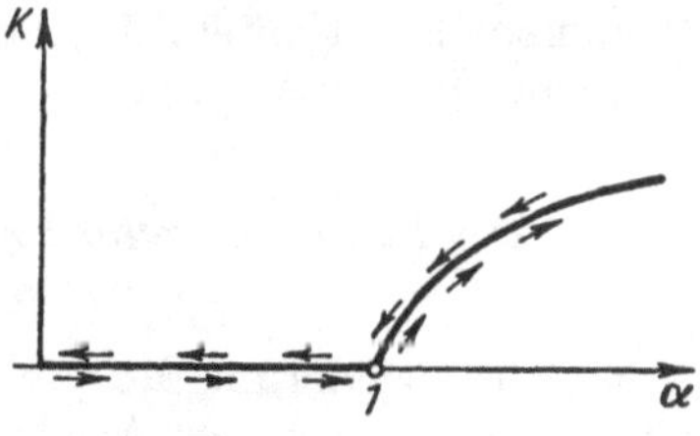

Abb. 129

Nun sollen die analytischen Näherungsausdrücke für die Darstellung von Einschwingvorgängen ermittelt werden, die man bei Verwendung der verkürzten Gleichungen erhält ($\alpha > 1$ ist vorausgesetzt). Durch Integration der

[1]) Für den hier betrachteten Fall ist die Bifurkationstheorie in allgemeiner Form in § 10 dieses Kapitels dargestellt.

[2]) Dabei wird angenommen, daß sich die Änderung des Parameters ausreichend langsam vollzieht.

Gleichung (3.39) findet man[1])

$$K = \frac{K_0}{\sqrt{1 + Ce^{-\mu(\alpha-1)t}}},$$
$$\vartheta = \vartheta_0 = \text{const.}$$

Hierbei bedeutet C eine willkürliche Konstante, die durch den Anfangswert von K, beispielsweise für $t = 0$, bestimmt werden kann; es läßt sich leicht feststellen, daß $-1 < C \leqq +\infty$ gilt. Aus diesen Gleichungen wird nach Übergang zu den Veränderlichen x, y

$$x(t) = \frac{K_0 \cos(t + \vartheta_0)}{\sqrt{1 + Ce^{-\mu(\alpha-1)t}}},$$
$$y(t) = -\frac{K_0 \sin(t + \vartheta_0)}{\sqrt{1 + Ce^{-\mu(\alpha-1)t}}}.\text{[2])} \tag{9.42}$$

Man kann sagen, daß hier der Näherungsausdruck des allgemeinen Integrals der Gleichungen (9.38) vorliegt, da zwei willkürliche Konstanten C und ϑ_0 vorkommen. Hierzu sei noch bemerkt, daß $C = 0$ dem Grenzzyklus und $C = \infty$ dem Gleichgewichtszustand entspricht. Folgende Tatsache ist noch von Bedeutung: Der hier für die Kennlinie verwendete Ausdruck (9.37) enthält ein quadratisches Glied, das jedoch nicht in die nullte Näherung der allgemeinen Lösung eingeht. Es hat nur Einfluß auf die nachfolgenden Näherungen. Ganz allgemein gilt das nicht nur für das quadratische Glied, sondern für beliebige Glieder gerader Potenz in der Darstellung einer Kennlinie. Wird eine Kennlinie durch ein beliebiges Polynom approximiert, so besitzen die Glieder mit geraden Exponenten keinerlei Einfluß auf die nullte Näherung. Die Ursache für diesen Sachverhalt ist darin zu suchen, daß die Entwicklungen gerader Potenzen von Sinus- und Kosinusfunktionen nur die Sinus- und Kosinusfunktionen für geradzahlige Vielfache des Argumentes enthalten. In den Entwicklungen kann deshalb nicht die Grundfrequenz (Resonanzfrequenz) erscheinen.

2. Der Röhrengenerator bei Annäherung des Verlaufs der Röhrenkennlinie durch ein Polynom fünften Grades

Es wird wiederum der gleiche Röhrengenerator betrachtet, nur findet jetzt ein anderer, genauerer Ausdruck in der angenäherten Darstellung der Röhrenkennlinie Verwendung, und zwar

$$i_a = i_{a0} + S_0 u + S_1 u^2 + S_2 u^3 + S_3 u^4 - S_4 u^5. \tag{9.43}$$

[1]) Die erste der Gleichungen (9.39) geht bei Verwendung der Substitution $z = K^{-2}$ in die lineare Gleichung

$$\frac{dz}{dt} + \mu(\alpha - 1)z = \frac{\mu\alpha}{4}$$

über, woraus

$$K^{-2} = K_0^{-2} + Ce^{-\mu(\alpha-1)t}$$

folgt.

[2]) Offensichtlich bilden sich die selbsterregten Schwingungen umso langsamer aus, je geringer $\mu(\alpha - 1) = \omega_0(MS_0 - RC)$ ist, d. h. je näher der Generator an der Schwelle der Selbsterregung liegt.

Die Steilheit der Kennlinie ist dann

$$S(U_g + u) = \frac{di_a}{du} = S_0 + 2S_1 u + 3S_2 u^2 + 4S_3 u^3 - 5S_4 u^4.^{1)}$$

Wird $u = u_0 x$ mit

$$u_0 = \sqrt[4]{\frac{S_0}{5S_4}}$$

gesetzt, dann hat man als reduzierte Steilheit

$$s(x) = \frac{S(U_g + u_0 x)}{S_0} = 1 + \beta_1 x + \beta x^2 + \beta_3 x^3 - x^4.^{2)}$$

Dadurch wird es möglich, die Gleichung des Röhrengenerators in die Form

$$\ddot{x} =+ x = \mu[-1 + \alpha(1 + \beta_1 x + \beta x^2 + \beta_3 x^3 - x^4)]\,\dot{x} \tag{9.44}$$

zu bringen.

Wegen (9.11) und (9.12) besitzen die verkürzten Gleichungen die Form

$$\frac{dK}{dt} = \mu\Phi(K), \qquad \frac{d\vartheta}{dt} = 0 \tag{9.45}$$

mit

$$\Phi(K) = \frac{\alpha K}{2}\left[\frac{\alpha - 1}{\alpha} + \frac{\beta K^2}{4} - \frac{K^4}{8}\right].^{3)}$$

---

[1]) Es ist S_0, $S_4 > 0$, die Vorzeichen der übrigen Koeffizienten können beliebig sein. Die Bedingung $S_4 > 0$ bewirkt eine Verringerung der Steilheit S bei einer Vergrößerung von $|u|$ (für ausreichend große $|u|$). Dieser Sachverhalt ist, wie im weiteren festgehalten wird, für die Existenz stabiler selbsterregter Schwingungen erforderlich. Die Koeffizienten i_{a0}, s_0, S_1, S_2, S_3 und S_4 hängen bei der gegebenen Röhrenkennlinie offensichtlich von der Gitterverspannung U_g ab.

[2]) Es ist

$$\beta_1 = \frac{2S_1 u_0}{S_0}, \quad \beta = \frac{3S_2 u_0^2}{S_0} \quad \text{und} \quad \beta_3 = \frac{4S_3 u^3{}_o}{S_0}.$$

[3]) Man hat

$$\Phi(K) = K[(\alpha - 1)\,\overline{\sin^2\xi} + \alpha\beta_1 K\,\overline{\cos\xi\sin^2\xi} + \alpha\beta K^2\,\overline{\cos^2\xi\sin^2\xi} + \alpha\beta_3 K\,\overline{\cos^3\xi\sin^3\xi} - \alpha K^4\,\overline{\cos^4\xi\sin^2\xi}],$$

woraus wegen

$$\overline{\sin^2\xi} = \frac{1}{2}, \quad \overline{\cos\xi\sin^2\xi} = \overline{\sin\xi\cos^2\xi} = 0,$$

$$\overline{\cos^2\xi\sin^2\xi} = \frac{1}{8}, \quad \overline{\cos^3\xi\sin^2\xi} = \overline{\sin^3\xi\cos^2\xi} = 0,$$

$$\overline{\cos^4\xi\sin^2\xi} = \overline{\sin^4\xi\cos^2\xi} = \frac{1}{2}\,\overline{[\cos^4\xi\sin^2\xi + \sin^4\xi\cos^2\xi]} = \frac{1}{2}\,\overline{\cos^2\xi\sin^2\xi} = \frac{1}{16},$$

(9.45) erhalten wird.

Die Gleichung $\Phi(K) = 0$ hat stets die Wurzel $K = 0$. Das bedeutet, daß es sich beim Koordinatenursprung immer um einen Gleichgewichtszustand handelt.

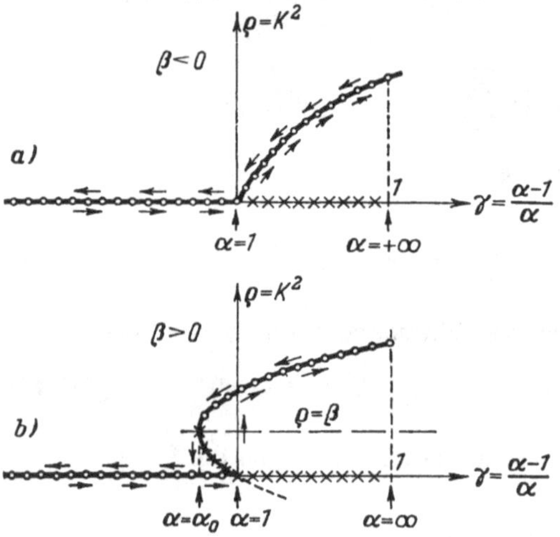

Abb. 130

Wegen

$$\Phi'(0) = \frac{\alpha - 1}{2}$$

ist dieser Gleichgewichtszustand für $\alpha < 1$ stabil und für $\alpha > 1$ instabil (für $MS_0 > RC$, wenn sich der Generator selbst erregt). Die übrigen Wurzeln der Gleichung $\Phi(K) = 0$, die verschieden von Null sind und die Radien der Grenzzyklen liefern, genügen offensichtlich der biquadratischen Gleichung

$$\frac{K^4}{8} - \frac{\beta K^2}{4} - \frac{\alpha - 1}{\alpha} = 0, \tag{9.46}$$

die nicht mehr als zwei positive Wurzeln besitzen kann.

Um diese Gleichung graphisch lösen zu können, konstruiert man ein Diagramm (Abb. 130), in dem auf der Abszissenachse $\gamma = \frac{\alpha - 1}{\alpha}$ und auf der Ordinatenachse $\varrho = K_i^2$ (die Quadrate der Grenzzyklusradien) abgetragen wird. In diesem Diagramm ist die Kurve, die der Gleichung (9.46)

$$\gamma = \frac{\alpha - 1}{\alpha} = \frac{K^4}{8} - \frac{\beta K^2}{4} = \frac{\varrho^2}{8} - \frac{\beta \varrho}{4} \tag{9.46a}$$

genügt, eine Parabel, deren Symmetrieachse parallel zur γ-Achse verläuft. In Abhängigkeit vom Vorzeichen des Koeffizienten β oder, was dasselbe ist, vom Vorzeichen des Koeffizienten S_2 in (9.43) können zwei Fälle auftreten.

Hat man $\beta < 0$ (Abb. 130a), so ist γ für $\varrho > 0$ eine monoton zunehmende Funktion von ϱ. Die Gleichung (9.46) besitzt dann für $\gamma < 0$ (d. h. für $\alpha < 1$) keine positiven Wurzeln, und für $\gamma > 0$ (d. h. für $\alpha > 1$) die einzige positive Wurzel K_1.

Gilt jedoch $\beta > 0$ (Abb. 130b), so schneidet die Parabel (9.46a) die ϱ-Achse in zwei Punkten, und zwar in $\varrho = 0$ und in $\varrho = 2\beta$; im Punkt $\varrho = \beta, \gamma = -\frac{\beta^2}{8}$ besitzt sie eine vertikale Tangente und die gesamte Parabel liegt rechts von dieser Geraden. Dieser Tatsache zufolge kann die Gleichung (9.46) im Fall $\beta > 0$ für $\gamma < -\frac{\beta^2}{8}$ $\left(\text{d. h. für } \alpha < \alpha_0 = \frac{1}{1 + \beta^2/8}\right)$ keine positiven Wurzeln besitzen, für $-\frac{\beta^2}{8} < \gamma < 0$ (für $\alpha_0 < \alpha < 1$) sind die beiden positiven Wurzeln K_1 und K_2 vorhanden, und für $\gamma > 0$ (für $\alpha > 1$) liegt schließlich nur eine positive Wurzel vor.

Da für eine Wurzel K_i von Gleichung (9.46)

$$\Phi'(K_i) = -\frac{\alpha K_i^2}{2}(K_i^2 - \beta) \tag{9.47}$$

gilt, ist der einzige Grenzzyklus im Fall $\beta < 0$, der nur für $\alpha > 1$ existiert, stabil. Für $\beta < 0$ hat sich also eine Zerlegung der x, y-Phasenebene in Trajektorien ergeben, die qualitativ mit der Zerlegung übereinstimmt, welche sich bei Annäherung der Röhrenkennlinie durch ein Polynom dritten Grades ergeben hatte (Abb. 105). Sie ist für einen weichen Schwingungseinsatz (bei der Änderung des Parameters α) charakteristisch.

Ein anderes Bild erhält man für $\beta > 0$, d. h. für $S_2 > 0$. Jetzt ist nur der Grenzzyklus stabil, dessen Radius der Ungleichung

$$K_i > \sqrt{\beta}$$

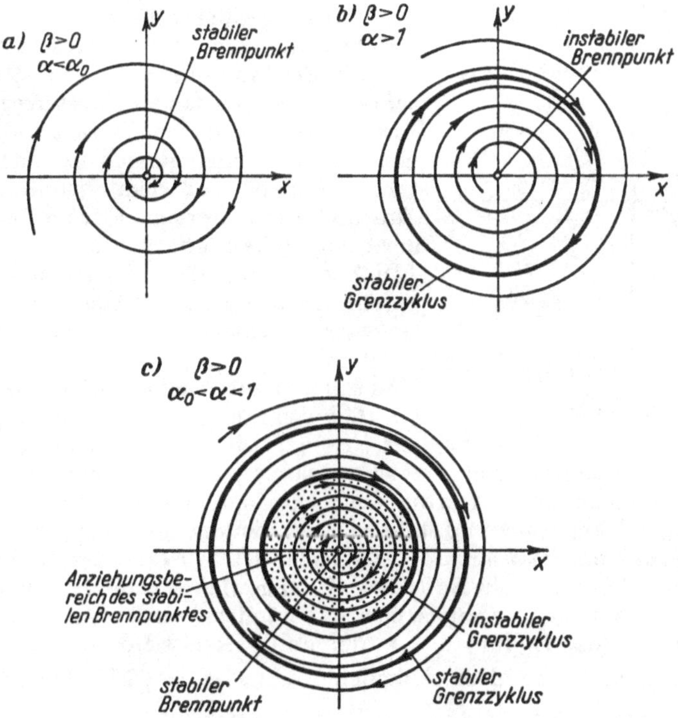

Abb. 131

genügt, d. h., der gesamte Parabelast von (9.46a), der oberhalb der Symmetrieachse $\varrho = \beta$ verläuft (er ist in Abb. 130b durch helle Punkte gekennzeichnet), entspricht stabilen Grenzzyklen, während der Bogen zwischen Parabel- und Abszissenachse den instabilen Grenzzyklus zugeordnet ist. Für $\beta > 0$ ergeben sich also in Abhängigkeit vom Wert des Parameters α drei qualitativ verschiedene Zerlegungen der x, y-Ebene in Trajektorien (Abb. 131).

Für $\alpha < \alpha_0$ (Abb. 131a) nähern sich alle Trajektorien mit $t \to +\infty$ dem Gleichgewichtszustand, und zwar dem stabilen Brennpunkt (0,0). Der Generator wird dann nicht angeregt und alle seine Schwingungen sind gedämpft.

Für $\alpha > 1$ (Abb. 131b) ist der Gleichgewichtszustand instabil und alle Trajektorien streben mit $t \to +\infty$ zu dem einzigen, stabilen Grenzzyklus. In diesem Fall findet ein weicher Einsatz statt: Selbsterregte Schwingungen bilden sich unter beliebigen Anfangsbedingungen aus.

Für $\alpha_0 < \alpha < 1$ (Abb. 131c) sind schließlich der stabile Gleichgewichtszustand (0,0) und der stabile Grenzzyklus mit dem Radius K_2 durch den instabilen Grenzzyklus mit dem Radius K_1 voneinander getrennt. Aus diesem Grund laufen die Trajektorien, die im Inneren des instabilen Grenzzyklus beginnen zum Gleichgewichtszustand und nur die Trajektorien, die außerhalb dieses Zyklus ihren Anfang nehmen, werden sich auf den stabilen Grenzzyklus aufwickeln¹). Anders ausgedrückt, im Generator bilden sich in Abhängigkeit von den Anfangsbedingungen entweder ein Gleichgewichtszustand oder selbsterregte Schwingungen mit der Amplitude K_2 aus. Das bedeutet nichts anderes, als daß ein selbsterregtes Schwingungssystem mit hartem Einsatz vorliegt. Damit selbsterregte Schwingungen im Generator entstehen können, muß dem System ein gewisser „Anstoß" erteilt werden: Es ist erforderlich, daß im Anfangszeitpunkt $x_0^2 + y_0^2 > K_1^2$ ist.

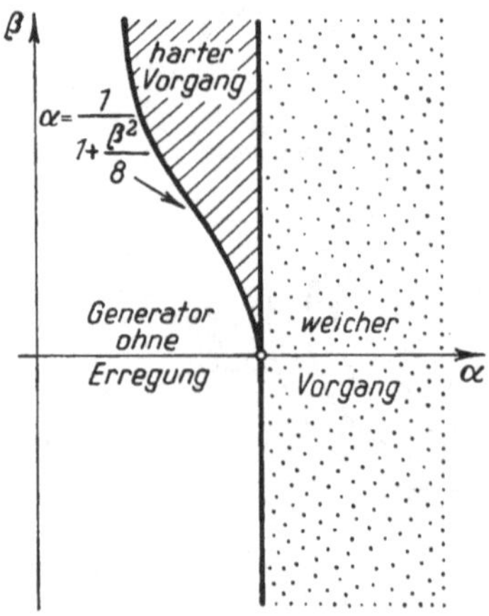

Abb. 132

In Abb. 132 ist die α, β-Parameterebene dargestellt worden, die in Bereiche für die verschiedenen Arbeitszustände des Generators unterteilt ist.

Es soll nun untersucht werden, wie sich im Fall $\beta > 0$, wenn für $\alpha_0 < \alpha < 1$ die Schwingungen hart einsetzen, die Amplitude der selbsterregten Schwingungen bei stetigen und ausreichend langsamen Änderungen des Parameters α verändert. Solange der Generator nicht schwingt, besitzt α einen gewissen Wert kleiner als α_0. Bei langsamer und stetiger Vergrößerung des Parameters α entspricht die Lage des Bildpunktes solange dem Gleichgewichtszustand des Systems (genauer gesagt, einem Punkt in der Nähe des Gleichgewichtszustandes, und zwar liegt dieser ihm umso näher, je langsamer α verändert wird) wie dessen Stabilität gewährleistet ist (das ist für $\alpha = 1$ der Fall). Bereits für $\alpha = 1$ existiert ein stabiler Grenzzyklus mit dem endlichen Radius $K = \sqrt{2\beta}$. Daher werden bei Vergrößerung des Parameters $\alpha = \dfrac{MS_0}{RC}$ selbsterregte Schwingungen mit endlicher Amplitude angefacht, wenn α gleich Eins wird²). Bei einer weiteren Ver-

¹) Der instabile Grenzzyklus entspricht natürlich nicht selbsterregten Schwingungsprozessen. Er bildet die Grenze, die den „Anziehungsbereich" des stabilen selbsterregten Vorgangs und des stabilen Gleichgewichtszustandes voneinander trennt.

²) Natürlich bilden sich die selbsterregten Schwingungen nicht plötzlich aus. Die Anfachungsgeschwindigkeit wird um so geringer sein, je kleiner μ ausfällt.

größerung von α wächst die Amplitude dieser Schwingungen stetig und monoton an. Für $\alpha \to +\infty$ strebt $\gamma \to 1$ und $K \to \beta^2 + \sqrt{\beta^2 + 8}$.

Bei Verkleinerung des Parameters α bleibt der Bildpunkt solange auf dem stabilen Grenzzyklus (genauer gesagt, in der Nähe desselben, wobei er ihm umso näher liegt, je langsamer α sich ändert) wie α nicht gleich α_0 wird. Durchläuft α diesen Bifurkationswert, dann verschwindet der stabile Grenzzyklus, indem er mit dem instabilen verschmilzt. Es sind dann keine selbsterregten Schwingungen (mit der Amplitude $\sqrt{\beta}$) mehr vorhanden, und das System gelangt in den Gleichgewichtszustand.

Man erkennt, daß das Anfachen und Abreißen der selbsterregten Schwingungen, im Gegensatz zum weichen Schwingungseinsatz (für $\beta < 0$), jetzt bei verschiedenen Werten des Anregungskoeffizienten $\alpha = \frac{MS_0}{RC}$ des Generators erfolgt (für $\alpha = 1$ und für $\alpha = \alpha_0$). In den beiden Fällen hat die Amplitude der selbsterregten Schwingungen zwar verschieden große aber immer endliche Werte. Allgemein gesehen ist dies ein typisches Bild, das sich beim sogenannten harten Einsatz der selbsterregten Schwingungen bietet (Abb. 133)[1]).

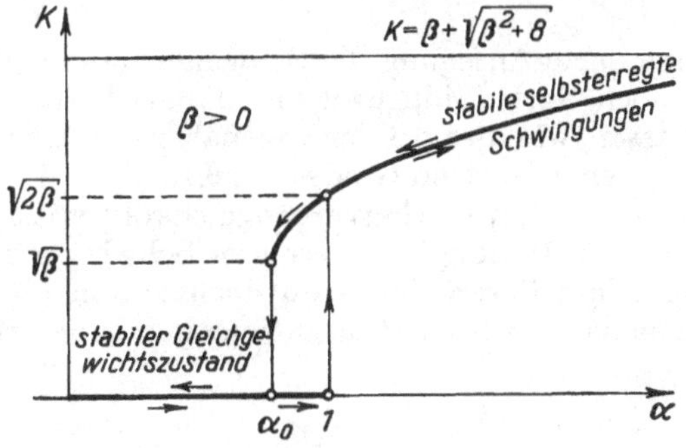

Abb. 133

Wenn man die Röhrenkennlinie durch ein Polynom fünfter Ordnung annähert, dann zeigt sich in Abhängigkeit vom Vorzeichen des Koeffizienten S_2 entweder ein weicher (für $S_2 < 0$) oder ein harter (für $S_2 > 0$) Einsatz der selbsterregten Schwingungen im Generator (bei Änderung des Parameters α). Wegen

$$S_2 = \frac{1}{2}\left[\frac{d^2S}{du_g^2}\right]_{u_g = U_g}$$

[1]) Die Termini „weiche" und „harte" Vorgänge werden in zweifacher Bedeutung benutzt; Einmal spricht man von einer weichen oder von einer harten Einstellung selbsterregter Schwingungen eines Systems bei vorgegebenen Parameterwerten, je nachdem ob sich unter allen oder nicht unter allen Anfangsbedingungen selbsterregte Schwingungsprozesse ausbilden. Zum zweiten wird von weicher oder von harter Anregung (Entstehung) selbsterregter Schwingungen in Abhängigkeit vom Änderungscharakter der Amplitude der selbsterregten Schwingungen bei langsamer und stetiger Änderung des einen oder des anderen Systemparameters gesprochen. Es ist klar, daß sich bei einer harten Anregung der selbsterregten Schwingungen das System für gewisse Werte dieses Parameters im Bereich einer harten Einstellung befinden muß.

läßt sich das Intervall für die Aussteuerungen am Gitter, für die jeweils eine weiche oder harte Anregung erfolgt, auf die nachstehend geschilderte Weise bestimmen. Man konstruiert für die vorgegebene (angenäherte) Kennlinie $i_a = f(u_g)$ (Abb. 134) die Steilheit $S = f'(u_g)$ und kennzeichnet auf dieser Kurve die Wendepunkte u_{g1} und u_{g2}. Für $u_{g1} < U_g < u_{g2}$ ist dann

$$\left(\frac{d^2 S}{d u_g^2}\right)_{u_g = U_g} < 0 .$$

In diesem Aussteuerbereich werden daher die selbsterregten Schwingungen durch einen weichen Anregungsvorgang angefacht. Andererseits ist außerhalb dieses Intervalls (für $U_g < u_{g1}$ und $U_g > u_{g2}$) wegen

$$\left(\frac{d^2 S}{d u_g^2}\right)_{u_g = U_g} > 0$$

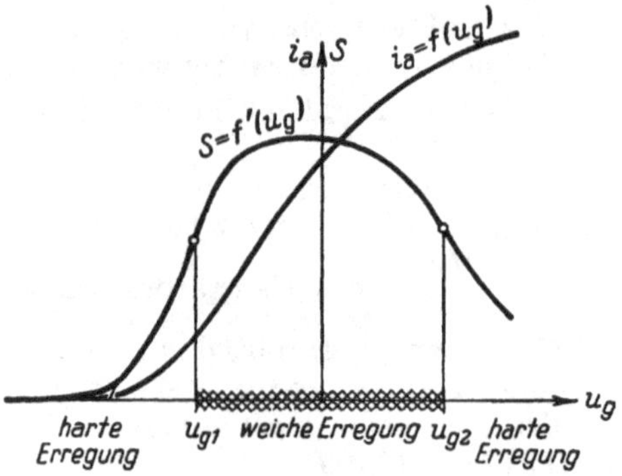

Abb. 134

im Generator nur eine harte Anregung der Schwingungen möglich.

Zum Schluß sei noch darauf hingewiesen, daß sich die Gleichungen (9.45) ähnlich integrieren lassen, wie dies bei der angenäherten Darstellung der Röhrenkennlinie durch ein Polynom dritten Grades geschehen ist. Es entsteht dann eine Lösung, die quantitativ die Einschwingvorgänge charakterisiert.

Die weiche und harte Anfachung selbsterregter Schwingungen im Röhrengenerator (bei Änderung seiner Parameter) wird nochmals in § 10 des vorliegenden Kapitels im Zusammenhang mit der Bifurkationstheorie derartiger Schwingungssysteme betrachtet werden.

3. *Die selbsterregten Schwingungen eines Röhrengenerators mit zweigliedriger RC-Kette*

Die Schwingungsgleichungen eines Röhrengenerators mit einer zweigliedrigen RC-Kette (Abb. 135a)

$$C \frac{du_c}{dt} = \frac{u - U_g}{R},$$

$$\frac{U_a - (u + u_c)}{R_a} = i(u) + C \frac{du_c}{dt} + C_a \frac{d(u + u_c)}{dt}$$

(s. auch Kap. V, § 12 und Kap. VIII, § 5) lassen sich durch Elimination von u_c auf die Differentialgleichung zweiter Ordnung

$$R_a R_g C C_a \frac{d^2 u}{dt^2} + R_g C \left[1 + \frac{R_a}{R_g}\left(1 + \frac{C_a}{C}\right) + R_a S(u)\right] \frac{du}{dt} + u = U_g$$

zurückführen. Mit Einführung der neuen dimensionslosen Veränderlichen

$$t_{\text{neu}} = \frac{t}{\sqrt{R_a R_g C C_a}},$$

$$x = \frac{u - U_g}{u_0}$$

(u_0 gibt den Spannungsmaßstab an) entsteht die Gleichung

$$\ddot{x} + x = -\sqrt{\frac{R_g C}{R_a C_a}}\left[1 + \frac{R_a}{R_g}\left(1 + \frac{C_a}{C}\right) + R_a S(U_g + u_0 x)\right]\dot{x}. \qquad (9.48)$$

In ihr bezeichnet $S(u) = \frac{di}{du}$ die Steilheit der Kennlinie $i = i(u)$ der Schaltung. Die Funktion $i = i(u)$ fällt mit Zunahme von u (Abb. 135b), es gilt stets $S(u) < 0$.

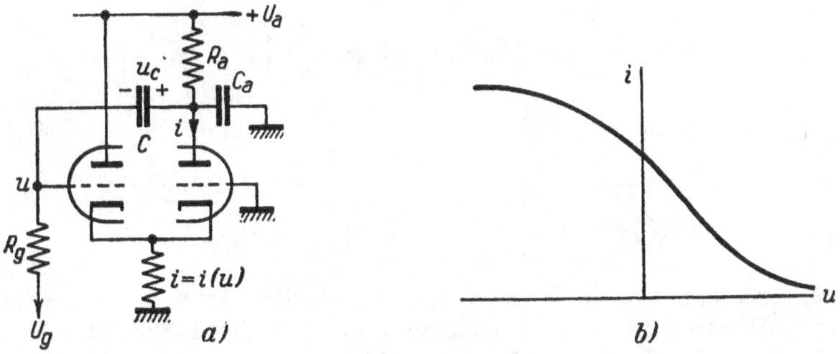

Abb. 135

Selbsterregung des Generators (Instabilität des einzigen Gleichgewichtszustandes $x = 0$, $\dot{x} = 0$ oder $u = U_g$, $u_c = U_a - U_g - R_a i(U_g)$) ist nur möglich, wenn die Ungleichung

$$R_a S_0 > 1 + \frac{R_a}{R_g}\left(1 + \frac{C_a}{C}\right) \qquad (9.49)$$

Gültigkeit besitzt. In ihr bedeutet $S_0 = -S(U_g)$ den absoluten Betrag der Kennliniensteilheit im Gleichgewichtszustand.

Diese Bedingung sei erfüllt und der Generator sei somit selbsteregt. Damit die Amplituden der selbsterregten Schwingungen bestimmt werden können, soll die Kennlinie $i = i(u)$ durch ein Polynom dritten Grades angenähert werden. Es ist dann

$$S(U_g + u_0 x) = -S_0 + S_1 x + S_2 x^2 \text{ [1]}$$

[1] Bei vorgegebenen u_0 hängen die Koeffizienten S_0, S_1, S_2, die die Dimension eines reziproken Widerstandes besitzen, von U_g ab. Da die Kennlinie der Röhrengruppe fällt, hat man $S_0 > 0$. Damit selbsterregte Schwingungen existieren, muß auch $S_2 > 0$ vorausgesetzt werden.

und die Schwingungsgleichung (9.48) des Generators erhält die Form

$$\ddot{x} + x = \sqrt{\frac{R_g C}{R_a C_a}} \left\{ R_a S_0 - \left[1 + \frac{R_a}{R_g} \left(1 + \frac{C_a}{C} \right) \right] - R_a S_1 x - R_a S_2 x^2 \right\} \dot{x}.$$

Diese Gleichung ist der eines harmonischen Oszillators ähnlich, und die Schwingungen des Generators unterscheiden sich nur wenig von harmonischen, wenn nur die Bedingungen

$$R_a S_0 - \left[1 + \frac{R_a}{R_g} \left(1 + \frac{C_a}{C} \right) \right] \ll 1,$$

$$R_a |S_1| \ll 1, \; R_a S_2 \ll 1$$

erfüllt sind, d. h. wenn der Zustand des Generators nahe an der Schwelle der Selbsterregung liegt, die Nichtlinearität der Kennlinie aber gering ist.

Man führt nun den kleinen Parameter

$$\mu = \sqrt{\frac{R_g C}{R_a C_a}} \left\{ R_a S_0 - \left[1 + \frac{R_a}{R_g} \left(1 + \frac{C_a}{C} \right) \right] \right\}$$

$(0 < \mu \ll 1)$ ein und setzt

$$\sqrt{\frac{R_g C}{R_a C_a}} R_a S_1 = \mu \alpha_1, \quad \sqrt{\frac{R_g C}{R_a C_a}} R_a S_2 = \mu \alpha_2$$

(α_1 und α_2 sind von der Größenordnung Eins). Die Schwingungsgleichung des Generators mit zweigliedriger RC-Kette läßt sich dann auf die nachstehende Form bringen, die für die Anwendung der Methode von VAN DER POL geeignet ist:

$$\ddot{x} + x = \mu [1 - \alpha_1 x - \alpha_2 x^2] \dot{x}. \tag{9.50}$$

Die zugehörigen verkürzten Gleichungen lauten offensichtlich

$$\frac{dK}{dt} = \mu \frac{K}{2} \left(1 - \frac{\alpha_2 K^2}{4} \right), \quad \frac{d\vartheta}{dt} = 0.$$

Durch Nullsetzen der Gleichung

$$\Phi(K) = \frac{K}{2} \left(1 - \frac{\alpha_2 K^2}{4} \right)$$

stellt man fest, daß das Gleichungssystem (9.50) den Gleichgewichtszustand $x = 0$, $\dot{x} = 0$ (entspricht der Wurzel $K = 0$) und den Grenzzyklus mit dem Radius

$$K_0 = 2 \sqrt{\frac{1}{\alpha_2}} = 2 \sqrt{\frac{R_a S_0 - \left[1 + \frac{R_a}{R_g} \left(1 + \frac{C_a}{C} \right) \right]}{R_a S_2}} \tag{9.51}$$

besitzt. Der Gleichgewichtszustand ist wegen

$$\Phi'(0) = \frac{1}{2} > 0\ ^{1)}$$

instabil, dagegen ist der Grenzzyklus auf Grund von

$$\Phi'(K_0) = -\frac{\alpha_2}{4} K_0^2 = -1 < 0$$

stabil. Es liegt also eine weiche Anregung vor: Die nahezu sinusförmigen selbsterregten Schwingungen mit der Amplitude K_0 entstehen unter beliebigen Anfangsbedingungen[2]). Ihre Periode wird offensichtlich in gewöhnlichen Einheiten (bis auf Glieder der Ordnung μ^2 genau) durch

$$T = 2\pi \sqrt{R_a R_g C C_a}$$

festgelegt.

§ 5. Die Methode von Poincaré

Es soll nun eine Integrationsmethode für nichtlineare Gleichungen betrachtet werden, die von Poincaré in seinen Arbeiten über Himmelsmechanik angegeben wurde [184, 185). Obwohl diese Methode wesentliche Einschränkungen durch die Wahl der Gleichung und durch die Problemstellung erfährt, erfaßt sie doch sehr viele wichtige Fälle und gestattet, eine Reihe für die Praxis wichtiger Probleme zu lösen.

Es sei angenommen, daß eine nichtlineare Gleichung (oder ein Gleichungssystem) von einem gewissen Parameter μ abhängt und für einen bestimmten Wert $\mu = \mu_0$ (beispielsweise für $\mu = 0$) in eine Gleichung oder in ein Gleichungssystem übergeht, dessen Lösung gut bekannt ist und beispielsweise eine lineare Gleichung oder ein lineares Gleichungssystem sein kann.

Man untersucht sodann die nichtlineare Gleichung für Werte von μ, die sich nur wenig von μ_0 unterscheiden. Im weiteren werden nur periodische Lösungen der nichtlinearen Gleichung betrachtet. Diese Einschränkung liegt ebenfalls im Wesen dieser Methode. Der Bestimmtheit wegen sei angenommen, daß ein gegebenes System für $\mu = 0$ in ein lineares System mit konstanten Koeffizienten übergeht. Der Verlauf der Untersuchungen bleibt dennoch völlig allgemein und läßt sich auch unter anderen Voraussetzungen anwenden.

---

[1]) Man darf nicht vergessen, daß hier der Fall eines selbsterregten Generators vorliegt, wenn

$$R_a S_0 > 1 + \frac{R_a}{R_g}\left(1 + \frac{C_a}{C}\right)$$

gilt.

[2]) Wird die Kennlinie der Röhrengruppe $i = i(u)$ durch ein Polynom fünften Grades approximiert, so erhält man in Abhängigkeit vom Vorzeichen des Koeffizienten x^2 im Ausdruck für die Kennliniensteilheit sowohl eine weiche als auch eine harte Einstellung für die Entstehung der selbsterregten Schwingungen.

Man betrachtet also ein nichtlineares Gleichungssystem

$$\begin{aligned}\frac{dx}{dt} &= ax + by + \mu f_1(x, y, \mu),\\ \frac{dy}{dt} &= cx + dy + \mu f_2(x, y, \mu),\end{aligned} \tag{9.52}$$

wobei a, b, c, d und μ Konstanten bedeuten und μ ausreichend klein angenommen wird. Desweiteren seien f_1 und f_2 als holomorphe Funktionen in x, y und μ vorausgesetzt. Sie lassen sich also (wenigstens für kleine Werte der Variablen) in konvergente Potenzreihen nach x, y und μ entwickeln.

Wenn die nichtlinearen Glieder als Resultat einer kleinen Verzerrung des (für $\mu = 0$ entstehenden) linearen Systems angesehen werden, dann ist folgendes Problem zu untersuchen: Für welche periodischen Ausgangslösungen des linearen Systems existieren ebenfalls periodische (wenn auch mit einer anderen Periode) Lösungen des nichtlinearen Systems, das für $\mu = 0$ in das Ausgangssystem übergeht, und unter welchen Bedingungen (d. h. für welche f_1 und f_2) sind diese periodischen Lösungen des nichtlinearen Systems stabil?

Man betrachtet zuerst den Fall $\mu = 0$. Die Gleichungen gehen dann in

$$\begin{aligned}\frac{dx}{dt} &= ax + by,\\ \frac{dy}{dt} &= cx + dy\end{aligned} \tag{9.53}$$

über. Die Elimination von y liefert die Gleichung

$$\ddot{x} - (a + d)\dot{x} + (ad - bc)x = 0. \tag{9.53a}$$

Eine notwendige Voraussetzung für die weiteren Untersuchungen besteht nun darin, daß das gewonnene lineare System (9.53) oder die Gleichung (9.53a) selbst eine periodische Lösung besitzen muß.

Das bedeutet, daß die charakteristische Gleichung

$$\lambda^2 - (a + d)\lambda + (ad - bc) = 0$$

nur rein imaginäre Wurzeln haben darf, d. h. es muß

$$\begin{aligned}(a + d) &= 0,\\ \begin{vmatrix} a & b \\ c & d \end{vmatrix} &> 0\end{aligned} \tag{9.54}$$

gelten. Dann wird

$$\begin{aligned}\lambda_1 &= +j\sqrt{ad - bc},\\ \lambda_2 &= -j\sqrt{ad - bc}.\end{aligned}$$

Verwendet man die Bezeichnung $|\lambda_1| = |\lambda_2| = \omega_1 = +\sqrt{ad - bc}$, dann kann man davon sprechen, daß die Lösung der Gleichung (9.53a) eine vollständige bestimmte Frequenz ω_1 besitzt, die durch die Gleichung selbst definiert ist. Phase und Amplitude der periodischen Lösung sind nicht durch das System gegeben; sie werden durch die Anfangsbedingungen festgelegt. Daß die Phase willkürlich gewählt werden darf, liegt auf der Hand: In (9.53a) tritt die Zeit nicht explizit auf; die Zählung kann deshalb zu einer beliebigen Zeit t_0 begonnen werden. Die Phasendifferenz zwischen x und y und das Verhältnis der Amplituden von x und y sind jedoch vollständig durch das System festgelegt: Es genügt, den Wert für y in die zweite der Gleichungen (9.53) einzutragen.

Damit ist nachgewiesen, daß das System (9.53) eine unendliche Menge von periodischen Lösungen besitzt, die sich voneinander nur in Amplitude und Phase unterscheiden, wenn die Bedingungen (9.54) erfüllt sind. Diese Lösungen haben die Form

$$x = K\cos(\omega_1 t + \chi),$$
$$y = kK\sin(\omega_1 t + \chi + \chi'),$$

wobei k und χ' durch die Koeffizienten der Gleichungen (9.53) festgelegt sind, während K und χ willkürlich gewählt werden dürfen. Eine allgemeinere Darstellung ist

$$x = \varphi_0(t, \chi, K),$$
$$y = \psi_0(t, \chi, K),$$

wobei φ_0 und ψ_0 periodische Funktionen von t mit der Periode $\frac{2\pi}{\omega_1}$ bedeuten und χ sowie K willkürliche Konstanten bezeichnen. Eine solche allgemeine Gestalt werden die Lösungen besitzen, wenn das System für $\mu = 0$ nichtlinear, aber konservativ wird und somit dem Zentrumsfall entspricht.

Da die Zeitzählung willkürlich gewählt werden kann, darf ohne jede Beschränkung der Allgemeinheit $\chi = 0$ genommen werden. Die Lösung des linearen Systems erhält dann die Form

$$\begin{aligned} x &= x_0(t, K) = K\cos\omega_1 t, \\ y &= y_0(t, K) = kK\sin(\omega_1 t + \chi'). \end{aligned} \tag{9.55}$$

1. *Der Grundgedanke der* POINCARÉ*schen Methode*

Bevor zu einer systematischen Darlegung der Theorie von POINCARÉ übergegangen wird, soll kurz die Grundidee und gleichzeitig eine exakte mathematische Formulierung des Problems entwickelt werden. Eine solche Einführung vereinfacht die weiteren Darlegungen.

Die Lösung der Gleichungen (9.52) für $\mu = 0$ möge bekannt sein [d. h. auch die Lösung der Gleichungen (9.53)]. Diese Lösung sei

$$x = x_0(t, K), \qquad y = y_0(t, K).$$

Für $t = 0$ ist dann

$$x = x_0(0, K), \qquad y = y_0(0, K),$$

wobei K die „Amplitude“ bezeichnet. Das Wort Amplitude ist deshalb in Anführungsstriche gesetzt worden, da die für $\mu = 0$ entstehende Gleichung auch nichtlinear, aber konservativ sein kann. Für das Weitere soll jedoch angenommen werden, daß für $\mu = 0$ die Gleichungen in lineare übergehen. Man betrachtet sodann die Lösungen der Gleichungen (9.52) für $\mu \neq 0$.
Diese seien

$$x = x(t, \mu, K), \qquad y = y(t, \mu, K),$$

und für $t = 0$ möge

$$x = x_0(0, K) + \beta_1, \qquad y = y_0(0, K) + \beta_2$$

gelten, wobei β_1 und β_2 ausreichend kleine Größen bedeuten. POINCARÉ stellte diese Lösungen in Form von Potenzreihenentwicklungen nach β_1, β_2 und μ dar und bewies deren gleichmäßige Konvergenz für ausreichend kleine β_1, β_2 und μ innerhalb eines beliebig vorgegebenen endlichen Zeitintervalls $0 < t < t_1$. Dieser Konvergenzbeweis soll hier nicht erbracht werden. Die Koeffizienten dieser Potenzreihenentwicklungen sind Funktionen der Zeit. Sie lassen sich berechnen, wenn die oben erwähnten Potenzreihen in die Gleichungen (9.52) eingetragen werden und ein Koeffizientenvergleich für gleiche Potenzen von β_1, β_2 und μ durchgeführt wird. Für die Bestimmung dieser Funktionen erhält man lineare Gleichungen mit bestimmten Anfangswerten. Für x und y entstehen also bestimmte Ausdrücke der Form

$$\begin{aligned} x &= x(t, \mu, \beta_1, \beta_2, K), \\ y &= y(t, \mu, \beta_1, \beta_2, K). \end{aligned} \tag{9.56}$$

Es soll nun untersucht werden, unter welchen Bedingungen diese Lösungen periodisch sein werden. Die Periode der Lösungen der Gleichungen nullter Näherung (diese Gleichungen sind unter den hier angegebenen Voraussetzungen linear) sei T. Die Periode der Lösungen der nichtlinearen Gleichungen wird im allgemeinen eine andere sein, da aber die erwähnten Lösungen sich nur wenig von Lösungen der linearen Gleichung unterscheiden, wird auch die Periode der gesuchten Lösungen nahe bei T liegen. Aus diesem Grunde darf angenommen werden, daß die neue Periode $T + \tau$ ist, wobei τ eine nicht allzu große „Korrektur der Periode“ darstellt. Damit die Lösungen (9.56) mit der Periode $T + \tau$ periodisch sind, ist offensichtlich erforderlich, daß x und y für $t = 0$ und für $t = T + \tau$ gleiche Werte besitzen. In der Tat, wenn für $t = T + \tau$ die gleichen Werte der Variablen x, y vorliegen wie für $t = 0$, dann wiederholt sich wegen der Gültigkeit des Satzes von CAUCHY und wegen der Unabhängigkeit des Systems ab $t = T + \tau$ der Verlauf, der mit $t = 0$ begonnen hat. Die Periodizitätsbedingungen lassen sich also auf die Beziehungen

$$\begin{aligned} x(T + \tau, \mu, \beta_1, \beta_2, K) - x(0, \mu, \beta_1, \beta_2, K) &= 0, \\ y(T + \tau, \mu, \beta_1, \beta_2, K) - y(0, \mu, \beta_1, \beta_2, K) &= 0 \end{aligned}$$

zurückführen. Da es sich bei T um eine vorgegebene Größe handelt, kann dafür

$$\begin{aligned} \Phi(\tau, \mu, \beta_1, \beta_2, K) &= 0, \\ \Psi(\tau, \mu, \beta_1, \beta_2, K) &= 0 \end{aligned} \tag{9.57}$$

geschrieben werden. Damit sind zwei Gleichungen mit den drei Unbekannten τ, β_1, β_2 entstanden. Wegen der Unabhängigkeit der Gleichungen und weil die Phase willkürlich ist, kann man einen der β-Werte als fest annehmen und β_2 beispielsweise gleich Null setzen. Man erhält dann eine wohlbestimmte periodische Lösung. Nachdem diese periodische Lösung gefunden worden ist, wird die verlorengegangene Willkürlichkeit wiederhergestellt, indem zu einer neuen willkürlichen Phase übergegangen wird.

Da sich für $\mu = 0$ eine periodische Lösung mit der Periode T (keine Korrektur der Periode) ergeben muß, wird augenscheinlich für $\mu = 0$, $\tau = 0$ die Periodizitätsbedingung erfüllt sein und die Funktionen Φ und Ψ werden Null. Demnach muß μ ein gemeinsamer Faktor sein. Die Gleichungen (9.57) lassen sich in der Form

$$\mu \Phi_1\left(\frac{\tau}{\mu}, \mu, \beta_1, \beta_2, K\right) = 0,$$

$$\mu \Psi_1\left(\frac{\tau}{\mu}, \mu, \beta_1, \beta_2, K\right) = 0$$

schreiben. Die Existenzbedingungen für die periodischen Lösungen des Systems (9.52) haben dann die Form

$$\Phi_1\left(\frac{\tau}{\mu}, \tau, \beta_1, \beta_2, K\right) = 0,$$

$$\Psi_1\left(\frac{\tau}{\mu}, \mu, \beta_1, \beta_2, K\right) = 0.$$

Damit für $\mu = 0$ gilt $\beta_1 = \tau = 0$, ist erforderlich, daß diese Gleichungen keine absoluten Glieder enthalten. Werden diese Glieder Null gesetzt, dann ergeben sich wohlbestimmte Werte für die Amplitude K und für die erste Näherung der Frequenzkorrektur $\left(\frac{\tau}{\mu}\right)_{\mu\to 0}$. Demzufolge existieren im betrachteten Fall periodische Lösungen, jedoch nicht mit beliebigen, sondern nur mit bestimmten Werten von K. In Übereinstimmung mit dieser Tatsache kann eine der Hauptaufgaben folgendermaßen formuliert werden: Für $\mu = 0$ liegt eine unendliche Menge periodischer Lösungen mit willkürlichen Amplituden vor, für $\mu \neq 0$ sind jedoch nur in der Nachbarschaft gewisser, wohlbestimmter Amplituden periodische Lösungen vorhanden. Die Werte dieser Amplituden sind zu bestimmen. Bei der Bestimmung der Form der selbsterregten Schwingungen kann man sich oft auf lineare Näherungen beschränken; die Kenntnis der Nichtlinearität ist nur für die Bestimmung der Größe der Amplituden dieser Schwingungen erforderlich. Aus den Bedingungen für die Amplituden lassen sich in dem Fall, wenn in die Bewegungsgleichungen irgendwelche Parameter eingehen, Bedingungen für die Bifurkation zwischen den periodischen Lösungen und den Gleichgewichtslagen herleiten. Der zweite Teil der Aufgabe besteht in der Ermittlung der Periodenkorrektur τ. Bei vielen praktisch interessanten Fällen stellt sich heraus, daß diese Korrektur in erster Näherung gleich Null ist, man hat also $\left(\frac{\tau}{\mu}\right)_{\mu\to 0} \to 0$. Macht sich trotzdem eine Periodenkorrektur erforderlich, dann muß man die nachfolgenden Näherungen berücksichtigen. Da dieses Problem für die Schwingungstheorie von Wichtigkeit ist, soll es im weiteren ausführlich untersucht werden.

2. Die Methode von POINCARÉ *für Systeme, die nahezu linear sind*

Es erfolgt nun die systematische Darlegung der POINCARÉschen Methode. Die zu untersuchende Differentialgleichung zweiter Ordnung hat eine spezielle Form und verdient vom Gesichtspunkt der Schwingungstheorie und ihrer praktischen Anwendungen aus besonderes Interesse. Es handelt sich um die Gleichung eines Systems, das einem harmonischen Oszillator ähnlich ist:

$$\ddot{y} + y = \mu f(y, \dot{y}). \tag{9.2}$$

μ bezeichnet einen willkürlichen positiven Parameter, der ausreichend klein gewählt werden kann; $f(y, \dot{y})$ bedeutet eine Funktion, die sich nach Potenzen von y und $\dot{y}$ in eine Reihe entwickeln läßt. Für $\mu = 0$ besitzt die Gleichung (9.2) die Lösung

$$y = K \cos t. \tag{9.58}$$

Eine allgemeine Lösung der Gleichung (9.2) für $\mu = 0$ ist dann $y = K \cos(t + \delta)$. Infoge der Unabhängigkeit des betrachteten Systems kann δ eine wohlbestimmte Größe besitzen und insbesondere auch Null sein. Bestimmt man die ähnliche Lösung für $\mu \neq 0$, dann kann in dieser Lösung erneut die Phase willkürlich genommen werden. Wie bereits dargelegt wurde, existieren nicht für alle Werte von K periodische Lösungen der Gleichung (9.2), die (9.58) ähnlich sind. Es steht nun die Aufgabe, diejenigen Werte von K zu ermitteln, für die solche periodischen Lösungen der Gleichung (9.2) vorhanden sind.

Diese Aufgabe erläutert man am besten an Hand der Darlegungen in der Phasenebene. Da die Gleichung (9.2) nicht explizit von der Zeit abhängt, erzeugen die Phasentrajektorien des Systems in der $y, \dot{y}$-Ebene Kurven, die sich nicht überschneiden. Für $\mu = 0$ hat die Gleichung (9.2) die Lösung

$$y = K \cos t = \varphi_0(t), \tag{9.59}$$

wobei K eine willkürliche Amplitude bedeutet. Die Phase wurde auf Grund bereits bekannter Überlegungen nicht besonders hervorgehoben, wenngleich sie ebenfalls willkürlich bleibt. Die Lösungen bilden für $\mu = 0$ in der $y, \dot{y}$-Phasenebene eine Schar konzentrischer Kreise.

Man bezeichnet (9.59) als erzeugende Lösung. Für $\mu \neq 0$ sind dann solche periodischen Lösungen zu bestimmen, die für $\mu \to 0$ zu den erzeugenden Lösungen $y = \varphi_0(t)$ streben. Es wird sich zeigen, daß nicht für alle Werte von K solche periodischen Lösungen vorhanden sind. Es steht nun die Aufgabe, die Werte von K für diejenigen erzeugenden Lösungen $\varphi_0(t)$ zu finden, in deren Bereich periodische Lösungen der Gleichungen (9.2) für $\mu \neq 0$ entstehen. Auch die Änderung der Periode in bezug auf die erzeugende Lösung ist zu bestimmen. Vom Gesichtspunkt der $y, \dot{y}$-Phasenebene betrachtet, kann also der erste Teil der Aufgabe auf folgende Weise formuliert werden. Für $\mu = 0$ bilden die Integralkurven eine Schar von

Kreisen; für $\mu \neq 0$ verwandeln sich die Kreise in Spiralen, und nur gewisse Integralkurven bleiben geschlossen, d. h., sie transformieren sich in Grenzzyklen. Man hat also die Werte von K für diejenigen Kreise zu bestimmen, in deren Nähe Grenzzyklen entstehen.

Es war bereits erwähnt worden, daß ein Beweis dafür existiert, daß sich die Lösungen von Gleichungen (9.2) in Form von Potenzreihen darstellen lassen, die nach Potenzen von μ und nach den Differenzen der Anfangswerte $\beta_1 = y(0) - \varphi_0(0)$ und $\beta_2 = \dot{y}(0) - \dot{\varphi}_0(0)$ fortschreiten und für ausreichend kleine Werte von μ, β_1 und β_2 auf einem beliebigen endlichen Zeitintervall $[0, t_1]$ absolut und gleichmäßig konvergieren. Demzufolge darf

$$y = \varphi_0(t) + A\beta_1 + B\beta_2 + C\mu + D\beta_1\mu + E\beta_2\mu + F\mu^2 + \cdots \tag{9.60}$$

gesetzt werden. In dieser Reihe bedeuten $A, B, C, D, E, F, \ldots$ vorerst noch unbekannte Funktionen der Zeit. Bei der Bestimmung dieser Funktionen wird folgendermaßen verfahren: Man differenziert die Reihe (9.60) einmal und nachfolgend nochmals nach der Zeit und gewinnt Ausdrücke für $\dot{y}$ und $\ddot{y}$ ebenfalls in der Reihenform

$$\dot{y} = \dot{\varphi}_0(t) + \dot{A}\beta_1 + \dot{B}\beta_2 + \dot{C}\mu + \dot{D}\beta_1\mu + \dot{E}\beta_2\mu + \dot{F}\mu^2 + \cdots, \tag{9.61}$$

$$\ddot{y} = \ddot{\varphi}_0(t) + \ddot{A}\beta_1 + \ddot{B}\beta_2 + \ddot{C}\mu + \ddot{D}\beta_1\mu + \ddot{E}\beta_2\mu + \ddot{F}\mu^2 + \cdots. \tag{9.62}$$

Da Werte von y und $\dot{y}$ jeweils in der Nähe von $\varphi_0(t)$ und $\dot{\varphi}_0(t)$ betrachtet werden, läßt sich die Funktion $f(y, \dot{y})$ in eine TAYLORreihe um $\varphi_0(t)$ und $\dot{\varphi}_0(t)$ entwickeln. Verwendet man für die Argumente y und $\dot{y}$ wiederum die Ausdrücke in Reihenform (9.60) und (9.61), dann erhält die TAYLORreihe der Funktion $f(y, \dot{y})$ die Form

$$\begin{aligned} f(y, \dot{y}) &= f[\varphi_0(t), \dot{y}_0(t)] \\ &+ f'_y[\varphi_0(t), \dot{\varphi}_0(t)]\,[A\beta_1 + B\beta_2 + C\mu + D\beta_1\mu + E\beta_2\mu + F\mu^2 + \cdots] \\ &+ f'_{\dot{y}}[\varphi_0, \dot{\varphi}_0]\,[\dot{A}\beta_1 + \dot{B}\beta_2 + \dot{C}\mu + \cdots] + \frac{1}{2} f''_{yy}[\varphi_0, \dot{\varphi}_0]\,[A\beta_1 + B\beta_2 + \cdots]^2 \\ &+ f''_{y\dot{y}}[\varphi_0, \dot{\varphi}_0]\,[A\beta_1 + B\beta_2 + C\mu + \cdots]\,[\dot{A}\beta_1 + \dot{B}\beta_2 + \dot{C}\mu + \cdots] \\ &+ \frac{1}{2} f''_{\dot{y}\dot{y}}[\varphi_0, \dot{\varphi}_0]\,[\dot{A}\beta_1 + \dot{B}\beta_2 + \dot{C}\mu + \cdots]^2 + \cdots. \end{aligned} \tag{9.63}$$

Wenn die Beziehungen für $y, \ddot{y}$ und $f(y, \dot{y})$ in die Ausgangsgleichung (9.2) eingesetzt werden und die Summe der Koeffizienten für Glieder, die in bezug auf β_1, β_2 und μ ähnlich sind, gleich Null gesetzt wird, dann entsteht ein System inhomogener linearer Differentialgleichungen zweiter Ordnung mit konstanten Koeffizienten und periodischer rechter Seite. Die Anzahl dieser Gleichungen hängt davon ab, welchen Genauigkeitsgrad die Reihenentwicklungen haben sollen. Berücksichtigt man bei der Entwicklung und beim Einsetzen nur Glieder, die bis zu zweiter Ordnung klein sind, dann ergeben sich sechs Gleichungen zur Bestimmung der sechs Funktionen A, B, C, D, E und F:

$$\begin{aligned}
&\ddot{A} + A = 0, && \ddot{D} + D = f'_y(\varphi_0, \dot{\varphi}_0)\, A + f'_{\dot{y}}(\varphi_0, \dot{\varphi}_0)\dot{A},\\
&\ddot{B} + B = 0, && \ddot{E} + E = f'_y(\varphi_0, \dot{\varphi}_0)\, B + f'_{\dot{y}}(\varphi_0, \dot{\varphi}_0)\dot{B},\\
&\ddot{C} + C = f(\varphi_0, \dot{\varphi}_0), && \ddot{F} + F = f'_y(\varphi_0, \dot{\varphi}_0)\, C + f'_{\dot{y}}(\varphi_0, \dot{\varphi}_0)\dot{C}.
\end{aligned} \tag{9.64}$$

Außer den Gleichungen (9.64) müssen noch die Anfangsbedingungen bekannt sein, denen die Funktionen A, B, C, D, E und F unterworfen sind. Aus dem Vergleich der Ausdrücke

$$\begin{aligned}
\beta_1 &= y(0) - \varphi_0(0),\\
\beta_2 &= \dot{y}(0) - \dot{\varphi}_0(0)
\end{aligned} \tag{9.65}$$

mit den Beziehungen für y und $\dot{y}$ (9.60) und (9.61) lassen sich die Werte von A, B, C, D, E, F und $\dot{A}$, $\dot{B}$, $\dot{C}$, $\dot{D}$, $\dot{E}$, $\dot{F}$ für $t = 0$ ableiten. Das Ergebnis lautet

$$\begin{aligned}
&A(0) = 1\,, \ \dot{A}(0) = 0\,, \ B(0) = 0\,, \ \dot{B}(0) = 1\,,\\
&C(0) = \dot{C}(0) = D(0) = \dot{D}(0) = 0\,,\\
&E(0) = \dot{E}(0) = F(0) = \dot{F}(0) = 0\,.
\end{aligned} \tag{9.66}$$

Die ersten beiden Gleichungen von (9.64) besitzen unter den Anfangsbedingungen (9.66) die Lösungen

$$\begin{aligned}
A &= \cos t\,,\\
B &= \sin t\,.
\end{aligned}$$

Um die übrigen Funktionen C, D, E, F ermitteln zu können, die durch die Gleichungen (9.64) und durch die Anfangsbedingungen (9.66) festgelegt werden, ist es notwendig, über die allgemeine Form der Lösung von Gleichung $\ddot{x} + x = \Phi(t)$, die den Anfangsbedingungen $x = \dot{x} = 0$ für $t = 0$ genügt, Klarheit zu gewinnen. Diese Lösung hat bekanntlich die Form

$$x = \int_0^t \Phi(u) \sin(t - u)\, du\,,$$

$$\dot{x} = \int_0^t \Phi(u) \cos(t - u)\, du\,.$$

Daher gilt schließlich

$$\begin{aligned}
&A(t) = \cos t\,, && \dot{A}(t) = -\sin t\,,\\
&B(t) = \sin t\,, && \dot{B}(t) = \cos t\,,\\
&C(t) = \int_0^t [f] \sin(t - u)\, du\,, && \dot{C}(t) = \int_0^t [f] \cos(t - u)\, du\,,
\end{aligned}$$

$$D(t) = \int_0^t \left\{ \left[\frac{\partial f}{\partial y}\right] \cos u - \left[\frac{\partial f}{\partial \dot{y}}\right] \sin u \right\} \sin(t-u)\,du,$$

$$\dot{D}(t) = \int_0^t \left\{ \left[\frac{\partial f}{\partial y}\right] \cos u - \left[\frac{\partial f}{\partial \dot{y}}\right] \sin u \right\} \cos(t-u)\,du,$$

$$E(t) = \int_0^t \left\{ \left[\frac{\partial f}{\partial y}\right] \sin u + \left[\frac{\partial f}{\partial \dot{y}}\right] \cos u \right\} \sin(t-u)\,du,$$

$$\dot{E}(t) = \int_0^t \left\{ \left[\frac{\partial f}{\partial y}\right] \sin u + \left[\frac{\partial f}{\partial \dot{y}}\right] \cos u \right\} \cos(t-u)\,du,$$

$$F(t) = \int_0^t \left\{ \left[\frac{\partial f}{\partial y}\right] C(u) + \left[\frac{\partial f}{\partial \dot{y}}\right] \dot{C}(u) \right\} \sin(t-u)\,du,$$

$$\dot{F}(t) = \int_0^t \left\{ \left[\frac{\partial f}{\partial y}\right] C(u) + \left[\frac{\partial f}{\partial \dot{y}}\right] \dot{C}(u) \right\} \cos(t-u)\,du. \tag{9.67}$$

Hier und in den folgenden Darstellungen bringen die in eckigen Klammern eingeschlossenen Ausdrücke $f, \frac{\partial f}{\partial y}, \frac{\partial f}{\partial \dot{y}}$ zum Ausdruck, daß in ihre Stelle statt y und $\dot{y}$ jeweils

$$\varphi_0(u) = K \cos u \quad \text{und} \quad \dot{\varphi}_0(u) = -K \sin u$$

eingesetzt werden muß. Dabei sind die Werte dieser Funktionen für $t = 2\pi$ erforderlich[1]); man berechnet sie aus

$$A(2\pi) = 1,\ \dot{A}(2\pi) = 0,\ B(2\pi) = 0,\ \dot{B}(2\pi) = 1,$$

$$C(2\pi) = -\int_0^{2\pi} f(K\cos u, -K\sin u) \sin u\,du,$$

$$\dot{C}(2\pi) = \int_0^{2\pi} f(K\cos u, -K\sin u) \cos u\,du,$$

---

[1]) Es sei daran erinnert, daß ein neuer Maßstab für die Zeit eingeführt wurde, wobei $\frac{T}{2\pi}$ als Zeiteinheit Verwendung fand; T bedeutet die Periode der Eigenschwingungen des Systems. Infolge dieser Festlegung wird die Zeit dimensionslos, und die Dauer einer Schwingungsperiode läßt sich durch die dimensionslose Größe 2π ausdrücken.

$$D(2\pi) = \int_0^{2\pi} \left\{-\frac{1}{2}\left[\frac{\partial f}{\partial y}\right] \sin 2u + \left[\frac{\partial f}{\partial \dot{y}}\right] \sin^2 u\right\} du$$

$$\dot{D}(2\pi) = \int_0^{2\pi} \left\{\left[\frac{\partial f}{\partial y}\right] \cos^2 u - \frac{1}{2}\left[\frac{\partial f}{\partial \dot{y}}\right] \sin 2u\right\} du,$$

$$E(2\pi) = \int_0^{2\pi} \left\{-\left[\frac{\partial f}{\partial y}\right] \sin^2 u - \frac{1}{2}\left[\frac{\partial f}{\partial \dot{y}}\right] \sin 2u\right\} du,$$

$$\dot{E}(2\pi) = \int_0^{2\pi} \left\{\frac{1}{2}\left[\frac{\partial f}{\partial y}\right] \sin 2u + \left[\frac{\partial f}{\partial \dot{y}}\right] \cos^2 u\right\} du,$$

$$F(2\pi) = -\int_0^{2\pi} \left\{\left[\frac{\partial f}{\partial y}\right] C(u) + \left[\frac{\partial f}{\partial \dot{y}}\right] \dot{C}(u)\right\} \sin u\, du,$$

$$\dot{F}(2\pi) = \int_0^{2\pi} \left\{\left[\frac{\partial f}{\partial y}\right] C(u) + \left[\frac{\partial f}{\partial \dot{y}}\right] \dot{C}(u)\right\} \cos u\, du.$$

Die Ausdrücke für $D(2\pi)$, $\dot{D}(2\pi)$, $E(2\pi)$ und $\dot{E}(2\pi)$ lassen sich etwas vereinfachen. Unter Verwendung der Identitäten

$$\frac{1}{K}\frac{d}{du}\{[f]\cos u\} = -\frac{[f]}{K}\sin u - \frac{1}{2}\left[\frac{\partial f}{\partial y}\right]\sin 2u - \left[\frac{\partial f}{\partial \dot{y}}\right]\cos^2 u,$$

$$\frac{1}{K}\frac{d}{du}\{[f]\sin u\} = \frac{[f]}{K}\cos u - \left[\frac{\partial f}{\partial y}\right]\sin^2 u - \frac{1}{2}\left[\frac{\partial f}{\partial \dot{y}}\right]\sin 2u$$

entsteht

$$D(2\pi) = \int_0^{2\pi} \left[\frac{\partial f}{\partial \dot{y}}\right] du - \frac{C(2\pi)}{K},$$

$$\dot{D}(2\pi) = \int_0^{2\pi} \left[\frac{\partial f}{\partial y}\right] du - \frac{\dot{C}(2\pi)}{K},$$

$$E(2\pi) = -\frac{1}{K}\dot{C}(2\pi),\quad \dot{E}(2\pi) = \frac{1}{K}C(2\pi). \tag{9.68a}$$

Insbesondere hat man

$$D(2\pi) = \int_0^{2\pi} \left[\frac{\partial f}{\partial \dot{y}}\right] du, \qquad \dot{D}(2\pi) = \int_0^{2\pi} \left[\frac{\partial f}{\partial y}\right] du - \frac{\dot{C}(2\pi)}{K},$$

$$E(2\pi) = -\frac{1}{K}\dot{C}(2\pi), \qquad \dot{E}(2\pi) = 0 \tag{9.68b}$$

für $C(2\pi) = 0$ und schließlich

$$D(2\pi) = \int_0^{2\pi} \left[\frac{\partial f}{\partial \dot{y}}\right] du, \qquad \dot{D}(2\pi) = \int_0^{2\pi} \left[\frac{\partial f}{\partial y}\right] du,$$

$$E(2\pi) = 0, \qquad \dot{E}(2\pi) = 0, \tag{9.68c}$$

wenn $C(2\pi) = \dot{C}(2\pi) = 0$ gilt. Es sei hervorgehoben, daß in den letzten Formeln (9.68c) für die Größen $D(2\pi)$ und $\dot{D}(2\pi)$ eine einfache Interpretation angegeben werden kann: Es handelt sich um die konstanten Glieder in den FOURIERentwicklungen der Funktionen $\frac{\partial f}{\partial \dot{y}}$ und $\frac{\partial f}{\partial y}$, die mit 2π multipliziert wurden. Die Größen $C(2\pi)$ und $\dot{C}(2\pi)$ bedeuten die Koeffizienten von $\sin t$ und $\cos t$ in der FOURIERreihe der Funktion $f(\varphi_0, \dot{\varphi}_0)$, die jedoch ebenfalls mit 2π multipliziert worden sind. Diese Größen können unmittelbar bei Verwendung trigonometrischer Formeln berechnet werden, wenn die Funktion $f(\varphi_0, \dot{\varphi}_0)$ ein Polynom ist (s. Ergänzung III).

Es sollen nun aus den Lösungen (9.60) von Gleichung (9.2) bei $\mu \neq 0$ die periodischen Lösungen ausgesondert werden. Die Periode irgendeiner solchen Lösung sei gleich $2\pi + \tau$, wobei τ eine geringe Periodenkorrektur bedeutet (für $\mu \to 0$ gilt $\tau \to 0$). Aus dem Vergleich von $y(2\pi + \tau)$ und $\dot{y}(2\pi + \tau)$ mit $y(0) = \varphi_0(0) + \beta_1$ bzw. $\dot{y}(0) = \dot{\varphi}_0(0) + \beta_2$ lassen sich die Gleichungen

$$y(2\pi + \tau) - y(0) \equiv \psi_1(\beta_1, \beta_2, \tau, \mu) = 0,$$

$$\dot{y}(2\pi + \tau) - \dot{y}(0) \equiv \psi_2(\beta_1, \beta_2, \tau, \mu) = 0 \tag{9.69}$$

herleiten, die diese periodische Lösung definieren. Bei ihnen handelt es sich um zwei Gleichungen mit den drei Unbekannten β_1, β_2 und τ, wobei β_1 und β_2 willkürliche Konstanten des vorliegenden Problems sind. Hier sind die periodischen Lösungen von Interesse. Die Bestimmung einer einzigen solchen Lösung führt sogleich auf eine unendliche Menge periodischer Lösungen, die sich voneinander in der willkürlichen Phase unterscheiden. Aus diesem Grund kann, wie bereits gezeigt wurde, einer der β-Werte völlig willkürlich bleiben. Man kann ihn beispielsweise ohne Einschränkung der Allgemeinheit Null setzen. Wenn sich dann die Gleichungen (9.69) nach τ und nach dem anderen Wert von β so auflösen lassen, daß für $\mu = 0$ auch $\tau = \beta = 0$ ist, dann hat man die Aufgabe gelöst. Ist dies jedoch nicht möglich, dann bleibt noch die Variante, den anderen Wert von β Null zu setzen. Dabei überzeugt man sich davon, daß $\beta_2 = 0$ zu einem positiven Ergebnis führt. Wäre man von der Lösung $\varphi_0 = K \sin t$ ausgegangen (in der erzeugenden Lösung ist dann $\delta = -\frac{\pi}{2}$, aber nicht Null), dann hätte die zweite Variante auf $\beta_1 = 0$ geführt.

Vorerst aber sollen die Gleichungen (9.69) in allgemeiner Form dargestellt werden, ohne $\beta_2 = 0$ zu setzen. Zu diesem Zweck muß man vor allem die Ausdrücke $y(2\pi + \tau)$ und $\dot{y}(2\pi + \tau)$ ermitteln. Da τ klein ist im Vergleich zu 2π, lassen sich y und $\dot{y}$ in der Umgebung von 2π in Reihen entwickeln.

Beschränkt man sich auf Glieder, die von erster und zweiter Ordnung klein sind, dann gilt

$$y(2\pi + \tau) = y(2\pi) + \tau\dot{y}(2\pi) + \frac{\tau^2}{2}\ddot{y}(2\pi) + \cdots,$$

$$\dot{y}(2\pi + \tau) = \dot{y}(2\pi) + \tau\,\ddot{y}(2\pi) + \frac{\tau^2}{2}\dddot{y}(2\pi) + \cdots.$$

Die Werte von $y(2\pi)$, $\dot{y}(2\pi)$, $\ddot{y}(2\pi)$, ... lassen sich bestimmen, wenn man ihre Darstellung in Reihenform verwendet und an Stelle der Funktionen A, B, C, ... deren Werte für $t = 2\pi$, d. h. $A(2\pi)$, $B(2\pi)$, ... eingesetzt werden.

Bleiben die Glieder unberücksichtigt, die von mehr als zweiter Ordnung klein sind (man hat zu beachten, daß die Größenordnung von τ nicht höher ist als die von μ), dann findet man

$$\begin{aligned} y(2\pi + \tau) = {} & \varphi_0(2\pi) + A(2\pi)\beta_1 + B(2\pi)\beta_2 + C(2\pi)\mu + D(2\pi)\beta_1\mu \\ & + E(2\pi)\beta_2\mu + F(2\pi)\mu^2 + \tau\dot{\varphi}_0(2\pi) + \tau\dot{A}(2\pi)\beta_1 \\ & + \tau\dot{B}(2\pi)\beta_2 + \tau\dot{C}(2\pi)\mu + \frac{\tau^2}{2}\ddot{\varphi}_0(2\pi) + \cdots, \end{aligned}$$

$$\begin{aligned} \dot{y}(2\pi + \tau) = {} & \dot{\varphi}_0(2\pi) + \dot{A}(2\pi)\beta_1 + \dot{B}(2\pi)\beta_2 + \dot{C}(2\pi)\mu + \dot{D}(2\pi)\beta_1\mu \\ & + \dot{E}(2\pi)\beta_2\mu + \dot{F}(2\pi)\mu^2 + \tau\ddot{\varphi}_0(2\pi) + \tau\ddot{A}(2\pi)\beta_1 \\ & + \tau\ddot{B}(2\pi)\beta_2 + \tau\ddot{C}(2\pi)\mu + \frac{\tau^2}{2}\dddot{\varphi}_0(2\pi) + \cdots. \end{aligned}$$

Das Einsetzen der Werte von φ_0, A und B und deren Ableitungen für $t = 2\pi$ in diese Ausdrücke und in die Gleichungen (9.69) führt auf

$$\begin{aligned} y(2\pi + \tau) - y(0) = {} & -K\frac{\tau^2}{2} + \tau\beta_2 + C(2\pi)\mu + \dot{C}(2\pi)\,\tau\mu \\ & + D(2\pi)\beta_1\mu + E(2\pi)\beta_2\mu + F(2\pi)\mu^2 = 0, \\ \dot{y}(2\pi + \tau) - \dot{y}(0) = {} & -K\tau - \tau\beta_1 + \dot{C}(2\pi)\mu + \ddot{C}(2\pi)\,\tau\mu \\ & + \dot{D}(2\pi)\beta_1\mu + \dot{E}(2\pi)\beta_2\mu + \dot{F}(2\pi)\mu^2 = 0. \end{aligned} \quad (9.70)$$

Aus diesen beiden Gleichungen lassen sich die Periodenkorrektur τ und einer der β-Werte als Funktion von μ bestimmen (im vorliegenden Fall β_1), wenn für den anderen β-Wert (β_2) irgendein bestimmter Wert, beispielsweise der Wert Null, vorgeschrieben wird. Trägt man die Potenzreihenentwicklungen

$$\begin{aligned} \tau &= \mu \tau_1 + \mu^2 \tau_2 + \cdots, \\ \beta_1 &= \mu \beta_{11} + \cdots \end{aligned} \tag{9.71}$$

dieser Größen[1]) in die Gleichungen (9.70) ein und setzt die Summe der Glieder von der Ordnung μ gleich Null, dann entsteht

$$\begin{aligned} C(2\pi) &= 0, \\ -K\tau_1 + \dot{C}(2\pi) &= 0. \end{aligned}$$

Die erste dieser Gleichungen lautet

$$C(2\pi) = -\int_0^{2\pi} f(K \cos u, -K \sin u) \sin u \, du \tag{9.72}$$

oder, gemäß (9.12),

$$\Phi(K) = 0.$$

Sie definiert die Radien K_i derjenigen Kreise, in deren Nachbarschaft für kleine μ Grenzzyklen liegen. Die zweite Gleichung liefert die Korrektur der Periode in erster Näherung:

$$\tau_1 = \frac{\dot{C}(2\pi)}{K_i} = \frac{1}{K_i} \int_0^{2\pi} f(K \cos u, -K \sin u) \cos u \, du \tag{9.73}$$

oder wegen (9.12)

$$\tau_1 = -2\pi \Psi(K_i).$$

Es sei noch darauf hingewiesen, daß das Nullsetzen von $C(2\pi)$ damit äquivalent ist, daß der Fourierkoeffizient von $\sin t$ in der Entwicklung von $f(K \cos t, -K \sin t)$ Null ist.

Wenn die Summe der Glieder von der Ordnung μ^2 in den Gleichungen (9.70) gleich Null gesetzt wird, dann entstehen die Gleichungen[2])

$$\begin{aligned} K \frac{\tau_1^2}{2} + D(2\pi)\beta_{11} + F(2\pi) &= 0, \\ -K\tau_2 + \ddot{C}(2\pi)\tau_1 + [\dot{D}(2\pi) - \tau_1]\beta_{11} + \dot{F}(2\pi) &= 0 \end{aligned} \tag{9.74}$$

die β_{11} und die Periodenkorrektur τ_2 definieren, wenn nur $D(2\pi) \neq 0$ ist.

---

[1]) In den Entwicklungen von τ und β_1 nach Potenzen von μ müssen die Absolutglieder Null sein, da für $\mu \to 0$ τ und β_1 nach Null streben. Ist $\beta_2 \neq 0$ gegeben, so muß es von der Größenordnung μ sein.

[2]) Ohne Schwierigkeit erkennt man, daß aus diesen Gleichungen β_2 herausfällt, da für die Koeffizienten von β_2

$$\tau_1 + E(2\pi) = 0 \quad \text{und} \quad \dot{E}(2\pi) = 0$$

gilt, wenn K Wurzel von Gleichung (9.72) ist.

Es soll nun der für die praktischen Anwendungen interessante Fall

$$\dot{C}(2\pi) = 0$$

ausführlicher untersucht werden, wenn $\tau_1 = 0$ und die Periodenkorrektur τ von der Größenordnung μ^2 ist. In diesem Spezialfall haben die Gleichungen (9.74) die Form

$$D(2\pi)\beta_{11} + F(2\pi) = 0,$$

$$-K\tau_2 + \dot{D}(2\pi)\beta_{11} + F(2\pi) = 0$$

und liefern für $D(2\pi) \neq 0$

$$\beta_{11} = -\frac{F(2\pi)}{D(2\pi)},$$

$$\tau_2 = \frac{D(2\pi)\,\dot{F}(2\pi) - \dot{D}(2\pi)\,F(2\pi)}{K D(2\pi)}. \tag{9.75}$$

Trägt man die bereits ermittelten Funktionen $A(t)$, $B(t)$, $C(t)$ und $\beta_1 = \beta_{11}\mu + \cdots$ in den Ausdruck (9.60) für y ein und kehrt erneut zu einem willkürlichen Beginn der Zeitzählung zurück (hierbei genügt es, t durch $t + \delta$ zu ersetzen), dann läßt sich die Lösung der Gleichung (9.2) (mit einer Genauigkeit von der Größenordnung μ) in die Form

$$y = K\cos(t+\delta) + \mu\left\{\int_0^{t+\delta} f[\varphi_0(u), \dot{\varphi}(u)]\sin(t+\delta-u)\,du - \frac{F(2\pi)}{D(2\pi)}\cos(t+\delta)\right\} + O(\mu^2) \tag{9.76}$$

bringen, worin K eine Wurzel der Gleichung (9.72) bedeutet.

Eine Bemerkung in bezug auf den gewonnenen Näherungsausdruck (9.76) für die Lösung (9.60) ist noch erforderlich. Sowohl die erste Näherung (9.76) als auch die nullte Näherung (9.59) haben die Periode 2π, während die Lösung (9.59) eine Periode besitzen muß, die sich etwas von 2π unterscheidet und gleich $2\pi + \mu^2\tau_2 + \cdots$ ist. Dieser Unterschied wird dadurch hervorgerufen, daß es sich bei dem Ausdruck (9.60) um die Entwicklung einer Fourierreihe nach Potenzen von μ handelt, bei der nicht nur die „Amplitude“, sondern auch die Periodendauer von μ abhängt.

In der Tat, betrachtet man die Fourierreihe

$$y = \sum_{k=0}^{\infty}[A_k(\mu)\cos k\omega(\mu)t + B_k(\mu)\sin k\omega(\mu)t]$$

und entwickelt sie nach Potenzen von μ, dann entsteht die Entwicklung

$$\begin{aligned} y = &\sum_{k=0}^{\infty}[A_k(0)\cos k\omega(0)t + B_k(0)\sin k\omega(0)t] \\ &+ \mu\sum_{k=0}^{\infty}[A_k'(0)\cos k\omega(0)t + B_k'(0)\sin k\omega(0)t \\ &- A_k(0)\,\omega'(0)\,kt\sin k\omega(0)t + B_k(0)\,\omega'(0)kt\cos k\omega(0)t] + \mu^2\sum\ldots.\end{aligned}$$

Trotz der Tatsache, daß die trigonometrischen Funktionen nur mit der Periode $\frac{2\pi}{\omega(0)}$ auftreten, besitzt die periodische Funktion für $\mu \neq 0$ eine andere Periode. Diese Veränderung der Periode folgt daraus, daß in der Entwicklung Säkularglieder vorkommen, Glieder also, die die Zeit t in nicht trigonometrischer Form enthalten. So ähnlich wie in Lösung (9.76) treten von der nächsthöheren Näherung an Säkularglieder in Erscheinung, die die Periodizität der Funktion y nicht stören, sondern nur ihre Periode etwas verändern[1]). Man kann die gewonnene periodische Lösung auch ohne Säkularglieder angeben, wenn sofort alle trigonometrischen Funktionen mit den richtigen Perioden angeschrieben werden. Das macht in ihren Argumenten eine Frequenzkorrektur erforderlich. Da es sich dabei um eine geringfügige Größe handelt, darf sie gleich der Periodenkorrektur, geteilt durch 2π bei entgegengesetztem Vorzeichen gesetzt werden. Die Lösung erhält dann die Form

$$\begin{aligned} y = {} & K \cos\left[\left(1 - \frac{\tau_2\mu^2}{2\pi} + \cdots\right) t + \sigma\right] \\ & + \mu \left\{ \int\limits_0^{\left(1 - \frac{\tau_2\mu^2}{2\pi} + \cdots\right) t + \delta} \left\{ f(\varphi_0, \dot{\varphi}_0) \sin\left[\left(1 - \frac{\tau_2\mu^2}{2\pi} + \cdots\right) t + \delta - u\right] du \right.\right. \\ & \left.\left. - \frac{F(2\pi)}{D(2\pi)} \cos\left[\left(1 - \frac{\tau_2\mu^2}{2\pi} + \cdots\right) t + \delta\right] \right\} + \cdots \right\}. \end{aligned} \tag{9.77}$$

Es sei noch darauf hingewiesen, daß die Stabilitätsbedingung für die betrachtete periodische Lösung $y(t)$ wegen eines allgemeinen Satzes (s. Kap. V, § 8) die Form

$$\int\limits_0^{2\pi} f'_{\dot{y}}\,[y(t), \dot{y}(t)]\, dt < 0$$

besitzt. Beschränkt man sich auf das erste Glied der Entwicklung von $y(t)$ nach μ, dann ist

$$2\pi\Phi'(K_i) = \int\limits_0^{2\pi} f'_{\dot{y}}\,[\varphi_0(t), \dot{\varphi}_0(t)]\, dt < 0. \tag{9.78}$$

Für den Ausdruck auf der rechten Seite dieser Ungleichung kann eine einfache Interpretation gegeben werden: Es handelt sich um das mit 2π multiplizierte konstante Glied in der FOURIERentwicklung der Funktion

$$f'_{\dot{y}}\,(K_i \cos t,\ -K_i \sin t).$$

K_i bezeichnet die entsprechende Wurzel der Gleichung (9.72).

---

[1]) Es sei daran erinnert, daß der Fall $\dot{C}(2\pi) = 0$ betrachtet wird, wenn die Funktion $C(t)$ mit 2π periodisch ist.

Hat man jedoch $\dot{C}(2\pi) \neq 0$, so wird die Funktion $C(t)$, trotz der Bedingung $C(2\pi) = 0$, nicht periodisch sein, und bereits in der ersten Näherung für y [im Glied $\mu C(t)$] erscheinen Säkularglieder, die die Periodizität der Funktion $y(t)$ nicht stören, aber deren Periode um eine Größe der Ordnung μ ändern.

§ 6. Anwendung der Poincaréschen Methode

1. Röhrengenerator mit weicher Einstellung

Zur Erläuterung der Methode von Poincaré soll eine Gleichung untersucht werden, auf die man bei der Betrachtung eines gewöhnlichen Röhrengenerators (Abb. 119) mit weichem Einsatz selbsterregter Schwingungen stößt. Es war bereits gezeigt worden, daß man sich in diesem Fall auf die kubische Röhrenkennlinie (9.37) beschränken kann. Der Abwechslung halber sei jetzt die Dämpfung des Schwingkreises $\omega_0 RC$ nicht klein, dabei gilt wie bisher $\omega_0 = \frac{1}{\sqrt{LC}}$. Die Schwingungsgleichung lautet dann

$$\ddot{x} + x = \{\omega_0(MS_0 - RC) + 2\omega_0 MS_1 u_0 x - 3\omega_0 MS_2 u_0^2 x^2\}\dot{x},$$

wobei $x = \frac{u}{u_0}$ gesetzt worden ist (u_0 legt einen bestimmten Spannungsmaßstab fest; die Punkte über den Variablen symbolisieren die Differentiation nach der dimensionslosen Zeit $t_{\text{neu}} = \omega_0 t_{\text{alt}}$). Diese Gleichung ist der eines harmonischen Oszillators nur dann ähnlich, wenn die Bedingungen

$$\omega_0 |MS_0 - RC| \ll 1,$$
$$2\omega_0 M |S_1| u_0 \ll 1$$

und

$$3\omega_0 MS_2 u_0^2 \ll 1$$

erfüllt sind. Das ist nahe der Erregungsschwelle des Generators und bei geringer Nichtlinearität der Röhrenkennlinie der Fall.

Setzt man

$$\omega_0(MS_0 - RC) = \mu\alpha',$$
$$2\omega_0 MS_1 u_0 = \mu\beta'$$

und

$$3\omega_0 MS_2 u_0^2 = \mu\gamma', \tag{9.79}$$

worin μ ein kleiner Parameter ist ($0 < \mu \ll 1$) und α', β' und γ' Größen von der Ordnung Eins bedeuten, dann nimmt die Schwingungsgleichung des Generators die Form

$$\ddot{x} + x = \mu(\alpha' + \beta' x - \gamma' x^2)\dot{x} \tag{9.80}$$

an.

Diese Gleichung ist von dem Typ, für den hier die Poincarésche Methode entwickelt wurde. Aus diesem Grund darf im weiteren nach Schablone verfahren werden. In nullter Näherung haben die periodischen Lösungen von Gleichung (9.80) die Form

$$\varphi_0(t) = K\cos t,$$
$$\dot{\varphi}_0(t) = -K\sin t, \tag{9.81}$$

wobei K der Gleichung

$$C(2\pi) = -\int_0^{2\pi} (\alpha' + \beta' K \cos u - \gamma' K^2 \cos^2 u)(-K \sin u) \sin u\, du$$
$$= \pi K \left(\alpha' - \frac{\gamma'}{4} K^2\right) = 0,$$

d. h.

$$K^2 = 4\,\frac{\alpha'}{\gamma'} \tag{9.81a}$$

genügt.

Man überzeugt sich leicht davon, daß $\dot{C}(2\pi) = 0$ gilt; in erster Näherung wird also keine Korrektur der Periodendauer der selbsterregten Schwingungen vorgenommen. Weiterhin ist

$$\frac{\partial f}{\partial x} = (\beta' - 2\gamma' x)\dot{x},$$
$$\frac{\partial f}{\partial \dot{x}} = \alpha' + \beta' x - \gamma' x^2$$

und folglich auch

$$\left[\frac{\partial f}{\partial x}\right] = (\beta' - 2\gamma' K \cos u)(-K \sin u),$$
$$\left[\frac{\partial f}{\partial \dot{x}}\right] = \alpha' + \beta' K \cos u - \gamma' K^2 \cos^2 u.$$

Die Integration dieser Ausdrücke von 0 bis 2π liefert

$$D(2\pi) = 2\pi\left(\alpha' - \frac{\gamma}{2} K^2\right) = -2\pi\alpha',$$
$$\dot{D}(2\pi) = 0,$$

[s. (9.68c)], deshalb hat man für die Korrektur der Periodendauer [s. (9.75)]

$$\tau = \mu^2 \tau_2 = \frac{\dot{F}(2\pi)}{K}.$$

Damit die Korrektur der Periodendauer ermittelt und die periodische Lösung bis auf Glieder der Ordnung μ genau angegeben werden kann, muß man die Funktion $C(t)$ und die Ausdrücke $F(2\pi)$ sowie $\dot{F}(2\pi)$ berechnen. Diese Rechnungen ergeben

$$C(t) = \int_0^t (\alpha' + \beta' K \cos u - \gamma' K^2 \cos^2 u)(-K \sin u) \sin(t - u)\, du$$
$$= -\frac{\beta' K^2}{6}(2 \sin t - \sin 2t) + \frac{\gamma' K^3}{32}(3 \sin t - \sin 3t),$$

$$\dot{F}(2\pi) = \int_0^{2\pi} \left\{\left[\frac{\partial f}{\partial x}\right] C(u) + \left[\frac{\partial f}{\partial \dot{x}}\right] \dot{C}(u)\right\} \cos u\, du$$
$$= \frac{\pi}{12}\beta'^2 K^3 + \frac{\pi}{128}\gamma'^2 K^5 = \pi\alpha' K\left(\frac{\beta'^2}{3\gamma'} + \frac{\alpha'}{8}\right)$$

und

$$F(2\pi) = -\int_0^{2\pi} \left\{ \left[\frac{\partial f}{\partial x}\right] C(u) + \left[\frac{\partial f}{\partial \dot{x}}\right] \dot{C}(u) \right\} \sin u \, du = 0,$$

da der Ausdruck unter dem Integral eine mit 2π periodische und ungerade Funktion ist.

Für die Korrektur der Periodendauer findet man also

$$\tau = \mu^2 \pi \alpha' \left(\frac{\beta'^2}{3\gamma'} + \frac{\alpha'}{8}\right) \text{ [1]} \tag{9.82}$$

und die periodische Lösung kann in der Form von Gleichung (9.76), d. h. ohne Sekulärglieder, mit einer Genauigkeit bis auf Glieder der Ordnung μ^2 folgendermaßen geschrieben werden[2]):

$$\begin{aligned} x(t) &= 2\sqrt{\frac{\alpha'}{\gamma'}} \cos\left[\left(1 - \frac{\tau}{2\pi}\right)t + \delta\right] \\ &+ \mu\left\{\left(-\frac{4\alpha'\beta'}{3\gamma'} + \frac{3\alpha'}{4}\sqrt{\frac{\alpha'}{\gamma'}}\right)\sin\left[\left(1 - \frac{\tau}{2\pi}\right)t + \delta\right]\right. \\ &+ \left.\frac{2\alpha'\beta'}{3\gamma'} \sin 2\left[\left(1 - \frac{\tau}{2\pi}\right)t + \delta\right] - \frac{\alpha'}{4}\sqrt{\frac{\alpha'}{\gamma'}} \sin 3\left[\left(1 - \frac{\tau}{2\pi}\right)t + \delta\right]\right\} \\ &+ O(\mu^2). \end{aligned} \tag{9.82a}$$

In den meisten praktischen Fällen kommt nur dem Ausdruck für die Amplitude (9.81a) Bedeutung zu. Die zweite Näherung ist nur berechnet worden, um einerseits zu zeigen, wie die Rechnung durchgeführt werden muß, andererseits um zu untersuchen, daß die Lösung prinzipiell höhere Harmonische enthält, die bei linearer Betrachtung stets vernachlässigt werden.

Es muß nun noch festgestellt werden, ob die gewonnene periodische Lösung stabil ist. Wenn die Bewegung stabil sein soll, dann muß der konstante FOURIER-koeffizient der Funktion, die Faktor von x in der rechten Seite von Gleichung (9.80) ist und in die die sinusförmige Lösung eingesetzt wird, kleiner als Null sein. Es muß also

$$\alpha' - \frac{3\gamma' K^2}{2} < 0 \quad \text{oder} \quad K^2 > \frac{2\alpha'}{3\gamma'}$$

---

[1]) Insbesondere ergibt sich für eine symmetrische, kubische Kennlinie mit $\beta' = 0$ die Periodenkorrektur zu

$$\tau = \frac{\pi\mu^2\alpha'^2}{8} = \frac{\pi}{8}\,[\omega_0(MS_0 - RC)]^2.$$

[2]) Man erkennt, daß dem geraden Glied der Kennlinie nur solange keine Bedeutung zukommt, wie man sich auf die nullte Näherung beschränkt. Es geht aber sowohl in die Periodenkorrektur als auch in die erste Näherung (9.28a) für die periodische Lösung $x(t)$ ein.

gelten. Das Amplitudenquadrat der nullten Näherung ist aber, wie gezeigt werden konnte $K^2 = \frac{4\alpha'}{3\gamma'}$. Demnach wird die Stabilitätsbedingung (wegen $\alpha' > 0$, $\gamma' > 0$) immer erfüllt sein, und die ermittelte periodische Lösung ist stets stabil.

2. *Die Bedeutung des kleinen Parameters μ*

Die Differentialgleichung eines jeden dynamischen Systems enthält Parameter, denen eine bestimmte physikalische Bedeutung zukommt (beispielsweise L, R, C, S usw.). Gewöhnlich erweist es sich als zweckmäßig, an Stelle dieser Parameter neue, sogenannte „dimensionslose" Parameter einzuführen (ebenso ist es oft nützlich, zu dimensionslosen Variablen überzugehen), die gewisse Kombinationen dimensionsbehafteter physikalischer Parameter darstellen. Zur Vereinfachung der mathematischen Untersuchung ist es wünschenswert, die Anzahl dieser dimensionslosen Parameter auf die kleinste Anzahl von Unbekannten zurückzuführen. Kann man einen dieser Parameter so wählen, daß sich für den Parameterwert Null das System in einen linearen harmonischen Oszillator verwandelt, dann kann dieser Parameter mathematisch gesehen als kleiner Parameter μ fungieren, nach dem die Reihenentwicklung der Poincaréschen Theorie erfolgt und über dessen Kleinheit bei der Begründung der van der Polschen Methode verfügt wird.

Poincaré hat bewiesen, daß Reihen, die eine periodische Lösung darstellen, in seiner Theorie einen von Null verschiedenen Konvergenzradius μ_0 besitzen, so daß für alle $\mu \leqq \mu_0$ diese Reihen absolut und gleichmäßig konvergieren. Das bedeutet, daß in einem solchen Fall für alle $\mu \leqq \mu_0$ eine periodische Lösung existiert, die durch die Summen der entsprechenden Reihen darstellbar ist[1]).

Dennoch gibt diese Konvergenz über den Charakter der Lösung noch keinerlei Auskunft (beispielsweise nicht darüber, in welchem Maße sie einer Sinuslinie ähnlich ist). Auf der Grundlage der Theorie von Poincaré kann nur behauptet werden, daß sich μ stets so klein wählen läßt, daß sich die Lösung beliebig wenig von einer Sinuslinie unterscheidet.

Gewöhnlich wird bei der Betrachtung physikalischer Probleme die nullte Näherung ($x = K \cos t$, $\Phi(K) = 0$) benutzt. Mitunter sind aber außer der nullten Näherung auch die sogenannte erste Frequenzkorrektur (die μ oder μ^2 proportional ist) und der Ausdruck für das zweite Glied (es ist μ proportional) in der Entwicklung der periodischen Lösung von Interesse. Aus diesem Grund ergeben sich in erster Linie folgende Fragen: In welchem Maße unterscheidet sich die Amplitude der nullten Näherung (bei vorgegebenem μ) von der Amplitude der Grundschwingung der exakten Lösung, in welchem Maße weicht die Frequenzkorrektur der nullten Näherung von der tatsächlichen Frequenzkorrektur ab, um wieviel unterscheidet sich das wahre (nicht sinusförmige) Verhalten (was sich beispielsweise mittels des sogenannten Klirrfaktors darstellen läßt) von dem nicht sinusförmigen Verhalten der ersten Näherung usw.? Stellt man sich in diesem Zusammenhang die Aufgabe, den zulässigen Fehler (beispielsweise in Prozent) zu ermitteln, wobei vom physi-

---

1) Es sei bemerkt, daß die Divergenz der Reihen für $\mu > \mu_0$ im allgemeinen noch nicht besagt, daß für $\mu > \mu_0$ keine periodische Lösung existiert.

kalischen Charakter des Problems ausgegangen werden muß, dann gewinnt man eine theoretische Möglichkeit für die Bestimmung der oberen Grenze von μ. Dabei hat man sich allerdings zu überlegen, ob die nullte Näherung, die erste Näherung usw. überhaupt physikalisch brauchbar sind. Da es sich andererseits bei μ um eine bestimmte Kombination physikalischer Parameter handelt, besitzt μ in einem realen System einen wohlbestimmten Wert, der nicht willkürlich angenommen werden kann, ohne daß die physikalische Bedeutung des Problems verloren geht. Es möge beispielsweise $\mu \leqq \mu_1$ für einen gleichbleibenden physikalischen Inhalt der gestellten Aufgabe sein; die folgenden zwei Fragen sind dann zu beantworten:

1. Handelt es sich bei μ_1 um einen Wert, für den die POINCARÉschen Reihen konvergieren?

2. Hat der Wert μ_1 die Eigenschaft, daß für ihn die nullte oder die erste Näherung die erforderliche Genauigkeit liefert?

Wenn die Antwort auf die erste Frage negativ ist, dann muß von der Anwendung der POINCARÉschen Methode Abstand genommen werden. Kann man die zweite Frage nur negativ, die erste aber positiv beantworten, dann ist es erforderlich, die Näherungen höherer Ordnung zu betrachten. Die Beantwortung dieser Fragen ist jedoch beim heutigen Stand der Theorie recht umständlich; es müssen hierfür noch genügend brauchbare Methoden ausgearbeitet werden[1]).

§ 7. Der Röhrengenerator mit geknickter Kennlinie

Bei der Untersuchung des Röhrengenerators sind bisher Röhrenkennlinien in Form von Polynomen verwendet worden. Außer Polynomen werden oft für Kennlinien aus Zweckmäßigkeitsgründen auch andere analytische Ausdrücke benutzt. Die Betrachtung solcher allgemeiner Kennlinienformen ist schon deshalb von Interesse, weil dabei überprüft werden kann, welche der ermittelten Eigenschaften selbsterregter Schwingungssysteme für Polynome und welche für die Aufgabenstellung spezifisch sind.

Weiterhin war bei den bisherigen Überlegungen vorausgesetzt worden, daß $f(x, \dot{x})$ eine holomorphe Funktion in x und $\dot{x}$ ist. Trotzdem liegt mitunter ein großer Vorteil darin, sogenannte geknickte Kennlinien (beispielsweise die Kenn-

---

[1]) Eine grobe Abschätzung für μ_0 kann nach POINCARÉ angegeben werden. Diese Abschätzung ist aber sehr grob und hat oft keine praktische Bedeutung.

Die Physiker benutzen manchmal für eine grobe Abschätzung des Fehlers der nullten Näherung das folgende nicht exakte Verfahren: Man berechnet den numerischen Wert des Ausdrucks

$$\frac{\mu_{\max} f(K_i \cos u - K_i \sin u)}{K_i}$$

für die Parameterwerte, die den physikalischen Bedingungen der Aufgabe entsprechen und für die hier interessierende Amplitude K_i der nullten Näherung. Ist diese Größe beispielsweise gleich $\frac{1}{10}$, so berechnet man, daß die Amplitude der nullten Näherung die Amplitude des Grundtones mit einer Genauigkeit von 10% liefert usw. Es ist leicht einzusehen, daß diese Abschätzung für viele Fälle keine praktische Bedeutung hat. Für ein analoges Verfahren s. A. N. KRYLOW [77], S. 44.

linie der festen Reibung, die ∫-Kennlinie eines Generators u. a.) zu verwenden, die offensichtlich keine holomorphen Funktionen sind. In diesem Fall verfährt man am zweckmäßigsten wie folgt: Die nicht holomorphe Funktion wird als Grenzwert einer gewissen holomorphen Funktion betrachtet. Alle erforderlichen Integrale (die Amplituden, Stabilität usw. definieren) werden berechnet und danach ein Grenzübergang vorgenommen (er vereinfacht gewöhnlich die Rechnungen). Die Ergebnisse gelten nicht nur für die geknickten Kennlinien (was allgemein falsch wäre), sondern auch für holomorphe Kennlinien, die ihnen ähnlich sind.

1. Der Röhrengenerator mit ∫-Kennlinie

Als erstes Beispiel sollen selbsterregte Schwingungen in einem Röhrengenerator mit einem Schwingkreis im Anodenkreis bei angenäherter Darstellung der Röhrenkennlinie durch eine ∫-Kennlinie untersucht werden (s. auch Kap. III, § 3). Die Schwingungsgleichung (3.15) eines solchen Generators erhält nach Einführung der dimensionslosen Veränderlichen

$$x = \frac{i}{i_0},$$

$$t_{\text{neu}} = \omega_0 t_{\text{alt}}$$

$\left(\text{es ist } \omega_0 = \frac{1}{\sqrt{LC}}\right.$, i_0 legt einen bestimmten Maßstab für die Stromstärke $\left.\text{fest}\right)$ die Form

$$\ddot{x} + x = -\omega_0 RC\dot{x} + \begin{cases} \frac{Is}{i_0} & \text{für} \quad \dot{x} > 0, \\ 0 & \text{für} \quad x < 0. \end{cases}$$

Diese Gleichung ist der eines harmonischen Oszillators ähnlich, wenn die beiden Ungleichungen

$$\omega_0 RC \ll 1$$

und

$$\frac{Js}{i_0} \ll 1$$

erfüllt sind. Das ist der Fall, wenn im Schwingkreis die Dämpfung klein und der Sättigungsstrom J_s der Röhrenkennlinie niedrig ist. Im weiteren sei angenommen, daß diese Bedingungen erfüllt sind. Man führt nun $\mu = \omega_0 RC \ll 1$ und $\beta = \frac{J_s}{\omega_0 RC i_0}$ ein (β besitzt die Größenordnung Eins). Die Schwingungsgleichung lautet dann

$$\ddot{x} + x = \mu[-\dot{x} + \beta \cdot 1(\dot{x})],^{1)} \tag{9.83}$$

auf sie ist eine der mit kleinen Parametern verknüpften Methoden (beispielsweise die VAN DER POLsche Methode) anwendbar.

---

[1]) Wie früher ist

$$1(z) = \begin{cases} 1 \text{ für } z > 0, \\ 0 \text{ für } z < 0. \end{cases}$$

Wegen

$$\Phi(K) = -\frac{1}{2\pi}\int_0^{2\pi} [K \sin u + \beta \cdot 1(-K \sin u)] \sin u \, du$$

$$= -\frac{K}{2} - \beta \int_\pi^{2\pi} \sin u \, du = -\frac{K}{2} + \frac{\beta}{\pi},$$

$$\Psi(K) = -\frac{1}{2\pi K}\int_0^{2\pi} [K \sin u + \beta \cdot 1(-K \sin u)] \cos u \, du \equiv 0$$

erhält man in nullter Näherung als Amplitude der selbsterregten Schwingungen

$$K = \frac{2\beta}{\pi} = \frac{2}{\pi}\frac{\frac{J_s}{i_0}}{\omega_0 RC} \tag{9.84}$$

und die Periode ist gleich 2π[1]). Da die Ungleichung

$$\Phi'(K) = -\frac{1}{2} < 0$$

besteht, sind diese selbsterregten Schwingungen stabil.

2. Der Röhrengenerator mit geknickter Kennlinie ohne Sättigung

Nunmehr sollen, ebenfalls bei Verwendung einer Methode für kleine Parameter, die selbsterregten Schwingungen eines Generators untersucht werden, dessen Röhrenkennlinie keine Sättigung besitzt und durch zwei Geradenabschnitte — einen horizontalen und einen geneigten — dargestellt werden kann (Abb. 136). Die Kennliniensteilheit ist dann

$$S(u_g) = \begin{cases} S & \text{für} \quad u_g > U_{g0}, \\ 0 & \text{für} \quad u_g < U_{g0}, \end{cases}$$

wobei U_{g0} die Sperrspannung der Röhre bedeutet. Wie in Kap. VIII, § 2 festgestellt wurde, können bei einer solchen, einseitig begrenzten Kennlinie unter den bekannten Bedingungen stabile selbsterregte Schwingungen auftreten.

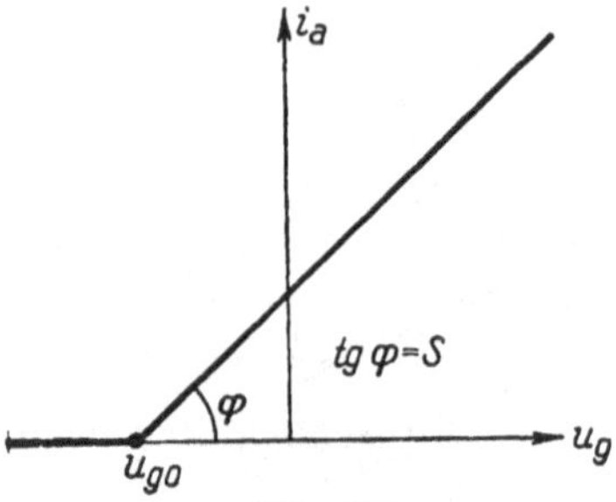

Abb. 136

1) In gewöhnlichen Einheiten ist die Periode gleich $2\pi\sqrt{LC}$; für die Amplitude der Stromschwingungen im Schwingkreis ergibt sich

$$I = i_0 K = \frac{2}{\pi}\frac{I_s}{\omega_0 RC}.$$

Diese Ergebnisse befinden sich in vollkommener Übereinstimmung mit den Resultaten von Kap. III, § 3 (für den Fall $\mu = \omega_0 RC \ll 1$).

Ein Röhrengenerator (beispielsweise mit einem Schwingkreis im Gitterkreis; Abb. 119a) hat bei einer solchen stückweise linearen Röhrenkennlinie nur dann mit einem harmonischen Oszillator Ähnlichkeit, wenn eine geringe Dämpfung des Schwingkreises und eine schwache Rückkoppelung vorhanden sind. Die Gleichung für die („dimensionlose") Spannung am Kondensator lautet dann

$$\ddot{x} + x = \mu[-1 + \alpha s(x)]\dot{x}. \tag{9.3}$$

In ihr wurde

$$x = \frac{U}{u_0} = \frac{u_g - U_g}{u_0}$$

(u_0 legt einen bestimmten Spannungsmaßstab fest),

$$\mu = \omega_0 RC \quad (0 < \mu \ll 1),$$

$$\alpha = \frac{MS}{RC}$$

(α hat die Größenordnung Eins) und

$$s(x) = \frac{S(U_g + u_0 x)}{S} = 1\,(x - b) = \begin{cases} 1 & \text{für} \quad x > b, \\ 0 & \text{für} \quad x < b \end{cases}$$

gesetzt. Weiterhin bezeichnet $b = \dfrac{U_{g0} - U_g}{U_0}$ die normierte Sperrspannung der Röhre; die Differentiation erfolgt nach der dimensionslosen Zeit $t' = \omega_0 t$ $\left(\omega_0 = \dfrac{1}{\sqrt{LC}}\right)$. Offensichtlich ist für $b > 0$, d. h. für $U_g < U_{g0}$ keine Selbsterregung möglich, während für $b < 0$, d. h. für $U_g > U_{g0}$, Selbsterregung erfolgen kann, wenn $\alpha > 1$ gilt, nicht aber, wenn $\alpha < 1$ ist.

Als periodische Lösung (in nullter Näherung) kann

$$x = \varphi_0(t) = K \cos t$$

genommen werden. K soll dabei einen positiven Wert haben. Da die Phase willkürlich wählbar ist, wird die Allgemeinheit durch diese Annahme nicht eingeschränkt. Die Amplitude K der selbsterregten Schwingungen wird von der Bedingung $C(2\pi) = 0$ oder

$$C(2\pi) = K \int_0^{2\pi} [-1 + \alpha \cdot 1\,(K \cos u - b)] \sin^2 u \, du$$

$$= K \left[-\pi + 2\alpha \int_0^{\xi} \sin^2 u \, du\right] = 0 \tag{9.85}$$

festgelegt, wobei ξ den Wert von u bezeichnet, für den $K \cos u - b = 0$ ist, d. h.

$$\xi = \arccos \frac{b}{K} \quad (0 < \xi < \pi).^{1)}$$

[1]) Nur für $-\xi < u < \xi$ ist $K \cos u - b > 0$ und $1(K \cos u - b) = 1$; ξ existiert nur für $K \geqq |b|$. Da K positiv ist, hat man $0 < \xi < \dfrac{\pi}{2}$ für $b > 0$ und $\dfrac{\pi}{2} < \xi < \pi$ für $b < 0$.

Die Amplitude K der selbsterregten Schwingungen tritt nicht explizit in Gleichung (9.85) auf, trotzdem ist sie nicht willkürlich, sondern genügt der Beziehung

$$K = \frac{b}{\cos\xi}, \tag{9.85a}$$

wobei ξ seinerseits durch Gleichung (9.85) definiert ist. Die letztere nimmt nach Integration die Form

$$-2\pi + \alpha(2\xi - \sin 2\xi) = 0 \tag{9.85b}$$

oder

$$\alpha = \frac{2\pi}{2\xi - \sin 2\xi} \tag{9.85c}$$

an. Die Beziehungen (9.85a) und (9.85c) liefern in Parameterform die Abhängigkeit der Amplitude K vom Parameter α des Generators (als Hilfsparameter fungiert ξ: Es ist $0 < \xi < \frac{\pi}{2}$ für $b > 0$ und $\frac{\pi}{2} < \xi < \pi$ für $b < 0$). Da es sich beim Nenner des Ausdrucks (9.85c) um eine monoton zunehmende Funktion von ξ handelt[1]), wobei $0 < 2\xi - \sin 2\xi < \pi$ für $0 < \xi < \frac{\pi}{2}$ und $\pi < 2\xi - \sin 2\xi < 2\pi$ für $\frac{\pi}{2} < \xi < \pi$ ist, hat man auf Grund von (9.85c) $\alpha > 2$ für $b > 0$, d. h. für $0 < \xi < \frac{\pi}{2}$ und $1 < \alpha < 2$ für $b < 0$, wenn $\frac{\pi}{2} < \xi < \pi$ gilt. Jeder Wert des Parameters α aus

$$\begin{aligned} \alpha > 2 \quad &\text{für} \quad b > 0, \\ 1 < \alpha < 2 \quad &\text{für} \quad b < 0 \end{aligned} \tag{9.86}$$

definiert also [über die Gleichung (9.85b)] ξ und somit auch die Amplitude K der selbsterregten Schwingungen. Wenn aber die Ungleichung (9.86) nicht erfüllt ist, dann hat die Gleichung (9.85b) keine Lösungen, und die Ausgangsgleichung (9.3) kann keine periodischen Lösungen besitzen. Somit existiert also nur beim Bestehen der Ungleichungen (9.86) ein Grenzzyklus, der obendrein der einzige ist.

Es soll nun untersucht werden, ob die gewonnene periodische Lösung stabil ist. Bekanntlich besteht die Stabilitätsbedingung darin, daß das konstante Glied in der FOURIERentwicklung der Funktion

$$f'_x(K\cos t, -K\sin t) = -1 + \alpha \cdot 1(K\cos t - b)$$

kleiner als Null ist. Es muß also

$$-2\pi + 2\alpha \int_0^\xi dt < 0$$

oder, nach Verwendung von (9.85b),

$$2\pi\xi - 2\pi = \sin 2\xi < 0 \tag{9.87}$$

1) Es besteht nämlich die Ungleichung

$$\frac{d}{d\xi}(2\xi - \sin 2\xi) = 2(1 - \cos 2\xi) \geqq 0.$$

gelten. Diese Bedingung ist für $\frac{\pi}{2} < \xi < \pi$, d. h. für $b < 0$, erfüllt, und nicht erfüllt für $b > 0$, wenn also $0 < \xi < \frac{\pi}{2}$ ist.

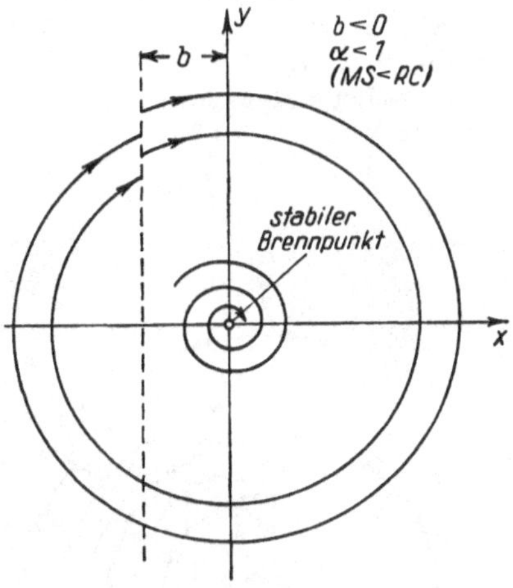

Abb. 137

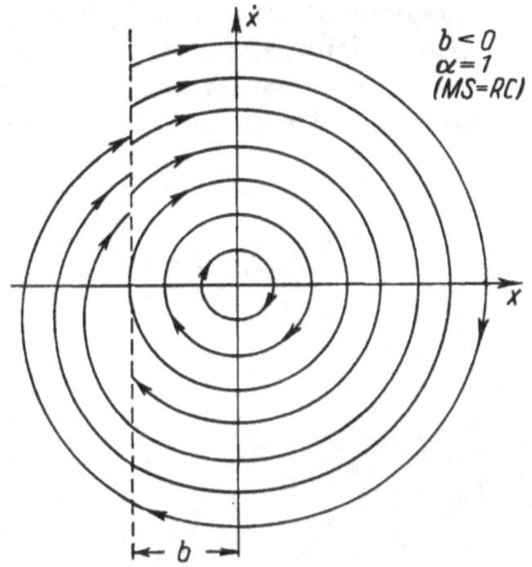

Abb. 138

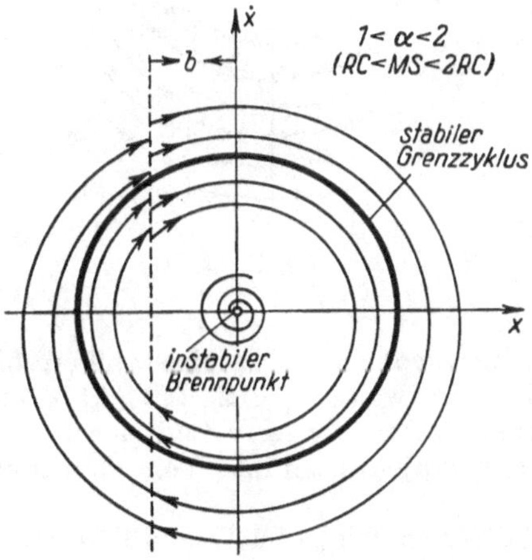

Abb. 139

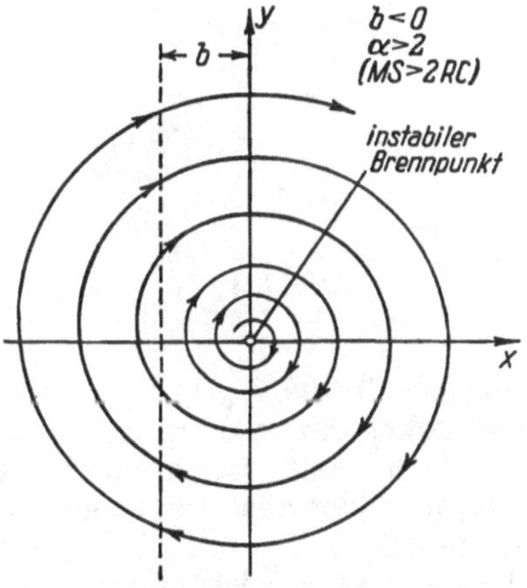

Abb. 140

Für $b < 0$, d. h. für $U_g > U_{g0}$, hat man also in Abhängigkeit vom Parameterwert $\alpha = \frac{MS}{RC}$ drei qualitativ verschiedene Zerlegungen der Phasenebene in Trajektorien (Abb. 137—140): Für $\alpha < 1$ führen alle Trajektorien $t \to +\infty$ zum stabilen Gleichgewichtszustand (Abb. 137); für $1 < \alpha < 2$ existiert ein stabiler Grenzzyklus, zu dem für $t \to +\infty$ alle Trajektorien streben (Abb. 139);

der Radius K dieses Grenzzyklus strebt für $\alpha \to 2$ gegen $+\infty$ (d. h., der Grenzzyklus verläuft für $\alpha = 2$ im Unendlichen); für $\alpha > 2$ schließlich laufen alle Trajektorien ins Unendliche (Abb. 140). Der minimale Wert von K ist gleich $|b|$ und entspricht $\xi = \pi$, d. h. $\alpha = 1$. Aus diesem Grund entsteht sofort, wenn α den Wert $\alpha = 1$ durchläuft, ein Grenzzyklus mit endlichen Dimensionen. Im Entstehungsmoment des Grenzzyklus (d. h. für $\alpha = 1$ oder $MS = RC$) sind periodische Schwingungen mit beliebigen Amplituden $K < |b|$ möglich, was nichts anderes bedeutet, als daß der Generator in vorliegendem Fall einen Gleichgewichtszustand vom Zentrumstyp besitzt (Abb. 138).

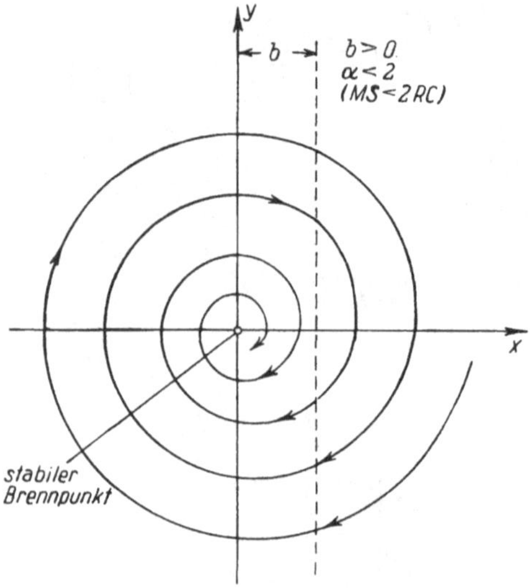

Abb. 141

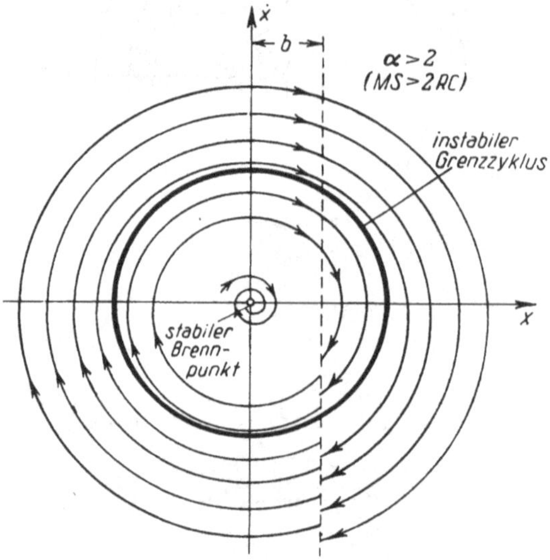

Abb. 142

Für $b > 0$ (für $U_g < U_{g0}$) ist der Gleichgewichtszustand stets stabil (stabiler Brennpunkt); ihm nähern sich alle Trajektorien, wenn $\alpha < 2$ gilt (Abb. 141). Für $\alpha > 2$ liegt jedoch ein instabiler Grenzzyklus vor (sein Radius ist um so kleiner, je größer α ist), in dessen Äußeren alle Trajektorien ins Unendliche laufen (Abb. 142)[1].

Daß die Phasentrajektorien für $\alpha > 2$ (für $MS > 2RC$) ins Unendliche laufen, bedeutet offenbar, daß die hier vorgenommene Idealisierung der Röhrenkennlinie nicht als befriedigend angesehen werden kann. Es wurden ja die Gitterströme und die Anodenrückwirkung vernachlässigt, denen für große, positive Spannungen am Röhrengitter, die bei ausreichend großer Rückkoppelung auftreten, sicher eine wesentliche Bedeutung zukommt.

---

[1]) Man überzeugt sich leicht davon, daß sich alle gewonnenen Resultate in vollkommener Übereinstimmung mit den Ergebnissen von Kap. VIII, § 2 im Fall $h_1, h_2 \ll 1$ befinden, wenn die Generatorschwingungen nahezu sinusförmig sind.

§ 8. Der Einfluß des Gitterstromes auf die Arbeitsweise eines Röhrengenerators

Bisher wurden die verschiedensten Röhrenschaltungen untersucht, und stets war angenommen worden, daß im Gitterkreis der Röhre kein Strom fließt. Diese Voraussetzung vereinfacht die Aufgabenstellung beträchtlich. Ziemlich oft darf sogar angenommen werden, daß sie ausreichend mit dem Experiment übereinstimmt. In anderen Fällen jedoch, die ebenfalls für die Praxis von Interesse sind, hat der Strom, der im Betriebszustand des Generators im Gitterkreis der Röhre fließt, eine beachtliche Größe. Aus diesem Grund ist es interessant, den Einfluß des Gitterstromes auf die Arbeitsweise eines Röhrengenerators zu untersuchen. Die Berücksichtigung der Gitterströme kompliziert jedoch die Aufgabenstellung wesentlich, und zwar ergeben sich für die Beschreibung der gegebenen Röhrenschaltung Differentialgleichungen höherer Ordnung. Beschränkt man sich auf Schaltungen, die von einer Differentialgleichung zweiter Ordnung beschrieben werden kann, dann geht die Möglichkeit verloren, den Einfluß des Gitterstromes in allgemeiner Form zu verfolgen (das ist insbesondere der Fall für Generatorschaltungen mit automatischer Regelung im Gitterkreis der Röhre). In gewissen Spezialfällen ist es jedoch möglich, ohne Erhöhung der Ordnung der Gleichungen, die das System beschreiben, den Einfluß des Gitterstromes zu untersuchen. Als Beispiel soll der Einfluß des Gitterstromes in einem Röhrengenerator mit einem Schwingkreis im Gitterkreis der Röhre betrachtet werden (Abb. 143).

Bei der Betrachtung bleibt die Anodenrückwirkung unberücksichtigt und in bezug auf die Kennlinienform des Anoden- und Gitterstromes soll eine sehr einfache Voraussetzung gelten. Es wird angenommen, daß sowohl der Anoden- als auch der Gitterstrom in Form eines Polynoms dritten Grades von der Gitterspannung u_g abhängen.

Verwendet man die Bezeichnungen von Abb. 143 und benutzt die KIRCHHOFFschen Regeln, dann entsteht

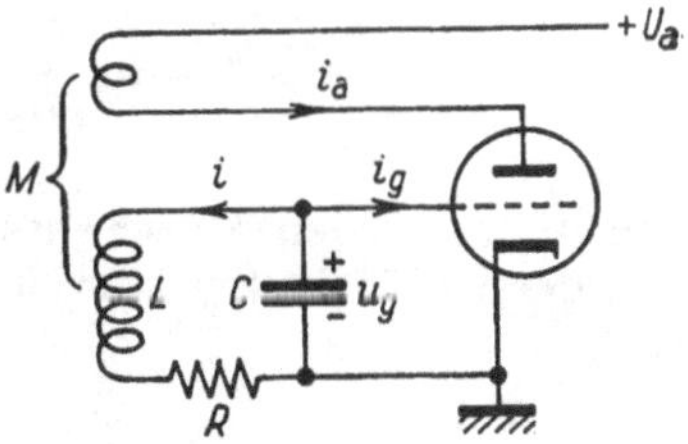

Abb. 143

$$C\frac{du_g}{dt} + i + i_g = 0,$$

$$L\frac{di}{dt} + Ri = u_g - M\frac{di_a}{dt},$$

woraus sich nach Elimination der Stromstärke i im Schwingkreis

$$LC\frac{d^2u_g}{dt^2} + RC\frac{du_g}{dt} - M\frac{di_a}{dt} + L\frac{di_g}{dt} + u_g + Ri_g = 0 \qquad (9.88)$$

ergibt.

Offensichtlich besitzt der Generator den einzigen Gleichgewichtszustand $u_g = u_{0g}$, welcher der Gleichung

$$u_{0g} + Ri_g(u_{0g}) = 0$$

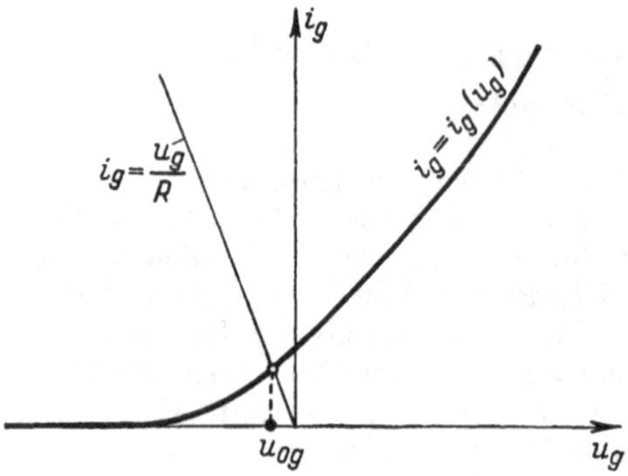

Abb. 144

genügt. Die graphische Lösung dieser Gleichung ist in Abb. 144 dargestellt worden. Man führt nun statt der Gitterspannung die Veränderliche

$$u = u_g - u_{0g}$$

ein und setzt

$$i_a = i_{a0} + S_1 u + S_2 u^2 - S_3 u^3,$$
$$i_g = ig_0 + p_1 u^2 + p_2 u^2 + p_3 u^3. \quad (9.89)$$

Die Schwingungsgleichung des Generators bekommt sodann die Form

$$\frac{d^2u}{dt^2} + \left[\frac{R}{L} - \frac{MS_1}{LC} + \frac{p_1}{C}\right]\frac{du}{dt} + \frac{1 + Rp_1}{LC}u - \left[\frac{MS_2}{LC} - \frac{p_2}{C}\right]\frac{d(u^2)}{dt}$$
$$+ \left[\frac{MS_3}{LC} + \frac{p_3}{C}\right]\frac{d(u^3)}{dt} + \frac{Rp_2}{LC}u^2 + \frac{Rp_3}{LC}u^3 = 0.$$

Zur Abkürzung sollen die Bezeichnungen

$$\left[\frac{R}{L} - \frac{MS_1}{C} + \frac{p_1}{C}\right] = -\alpha_1, \frac{MS_2}{LC} - \frac{p_2}{C} = \beta_1,$$

$$\frac{MS_3}{LC} + \frac{p_3}{C} = \gamma_1, \frac{1}{LC} = \omega_0^2, \omega_0^2(1 + Rp_1) = \omega_1^2,$$

$$\frac{Rp_2}{LC} = n, \frac{Rp_3}{LC} = m$$

eingeführt werden. Unter entsprechenden Voraussetzungen in bezug auf die Kleinheit der Koeffizienten läßt sich diese Gleichung leicht in die Form

$$\ddot{x} + x = \mu f(x, \dot{x})$$

bringen (x bezeichnet eine dimensionslose Veränderliche und μ einen kleinen Parameter), für die nun die Theorien von van der Pol und Poincaré entwickelt und allgemeine Formeln für die Amplituden der periodischen Lösungen, für die Frequenzkorrektur in erster Näherung usw. angegeben werden sollen.

Dabei sollen jedoch jetzt nicht die dafür gültigen allgemeinen Formeln Verwendung finden; es soll vielmehr gezeigt werden, wie in derartigen Fällen die erforderlichen Resultate bei einem Minimum an Rechnungen gewonnen werden können. Natürlich versteht es sich von selbst, daß sich diese Resultate auch aus den allgemeinen Formeln herleiten lassen. Man führt die „Verstimmung" a^2 ein, d. h. die Differenz

$$a^2 = \Omega^2 - \omega_1^2$$

zwischen dem Quadrat der tatsächlichen Frequenz Ω^2 und ω_1^2. Die Größen $\alpha_1, \beta_1, \gamma_1, m, n, a^2$ mögen im Vergleich zur Frequenz ω_0 ausreichend klein (von der Ordnung μ) sein. Die Bewegungsgleichung nimmt dann die Form

$$\frac{d^2u}{dt^2} + \Omega^2 u = \alpha \frac{du}{dt} + \beta_1 \frac{d(u^2)}{dt} - \gamma_1 \frac{d(u^3)}{dt} - nu^2 - mu^3 + a^2 u \tag{9.88a}$$

an. Für die Bestimmung von Amplituden und Frequenzkorrektur wird $u = K \sin \Omega t$ gesetzt, außerdem werden in der rechten Seite die Resonanzglieder weggelassen. Zur Ermittlung von K^2 und a^2 ergeben sich dann die beiden Gleichungen

$$K\alpha_1 \Omega - \frac{\gamma_1 K^3 \Omega^3}{4} = 0,$$

$$-m\frac{3}{4}K^3 + a^2 K = 0,$$

woraus

$$K^2 = \frac{\alpha_1}{\frac{3}{4}\gamma_1},$$

$$a^2 = \frac{3}{4} K m^2 = \frac{\alpha_1 m}{\gamma_1} \tag{9.90}$$

folgt. Die Frequenz kann man aus

$$\Omega^2 = \frac{1}{LC} + \frac{Rp_1}{LC} + \frac{m\alpha_1}{\gamma_1}$$

bestimmen.

Wie ersichtlich, enthält die erste Näherung für die betrachtete Schaltung bei Berücksichtigung des Gitterstromes bereits die Frequenzkorrektur[1]). Wenn der Vorgang $u = K \sin \Omega t$ stabil sein soll, dann muß das konstante Glied der Fourier-Entwicklung, die die Ableitung der rechten Seite von Gleichung (9.88a) nach u darstellt, kleiner als Null sein. Das konstante Glied der Fourier-Reihe für den Ausdruck $\alpha_1 + 2\beta_1 u - 3\gamma_1 u^2$ muß also negativ sein. Aus dieser Bedingung ergibt sich

$$\alpha_1 - \frac{3}{2}\gamma_1 K^2 < 0$$

oder

$$K^2 > \frac{1}{2}\frac{\alpha_1}{\frac{3}{4}\gamma_1},$$

---

[1]) Bei den hier angestellten Betrachtungen wurde der Widerstand R des Schwingkreises nicht als kleine Größe angenommen, die Koeffizienten α_1, β_1, γ_1 m und n sind jedoch als klein (von der Ordnung μ) vorausgesetzt, d. h., der Generator befindet sich an der Schwelle der Selbsterregung und die Nichtlinearität der Kennlinien für den Anoden- und Gitterströme ist gering.

Wird auch der Widerstand R des Kreises als klein angenommen ($\omega_0 RC$ habe die Größenordnung μ), so wird die Periodenkorrektur auch beim Vorhandensein von Gitterströmen eine Größe der Ordnung μ^2.

was wegen (9.90) stets der Fall ist. Daher ist die ermittelte periodische Bewegung immer stabil.

Abschließend sei bemerkt, daß $\alpha_1 > 0$ oder

$$\frac{R}{L} + \frac{p_1}{C} - \frac{MS_1}{LC} < 0$$

die Bedingung für die Selbsterregung der Schaltung ist. Aus dem Zusammenhang mit den Selbsterregungsbedingungen heraus betrachtet, wirkt der Strom im Gitterkreis wie eine zusätzliche Belastung des Schwingkreises und verschlechtert die Bedingungen für eine Selbsterregung der Schaltung.

§ 9. Die Bifurkationstheorie für ein selbsterregtes Schwingungssystem, das einem linearen konservativen System ähnlich ist

Es soll nach wie vor ein selbsterregtes Schwingungssystem mit einem Freiheitsgrad betrachtet werden, das einem linearen konservativen System ähnlich ist. Dabei wird angenommen, daß das Verhalten dieses Systems wesentlich von einem Parameter abhängt, für den verschiedene feste Werte vorgegeben werden können. Die Bewegungsgleichung kann in diesem Fall wie folgt geschrieben werden:

$$\ddot{x} + x = \mu f(x, \dot{x}, \lambda). \tag{9.91}$$

Hier bedeutet x die Koordinate des Systems (beispielsweise die Aussteuerung, die Spannung usw.), μ den kleinen Parameter, der charakterisiert, wie wenig das betrachtete selbsterregte Schwingungssystem von einem linearen konservativen System abweicht, λ den Parameter (beispielsweise den Koeffizienten der Gegeninduktivität usw.), dessen Einfluß auf das hier betrachtete System untersucht werden soll; $f(x, \dot{x}, \lambda)$ bezeichnet eine nichtlineare Funktion, die durch die physikalische Natur der Widerstände und der Einrichtungen festgelegt ist, die dem System Energie zuführen. Nun kann die Untersuchung der Gleichung (9.91) für ausreichend kleine μ durchgeführt werden.

Es soll eine Methode für kleine Parameter Anwendung finden (die Methode von van der Pol oder die Methode von Poincaré), für die gezeigt worden war, daß für ausreichend kleines, aber von Null verschiedenes μ in der Ebene nur solche isolierte, geschlossene Kurven bestehen bleiben, die sich nur wenig von Kreisen unterscheiden, deren Radien K der Gleichung

$$\Phi(K, \lambda) = 0 \tag{9.92}$$

mit

$$\Phi(K, \lambda) = -\frac{1}{2\pi}\int_0^{2\pi} f(K\cos u, -K\sin u, \lambda)\sin u\, du$$

genügen. Die übrigen Integralkurven sind nicht geschlossen; bei ihnen handelt es sich um Spiralen, die sich nur wenig von Kreisen unterscheiden, wenn μ ausreichend klein ist. Wie festgestellt werden konnte, sind die periodischen Bewegungen, die isolierten geschlossenen Integralkurven — den POINCARÉschen Grenzzyklen — entsprechen, stabil (und nach LJAPUNOW bahnstabil), wenn die Ungleichung

$$\Phi'_K(K, \lambda) < 0 \tag{9.93}$$

erfüllt ist.

Die Bedingungen (9.62) und (9.63) befinden sich also in vollkommener Übereinstimmung mit den Bedingungen, die für die Gleichgewichtszustände eines konservativen Systems (Kap. II, § 5) genannt worden waren, nur hat man jetzt an Stelle der Koordinaten der singulären Punkte $\bar{x}_1, \bar{x}_2, \ldots, \bar{x}_s$ die Amplituden der stationären Bewegungen $K_1, K_2, \ldots, K_s$ zu betrachten, zu denen sowohl die nahezu kreisförmigen Grenzzyklen als auch der singuläre Punkt $K = 0$ gehören.

Für die Abhängigkeit der stationären Bewegungen von einem Parameter zeigt sich also das gleiche Bild wie für die Abhängigkeit der Gleichgewichtszustände von einem Parameter in Kap. II, § 5. Hier haben sich erneut „lineare Reihen" ergeben, jetzt aber nicht für Gleichgewichtszustände, sondern für stationäre Bewegungen, die ihre Stabilität oder Instabilität bis zum Verschmelzen mit anderen linearen Reihen, d. h. bis zu den Bifurkationspunkten, beibehalten. Die „linearen Reihen" stationärer Bewegungen werden aus Gleichung (9.92) hergeleitet. Ihre Stabilität ist genau wie in Kap. II, § 5 definiert: In der λ, K-Ebene gibt es ein Gebiet, in dem $\Phi(K; \lambda) > 0$ ist. Eine Darstellung der linearen Reihe oberhalb dieses Gebietes entspricht dann stabilen stationären Bewegungen, während sie unterhalb des Gebietes $\Phi(K, \lambda) > 0$ instabilen stationären Bewegungen (periodischen Bewegungen oder Gleichgewichtszuständen) zugeordnet ist.

Im weiteren wird sichtbar werden, daß den Bifurkationspunkten eine große physikalische Bedeutung zukommt. Es handelt sich bei ihnen um Parameterwerte, für die sich die im System ablaufenden Prozesse (beispielsweise die Anregung oder das Abreißen von Schwingungen u. dgl. m.) qualitativ verändern.

Die stationären Bewegungen, von denen hier die Rede ist, bilden, ähnlich den Gleichgewichtszuständen konservativer Systeme, ein abgeschlossenes System von Elementen, zwischen denen ein „Stabilitätsaustausch" vonstatten geht.

Bevor zur Betrachtung konkreter Beispiele aus der Sicht der Bifurkationstheorie übergegangen wird, sei noch hervorgehoben, daß bei einigen Aufgaben die Untersuchung der Abhängigkeit des Bewegungscharakters vom Parameter λ nicht in einer λ, K-Ebene, sondern in der λ, ϱ-Ebene erfolgt. Dabei bedeutet

$$\varrho = K^2$$

das Quadrat der Amplitude einer stationären Bewegung, wenn an Stelle der Funktion $\Phi(K, \lambda)$ die Funktion

$$\begin{aligned}\bar{\Phi}(\varrho, \lambda) &= 2\sqrt{\varrho}\,\Phi(\sqrt{\varrho}, \lambda)\\ &= -\frac{1}{\pi}\int_0^{2\pi} f(\sqrt{\varrho}\cos u, -\sqrt{\varrho}\sin u, \lambda)\sqrt{\varrho}\sin u\,du\end{aligned} \tag{9.94}$$

betrachtet wird. Die linearen Reihen der stationären Bewegungen genügen dann der Gleichung

$$\overline{\Phi}(\varrho, \lambda) = 0 \tag{9.92a}$$

und ihre Stabilität der Bedingung

$$\overline{\Phi}'(\varrho, \lambda) < 0.^{1)} \tag{9.93a}$$

§ 10. Die Anwendung der Bifurkationstheorie auf die Untersuchung der Arbeitsweise eines Röhrengenerators [14]

Als Beispiel soll nun die weiche und harte Anregung eines Röhrengenerators untersucht werden. Um Wiederholungen zu vermeiden, soll hier ein Röhrengenerator mit einem Schwingkreis im Anodenkreis der Röhre unter den üblichen vereinfachenden Voraussetzungen betrachtet werden (Abb. 119b; s. S. 148). Gitterstrom und Anodenrückwirkung werden also vernachlässigt. Die Gleichung für den Strom im Schwingkreis besitzt dann die Form

$$LC\frac{d^2i}{dt^2} + RC\frac{di}{dt} + i = i_a. \tag{9.95}$$

Darin bedeutet $i_a = \varphi(u_g)$ den Anodenstrom, der nur von der Gitterspannung $u_g = U_g + u$ abhängt; $u = M\frac{di}{dt}$ bezeichnet die induzierte Spannung.

Die Röhrenkennlinie soll durch eine Potenzreihe angenähert dargestellt werden. Beschränkt man sich dabei auf Glieder bis zur fünften Ordnung, was für den hier vorliegenden Zweck durchaus genügt, so kann

$$\begin{aligned} i_a &= \varphi(U_g + u)^{2)} \\ &= i_{a0} + S_0 u + S_1 u^2 + S_2 u^3 + S_3 u^4 - S_4 u^5 \end{aligned}$$

gesetzt werden. Man führt sodann die neuen dimensionslosen Veränderlichen

$$t_{\text{neu}} = \frac{t}{\sqrt{LC}},$$

$$x = \frac{M}{\Phi_0}(i - i_{a0})$$

ein, wobei Φ_0 eine für die gegebene Schaltung unveränderliche Größe mit der Dimension eines magnetischen Flusses bedeutet ($I_0 = \Phi_0/M$ bezeichnet den Maßstab

---

1) Eine derartige Untersuchung der Abhängigkeit einer stationären Bewegung von einem Parameter λ wird am zweckmäßigsten an Hand der Konstruktion des „Bifurkationsdiagramms" in der λ, ϱ-Ebene, insbesondere für $f(x, \dot{x}, \lambda) = F(x, \lambda)\dot{x}$ oder für $f(x, \dot{x}, \lambda) = F_1(\dot{x}, \lambda)$, wenn $F(x, \lambda)$ und $F_1(x, \lambda)$ Polynome (in x bzw. in $\dot{x}$) sind, durchgeführt.

2) In diesem Polynom sei, wie in § 4 dieses Kapitels, vorausgesetzt, daß $S_0 > 0$ und der Koeffizient des höchsten ungeraden Gliedes negativ ist, da nur beim Erfülltsein dieser Bedingungen stabile selbsterregte Schwingungen existieren werden.

für den Strom). Wählt man $\mu = \omega_0 M S_0$ als kleinen Parameter, dann läßt sich die Schwingungsgleichung (9.65) in die erforderliche Form

$$\ddot{x} + x = \mu[\alpha \dot{x} + \beta(\dot{x})^2 + \gamma(\dot{x})^3 + \delta(\dot{x})^4 - \varepsilon(\dot{x})^5] \tag{9.95a}$$

überführen, wobei es sich bei

$$\alpha = \frac{MS_0 - RC}{MS_0}, \beta = \frac{\omega_0 \Phi_0 S_1}{S_0}, \gamma = \frac{\omega_0^2 \Phi_0^2 S_2}{S_0},$$

$$\delta = \frac{\omega_0^3 \Phi_0^3 S_3}{S_0}, \quad \varepsilon = \frac{\omega_0^4 \Phi_0^4 S_4}{S_0}$$

ebenfalls um dimensionslose Parameter handelt, die jedoch nicht klein, sondern von der Ordnung Eins sind[1]).

In Übereinstimmung mit (9.92a) und (9.93b) können die Bedingungen für Amplitude und Stabilität (bis auf einen positiven Faktor genau) in folgender Form geschrieben werden:

$$\overline{\Phi}(\varrho, \lambda) \equiv (MS_0 - RC)\,\varrho + \frac{3}{4} MS_0 \gamma \varrho^2 - \frac{5}{8} MS_0 \varepsilon \varrho^3 = 0,$$

$$\overline{\Phi}'_\varrho(\varrho, \lambda) \equiv (MS_0 - RC) + \frac{3}{2} MS_0 \gamma \varrho - \frac{15}{8} MS_0 \varepsilon \varrho^2 < 0. \tag{9.96}$$

Die Gegeninduktivität M sei nun der Parameter, dessen Einfluß auf das betrachtete System hier untersucht werden soll. Man hat dann die M, ϱ-Bifurkationsdiagramme für die weiche und harte Anfachung der selbsterregten Schwingungen zu konstruieren. Die Betrachtung möge auf den Bereich $M > 0$ beschränkt bleiben, der einer, für einen Röhrengenerator normalen Windungsrichtung in der Rückkopplungsspule entspricht. Auch darf nicht vergessen werden, daß nur den Werten $\varrho \geqq 0$ eine physikalische Bedeutung zukommt, da nur ihnen reelle Amplituden stationärer Lösungen zugeordnet sind.

Zur Vereinfachung der Rechnungen wird jeweils eine möglichst einfache mathematische Idealisierung gewählt, das geschieht dadurch, daß diese oder jene Voraussetzung in bezug auf die Koeffizienten der Reihe angenommen wird, die die Röhrenkennlinie darstellen soll[2]).

---

[1]) Der Abwechslung halber wurde hier, im Gegensatz zu § 4 des vorliegenden Kapitels, als abhängige Veränderliche x eine Größe genommen, die der Variablen der Stromstärke im Schwingkreis proportional ist und nicht dem Wechselanteil der Gitterspannung. Es sei noch bemerkt, daß einer der Koeffizienten $\beta, \gamma, \delta, \varepsilon$ durch Wahl des Maßstabes Φ_0 gleich einer beliebigen Zahl (beispielsweise gleich Eins) gemacht werden kann.

[2]) Es sei nochmals hervorgehoben, daß in den Ausdruck (9.96) nur die Koeffizienten der Reihe für die Kennlinie eingehen, die bei Gliedern ungerader Potenz stehen. Die übrigen Koeffizienten, die also in erster Näherung keinen Einfluß auf die Größe der Amplitude und auf die Stabilität der stationären Vorgänge ausüben, können eine wesentliche Rolle bei der Wirkung der äußeren Kräfte spielen (beispielsweise im Falle der Gleichrichtung oder Frequenzvervielfachung).

1. Die weiche Anfachung von Schwingungen

Bekanntlich liegt für $S_2 < 0$ eine weiche Anfachung von Schwingungen vor (s. § 4 dieses Kapitels), wobei in diesem Fall die Anwesenheit eines Gliedes fünfter Potenz im Ausdruck für die Röhrenkennlinie zu keinen neuen qualitativen Besonderheiten im Systemverhalten führt. Eine maximale Vereinfachung der Rechnungen wird erreicht, wenn man $S_2 < 0$, $S_4 = 0$ (d. h. $\gamma < 0$, $\varepsilon = 0$) setzt. Die wesentlichen Merkmale der weichen Anfachung von Schwingungen werden dann wiedergegeben. Man führt die Bezeichnung

$$\frac{3}{4} S_0 \gamma = \frac{3}{4} \omega_0^2 \Phi_0^2 S_2 = -a \quad (a > 0)$$

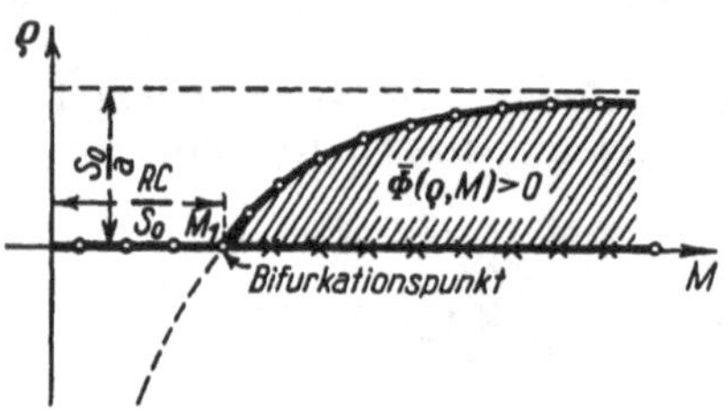

Abb. 145

ein und schreibt $\bar{\Phi}(\varrho, M)$ in der Form

$$\bar{\Phi}(\varrho, M) = \{M S_0 - RC - a M \varrho\} \varrho. \qquad (9.97)$$

Dann wird sichtbar, daß die Kurve $\bar{\Phi}(\varrho, M) = 0$ in der ϱ, M-Ebene in die Gerade $\varrho = 0$ und in die Hyperbel

$$M S_0 - RC - a M \varrho = 0$$

zerfällt. Zeichnet man in der ϱ, M-Ebene das Gebiet $\bar{\Phi}(\varrho, M) > 0$, dann lassen sich, wenn die allgemeinen Regeln von Kap. II, § 5 benutzt werden, die stabilen und die instabilen Teile (der erstere ist durch helle, der letztere durch dunkle Punkte gekennzeichnet; Abb. 145) der linearen Reihen markieren.

$M_1 = \frac{RC}{S_0}$ ist Bifurkationswert des Parameters M; dort schneiden sich die linearen Reihen, die der oben erwähnten Geraden und Hyperbel entsprechen. Bis zum Wert $M = M_1$ bleibt die Gerade stabil, nach dem Stabilitätswechsel im Bifurkationspunkt wird dann die Hyperbel stabil.

Man geht nun vom M, ϱ-Bifurkationsdiagramm zur x, $\dot{x}$-Phasenebene über und untersucht diese Phasenebene für verschiedene M. Für $M < M_1$ gibt es in dieser Ebene nur einen stabilen stationären Zustand, und zwar einen stabilen Brennpunkt (Abb. 146). Wo sich auch immer der Bildpunkt befinden mag, er gelangt letzten Endes stets auf einer der Spiralen in die unmittelbare Nachbarschaft des stabilen singulären Punktes.

Von diesem singulären Punkt sondert sich ein stabiler Grenzzyklus ab, wenn M den Bifurkationswert $M = M_1$ durchläuft (Abb. 147). Ein Bildpunkt, der sich vorher im Gleichgewichtszustand befunden hat, geht jetzt auf den Grenzzyklus über, da für $M > M_1$ der Gleichgewichtszustand instabil ist[1]). Physikalisch

[1]) Es sei vorausgesetzt, daß sich die Änderungen des Parameters M ausreichend langsam vollziehen. Da sich eine jede Bewegung in selbsterregten Schwingungssystemen einer stationären nähert, darf bei ausreichend langsamen Änderungen des Parameters angenommen werden, daß sich der Bildpunkt in der Umgebung stationärer Bewegungen befindet.

bedeutet das, daß im System Schwingungen entstehen und eine Selbsterregung stattfindet. Bei einer Zunahme von M vergrößert sich der Radius dieses Grenzzyklus und strebt asymptotisch zu einem Wert, der $\varrho = \frac{S_0}{a}$ entspricht. Bei Ver-

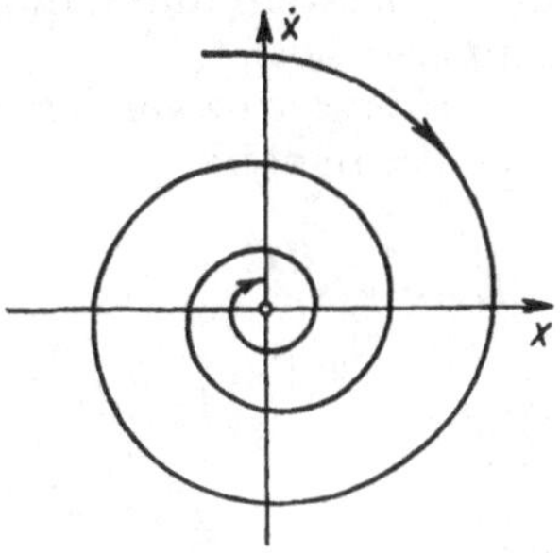

Abb. 146

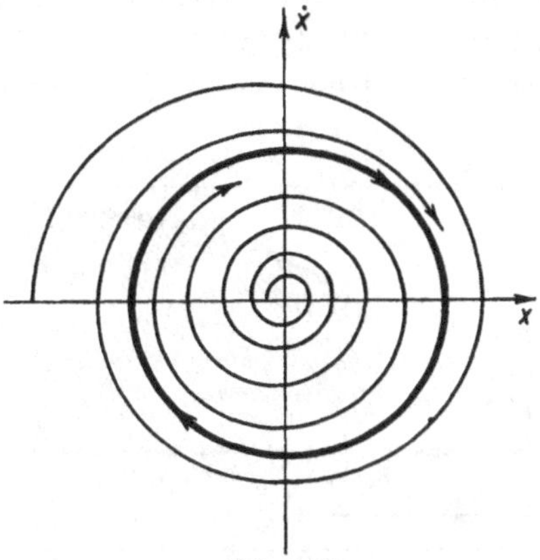

Abb. 147

kleinerung von M zeigt das System das umgekehrte Verhalten, der Grenzzyklus schrumpft zusammen, der Bildpunkt bewegt sich auch für $M = M_1$ auf dem Grenzzyklus, wenn dieser zu einem Punkt entartet, und kehrt erneut in den Koordinatenursprung zurück, der sich in diesem Moment in einen stabilen Brennpunkt verwandelt.

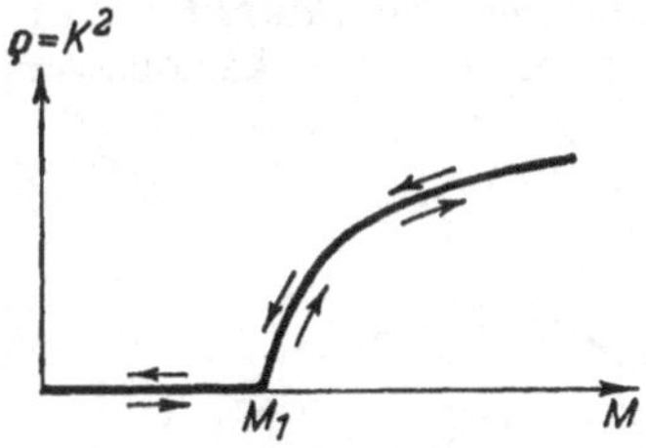

Abb. 148

Das Gerät für die Messung der Amplitude K der Generatorschwingungen zeigt bei Änderungen von M einen glatten („weichen“) Übergang der allmählich (ohne Sprünge) sich ändernden Amplitude vom Ruhestand bis zu stationären Schwingungen und umgekehrt (Abb. 148).

2. *Die harte Anfachung von Schwingungen*

Die Voraussetzungen $S_2 > 0$ und $S_4 > 0$ kennzeichnen, wie bereits früher gezeigt werden konnte, in wesentlichen Zügen die harte Anfachung von Schwingungen. Führt man die Bezeichnungen

$$\frac{3}{4} S_0 \gamma = a \ (a > 0), \quad \frac{5}{8} S_0 \varepsilon = b \quad (b > 0)$$

ein, dann entsteht

$$\overline{\Phi}(\varrho, M) = \{MS_0 - RC + aM\varrho - bM\varrho^2\}\varrho. \tag{9.98}$$

In der M, ϱ-Ebene zerfällt das Bifurkationsdiagramm in die Gerade $\varrho = 0$ und in die Kurve dritter Ordnung

$$MS_0 - RC + aM\varrho - bM\varrho^2 = 0.$$

In Abb. 149 wurde ungefähr die Anordnung dieser Kurven dargestellt, die das Gebiet mit $\overline{\Phi}(\varrho, M) > 0$ kennzeichnen und stabile und instabile Teile der linearen Reihen markieren (der erstere ist durch helle, der letztere durch dunkle Punkte gekennzeichnet).

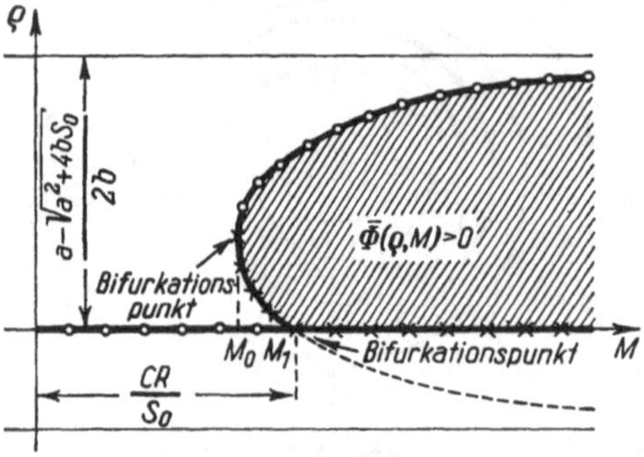

Abb. 149

Für $M > 0$ existieren zwei Bifurkationswerte des Parameters:

$$M_0 = \frac{RC}{S_0 + \frac{a^2}{4b}}$$

und

$$M_1 = \frac{RC}{S_0}.$$

M_0 entspricht dem Zusammenfließen zweier linearer Reihen[1]), und M_1 ist ihrem Schnittpunkt zugeordnet.

Nun soll auch hier der Übergang zur Phasenebene betrachtet werden. Für $0 < M < M_1$ ist in der Phasenebene, genau wie im vorangegangenen Fall, nur eine stationäre Bewegung vorhanden, und zwar ein stabiler Brennpunkt im Ursprung des Koordinatensystems (Abb. 146). Durchläuft M den Bifurkationswert

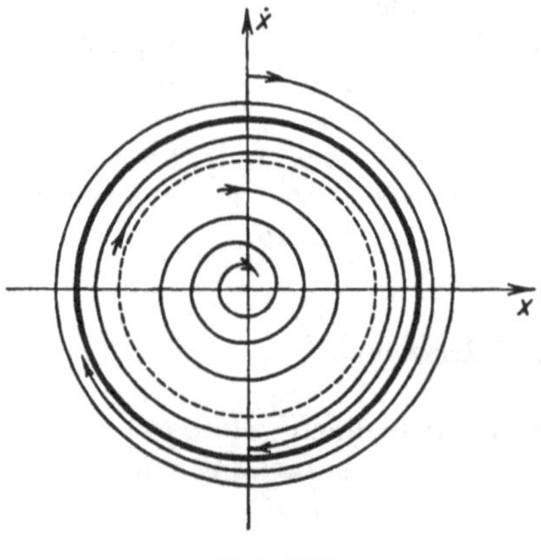

Abb. 150

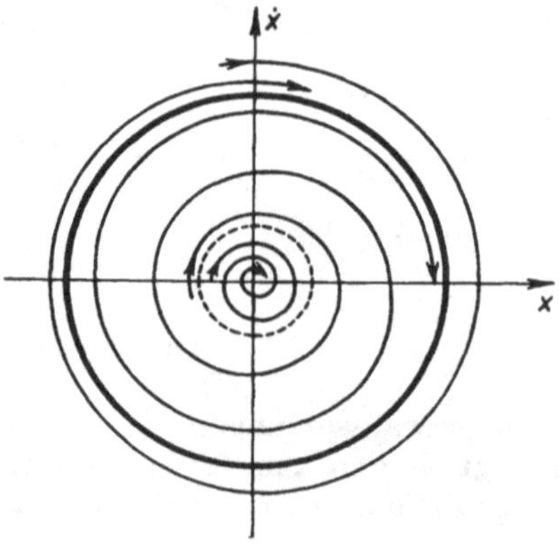

Abb. 151

M_0 des Parameters, dann treten sofort zwei Grenzzyklen mit endlichen Radien auf (Abb. 150), von denen der größere Zyklus stabil und der kleinere instabil ist.

[1]) Die Bifurkationspunkte entsprechen jeweils in der M, ϱ-Ebene einer sogenannten stationären „Grenzbewegung".

Der Charakter des singulären Punktes im Koordinatenursprung bleibt ungeändert; dieser Punkt ist nach wie vor stabil.

Bei einer weiteren Zunahme von M vergrößert sich der stabile Zyklus, während sich der instabile verkleinert (Abb. 151), um schließlich für $M = M_1$ mit dem singulären Punkt zu verschmelzen. Dieser Punkt wird für $M = M_1$ instabil (Abb. 152). Bei der Vergrößerung von M wächst der stabile Grenzzyklus monoton, und sein Radius strebt asymptotisch zu einem Wert, dem

$$\varrho = \frac{a + \sqrt{a^2 + 4bS_0}}{2b}$$

entspricht.

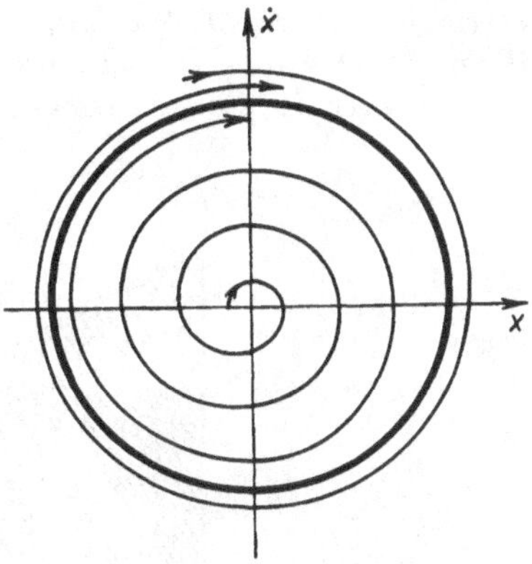

Abb. 152

Was würde nun das Gerät anzeigen, das die Amplitude K der Generatorschwingungen mißt? Um diesen Sachverhalt zu erläutern, verfolgt man das Verhalten eines Bildpunktes, der sich für kleine M in der Nähe des Gleichgewichtszustandes befunden hat. Dieser Bildpunkt wird offensichtlich solange in der Nähe desselben verbleiben, wie dieser Zustand nicht instabil wird, d. h. bis zu $M = M_1$. Für $M = M_0$ trat ein Paar von Grenzzyklen in Erscheinung, das jedoch vom genannten Bildpunkt „nicht berührt" wird, da sich der stabile Charakter des Gleichgewichtszustandes nicht ändert.

Für $M > M_1$ ist der singuläre Punkt bereits instabil. Passiert M den Wert $M = M_1$, dann „löst" sich der Bildpunkt aus der genannten Umgebung und bewegt sich so, wie es die Integralkurven erfordern. Auf diese Weise gelangt der

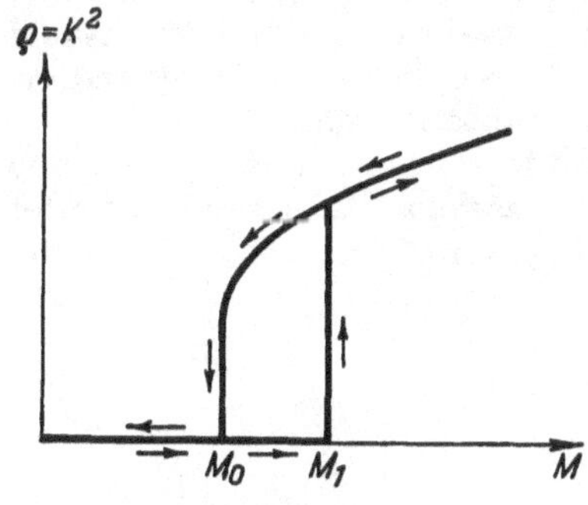

Abb. 153

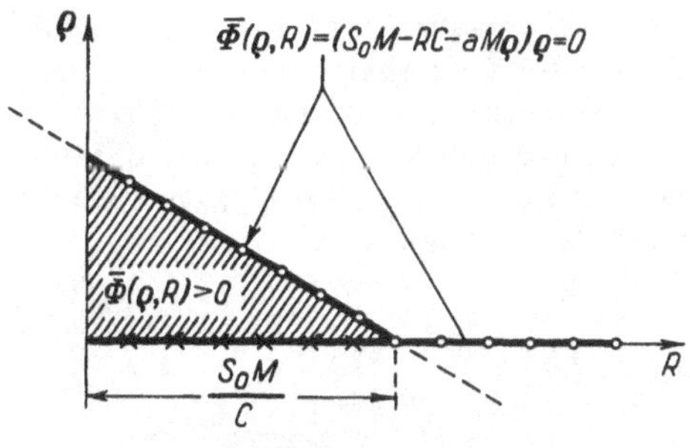

Abb. 154

Bildpunkt zum stabilen Grenzzyklus, den er bei weiterer Zunahme von M nicht mehr verlassen kann.

Bei Verkleinerung von M erhält man ein anderes Bild. Der Bildpunkt verbleibt bis zum Wert $M = M_0$, für den der stabile Grenzzyklus mit dem instabilen verschmilzt und verschwindet, auf dem Grenzzyklus und reagiert überhaupt nicht auf die Tatsache, daß der Gleichgewichtszustand für $M = M_1$ stabil wird, da dabei der Charakter des Grenzzyklus, auf dem er sich bewegt, keine Änderung erfährt. Durchläuft M den Wert $M = M_0$, geht der Bildpunkt in den Gleichgewichtszustand über, wobei er einer Integralkurve folgt. Bei einer weiteren Verringerung von M verbleibt er in diesem Zustand.

Das Gerät zur Messung der Amplitude der Stromschwingungen im Kreis (oder der Spannung am Gitter) zeigt Sprünge an, und zwar schnelle („harte") Amplitudenveränderungen für $M = M_1$ bei Zunahme von M und für $M = M_0$ bei einer Verringerung von M. Man erkennt, daß die Erscheinungen bei einer Zunahme von M anders ablaufen als bei einer Verringerung; hier liegen Prozesse vor, die nicht umkehrbaren Hysteresischarakter tragen (Abb. 153).

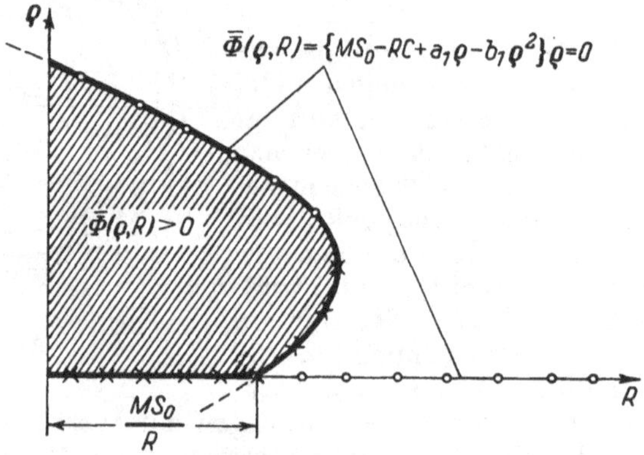

Abb. 155

In den vorangegangenen Betrachtungen wurden die Bifurkationsdiagramme für die weiche und harte Anfachung von Schwingungen ermittelt, wobei als Parameter, dessen Einfluß auf das betrachtete System hier interessierte, der Induktionskoeffizient M gewählt worden war. Analoge Diagramme lassen sich auch für die anderen Parameter aufstellen, die das gegebene System charakterisieren.

In den Abb. 154 und 155 findet man, wiederum für weiche und harte Anregung, die R, ϱ-Bifurkationsdiagramme, wobei R den Ohmschen Widerstand bedeutet. Die erforderlichen Beziehungen können leicht aus den Ausdrücken (9.97) und (9.98) hergeleitet werden.

KAPITEL X

Unstetige Schwingungen[1])

§ 1. Einleitung

Es war bereits mehrfach gezeigt worden, daß bei der Untersuchung eines jeden realen physikalischen Systems unbedingt eine Idealisierung dieses Systems vorgenommen werden muß.

Man muß aus der gesamten Mannigfaltigkeit die wichtigsten Systemeigenschaften innerhalb eines Problemkreises auswählen und ein vereinfachtes dynamisches (mathematisches) Modell konstruieren, dessen Bewegungsgleichungen mit einer gewissen Genauigkeit das Verhalten des realen Systems widerspiegeln. Bleiben jedoch bestimmte Systemeigenschaften unberücksichtigt und wird irgend eine Idealisierung vorgenommen, dann muß man immer damit rechnen, daß die für das betrachtete Problem wichtigsten Sachverhalte außer acht gelassen wurden, und daß die vorgenommenen vereinfachten Annahmen keine Möglichkeiten zur Beantwortung der gestellten Fragen bieten. Es kann keine Theorie aufgestellt werden, solange nicht die Eigenschaften des betrachteten Systems idealisiert worden sind; andererseits läßt sich die „Gesetzmäßigkeit" der angenommenen Idealisierung nicht nachweisen, solange keine Resultate der angestellten theoretischen Untersuchung vorliegen, die sich mit dem Experiment vergleichen lassen.

Eine Idealisierungsmethode, die stets für die Konstruktion eines vereinfachten (idealisierten) dynamischen Modells eines realen physikalischen Systems Verwendung findet, besteht in der Vernachlässigung sogenannter „kleiner" oder „parasitärer" Systemparameter. So wird beispielsweise in einem RC-Kreis (Abb. 156) insbesondere die kleine, parasitäre Induktivität L_0 vernachlässigt, wenn die Schwingungen bei Verwendung der Gleichung

$$R\dot{q} + \frac{q}{C} = 0 \tag{10.1}$$

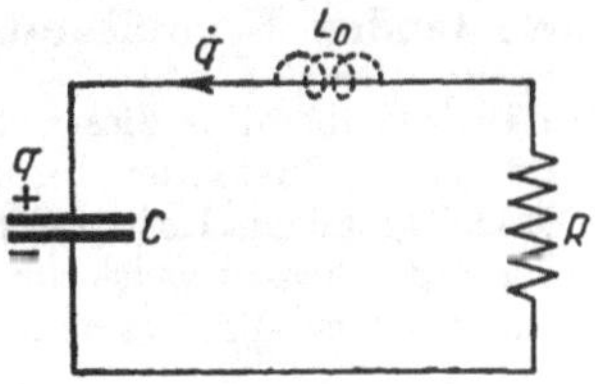

Abb. 156

untersucht werden sollen. In Kap. I, § 5 wurde gezeigt, daß dieser Parameter L_0, wenn er tatsächlich klein ist ($L_0 \ll CR^2$), unberücksichtigt bleiben kann. Für Schwingungen, die in Zuständen beginnen, die mit Gleichung (10.1) verträglich sind, beschreibt diese Gleichung alle Veränderungen von Strom und Spannung im RC-Kreis richtig und in zufriedenstellender Weise. Die Berücksichtigung geringer Induktivität L_0 beim Übergang zur „genaueren" Gleichung zweiter

[1]) In Kap. X wurden von N. A. Sheleszow § 1, Abschn. 2 von § 2, §§ 3—5, 7, Abschn. 4 von § 8, §§ 9—11, Abschn. 2 von § 12 und § 13 verfaßt; §§ 6, 8, 12 sind wesentlich überarbeitet worden.

Ordnung

$$L_0\ddot{q} + R\dot{q} + \frac{q}{C} = 0 \tag{10.1a}$$

bringt daher nichts Neues mehr mit sich und liefert lediglich eine geringe Korrektur der Lösung von Gleichung (10.1), die um so geringfügiger bleibt, je kleiner L_0/CR^2 ist[1]).

Analog lassen sich mit ausreichender Genauigkeit die Erscheinungen in einem Kreis untersuchen, der aus einem Widerstand R und einer Induktivität L besteht, wenn die kleinen parasitären Parameter vernachlässigt werden. Man kann dabei von Gleichung

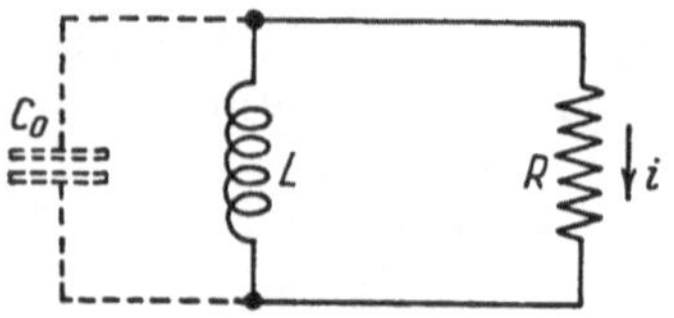

Abb. 157

$$L\frac{di}{dt} + Ri = 0 \tag{10.2}$$

ausgehen, wenn nur diese parasitären Parameter klein sind. Soll beispielsweise die kleine Eigenkapazität C_0 der Induktionsspule Abb. 157 berücksichtigt werden, dann führt das auf die Differentialgleichung zweiter Ordnung

$$C_0LR\frac{d^2i}{dt^2} + L\frac{di}{dt} + Ri = 0, \tag{10.2a}$$

die die Ergebnisse der vorgenommenen Betrachtung nicht wesentlich abändert, wenn nur die Kapazität C_0 ausreichend klein ist (es muß $C_0 \ll L/R^2$ gelten).

Ebenso dürfen bei der Betrachtung der Arbeitsweise eines Röhrengenerators mit induktiver Rückkoppelung sämtliche kleinen Parameter, insbesondere die parasitären Kapazitäten und Induktivitäten des Schaltungsaufbaus und die Kapazitäten zwischen den Elektroden der Röhre vernachlässigt werden. Die Berücksichtigung der einen oder anderen kleinen Parameter würde nur (neben einer bedeutenden Komplizierung der Aufgabe) zu geringen Veränderungen in den

---

[1]) Hier, wie überall in dieser Monographie, werden nur die Bewegungen eines Systems betrachtet, die in Zuständen beginnen, welche den Gleichungen des verwendeten dynamischen Modells genügen. Im hier vorliegenden Fall der Gleichung (10.1) kann man im Anfangsmoment der Zeit (beispielsweise für $t = 0$) nur eine der Größen willkürlich vorgeben, die den Zustand des RC-Kreises charakterisieren (wird q_0 vorgegeben, dann gilt auf Grund von Gleichungen (10.1) $(\dot{q})_0 = -\frac{q_0}{RC}$, $(\ddot{q}) = \frac{q_0}{(RC)^2}, \ldots$). Sind die Prozesse im RC-Kreis für Anfangsbedingungen von Interesse, die nicht der Gleichung (10.1) genügen (beispielsweise für $q_0 \neq 0$ und $\dot{q}_0 = 0$), dann kann die Betrachtung derartiger Prozesse nicht vollständig bei Verwendung der Gleichung (10.1) erfolgen, man muß vielmehr die Gleichung (10.1a) benutzen, die bei Berücksichtigung der parasitären Induktivität L_0 aufgestellt wurde. Kap. I, § 5 ist zu entnehmen, daß in der Anfangsetappe (ihre Dauer ist von der Größenordnung L_0/R) die Größe $R\dot{q} + q/C$ und folglich auch $L_0\ddot{q}$ nicht klein ist, was für kleine L_0 zu einer raschen Änderung der Stromstärke $\dot{q}$ bis zu einer Größe führt, die sich nur wenig von $-q_0/RC$ unterscheidet. Im weiteren Verlauf spiegelt sogar die Gleichung (10.1) in diesem Fall die Erscheinungen befriedigend wider. Die Gleichung (10.1a) oder ein entsprechend formuliertes Sprungpostulat für die Stromstärke ist nur für die Betrachtung der Bewegung in der Anfangsetappe erforderlich, wenn sich die Systemzustände im Widerspruch mit Gleichung (10.1) befinden.

Bedingungen für die Selbsterregung des Generators und in den Ausdrücken für Amplitude und Periodendauer der selbsterregten Schwingungen usw. führen.

Bei der Konstruktion dynamischer Modelle physikalischer Schwingungssysteme war jeweils wie folgt verfahren worden: Es wurden die kleinen, parasitären Parameter vernachlässigt und angenommen, daß diese nicht berücksichtigten Parameter um so geringere Bedeutung besitzen, je kleiner sie sind. Da es unmöglich ist, alle kleinen Parameter in Betracht zu ziehen, wird man zu diesem Vorgehen gezwungen.

In den oben betrachteten Beispielen und auch in allen Aufgaben, die an früherer Stelle untersucht worden sind[1]), ermöglichte eine derartige Vernachlässigung kleiner, parasitärer Parameter neben anderen vereinfachenden Voraussetzungen die Konstruktion eines dynamischen Modells (eines Systems von Differentialgleichungen), welches gestattete, das Verhalten des Schwingungssystems für $0 < t < +\infty$ zu verfolgen. Dies war natürlich nur unter der Bedingung möglich, daß die Anfangszustände (für $t = 0$) den verwendeten Gleichungen des dynamischen Modells nicht widersprochen haben. Die gewonnenen Resultate befanden sich dann in qualitativer und befriedigend quantitativer Übereinstimmung mit dem Experiment.

Nicht immer ist jedoch eine Vernachlässigung aller kleinen Parameter zulässig, da sich unter ihnen solche befinden können, die für die Prozesse in den betrachteten Schwingungssystemen wesentlich sind. Beispielsweise darf keinesfalls bei der Betrachtung des Generators, dessen Schaltung in Abb. 158 dargestellt worden ist, die kleine parasitäre Kapazität C_{ga} (die sogenannte Durchgriffskapazität) der Röhre vernachlässigt werden, da nur durch sie die Rückkoppelung vom Anodenschwingkreis auf den Gitterschwingkreis verwirklicht wird und diese Kapazität somit für die Anregung der selbsterregten Schwingungen notwendig ist. Aus diesem Grunde kann auch die Selbsterregung der Schaltung nicht erklärt werden, wenn die kleine Kapazität C_{ga} vernachlässigt wird.

Als zweites Beispiel soll nun der Vorgang untersucht werden, der nach der Einschaltung einer konstanten Spannung in einem Stromkreis aus der Reihenschaltung eines Widerstandes R, einer Induktivität L und einer großen Kapazität C abläuft (Abb. 159). Hat die Anfangsladung des Kondensators für $t = 0$ den Wert $q_0 = 0$, dann kann die Gleichung für die Stromstärke i im Kreis in der Form

$$L \frac{di}{dt} + Ri + \frac{1}{C} \int_0^t i \, dt = U \qquad (10.3)$$

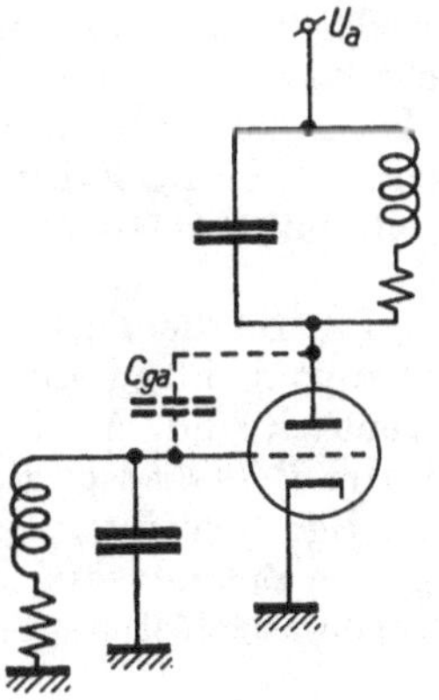

Abb. 158

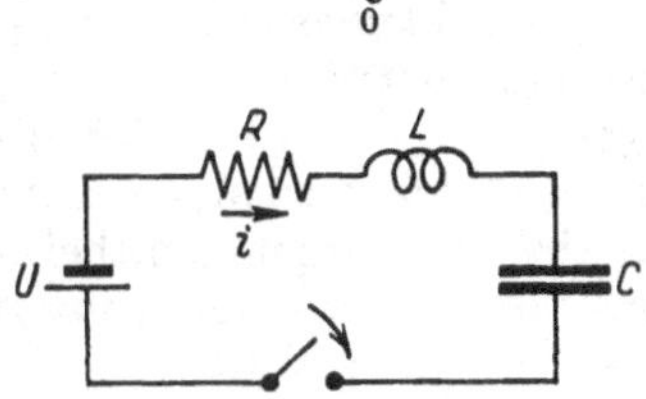

Abb. 159

[1]) Den Multivibrator mit einem RC-Glied ausgenommen (Kap. IV, § 8).

geschrieben werden. Man muß nun feststellen, ob auf Grund der Tatsache, daß $\frac{1}{C}$ klein ist (wenn C einen großen Wert besitzt), das Glied

$$\frac{1}{C}\int_0^t i\,dt$$

(Spannung am Kondensator) vernachlässigt werden darf oder nicht. Läßt man dieses Glied unberücksichtigt, dann entsteht die Gleichung

$$L\frac{di}{dt} + Ri = U, \tag{10.3a}$$

die die Änderung der Stromstärke nur im Anfangsstadium (im Verlauf eines Zeitintervalls der Größenordnung RC) richtig widerspiegelt[1]). Gemäß der vereinfachten Gleichung (10.3a) stellt sich nämlich im Kreis für $t \to +\infty$ ein Strom von der Größe U/R ein, während in Übereinstimmung mit Gleichung (10.3) die Stromstärke zuerst (nach einem Zeitintervall der Ordnung L/R) einen Wert erreicht, der ungefähr gleich U/R ist und der sich danach in dem Maße verringert, wie die Spannung am Kondensator zunimmt und der schließlich für $t \to +\infty$ wie $e^{-\frac{t}{RC}}$ gegen Null strebt (Abb. 160).

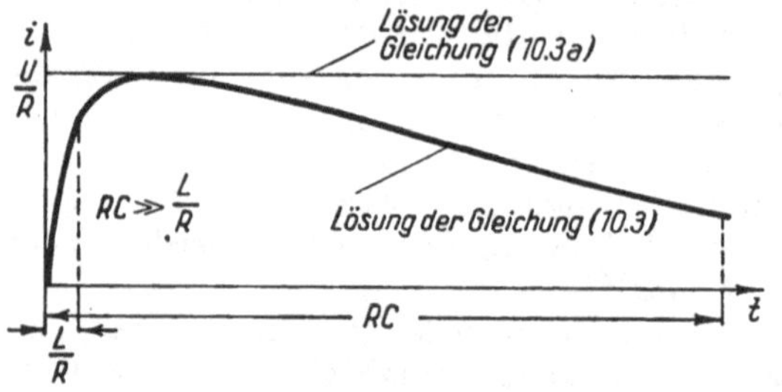

Abb. 160

Obwohl das Glied

$$\frac{1}{C}\int_0^t i\,dt$$

den „kleinen“ Koeffizienten $\frac{1}{C}$ besitzt und anfänglich klein ist im Vergleich zu den anderen Gliedern von Gleichung (10.3), darf es trotzdem nicht vernachlässigt werden, wenn alle Änderungsvorgänge für den Strom im Kreis untersucht werden sollen. Im betrachteten Schwingkreis bestehen nämlich nach einem Zeitintervall der Ordnung RC Zustände, in denen dieses Glied bereits mit der Größe der angelegten Spannung vergleichbar ist.

Schließlich gibt es auch solche Schwingungssysteme, für die die Theorie ohne Berücksichtigung kleiner (parasitärer) Parameter überhaupt nicht zu entwickeln ist, da diese Parameter für die Prozesse im System wesentlich sind. Als Beispiele für derartige Systeme können der Multivibrator mit einem RC-Glied und andere Schwingungssysteme dienen, in denen sogenannte unstetige Schwingungen auftreten; das sind Schwingungen, bei denen relativ langsame Zustandsänderungen des Systems von sehr raschen, „sprunghaften“ Änderungen abgelöst werden. Der

---

[1]) Es sei angenommen, daß der Anfangszustand der Schaltung Gleichung (10.5a) genügt; beispielsweise sei ($i_0 = 0$, aber $\left(\frac{di}{dt}\right)_0 = \frac{U}{L}$.

Multivibrator liefert ein typisches Beispiel für einen Generator mit unstetigen Schwingungen.

Bei den Betrachtungen eines Multivibrators mit einem RC-Glied (Abb. 161) wurden in Kap. IV, § 8 alle parasitären Parameter (unter ihnen die parasitären Kapazitäten) vernachlässigt. Das dabei gewonnene dynamische Modell erster Ordnung (die Phasengerade desselben ist in Abb. 162 dargestellt worden) erwies sich in dem Sinne als „defekt" und „entartet", daß es nicht möglich war, das Systemverhalten zu jedem Zeitpunkt nach Vorgabe des Anfangszustandes zu verfolgen (der Anfangszustand mußte natürlich mit der Gleichung dieses Modells verträglich sein). Unter beliebigen Anfangsbedingungen „überführt" die Modellgleichung erster Ordnung das System in einen der Zustände, die in Abb. 162 durch die „Scheidepunkte A und A' der Phasentrajektorien" veranschaulicht worden sind. Bei ihnen handelt es sich nicht um Gleichgewichtszustände; und von ihnen gehen in Übereinstimmung mit dieser Gleichung auch keine Phasentrajektorien aus.

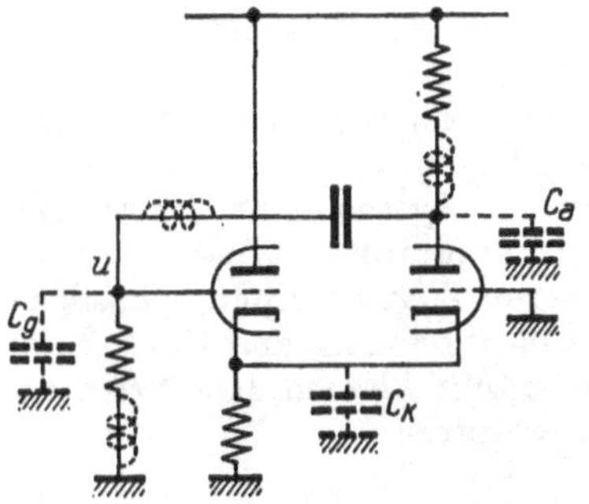

Abb. 161

Abb. 162

Da alle „großen" Parameter des Multivibrators Berücksichtigung gefunden haben, muß die Ursache für die mangelhafte, „defekte" Modellkonstruktion darin gesucht werden, daß alle parasitären Schaltungsparameter vernachlässigt wurden, unter ihnen auch solche, die trotz ihrer Geringfügigkeit für die Schwingungsvorgänge im Multivibrator wesentlich sind. Solche wesentlichen parasitären Parameter, die neben der Kapazität C, den Widerständen R_a und R_g und der Kennlinie der Röhrengruppe die Gesetzmäßigkeiten der Multivibratorschwingungen festlegen, sind insbesondere die kleinen, parasitären Kapazitäten C_a, C_g oder C_k, die stets in der Schaltung auftreten; in Abb. 161 sind sie punktiert dargestellt worden. Diesen Kapazitäten kommt während rascher „sprunghafter" Änderungen der Gitterspannung u_g die bekanntlich für Multivibratorschwingungen charakteristisch sind, ein bedeutender Einfluß zu. Bei Berücksichtigung der parasitären Kapazitäten C_a und C_g oder C_k (diese Kapazitäten sind in realen Multivibratorschaltungen gewöhnlich kleiner als die Kapazität C) gelangt man zum vollständigen Modell zweiter Ordnung, d. h. zu einem solchen Modell, das ohne zeitliche Beschränkung das Verhalten des Multivibrators zu verfolgen und insbesondere die periodische Wiederkehr der Sprünge der Gitterspannung u_g zu erklären gestattet (s. Kap. VIII, § 5, und Kap. V, § 12)[1]). Dabei ist es wichtig, daß der Multivibrator periodisch

[1]) Nicht alle parasitären Parameter sind für die Schwingungsprozesse im Multivibrator wesentlich. Berücksichtigt man z. B. eine der parasitären Induktivitäten, die in Abb. 161 punktiert dargestellt sind, und läßt die parasitären Kapazitäten unbeachtet, dann entsteht ein dynamisches Modell zweiter Ordnung, welches ebenfalls „defekt" und „entartet" ist, d. h., es ist auch für eine qualitative Erläuterung der Arbeitsweise des Multivibrators ungeeignet (s. § 8 dieses Kapitels).

durch Schwingungen in Zustände versetzt wird, in denen die Glieder der Differentialgleichungen mit kleinen, parasitären Kapazitäten als Koeffizienten nicht mehr klein sind im Vergleich zu den anderen Gliedern dieser Gleichungen, ungeachtet der Tatsache, daß die parasitären Kapazitäten im Vergleich zur Kapazität C klein sind. Aus den angeführten Gründen dürfen die parasitären Kapazitäten keinesfalls bei der Konstruktion eines dynamischen Multivibratormodells und bei der Untersuchung seiner Schwingungen unberücksichtigt bleiben[1]).

All das, was hier über einen Multivibrator mit einem RC-Glied gesagt wurde, bleibt im gleichen Maße für alle anderen Systeme gültig, in denen unstetige Schwingungen auftreten. In diesen Systemen werden, genau wie beim Multivibrator, die Schwingungsmerkmale durch kleine wesentliche, parasitäre Parameter während bestimmter Etappen des Schwingungsprozesses festgelegt. Aus diesem Grund kann die Betrachtung von Systemen mit unstetigen Schwingungen — und darin besteht die Aufgabe des vorliegenden Kapitels — nicht ohne Berücksichtigung wenigstes einiger wesentlicher, parasitärer Systemparameter erfolgen.

Vor allem sollen (in § 3) Näherungsmethoden für Systeme mit unstetigen Schwingungen angegeben werden; in den folgenden Paragraphen erfolgt dann die Untersuchung konkreter Beispiele derartiger Systeme. Zuvor werden speziellere Probleme formuliert, und zwar wird der Versuch unternommen, den Einfluß der kleinen Parameter (der Differentialgleichungsglieder mit kleinen Koeffizienten) auf die Stabilität von Gleichgewichtszuständen zu erläutern.

§ 2. Kleine Parameter und die Stabilität von Gleichgewichtszuständen [127]

Beschränkt man sich bei den Untersuchungen auf die Stabilitätsbetrachtung von Gleichgewichtszuständen, dann darf eine lineare Näherung verwendet werden. Das Systemverhalten möge sich in der Umgebung eines Gleichgewichtszustandes (bei Vernachlässigung kleiner, parasitärer Parameter) durch eine linare Gleichung n-ter Ordnung

$$a_0 \frac{d^n x}{dt^n} + a_1 \frac{d^{n-1} x}{dt^{n-1}} + \cdots + a_n x = 0 \tag{10.4}$$

beschreiben lassen. Durch Einsetzen der partikulären Lösung $x = Ae^{\lambda t}$ entsteht dann für λ die charakteristische Gleichung n-ter Ordnung

$$a_0 \lambda^n + a_1 \lambda^{n-1} + \cdots + a_n = 0. \tag{10.5}$$

Bekanntlich wird die Stabilität eines Gleichgewichtszustandes durch die Vorzeichen der Realteile der Wurzeln dieser Gleichung definiert. Ein Gleichgewichtszustand ist stabil, wenn alle Wurzeln negativ sind oder negative Realteile besitzen.

[1]) In Kap. IV, § 8 waren selbsterregte Schwingungen des Multivibrators betrachtet worden, wobei ein „defektes“ Modell Verwendung fand, welches durch ein Sprungpostulat für die Gitterspannung u ergänzt wurde. Dieses Sprungpostulat stellt im Grunde genommen in indirekter Form eine Berücksichtigung der wesentlichen, parasitären Parameter dar und wird als Folgerung aus der Dynamik eines „Modells von guter Qualität“ zweiter Ordnung erhalten, welches bei Berücksichtigung wenigstens der oben genannten parasitären Kapazitäten konstruiert wurde (s. § 4 dieses Kapitels und auch Kap. VIII, § 5).

Die Einführung neuer, kleiner (beispielsweise parasitärer) Parameter in die Betrachtung möge nun die Ordnung der Differentialgleichung des Systems um Eins erhöhen; andere Fälle, bei denen sich die Ordnung der Gleichung um eine größere Zahl erhöht, lassen sich durch ein analoges Vorgehen untersuchen[1]). Die Erhöhung der Ordnung kann auf zweierlei Weise in der linearisierten Gleichung (10.4) zum Ausdruck kommen. Entweder tritt

$$\mu \frac{d^{n+1}x}{dt^{n+1}}$$

oder $\mu \int_0^t x\,dt$ als kleines Glied zur Gleichung hinzu, wobei μ einen ausreichend kleinen Koeffizienten bedeutet. Im ersten Fall erhält die charakteristische Gleichung die Form

$$\mu\lambda^{n+1} + a_0'\lambda^n + a_1'\lambda^{n-1} + \cdots + a_n' = 0, \tag{10.6}$$

im zweiten lautet sie

$$a_0'\lambda^{n+1} + a_1'\lambda^n + \cdots + a_n'\lambda + \mu = 0. \tag{10.7}$$

In den neuen Gleichungen treten an die Stelle der Koeffizienten a_i im allgemeinen neue Koeffizienten a_i', da die Berücksichtigung eines kleinen Parameters nicht nur zum Auftreten neuer Glieder, sondern auch zur Veränderung der alten führt, wobei für $\mu \to 0$ $a_i' \to a_i$ gelten muß. Beide Gleichungen besitzen $n + 1$ Wurzeln. Wegen der Geringfügigkeit des Koeffizienten μ liegen n dieser Wurzeln $\lambda_1, \lambda_2, \ldots, \lambda_n$ in den Umgebungen der n Wurzeln der ursprünglichen charakteristischen Gleichung, insbesondere besitzen ihre Realteile die gleichen Vorzeichen[2]). Demzufolge kann die Veränderung dieser n Wurzeln keine Stabilitätsänderung des Gleich-

---

[1]) Die Einführung eines kleinen Parameters in die Betrachtung, der die Ordnung der Gleichung des Systems nicht erhöht, besitzt hier keinerlei Interesse (er kann die Stabilität des Gleichgewichtszustandes nicht verändern), wenn das Ausgangssystem (ohne Berücksichtigung dieses kleinen Parameters) grob gewesen ist.

Es sei darauf hingewiesen, daß der Begriff „Grobheit eines unabhängigen Systems", der beispielsweise für zwei Differentialgleichungen erster Ordnung definiert ist, eindeutig auf den Fall verallgemeinert werden kann, wenn die kleinen, zusatzlichen Glieder die ersten Ableitungen enthalten, d. h. wenn das abgeänderte System die Form

$$\frac{dx}{dt} = P(x, y) + p_1\left(x, y; \frac{dx}{dt}, \frac{dy}{dt}\right);$$

$$\frac{dy}{dt} = Q(x, y) + q_1\left(x, y; \frac{dx}{dt}, \frac{dy}{dt}\right).$$

hat. Kommen jedoch in den zusätzlichen Gliedern Ableitungen höherer Ordnung vor, dann werden alle für die Grobheit aufgestellten Thesen verletzt, da für das abgeänderte System ein Phasenraum mit einer größeren Anzahl von Dimensionen erforderlich ist. Im weiteren wird sich herausstellen, daß im letzten Fall zumindest in der Beziehung nicht über die Geringfügigkeit der zusätzlichen Glieder verfügt werden kann (ohne besondere, spezielle Beschränkungen), daß diese die Stabilität der Gleichgewichtszustände nicht beeinflussen.

[2]) Es sei angenommen, daß das Ausgangssystem „grob" ist und daß demnach die Realteile aller Wurzeln der ursprünglichen charakteristischen Gleichung von Null verschieden sind.

gewichtszustandes bewirken; eine solche Änderung kann nur die neue Wurzel λ_{n+1} bewirken. Um festzustellen, welchen Einfluß diese Wurzel ausübt, werden beide Fälle für sich betrachtet.

Die Untersuchungen werden mit dem ersten Fall begonnen. Für $\mu \to 0$ strebt bekanntlich $\lambda_{n+1} \to \infty$. Auf Grund dieser Tatsache dürfen, wenn μ ausreichend klein ist, in Gleichung (10.6) alle Glieder, deren Ordnung kleiner als n ist, vernachlässigt werden. Man erhält dann folgenden asymptotischen Ausdruck für λ_{n+1} bei kleinen Werten von μ:

$$\lambda_{n+1} \approx -\frac{a_0}{\mu}. \tag{10.8}$$

Im zweiten Fall läßt sich die charakteristische Gleichung (10.7) wie folgt schreiben:

$$\lambda[a_0\lambda^n + a_1\lambda^{n-1} + \cdots + a_n] + \mu = 0.$$

Für $\mu \to 0$ ist dann $\lambda_{n+1} \to 0$. Deshalb gewinnt man bei Vernachlässigung aller höheren Potenzen von λ_{n+1} in diesem Fall den nachstehenden asymptotischen Ausdruck für λ_{n+1}:

$$\lambda_{n+1} \approx -\frac{\mu}{a_n}. \tag{10.9}$$

Nun kann leicht festgestellt werden, welchen Einfluß das eingeführte neue, kleine Glied auf die Stabilität der Gleichgewichtszustände jeweils in den beiden angeführten Fällen besitzt. Das Systemverhalten wird in der Nähe eines Gleichgewichtszustandes durch die Gleichung

$$x = b e^{\lambda_{n+1} t} + c_1 e^{\lambda_1 t} + c_2 e^{\lambda_2 t} + \cdots + c_n e^{\lambda_n t} \tag{10.10}$$

definiert. Befindet sich unter den n ursprünglichen Wurzeln $\lambda_1, \lambda_2, \ldots, \lambda_n$ wenigstens eine mit einem positiven Realteil, dann ist der Gleichgewichtszustand instabil, und die neue Wurzel λ_{1+n} kann nichts am Charakter dieses Zustandes verändern; er wird stets instabil bleiben. Sind jedoch alle n Wurzeln (oder deren Realteile) negativ, dann wird die Stabilität des Gleichgewichtszustandes durch das Vorzeichen der Wurzel λ_{1+n} festgelegt. Hat diese ebenfalls negatives Vorzeichen, dann ergibt sich nichts Neues. Liegt jedoch ein positives Vorzeichen vor, dann wird der Gleichgewichtszustand instabil, was nichts anderes bedeutet, als daß beim Übergang vom ursprünglichen zum ergänzten System ein Stabilitätsverlust auftritt. Das Vorzeichen von λ_{1+n} hängt aber einerseits vom Vorzeichen von μ und andererseits vom Vorzeichen der Koeffizienten a_0 oder a_n der Ausgangsgleichung ab. Wird $a_0 > 0$ gewählt, dann muß a_n positiv sein, damit der Gleichgewichtszustand im Ausgangssystem stabil ist[1]). Folglich kann ein Stabilitätsverlust dann auftreten, wenn bei dem neu eingeführten kleinen Glied der Koeffizient μ negativ ist. Aus dem weiteren wird hervorgehen, daß so etwas in realen Systemen möglich ist. Das bedeutet nichts anderes, als daß ein Gleichgewichtszustand, der ohne

---

[1]) Diese Forderung wird sofort aus der sogenannten Bedingung von Raut-Hurwitz erhalten. Siehe z. B. [55, 99].

Berücksichtigung eines parasitären Parameters sich als stabil erwiesen hat, auf Grund der Anwesenheit dieses Parameters in Wirklichkeit instabil ist und daß sich ein reales System nicht in einem solchen Zustand befinden kann. Es ist völlig klar, daß es von Bedeutung ist, diese Gleichgewichtszustände, die sich hier als stabil ergeben haben, von denjenigen unterscheiden zu können, die tatsächlich stabil sind, in denen sich also ein reales System längere Zeit befinden kann.

Obwohl hierfür allgemeine Methoden fehlen, kann ein Verfahren angegeben werden, mit dessen Hilfe sich in vielen Fällen Gleichgewichtszustände feststellen lassen, die nur als stabil erscheinen, in Wirklichkeit aber instabil sind. Es besteht darin, daß nacheinander in die Gleichung verschiedene kleine, parasitäre Parameter eingeführt und die Vorzeichen bestimmt werden, mit denen sie in die Gleichung eingehen. Kann man wenigstens einen solchen Parameter finden, der mit negativen Vorzeichen eingeht, dann hat man Grund zu befürchten, daß der Gleichgewichtszustand in Wirklichkeit instabil ist. Diese etwas vorsichtige Ausdrucksweise wurde deshalb verwendet, da es durchaus vorkommen kann, daß ein anderer parasitärer Parameter in dieses Glied der Gleichung mit dem Vorzeichen Plus eingeht und daß dann das Vorzeichen des Koeffizienten von den Relationen zwischen den Größen der parasitären Parameter abhängt; diese Größen sind aber gewöhnlich nicht bekannt. Außerdem kann man keinesfalls den Einfluß aller parasitärer Parameter betrachten. Aus diesen Gründen ist es exakt nicht möglich, sich darüber Gewißheit zu verschaffen, ob ein Gleichgewichtszustand, der vom Gesichtspunkt der vorliegenden Theorie aus betrachtet als stabil erscheint, auch tatsächlich stabil ist. Dieses Problem läßt sich nicht endgültig mit irgendeiner Theorie lösen, eine vollständige Antwort kann nur das Experiment liefern. Bei einer theoretischen Betrachtung muß man also stets im Auge behalten, daß die Gefahr besteht, instabile Gleichgewichtszustände als stabile anzusehen.

Es sollen nun einige konkrete Beispiele betrachtet werden, an denen ersichtlich wird, wie groß diese Gefahr ist und wie sie in gewissen Fällen leicht umgangen werden kann; auch wird gezeigt, wie man die Gleichgewichtszustände findet, die stabil erscheinen. Diese Beispiele bleiben auf solche Fälle beschränkt, die im Rahmen der Theorie nichtlinearer Gleichungen zweiter Ordnung vollständig behandelt werden können. Es werden also nur solche Systeme untersucht, die sich bei Berücksichtigung kleiner Glieder durch Differentialgleichungen zweiter Ordnung beschreiben lassen und beim Weglassen dieser Glieder auf eine Gleichung erster Ordnung führen. In diesem Zusammenhang wird zuerst die Gleichung zweiter Ordnung betrachtet, danach wird einer der Parameter als klein angenommen, das entsprechende Glied in der Gleichung vernachlässigt und die so entstandene Gleichung erster Ordnung untersucht.

1. Eine Schaltung mit einem Lichtbogen

Als erstes Beispiel soll eine bereits bekannte Lichtbogenschaltung betrachtet werden, die von einem konstanten Strom gespeist wird (Abb. 163).

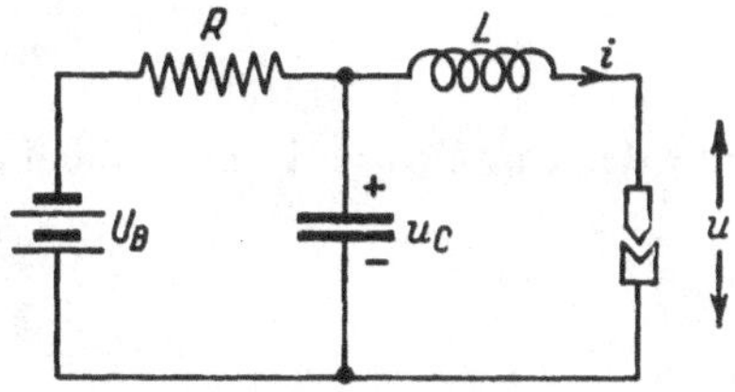

Abb. 163

Außer Batterie und Lichtbogen sind in dieser Schaltung ein Widerstand R, eine Selbstinduktivität L und eine Kapazität C vorhanden (es versteht sich von selbst, daß die betrachtete Schaltung bereits in dieser Form das Ergebnis einer Idealisierung darstellt). Wie früher wird die Bogenkennlinie, d. h. die Spannung u am Bogen in Abhängigkeit von der Stromstärke i, mit $u = \psi(i)$ bezeichnet (Abb. 164).

Es sollen nun die Schlußfolgerungen, die früher (s. Kap. V, § 5) bei der Betrachtung dieser Schaltung erhalten wurden, wiederholt und ergänzt werden.

Die Gleichungen ergaben sich für die betrachtete Schaltung in der Form

$$L\frac{di}{dt} = u_C - \psi(i),$$
$$C\frac{du}{dt} = \frac{U_B - u_C}{R} - i. \tag{10.11}$$

Die Gleichgewichtszustände (I, U) dieses Systems werden offensichtlich durch die Bedingung

$$\psi(i) = U_B - Ri$$

definiert und entsprechen den Schnittpunkten der Bogenkennlinie $u = \psi(i)$ und der „Last"-Geraden $u_C = U_B - Ri$; ein, zwei oder drei solche Punkte können vorhanden sein (Abb. 165). Im weiteren soll nun der interessanteste Fall betrachtet

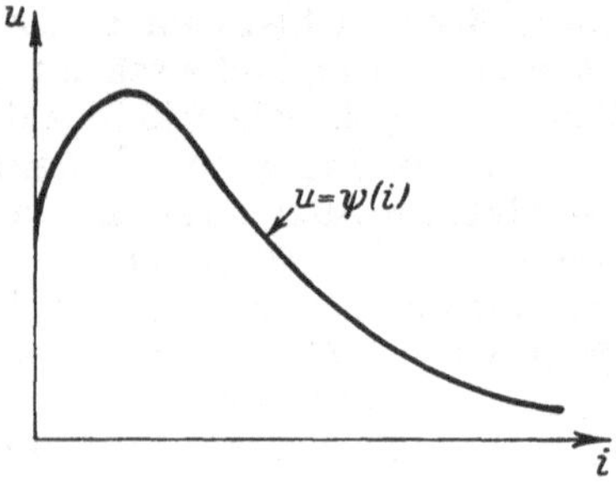

Abb. 164

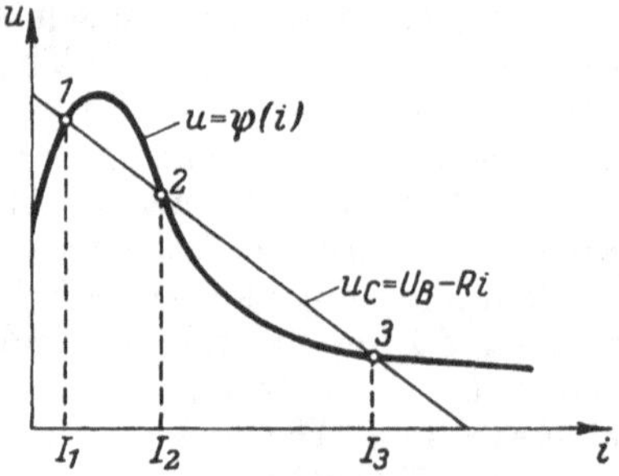

Abb. 165

werden, bei dem drei Gleichgewichtszustände vorliegen. Linearisiert man die Gleichungen (10.11) in einer kleinen Umgebung eines Gleichgewichtszustandes (I, U), dann gewinnt man für die Wechselanteile der Stromstärke $\xi = i - I$ und der Spannung am Kondensator $\eta = u_C - U$ das lineare Gleichungssystem

$$L\frac{d\xi}{dt} = \eta - \psi'(J)\xi,$$
$$CR\frac{d\eta}{dt} = -\eta - R\xi$$

mit der charakteristischen Gleichung

$$\begin{vmatrix} L\lambda + \psi'(J) & -1 \\ R & CR\lambda + 1 \end{vmatrix} = 0$$

oder

$$LCR\lambda^2 + [L + CR\psi'(J)]\,\lambda + R + \psi'(J) = 0. \tag{10.12}$$

Offensichtlich hängen die Merkmale des Gleichgewichtszustandes (I, U) vom Vorzeichen und vom Betrag von $\psi'(J)$, d. h. vom „differentiellen Widerstand" des Bogens im Gleichgewichtswert $i = I$ der Stromstärke ab. Der Gleichgewichtszustand, der in Abb. 165 mit der Ziffer 1 versehen worden ist, möge auf dem ansteigenden Teil der Bogenkennlinie liegen. Er ist dann stabil (da $\psi'(J_1) > 0$ gilt, und beide Wurzeln von Gleichung (10.12) oder ihre Realteile negativ sind) und in Abhängigkeit von den Relationen zwischen L, C, R und $\psi'(J_1)$ entweder stabiler Brenn- oder Knotenpunkt. Im Punkt 2 hat $\psi'(J_2)$ einen negativen Wert, der dem absoluten Betrag nach (wie aus dem Diagramm hervorgeht), größer als R ist. Demnach gilt die Ungleichung $R + \psi'(J_2) < 0$, und beim singulären Punkt 2 handelt es sich um einen Sattel. Der ihm zugeordnete Gleichgewichtszustand ist stets instabil. Schließlich hat man im Punkt 3 wieder $\psi'(J_3) < 0$. Dem Diagramm ist aber zu entnehmen, daß $\psi'(J_3)$ dem absoluten Betrag nach kleiner als R ist, woraus $R + \psi'(J_3) > 0$ folgt. Das heißt, daß der singuläre Punkt 3 ebenfalls entweder Brennpunkt oder Sattel sein kann[1]). Dieser singuläre Punkt ist instabil, wenn die Ungleichung

$$|\psi'(J_3)| > \frac{L}{RC}$$

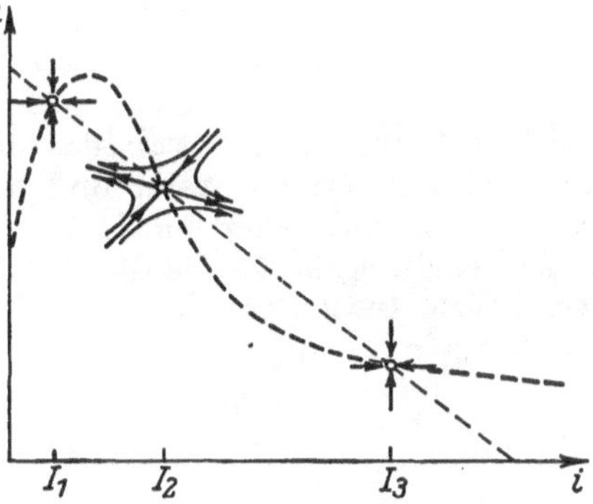

Abb. 166

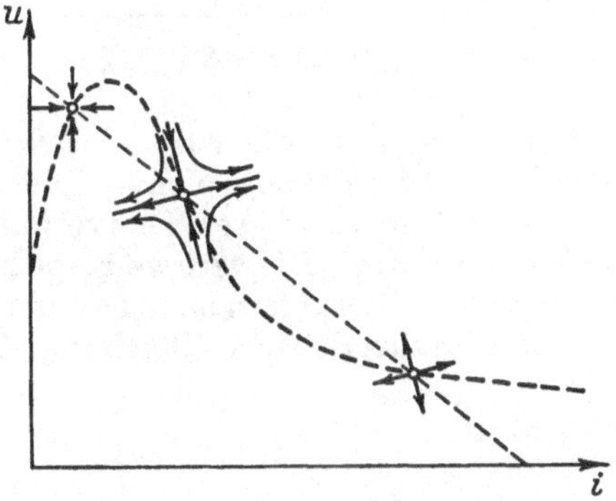

Abb. 167

besteht, andernfalls ist er stabil. Da es sich bei $\psi'(J_3)$ um eine relativ kleine Größe handelt, ist für kleine L der Gleichgewichtszustand stets instabil; während er umgekehrt für kleine C stets stabil wird. Der Übergang von einem stabilen zu einem instabilen Gleichgewichtszustand erfolgt in diesem Punkt bei irgendeinem bestimmten „kritischen" Wert des sich ändernden Parameters (dieser Parameter kann R, L oder C sein). Beim Vorhandensein von drei Gleichgewichtszuständen ergeben sich also in bezug auf ihre Stabilität eine oder zwei Kombinationen, die in Abb. 166 und 167 dargestellt worden sind[2]).

[1]) Der Bestimmtheit wegen sei angenommen, daß die Bogenkennlinie in einem großen Abschnitt fallende Tendenz aufweist. Demzufolge ist für nicht allzugroße R und nicht allzukleine U_B stets $\psi'(I_2) < 0$. Liegt jedoch der Punkt 3 im steigenden Kennlinienabschnitt, dann ist $\psi'(I_3) > 0$ und der Punkt 3 stets stabil.

[2]) In den Abbildungen sind die Punkte 1 und 3 in Form von Knotenpunkten dargestellt; sie können aber auch Brennpunkte sein. In bezug auf die Stabilität bleibt jedoch das Bild unverändert.

Es soll nun betrachtet werden, wie sich die Merkmale dieser Gleichgewichtszustände ändern, wenn einer der beiden Parameter (L oder C) vernachlässigt wird. Bei Vernachlässigung der Kapazität gilt die in Abb. 168 dargestellte Schaltung, dagegen bei Vernachlässigung der Induktivität die Schaltung von Abb. 169. Es soll nun versucht werden, das Verhalten der beiden Schaltungen bei Verwendung der jeweiligen Gleichung erster Ordnung zu veranschaulichen (die zuerst angegebene Schaltung war bereits in Kap. IV, § 6 untersucht worden). Diejenigen Werte von i und u_C, die in allen drei Fällen den Gleichgewichtszuständen zugeordnet sind, und zwar im allgemeinen Fall $L \neq 0$, $C \neq 0$ und in den Spezialfällen $C = 0$, $L \neq 0$ und $C \neq 0$, $L = 0$, bleiben offensichtlich stets die gleichen.

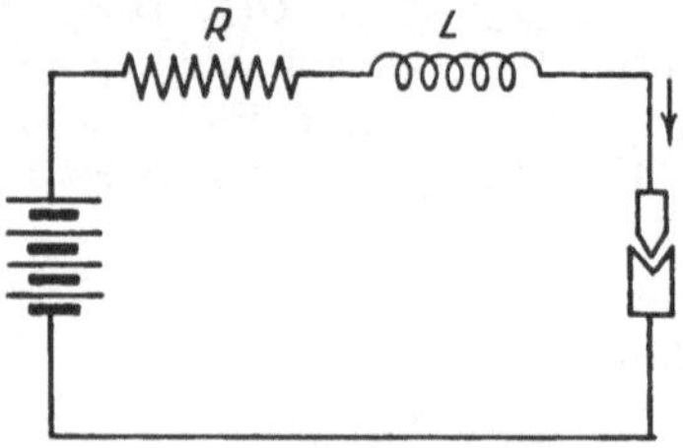

Abb. 168

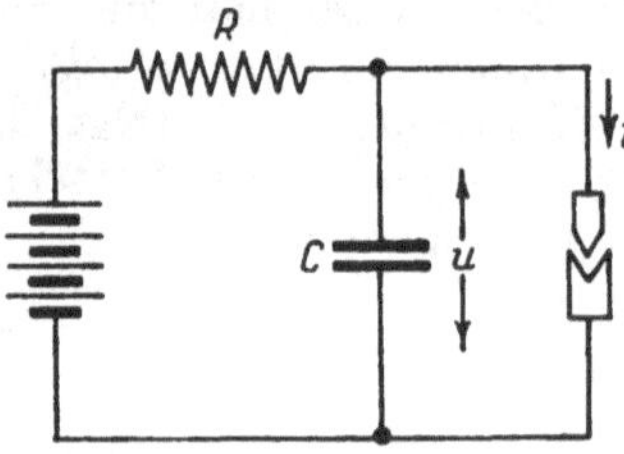

Abb. 169

Beim Übergang zum Fall $C = 0$ ändert sich in bezug auf die Stabilität der Gleichgewichtszustände nichts. Die Zustände 1 und 3 bleiben stabil und der Zustand 2 instabil (dieser Sachverhalt liegt auch für kleines, aber von Null verschiedenes C vor). Die geringe Kapazität C in der Schaltung ist also für die Stabilität aller drei Gleichgewichtszustände nicht wesentlich. In der Tat, für $C \to +0$ hat die charakteristische Gleichung (10.12) die Wurzeln

$$\lambda_1 = -\frac{R + \psi'}{L},$$

$$\lambda_2 = -\frac{1}{CR} \to -\infty,$$

d. h., die Wurzel λ_2 hat auf Grund der Tatsache, daß in der Schaltung eine geringe Kapazität vorhanden ist, stets einen negativen Wert, und die Stabilität des Gleichgewichtszustandes wird deshalb vollständig durch das Vorzeichen von λ_1 definiert. λ_1 ist Wurzel der charakteristischen Gleichung $L\lambda + R + \psi' = 0$, wenn die Schaltung keine Kapazität besitzt.

Ein anderes Bild erhält man bei Vernachlässigung der Induktivität L, selbst wenn diese beliebig klein ist. Die charakteristische Gleichung für die Gleichgewichtszustände der Schaltung ohne Induktivität (für $L = 0$)

$$CR\psi'\lambda + R + \psi' = 0 \tag{10.12a}$$

hat die einzige Wurzel

$$\lambda = -\frac{R + \psi'}{CR\psi'},$$

die für die Gleichgewichtszustände 1 und 2 einen negativen und für den Gleichgewichtszustand 3 einen positiven Wert hat[1]). Anders ausgedrückt, bei Vernachlässigung der Induktivität (für $L = 0$) erweisen sich die Gleichgewichtszustände 1 und 2 als stabil und der Zustand 3 als instabil.

Die charakteristische Gleichung (10.12) hat aber bei geringer Induktivität (genauer gesagt für $L \to +0$) die Wurzeln

$$\lambda_1 = -\frac{R + \psi'}{CR\psi'}$$

und

$$\lambda_2 = -\frac{\psi'}{L} \to \infty,$$

wovon die erste mit der Wurzel der charakteristischen Gleichung (10.12a) übereinstimmt. Für den ersten Gleichgewichtszustand gilt $\psi'(J_1) > 0$, $\lambda_2 \to -\infty$ und $\lambda_1 < 0$; dieser Gleichgewichtszustand ist also auch für kleine L stabil. Für ihn ist folglich die geringe Induktivität kein wesentlicher Parameter. Für den zweiten und dritten Gleichgewichtszustand gilt aber $\psi' < 0$ und $\lambda_2 \to +\infty$, d. h., das System verläßt mit „raschen" Bewegungen diese Zustände, die somit für beliebig kleine L instabil sind. Aus diesem Grund erfordert die Untersuchung der Lichtbogenschaltung in der Nähe der Gleichgewichtszustände 2 und 3 (auf dem fallenden Teil der Bogenkennlinie) unbedingt die Berücksichtigung der Induktivität L, wie klein diese auch immer sein mag. Insbesondere ist der Gleichgewichtszustand 2, der für $L = 0$ „stabil" war, wegen der Anwesenheit einer kleinen parasitären Induktivität in der Schaltung tatsächlich instabil. Ein derartiger Stabilitätsverlust tritt immer dann ein, wenn in der charakteristischen Gleichung $a\lambda^2 + b\lambda + c = 0$ (mit $a > 0$) das Glied zweiten Grades verschwindet ($a \to 0$) und wenn nicht nur das Absolutglied c, sondern auch der Koeffizient b des linearen Gliedes negativ ist. Dieser Fall soll kurz als „negativer Sattel" bezeichnet werden, im Gegensatz zum „positiven Sattel", für den nur das Absolutglied $c < 0$, der Koeffizient des linearen Gliedes aber größer als Null ist ($b > 0$). Wird also a zu Null, dann behält der „positive Sattel" seine Instabilität bei, während sich der „negative Sattel" in einen stabilen Gleichgewichtszustand verwandelt.

Ohne Schwierigkeiten überzeugt man sich davon, daß es sich bei dem hier betrachteten Fall, bei dem der Gleichgewichtszustand im ergänzten System zum Sattel wird, um die einzige Möglichkeit (für die hier betrachtete Klasse von Aufgaben) handelt, daß ein Stabilitätsverlust bei Berücksichtigung kleiner Parameter auftreten kann. In der Tat, der Gleichgewichtszustand im Ausgangssystem ist möglicherweise stabil, d. h., die einzige Wurzel kann negativ sein. Beim Übergang zur Gleichung zweiter Ordnung wird dann, wenn ein Stabilitätsverlust eintritt, eine zweite, positive Wurzel auftreten. Da die beiden Wurzeln verschiedene Vorzeichen besitzen, handelt es sich im vorliegenden Fall beim Gleichgewichtszustand um einen Sattel.

Man überzeugt sich auch davon, daß bei einem entarteten System nur ein singulärer Punkt vom Satteltyp sich aus einem instabilen in einen stabilen Punkt ver-

---

[1]) Für den Gleichgewichtszustand 2 gilt sowohl $\psi' < 0$ als auch $R + \psi' < 0$, aus diesem Grund ist $\lambda < 0$.

wandeln kann. Dieser Übergang vollzieht sich dann, wenn die beiden Wurzeln beim Entarten zu einer positiven Wurzel zusammenfließen. In der Darstellung mittels der Phasenebene bedeutet dieser Sachverhalt, daß sich folglich der Bildpunkt des Zusammenhanges im Ergebnis der Entartung zwischen Koordinate und Geschwindigkeit nur auf einer einzigen Trennkurve bewegen kann auf der eine Bewegung zum Sattel hin erfolgen kann. Solange man nur diese Bewegung betrachtet, versteht es sich von selbst, daß der Sattel als stabiler singulärer Punkt „erscheint". In Wirklichkeit genügt irgendeine geringe Abweichung des Bildpunktes von der Trennkurve, damit der Bildpunkt für immer die Nachbarschaft des Gleichgewichtszustandes verläßt. In realen Systemen können aber die Anfangsbedingungen niemals vollständig genau angegeben werden, da stets eine Fluktuation vorhanden ist. Dies bedeutet, daß sich ein reales System auf Grund der vorhandenen Selbstinduktion und der unvermeidlichen Abweichungen von den Anfangsbedingungen nicht in einem solchen Gleichgewichtszustand befinden kann, auch dann nicht, wenn eine beliebig lange Zeit vergangen ist. Die beiden angegebenen Umstände führen gemeinsam dazu, daß sich das System von dem Gleichgewichtszustand entfernt, der hier nur stabil erscheint.

Der hier betrachtete Gleichgewichtszustand ist gerade von der Beschaffenheit, daß man ihn ohne Nachprüfung leicht für stabil halten könnte. FRIEDLÄNDER [151, 152] führte den Lichtbogen in einer Schaltung ohne Induktivität als Beispiel dafür an, daß sich auf einer Phasenkurve nebeneinander zwei stabile Gleichgewichtszustände befinden können, wobei er den einen dieser stabilen Zustände als Sattel annahm, der nur stabil „erscheint".

2. Die Selbsterregung eines Multivibrators

Als zweites Beispiel, das den Einfluß kleiner, parasitärer Parameter auf die Merkmale der Gleichgewichtszustände veranschaulicht, soll nun die Selbsterregung eines gewöhnlichen Multivibrators mit einem RC-Glied betrachtet werden, wobei die beiden kleinen parasitären Induktivitäten L_a und L Berücksichtigung finden (Abb. 170). Wenn die Gitterströme vernachlässigt werden und der Anodenstrom der rechten Triode i_a nur als Funktion der Spannung u am linken Triodengitter angenommen wird $[i_a = f(u)]$, dann gelten für die betrachtete Schaltung die Schwingungsgleichungen

$$i_1 = i + i_a, \quad i = C \frac{du_c}{dt} = \frac{u}{R_g},$$

$$L_a \frac{di_1}{dt} + R_a i_1 = U_B - \left[u + L \frac{di}{dt} + u_C\right],$$

die nach einfachen Transformationen die Form

$$\begin{aligned} &\left[\frac{L_a}{R_g} + L_a \varphi'(u) + \frac{L}{R_g}\right] \frac{du}{dt} \\ &= U_B - R_a \varphi(u) - \left(1 + \frac{R_a}{R_g}\right) u - u_C, \qquad (10.13) \\ &C R_g \frac{du_C}{dt} = u \end{aligned}$$

annehmen. Der einzige Gleichgewichtszustand in dieser Schaltung wird durch die Bedingungen

$$u_0 = 0, \quad U_C = U_B - R_a\varphi(0)$$

definiert. Die Darstellung der Kennlinie der Röhrengruppe als eine nach u fortschreitende Potenzreihe lautet

$$i_a = \varphi(u) = \varphi(0) - Su + \cdots.$$

Da die Kennlinie der Röhrengruppe fällt, muß $S = -\varphi'(0) > 0$ gelten. Beschänkt man die Betrachtungen auf eine lineare Näherung, dann entstehen für kleine Schwingungen in der Nähe des Gleichgewichtszustandes die linearen Gleichungen

$$\mu \frac{du}{dt} = -\varrho u - R_g v_C, \qquad CR_g \frac{dv_C}{dt} = u \tag{10.13a}$$

mit

$$\varrho = R_g + R_a(1 - SR_g), \quad \mu = L + L_a(1 - SR_g)$$

und

$$v_C = u_C - U_C.$$

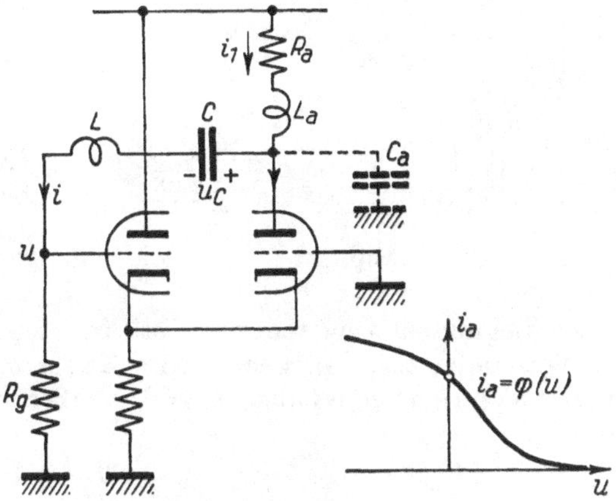

Abb. 170

Die charakteristische Gleichung des linearen Gleichungssystems (10.13a) hat die Form

$$\begin{vmatrix} \mu\lambda + \varrho & R_g \\ -1 & CR_g\lambda \end{vmatrix} = 0$$

oder

$$\mu\lambda^2 + \varrho\lambda + \frac{1}{C} = 0. \tag{10.14}$$

Daraus leiten sich die folgenden Stabilitätsbedingungen für den Gleichgewichtszustand ab (wenn keine Selbsterregung vorliegt):

$$\mu > 0 \quad \text{und} \quad \varrho > 0.$$

Für $\mu < 0$ ist der singuläre Punkt $(0, U_C)$ Sattel, während es sich bei ihm für $\mu > 0$ entweder um einen Knotenpunkt oder um einen Brennpunkt handelt, der für $\varrho < 0$ instabil ist. Das vollständige Diagramm für die Zerlegung der μ, ϱ-

Parameterebene in Existenzbereiche der verschiedenen Arten von singulären Punkten (von Gleichgewichtszuständen) wurde in Abb. 171 dargestellt.

Würden nun die parasitären Induktivitäten L_a und L vernachlässigt, würde also $\mu = 0$ gesetzt, dann entstünde (nach Linearisierung) die Gleichung erster Ordnung

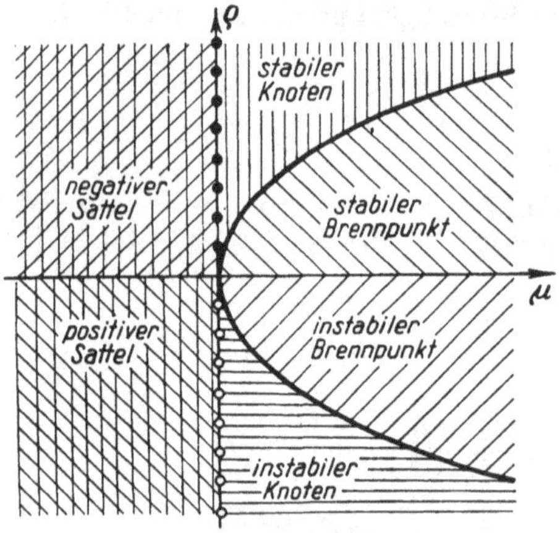

Abb. 171

$$\varrho C \frac{du}{dt} + u = 0 .$$

Dieser Gleichung nach würde dann die Stabilität des Gleichgewichtszustandes $u = 0$ nur vom Vorzeichen des Parameters ϱ abhängen, und zwar müßte dieser Gleichgewichtszustand für $\varrho > 0$ stabil sein. Die „Stabilität" des Gleichgewichtszustandes des Systems erster Ordnung (für $\varrho > 0$) ist aber in diesem Fall nur durch eine gewisse „naive Verfahrensweise" bei den Untersuchungen bedingt. Wie sich herausstellen wird, gestaltet sich ein exaktes Vorgehen in diesem Fall noch schwieriger als im vorangegangenen.

Zu Beginn sei angenommen, daß im Anodenkreis eine parasitäre Induktivität L_a vorhanden ist, dagegen soll im Zweig mit der Kapazität keine Induktivität vorhanden sein; es ist also $L = 0$. Außerdem sei

$$1 < SR_g < 1 + \frac{R_g}{R_a}$$

angenommen; es besteht dann die Ungleichung $0 < \varrho < R_g$. Bei Anwendung der üblichen Kriterien erweist sich der Gleichgewichtszustand für $L_a = 0$ als stabil, er verliert aber sofort seine Stabilität für ein beliebig kleines L_a und verwandelt sich in einen Sattel. Bei beliebig kleinen Abweichungen von den stabilen Sattelästen (und derartige Abweichungen sind in realen Systemen stets unvermeidlich) entfernt sich der Bildpunkt schließlich beliebig weit von diesem Gleichgewichtszustand. Aus den angeführten Gründen wird ein solcher Gleichgewichtszustand im realen System instabil sein.

Aber auch der Zweig mit der Kapazität enthält eine Selbstinduktion, wenn diese auch klein ist, d. h., im realen System ist $L \neq 0$. Berücksichtigt man L, dann bleiben nicht nur die Stabilitätsbedingungen unverletzt, denen der Gleichgewichtszustand des entarteten Systems für $L_a = 0$ und $\varrho > 0$ genügt, sondern man kann sogar die „Stabilität" des Gleichgewichtszustandes zurückgewinnen, der sich wegen des Vorhandenseins einer parasitären Selbstinduktivität L_a als instabil erwiesen hatte. Wenn nämlich L so groß ist, daß die Ungleichung

$$\mu = L + L_a(1 - SR_g) > 0$$

besteht, obwohl $SR_g > 1$ ist, dann wird der Gleichgewichtszustand, der für $L_a \neq 0$ und $L = 0$ instabiler Sattel gewesen war, für ausreichend großes L stabil.

Damit ist an Hand eines konkreten Beispiels sichtbar gemacht worden, daß nicht nur die Anwesenheit des einen oder anderen parasitären Parameters die Stabilität eines Gleichgewichtszustandes beeinflussen kann, sondern daß auch die Beziehungen zwischen den parasitären Parametern eine entscheidende Bedeutung für das Ergebnis der Stabilitätsuntersuchung eines gegebenen Gleichgewichtszustandes haben. Wenn man sich auch von der Existenz parasitärer Parameter überzeugen kann, es läßt sich jedoch gewöhnlich nichts über deren Größe und über die Relation zwischen den verschiedenen parasitären Parametern sagen. Aus diesem Grund muß aus den für L_a und L erhaltenen Ergebnissen im wesentlichen folgende Schlußfolgerung gezogen werden: Es gibt einen Bereich, in dem für das entartete System überhaupt nichts über die Stabilität des Gleichgewichtszustandes ausgesagt werden kann; im vorliegenden Beispiel handelt es sich bei der Menge der ϱ-Werte mit $r > \varrho > 0$ um einen solchen Bereich. Da dort $SR_g > 1$ gilt, hängt die Antwort auf die Frage nach der Stabilität der Gleichgewichtszustände von den unberücksichtigt gebliebenen Faktoren ab, nämlich von der Größe der parasitären Parameter. Man muß deshalb, wenn das entartete System betrachtet und für dieses die Anregungsbedingung (d. h. die Bedingung $\varrho < 0$ für die Instabilität) angegeben wird, im Auge behalten, daß auch ein Gebiet „unbestimmter" Gleichgewichtszustände existiert, welches sich von $\varrho = r$ bis $\varrho = 0$ erstreckt. Es ist durchaus möglich, daß in Schaltungen die sogenannte „parasitäre Selbsterregung", die ohne merkliche Änderung der Schaltungsparameter auftritt und verschwindet, in vielen Fällen gerade durch geringe Betragsänderungen kleiner Parameter in solchen Bereichen „unbestimmter" Gleichgewichtszustände hervorgerufen wird.

Ein analoges Ergebnis findet man auch bei Berücksichtigung der kleinen, parasitären Induktivität L_a und der geringen, parasitären Kapazität C_a im Anodenkreis (die Kapazität C_a wurde in Abb. 170 punktiert dargestellt). In diesem Fall treten in der charakteristischen Gleichung dritte Potenzen auf:

$$\lambda^3 C_a L_a R_g + \lambda^2 [L_a(1 - SR_g) + C_a R_a R_g] + \lambda[R_a(1 - SR_g) + R_g] + \frac{1}{C} = 0$$

(hier wurde $C_a \ll C$ angenommen). Die Bedingung für die Stabilität des Gleichgewichtszustandes hat für kleine L_a und C_a die Form

$$R_a(1 - SR_g) + R_g > 0$$

und

$$L_a(1 - SR_g) + C_a R_a R_g > 0.$$

Aus diesem Grund ist eine Selbsterregung der Schaltung wiederum auch für

$$1 < SR_g < 1 + \frac{R_g}{R_a}$$

möglich, wenn nur die parasitäre Induktivität L_a ausreichend groß ist:

$$L_a > \frac{C_a R_a R_g}{SR_g - 1} > C_a R^2_a.$$

Hierzu sei bemerkt, daß bei gewöhnlichen Parameterwerten des Multivibrators ($C_a \approx 10$ pF, $R_a \approx 10^3 \div 10^4\,\Omega$) $C_a R_a^2 \approx 10 \div 10^3$ Mikrohenry beträgt. Damit ist dieser Wert bedeutend größer als die üblichen, im Anodenkreis auftretenden parasitären Induktivitäten. Aus diesem Grund wird ein derartiger Multivibrator nur für

$$S R_g > 1 + \frac{R_a}{R_g}$$

erregt.

Am Ende dieses Paragraphen sei noch auf folgendes hingewiesen. Wird unter dem Einfluß irgendeines kleinen Parameters der Gleichgewichtszustand des Systems instabil, dann hat die Geschwindigkeit, mit der sich das System von diesem scheinbar stabilen Zustand entfernt, in beiden möglichen Fällen völlig verschiedene Werte. Im ersten Fall (und dieser besitzt großes praktisches Interesse), wenn der kleine Parameter in den Koeffizienten der höchsten Ableitung eingeht, lautet die neue Wurzel der charakteristischen Gleichung

$$\lambda_{n+1} = -\frac{a_0}{\mu}.$$

Der Betrag der Wurzel und auch die Geschwindigkeit, mit der sich das System vom Gleichgewichtszustand entfernt, werden um so größer sein, je kleiner μ ist. Beim Grenzübergang $\mu \to +0$ verläuft diese Bewegung in Form eines plötzlichen Sprunges.

Ein anderes Verhalten zeigt sich im zweiten Fall, wenn dieser kleine Parameter in den Koeffizienten des Integrals eingeht. Die Bewegung, mit der sich das System vom Gleichgewichtszustand entfernt, verläuft dann langsam, „kriechend", und zwar um so langsamer, je kleiner der Parameter μ ist.

§ 3. Kleine, parasitäre Parameter und unstetige Schwingungen

Alles bisher über kleine (parasitäre) Parameter in Schwingungssystemen Gesagte läßt sich in die Sprache der Phasendarstellung übertragen. In jedes reale System, in dem mehr und mehr neue parasitäre Parameter Berücksichtigung finden, muß eine immer größere Anzahl von Freiheitsgraden des gegebenen Systems eingeführt werden. Dadurch erhält der Phasenraum, in dem das Verhalten des betrachteten Systems abgebildet werden soll, eine immer größere Anzahl von Dimensionen. Da aber dabei auch die Kompliziertheit der mathematischen Untersuchungen rasch zunimmt, können bei der Betrachtung eines jeden Schwingungssystems nicht unbegrenzt neue Freiheitsgrade in die Untersuchungen einbezogen werden. Man muß sich vielmehr auf eine bestimmte, gewöhnlich nicht allzu große Anzahl unabhängiger Veränderlichen beschränken, die die Systemzustände charakterisieren. Diese Variablen und die Beziehungen (Gleichungen) zwischen ihnen sind so zu wählen, daß die Schwingungsvorgänge im System (qualitativ und im gewissen Maße auch quantitativ) widergespiegelt werden. Betrachtet man also ein Schwingungssystem als diskret, dann ist anzunehmen, daß es eine endliche, gewöhnlich nicht allzu große Anzahl von Freiheitsgraden besitzt und daß demzufolge die

Systemzustände in einem bestimmten Phasenraum mit einer nicht allzu großen Anzahl von Dimensionen darstellbar sind.

Die Bewegung eines dynamischen Modells, das für ein betrachtetes Schwingungssystem bei Berücksichtigung irgendwelcher kleiner (parasitärer) Parameter erhalten wurde, möge durch das Differentialgleichungssystem n-ter Ordnung

$$\mu \dot{x}_i = F_i, \ldots, x_s; y_1, \ldots, y_{n'}),$$
$$\dot{y}_j = G_j(x_1, \ldots, x_s; y_1, \ldots, y_{n'})$$

$(i = 1, 2, \ldots, s;\ j = 1, 2, \ldots, n';\ n = n' + s)$ veranschaulicht werden. Dafür kann man kürzer in vektorieller Form

$$\mu \dot{x} = F(x, y),$$
$$\dot{y} = G(x, y) \tag{10.15}$$

schreiben. μ bedeutet einen kleinen, positiven Parameter, der zusammen mit den berücksichtigten parasitären Systemparametern Null wird[1]). Setzt man $\mu = 0$, werden also diese parasitären Parameter vernachlässigt, dann entsteht das noch mehr vereinfachte dynamische Modell (der Ordnung n')

$$F(x, y) = 0,$$
$$\dot{y} = G(x, y), \tag{10.16}$$

dessen Zustandsmenge bei Verwendung einer geringeren Anzahl von Dimensionen $n' (n' < n)$ dargestellt werden kann und im „vollständigen" x, y-Phasenraum einem bestimmten Unterraum F entspricht, der durch Gleichung

$$F(x, y) = 0$$

definiert wird. Ob die berücksichtigten kleinen, parasitären Parameter für die Vorgänge im gegebenen Schwingungssystem wesentlich sind oder ob es möglich wäre, die Untersuchung der Vorgänge im System bei Vernachlässigung dieser Parameter durchzuführen, ist eine Frage, die in der Terminologie der Phasendarstellungen wie folgt formuliert werden kann: Es ist zu ermitteln, in welchen Fällen die Bewegung des Bildpunktes des Systems (10.15) (im „vollständigen" n-dimensionalen x, y-Phasenraum) für ausreichend kleine, positive Werte des Parameters μ (d. h. für ausreichend kleine Werte der berücksichtigten parasitären Parameter) im Verlauf gewisser Zeitintervalle (gewöhnlich für $0 < t < +\infty$) in

[1]) Hier wird der interessanteste Fall betrachtet, wenn bei der Berücksichtigung der neuen, kleinen (parasitären) Parameter diese Größen in den Bewegungsgleichungen des Systems in Form kleiner Koeffizienten bei den höchsten Ableitungen in Erscheinung treten. Mit diesem Fall hat man es bei der Untersuchung von Systemen zu tun, die unstetige Schwingungen ausführen.

Im weiteren sei angenommen, daß die Funktionen $F(x; y)$ und $G(x; y)$ im gesamten, hier interessierenden Änderungsbereich der Variablen x und y beschränkt und differenzierbar sind. Die Funktionen F und G hängen im allgemeinen auch von μ ab; es sei dann vorausgesetzt, daß sie für $\mu \to +0$ zu einem endlichen Grenzwert streben.

einer kleinen Umgebung des Unterraumes F verläuft und demzufolge in befriedigender Weise durch eine Bildpunktbewegung innerhalb des Unterraumes F ersetzt werden kann, der eine geringere Anzahl von Dimensionen (nämlich n') besitzt.

1. Die Zerlegung des „vollständigen" Phasenraums in Trajektorien

Zur Lösung der aufgeworfenen Frage betrachtet man in groben Zügen die Zerlegung des „vollständigen" x, y-Phasenraumes in Trajektorien des Systems (10.15) für ausreichend kleine, positive Werte des Parameters μ [61]. Vor allem muß man den Bereich des Phasenraumes untersuchen, der außerhalb einer kleinen $O(\mu^a)$-Umgebung F $(0 < a < 1)$ des Unterraumes F liegt, die sich für $\mu \to +0$ auf F zusammenzieht[1]). In diesem Bereich gilt

$$|F(x, y)| \geqq 0(\mu^a) \quad \text{und} \quad |\dot{x}| \geqq O(\mu^{a-1}).$$

Aus diesem Grund sind in ihm für ausreichend kleine μ „schnelle" Bewegungen des Bildpunktes vorhanden, die um so rascher ablaufen, je kleiner μ ist, d. h. je kleiner die parasitären Parameter sind (für $\mu \to +0$ gilt $\dot{x} \to \infty$). Dieser Bereich soll fernerhin Gebiet „rascher" Bewegungen genannt werden[2]). Da im Gebiet „rascher" Bewegungen $\dot{y} = G(x, y)$ für $\mu \to +0$ beschränkt bleibt, aber

$$\left|\frac{dy_j}{dx_i}\right| = \mu \left|\frac{G_j(x, y)}{F_j(x, y)}\right| \leqq 0\,(\mu^{1-a}) \to 0 \quad \text{für} \quad \mu \to +0$$

gilt, ändert sich die Variable y bei raschen Änderungen der Veränderlichen x um endliche Größen [für kleine Zeitintervalle $\Delta t = O(\mu^{1-a})$] nur um kleine Beträge, die die Ordnung μ^{1-a} nicht übertreffen. Dies bedeutet, daß die Phasentrajektorien im Bereich „rascher" Bewegungen (die Trajektorien rascher Bewegungen) in der Umgebung des s-dimensionalen Unterraumes

$$y = \text{const}$$

liegen. Aus diesem Grunde darf man für ausreichend kleine μ die Bewegungen des Bildpunktes mit einem gewissen Genauigkeitsgrad in diesem Bereich [nach kleinen

---

1) Unter einer $O[g(\mu)]$-Umgebung des Unterraumes F ist die Menge aller Punkte zu verstehen, deren Abstand vom Unterraum F eine gewisse Größe der Ordnung $g(\mu)$ nicht übertrifft; im betrachteten Fall ist $g(\mu) = \mu^a$ $(0 < a < 1)$.

2) Bereich „rascher" Bewegungen macht auch das Gebiet aus, welches außerhalb einer kleinen $O\left(\mu \ln \frac{1}{\mu}\right)$-Umgebung des Unterraumes F liegt, da im Gebiet außerhalb einer solchen Umgebung

$$|F(x; y)| \geqq O\left(\mu \ln \frac{1}{\mu}\right)$$

ist und auch

$$\dot{x} \geqq O\left(\ln \frac{1}{\mu}\right) \to \infty \quad \text{für} \quad \mu \to +0$$

gilt.

Zeitintervallen $\Delta t \leqq O(\mu^{1-a})$] als sprunghaft ansehen, wobei sich die Variable x plötzlich ändert, während y ungeändert bleibt. Dementsprechend lassen sich die Differentialgleichungen für die Systembewegungen näherungsweise im Bereich „rascher" Bewegungen wie folgt schreiben:

$$y \equiv y_0 = \text{const},$$

$$\dot{x} = \frac{1}{\mu} F(x, y_0). \tag{10.17}$$

Die Gleichungen des vereinfachten Modells (10.16), die unter Vernachlässigung der parasitären Parameter aufgestellt wurden, genügen hier also bestimmt nicht zur Beschreibung des Systemverhaltens. Diese Gleichungen (10.16) können die Bewegungsgesetzmäßigkeiten des Systems (natürlich für ausreichend kleine μ näherungsweise) nur innerhalb einer kleinen $O(\mu)$-Umgebung des n'-dimensionalen Unterraumes F widerspiegeln, in dem die Ungleichung $|F(x, y)| \leqq O(\mu)$ besteht und folglich auch die Änderungsgeschwindigkeiten der Systemzustände (d. h. sowohl $\dot{x}$ als auch $\dot{y}$) für beliebig kleine μ (für $\mu \to +0$) endlich bleiben.

2. Eine Unwesentlichkeitsbedingung für kleine (parasitäre) Parameter

In Abhängigkeit vom Verlauf der Phasentrajektorie „rascher" Bewegungen in der Umgebung des n'-dimensionalen Unterraumes F ergeben sich zwei grundlegende Möglichkeiten.

A) Vor allem kann es vorkommen, daß alle Trajektorien „rascher" Bewegungen (bei zunehmendem t) ins Innere einer kleinen Umgebung des Unterraumes F laufen. Der Bildpunkt der im Anfangsmoment im Innern dieser Umgebung enthalten ist, wird sich im weiteren auf deren Rand, d. h. in der Umgebung des n'-dimensionalen Unterraumes F, bewegen, da es keine Trajektorien gibt, die aus dieser Umgebung heraustreten können. Die Bildpunktbewegung wird dabei relativ langsam verlaufen (wobei die Geschwindigkeiten $\dot{x}$ und $\dot{y}$ für $\mu \to +0$ beschränkt bleiben) und (mit einer Genauigkeit, die um so besser ist, je kleiner μ ist) den Gleichungen (10.16) genügen [119, 42]. Diese Bildpunktbewegungen, für die $\dot{x}$ und $\dot{y}$ im Verlauf endlicher (nach Null strebender) Zeitintervalle für $\mu \to +0$ beschränkt bleiben, sollen im weiteren kurz als „langsam" bezeichnet werden, während die kleine $O(\mu)$-Umgebung des Unterraumes F, in der diese Bewegungen vonstatten gehen, (im Gegensatz zum Bereich „rascher" Bewegungen) Bereich „langsamer" Bewegungen genannt werden soll. Die parasitären Parameter, die bei der Aufstellung der „vollständigen" Gleichungen (10.15) berücksichtigt wurden, haben sich also in diesem Fall für die Prozesse im betrachteten System und Anfangszuständen, die mit den Gleichungen (10.16) verträglich sind, als nicht wesentlich erwiesen, vorausgesetzt, daß diese Parameter ausreichend klein sind.

Befindet sich jedoch der Bildpunkt im Anfangsmoment der Zeit nicht in der Nähe des Unterraumes F, dann gelangt er auf einer entsprechenden Trajektorie „rascher" Bewegung in das Innere des Bereichs „langsamer" Bewegungen und bewegt sich in diesem Gebiet weiter. Anders ausgedrückt, die vereinfachten Gleichungen (10.16), die unter Vernachlässigung der kleinen, parasitären Systemparameter hergeleitet wurden, treten nach Verlauf eines kleinen Zeitintervalls Δt in Kraft. Die Dauer dieses Zeitintervalls wird um so kürzer sein, je weniger der Bildpunkt vom Unterraum F entfernt ist und je kleiner der Parameter μ ist (d. h. je kleiner die parasitären Systemparameter sind), wobei $\Delta t \to +0$ für $\mu \to +0$ gilt (man kann zeigen [42], daß die Ungleichung $\Delta t \leqq O\left(\mu \ln \frac{1}{\mu}\right)$ besteht). In diesem Fall darf durchaus auf eine detaillierte Betrachtung der „raschen" Systembewegungen in der Anfangsetappe bei Verwendung der Gleichungen (10.15) oder der Näherungsgleichungen (10.17) verzichtet werden, wenn festgesetzt wird, daß Bildpunkt und Anfangszeit sofort, sprunghaft in einen entsprechenden Punkt des n'-dimensionalen Unterraumes F übergehen. Ein solches Vorgehen ist besonders dann zweckmäßig, wenn sich aus den Bedingungen, daß die Variable y beim Sprung der Veränderlichen x ungeändert bleibt, eindeutig der Ort bestimmen läßt, an den der Bildpunkt im Ergebnis des Sprunges gelangen wird. Ist dies jedoch nicht möglich, dann ist zumindest für die Ermittlung des Endpunktes des Sprunges (nach Vorgabe des Anfangspunktes) eine qualitative Untersuchung des Verlaufs der Phasentrajektorien „rascher" Bewegungen [bei Verwendung der Näherungsdifferentialgleichungen (10.17)] oder eine ergänzende Überlegung erforderlich.

Zur Aufstellung analytischer Ausdrücke für die Unwesentlichkeitsbedingungen kleiner (parasitärer) Parameter, die bei der Herleitung der Gleichungen (10.15) berücksichtigt wurden, sei bemerkt, daß es sich bei den Punkten des n'-dimensionalen Unterraumes $F(x, y) = 0$ um die Gleichgewichtszustände der Näherungsgleichungen „rascher" Bewegungen (10.17) handelt und daß aus diesem Grund das Verhalten der Trajektorien „rascher Bewegungen" in der Nähe des Unterraumes F [beispielsweise in Abständen der Ordnung μ^a $(0 < a < 1)$ von diesem Unterraum] vollständig durch die Merkmale (durch die Stabilität) dieser Gleichgewichtszustände festgelegt wird. Führt man die neue, „rasche" Zeit

$$t' = \frac{t}{\mu}$$

ein (es sei nochmals darauf hingewiesen, daß $\mu > 0$ ist), dann erhalten die Näherungsdifferentialgleichungen „rascher" Bewegungen (10.17) die Form

$$\frac{dx}{dt'} = F(x, y),$$

$$y \equiv \text{const.}$$

Wenn man diese Gleichungen in der Umgebung eines Punktes $(\bar{x};\, y)$ des Unterraumes F linearisiert, dann entsteht das Gleichungssystem erster Näherung

$$\frac{dx_i}{dt'} = \sum_{k=1}^{s} \frac{\partial F_i}{\partial x_k}\, \xi_k \quad (i = 1, 2, \ldots, s)$$

mit $\xi_i = x_i - \bar{x}_i$; seine charakteristische Gleichung lautet:

$$\begin{vmatrix} \frac{\partial F_1}{\partial x_1} - \lambda & \frac{\partial F_1}{\partial x_2} & \cdots & \frac{\partial F_1}{\partial x_s} \\ \frac{\partial F_2}{\partial x_1} & \frac{\partial F_2}{\partial x_2} - \lambda & \cdots & \frac{\partial F_2}{\partial x_s} \\ \vdots & \vdots & & \vdots \\ \frac{\partial F_s}{\partial x_1} & \frac{\partial F_s}{\partial x_2} & \cdots & \frac{\partial F_s}{\partial x_s} - \lambda \end{vmatrix} = 0. \tag{10.18}$$

Wenn alle s Wurzeln der charakteristischen Gleichung (10.18) für beliebige x und y, die den Gleichungen $F(x, y) = 0$ genügen, negative Realteile besitzen, dann sind die Punkte des Unterraumes F stabile Gleichgewichtszustände der Näherungsgleichungen „rascher" Bewegungen (10.17), und alle Trajektorien „rascher" Bewegungen in der Nähe von F laufen mit zunehmendem t in eine kleine Umgebung dieses Unterraumes. Daraus folgt, daß in diesem und nur in diesem Fall die kleinen, parasitären Parameter, die bei der Aufstellung der Gleichungen (10.15) Berücksichtigung gefunden hatten, keine wesentliche Bedeutung haben, wenigstens gilt dies für Prozesse, die in Zuständen beginnen, welche mit den Näherungsgleichungen „langsamer" Bewegungen (10.16) verträglich sind[1]). Unwesentlichkeitsbedingungen für kleine (parasitäre) Parameter lassen sich also beispielsweise in Form der Bedingungen von Hurwitz [95, 99] für die Gleichung (10.18) aufstellen.

Besonders hervorzuheben sind die zwei Spezialfälle, die für die weiteren Untersuchungen benötigt werden.

1. Wenn es im „vollständigen" Gleichungssystem (10.15) nur eine Gleichung mit einem kleinen Koeffizienten vor der Ableitung (für $s = 1$) gibt, dann handelt es sich bei der Gleichung (10.18) um eine Gleichung ersten Grades

$$F'_x(x, y) - \lambda = 0.$$

Die Unwesentlichkeitsbedingung für einen kleinen Parameter läßt sich dann auf die Ungleichung

$$F'_x(x, y) < 0 \tag{10.19}$$

zurückführen, die in allen Punkten des Unterraumes $F(x, y) = 0$ erfüllt ist.

2. Wenn im System (10.15) zwei Gleichungen mit kleinen Koeffizienten bei den Ableitungen vorhanden sind (für $s = 2$), dann hat die charakteristische Gleichung (10.18) die Form

$$\begin{vmatrix} \frac{\partial F_1}{\partial x_1} - \lambda & \frac{\partial F_2}{\partial x_1} \\ \frac{\partial F_2}{\partial x_1} & \frac{\partial F_2}{\partial x_2} - \lambda \end{vmatrix} = 0$$

[1]) Einen exakten Beweis für die angegebene Unwesentlichkeitsbedingung der kleinen Parameter in den Gleichungen (10.15) findet der Leser in den Arbeiten von I. S. Gradstein und A. N. Tichonow [49, 50, 119].

oder

$$\lambda^2 - \left(\frac{\partial F_1}{\partial x_1} + \frac{\partial F_2}{\partial x_2}\right)\lambda + \frac{\partial(F_1, F_2)}{\partial(x_1, x_2)} = 0.$$

Die Unwesentlichkeitsbedingung für kleine Parameter besteht dann aus den beiden Ungleichungen

$$\frac{\partial F_1}{\partial x_1} + \frac{\partial F_2}{\partial x_2} < 0$$

und

$$D = \frac{\partial(F_1, F_2)}{\partial(x_1, x_2)} = \begin{vmatrix} \frac{\partial F_1}{\partial x_1} & \frac{\partial F_1}{\partial x_2} \\ \frac{\partial F_2}{\partial x_1} & \frac{\partial F_2}{\partial x_2} \end{vmatrix} > 0, \qquad (10.19a)$$

die in allen Punkten des Unterraumes F erfüllt sind.

Ohne Schwierigkeiten kann festgestellt werden, daß die soeben angegebene Unwesentlichkeitsbedingung für kleine parasitäre Parameter (10.19) insbesondere für die oben betrachteten RC- und RL-Kreise (Abb. 156 und 157) in bezug auf die parasitäre Induktivität L_0 (im RC-Kreis) und auf die parasitäre Kapazität C_0 (im RL-Kreis) erfüllt ist. Als Beispiel soll hier nochmals der RC-Kreis (Abb. 156) mit einer kleinen, parasitären Induktivität L_0 untersucht werden. Nach Einführung der dimensionslosen Zeit $t' = \frac{t}{RC}$ hat die Gleichung (10.1a) die Form (10.15):

$$\mu \frac{di}{dt'} = -q - i = F(q, i),$$

$$\frac{dq}{dt'} = i.$$

In ihr bedeutet $\mu = \frac{L_0}{CR^2}$ einen kleinen, positiven Parameter (wenn für die parasitäre Induktivität $L_0 \ll CR^2$ ist). Die Unwesentlichkeitsbedingung $F_i' < 0$ für die kleine parasitäre Induktivität L_0 wird dann in allen Punkten der Phasengeraden $q + i = 0$ des vereinfachten Systems (mit $\mu = 0$) erfüllt sein, da $F_i' = -1 < 0$ gilt.

Für kleine Werte von L_0 (d. h. für $L_0 \ll CR^2$) zeigt die Stromstärke i außerhalb der Linie $q + i = 0$ bei fast ungeänderter Kondensatorladung q einen sprunghaften Verlauf, und alle Trajektorien „rascher“ Bewegungen führen in der q, i-Phasenebene in eine kleine Umgebung der Geraden $q + i = 0$. Bei dieser Geraden handelt es sich (in der q, i-Ebene) um die Phasenlinie des RC-Kreises, wenn die kleine, parasitäre Induktivität L_0 vernachlässigt wird (Abb. 172).

B) Ein anderer Fall liegt vor, wenn die Unwesentlichkeitsbedingung kleiner, parasitärer Parameter wenigstens in einem gewissn Teil des n'-dimensionalen Unterraumes F nicht erfüllt ist. Dieser Teilraum sei im weiteren kurz mit F^- bezeichnet. Wenn es unter den Wurzeln λ der charakteristischen Gleichung (10.18), die den Punkten des Unterraumes F^- entsprechen, solche mit positiven Realteilen gibt, dann handelt es sich bei den Punkten des Unterraumes F^- selbst um die instabilen Gleichgewichtszustände der Näherungsgleichungen „rascher" Bewegungen (10.17). Im „vollständigen" x, y-Phasenraum gibt es dann Trajektorien „rascher" Bewegungen, die eine kleine Umgebung [beispielsweise eine $O(\mu^a)$-Umgebung mit $0 < a < 1$] des Unterraumes F^- verlassen. Dann bleibt aber auch der Bildpunkt nicht in der Nähe des Teils F^- des n'-dimensionalen Unterraumes F, sondern gelangt vielmehr in den Bereich „rascher" Bewegungen (in das Gebiet „sprunghafter" Änderungen der Variablen x). Wie bereits festgestellt werden konnte, geben die Gleichungen (10.16), die unter Vernachlässigung parasitärer Parameter aufgestellt worden waren, die Bewegungsgesetzmäßigkeiten des Systems in diesem Bereich nur unvollständig wieder. In diesem Fall existieren folglich Systembewegungen mit Anfangszuständen, die mit den Gleichungen (10.16) verträglich sind und dem n'-dimensionalen Unterraum F angehören, jedoch nicht unter Verwendung der Gleichungen (10.16), also ohne Berücksichtigung der parasitären Parameter, betrachtet werden können, wie klein diese Parameter auch immer sein mögen. Im betrachteten Fall sind also die kleinen, parasitären Parameter, die bei der Aufstellung der „vollständigen" Gleichungen (10.15) Berücksichtigung gefunden haben, wesentlich für die Vorgänge in dem zu untersuchenden physikalischen System.

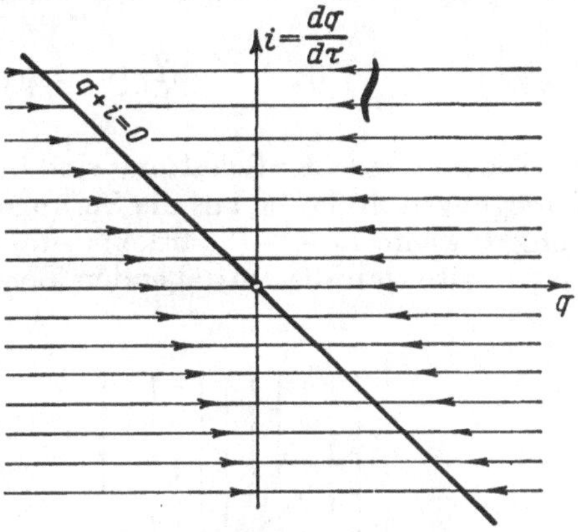

Abb. 172

Als Beispiel soll nochmals für kleine C und für kleine L die Schaltung mit Lichtbogen (Abb. 163) untersucht werden, deren Schwingungen sich sowohl bei Berücksichtigung der Kapazität C als auch der Induktivität L durch die Gleichungen (10.11) beschreiben lassen (s. § 2, Abschn. 1 dieses Kapitels). Die kleine Kapazität C ist in der Schaltung überhaupt nicht wesentlich, da überall auf der Phasenlinie der Schaltung mit $C = 0$, also auf der Geraden

$$F = \frac{U_B - u}{R} - i = 0$$

die Unwesentlichkeitsbedingung für die kleine Kapazität C erfüllt ist:

$$\frac{\partial F}{\partial u} = -\frac{1}{R} < 0.$$

Die Zerlegung der i, u-Phasenebene in Trajektorien für diesen Grenzfall $(C \to +0)$ zeigt Abb. 173a. Alle Trajektorien „rascher" Bewegungen (Sprünge der Spannung u für $i = \text{const}$) führen zur Phasengeraden $u = U_B - Ri$ des Systems ohne Kapazität.

Die kleine Induktivität ist jedoch ein Parameter, der für die Vorgänge in der Schaltung wesentliche Bedeutung hat. In der Tat, bei der Phasenlinie der Schaltung ohne Induktivität handelt es sich (in der i, u-Ebene) um die Bogenkennlinie $u = \psi(i)$, und im gesamten fallenden Kennlinienbereich ist die Unwesentlichkeitsbedingung für eine beliebig kleine Induktivität nicht erfüllt, da dort

$$\frac{\partial}{\partial i}[u - \psi(i)] = \psi'(i) > 0$$

ist. Die Zustände der Schaltung sind in diesem Bereich in bezug auf die „raschen" Bewegungen (in bezug auf die Sprünge der Stromstärke i bei ungeänderter Spannung u, wenn $L \to +0$ strebt) instabil. Die Trajektorien „rascher" Bewegungen laufen also von diesem fallenden Bereich der Bogenkennlinie weg (Abb. 173b).

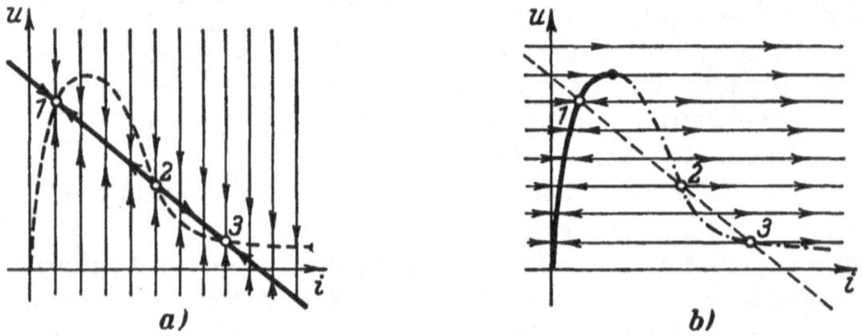

Abb. 173

Bei der Induktivität L handelt es sich demnach (selbst wenn diese beliebig klein ist) um einen Parameter, der für die Schwingungsvorgänge in der Schaltung mit Lichtbogen wesentlich ist und ohne dessen Berücksichtigung (oder ohne Berücksichtigung der Parameter, die ihm äquivalent sind, beispielsweise der Trägheit der Bogenentladung) eine Untersuchung des Systemverhaltens keine Ergebnisse liefern kann, die wenigstens qualitativ mit dem Experiment übereinstimmen.

3. Unstetige Schwingungen [*61, 94, 105, 114, 158, 159*]

Ein besonders interessanter Fall aus der Theorie von Systemen mit unstetigen Schwingungen liegt vor, wenn der n'-dimensionale Raum $F(x, y) = 0$ — der Phasenraum des „entarteten" Systemmodells, der aus der Vernachlässigung aller parasitärer Parameter entstanden ist — in zwei Teilräume zerfällt, und zwar in den Teil F^+, in dessen Punkten die Unwesentlichkeitsbedingung für die einen oder anderen (parasitären) Parameter erfüllt ist [alle Wurzeln der charakteristischen Gleichung (10.18) haben negative Realteile] und in den Teil F^-, in dem dies nicht der Fall ist. Dann liefert nur eine kleine $O(\mu)$-Umgebung des Teilraumes F^+ (im „vollständigen" n-dimensionalen x, y-Phasenraum) den Bereich „langsamer" Bildpunktbewegungen: Nur dort bleibt die Geschwindigkeit der Zustandsänderung des Systems ($\dot{x}$ und $\dot{y}$) im Verlauf endlicher Zeitintervalle für $\mu \to +0$ beschränkt. Aus diesem Grund können, wenn die betrachteten parasitären Parameter ausreichend klein sind (wenn $\mu \ll 1$ ist), für die Beschreibung der „langsamen"

Bewegung des Bildpunktes in der Nähe von F^+ die Näherungsgleichungen „langsamer" Systembewegungen (10.16) benutzt werden, die mit den Gleichungen des „entarteten" Systems übereinstimmen. Die Bewegung selbst darf (ebenfalls näherungsweise) als innerhalb der Grenzen dieses Teils F^+ des Unterraumes $F(x, y) = 0$ entstanden angenommen werden.

Bevor zur Untersuchung unstetiger Schwingungen übergegangen werden kann, macht sich noch eine Bemerkung über die Randfläche der Teilräume F^+ und F^- erforderlich. Diese Randfläche soll künftig mit γ bezeichnet werden. Die Koordinaten x, y der Punkte des Unterraumes F sind Parameter der charakteristischen Gleichung (10.18) und die Wurzeln λ dieser Gleichung hängen aus diesem Grund stetig von den Koordinaten x, y ab. Da die Gleichung (10.18) in den Punkten des Teilraumes F^+ keine Wurzel mit positivem Realteil hat, entsteht beim Durchgang eines Punktes $(x; y)$ durch die Randfläche γ des Teilraumes F^+ zum Teilraum F^- unter den Wurzeln der charakteristischen Gleichung entweder eine reelle positive Wurzel oder ein Paar konjugiert komplexer Wurzeln mit positivem Realteil (das Auftreten von mehr als zwei Wurzeln mit positivem Realteil beim Durchgang durch die Randfläche γ ist ein singulärer, „nicht grober" Fall und kann nur bei spezieller Wahl der Funktionen $F(x, y)$ realisiert werden).

Im weiteren soll nur der zuerst genannte Fall betrachtet werden. Die charakteristiche Gleichung (10.18) wird dann für die Punkte der Grenzfläche γ eine Null-Lösung besitzen (die übrigen $s - 1$ Wurzeln haben negative Realteile). Demnach muß das Absolutglied

$$D(x, y) = \frac{\partial(F_1, F_2, \ldots, F_s)}{\partial(x_1, x_2, \ldots, x_s)}$$

dieser Gleichung Null sein. Die Begrenzung γ der Teilräume F^+ und F^- gehört also zur $n' - 1$-dimensionalen Fläche

$$F_i(x, y) = 0 \qquad (i = 1, 2, \ldots, s),$$
$$D(x, y) = 0. \tag{10.20}$$

Differenziert man nun die Gleichungen $F_i(x, y) = 0$ nach t und verwendet die Gleichungen (10.10), dann entsteht (für die „langsamen" Bewegungen)

$$\sum_{j=1}^{s} \frac{\partial F_i}{\partial x_j} \dot{x}_j + \sum_{k=1}^{n'} \frac{\partial F_i}{\partial y_k} G_k = 0$$

oder, nach den $\dot{x}_j$ aufgelöst,

$$\dot{x}_j = \frac{D_j(x, y)}{D(x, y)}.$$

Die $D_j(x, y)$ bedeuten dabei Determinanten, die sich aus der Funktionaldeterminante $D(x, y)$ ergeben, wenn dort die Elemente der j-ten Spalte durch

$$\sum_{k=1}^{n'} \frac{\partial F_i}{\partial y_k} G_k$$

ersetzt werden. Die Punkte der Grenzfläche γ, in denen $D(x, y)$ Null wird, sind also hinsichtlich der Gleichungen des „entarteten" Modells [die Gleichungen (10.16)] Punkte mit unendlich großen Geschwindigkeitsänderungen der Variablen x und gleichzeitig Scheidepunkte dieser Gleichungen, da $D(x, y)$ und folglich auch alle $\dot{x}$ beim Passieren der Fläche γ die Vorzeichen ändern[1]).

Nimmt man an, daß der Bildpunkt bei seiner Bewegung im Raum F^+ auf Grund der Dynamik des „entarteten" Modells [auf Grund der Gleichungen (10.16] zur Grenzfläche γ gelangt, dann kann er sich nicht weiter im Unterraum F (genauer gesagt, für kleine μ in der Nähe von F) bewegen; er „springt" vielmehr in den Bereich „rascher" Bewegungen, in dem sich die Variablen x für kleine μ „rasch" ändern (für $\mu \to +0$ beliebig schnell). Die Bewegung vollzieht sich dann nach einem Gesetz, das näherungsweise vom Gleichungssystem (10.17), aber nicht von den Gleichungen (10.16), wiedergegeben wird.

Es mögen nun im s-dimensionalen Unterraum $y = \text{const}$, einschließlich der unendlich fernen Punkte, keine anderen „Anziehungselemente" (ω-Grenztrajektorien) vorhanden sein als die stabilen Gleichgewichtszustände, die nachgewiesenermaßen zum Teilraum F^+ gehören. Die Trajektorien „rascher" Bewegungen kehren dann „rasch" $\left(\text{nach Zeitintervallen } \Delta t \leqq O\left(\mu \ln \frac{1}{\mu}\right)\text{, wobei } O\left(\mu \ln \frac{1}{\mu}\right) \text{ für } \mu \to +0 \text{ gegen Null strebt}\right)$ erneut in den Bereich „langsamer" Bewegungen — in eine kleine $O(\mu)$-Umgebung des Teilraumes F^+ — zurück, und im „vollständigen" Phasenraum existieren Trajektorien, die die Bereiche „langsamer" und „rascher" Bewegungen durchlaufen. Beim Grenzübergang $\mu \to +0$ setzt sich eine jede solche Trajektorie abwechselnd aus Trajektorienabschnitten „langsamer" Bewegungen, die im n'-dimensionalen Teilraum F^+ liegen und vom Bildpunkt in Übereinstimmung mit den Gleichungen (10.16) in endlichen Zeitintervallen durchlaufen werden und aus Trajektorienabschnitten „rascher" Bewegungen, von denen jeder zum s-dimensionalen Unterraum $y = \text{const}$ gehört und den Gleichungen (10.17) entsprechend sehr rasch durchlaufen wird.

Eine „langsame" Bewegung des Systems geht auf der Grenzfläche γ:

$$F(x, y) = 0,$$

$$D(x, y) = 0$$

---

[1]) Tritt beim Übergang des Punktes $(x; y)$ von F^+ zu F^- unter den Wurzeln der charakteristischen Gleichung ein Paar konjugiert-komplexer Wurzeln mit positivem Realteil auf (das ist nur für $s \geqq 2$ möglich), dann hat die Gleichung (10.18) für die Randpunkte zwischen F^+ und F^- ein Paar rein imaginäre Wurzeln, die sich nur durch das Vorzeichen unterscheiden; in diesem Fall wird bekanntlich die vorletzte HURWITZsche Determinante Δ_{s-1} gleich Null, die aus den Koeffizienten der Gleichung (10.18) gebildet ist. In diesem Fall gehört also die Begrenzung zwischen den Unterräumen F^+ und F^- zu der anderen $(n'-1)$-dimensionalen Fläche

$$F(x; y) = 0, \quad \Delta_{s-1} = 0.$$

Die Punkte dieser Begrenzung sind für die Gleichungen des „entarteten" Modells [für die Gleichungen (10.16)] weder Punkte unendlich großer Schnelligkeit der Änderung der Variablen x noch Scheidepunkte der Phasentrajektorien.

in eine „rasche" über, wobei im weiteren angenommen sei, daß von jedem Punkt dieser Fläche eine einzige Trajektorie der Gleichungen (10.17) mit entsprechenden Werten der Variablen y in den Bereich „rascher" Bewegungen führt[1]). Diese Annahme liefert die Möglichkeit, die Phasentrajektorien des Systems im „vollständigen" Phasenraum bei Verwendung der einfacheren Näherungsgleichungen (10.16) und (10.17) eindeutig zu konstruieren. In diesem Zusammenhang kann bewiesen werden, daß die Trajektorien des Gleichungssystems (10.15) für ausreichend kleine Werte des positiven Parameters μ tatsächlich in der Nähe der Trajektorien verlaufen, die bei Zuhilfenahme der Näherungsgleichungen (10.16) und (10.17) oben angegeben wurden[2]).

Die oben betrachteten Trajektorien liefern auch die mathematischen Bilder unstetiger Schwingungen, denen die Schwingungen in den zu untersuchenden Systemen für ausreichend kleine Werte der parasitären Parameter ähnlich sind. Unter diesen Trajektorien können auch geschlossene Kurven — unstetige Grenzzyklen — auftreten, denen offensichtlich periodische, unstetige Schwingungen (unstetige selbsterregte Schwingungen) entsprechen.

Die Untersuchung unstetiger Schwingungen (genauer gesagt, die Untersuchung der Schwingungen, die für ausreichend kleine Werte der parasitären Systemparameter, für $0 < \mu \ll 1$, unstetigen Schwingungen ähnlich sind) läßt sich also bei Verwendung der Näherungsgleichungen „langsamer" Systembewegungen

$$F(x, y) = 0,$$
$$\dot{y} = G(x, y) \tag{10.16}$$

im Bereich „langsamer" Bewegungen, im Teil F^+ des Unterraumes $F(x; y) = 0$, in dem die Unwesentlichkeitsbedingung für die in die Betrachtung einbezogenen parasitären Parameter erfüllt ist, um so genauer durchführen, je kleiner μ ist. Für die kurzzeitigen „raschen" Bewegungen (für die plötzlichen Sprünge der Veränderlichen x) muß man die Näherungsgleichungen

$$y = \text{const},$$
$$\mu\dot{x} = F(x, y) \tag{10.17}$$

im übrigen Teil des „vollständigen" x, y-Phasenraumes verwenden.

Eine kurze Bemerkung macht sich noch in bezug auf die sogenannten „Sprungbedingungen" erforderlich. Da bei einem plötzlichen Sprung der Veränderlichen x (für $\mu \to +0$) die Veränderliche y ungeändert bleibt, und sowohl der Anfangs-

[1]) Für die Näherungsgleichungen (10.17) sind die Randpunkte der Fläche γ zusammengesetzte singuläre Punkte: Für sie ist eine Wurzel der charakteristischen Gleichung (10.18) gleich Null und die übrigen Wurzeln besitzen negative Realteile. Im hauptsächlichen Fall (im Fall der „Nichtgrobheit" ersten Grades) sind diese Punkte singulären Punkten vom Sattel-Knoten-Typus in der Phasenebene analog, und in jedem von ihnen (oder genauer gesagt, in einer beliebig kleinen Umgebung eines jeden solchen Punktes) beginnt eine einzige Trajektorie der Gleichungen (10.17).

[2]) Der Beweis dieser Behauptung (s. z. B. [105]) geht über den Rahmen dieses Buches hinaus. Für periodische Bewegungen von Systemen zweiter Ordnung wird der Beweis in § 4 dieses Kapitels erbracht.

punkt des Sprunges (x^+, y^+) (dieser Punkt gehört zur Grenzfläche γ) als auch der Endpunkt (x^-, y^-) im gleichen Unterraum F liegen, müssen zwischen den Koordinaten dieser Punkte offensichtlich die Gleichungen

$$F(x^-, y^-) = 0, \quad D(x^-, y^-) = 0,$$
$$y^+ = y^-, \quad F(x^+, y^+) = 0 \tag{10.21}$$

bestehen, die gewöhnlich als Sprungbedingungen bezeichnet werden. In vielen Fällen weiß man im voraus (beispielsweise auf Grund von Versuchsergebnissen), daß „rasche" Systembewegungen „rasch" in „langsame" Bewegungen übergehen und die Gleichungen (10.21) zur eindeutigen Bestimmung des Punktes (x^+, y^+) im Bereich langsamer Bewegungen ausreichen, in den der Bildpunkt vom vorgegebenen Punkt (x^-, y^-) aus durch einen plötzlichen Sprung gelangt. In solchen Fällen kann die ausführliche Untersuchung des Trajektorienverlaufes „rascher" Bewegungen (des Verlaufs der Trajektorien, die den Näherungsgleichungen (10.17) genügen) durch folgendes Sprungpostulat ersetzt werden: Die Punkte des n'-dimensionalen Phasenraumes des „entarteten" Systems sind anzugeben, in denen „langsame" Systembewegungen nicht möglich sind und in denen folglich die Sprünge des Bildpunktes beginnen (der Bereich F' und sein Rand γ) sowie das „Sprunggesetz"

$$y^+ = y^-, \quad F(x^-, y^-) = 0, \quad F(x^+, y^+) = 0,$$

das die eindeutige Bestimmung des Sprungendpunktes nach Vorgabe des Anfangswertes gestattet[1]). Dieses Verfahren wird hier des öfteren bei der Untersuchung unstetiger Schwingungen in konkreten physikalischen Systemen Anwendung finden.

Gewöhnlich haben die Bedingungen für die Unveränderlichkeit der Variablen y bei einem plötzlichen Sprung der Variablen x eine offenkundige physikalische Bedeutung und können ohne Aufstellung der Bewegungsgleichungen des Systems mit wesentlichen, parasitären Parametern ermittelt werden. So haben diese Bedingungen beispielsweise in elektrischen Systemen gewöhnlich die Bedeutung, daß bei plötzlichen Sprüngen der Systemzustände die Spannungen an den Kondensatoren oder die Stromstärken in den Induktivitäten der Schaltung ungeändert bleiben. Sie lassen sich leicht durch eine ergänzende Voraussetzung in bezug auf endliche Größe des Stromes und der Spannung in den elektrischen Systemen gewinnen. Dennoch erfordert die theoretische Ermittlung (ohne Verwendung experimenteller Ergebnisse) der Punktmenge des Phasenraumes, in denen die Sprünge ihren Ausgang nehmen und die Erläuterung der Frage, ob die „raschen" Bewegungen kurzzeitig sind und wieder in „langsame Bewegungen" übergehen, die Aufstellung des Differentialgleichungssystems bei Berücksichtigung wenigstens einiger kleiner (parasitärer) Parameter, die für die „raschen" Systembewegungen wesentlich sind. Für diese Probleme ist also die Benutzung der Gleichungen (10.17) erforderlich.

Die Untersuchung der Sprungdifferentialgleichungen (10.17) ist besonders dann unumgänglich, wenn die Sprungbedingungen (10.21) mehrere Endpunkte zu-

---

[1]) Es sei daran erinnert, daß die Sprunganfangspunkte — die Randpunkte der Fläche γ — im hier betrachteten Fall Scheidepunkte der Phasentrajektorien der Gleichungen (10.16) sind.

lassen. So etwas tritt beispielsweise bei unstetigen Schwingungen auf, die mit einem Multivibrator im Zusammenhang stehen [37]. Bei derartigen Aufgaben wird durch die Untersuchung des Verlaufs der Sprungtrajektorien auf der Grundlage der Näherungsgleichungen (10.17) diese Nichteindeutigkeit beseitigt, ohne daß irgendwelche (oft recht gekünstelte) Voraussetzungen und Hypothesen zu Hilfe genommen werden müssen.

Am Ende dieses Paragraphen soll noch kurz bei dem Fall verweilt werden, daß die Näherungsgleichungen (10.17) (für $y = \text{const}$) auf ω-Grenztrajektorien führen, die nicht mit stabilen Gleichgewichtszuständen übereinstimmen, wie beispielsweise eine stabile periodische oder quasiperiodische Lösung

$$x = x^*\left(\frac{t}{\mu}, y\right) \tag{10.22}$$

[die Veränderlichen y werden in dieser Lösung und auch in den Gleichungen (10.17) als konstante Parameter angesehen].
Augenscheinlich kann dieser Fall nur für $s \geqq 2$, also nur unter der Bedingung eintreten, daß ein kleiner Parameter bei den Ableitungen in nicht weniger als zwei Gleichungen des Systems (10.15) auftritt. Im Gegensatz zu den unstetigen Schwingungen, die oben betrachtet wurden, sind die „raschen" Bewegungen des Systems jetzt nicht kurzzeitig, sie verlaufen vielmehr in endlichen, für $\mu \to +0$ nicht nach Null strebenden Zeitintervallen oder sind sogar von beliebig großer Dauer. Aus diesem Grund kann die Behauptung, daß sich die Variable y während der „raschen" Systembewegungen nicht ändert (oder genauer gesagt, sich nur langsam ändert), nicht mehr aufrecht erhalten werden. Zur Bestimmung der (angenäherten) Änderungsgesetzmäßigkeit der Variablen y während einer „raschen" periodischen (oder quasiperiodischen) Bewegung (10.22) muß man die Lösung der Gleichungen (10.17) in die zweite Gleichung von (10.15) eintragen. Es entsteht dann

$$\dot{y} = G\left[x^*\left(\frac{t}{\mu}, y\right), y\right] \tag{10.23}$$

oder nach Einführung der „raschen" Zeit

$$\frac{dy}{dt'} = \mu G\,[x^*(t', y), y]. \tag{10.23a}$$

Da es sich bei den Variablen y um sich langsam ändernde Funktionen der „raschen" Zeit t' handelt $\left[\frac{dy}{dt'} = O(\mu)\right]$, kann für die Näherungslösung des gewonnenen, abhängigen Gleichungssystems (10.23a) das Verfahren der Mittelbildung angewandt werden, welches bereits bei der Methode von VAN DER POL Anwendung gefunden hat (s. Kap. IX, §§ 2 und 3). Die Lösung der Gleichungen (10.23a) unterscheidet sich nämlich für kleine μ nur wenig von der Lösung der „verkürzten" Gleichungen

$$\frac{\partial y}{\partial t'} = \mu \bar{G}(y) \tag{10.24}$$

oder

$$\dot{y} = \bar{G}(y), \tag{10.24a}$$

die durch Mittelbildung der rechten Seiten über die explizit vorkommende Zeit entstehen. In ihnen bedeutet $\bar{G}(y)$ die Mittelwerte der Funktionen $G[x^*(t', y), y]$ in bezug auf t', oder was dasselbe ist, die konstanten Glieder der FOURIER-Entwicklungen dieser Funktionen nach t'. Die Integration dieser „verkürzten" Gleichungen ergibt näherungsweise die Änderungsgesetzmäßigkeit der Variablen y

$$y = y^*(t)$$

(und zwar um so genauer, je kleiner μ ist) und eine verbesserte Änderungsgesetzmäßigkeit der Variablen x

$$x = x^*\left[\frac{t}{\mu},\ y^*(t)\right] \tag{10.22a}$$

während der „raschen" Bewegung des Systems (die „langsame" Änderung der Variablen y während einer „raschen" Bewegung kann insbesondere zu deren Abbruch führen).

„Rasche" Bewegungen, die sich über endliche (oder unendliche) Zeitintervalle erstrecken, spiegeln offensichtlich eine hochfrequente (insbesondere parasitäre) Erregung des einen oder anderen Systems wieder. Sie sind auch dann zu erwarten, wenn beim Übergang des Punktes $(x; y)$ vom Teilraum F^+ zum Teilraum F^- unter den Wurzeln der charakteristischen Gleichung (10.18) ein Paar konjugiert-komplexer Wurzeln mit positivem Realteil auftritt (s. Fußnote von Seite 250). Als Beispiel für ein solches System kann ein Röhrengenerator mit automatischer Erzeugung der Gittervorspannung dienen, in dem man bei großer Zeitkonstante des Kreises zur automatischen Erzeugung der Gittervorspannung Kippschwingungen erhält [48, 53, 57, 109].

Es sei noch darauf hingewiesen, daß das hier betrachtete Verfahren als Spezialfall die oben dargelegte Näherungsmethode für die Untersuchung unstetiger Schwingungen enthält.

§ 4. Unstetige Schwingungen in Systemen zweiter Ordnung

Zur Erläuterung der Darlegungen in § 3 sollen nun unstetige Schwingungen in einem dynamischen System ausführlich untersucht werden. Die Bewegung wird durch zwei Differentialgleichungen erster Ordnung

$$\begin{aligned} \mu \dot{x} &= F(x, y), \\ \dot{y} &= G(x, y) \end{aligned} \tag{10.15a}$$

beschrieben. $F(x, y)$ und $G(x, y)$ bedeuten eindeutige, stetige Funktionen mit stetigen partiellen Ableitungen. μ bezeichnet einen kleinen positiven Parameter. Bei einem derartigen System sind, wie oben gezeigt wurde, keine „raschen" Bewegungen möglich, die sich über endliche oder unendliche Zeitintervalle erstrecken. Im weiteren sei angenommen, daß es sich bei der Phasenfläche des betrachteten Systems um die übliche x, y-Ebene eines kartesischen Koordinatensystems handelt.

Phasenraum des „entarteten" Systems (mit $\mu = 0$) wird eine stetige Linie F sein, die in der x, y-Ebene durch Gleichung

$$F(x, y) = 0$$

definiert wird. Nur in einer kleinen Umgebung von F (mit Ausmaßen der Ordnung μ) bleibt die Phasengeschwindigkeit des Bildpunktes für $\mu \to +0$ beschränkt. Umgekehrt gilt außerhalb einer kleinen Umgebung dieser Linie $\dot{x} \to \infty$ für $\dot{y} \to +0$ ($\dot{y}$ bleibt jedoch beschränkt) und

$$\frac{dy}{dx} = \mu \frac{G(x, y)}{F(x, y)} \to 0 \text{[1]}.$$

In diesem Fall sind die Phasentrajektorien des Systems für kleine μ den Geraden $y = \text{const}$ ähnlich; auf ihnen bewegt sich der Bildpunkt mit großer Schnelligkeit bezüglich x. Die Näherungsgleichungen für diese „raschen" Bewegungen des Systems entlang einer Trajektorie, die sich nur wenig von einer Geraden $y = y_0 = \text{const}$ unterscheidet, lauten

$$y \equiv y_0 \equiv \text{const}, \quad \mu\dot{x} = F(x, y_0). \tag{10.17a}$$

Diese Gleichungen geben die Dynamik der „raschen" Systembewegungen lediglich außerhalb einer kleinen Umgebung der Linie F wieder. Ihre singulären Punkte (die für $F'_x < 0$ stabil und für $F'_x > 0$ instabil sind) sind die Schnittpunkte der Geraden $y = y_0 = \text{const}$ mit der Linie F. Diese Punkte legen aus diesem Grund die Zerlegung der Geraden $y = y_0 = \text{const}$ in Trajektorien der Gleichung (10.17a) fest. Falls die Funktion $F(x, y)$ für ausreichend große $|x|$ ein anderes Vorzeichen als x hat, dann führen die Trajektorien „rascher" Bewegungen aus dem Unendlichen und von den Abschnitten F^- der Linie $F(x, y) = 0$ weg, auf denen $F'_x(x, y) > 0$ gilt und gelangen zu den Abschnitten F^+ derselben Linie, auf denen die Ungleichung $F'_x(x, y) < 0$ gilt. Deshalb sind „langsame" Systembewegungen (mit $\dot{x}$ und $\dot{y}$, die im Verlauf endlicher Zeitintervalle für $\mu \to +0$ beschränkt bleiben) nur in kleinen Umgebungen (mit Ausmaßen der Ordnung μ) der Abschnitte F^+

$$F(x, y) = 0, \quad F'_x(x, y) < 0$$

zu finden und werden näherungsweise durch die Gleichungen

$$F(x, y) = 0, \quad \dot{y} = G(x, y) \tag{10.16a}$$

wiedergegeben, also durch die Gleichungen des „entarteten" Systems (mit $\mu = 0$).

---

[1]) Beispielsweise hat man außerhalb einer $\sqrt{\mu}$-Umgebung von F

$$|\dot{x}| \geqq O\left(\mu^{-\frac{1}{2}}\right) \to \infty$$

und

$$\left|\frac{dy}{dx}\right| \leqq O\left(\mu^{+\frac{1}{2}}\right) \to 0$$

für $\mu \to +0$.

Im Grenzfall $\mu \to +0$ ergibt sich die folgende Zerlegung der x, y-Phasenebene in Trajektorien: Die gesamte Ebene (außerhalb der Linie F) wird von Trajektorien „rascher", sprunghafter Systembewegungen ausgefüllt, und zwar von den Trajektorien $y = \text{const}$, die zur Linie F^+ laufen (gemäß Gleichung (10.17a) „springt" der Bildpunkt im Bereich $F(x, y) > 0$ nach rechts, d. h., es ist $\dot{x} \to +\infty$, und im Bereich $F(x, y) < 0$ nach links, d. h., es gilt $\dot{x} \to -\infty$). Bei der Linie F^+ selbst handelt es sich um die Trajektorien „langsamer" Bewegungen, auf denen sich der Bildpunkt mit beschränkter Phasengeschwindigkeit bewegt [mit beschränktem $\dot{x}$ und $\dot{y}$ und in Übereinstimmung mit Gleichung (10.16a)].

Es mögen nun auf der Linie F sowohl Abschnitte F^+ [auf ihnen ist $F'_x(x, y) < 0$] als auch Abschnitte F^- (auf den letzteren gilt $F'_x(x, y) > 0$) vorhanden sein. Mit γ seien die Randpunkte dieser Abschnitte von F bezeichnet; in diesen Punkten ist offensichtlich

$$F'_x(x, y) = 0$$

und die Tangente der Linie F verläuft horizontal[1]). Gelangt der Bildpunkt des Systems, indem er sich „langsam" entlang einer Trajektorie F^+ bewegt, zu einem der Punkte von γ, dann verläuft er im weiteren im Bereich „rascher" Bewegungen und bewegt sich (rasch, sprunghaft) so lange entlang der Trajektorie $y = \text{const}$ „rascher" Bewegungen, die in diesem Punkt beginnt, bis wieder eine Linie „langsamer" Bewegung F^+ erreicht wird. In diesem Falle ereignen sich im System unstetige Schwingungen, d. h. Schwingungen, die abwechselnd aus „langsamen" und „raschen", sprunghaften Bewegungen bestehen. Für die zuerst genannten Bewegungen bleiben $\dot{x}$ und $\dot{y}$ für $\mu \to +0$ beschränkt, während für die letzteren $\dot{x} \to \infty$ für $\mu \to +0$ gilt.

Einige Beispiele für die Zerlegung der Phasenebene des Gleichungssystems (10.15a) in Trajektorien im Grenzfall $\mu \to +0$ sind in den Abbildungen 174—177 dargestellt. In Abb. 174 findet sich der Fall, wenn auf der Linie „langsamer" Bewegungen (auf der Linie F_2^+) ein stabiler Gleichgewichtszustand des Systems vorhanden ist, der auch nach mehreren Schwingungen entsteht. Die in den Abbildungen 175, 176 und 177 dargestellten Phasenporträts enthalten unstetige Grenzzyklen, d. h. geschlossene Kurven, die aus Bogenstücken von Trajektorien „langsamer" Bewegungen (auf der Linie F^+) und aus Trajektorienabschnitten „rascher" Bewegungen (aus Sprüngen) $y = \text{const}$ bestehen. Die letzteren werden in Übereinstimmung mit den Gleichungen (10.16a) und (10.17a) vom Bildpunkt

---

[1]) Hier und im weiteren sei angenommen, daß $F'(x, y) \neq 0$ ist in den Punkten γ, d. h., diese Punkte sind keine singulären Punkte der Kurve F.

Differenziert man $F(x, y) = 0$ nach t und verwendet die Differentialgleichung (10.16a), dann ergibt sich, daß während einer „langsamen" Bewegung $F'_x\dot{x} + F'_y G = 0$ ist, man hat also

$$\dot{x} = -\frac{F'_y G}{F'_x}.$$

Aus diesem Grund sind die Punkte γ für die Gleichungen des „entarteten" Modells [für die Gleichungen (10.16a)] Punkte, in denen $\dot{x}$ unendlich wird; sie bilden die Scheidepunkte der Trajektorien (beim Passieren dieser Punkte ändert $\dot{x}$ das Vorzeichen). Das ist auch dann richtig, wenn $F'(x, y)$ in den Punkten γ einen Sprung aufweist, was gewöhnlich bei stückweise linearen Gleichungen eines Systems vorkommt.

periodisch durchlaufen und entsprechen aus diesem Grund periodischen, unstetigen Schwingungen des Systems (unstetigen selbsterregten Schwingungen).

In Abb. 177 ist die Zerlegung der Phasenebene in Trajektorien für einen harten Erregungsvorgang unstetiger selbsterregter Schwingungen angegeben, wenn in der Phasenebene neben einem (stabilen) unstetigen Grenzzyklus $ABCDA$ noch ein stabiler Gleichgewichtszustand (auf dem Abschnitt F_2^+ der Linie „langsamer" Bewegungen) vorhanden ist. Bei der geschlossenen Linie $abcda$ handelt es sich um einen instabilen Grenzzyklus, der die Phasenebene in die Anziehungsgebiete des

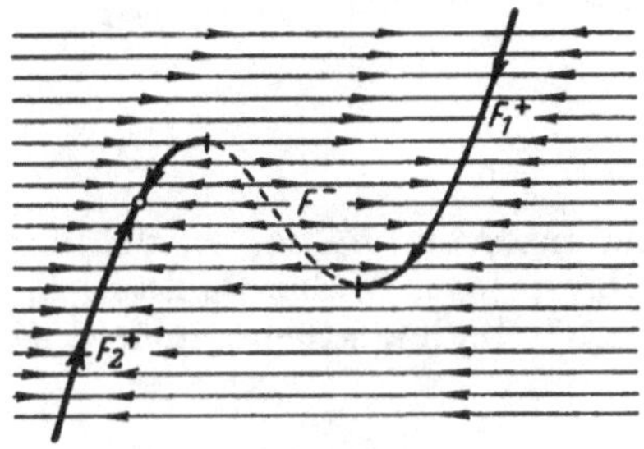

Abb. 174

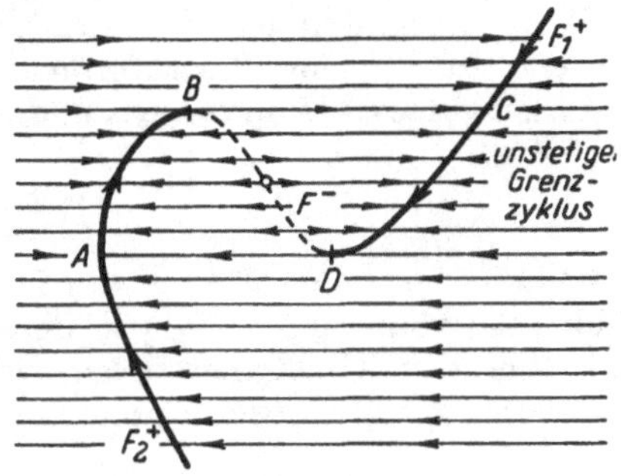

Abb. 175

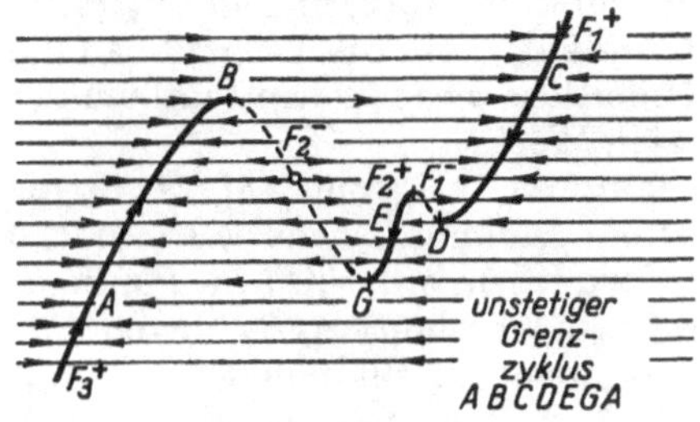

Abb. 176

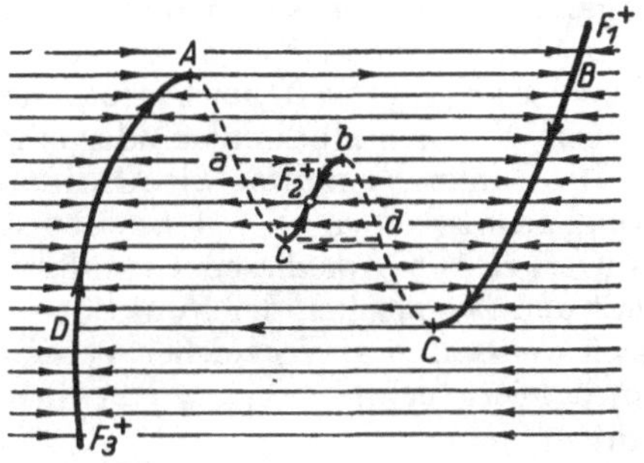

Abb. 177

Gleichgewichtszustandes und des Grenzzyklus $ABCDA$ zerlegt. Im System erscheint der Gleichgewichtszustand, wenn sich der Bildpunkt im Anfangsmoment der Zeit innerhalb der Kurve $abcda$ befunden hat. Lag jedoch der Bildpunkt zu diesem Zeitpunkt außerhalb dieser Kurve, dann wandert er zum unstetigen Grenzzyklus $ABCDA$, d. h., im System gibt es unstetige selbsterregte Schwingungen.

Es möge nun das Gleichungssystem

$$\mu(\dot{x}) = F(x, y), \quad \dot{y} = G(x, y) \tag{10.15a}$$

in dem wie früher $F(x, y)$ und $G(x, y)$ eindeutige und stetige Funktionen bedeuten, welche stetige partielle Ableitungen besitzen, und in dem μ einen kleinen positiven Parameter bezeichnet, im Grenzfall $\mu \to +0$ in der x, y-Ebene einen unstetigen Grenzzyklus $C_0: A_1 B_1 A_1 B_2 \ldots A_m B_m A_1$ haben. Dieser soll abwechselnd aus m

Trajektorienabschnitten „langsamer“ Bewegungen (auf der Linie F^+) A_1B_1, $A_2B_2, \ldots, A_mB_m$ und m Trajektorienabschnitten „rascher“ Bewegungen' ($y = \text{const}$) $B_1A_2, B_2A_3, \ldots, B_{m-1}A_m, B_mA_1$ bestehen. Nach der Definition eines unstetigen Grenzzyklus muß auf jedem seiner Abschnitte mit „langsamer“ Bewegung A_kB_k (mit Ausnahme des Punktes B_k)

$$F(x, y) = 0, \quad F'_x(x, y) < 0, \quad G(x, \text{F}) \neq 0$$

gelten, wobei das Vorzeichen der Funktion $G(\dot{x}, y) = y$ auf einem Abschnitt A_kB_k so beschaffen ist, daß sich der Bildpunkt vom Punkt A_k zum Punkt B_k bewegt. Auf jedem Trajektorienabschnitt „rascher“ Bewegungen $B_{k-1}A_k$ gilt (bei Ausnahme der Punkte B_{k-1} und A_k)

$$F(x, y) \neq 0;$$

das Vorzeichen von $F(x, y) = \mu\dot{x}$ ist auf einem Intervall $B_{k-1}A_k$ so, daß der Bildpunkt vom Punkt B_{k-1} in den Punkt A_k überspringt. In den Punkten B_k, d. h. in den Übergangsstellen von „langsamen“ Bildpunktbewegungen zu „raschen“, sprunghaften Bewegungen, gilt

$$F(x, y) = 0, \quad F'_x(x, y) = 0, \quad G(x, y) \neq 0;$$

ergänzend sei noch angenommen, daß in diesen Punkten $F'_y(x, y)$ und $F'_{xx}(x, y)$ von Null verschieden sind. In jedem Punkt B_k verläuft dann die Tangente an die Linie $F: F(x, y) = 0$ horizontal, und die Veränderliche y hat (in den Punkten der Kurve F) einen maximalen oder einen minimalen Wert.

Im Punkt B_k nimmt die Ordinate y ein Maximum an, wenn auf A_kB_k die Ungleichung $G(x, y) > 0$ besteht, sie erreicht ein Minimum, wenn $G(x, y) < 0$ auf A_kB_k gilt. Aus diesem Grund stimmt das Vorzeichen von $F''_{xx}F'_y$ im Punkt B_k mit dem Vorzeichen der Funktion $G(x, y)$ auf dem Abschnitt A_kB_k überein. Da sich weiterhin das Vorzeichen von $\dot{x}$ nicht ändert, wenn der Bildpunkt den Punkt B_k passiert (beim Übergang von einer „langsamen“ zu einer „raschen“ Bewegung), gilt

$$\dot{x} = -\frac{F'_y G}{F'_x} \quad \text{und} \quad F'_x < 0,$$

während der Bewegung des Bildpunktes auf dem Abschnitt A_kB_k des unstetigen Grenzzyklus und

$$\dot{x} = \frac{F}{\mu}$$

während der Bewegung auf einem Abschnitt B_kA_{k+1}. Das Vorzeichen von F'_yG im Punkt B_k stimmt mit dem der Funktion $F(x, y)$ auf dem nachfolgenden Intervall der „raschen“ Bewegung B_kA_{k+1} überein.

Die Vorzeichen von F''_{xx} und F'_y fallen also im Punkt B_k mit dem Vorzeichen der Funktion $F(x, y)$ auf dem Intervall B_kA_{k+1} zusammen; selbstverständlich stimmt das Vorzeichen der Funktion $G(x, y)$ im Punkt B_k mit dem Vorzeichen dieser Funktion auf dem Abschnitt A_kB_k überein.

Als Beispiel wurde in Abb. 178 der unstetige Grenzzyklus $A_1B_1A_2B_2A_3B_3A_1$ dargestellt, auf dem folgende Beziehungen gelten: Es ist $G(x, y) > 0$ (d. h. $\dot{y} > 0$) auf dem Abschnitt „langsamer" Bewegung A_1B_1, $F(x, y) > 0$ (d. h. $\dot{x} \to +\infty$ für $\mu \to +0$) auf dem Abschnitt „rascher" Bewegung B_1A_2, $G(x, y) > 0$ auf A_2B_2, $F(x, y) > 0$ auf B_2A_3, $G(x, y) < 0$ auf A_3B_3, $F(x, y) < 0$ auf B_3A_1, $F''_{xx} > 0$, $F'_y > 0$ im Punkt B_1, $F''_{xx} > 0$, $F'_y > 0$ im Punkt B_2 und $F''_{xx} < 0$, $F'_y > 0$ im Punkt B_3.

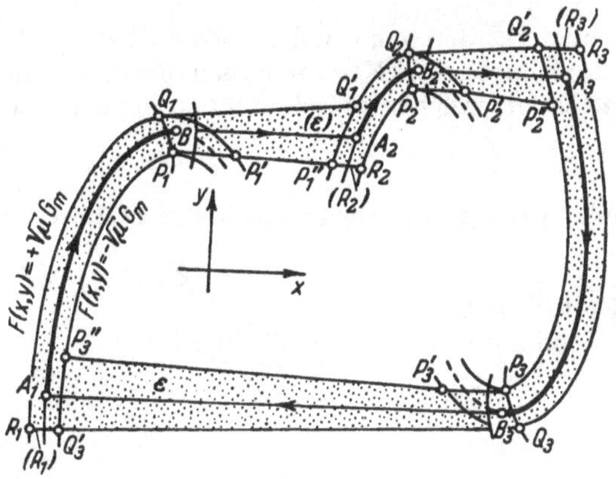

Abb. 178

Es ist nun unter den für das Gleichungssystem (10.15a) angegebenen Voraussetzungen zu beweisen, daß in einer ausreichend kleinen Umgebung des unstetigen Grenzzyklus C_0 (diese Umgebung darf beliebig klein gewählt werden) ein einziger, stabiler Grenzzyklus des Systems (10.15a) liegt, wenn nur der positive Parameter μ ausreichend klein genommen wird. Anders ausgedrückt, es soll bewiesen werden, daß es sich bei jedem unstetigen Grenzzyklus um die Grenzlage nur eines stabilen Grenzzyklus des Systems (10.15a) für $\mu \to +0$ handelt [60][1]).

Die erste Beweisetappe dieses, für die Theorie der unstetigen Schwingungen in Systemen zweiter Ordnung wichtigen Satzes, besteht, genau wie in Kap. VIII, § 5, darin, daß nach Vorgabe eines ausreichend kleinen $\mu > 0$ ein abgeschlossenes zweifach zusammenhängendes ε-Gebiet konstruiert wird, welches die folgenden Eigenschaften besitzt:

1. In diesem ε-Gebiet liegen keine Gleichgewichtszustände des Systems (10.15a).

2. Der unstetige Grenzzyklus C_0 liegt im Inneren dieses Gebietes, wobei sich das ε-Gebiet für $\mu \to +0$ auf C_0 zusammenzieht.

3. Die Trajektorien des Systems (10.15a) laufen für den vorgegebenen Wert des Parameters μ für zunehmendes t in das ε-Gebiet.

Es ist klar, daß dieses Gebiet (nach Satz V von Kap. VI, § 2) wenigstens einen stabilen Grenzzyklus des Gleichungssystems (10.15a) bei vorgegebenem Parameterwert μ enthält.

Vor allem kann man in der x, y-Ebene ein beschränktes, einfach zusammenhängendes, abgeschlossenes Gebiet D aussondern, welches in seinem Inneren den unstetigen Grenzzyklus C_0 enthält und in dem die Funktionen $F(x, y)$, $G(x, y)$ und ihre Ableitungen (entsprechend hoher Ordnung) stetig und folglich auch beschränkt sind. Im weiteren sei μ so klein angenommen, daß das angegebene ε-Gebiet vollständig in D liegt.

---

1) Dieser Satz wird für einen Spezialfall der Gleichungen (10.15a) [für $G(x, y) = x$ und $F(x, y) = G(x) - y$] in [196] bewiesen.

Für die Konstruktion des ε-Gebietes zeichnet man in der x, y-Ebene (im Gebiet D) die Linien

$$F(x, y) = +\sqrt{\mu}\, G_m \quad \text{und} \quad F(x, y) = -\sqrt{\mu}\, G_m,$$

wobei G_m den maximalen Absolutbetrag der Funktion $G(x, y)$ im Gebiet D bezeichnet; diese Kurven haben obendrein die Eigenschaften, daß in dem (offenen) α-Gebiet, welches zwischen ihnen liegt und die Linie $F(x, y) = 0$ enthält,

$$|F(x, y)| < \sqrt{\mu}\, G_m$$

gilt, während im übrigen Teil von D die Ungleichung

$$|F(x, y)| \geqq \sqrt{\mu}\, G_m$$

Gültigkeit hat[1]).

Von Interesse sind auch die Linien

$$\frac{F'_x(x, y)}{F'_y(x, y)} \pm \sqrt{\mu},$$

auf denen der Steigungskoeffizient der Tangente an die Kurve $F(x, y) = \text{const}$ gleich $\pm\sqrt{\mu}$ wird und die im α-Gebiet solche (offenen) β_k-Gebiete aussondern, die zwischen diesen Linien liegen und die Punkte B_k enthalten. In den β_k-Gebieten ist

$$\frac{F'_x(x, y)}{F'_y(x, y)} < \sqrt{\mu},$$

und im übrigen Teil des α-Gebietes gilt

$$\frac{F'_x(x, y)}{F'_y(x, y)} \geqq \sqrt{\mu}\,.$$

Die Linien mit den genannten Eigenschaften lassen sich (wenigstens im Inneren von D) konstruieren, wenn μ ausreichend klein gewählt wird. Dabei wird das α-Gebiet im Inneren einer bestimmten $O(\sqrt{\mu})$-Umgebung der Linie $F(x, y) = 0$ liegen, während sich die β_k-Gebiete innerhalb bestimmter $O(\sqrt{\mu})$-Umgebungen der Punkte B_k befinden[2]).

---

[1]) Es sei darauf hingewiesen, daß die Linie $F(x, y) = +\sqrt{\mu}\, G_m$ links von den Abschnitten $A_k B_k$ „langsamer" Bewegungen des unstetigen Grenzzyklus C_0 angeordnet ist, während die Linie $F(x, y) = -\sqrt{\mu} G_m$ rechts von diesen Abschnitten liegt. Auf den Abschnitten $A_k B_k$ ist nämlich $F(x, y) = 0$ und $F'_x(x, y) < 0$.

[2]) Hier wird das einfache folgende Lemma verwendet: In einem bestimmten beschränkten Gebiet A möge eine Kurve $\Phi(x, y) = 0$ verlaufen, in deren Punkten die stetigen Ableitungen Φ'_x und Φ'_y vorhanden sind und nicht gleichzeitig Null werden. Es existiert dann eine positive Zahl δ_0 von der Beschaffenheit, daß für beliebiges $0 < \delta \leqq \delta_0$ folgender Sachverhalt erfüllt ist: 1. Im Bereich A existieren Linien $\Phi(x, y) = +\delta$ und $\Phi(x, y) = -\delta$, die in einer gewissen $O(\delta)$-Umgebung von $\Phi(x, y) = 0$ liegen und 2. in dem abgeschlossenen Gebiet, das zwischen diesen Linien liegt und die Kurve $\Phi(x, y) = 0$ enthält, ist $|\Phi(x, y)| < \delta$, während im übrigen Teil von A $|\Phi(x, y)| \geqq \delta$ gilt. Offensichtlich genügt die Funktion $F(x, y)$ im Bereich D und die Funktion $\dfrac{F'_x(x, y)}{F'_y(x, y)}$ im Bereich (α) den Bedingungen dieses Lemmas.

Schließlich sei noch hervorgehoben, daß es sich bei den Punkten P_k und Q_k (in den $O(\sqrt{\mu})$-Umgebungen der Punkte B_k) um die Schnittpunkte der Linie

$$F'_x(x, y) = -\sqrt{\mu}\,|F'_y(x, y)|$$

(sie ist eine der Randkurven der Bereiche β_k) mit den Linien

$$F(x, y) = \pm\sqrt{\mu}\,G_m$$

handelt. Dabei soll mit P_k derjenige der beiden Schnittpunkte bezeichnet werden, der für $G(x, y) > 0$ auf $A_k B_k$ die kleinere Ordinate hat. Wenn jedoch auf dem gleichen Abschnitt $G(x, y) < 0$ ist, dann soll der Schnittpunkt mit der größeren Ordinate P_k genannt werden.

Die Konstruktion der Ränder des ε-Gebietes in einer kleinen $O(\sqrt{\mu})$-Umgebung des Abschnittes $B_k A_{k+1} B_{k+1}$ des unstetigen Grenzzyklus soll zuerst für den Fall durchgeführt werden, der in Abb. 179 dargestellt ist und für den nämlich $G(x, y) > 0$ auf den Abschnitten $A_k B_k$ und $A_{k+1} B_{k+1}$ und $F(x, y) > 0$ auf dem Intervall $B_k A_{k+1}$ ist (nachfolgend wird gezeigt, wie diese Konstruktion in anderen Fällen durchgeführt werden kann).

1. Man zeichnet den horizontalen geradlinigen Abschnitt $P_k P'_k$ vom Punkt P_k bis zum Punkt P'_k, der auf der Linie

$$F(x, y) = +\sqrt{\mu}\,G_m$$

im Bereich $F'_x(x, y) < 0$ und in einer $O(\mu^{1/4})$-Umgebung des Punktes B_k liegt[1]). Da die Funktion $G(x, y)$ im Punkt B_k größer als Null und stetig ist und der Abschnitt $P_k P'_k$ in einer $O(\mu^{1/4})$-Umgebung dieses Punktes liegt, läßt sich durch Wahl eines ausreichend kleinen Wertes von μ stets erreichen, daß auf dem konstruierten Abschnitt $P_k P'_k$ die Funktion $G(x, y)$ ebenfalls positiv wird. Für ein ausreichend kleines μ werden dann die Trajektorien des Systems (10.15a), die diesen Abschnitt schneiden, von unten nach oben verlaufen (auf $P_k P'_k$ ist $\dot{y} > 0$).

2. Man zeichnet den Geradenabschnitt $P'_k P''_k$ mit dem Steigungskoeffizienten $-\sqrt{\mu}$ und den Geradenabschnitt $Q_k Q'_k$ mit dem Anstieg $+\sqrt{\mu}$ von den Punkten P'_k und Q_k aus nach rechts bis zur linken Begrenzung des α-Gebietes in der $O(\sqrt{\mu})$-

---

[1]) Ein derartiger Punkt P'_k existiert in einer $O(\mu^{1/4})$-Umgebung des Punktes B_k, da $F''_{xx} \neq 0$ in B_k ist. In der Tat, man entwickelt die Funktionen $F = F(x, y)$ in einer Umgebung des Punktes $B_k(x^*_k, y^*_k)$ in eine Potenzreihe

$$-x + \mu f(x, 0) = 0,$$

wobei $\xi = x - x^*_k$, $\eta = y - y^*_k$ ist und F'_y, F''_{xx}, F''_{xy} die Werte der entsprechenden Ableitungen im Punkt B_k bedeuten. Da die Punkte P_k und P'_k gleiche Ordinaten besitzen und P_k in einer $O(\sqrt{\mu})$-Umgebung des Punktes B_k liegt, hat man $|\eta| \leqq O(\sqrt{\mu})$, für den Punkt P'_k, und seine Abszisse genügt der Gleichung

$$F''_{xx}\,\xi^2 + b\xi + c + \cdots = 0,$$

in der b und c von der Größenordnung $\sqrt{\mu}$ sind. Da $F''_{xx} \neq 0$ im Punkt B_k ist, hat man $|\xi| = O(\mu^{1/4})$, d. h., der Punkt P'_k liegt tatsächlich in einer $O(\mu^{1/4})$-Umgebung des Punktes B_k.

Umgebung des Punktes A_{k+1}. Wird μ ausreichend klein gewählt, dann liegen beide Abschnitte außerhalb des α-Gebietes, und es gilt deshalb auf ihnen

$$F(x, y) \geqq \sqrt{\mu}\, G_m \geqq \sqrt{\mu}\, |G(x, y)|$$

[auf den Abschnitten $P_k' P_k''$ und $Q_k Q_k'$ ist $F(x, y) > 0$, da diese Abschnitte in einer kleinen $O(\sqrt{\mu})$-Umgebung des Intervalls $B_k A_{k+1}$ liegen, auf dem die Funktion $F(x, y)$ größer als Null ist]. Werden nun die Schnitte der Phasentrajektorien des Systems (10.15a) mit den Geraden $\sqrt{\mu}\, x \pm y = \text{const}$ betrachtet (auf zwei von diesen Geraden liegen die soeben konstruierten Abschnitte $P_k' P_k''$ und $Q_k Q_k'$), so läßt sich ohne Schwierigkeiten feststellen, daß bei der vorgenommenen Wahl von μ die Trajektorien des Systems (10.15a), die die Abschnitte $P_k' P_k''$ und $Q_k Q_k'$ überschneiden, für zunehmendes t in das Innere des Streifens führen, der von diesen Abschnitten eingeschlossen wird und der den Abschnitt $B_k A_{k+1}$ des unstetigen Grenzzyklus enthält. Dies folgt daraus, daß bei der Bildpunktbewegung entlang einer Trajektorie von System (10.15a) auf Grund der oben angegebenen Ungleichung in den Punkten der Abschnitte $P_k' P_k''$ und $Q_k Q_k'$

$$\frac{d}{dt}(\sqrt{\mu} x \pm y) = \frac{F(x, y)}{\sqrt{\mu}} \pm G(x, y) \geqq 0$$

gilt.

3. Man bringt sodann das α-Gebiet (in der $O(\sqrt{\mu})$-Umgebung des Punktes A_{k+1}) mit dem horizontalen Abschnitt (R_{k+1}) zum Schnitt, der vom Punkt P_k'' bis zum Punkt R_{k+1} der rechten Begrenzung des α-Gebietes gezeichnet wird. Da dieser Abschnitt in der $O(\sqrt{\mu})$-Umgebung des Punktes A_{k+1} liegt, in der die stetige Funktion $G(x, y)$ größer als Null ist, wird $G(x, y)$ für ausreichend kleine μ auch auf dem Abschnitt (R_{k+1}) positiv sein. Die Trajektorien des Systems (10.15a), die diesen Abschnitt schneiden, laufen dort von unten nach oben.

4. Man verbindet nun die Punkte Q_k' und R_{k+1} mit den Punkten P_{k+1} und Q_{k+1} durch Bogenstücke von

$$F(x, y) = \pm \sqrt{\mu}\, G_m,$$

welche außerhalb der β_i-Gebiete verlaufen. Auf ihnen ist

$$-F_x'(x, y) \geqq \sqrt{\mu}\, |F_y'(x, y)|.$$

Aus diesem Grund ist für die Bildpunktbewegung längs der Trajektorien des Systems (10.15) in den Punkten dieser Bogenstücke

$$\frac{1}{2}\frac{d}{dt}\{F(x, y)\}^2 = F\{F_x'\dot{x} + F_y'\dot{y}\} = \frac{F^2}{\mu} F_x' + F_y' F G = G_m^2 \left\{F_x' + \sqrt{\mu} F_y' \frac{G}{G_m}\right\} \leqq 0$$

d. h., die Phasentrajektorien des Systems (10.15a), die diese Bogenstücke schneiden, führen mit zunehmendem t ins Innere des α-Gebietes.

Die soeben konstruierten Linien, die die Punkte P_k und Q_k mit den Punkten P_{k+1} und Q_{k+1} verbinden, begrenzen einen Streifen — einen Teil des ε-Gebietes —, der in einer bestimmten $O(\sqrt{\mu})$-Umgebung des Abschnittes $B_k A_{k+1} B_{k+1}$ des unstetigen Grenzzyklus liegt und diesen Abschnitt enthält, in diesen Streifen führen für zunehmendes t die Phasentrajektorien des Systems (10.15a) hinein. Analog läßt sich auch die Konstruktion der Begrenzungen des ε-Gebietes in $O(\sqrt{\mu})$-Umgebungen der Abschnitte des unstetigen Grenzzyklus durchführen, wenn die Funktionen $F(x, y)$ und $G(x, y)$ Vorzeichen besitzen, die nicht mit denen von Abb. 179 übereinstimmen. Die Konstruktion der Abschnitte $P_k P'_k P''_k$ und QQ'_k vom Rand des ε-Gebietes lassen sich nämlich, wenn $F(x, y) < 0$ auf dem Intervall $B_k A_{k+1}$ gilt, auf die soeben durchgeführten Darlegungen zurückführen, indem x durch $-x$ ersetzt wird. Ist $G(x, y) < 0$ auf dem Abschnitt $A_k B_k$, dann hat man y durch $-y$ zu ersetzen. Der horizontale Abschnitt (R_{k+1}) der das α-Gebiet in einer $O(\sqrt{\mu})$-Umgebung des Punktes A_{k+1} schneidet, wird durch den unteren der beiden Punkte P''_k und Q'_k gelegt, wenn auf dem Abschnitt $A_{k+1} B_{k+1}$ die Ungleichung $G(x, y) > 0$ besteht. Man muß diesen Abschnitt vom oberen der beiden Punkte aus zeichnen, wenn $G(\beta, y) < 0$ auf $A_{k+1} B_{k+1}$ ist. Danach ist der obere der Punkte P''_k und Q'_k, wenn $G(x, y) > 0$ auf $A_{k+1} B_{k+1}$ ist, oder der untere dieser Punkte, wenn $G(x, y) < 0$ auf $A_{k+1} B_{k+1}$ gilt und der Punkt R_{s+1} [d. h. der rechte Punkt des Abschnitts (R_{k+1}), wenn $F(x, y) > 0$ auf $B_k A_{k+1}$ ist oder der linke Punkt dieses Abschnittes, wenn $F(x, y) < 0$ $B_k A_{k+1}$ gilt] durch die Bogenstücke von

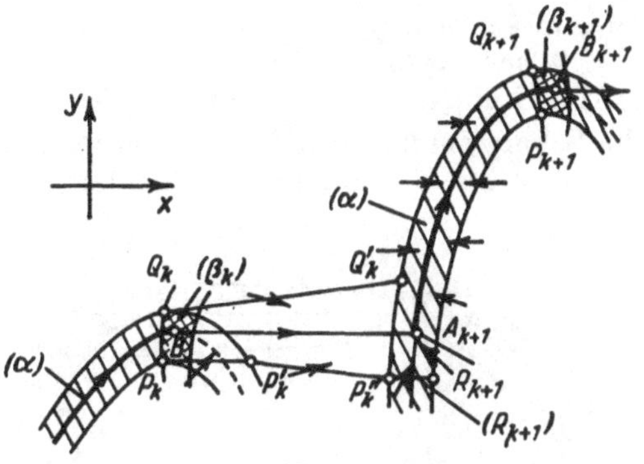

Abb. 179

$$F(x, y) \pm \sqrt{\mu}\, G_m$$

mit den Punkten P_{k+1} und Q_{k+1} zu verbinden.

Wenn man in der angegebenen Weise die Begrenzungen des ε-Gebietes für jeden Abschnitt des unstetigen Grenzzyklus C_0 konstruiert, dann entsteht ein zweifach-zusammenhängendes ε-Gebiet, welches in seinem Inneren den unstetigen Grenzzyklus enthält und in einer $O(\sqrt{\mu})$-Umgebung desselben liegt, in die auch die Phasentrajektorien des Systems (10.15a) für zunehmendes t führen. Ein Beispiel für ein solches ε-Gebiet wurde in Abb. 178 konstruiert. Für ausreichend kleine μ wird dieses Gebiet keine Gleichgewichtszustände enthalten; bei diesen handelt es sich ja um Punkte, in denen gleichzeitig $F(x, y) = 0$ und $G(x, y) = 0$ wird. Diese Behauptung ist richtig, da solche Punkte nicht auf einem unstetigen Grenzzyklus liegen können und $F(x, y)$ und $G(x, y)$ stetige Funktionen sind. Das konstruierte ε-Gebiet wird dann (für ausreichend kleine μ) in seinem Innern mindestens einen stabilen Grenzzyklus des Systems (10.15a) enthalten.

Nunmehr soll bewiesen werden, daß jeder Grenzzyklus C des Systems (10.15a), der im angegebenen ε-Gebiet liegt, für ausreichend kleine μ stabil sein wird; gleichzeitig wird auch gezeigt, daß für ausreichend kleine μ im ε-Gebiet nur ein Grenzzyklus des Systems (10.15a) existieren kann. Gäbe es nämlich mehrere Grenzzyklen, so müßten unter ihnen sicher instabile vorhanden sein. Zum Beweis betrachtet man den charakteristischen Exponenten des Grenzzyklus C — das Integral

$$J = \int\limits_C \left\{\frac{F'_x}{\mu} + G'_y\right\} dt$$

längs des Grenzzyklus — und zeigt, daß für ausreichend kleine μ die Ungleichung $J < 0$ besteht (die Bedingung $J < 0$ ist bekanntlich für die Stabilität des Grenzzyklus C hinreichend; s. Kap. V, § 7). Durch die Punkte C_k, bei denen es sich um die Schnittpunkte von C mit den Begrenzungen des α-Gebietes in den $O(\sqrt{\mu})$-Umgebungen der Punkte A_k handelt, wird der Grenzzyklus in die Abschnitte $C_k C_{k+1}$ zerlegt. Es ist dann

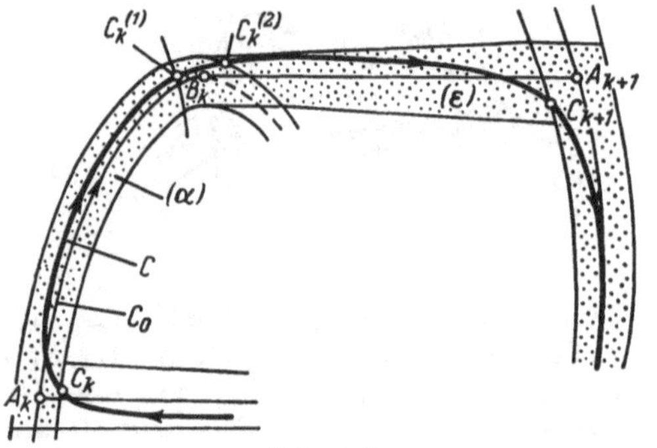

Abb. 180

$$J = \sum J_k$$

mit

$$J_k = \int\limits_{C_k C_{k-1}} \left\{\frac{F'_x}{\mu} + G'_y\right\} dt.$$

Zur Ermittlung des Vorzeichens der Integrale J_k (für ausreichend kleine μ) wird der Abschnitt $C_k C_{k+1}$ des Grenzzyklus nochmals in drei Teilabschnitte zerlegt. Als Unterteilungspunkte finden dabei die Schnittpunkte des Grenzzyklus mit der Linie

$$F'_x(x, y) = -\mu (G'_y)_m$$

und mit der Begrenzung des α-Gebietes in einer kleinen Umgebung des Punktes B_k Verwendung (Abb. 180); $(G'_y)_m$ bezeichnet den maximalen Absolutbetrag der Funktion $G'_y(x, y)$ im Gebiet D. Der erste dieser Schnittpunkte — der Punkt $C_k^{(1)}$ — liegt in einer $O(\sqrt{\mu})$-Umgebung des Punktes B_k, der zweite — $C_k^{(2)}$ — befindet sich in einer $O(\mu^{1/4})$-Umgebung desselben Punktes[1]). Dementsprechend ist

$$J_k = J_k^{(1)} + J_k^{(2)} + J_k^{(3)}$$

---

[1]) Die Linie $F'_x(x, y) = -\mu(G'_y)_m$ liegt in einer $O(\mu)$-Umgebung der Linie $F'_x(x, y) = 0$, deren Abschnitt im Inneren des Bereichs (α) in einer $O(\sqrt{\mu})$-Umgebung des Punktes $B_k(x_k^*, y_k^*)$ eingeschlossen ist. Aus diesem Grund befindet sich auch der Punkt $C_k^{(1)}$ in dieser $O(\sqrt{\mu})$-Umgebung des Punktes B_k, d. h. es gilt $|y_k^{(1)} - y_k^*| \leqq O(\sqrt{\mu})$, wobei $y_k^{(1)}$ die Ordinate des Punktes $C_k^{(1)}$ bezeichnet. Für den Punkt $C_k^{(2)}(x_k^{(2)}, y_k^{(2)})$ hat man $|y_k^{(2)} - y_k^*| \leqq O(\sqrt{\mu})$ und folglich $|x_k^{(2)} - x_k^*| \leqq O(\mu^{1/4})$ (der Beweis der letzten Ungleichung gestaltet sich ebenso wie der in der Fußnote von S. 261).

mit

$$J_k^{(1)} = \int\limits_{C_k C_k^{(1)}} \left\{\frac{F'_x}{\mu} + G'_y\right\} dt = \int\limits_{y_k}^{y_k^{(1)}} \left\{\frac{F'_x}{\mu} + G'_y\right\} \frac{dy}{G},$$

$$J_k^{(2)} = \int\limits_{C_k^{(1)} C_k^{(2)}} \left\{\frac{F'_x}{\mu} + G'_y\right\} dt = \int\limits_{y_k^{(1)}}^{y_k^{(2)}} \left\{\frac{F'_x}{\mu} + G'_y\right\} \frac{dy}{G},$$

$$J_k^{(3)} = \int\limits_{C_k^{(2)} C_{k+1}} \left\{\frac{F'_x}{\mu} + G'_y\right\} dt = \int\limits_{x_k^{(2)}}^{x_{k+1}} \left\{F'_x + \mu\, G'_y\right\} \frac{dx}{F}.$$

In diesen Gleichungen bezeichnen $x_k, y_k, x_k^{(1)}, y_k^{(1)}, x_k^{(2)}, y_k^{(2)}$ und x_{k+1}, y_{k+1} die Koordinaten der Punkte C_k, $C_k^{(1)}$, $C_k^{(2)}$ und C_{k+1}.

Da für ausreichend kleine μ auf dem Abschnitt $C_k C_k^{(1)}$ des Grenzzyklus die Ungleichungen $F'_x\,(x, y) < -\mu\,(G'_y)_m \leqq -\mu\,|G'(x, y)|$ und $|G(x, y)| > a$ bestehen (a bedeutet eine bestimmte positive Zahl) dann ist $J_k^{(1)} < 0$. Auf diesem Abschnitt läßt sich außerdem ein bestimmter Teil aussondern, auf dem $F'_x(x, y) < -b$ ist (b bedeutet eine bestimmte positive Zahl), und es ergibt sich deshalb

$$J_k^{(1)} = O\left(\frac{1}{\mu}\right).$$

Auf dem Abschnitt $C_k^{(1)} C_k^{(2)}$, der sich im Inneren einer $O(\mu^{1/4})$-Umgebung des Punktes B_k befindet, gilt

$$|x - x_k^*| \leqq O(\mu^{1/4}),$$
$$|y - y_k^*| \leqq O(\mu^{1/2})$$

und

$$|F'_x(x, y)| \leqq O(\mu^{1/4}),$$

da $F''_{xx} \neq 0$ im Punkt B_k und $|G(x, y)| > a$ ist. Aus dem Mittelwertsatz und wegen

$$|y_k^{(2)} - y_k^{(1)}| \leqq O(\sqrt{\mu})$$

ergibt sich dann

$$|J_k^{(2)} \leqq O(\mu^{-3/4})\,|y_k^{(2)} - y_k^{(1)}| \leqq O(\mu^{-1/4}).$$

Schließlich besteht auf dem Abschnitt $C_k^{(2)} C_{k+1}$, der außerhalb des α-Gebietes liegt die Ungleichung

$$|F(x, y)| \geqq \sqrt{\mu}\, G_m,$$

woraus

$$|J_k^{(3)}| \leqq O(\mu^{-1/2})$$

folgt[1]).

[1]) Ohne Schwierigkeiten gelangt man zu der genaueren Abschätzung $J_k^{(3)} \leqq O(\ln \mu)$.

Das Integral

$$J_k = \int\limits_{C_k C_{k+1}} \left\{ \frac{F'x}{\mu} + G'_x \right\} dt$$

ist also gleich der Summe der negativen Größe $J_k^{(1)}$ von der Ordnung $\frac{1}{\mu}$ und der Größen $J_k^{(2)}$ und $J_k^{(3)}$, die zwar für $\mu \to +0$ gegen Unendlich streben, jedoch langsamer als $\frac{1}{\mu}$. Aus diesem Grund ist für ausreichend kleine μ auf allen Abschnitten $C_k C_{k+1}$ $J_k < 0$, woraus für den charakteristischen Exponenten des Grenzzyklus C

$$J = \int\limits_{C} \left\{ \frac{F'_x}{\mu} + G'_y \right\} dt = \sum J_k < 0$$

folgt. Das bedeutet nichts anderes, als daß der Grenzzyklus C, der sich im ε-Gebiet befindet, stabil ist. Oben war bereits darauf hingewiesen worden, daß damit auch gleichzeitig die Eindeutigkeit eines Grenzzyklus von System (10.15a) bewiesen ist, der sich im ε-Gebiet, d. h. in einer $O(\sqrt{\mu})$-Umgebung des unstetigen Grenzzyklus C_0 befindet. Der oben formulierte Satz ist somit vollständig bewiesen.

Der soeben bewiesene Satz liefert offensichtlich die Möglichkeit, den unstetigen Grenzzyklus des Systems

$$\mu \dot{x} = F(x, y), \quad \dot{y} = G(x, y) \tag{10.15a}$$

als Ausgangsnäherung (als nullte Näherung) für die Berechnung charakteristischer Größen der selbsterregten Schwingungen im System (10.15a) zu verwenden, wenn die Werte des Parameters nicht groß sind. So gilt beispielsweise für die Periode der selbsterregten Schwingungen (in nullter Näherung, d. h. für $\mu \to +0$)

$$T_0 = \int\limits_{C_0} \frac{dy}{G} = \sum \int\limits_{A_k B_k} \frac{dy}{G}.$$

Bei einer genaueren Betrachtung des Verlaufs der Phasentrajektorien von System (10.15a) in der Nähe des unstetigen Grenzzyklus [93, 94, 158, 169] lassen sich asymptotische Entwicklungen für die Gleichung des Grenzzyklus, für die Periode der selbsterregten Schwingungen usw. angeben. Insbesondere ergibt sich für die Periode der selbsterregten Schwingungen ein Ausdruck der Form

$$T = T_0 + A\mu^{2/3} + B\mu \ln \frac{1}{\mu} + C\mu + O(\mu^{4/3}),$$

wobei A, B und C Zahlen bedeuten, die durch die Werte der Funktionen $F(x, y)$ und $G(x, y)$ auf dem unstetigen Grenzzyklus definiert sind[1]).

[1]) Es sei darauf hingewiesen, daß der Koeffizient A von der Krümmung der Linie $F(x, y) = 0$ in den Punkten B_k abhängt. Konvergiert insbesondere der Krümmungsradius dieser Linie in allen Punkten B_k gegen Null, d. h. strebt die Linie F zum Streckenzug mit den Punkten B_k, dann strebt auch $A \to 0$ und die Periodenkorrektur wird eine Größe der Ordnung $\mu \ln \frac{1}{\mu}$ (s. beispielsweise Kap. VIII, § 5).

Im weiteren werden unstetige selbsterregte Schwingungen in konkreten Schwingungssystemen betrachtet, deren „langsame“ und „rasche“ Bewegungen (unter entsprechenden, vereinfachenden Voraussetzungen) von den Gleichungen (10.16) und (10.17) beschrieben werden, die höchstens von zweiter Ordnung sind.

§ 5. Der Multivibrator mit einem RC-Glied

Es soll nun nochmals ein bereits bekanntes selbsterregtes Schwingungssystem untersucht werden, welches unter bekannten Bedingungen unstetige selbsterregte Schwingungen ausführt, und zwar ein Multivibrator mit einem RC-Glied (Abb. 181)[1]. In Kap. IV, § 8 konnte bereits festgestellt werden, daß das Multivibratormodell, welches bei Vernachlässigung sämtlicher parasitärer Parameter entsteht, in dem Sinne „entartet“, „defekt“ ist, daß ohne ergänzende Voraussetzungen (ohne Sprungpostulat) keine Untersuchung des Verlaufs der Multivibratorschwingungen möglich ist und daß sich sogar die qualitativen Besonderheiten der Multivibratorschwingungen nicht erklären lassen. Der Grund für diesen Sachverhalt ist darin zu suchen, daß sich unter den unberücksichtigt gelassenen, kleinen parasitären Parametern solche befinden, die für die Schwingungsprozesse im Multivibrator wesentlich sind. Zu ihnen gehören die kleinen parasitären Kapazitäten C_a und C_g, die stets in der realen Schaltung vorhanden sind (bei ihnen handelt es sich um die kleinen parasitären Kapazitäten der Anordnung und um die Kapazitäten zwischen den Elektroden im Inneren der Röhren).

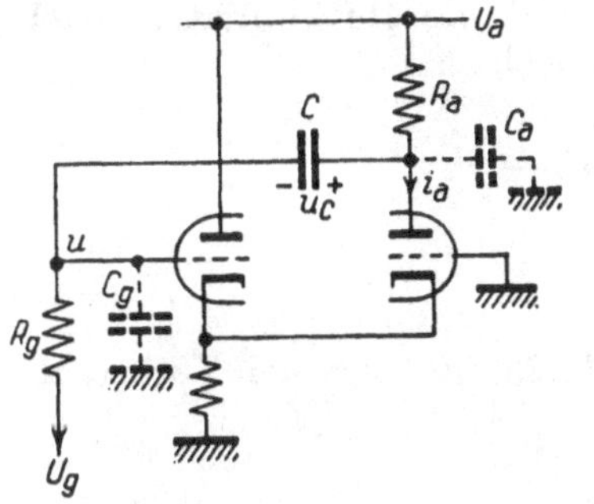

Abb. 181

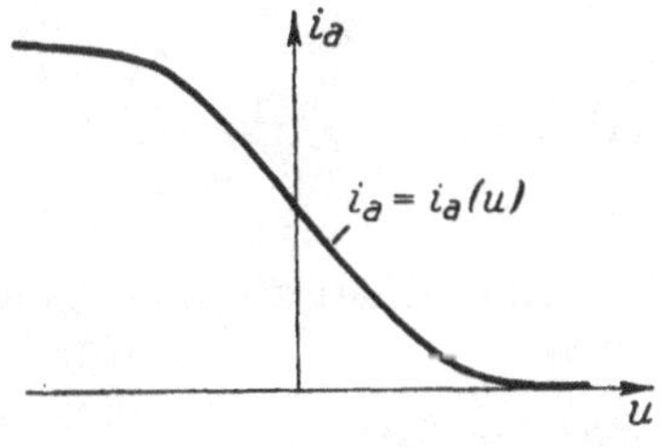

Abb. 182

1. Die Schwingungsgleichungen

Es sollen nun die Schwingungsgleichungen für den Multivibrator aufgestellt werden, wobei diese kleinen parasitären Kapazitäten Berücksichtigung finden (es sei jedoch $C_a \ll C$ und $C_g \ll C$ angenommen)[2]. Wenn die Gitterströme und die Anodenrückwirkung vernachlässigt werden und die angegebene Röhrenkennlinie

[1]) Siehe auch Kap. IV, § 8, Kap. V, § 12 und Kap. VIII, § 5.

[2]) Bei der Konstruktion eines „Multivibratormodells von guter Qualität“ muß man wenigstens eine dieser parasitären Kapazitäten berücksichtigen.

$i_a = i_a(u)$ (Abb. 182) benutzt wird, dann entsteht auf der Grundlage der KIRCHHOFFschen Regeln

$$\frac{U_a - (u + u_c)}{R_a} = C\frac{du_c}{dt} + C_a\frac{d(u + u_c)}{dt} + i_a(u),$$

$$C\frac{du_c}{dt} = \frac{u - U_g}{R_g} + C_g\frac{du}{dt}. \tag{10.25}$$

Offensichtlich hat der Multivibrator den einzigen Gleichgewichtszustand

$$u = U_g, \quad u_c = u_{c0} = U_g - R_a i_a(U_g) - U_g.$$

Zur Vereinfachung der Rechnungen werden die neuen dimensionslosen Veränderlichen x, y, t_{neu} eingeführt, die mit den alten Variablen u, u_c, t durch die Bezeichnung

$$u = U_g + u_0 x; \quad u_c = u_{c0} + \alpha u_0 x + \beta a_0 y; \qquad t_{\text{neu}} = T_0 t$$

verbunden sind. u_0 und T_0 bedeuten bestimmte Maßstäbe von Spannungen der Zeit, α und β sind Koeffizienten. Wenn die neuen Veränderlichen in die zweite Gleichung von (10.25) eingesetzt werden, dann entsteht

$$\alpha u_0\frac{CR_a}{T_0}\dot{x} + \beta u_0\frac{CR_g}{T_0}\dot{y} = u_0 x + \frac{C_g R_g}{T_0}u_0\dot{x}$$

(der Punkt über den Veränderlichen symbolisiert die Differentiation nach der neuen, dimensionslosen Zeit). Wählt man nun noch

$$\alpha = \frac{C_g}{C} \quad \text{und} \quad \beta C R_g = T_0,$$

dann ergibt sich

$$\dot{y} = x.$$

Völlig analog erhält die erste Gleichung von (10.25) in den neuen Veränderlichen die Gestalt

$$\frac{Ra(C + C_a)}{T_0}(\alpha u_0\dot{x} + \beta u_0\dot{y}) + \frac{R_a C_a}{T_0}u_0\dot{x} = -u_0 x - \alpha u_0 x - \beta u_0 y$$
$$- R_a[i_a(U_g + u_0 x) - i_a(U_g)]$$

oder

$$\frac{\alpha R_a(C + C_a) + R_a C_a}{T_0}\dot{x} = -x\left[1 + \frac{C_g}{C_a} + \frac{R_a}{R_g}\left(1 + \frac{C_a}{C}\right)\right]$$
$$- \beta y - \frac{R_a}{u_0}[i_a(U_g + u_0 x) - i_a(U_g)].$$

Wird

$$\beta = 1 + \frac{C_g}{C} + \frac{R_a}{R_g}\left(1 + \frac{C_a}{C}\right)$$

und folglich

$$T_0 = (C + C_a)\,R_a + (C + C_g)\,R_g$$

angenommen, dann nehmen die Gleichungen (10.25) eine Form an, welche für Systeme mit unstetigen Schwingungen charakteristisch ist; es wird dann

$$\left.\begin{aligned} \mu\dot{x} &= F(x, y) \equiv -x - y - K\varphi(x), \\ \dot{y} &= x. \end{aligned}\right\} \qquad (10.26)$$

In diesem System bedeutet

$$\mu = \frac{R_a}{R_g}\,\frac{\dfrac{C_a + C_g}{C} + \dfrac{C_a C_g}{C^2}}{\left[1 + \dfrac{C_g}{C} + \dfrac{R_a}{R_g}\left(1 + \dfrac{C_a}{C}\right)\right]^2}$$

einen kleinen positiven Parameter, der die Geringfügigkeit der parasitären Kapazitäten charakterisiert (für $C_a \ll C$ und $C_g \ll C$ ist der Parameter $\mu \ll 1$) und

$$K = \frac{S R_a}{1 + \dfrac{C_g}{C} + \dfrac{R_a}{R_g}\left(1 + \dfrac{C_a}{C}\right)}$$

den Übertragungskoeffizienten der Schaltung, wobei S den absoluten Betrag der Steilheit der Röhrenkennlinie im Gleichgewichtszustand

$$S = -\left(\frac{di_a}{du}\right) u = U_g$$

bezeichnet und

$$\varphi(x) = \frac{1}{u_0 S}\,[i_a(u_g + u_0 x) - i_a(U_g)]$$

die reduzierte dimensionslose Kennlinie der Röhren [offensichtlich ist $\varphi'(x) \leqq 0$, $\varphi(0) = 0$, $\varphi'(0) = -1$]. Für $C_a \ll C$ und $C_g \ll C$ sind die Veränderlichen

$$x = \frac{u - U_g}{u} \quad \text{und} \quad y \approx \frac{U_C - U_0}{\beta u_0}$$

jeweils den veränderlichen Komponenten der Spannung u am Gitter der linken Triode und der Spannung u_c am Kondensator C proportional; es ist

$$\mu \approx \frac{R_a}{R_g}\,\frac{\dfrac{C_a}{C} + \dfrac{C_g}{C}}{\left[1 + \dfrac{R_a}{R_g}\right]^2}, \quad K \approx \frac{S R_a}{1 + \dfrac{R_a}{R_g}},$$

und für den Zeitmaßstab ergibt sich

$$T_0 \approx C(R_a + R_g).$$

Es sei auch noch hervorgehoben, daß der Spannungsmaßstab u_0 willkürlich bleibt; er darf so gewählt werden, daß sich der Ausdruck $\varphi(x)$ vereinfacht.

Damit sich die Untersuchungen einfach gestalten, soll im weiteren nur der symmetrische Fall betrachtet werden. Es wird also vorausgesetzt, daß die Kennlinie der Röhren $i_a = i_a(u)$ und die Gittervorspannung U_g so beschaffen sind, daß es sich bei der reduzierten Kennlinie $\varphi(x)$ um eine ungerade Funktion von x handelt $[\varphi(-x) \equiv -\varphi(x)]$, wobei $|\varphi'(x)|$ mit zunehmenden $|x|$ monoton fällt (es ist dann $-1 \leqq \varphi'(x) \leqq 0$).

2. Die x, y-Phasenebene für $\mu \to +0$. Sprünge der Spannung u

Es soll nun die Zerlegung der x, y-Phasenebene in Trajektorien für kleine μ untersucht werden; genaugenommen wird der Grenzfall $\mu \to +0$ betrachtet. Da ist zuerst einmal in der Phasenebene die Kurve

$$F(x, y) \equiv -x - y - K\varphi(x) = 0$$

oder

$$y = -x - K\varphi(x), \tag{10.27}$$

bei der es sich um die Phasenlinie des „entarteten" Multivibratormodells (d. h. des Modells mit $C_a = C_g = 0$ oder mit $\mu = 0$) handelt. Aus den Gleichungen (10.26) folgt, daß für $\mu \to +0$ die Phasengeschwindigkeit $\dot{x}$ nur in einer kleinen $O(\mu)$-Umgebung der Linie F endlich bleibt und daß außerhalb einer kleinen Umgebung (beispielsweise mit Ausmaßen der Ordnung $\sqrt{\mu}$) dieser Kurve „rasche" Bildpunktbewegungen möglich sind (für $\mu \to +0$ gilt $\dot{x} \to +\infty$ unterhalb der Kurve F und über ihr $\dot{x} \to -\infty$, während $\dot{y} = x$ überall endlich bleibt). Folglich unterscheiden sich diese Phasentrajektorien „rascher" Bewegungen nur wenig von den horizontalen Geraden $y =$ const, d. h., bei Sprüngen der Gitterspannung u darf die Spannung u_c am Kondensator C als unveränderlich angesehen werden. Die Näherungsgleichung für eine „rasche" Bewegung (für einen Sprung) des Bildpunktes entlang einer Trajektorie, die nur wenig von einer Geraden $y \equiv y_0 =$ const abweicht, erhält man aus der ersten Gleichung von (10.26), wenn dort y durch den Näherungswert y_0 ersetzt wird:

$$\mu\dot{x} = -y_0 - x - K\varphi(x). \tag{10.28}$$

In Abhängigkeit von der Größe des Übertragungskoeffizienten K können nun zwei Fälle auftreten.

Für $K < 1$ gilt auf der gesamten Phasenlinie des „entarteten" Systems

$$\frac{\partial F}{\partial x} = -1 = K\varphi'(x) < 0$$

und alle Trajektorien „rascher" Bewegungen laufen deshalb zur Linie F (Abb. 183a). Bildet sich also der Anfangszustand des Multivibrators in einen Punkt innerhalb einer kleinen Umgebung der Kurve F ab, dann wird der Bildpunkt bei seiner weiteren Bewegung diese Umgebung (genauer gesagt die Nachbarschaft der Linie F) nicht verlassen[1]). Dementsprechend werden die Multivibratorschwingungen für $K < 1$ und ausreichend kleine Werte des Parameters μ (d. h. für $C_a \ll C$ und $C_g \ll C$) von der Gleichung „langsamer" Bewegungen wiedergegeben (und zwar um so genauer, je kleiner μ ist), die bei Vernachlässigung der parasitären Kapazitäten aufgestellt wurde. Man kann diesen Sachverhalt auch anders er-

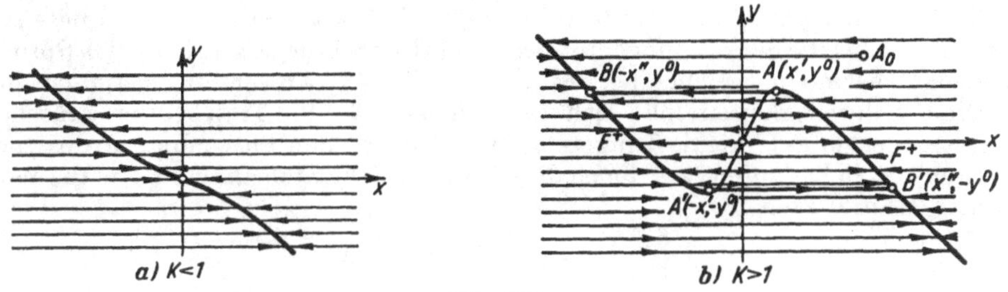

Abb. 183

läutern: Die Gleichung der Phasenlinie F des Modells erster Ordnung (mit $\mu = 0$ — die Gleichung (10.27) — muß in die zweite Gleichung von (10.26) eingetragen werden. Man erhält dann

$$[1 + K\varphi'(x)]\dot{x} + x = 0 \tag{10.29}$$

In diesem Fall (d. h. für $K < 1$) haben die kleinen parasitären Kapazitäten, wenn sie tatsächlich klein sind, für die Schwingungsprozesse des Multivibrators keine wesentliche Bedeutung, sie dürfen also unberücksichtigt bleiben. Offensichtlich bildet sich unter beliebigen Anfangsbedingungen der Gleichgewichtszustand $x = 0$, $y = 0$ (oder $u = U_g$, $u_c = u_0$) aus, da bei $K < 1$ für alle x die Ungleichung $1 + K\varphi'(x) > 0$ besteht. Demzufolge strebt in Übereinstimmung mit Gleichung (10.29) $x \to 0$ für $t \to +\infty$.

Ein anderes Bild erhält man für $K > 1$. In diesem Fall ist der Gleichgewichtszustand (0,0), wie leicht festzustellen ist, sowohl bei Berücksichtigung der parasitären Parameter (für $\mu > 0$) als auch bei der Vernachlässigung derselben (für $\mu = 0$) instabil. Jetzt gibt es auf der Phasenlinie F des „entarteten" Modells ein Intervall $-x' \leqq x \leqq +x'$ [$x' > 0$ bedeutet die einzige Wurzel der Gleichung $1 + K\,\varphi'(x) = 0$], auf dem die Unwesentlichkeitsbedingung für die kleinen parasitären Kapazitäten nicht erfüllt ist. Dort besteht die Ungleichung

$$\frac{\partial F}{\partial x} = -1 - K\varphi'(x) \geqq 0 .$$

Die Phasentrajektorien „rascher" Bewegungen entfernen sich von diesem Abschnitt der Phasenlinie des „entarteten" Systems, unter anderem auch vom Gleichgewichtszustand (0,0) (Abb. 183b). Bei kleinen parasitären Kapazitäten (für

---

[1]) Bildet sich der Anfangszustand des Multivibrators in einem Punkt außerhalb einer kleinen Umgebung der Kurve F ab, dann wird der Bildpunkt, nachdem er einen „Sprung" entlang einer entsprechenden Trajektorie „rascher" Bewegung in eine kleine Umgebung der Linie F ausgeführt hat, sich in der Nähe dieser Phasenlinie F bewegen. Im Grenzfall $\mu \to +0$ vollzieht sich diese „langsame" Bewegung auf der Linie F selbst.

$\mu \ll 1$ oder, genauer gesagt, beim Grenzübergang $\mu \to +0$) verläßt also der Multivibrator „sprunghaft" alle Zustände mit $|x| \leqq x'$, wobei sich während eines „Sprunges" die Veränderliche x sprunghaft ändert, d. h., die Spannung u am Gitter der linken Triode ändert sich sprungförmig bei unveränderten Werten von y, also bei unveränderter Spannung u_c am Kondensator C des Multivibrators. So wird aus der Dynamik des Multivibratormodells, welches bei Berücksichtigung beliebig kleiner parasitärer Kapazitäten C_a und C_g konstruiert wurde (diese sind bei $K > 1$ für die Schwingungsprozesse im Multivibrator wesentlich), das Sprungpostulat gewonnen, welches bereits in Kap. IV, § 8 Anwendung gefunden hat.

Ohne Schwierigkeiten läßt sich feststellen, daß alle Trajektorien „rascher" Bewegungen in eine kleine Umgebung der Teile F^+ der Phasenlinie F des „entarteten" Modells laufen, auf denen die Unwesentlichkeitsbedingung für die parasitären Kapazitäten

$$\frac{\partial F}{\partial x} = -1 - K\varphi'(x) < 0$$

erfüllt ist. Bei ihnen handelt es sich um die Abschnitte der Kurve F mit $|x| > x'$, welche eine negative Steigung besitzen[1]). Nur in kleinen $O(\mu)$-Umgebungen dieser Abschnitte erfolgen „langsame" Bildpunktbewegungen (mit endlichen Geschwindigkeitsänderungen von x für $\mu \to +0$), die angenähert von Gleichung (10.29) wiedergegeben werden (und zwar um so genauer, je kleiner μ ist). Beim Grenzübergang $\mu \to +0$ streben diese Trajektorien „langsamer" Bewegungen zu den betrachteten Abschnitten der Linie F mit $|x| > x'$. Es ergibt sich also eine Zerlegung der Phasenebene des Multivibrators in Trajektorien wie sie in Abb. 183b für den Grenzfall $\mu \to +0$ dargestellt ist. Dieser Zerlegung sind alle Zerlegungen der Phasenebene in Trajektorien für ausreichend kleine μ ähnlich.

Da auf den Abschnitten der Kurve F mit $|x| > x'$ die Ungleichung $1 + K\varphi'(x) > 0$ Gültigkeit hat, wird dort $|x|$ im Verlauf der Zeit abnehmen und der Bildpunkt gelangt dann auf Grund der Dynamik des „entarteten" Modells [wegen Gleichung (10.29)] in einen der Punkte A oder A' (mit $x = \pm x'$, $y = \pm y^0 = \pm [x' + K\varphi(x')]$). Von dort aus erreicht er im Ergebnis eines Sprunges längs einer Trajektorie „rascher" Bewegung $y = \text{const}$ den Punkt $B(-x'', y^0)$ bzw. $B'(x'', -y^0)$; danach beginnt erneut eine langsame Bewegung, usw. Bei der Ermittlung des Sprungendpunktes braucht man beim vorliegenden Problem keine Untersuchung der Gleichung „rascher" Bewegungen (10.28) vorzunehmen; dieser Punkt wird eindeutig durch den Anfangspunkt des „Sprunges" auf Grund der Bedingung, daß die y-Werte (d. h. die Spannungen am Kondensator C) während des Sprunges ungeändert bleiben, festgelegt. Auf Grund von (10.27) ergibt sich deshalb die Gleichung

$$x'' + K\varphi(x'') = -\{' + K\varphi'(x')\} \qquad (10.30)$$

aus der sich die Abszissen der Sprungendpunkte ermitteln lassen.

---

[1]) Auf der Linie $F(x, y) = 0$ ist

$$F'_x + F'_y \left(\frac{dy}{dx}\right)_{F=0} = 0$$

und wegen $F'_y = -1$

$$\left(\frac{dy}{dx}\right)_{F=0} = -\frac{F'_x}{F'_y} = +F'_x.$$

Offensichtlich handelt es sich bei der geschlossenen Kurve $ABA'B'A$ von Abb. 183b um einen Grenzzyklus, der unter beliebigen Anfangsbedingungen entsteht. Dieser Grenzzyklus stellt das mathematische Bild der „unstetigen" selbsterregten Multivibratorschwingungen dar, bei denen sich „langsame" Bewegungen (mit endlichen Geschwindigkeitsänderungen der Gitterspannung u oder x) periodisch mit „raschen" „sprunghaften" Bewegungen (mit $\dot{x} \to \infty$ für $\mu \to +0$) abwechseln. Es läßt sich zeigen, daß für kleine μ in der Phasenebene ebenfalls ein Grenzzyklus existiert (Abb. 184), der sich in der Nachbarschaft des Zyklus $ABA'B'A$ befindet und sich für $\mu \to +0$ auf diesem zusammenzieht (s. den vorangegangenen Paragraphen). Die Oszillogramme für die Schwingungen von x und y, die den im Punkt A_0 (Abb. 183b) beginnenden Phasentrajektorien entsprechen, sind qualitativ in Abb. 185 dargestellt. Die Schwingungen der Veränderlichen x, d. h. der Gitterspannung u, haben „unstetigen" Verlauf; die Schwingungen von y, d. h. der Spannung u_c am Kondensator C, sind stetig und besitzen Sägezahnform.

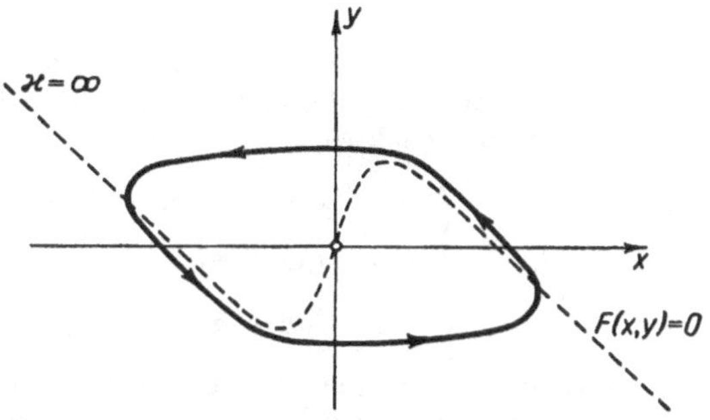

Abb. 184

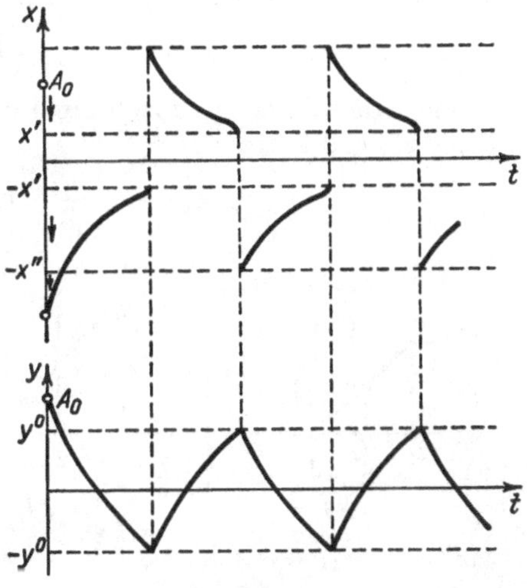

Abb. 185

Die Periode der selbsterregten Schwingungen (für $\mu \to 0$ oder, anders ausgedrückt, ihr Näherungswert für kleine μ) erhält man offensichtlich, wenn man die Zeiten berechnet, die der Bildpunkt benötigt, um die Abschnitte $B'A$ und BA' „langsamer" Bewegung auf dem Grenzzyklus zu durchlaufen; die Dauer der Sprünge soll unberücksichtigt bleiben. Auf den Trajektorien „langsamer" Bewegungen F^+ ist

$$dt_{\text{neu}} = -\frac{1 + K\varphi'(x)}{x}\,dx.$$

Aus diesem Grund ist die Periode der selbsterregten Schwingungen (diese ist im betrachteten symmetrischen Fall gleich dem Doppelten der Zeit, die der Bildpunkt zum Durchlaufen des Abschnittes $B'A$ benötigt) in Einheiten der dimensionslosen Zeit

$$\tau = 2\int_{x'}^{x''} \frac{1 + K\varphi'(x)}{x}\,dx$$

oder in gewöhnlichen Einheiten

$$T = T_0 \tau = 2C(R_a + R_g) \int\limits_{x'}^{x''} \frac{1 + K\varphi'(x)}{x}\, dx.$$

Es soll nun die Periode der selbsterregten Multivibratorschwingungen berechnet werden, wobei einige konkrete Darstellungen der Röhrenkennlinie Verwendung finden. Für die stückweise lineare Kennlinie der Röhrengruppe von Abb. 186a gilt

$$\varphi(x) = \begin{cases} +1 & \text{für} \quad x < -1, \\ -x & \text{für} \quad |x| < 1, \\ -1 & \text{für} \quad x > 1; \end{cases} \qquad \varphi'(x) = \begin{cases} 0 & \text{für} \quad |x| > 1, \\ -1 & \text{für} \quad |x| < 1, \end{cases}$$

wenn als Spannungsmaßstab u_0 die halbe Länge des fallenden Kennlinienbereichs gewählt wird. Auf Grund dessen ist $x' = 1$[1]), $x'' = 2K - 1$, und im Einvernehmen mit den Ergebnissen von Kap. IV, § 8 und Kap. VIII, § 5[2]) erhält man für die Periode der selbsterregten Schwingungen

$$T = 2C(R_a + R_g) \ln (2K - 1).$$

Für eine Kennlinie, die durch ein Polynom dritten Grades approximiert wird (Abb. 186b) ergibt sich

$$\varphi(x) = -x + \frac{x^3}{3} \quad \text{und} \quad \varphi'(x) = x^2 - 1,$$

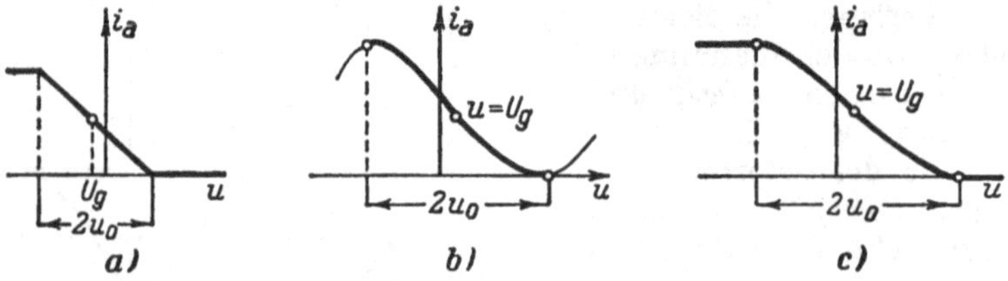

Abb. 186

wenn unter dem Maßstab u_0 die halbe Differenz der Spannungen verstanden wird, für die die Kennliniensteilheit Null wird. Die Abszissen der Anfangspunkte der Sprünge für die unstetigen selbsterregten Schwingungen lassen sich aus der Gleichung

$$1 + K(x^2 - 1) = 0, \quad \text{d. h.} \quad x' = \sqrt{\frac{K-1}{K}}$$

[1]) Im Fall einer stückweisen linearen Kennlinie bilden die Sprunganfangspunkte nach den langsamen Bewegungen die Knickpunkte der Kennlinie $x = \pm 1$, da die Unwesentlichkeitsbedingung für die parasitären Kapazitäten für alle $|x| < 1$ nicht erfüllt ist (dort ist $F'_x = K - 1 > 0$); sie wird nur für $|x| > 1$, wenn $F'_x = -1 < 0$ gilt, erfüllt sein.

[2]) Dieser Ausdruck stellt das höchste Glied in der asymptotischen Entwicklung für die Periode der selbsterregten Schwingungen dar, die in Kap. VIII, § 5, Abschn. 6 angegeben wurden; s. (8.60).

bestimmen. Gemäß (10.26) werden dann die Abszissen der Sprungendpunkte $\pm x''$ durch die Gleichung

$$x'' + K\left(-x'' + \frac{x''^3}{3}\right) = -\left\{x' + K\left(-x' + \frac{x'^3}{3}\right)\right\} = \frac{2}{3}(K-1)\sqrt{\frac{K-1}{K}}$$

definiert, die, wie leicht einzusehen ist, nur eine reelle Lösung für x'' besitzt, nämlich

$$x'' = 2\sqrt{\frac{K-1}{K}}.$$

Aus diesem Grund erhält man

$$\tau = 2\int\limits_{x'}^{x''}\left[Kx - \frac{K-1}{x}\right]dx = (3 - 2\ln 2)\,(K-1) \approx 1{,}6\,(K-1)$$

und

$$\tau \approx 1{,}6\,C(R_a + R_g)\,(K-1)^{1)}.$$

Zum Schluß soll noch die Periode der selbsterregten Multivibratorschwingungen für eine Kennlinie berechnet werden, deren fallender Bereich durch ein Polynom dritten Grades dargestellt werden kann. Es wird dabei die Kennlinie benutzt, die in Kap. V, § 12 bei der Untersuchung der Schwingungen eines Generators mit einer zweigliedrigen RC-Kette und eines Multivibrators mit einem RC-Glied Verwendung fand. Für diese Kennlinie gilt, wenn als Spannungsmaßstab u_0 die halbe Länge des fallenden Kennlinienbereichs genommen wird,

$$\varphi(x) = \begin{cases} +\frac{2}{3} & \text{für } x < -1, \\ -x + \frac{x^3}{3} & \text{für } |x| \leqq 1, \\ -\frac{2}{3} & \text{für } x \geqq 1; \end{cases} \qquad \varphi'(x) = \begin{cases} 0 & \text{für } |x| \geqq 1, \\ x^2 - 1 & \text{für } |x| \leqq 1. \end{cases}$$

[1]) A. A. Dorodnizyn [52] erhielt eine asymptotische Entwicklung für die Periode der selbsterregten Schwingungen eines Multivibrators bei Verwendung einer kubischen Kennlinie. Diese Entwicklung hat in den hier verwendeten Bezeichnungen die Form

$$\tau = 1{,}614(K-1) + 7{,}014(K-1)^{-\frac{1}{3}}\mu^{\frac{2}{3}} - \frac{11}{9}\frac{\mu}{K-1}\ln\frac{1}{\mu} - \frac{\mu}{K-1}\left\{\frac{22}{9}\ln(K-1) - 0{,}087\right\} + \cdots.$$

Der hier gewonnene Ausdruck $\tau \approx 1{,}6\,(K-1)$ bildet den höchsten Koeffizienten in dieser Entwicklung.

Wie beim vorangegangenen Beispiel ist

$$x' = \sqrt{\frac{K-1}{K}},$$

und x'' wird durch die Gleichung

$$x'' - \frac{2}{3}K = -\{x'' + K\varphi(x')\} = \frac{2}{3}(K-1)\sqrt{\frac{K-1}{K}},$$

d. h. durch

$$x'' = \frac{2}{3}\left\{(K-1)\sqrt{\frac{K-1}{K}} + K\right\}$$

definiert[1]). Es ergibt sich dann

$$\tau = 2\int_{x'}^{1}\left\{Kx - \frac{K-1}{x}\right\}dx + 2\int_{1}^{x''}\frac{dx}{x} = 1 - (K-1)\ln\frac{K}{K-1}$$
$$+ 2\ln\frac{2}{3}\left[(K-1)\sqrt{\frac{K-1}{K}} + K\right]$$

und

$$T = C(R_a - R_g)\left\{1 - (K-1)\ln\frac{K}{K-1} + 2\ln\frac{2}{3}\left[(K-1)\sqrt{\frac{K-1}{K}} + K\right]\right\}.$$

§ 6. Mechanische unstetige Schwingungen

Es sollen nun mechanische Schwingungen betrachtet werden, welche unter gegebenen Bedingungen von Körpern mit kleiner Masse bei Vorhandensein einer großen Reibung ausgeführt werden. Als konkretes Beispiel soll von dem Bremsmechanismus gesprochen werden, dessen Schema in Abb. 187 dargestellt ist[2]). Für diesen Mechanismus gilt die Bewegungsgleichung

$$J\ddot{\varphi} = -k\varphi + M(\Omega - \omega)$$

---

[1]) Hier ist $x'' > +1$ vorausgesetzt worden; dies wird, wie leicht einzusehen ist, für $K > 4/3$ erfüllt sein. Wenn jedoch $1 < K < 4/3$ ist, dann arbeitet die Röhrengruppe bei selbsterregten Multivibratorschwingungen nur im fallenden Kennlinienbereich, und die Periode der selbsterregten Schwingungen wird durch die Formel ausgedrückt, die für das vorangegangene Beispiel erhalten wurde.

[2]) Es sei darauf hingewiesen, daß dieser Mechanismus (natürlich stark schematisiert) ein Modell der üblichen Bremsvorrichtungen und des PRONYschen Zaums darstellt, der zur Messung der Leistung benutzt wird. Aus diesem Grund lassen sich alle Darlegungen über die Schwingungen in einem solchen System augenscheinlich als vereinfachte Vibrationstheorie für Bremsen, die oft in der Praxis anzutreffen sind, und für die Schwingungen des PRONYschen Zaums verwenden.

oder das ihr äquivalente System von zwei Gleichungen erster Ordnung

$$\dot{\varphi} = \omega, \quad J\dot{\omega} = -k\varphi + M(\Omega - \omega). \qquad (10.31)$$

In diesen Gleichungen bedeutet φ den Drehwinkel des Bremsringes (in bezug auf die Lage, für die das Kraftmoment der Feder gleich Null ist), J das Trägheitsmoment des Bremsringes, k den Elastizitätskoeffizienten des Systems, Ω die Winkelgeschwindigkeit der Welle und $M(\Omega - \omega)$ eine Funktion, die die Abhängigkeit des Kraftmoments der trockenen Reibung von der relativen Geschwindigkeit $\Omega - \omega$ zum Ausdruck bringt (Abb. 188).

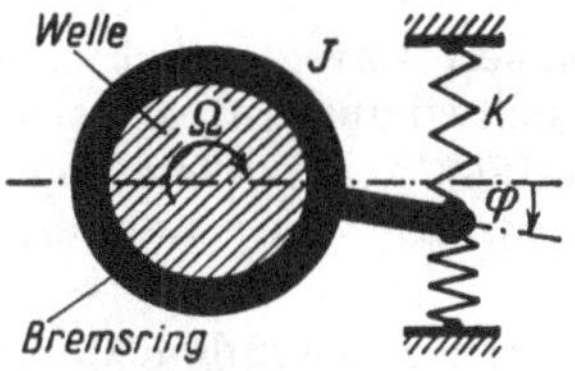

Abb. 187

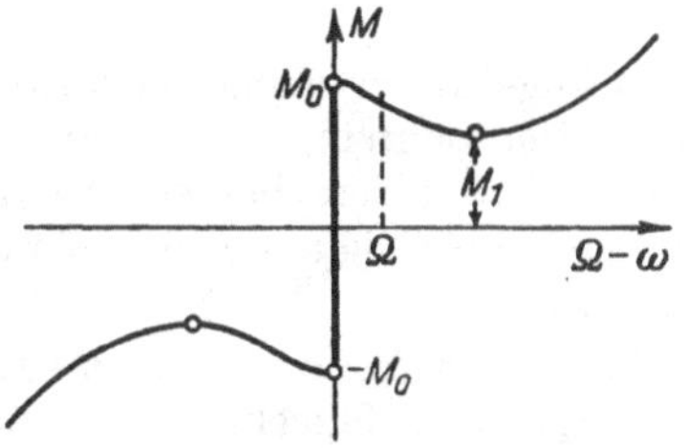

Abb. 188

Genaugenommen ist das Moment der Reibungskräfte M nicht nur eine Funktion der relativen Geschwindigkeit $\Omega - \omega$, sondern auch eine Funktion des Winkels α. Es ist nämlich

$$M = \begin{cases} M_0 & \text{für} \quad k\varphi > M_0, \\ k\varphi & \text{für} \quad |k\varphi| \leqq M_0, \\ -M_0 & \text{für} \quad k\varphi < -M_0 \end{cases}$$

für $\Omega - \omega = 0$, wobei M_0 den maximalen Wert des Kraftmoments der Ruhereibung bezeichnet (d. h., das Moment der Reibungskraft kommt beim Fehlen einer Bewegung des Ringes in bezug auf die Welle mit dem Kräftemoment der Federn $-k\varphi$ ins Gleichgewicht, wenn das letztere dem absoluten Betrage nach das Kraftmoment der Ruhereibung M_0 nicht übertrifft). Im weiteren sei angenommen, daß die Reibungskennlinie dort fallende Bereiche hat, wo das Moment der Reibungskraft M bei Vergrößerung der relativen Geschwindigkeit $\Omega - \omega$ abnimmt. Nur wenn auf der Kennlinie solche fallenden Bereiche vorhanden sind, läßt sich das Auftreten selbsterregter Schwingungen in dem hier betrachteten mechanischen System erklären.

Das vorliegende System besitzt einen einzigen Gleichgewichtszustand

$$\varphi = \varphi_0, \quad \omega = 0,$$

wobei der Winkel φ_0 im Gleichgewicht offensichtlich durch die Gleichung

$$k\varphi_0 = M(\Omega)$$

festgelegt ist. Dieser Gleichgewichtszustand ist instabil (das System erregt sich selbst, und es bilden sich in ihm selbsterregte Schwingungen aus), wenn die Ungleichung

$$M'(\Omega) < 0$$

besteht (s. auch Kap. I, § 6); diese Bedingung wird im weiteren als erfüllt angesehen. Besteht die Beziehung $-M'(\Omega) \ll \sqrt{kJ}$ und ist die Nichtlinearität der Reibungskennlinie (im hier interessierenden Geschwindigkeitsintervall) klein, dann unterscheiden sich die selbsterregten Schwingungen des Systems nur wenig von Sinuslinien (sie lassen sich bei Verwendung der im vorigen Kapitel dargelegten Methoden von VAN DER POL und POINCARÉ untersuchen).

Es soll jetzt der andere Grenzfall betrachtet werden, wenn der Bremsring ein kleines Trägheitsmoment

$$J \ll \frac{[M'(\Omega)]^2}{k}$$

besitzt. Infolge dieser Annahme wird es sich bei den selbsterregten Schwingungen um Relaxationsschwingungen handeln; das sind Schwingungen, die sich stark von Sinuslinien unterscheiden. In diesem Fall zerfällt der Schwingungsprozeß deutlich in zwei sich abwechselnde, wesentlich voneinander unterschiedene Bewegungsformen.

1. In Zuständen, in denen sich das Kraftmoment der Federn mit dem Moment der Reibungskraft im Gleichgewicht befindet, wird das System relativ geringe Beschleunigungen $\dot{\omega}$ aufweisen, obwohl das Trägheitsmoment J klein ist. Dies führt bei Bewegungen durch diese Zustände zu relativ langsamen Änderungen der Geschwindigkeit ω. In diesem Bereich ist das Glied $J\dot{\omega}$ klein, also

$$J\,|\dot{\omega}| \ll k\,|\varphi| \approx |M(\Omega - \omega)|$$

und darf vernachlässigt werden. Diese Zustände, in denen sich ω relativ langsam ändert, bilden sich aus diesem Grund in der φ, ω-Phasenebene in Punkte ab, die in einer kleinen Umgebung der Linie

$$F(\varphi, \omega) \equiv -k\varphi + M(\Omega - \omega) = 0$$

liegen. Bei dieser Kurve handelt es sich offensichtlich um die Phasenlinie des „entarteten" Systems (mit $J = 0$); die angegebene Umgebung zieht sich auf F zusammen, wenn J nach Null strebt.

2. In Zuständen, in denen die Momente der Reibungs- und der Federkraft sich nicht das Gleichgewicht halten, sind die Beschleunigungen $\dot{\omega}$ sehr groß, weil das Trägheitsmoment J des Ringes ausreichend klein ist. Diesen Zuständen, in denen sich die Geschwindigkeit ω sehr rasch ändert, entsprechen in der φ, ω-Phasenebene Punkte, die außerhalb einer kleinen Umgebung der Linie F liegen; diese Umgebung zieht sich ebenfalls für $J \to +0$ auf F zusammen. In diesem Bereich rascher Änderungen der Geschwindigkeit ω hat man $\dot{\omega} \to \infty$ für $J \to +0$ (links von F gilt $\dot{\omega} \to +\infty$ und rechts von dieser Linie $\dot{\omega} \to -\infty$), während die Geschwindigkeit $\dot{\varphi} = \omega$ selbst endlich bleibt. In diesem Bereich gilt

$$\frac{d\varphi}{d\omega} = \frac{J\omega}{-k\varphi + M(\Omega - \omega)} \to 0$$

für $J \to +0$, d.h., er wird von Phasentrajektorien ausgefüllt, die sich nur wenig von den vertikalen Geraden $\varphi = \text{const}$ unterscheiden, auf denen sich der Bildpunkt „sprunghaft" bewegt (mit $\dot{\omega} \to \infty$ für $J \to +0$).

In Übereinstimmung mit diesem Sachverhalt erhält man die in Abb. 189 angegebene Zerlegung der Phasenebene in Trajektorien für den Grenzfall $J \to +0$. Die gesamte Ebene außerhalb der Linie F ist von vertikalen geradlinigen Phasentrajektorien „unendlich großer" Beschleunigungen ausgefüllt. Diese laufen aus dem Unendlichen und von den Abschnitten der Linie F mit

$$F'\omega = -M'(\Omega - \omega) > 0,$$

die demzufolge den fallenden Bereichen der Reibungskennlinie entsprechen, zu den übrigen Abschnitten F^+ der Linie F, die in Abb. 189 durch eine fette Linie veranschaulicht sind. Die Abschnitte F^+ stellen offensichtlich die Grenzlage der Phasentrajektorien „endlicher" Beschleunigungen (d. h. relativ langsamer Änderungen der Geschwindigkeit ω) dar. Nur auf diesen Abschnitten F^+ der Phasenlinie F des „entarteten" Systems ist das kleine Trägheitsmoment J, welches im realen System vorhanden ist, für dessen Bewegung nicht wesentlich, d. h., die Bewegung des Systems wird näherungsweise von den „entarteten" Gleichungen

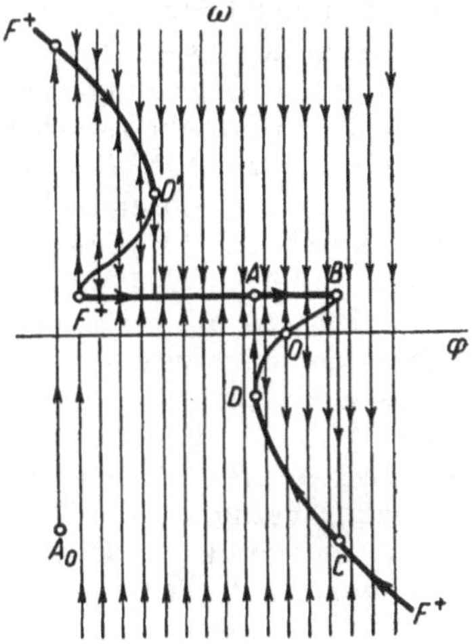

Abb. 189

$$-k\varphi + M(\Omega - \omega) = 0, \quad \dot{\varphi} = \omega \tag{10.32}$$

beschrieben.

Wird $J = 0$ gesetzt, werden also die Gleichungen (10.23) immer verwendet, dann entsteht das „defekte" Modell erster Ordnung mit F als Phasenlinie, auf der die Scheidepunkte der Phasentrajektorien (die Punkte B, D, D' von Abb. 189) liegen. Diese Punkte sind keine Gleichgewichtszustände, andererseits gibt es auf der Linie F keine Phasentrajektorien des Systems (10.32), die von diesen Punkten ausgehen. Verwendet man also dieses Modell, dann läßt sich die Bewegung des Systems nicht verfolgen. Eine Korrektur dieses „defekten" Modells kann entweder durch eine Berücksichtigung des kleinen (oder sogar beliebig kleinen) Trägheitsmoments des Bremsringes oder durch Einführung eines ergänzenden, entsprechend formulierten Postulats für den Sprung des Bildpunktes aus den Scheidepunkten der Phasentrajektorien erreicht werden.

Es sei auch noch bemerkt, daß die Scheidepunkte der Phasentrajektorien auf der Linie F Bogenstücke aussondern, die den fallenden Bereichen der Reibungskennlinie entsprechen und in deren Umgebung sich der Bildpunkt nicht für beliebig kleine, positive Trägheitsmomente J bewegen kann. Anders ausgedrückt, die Phasenlinie des „entarteten" Systems enthält Abschnitte, auf denen das beliebig kleine Trägheitsmoment des Bremsringes ein Parameter ist, der den Bewegungsablauf des Systems wesentlich beeinflußt.

Ohne Schwierigkeiten erkennt man, daß auf Grund der Dynamik des „entarteten" Systems [wegen der Gleichungen (10.32)] das hier betrachtete System nicht zu allen Zeiten in Zuständen verbleibt, die durch Punkte auf den Trajektorien F^+ veranschaulicht werden; früher oder später gelangt der Bildpunkt bei seiner Bewegung auf F^+ in einen der Punkte B, D oder D' und gerät in den Bereich

„unendlich“ großer Beschleunigungen. Auf einer entsprechenden Sprungtrajektorie (BC, DA oder $D'A'$) kehrt dann der Bildpunkt rasch durch einen Sprung auf eine der Trajektorien „endlicher“ Beschleunigung von F^+ zurück, usw. (bei sprunghaften Zustandsänderungen ändert sich die Geschwindigkeit des Systems ω sprungförmig bei unveränderter Koordinate φ). Im Ergebnis stellen sich dann nach nicht mehr als zwei Bewegungen mit endlichen Beschleunigungen (beispielsweise für eine Bewegung, die im Zustand A_0 von Abb. 189 beginnt) im System unstetige, periodische selbsterregte Schwingungen ein, denen in der Phasenebene der Grenzzyklus $ABCDA$ (Abb. 189) zugeordnet ist. Sie bestehen abwechselnd aus Bewegungen mit endlichen und „unendlich großen“ Beschleunigungen.

Der Abschnitt AB dieses Grenzzyklus entspricht einer Bewegung des Ringes, der von der Welle „mitgerissen“ wird; der Ring rotiert zusammen mit der Welle gleichmäßig mit der Geschwindigkeit Ω, wobei sich die Federn deformieren — das Moment der Elastizitätskräfte nimmt zu, aber mit ihm wächst auch das Moment der Reibungskraft, wobei es die gesamte Zeit dem Kraftmoment der Federn gleich bleibt. Wird das Moment der Elastizitätskraft gleich dem maximalen Moment der Reibungskraft (dies tritt im Punkt B ein), dann erfolgt sowohl dem Betrage nach als auch in bezug auf die Richtung eine sprunghafte Änderung der Geschwindigkeit bei unveränderter Dehnung der Federn; dementsprechend springt der Bildpunkt vom Punkt B zum Punkt C über, der einem Wert

$$M(\Omega - \omega_C) = M_0$$

des Moments der Reibungskraft entspricht. Dieser Punkt liegt wieder auf einer Phasentrajektorie relativ langsamer Änderungen der Geschwindigkeit ω, auf einer Trajektorie von F^+[1]).

[1]) Praktisch ändert sich die Spannung der Federn bei einem „Sprung“ ein wenig, da in Wirklichkeit ein Sprung nicht plötzlich erfolgt; je kleiner aber das Trägheitsmoment J ist, um so kleiner wird auch die Sprungdauer sein, und um so kleiner ist auch die Änderung der Koordinate φ und die Spannung der Federn. Die Größenordnung der Änderungen der Koordinate φ beim Geschwindigkeitssprung (von Ω bis ω_C) läßt sich beispielsweise abschätzen, wenn von den folgenden Überlegungen ausgegangen wird. Da ein reales System ein gewisses Trägheitsmoment hat, ändert sich beim Sprung der Geschwindigkeit auch die kinetische Energie des Systems um $\frac{1}{2} J\Delta(\omega^2)$. Diese Änderung der kinetischen Energie muß der Arbeit der Spannungskräfte der Federn und der Reibungskraft gleich sein

$$\frac{1}{2} J\Delta(\omega^2) = \int\limits_{\varphi}^{\varphi+\Delta\varphi} [-k\varphi + M(\Omega - \dot{\varphi})]\, d\varphi \approx \int\limits_{\varphi}^{\varphi+\Delta\varphi} [-M_0 + M(\Omega - \omega)]\, d\varphi,$$

da bei dem betrachteten Sprung

$$\varphi \approx \text{const} = \frac{M_0}{k}$$

gilt. Wird der Mittelwert des Moments der Reibungskraft M_m während des Sprungs eingeführt, dann ist

$$\frac{1}{2} J\Delta(\omega^2) \approx -(M_0 - M_m)\Delta\varphi,$$

woraus sich für die Änderung der Koordinate φ beim Sprung der Winkelgeschwindigkeit

$$\Delta\varphi \approx -\frac{1}{2} \frac{J\Delta(\omega^2)}{M_0 - M_m}$$

ergibt.

Weiterhin erfolgt eine stetige Änderung von Geschwindigkeit und Koordinate. Diese ist durch die Gleichung (10.32) festgelegt, solange der Bildpunkt auf der Trajektorie CD nicht den Punkt D ($\omega = \omega_D$) erreicht, dem das Minimum der Reibungskennlinie zugeordnet ist. In diesem Zustand erfolgt erneut ein Geschwindigkeitssprung (von ω_D nach Ω) bei ungeänderter (genauer gesagt, bei fast ungeänderter) Koordinate $\varphi = \frac{M_1}{k}$; M_1 bedeutet dabei den Minimalwert des Moments der Reibungskraft (s. Abb. 188). Die weitere Bewegung erfolgt in gleicher Weise, und der Ring führt selbsterregte Schwingungen aus. Die entsprechenden Oszillogramme für die selbsterregten Schwingungen des Winkels φ und der Geschwindigkeit ω sind qualitativ in Abb. 190 dargestellt.

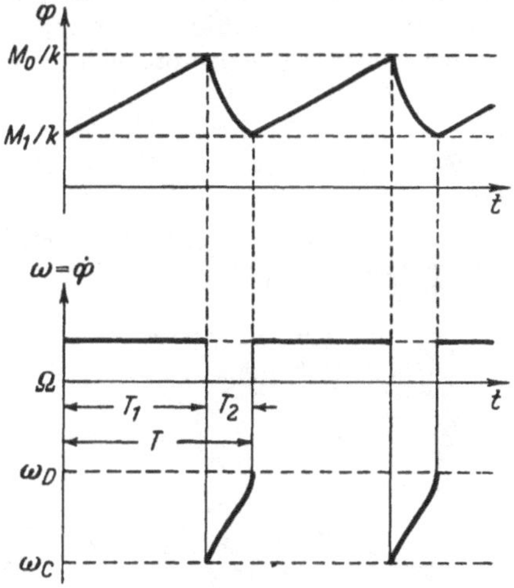

Abb. 190

Die „Amplitude" der selbsterregten Schwingungen der Koordinate φ kann als Differenz des maximalen und minimalen Moments der Reibungskraft $M_0 - M_1$ definiert werden. Diese Amplitude (die halbe vollständige Schwingungsweite) ist gleich

$$\varphi_0 = \frac{1}{2}\,\frac{M_0 - M_1}{k}.$$

Zur Berechnung der Periode muß man die Bewegungsdauer des Bildpunktes entlang der Trajektorien F^+ von A nach B und von C nach D ermitteln (Abb. 189). Die Abschnitte des Grenzzyklus vom Punkt B bis zum Punkt C und von D zu A werden vom Bildpunkt für $J \to +0$ plötzlich durchlaufen. Für ausreichend kleine J erfolgt dieser Vorgang so rasch, daß dadurch die Periode der selbsterregten Schwingungen nicht merklich beeinflußt wird. Da auf dem Abschnitt AB $\dot{\varphi} = \Omega$ gilt, ist die Durchlaufzeit gleich

$$T_1 = \frac{M_0 - M_1}{k\Omega}.$$

Die Zeit T_2, die der Bildpunkt zum Durchlaufen des Abschnittes CD benötigt, ergibt sich durch Integration der Gleichungen (10.32) auf diesem Abschnitt zu

$$T = \int\limits_{\frac{M_0}{k}}^{\frac{M_1}{k}} \frac{d\varphi}{\omega} = -\frac{1}{k}\int\limits_{\omega_C}^{\omega_D} \frac{M'(\Omega - \omega)}{\omega}\,d\omega.$$

Dies ist deshalb der Fall, weil sich die Gleichungen (10.32) auch in der Form

$$k\omega = -M'(\Omega - \omega)\,\frac{d\omega}{dt} \tag{10.32a}$$

schreiben lassen. Nach Berechnung von T_2 (beispielsweise durch graphische Integration) ergibt sich die Periode der selbsterregten Schwingungen zu

$$T = T_1 + T_2.$$

Es war bereits dargelegt worden, daß sich in Wirklichkeit plötzliche Änderungen der Geschwindigkeit nicht beobachten lassen, da ein reales System ein gewisses (kleines, aber endliches) Trägheitsmoment besitzt, dem zur Folge die „Sprünge" nicht mit unendlich großen, sondern nur mit sehr großen, aber endlichen Beschleunigungen vonstatten gehen. Aus diesem Grund werden die Phasentrajektorien „rascher" Geschwindigkeitsänderungen für $J \neq 0$ nicht geradlinig verlaufen, sondern etwas gekrümmt sein. Dennoch wird bei einem ausreichend kleinen

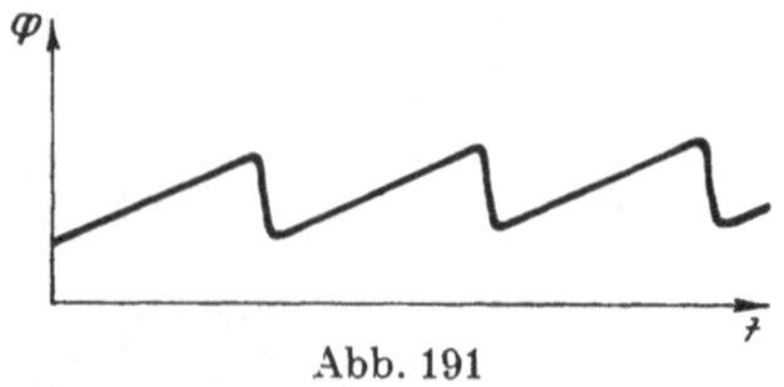

Abb. 191

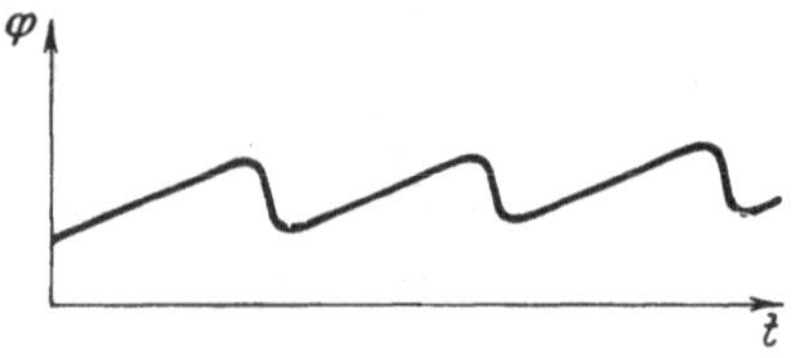

Abb. 192

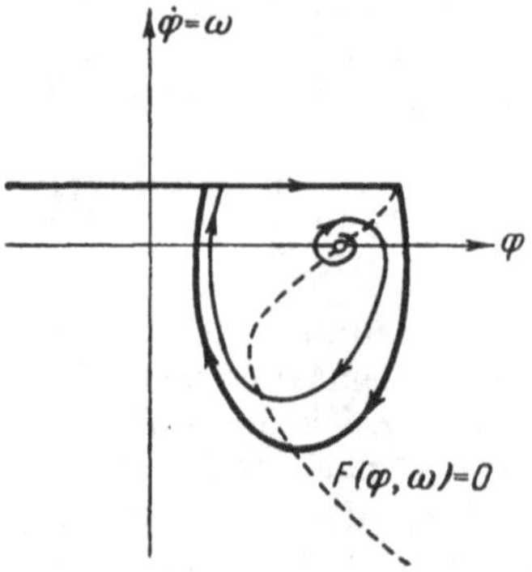

Abb. 193

Trägheitsmoment und bei großen Momenten der Federelastizität und der Reibungskraft diese Krümmung praktisch überhaupt nicht bemerkbar sein. Der Charakter des Prozesses ändert sich aber bei Vergrößerung des Trägheitsmoments des Ringes. In Abb. 191 und 192 sind die experimentell gewonnenen Kurven für die Schwingungen des Ringes bei verschiedenen Trägheitsmomenten dargestellt. Die Form der Kurven nimmt bei Vergrößerung des Trägheitsmoments des Ringes immer mehr die Form harmonischer Schwingungen an, und das „Relaxationspendel" verwandelt sich in ein FROUDsches. Das letztere stellt ein selbsterregtes Schwingungssystem dar und unterscheidet sich nur wenig von einem harmonischen Oszillator. Das Bild in der Phasenebene (Abb. 193), welches nach dem Oszillogramm für die Schwingungen des Ringes mit großem Trägheitsmoment konstruiert wurde (Abb. 192), unterscheidet sich wesentlich von der Zerlegung dieser Ebene in Trajektorien für den Grenzfall $J \to +0$ (Abb. 189). Unter der Einwirkung eines merklichen Trägheitsmomentes des Ringes werden die Geschwindigkeitssprünge geglättet.

§ 7. Zwei Generatoren elektrischer, unstetiger Schwingungen

Zu dem eben betrachteten mechanischen Relaxationssystem lassen sich auch analoge Beispiele sehr einfacher Generatoren elektrischer, unstetiger Relaxationsschwingungen angeben, und zwar eine Schaltung mit einer Neonröhre (oder einem Lichtbogen) und der Dynatrongenerator.

1. Eine Schaltung mit einer Neonröhre

In dieser Schaltung (Abb. 194) wurden bereits in Kap. IV, § 6, Abschn. 2 unstetige Schwingungen untersucht, wobei ein Sprungpostulat für die Stromstärke benutzt wurde; es war angenommen worden, daß sich beim Entzünden und Erlöschen der Neonröhre die Stromstärke in ihr bei unveränderlicher Spannung an der Röhre (oder, was dasselbe ist, am Kondensator C) sprungförmig ändert. Dieses Sprungpostulat hatte sich dort nicht aus dem verwendeten Modell erster Ordnung [aus Gleichung (4.30)] ergeben, es war vielmehr auf Grund ergänzender physikalischer Überlegungen in bezug auf die Begrenzung von Strom und Spannung in der Schaltung eingeführt worden.

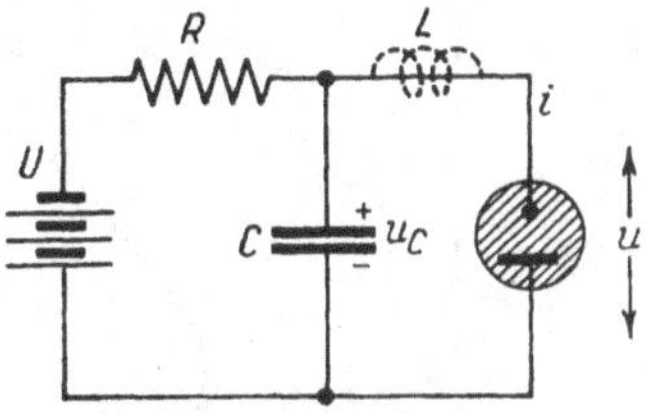

Abb. 194

Es soll nun nochmals kurz die gleiche Schaltung betrachtet werden, wobei wesentliche, parasitäre Parameter Berücksichtigung finden (diese seien als ausreichend klein vorausgesetzt). Dabei werden insbesondere die „Sprünge“ der Stromstärke in der Neonröhre bei „unveränderter“ Spannung am Kondensator C als Folgerung aus der Dynamik des Systems auftreten. Wenn die kleine, parasitäre Induktivität L der Neonröhrenschaltung berücksichtigt wird, die in Abb. 194 punktiert gezeichnet ist[1]), dann entstehen die folgenden Schwingungsgleichungen

$$C\frac{du}{dt} = \frac{U - u_C}{R} - i, \quad L\frac{di}{dt} = u_C - u, \quad i = \varphi(u). \tag{10.33}$$

$\varphi(u)$ bezeichnet in ihnen die Funktion, welche die Abhängigkeit der Stromstärke i in der Neonröhre von der Spannung u an ihr wiedergibt ($i = \varphi(u)$ ist die Gleichung der statischen Röhrenkennlinie); die Umkehrfunktion, die für die gezündete Röhre eindeutig ist, sei mit $u = \psi(i)$ bezeichnet. Bekanntlich hat die Kennlinie einer Neonröhre (sie wurde in Abb. 195 dargestellt) für $0 < i < I_1$ einen fallenden Bereich. Im weiteren sei angenommen, daß der Gleichgewichtszustand (u_0, i_0)

[1]) Unter den kleinen, parasitären Parametern, die für die Prozesse in der Schaltung wesentlich sind, muß man auch neben der parasitären Induktivität der Anordnung die Trägheit der Gasentladung in der Neonröhre erwähnen. Diese Trägheit läßt sich näherungsweise durch Einführung einer kleinen „äquivalenten“ Induktivität in der Neonröhre darstellen. Im weiteren soll unter L die Summe dieser „äquivalenten“ Induktivität und der parasitären Induktivität der Anordnung verstanden werden.

der hier betrachteten Schaltung, der von den Beziehungen

$$u_C = u, \quad i = \frac{U - u}{R} = \varphi(u)$$

definiert wird, der einzige ist und auf diesem fallenden Bereich liegt (Abb. 195); er wird dann instabil sein.

Die charakteristische Gleichung für diesen Gleichgewichtszustand hat bekanntlich die Gestalt

$$LCR\lambda^2 + [L + CR\,\psi'(i_0)]\,\lambda + R + \psi'(i_0) = 0.$$

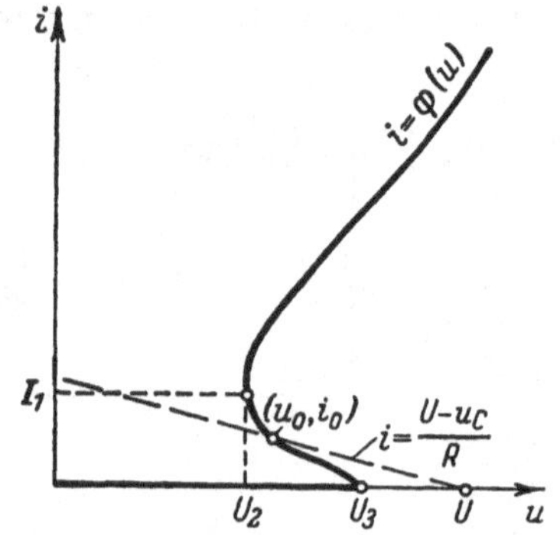

Abb. 195

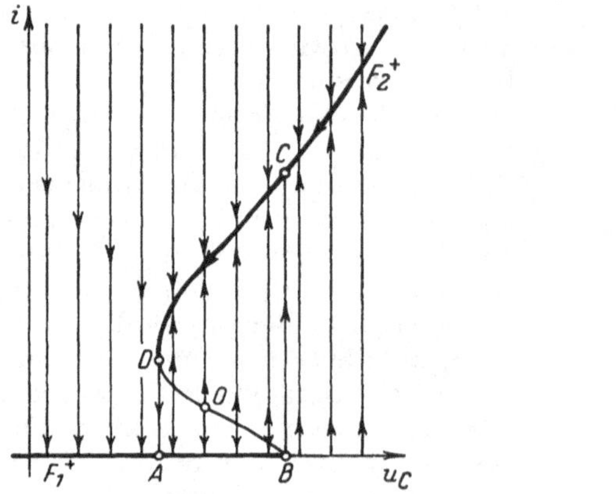

Abb. 196

Aus diesem Grund handelt es sich bei dem Gleichgewichtszustand (u_0, i_0), wenn er sich auf dem fallenden Bereich der Kennlinie befindet, d. h. wenn $-R < \psi'(i_0) < 0$ ist, um den einzigen. Er wird für $L < -CR\,\psi'(i_0)$ instabil sein, was offensichtlich für ausreichend kleine L erfüllt ist. Damit der Gleichgewichtszustand eindeutig ist und auf dem fallenden Bereich liegt, ist erforderlich, daß U und R ausreichend groß sind $(U > U_3$, $R > R_{\text{kr}}$; einen ähnlichen Sachverhalt s. Kap. IV, § 7, Abschn. 2).

Es soll nun für $L \to +0$ die Grenzzerlegung der u_C, i-Phasenebene in Trajektorien des Systems (10.33) konstruiert werden. Vor allem ist die Linie

$$F(u_c, i) \equiv u_C - \psi(i) = 0$$

zu zeichnen, die die Phasenlinie des „entarteten" Modells darstellt (Abb. 196). Auf ihr lassen sich die Abschnitte F_1^+ und F_2^+ aussondern, auf denen die Unwesentlichkeitsbedingung für die kleine, parasitäre Induktivität L erfüllt ist

$$F_i' = -\psi'(i) < 0.$$

Außerhalb dieser Linie strebt $\frac{di}{dt} \to \infty$ für $L \to +0$ (rechts von ihr strebt $\frac{di}{dt} \to +\infty$ und links von ihr $\frac{di}{dt} \to -\infty$) bei beschränktem $\frac{du_C}{dt}$. Aus diesem Grund bildet das Gebiet der Phasenebene außerhalb der Linie F für $L \to +0$ den Bereich „sprunghafter“ Zustandsänderungen des Systems. Dieser Bereich ist von vertikalen geradlinigen Sprungtrajektorien der Stromstärke — von den Trajektorien $u_C = \text{const}$ — ausgefüllt, die aus dem Unendlichen und von den Abschnitten der Linie F, welche dem fallenden Kennlinienbereich der Neonröhre entsprechen, zu den Linien F_1^+ und F_2^+ laufen. Anders ausgedrückt, im Bereich außerhalb der Linien F_1^+ und F_2^+ erfolgen im Inneren der Neonröhre Sprünge der Stromstärke i bei ungeänderter Spannung u_C am Kondensator C (dementsprechend ändert sich für ausreichend kleine L die Stromstärke in diesem Bereich sehr rasch bei fast ungeänderter Spannung u_C, da sich die Phasentrajektorien dieser raschen Zustandsänderungen für kleine L nur wenig von den Geraden $u_C = \text{const}$ unterscheiden). „Langsame“ Zustandsänderungen mit endlichen Geschwindigkeitsänderungen der Stromstärke i und der Spannung u_C für $L \to +0$ finden nur auf deren Linien F_1^+ und F_2^+ (genauer gesagt, in der Nachbarschaft dieser Linien bei kleinen Werten von L) statt. Hier werden die Schwingungen in der Schaltung befriedigend von den Gleichungen des entarteten Systems (mit $L = 0$)

$$i = \varphi(u_C),$$

$$RC \frac{du}{dt} = U - u_C - R\varphi(u_C)$$

wiedergegeben.

Da auf den Trajektorien „langsamer“ Zustandsänderungen F_1^+ und F_2^+ keine Gleichgewichtszustände liegen und da sich auf ihnen der Bildpunkt zum Punkt B bzw. zum Punkt D bewegt, von denen aus die Sprünge der Stromstärke erfolgen, werden unter beliebigen Anfangsbedingungen in der Schaltung unstetige selbsterregte Schwingungen entstehen; ihnen entspricht in der Phasenebene der Grenzzyklus $ABCDA$ (Abb. 196).

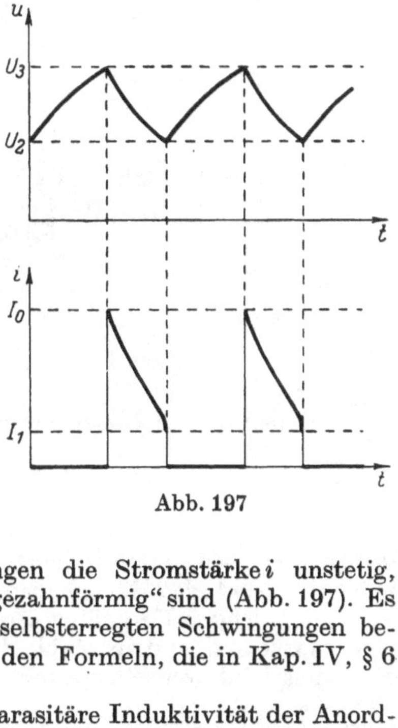

Abb. 197

Außerdem ändert sich bei diesen Schwingungen die Stromstärke i unstetig, während die Schwingungen der Spannung u „sägezahnförmig“ sind (Abb. 197). Es sollen hier nicht Amplitude und Periode der selbsterregten Schwingungen berechnet werden; diese Größen ergeben sich aus den Formeln, die in Kap. IV, § 6 hergeleitet wurden.

In der betrachteten Schaltung sind also die parasitäre Induktivität der Anordnung und die Trägheit der Gasentladung in der Neonröhre Faktoren, die (obwohl sie klein sind) für den Ablauf der Schwingungsprozesse in der Schaltung wesentliche Bedeutung haben. Nur wenn sie berücksichtigt werden, läßt sich ein dynamisches Modell aufstellen, welches ausreichend genau die Dynamik der Schaltung widerspiegelt und es möglich macht, den Ablauf der Schwingungen ohne Zuhilfenahme irgendwelcher ergänzender Überlegungen und Hypothesen zu verfolgen. Man erhält dabei Ergebnisse, die sich in qualitativer und befriedigend quantitativer Übereinstimmung mit dem Experiment befinden.

2. *Ein Dynatrongenerator unstetiger Schwingungen*

Die Schaltung eines Dynatrongenerators für unstetige Relaxationsschwingungen ist in Abb. 198 angegeben; seine Schwingungen werden (bei Berücksichtigung der kleinen, parasitären Kapazität C_a) durch die Gleichungen

$$L\frac{di}{dt} = U_a - u - Ri,$$

$$C_a\frac{du}{dt} = i - i_a, \quad i_a = \varphi(u) \tag{10.34}$$

beschrieben. In ihnen bedeutet $i_a = \varphi(u)$ die Gleichung der Kennlinie der Tetrode (diese Tetrodenkennlinie ist qualitativ in Abb. 199 dargestellt; es ist von Bedeutung, daß sie einen fallenden Bereich hat: für $U_1 < u < U_2$ ist $\varphi'(u) < 0$)[1]).

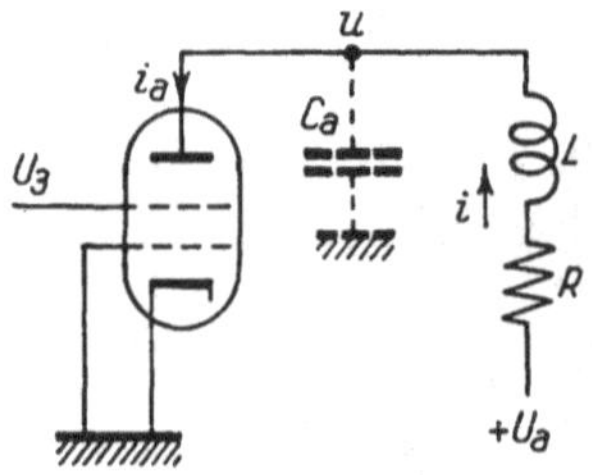

Abb. 198

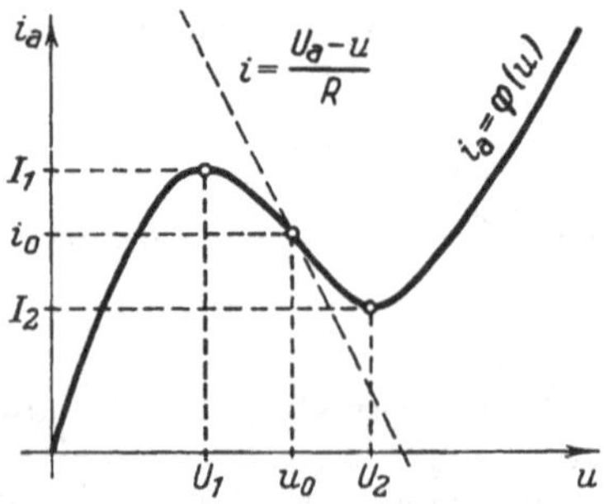

Abb. 199

Der Generator hat Gleichgewichtszustände, die offensichtlich der Gleichung

$$i = \frac{U_a - u}{R} = \varphi(u)$$

genügen. Im weiteren sei angenommen, daß die Schaltungsparameter U_a und R so beschaffen sind, daß die Schaltung einen Gleichgewichtszustand (u_0, i_0) hat, der auf dem fallenden Kennlinienbereich der Tetrode liegt (Abb. 199). Dieser Gleichgewichtszustand ist dann stabil, da die Kapazität C_a ausreichend klein ist, und die Schaltung wird von selbst erregt.

---

[1]) Wird die parasitäre Kapazität C_a vernachlässigt, dann entsteht ein Modell erster Ordnung, dessen Phasenlinie (die Linie der Spannungen u) die Scheidepunkte der Phasentrajektorien $u = U_1$ und $u = U_2$ enthält. Dieses Modell ist ebenfalls in dem Sinne „defekt", daß es bei seiner Verwendung nicht möglich ist, den Schwingungsablauf zu verfolgen und wenigstens qualitativ die Schwingungsgesetzmäßigkeiten in der Schaltung zu erläutern. Für die Untersuchung der Schwingungen im Dynatrongenerator muß man entweder dieses Modell durch ein entsprechendes Sprungpostulat ergänzen oder aber einen der wesentlichen, parasitären Parameter berücksichtigen (ein solcher Parameter in der Schaltung ist die parasitäre Kapazität C_a).

Die charakteristische Gleichung für den Gleichgewichtszustand (u_0, i_0) des Generators hat, wie leicht einzusehen ist, die Gestalt

$$\begin{vmatrix} L\lambda + R & 1 \\ -1 & C_a\lambda + \varphi'(u_0) \end{vmatrix} \equiv C_a\lambda^2 L + |C_a R + L\varphi'(u_0)|\,\lambda + 1 + R\varphi'(u_0) = 0 .$$

Liegt der Gleichgewichtszustand auf dem fallenden Bereich der Kennlinie und ist er der einzige, so besteht die Ungleichung $-\frac{1}{R} < \varphi'\,(u_0) < 0$. Dieser Gleichgewichtszustand ist demzufolge für $C_a < -\frac{L}{R}\,\varphi'(u_0)$ instabil, was für ausreichend kleine C_a zutreffend ist.

Für die Untersuchung der Schaltungsschwingungen bei ausreichend kleinen C_a konstruiert man nun die Zerlegung der u, i-Phasenebene in Trajektorien für den Grenzfall $C_a \to +0$. Diese Zerlegung ist in Abb. 200 angegeben. Überall außerhalb der Linie F, die durch die Gleichung

$$F(u, i) = i - \varphi(u) = 0$$

definiert ist, d. h., außerhalb der Phasenlinie des „entarteten" Modells (mit $C_a = 0$) ist die Schnelligkeit der Änderung der Spannung u an der Tetrode für ausreichend kleine Werte der parasitären Kapazität C_a sehr groß. Für $C_a \to +0$ strebt $\frac{du}{dt} \to \infty$, wobei oberhalb der Linie F $\frac{du}{dt} \to +\infty$ und unter ihr $\frac{du}{dt} \to -\infty$ strebt; $\frac{di}{dt}$ bleibt überall beschränkt. Demzufolge ist dieses Gebiet der Phasenebene von den Trajektorien $i = \text{const}$ ausgefüllt, auf denen sich der Bildpunkt mit „unendlich" großer Phasengeschwindigkeit bewegt. Diese Geraden stellen also die Sprungtrajektorien der Spannung u an der Tetrode (bei ungeänderter Stromstärke i) dar. Diese Trajektorien laufen aus dem Unendlichen und vom Abschnitt BD der Linie F, die dem fallenden Kennlinienbereich zugeordnet ist, zu den übrigen Teilen F_1^+ und F_2^+ der Linie F. Auf diesen beiden Abschnitten ist die Unwesentlichkeitsbedingung für die kleine parasitäre Kapazität C_a erfüllt

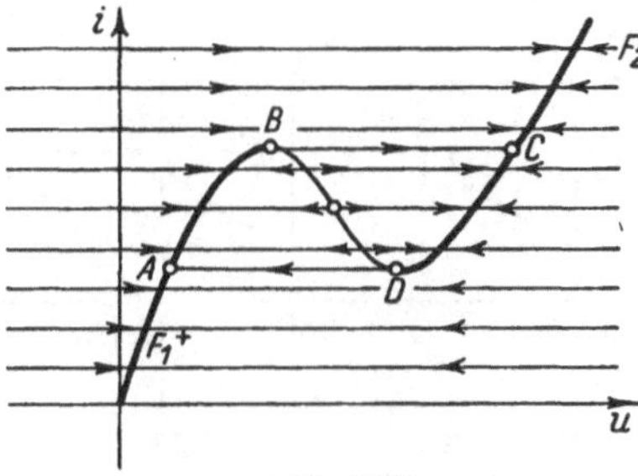

Abb. 200

$$\frac{\partial F}{\partial u} = -\varphi'(u) < 0 .$$

Auf Grund dieser Tatsache wird sich dann der Bildpunkt, der im Ergebnis eines „Sprunges" auf F_1^+ oder F_2^+ gelangt, entlang dieser Kurve (für $C_a \to +0$) mit endlicher Schnelligkeit der Änderungen der Spannung u bewegen. Die Linien F_1^+ und F_2^+ bilden also die Trajektorien „langsamer" Zustandsänderungen des Systems[1]). Da auf F_1^+ und F_2^+ die Unwesentlichkeitsbedingung für die parasitäre

[1]) Genauer gesagt, die Phasentrajektorien „langsamer" Zustandsänderungen des Systems liegen in einer kleinen Umgebung der Linien F_1^+ und F_2^+ und streben für $C_a \to +0$ zu diesen Kurven. Die Linien F_1^+ und F_2^+ selbst bilden für $C_a \neq 0$ die Isoklinen der vertikalen Tangenten.

Kapazität C_a erfüllt ist, darf hier diese kleine Kapazität C_a vernachlässigt werden, und die Gleichung für die Schwingungen in der Schaltung (für „langsame“ Änderungen der Spannung u an der Tetrode) kann in der Form

$$i = \varphi(u), \quad L\frac{di}{dt} + Ri = U_a - u$$

geschrieben werden.

Auf den Trajektorien F_1^+ und F_2^+ ist $\frac{du}{dt} \neq 0$, $\frac{di}{dt} \neq 0$ (dort liegen keine Gleichgewichtszustände), wobei auf $F_1^+ \frac{du}{dt} > 0$ und auf $F_2^+ \frac{du}{dt} < 0$ gilt; aus diesem Grund gelangt der Bildpunkt bei seiner Bewegung auf der Trajektorie F_1^+ (oder auf F_2^+) sicher nach Verlauf einer endlichen Zeit in den Punkt B (oder in D), von dem aus er auf einer entsprechenden Sprungtrajektorie $i = \text{const}$ in den Punkt C der Trajektorie F_2^+ (in den Punkt A der Trajektorie F_1^+) „überspringt“. Man gelangt also zu der Schlußfolgerung, daß in der Phasenebene ein Grenzzyklus $ABCDA$ existiert, in den alle Trajektorien des Systems münden. Dementsprechend entstehen in der Schaltung unter beliebigen Anfangsbedingungen selbsterregte Schwingungen, bei denen, im Gegensatz zur Schaltung mit einer Neonröhre, die Schwingungen der Spannung u unstetigen Verlauf haben, während die Schwingungen der Stromstärke i „sägezahnförmig“ sind (Abb. 201)[1]). Die größten Schwingungsweiten von Stromstärken und Spannung sind $I_B - I_A = I_1 - I_2$ bzw. $U_C - U_A$. Die Periode T der selbsterregten Schwingungen wird durch Addition der Zeiten erhalten, die der Bildpunkt zum Durchlaufen der Abschnitts AB und CD auf den Trajektorien „langsamer“ Bewegungen F_1^+ und F_2^+ benötigt; die Dauer der Sprünge von B nach C und D nach A kann vernachlässigt werden. Ohne Schwierigkeiten ergibt sich dann

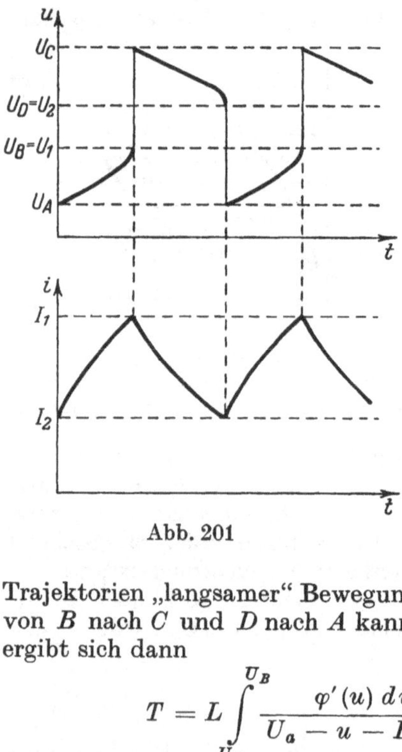

Abb. 201

$$T = L\int_{U_A}^{U_B} \frac{\varphi'(u)\,du}{U_a - u - R\varphi(u)} + L\int_{U_C}^{U_D} \frac{\varphi'(u)\,du}{U_a - u - R\varphi(u)}.$$

[1]) Dieses Bild ist allen elektrischen Relaxationssystemen gemeinsam, die sich bei Vernachlässigung der parasitären Parameter auf eine Differentialgleichung erster Ordnung zurückführen lassen: Wenn die Stromspannungs-Kennlinie $i = \varphi(u)$ des nichtlinearen Schaltungselementes „N-förmig“ ist (dieser Typ ist in Abb. 200 dargestellt), werden in der Schaltung bei den unstetigen Schwingungen Sprünge der Spannung u auftreten, während sich die Stromstärke i stetig ändert. Im Gegensatz dazu wird sich im Fall einer „S-förmigen“ Kennlinie $i = \varphi(u)$ des nichtlinearen Elements analog zur Kennlinie der Neonröhre die Spannung u stetig ändern, während die Schwingungen der Stromstärke unstetigen Verlauf haben.

Die Integrale in diesem Ausdruck lassen sich beispielsweise dann leicht berechnen, wenn die Tetrodenkennlinie durch eine stückweise lineare Funktion approximiert wird.

§ 8. Eine Schaltung von Frühauf

Es soll nun die Schaltung eines Relaxationsgenerators betrachtet werden, die von Frühauf angegeben wurde [155, 142]. In dieser Schaltung (Abb. 202) sind die Röhren selbst Bestandteil des geschlossenen Stromkreises; deshalb muß man der Spannungsteilung zwischen den Röhren und den Widerständen R besondere Aufmerksamkeit schenken. Demzufolge darf man auch die Anodenrückwirkung nicht vernachlässigen, die in dieser Schaltung eine entscheidende Rolle spielt. Aus diesem Grund ist der Anodenstrom nicht nur eine Funktion der Gitter-, sondern auch der Anodenspannung. Es soll nämlich angenommen werden, daß der Anodenstrom einer Röhre eine eindeutige, monoton zunehmende Funktion der sogenannten Steuerspannung $u_{st} = u_g + D u_a$ ist

$$i_a = f(u_g + D u_a).$$

Hier bezeichnet D den Durchgriff der Röhre, d. h. den reziproken Wert des Verstärkungskoeffizienten ($D < 1$). Des weiteren soll diese Funktion so beschaffen sein, daß ihre Umkehrfunktion

$$u_g + D u_a = u(i_a)$$

ebenfalls eindeutig ist.

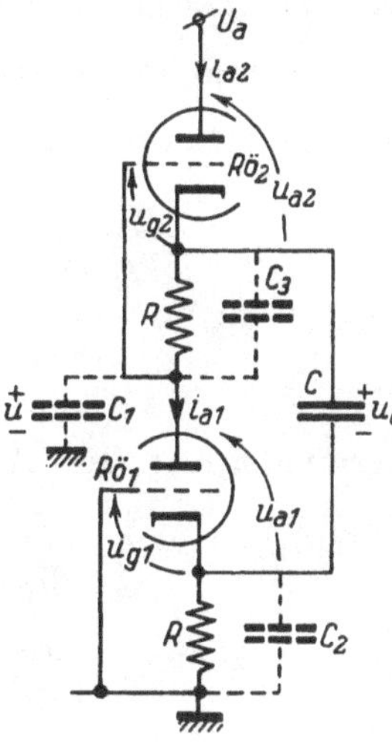

Abb. 202

1. Das „entartete" Modell

Wenn alle parasitären Parameter (insbesondere auch die parasitären Kapazitäten) und die Gitterströme vernachlässigt und die Röhren als gleich angesehen werden, dann entsteht das folgende Gleichungssystem für die Beschreibung der Schwingungen in der Schaltung:

$$i_{a1} = f(u_{g1} + D u_{a1}), \quad i_{a2} = f(u_{g2} + D u_{a2}), \quad C \frac{du_C}{dt} = i_{a2} - i_{a1},$$

$$u_{g1} = -R i_{a2}, \quad u_{g2} = -R i_{a1}, \quad u_C = u_{a1} - u_{g2} = U_a - u_{a2} + u_{g1}.$$

u_{g1}, u_{g2}, u_{a1}, u_{a2} bezeichnen jeweils die Gitter- und Anodenspannungen an den Röhren Rö 1 und Rö 2 (auf die Kathoden dieser Röhren bezogen).

Man führt nun die dimensionslosen Ströme

$$x = \frac{i_{a1}}{I_0} \quad \text{und} \quad y = \frac{i_{a2}}{I_0}$$

ein, wobei I_0 den Sättigungsstrom oder irgendeinen anderen Maßstab der Stromstärke bezeichnet. Es wird dann

$$u_{g1} = -RI_0 y, \qquad u_{g2} = -RI_0 x,$$

$$u_{a1} = RI_0 \frac{\psi(x) + y}{D}, \qquad u_{a2} = RI_0 \frac{\psi(y) + x}{D}$$

mit

$$\psi(z) = \frac{1}{RI_0} U(J_0 z)$$

als dimensionslose (reziproke) Röhrenkennlinie, welche die Abhängigkeit der dimensionslosen Steuerspannung $\frac{u_g + Du_a}{RI_0}$ vom dimensionslosen Anodenstrom $\frac{i_a}{I_0}$ angibt. Für die Spannung am Kondensator C bestehen die Beziehungen

$$u_C = \frac{RI_0}{D}\{\psi(x) + Dx + y\} = \frac{RI_0}{D}\left\{\frac{DU_a}{RI_0} - \psi(y) - Dy - x\right\}, \qquad (10.35)$$

$$RC\frac{du_C}{dt} = RI_0(y - x).$$

Verwendet man (10.35) und löst nach den Ableitungen auf, dann entsteht

$$\frac{dx}{dt} = -\frac{D}{CR}\frac{x - y}{\Delta(x, y)}\{1 + D + \psi'(y)\},$$

$$\frac{dy}{dt} = \frac{D}{CR}\frac{x - y}{\Delta(x, y)}\{1 + D + \psi'(x)\} \qquad (10.36)$$

mit

$$\Delta(x, y) = [D + \psi'(x)][D + \psi'(y)] - 1. \qquad (10.36\text{a})$$

An Hand der gewonnenen Gleichungen wird sichtbar, daß ein System erster Ordnung (mit einem halben Freiheitsgrad) vorliegt, da die Variablen x und y auf Grund von (10.35) durch die Beziehung

$$\Phi(x, y) \equiv \psi(x) + \psi(y) + (1 + D)(x + y) = \frac{DU_a}{RI_0} \qquad (10.37)$$

miteinander verbunden und die Gleichungen (10.36) einander äquivalent sind [die eine folgt aus der anderen und aus Beziehung (10.37)].

Da bei der Elimination von y oder x Schwierigkeiten entstehen und weil die Variablen x und y völlig gleichberechtigt sind, sollen die Schwingungen des Systems durch die Bildpunktbewegung auf der Phasenlinie

$$\Phi(x, y) = \frac{DU_a}{RI_0}$$

veranschaulicht werden, die in einer x, y-Ebene (genauer gesagt, im Quadranten $x \geqq 0$, $y \geqq 0$) konstruiert wird. Diese Phasenlinie und auch ihre Zerlegung in

Trajektorien der Gleichungen (10.36) verläuft symmetrisch in bezug auf die Halbierungslinie $y = x$. Des weiteren besteht auf ihr die Ungleichung

$$\frac{dy}{dx} = -\frac{1 + D + \psi'(x)}{1 + D + \psi'(y)} < 0, \tag{10.36b}$$

d. h., y nimmt mit zunehmenden x ab, da $\psi'(x) > 0$ und $\psi'(y) > 0$ ist. Handelt es sich bei ψ' um eine stetige Funktion, dann darf angenommen werden, daß die Phasenlinie Φ überall von einer glatten Kurve dargestellt wird, die nicht geschlossen sein kann. Dementsprechend kann die hier betrachtete Schaltung keine stetigen, periodischen Schwingungen ausführen, weil die rechten Seiten der Gleichungen (10.36) eindeutige Funktionen der Punkte auf der Phasenlinie sind.

Es wird nun die Bewegung des Bildpunktes auf der Phasenlinie Φ betrachtet. Vor allem sei hervorgehoben, daß die Gleichungen (10.36) einen einzigen Gleichgewichtszustand (x_0, y_0) haben, der auf der Halbierungslinie $y = x$ liegt und gemäß (10.37) durch die Gleichung

$$\psi(x_0) + (1 + D) = \frac{1}{2}\frac{U_a}{RI_0}$$

definiert wird. Des weiteren bewegt sich der Bildpunkt wegen (10.36) in den Punkten der Linie Φ mit $\Delta(x, y) > 0$ in Richtung dieses Gleichgewichtszustandes (x_0, y_0); er entfernt sich von ihm in den Punkten mit $\Delta(x, y) < 0$. Aus diesem Grund ist der Gleichgewichtszustand der Schaltung für $\Delta(x_0, y_0) > 0$ stabil und für $\Delta(x_0, y_0) < 0$ instabil.

Man konstruiert sodann in der x, y-Ebene die in bezug auf $y = x$ symmetrische Kurve

$$\Delta(x, y) = 0, \tag{10.38}$$

die kurz mit Γ bezeichnet werden soll. Falls diese Kurve existiert[1]), können zwei Fälle auftreten:

1. Der Parameter $\frac{U_a}{RI_0}$ hat solche Werte, daß die Phasenlinie Φ die Kurve Γ nicht schneidet. Dann ist auf Φ überall $\Delta(x, y) > 0$ und der Bildpunkt (und somit auch die Schaltung) nähert sich für zunehmendes t unter beliebigen Anfangsbedingungen dem Gleichgewichtszustand (x_0, y_0)[2]).

2. Der Parameter $\frac{DU_a}{RI_a}$ hat solche Werte, daß die Linie Φ die Kurve Γ schneidet. In diesem Fall sind dann auf Φ bezüglich der Geraden $y = x$ symmetrisch an-

---

[1]) Diese Kurve existiert bestimmt für $\psi_{\min} < 1 - D$, da es dann auf der Halbierungslinie $y = x$ Punkte gibt, in denen $\Delta(x, y) < 0$ ist; andererseits ist aber in der Nähe der Koordinatenachsen (für kleinere Werte von x oder y) $\Delta(x, y) > 0$, da dort $\psi'(x)$ oder $\psi'(y)$ beliebig groß gemacht werden kann. Demnach existiert wegen der Stetigkeit von $\Delta(x, y)$ ein geometrischer Ort für Punkte, in denen $\Delta(x, y) = 0$ ist, d. h., es existiert auch die Kurve Γ. Zeigt die Röhrenkennlinie eine Stromsättigung I_s, dann strebt $\psi'(z) \to +\infty$ für $z \to T_s/I_0$, und Γ wird eine geschlossene Kurve sein.

[2]) Dasselbe Bild erhält man für alle U_a, wenn die Kurve Γ nicht existiert, weil dann $\Delta(x,y) > 0$ in allen Punkten einer beliebigen Phasenlinie Φ (für beliebige U_a).

geordnete Punkte $\gamma(x', y')$ vorhanden, in denen $\Delta(x, y) = 0$ gilt und bei denen es sich demnach um Scheidepunkte der Phasentrajektorien von (10.36) handelt. Diese Punkte stellen keine Gleichgewichtszustände dar, obwohl der Bildpunkt zu ihnen unter beliebigen Anfangsbedingungen gelangt (auf der Linie Φ gibt es keine Trajektorien, die von den Punkten γ ausgehen).

Das Auftreten von Scheidepunkten für die Trajektorien auf der Phasenlinie besagt, daß das verwendete Modell „defekt" ist, daß Schaltungsparameter existieren, die für die Schwingungen in der Schaltung wesentlich sind und die unberechtigter Weise (auf Grund ihrer Geringfügigkeit) vernachlässigt wurden und daß schließlich unstetige Schwingungen auftreten können. Sollen die letzteren betrachtet werden, so macht sich entweder die Berücksichtigung der wesentlichen, kleinen Parameter oder die Ergänzung des „defekten" Modells erster Ordnung durch eine entsprechend formulierte Sprunghypothese erforderlich.

2. *Das Sprungpostulat*

Zuerst soll die Ergänzung des „entarteten" Modells erster Ordnung [der Gleichungen (10.36)] durch ein Sprungpostulat vorgenommen werden. Der Bestimmtheit wegen sei angenommen, daß die Linie Φ die Kurve Γ in den beiden Punkten $\gamma_1(x_1', y_1')$ und $\gamma_2(x_2', y_2')$ schneidet, wobei $x_2' = y_1'$ und $x_2' = x_1'$ gilt (Abb. 203).

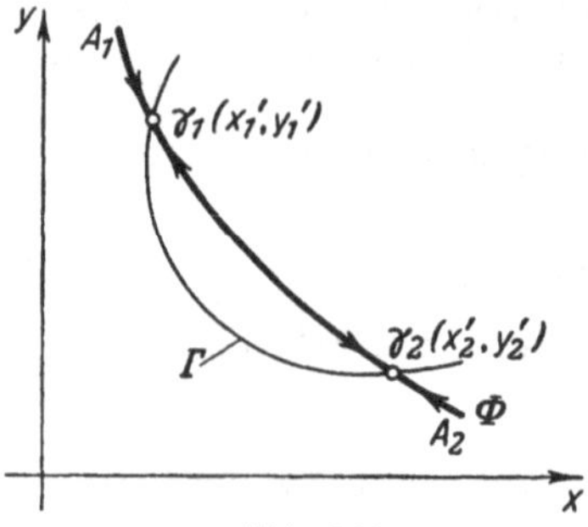

Abb. 203

Da diese Scheidepunkte der Phasentrajektorien stets die Randpunkte von Abschnitten der Phasenlinie ausmachen, auf der die unberücksichtigt gelassenen kleinen Parameter (oder genauer gesagt, einige von ihnen) für die Schwingungsprozesse im Generator wesentlich sind und auf der folglich auch das „entartete" Modell für die Beschreibung der Schwingungen in der Schaltung nicht ausreicht, hat man in erster Linie diejenigen der drei Abschnitte $A_1\gamma_1$, $\gamma_1\gamma_2$ und $\gamma_2 A_2$ auf Φ auszusondern, auf denen die in der Schaltung ablaufenden Schwingungen mit einem gewissen Genauigkeitsgrad von den Gleichungen (10.36) wiedergegeben werden, wenn diese parasitären Parameter klein sind.

Über den Charakter der Schwingungen in der Schaltung möge folgende Hypothese gelten:

1. Auf den Abschnitten $A_1\gamma_1$ und $A_2\gamma_2$ der Phasenlinie Φ, auf denen $\Delta(x, y) > 0$ ist, sind die unberücksichtigt gelassenen kleinen parasitären Parameter für die Prozesse in der Schaltung nicht wesentlich. Aus diesem Grund gehen dort „langsame" Änderungen der Schaltungszustände vonstatten, die von den Gleichungen (10.36) beschrieben werden. Im Gegensatz dazu finden auf dem Abschnitt $\gamma_1\gamma_2$ nur „rasche" Bewegungen des Bildpunktes statt, die von $\gamma_1\gamma_2$ wegführen; dort spiegeln die Gleichungen (16.36) die Schwingungsgesetzmäßigkeiten der Schaltung weder quantitativ noch qualitativ wider[1]).

[1]) In Abschnitt 4 wird diese Hypothese durch Konstruktion eines „Schaltungsmodells von guter Qualität" bei Berücksichtigung der wesentlichen parasitären Kapazitäten begründet. Eine

2. Gelangt der Bildpunkt bei seiner Bewegung auf dem Abschnitt $A_1\gamma_1$ (oder $A_2\gamma_2$) der Phasenlinie Φ in Übereinstimmung mit den Gleichungen (10.36) zum Punkt γ_1 (oder γ_2), dann geht er in Form eines plötzlichen Sprunges in einen anderen Punkt $B_1(x_1'', y_1'')$ oder $B_2(x_2'', y_2'')$ über, der sich im Inneren eines der Intervalle $A_1\gamma_1$ oder $A_2\gamma_2$ der Phasenlinie Φ befindet und durch die Sprungbedingungen

$$y'' + \psi(x'') + Dx'' = y' + \psi(x') + Dx',$$

$$x'' + \psi(y'') + Dy'' = x' + \psi(y') + Dy' \tag{10.39}$$

mit

$$\Delta(x'', y'') > 0$$

festgelegt ist. Diese Sprungbedingungen erhält man, wie üblich, aus dem Postulat über die Existenz endlicher Werte von Strom und Spannung in der Schaltung. Aus diesem Postulat folgt, daß die Spannung u_C am Kondensator C (s. (10.35)) während eines Sprunges der Anodenströme der Röhren ungeändert bleiben muß (es sei daran erinnert, daß x und y den Stromstärken i_{a1} bzw. i_{a2} proportional sind).

Liefern die Gleichungen (10.39) nach Vorgabe des Sprunganfangspunktes γ (γ_1 oder γ_2) eindeutig den Sprungendpunkt B (B_1 oder B_2) im Inneren der Intervalle $A_1\gamma_1$ oder $A_2\gamma_2$, dann gestattet die hier angegebene Hypothese für die Bildpunktbewegung die Untersuchung von Schaltungsschwingungen, die in Zuständen beginnen, welche durch die Punkte der Intervalle $A_1\gamma_1$ und $A_2\gamma_2$ der Phasenlinie Φ dargestellt sind. Diese Schwingungen der Schaltung werden offensichtlich periodisch und unstetig sein.

Über die Existenz und die Form der reellen Zweige der Kurve (B) — der Menge der Punkte B, die gemäß (10.39) den Punkten γ für alle möglichen Werte des Parameters $\frac{DU_a}{RI_0}$ zugeordnet ist — kann im allgemeinen Fall keine Aussage gemacht werden. Wenn diese Kurve (B) existiert, verläuft sie in bezug auf $y = x$ symmetrisch und wird in Punkten dieser Geraden von der Kurve Γ berührt; außerdem wird Γ geschlossen sein, wenn die Kennlinie der Röhren eine Sättigung zeigt. Es sei auch noch darauf hingewiesen, daß die ersten zwei Gleichungen von (10.39) in der x, y-Ebene außer der Kurve (B) noch eine Kurve doppelter Vielfachheit definieren, die mit Γ zusammenfällt. Die Punkte der Kurve Γ liegen jedoch nicht im Bereich $\Delta(x, y) > 0$ und dürfen deshalb nicht betrachtet werden.

In dem Fall, wenn die Gleichungen (10.39) nach Vorgabe des Punktes γ (nach Vorgabe des Sprunganfangspunktes) mehrere Punkte B liefern, muß man dem Sprungpostulat Ergänzungen hinzufügen, die eine eindeutige Zuordnung zwischen den Punkten γ und B sichern.

---

gewisse Begründung dieser Hypothese liefert auch die Tatsache, daß das hier verwendete Modell erster Ordnung offensichtlich von guter Qualität ist, wenn die gesamte Phasenlinie dieses Modells in dem Bereich liegt, für den $\Delta(x, y) > 0$ ist (auf der Phasenlinie befinden sich dann keine Scheidepunkte der Phasentrajektorien). In diesem Bereich liegen die Abschnitte $A_1\gamma_1$ und $A_2\gamma_2$.

3. *Unstetige Schwingungen in der Schaltung*

Für eine weitere Untersuchung dieser Schwingungen sind konkrete analytische Ausdrücke für die Kennlinie des Anodenstromes der Röhren erforderlich. Hier soll die Kennlinie durch folgende Funktion approximiert werden (Abb. 204a):

$$i_a = \frac{I_s}{2} + \frac{I_s}{\pi} \operatorname{arctg} \frac{\pi S}{I_s} (u_{st} - u_0).$$

In dieser Gleichung bedeutet I_s den Sättigungsstrom, S die maximale Steilheit der Kennlinie und u_0 denjenigen Wert der Steuerspannung, für den $i_a = \frac{1}{2} I_s$ und $\frac{d i_a}{d u_{st}} = S$ ist. Wird diese Gleichung nach der Steuerspannung $u_{st} = u_g + D u_a$ aufgelöst und als Maßstab für Stromstärke $I_0 = \frac{I_s}{\pi}$ gesetzt, gilt also

$$x = \pi \frac{i_{a1}}{I_s}, \quad y = \frac{i_{a2}}{I_s} \quad (0 \leqq x \leqq \pi, \quad 0 \leqq y \leqq \pi),$$

dann entsteht für die reduzierten (reziproken) Kennlinien der Röhren

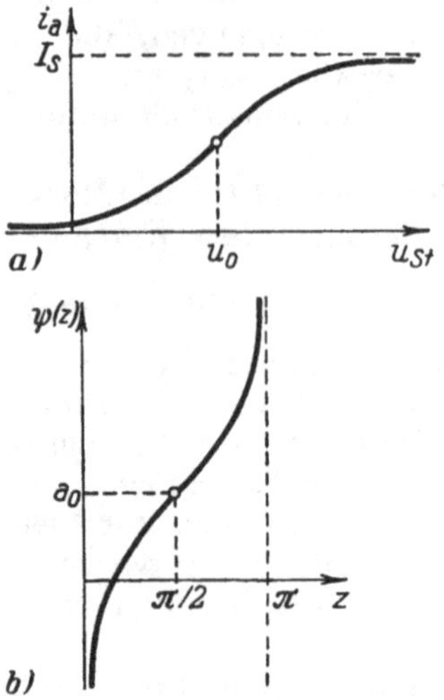

Abb. 204

$$\frac{u_{g1} + D u_{a1}}{R I_0} = \psi(x) = a_0 - a \operatorname{ctg} x,$$

$$\frac{u_{g2} + D u_{a2}}{R I_0} = \psi(y) = a_0 - a \operatorname{ctg} y$$

mit

$$a = \frac{1}{RS} \quad \text{und} \quad a_0 = \frac{\pi u_0}{R I_s};$$

außerdem hat man $\psi' \geqq a$ (Abb. 20b). Gemäß (10.36), (10.37), (10.38) und (10.39) ergeben sich die Gleichung der Phasenlinie Φ

$$(1 + D)(x + y) - a(\operatorname{ctg} x + \operatorname{ctg} y) = b \qquad (10.37')$$

mit

$$b = \frac{\pi D U_a}{R I_s} - 2 a_0,$$

die Bewegungsgleichungen des Bildpunktes auf der Phasenlinie

$$\frac{dx}{d\tau} = -\frac{x - y}{\Delta(x, y)} \left\{1 + D + \frac{a}{\sin^2 y}\right\},$$

$$\frac{dy}{d\tau} = \frac{x - y}{\Delta(x, y)} \left\{1 + D + \frac{a}{\sin^2 x}\right\} \qquad (10.36')$$

mit $\tau = \dfrac{Dt}{RC}$ als neuer dimensionsloser Zeit, die Gleichung der Kurve Γ — des geometrischen Ortes der Sprunganfangspunkte —

$$\Delta(x, y) = \left(D + \frac{a}{\sin^2 x}\right)\left(D + \frac{a}{\sin^2 y}\right) - 1 = 0 \qquad (10.38')$$

und die Sprungbedingungen

$$\begin{aligned} y'' - a \operatorname{ctg} x'' + Dx'' &= y' - a \operatorname{ctg} x' + Dx', \\ x'' - a \operatorname{ctg} y'' + Dy'' &= x' - a \operatorname{ctg} y' + Dy'. \end{aligned} \qquad (10.39')$$

Da sich die Anodenströme nur innerhalb der Grenzen $0 \leqq i_a \leqq I_s$ ändern können, haben nur diejenigen Punkte der x, y-Ebene eine physikalische Bedeutung, die dem Bereich $0 \leqq x \leqq \pi$, $0 \leqq y \leqq \pi$ angehören. Ohne Schwierigkeiten ist auch festzustellen, daß die Phasenlinie Φ bei beliebigen Werten des Parameters b durch die Eckpunkte $A_1(0, \pi)$ und $A_2(\pi, 0)$ dieses Bereiches läuft (Abb. 205), wobei für $b = \pi(1 + D)$ die Phasenlinie Φ von der Geraden $x + y = \pi$ gebildet wird. Da weiterhin die Ungleichung

$$\Delta(x, y) \geqq \Delta\left(\frac{\pi}{2}, \frac{\pi}{2}\right) = (D + a)^2 - 1$$

besteht, wird die Kurve Γ, die durch Gleichung (10.38) definiert ist, für $D + a < 1$, d. h. für

$$RS(1 - D) > 1$$

existieren, außerdem ist diese Kurve geschlossen und symmetrisch in bezug auf die Geraden

$$x = y, \quad x + y = \pi,$$

$$x = \frac{\pi}{2}, \quad y = \frac{\pi}{2}.$$

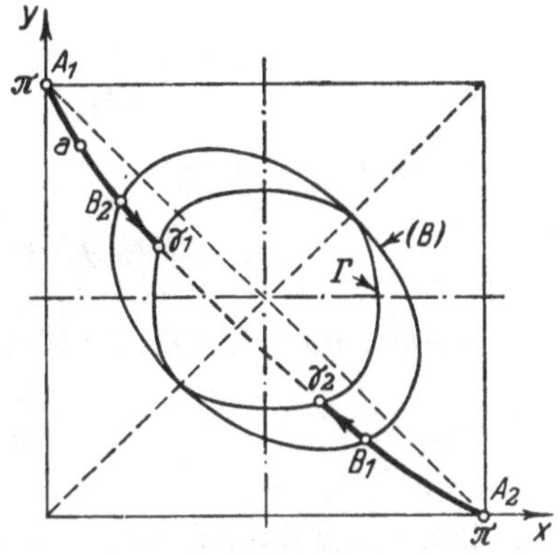

Abb. 205

Für $D + a < 1$ existiert die Kurve (B), die durch die Gleichungen (10.39′) festgelegt ist, ebenfalls und verläuft im Bereich $\Delta(x, y) > 0$. Sie befindet sich außerhalb der Kurve Γ, ist ebenfalls geschlossen und liegt symmetrisch in bezug auf die Geraden $x = y$ und $x + y = \pi$. Dabei ist jeder Sprunganfangspunkt einem einzigen Sprungendpunkt B zugeordnet, der auf der anderen Seite der Halbierungslinie $y = x$ liegt.

Aus diesem Grund gelten für die Bewegung des Bildpunktes (sie möge im Punkt a beginnen) folgende Merkmale (Abb. 205): Vom Punkt a aus gelangt der Bildpunkt auf der Phasenlinie $A_1\gamma_1$ zum Punkt γ_1; von dort aus geht er sprunghaft entlang der Phasenlinie $A_2\gamma_2$ in den Punkt B_1 über. Auf der Linie $A_2\gamma_2$ bewegt sich dann der Bildpunkt weiter, bis er erneut im Punkt γ_2 die Kurve Γ erreicht; von dort aus springt er in den Punkt B_2 über, um seine Bewegung längs der Phasenlinie $A_1\gamma_1$ bis zum Punkt γ_1 fortzusetzen, usw. In der Schaltung gehen also periodische, unstetige Schwingungen der Veränderlichen x und y (d. h. der Anodenströme der Röhren und der Spannungen an den Widerständen R) vor sich, die dem „unstetigen" Grenzzyklus $B_1\gamma_2 \to B_2\gamma_1 \to B_1$ entsprechen. Dieser Zyklus besteht aus zwei Trajektorien „langsamer" Bewegungen $B_1\gamma_2$ und $B_2\gamma_1$ und aus den beiden Sprüngen $\gamma_1 \to B_1$ und $\gamma_2 \to B_2$.

Es soll nun erläutert werden, für welche Phasenwerte unstetige Schwingungen auftreten können. Offensichtlich müssen diese Werte folgenden Bedingungen genügen:

1. Die Kurve Γ muß vorhanden sein (und relle Zweige besitzen);

2. die Konstante b in der Gleichung (10.37′) der Phasenlinie Φ muß solche Werte haben, daß die Linie Φ die Kurve Γ schneidet.

Wie festgestellt werden konnte, existiert die Kurve Γ, wenn die Ungleichung

$$a < 1 - D$$

besteht.

Die zweite Bedingung wird erfüllt sein, wenn im Gleichgewichtszustand (x_0, y_0) der Schaltung, der den Beziehungen

$$x_0 = y_0,$$
$$2(1 + D)x_0 - 2a \operatorname{ctg} x_0 = b$$

genügt, die Ungleichung

$$\Delta(x_0, y_0) = \left(D + \frac{a}{\sin^2 x_0}\right)^2 - 1 < 0$$

oder, anders ausgedrückt, die Ungleichung

$$\sin x_0 \leqq \frac{a}{1 - D}$$

gilt. Trägt man die zuletzt genannte Ungleichung in diejenige Gleichung ein, die den Gleichgewichtszustand festlegt, dann entsteht die folgende Bedingung, die dafür notwendig ist, daß die Linie Φ die Kurve Γ schneidet:

$$2(1 + D) \quad \arcsin \sqrt{\frac{a}{1 - D}} - 2a\sqrt{\frac{1 - D}{a} - 1} < b < 2(1 + D)$$
$$\times \left\{\pi - \arcsin \sqrt{\frac{a}{1 - D}}\right\} - 2a\sqrt{\frac{1 - D}{a} - 1}.$$

In dieser Beziehung soll arcsin auf Werte aus dem ersten Quadranten beschränkt sein; die Wurzeln sollen positives Vorzeichen haben.

Angesichts der mathematischen Schwierigkeiten, mit denen die Berechnung der Periode der selbsterregten Schwingungen verbunden ist, wenn sich der Bildpunkt auf einer willkürlichen Phasenlinie bewegt, soll die Ermittlung dieses Ausdrucks für den Wert $b = \pi(1 + D)$ erfolgen, wenn es sich bei der Phasenlinie um die

Gerade $x + y = \pi$ handelt. Die Gleichungen der „langsamen" Bewegung des Bildpunktes entlang dieser Phasengeraden (die Gleichungen (10.36') für $x + y = \pi$) haben dann augenscheinlich die Form

$$\frac{dx}{d\tau} = -\frac{dy}{d\tau} = \frac{\pi - 2x}{\frac{a}{\sin^2 x} + D - 1},$$

woraus sich die Periode der selbsterregten Schwingungen (in gewöhnlichen Zeiteinheiten) zu

$$T = \frac{RC}{D}\left\{2a\int_{x_1}^{x_2}\frac{dx}{(\pi - 2x)\sin^2 x} - (1 - D)\ln\frac{\pi - 2x_1}{\pi - 2x_2}\right\}$$

ergibt. In diesem Ausdruck bezeichnen x_1 und x_2 jeweils die Abszissen der Schnittpunkte der Phasengeraden $x + y = \pi$ mit den Kurven (B) und Γ, die auf einer Seite der Halbierungslinie $x = y$ liegen.

4. Berücksichtigung parasitärer Kapazitäten

Am Ende dieses Paragraphen soll nun noch gezeigt werden, wie die hier verwendete Hypothese über den Charakter der Schwingungen in der Schaltung von FRÜHAUF aus den Eigenschaften des „Modells guter Qualität" dieser Schaltung folgt, das bei Berücksichtigung wenigstens eines wesentlichen, parasitären Parameters konstruiert wurde. Unter den verschiedenen parasitären Parametern, die zwar klein, für die Schwingungsprozesse aber wesentlich sind, haben die parasitären Kapazitäten die größte Bedeutung (in Abb. 202 sind sie punktiert dargestellt). Für das hier angestrebte Ziel genügt es, eine dieser Kapazitäten zu berücksichtigen (eine jede dieser Kapazitäten bewirkt, daß plötzliche Sprünge der Anodenströme und Spannungen an den Widerständen R nicht auftreten können). Damit die Symmetrie der Schaltung nicht verletzt wird, soll im weiteren nur die kleine parasitäre Kapazität C_1 Berücksichtigung finden; es ergeben sich dann in diesem Fall die folgenden Schwingungsgleichungen (in den Bezeichnungen von Abb. 202):

$$C\frac{u_C}{dt} = i_{a2} + \frac{u_{g2}}{R} = -i_{a1} - \frac{u_{g1}}{R}, \quad C_1\frac{du}{dt} = -\frac{u_{g2}}{R} - i_{a1},$$

$$u_C = u_{a1} - u_{g2} = U_a - u_{a2} + u_{g1}, \quad u = u_{a1} - u_{g1} = U_a - u_{a2} + u_{g2},$$

$$i_{a1} = f(u_{g1} + Du_{a1}), \quad i_{a2} = f(u_{g2} - Du_{a2}),$$

sie bilden ein System von Differentialgleichungen zweiter Ordnung. Führt man die dimensionslosen Ströme

$$x = \frac{i_{a1}}{I_0}, \quad y = \frac{i_{a2}}{I_0},$$

die dimensionlosen Spannungen an den Kondensatoren C und C_1

$$z = \frac{u_C}{RI_0}, \quad w = \frac{u}{RI_0},$$

die dimensionslose Zeit

$$t' = \frac{t}{RC}$$

und den kleinen Parameter

$$\mu = \frac{C_1}{C}$$

ein, dann lassen sich diese Gleichungen in die dimensionslose Form

$$\mu \dot{w} = \frac{Dx + y + \psi(x) - Dz}{1 - D} = F(w, z),$$

$$\dot{z} = \frac{Dy + x + \psi(x) - Dz}{1 - D} = G(w, z) \tag{10.40}$$

überführen. x, y sind ja miteinander und mit w und z durch die Gleichungen

$$(1 + D)(x + y) + \psi(x) + \psi(y) = \frac{DU_a}{RJ_0} \tag{10.40a}$$

und

$$w = \frac{\psi(y) - \psi(x) + (1 + D)z}{1 - D} \tag{10.40b}$$

verbunden, die in Form gewisser Funktionen w und z zum Ausdruck kommen. $\psi = \frac{u_g + Du_a}{RI_0}$ bedeutet wie früher die dimensionslose Steuerspannung, dargestellt als Funktion des dimensionslosen Anodenstromes.

Als Phasenfläche für das gewonnene System zweiter Ordnung wird die zylindrische Fläche Φ^* im x, y, z-Raum verwendet, die von Gleichung (10.40a) definiert wird (Spur dieser Zylinderfläche in der x, y-Ebene ist die Linie Φ, ihre Erzeugenden bilden die Parallelen zur z-Achse). Auf ihr konstruiert man die Linie

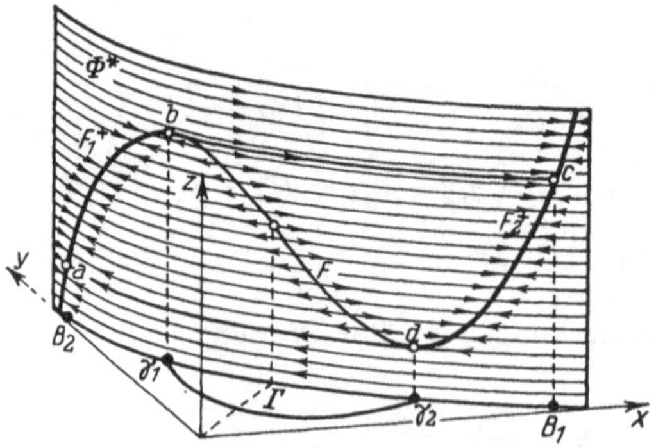

Abb. 206

$$F(w, t) = 0$$

die Phasenlinie des „entarteten“ Systems (mit $\mu = 0$) — (Abb. 206). Man berechnet sodann $\frac{\partial F}{\partial w}$ auf der Linie F. Wenn man bei konstantem z die Funktion $F(w, z)$ und die Ausdrücke (10.40a) und (10.40b) nach w differenziert, dann entsteht

$$(1 - D)\frac{\partial F}{\partial w} = [D + \psi'(x)]\frac{\partial x}{\partial w} + \frac{\partial y}{\partial w}, \quad [1 + D + \psi'(x)]\frac{\partial x}{\partial w}$$

$$+ [1 + D + \psi'(y)]\frac{\partial y}{\partial w} = 0,$$

$$-\psi'(x)\frac{\partial x}{\partial w} + \psi'(y)\frac{\partial y}{\partial w} = 1 - D,$$

woraus sich nach Elimination von $\frac{\partial x}{\partial w}$ und $\frac{\partial y}{\partial w}$

$$\frac{\partial F}{\partial w} = -\frac{\Delta(x, y)}{[1 + D + \psi'(x)]\,\psi'(y) + [1 + D + \psi'(y)]\,\psi'(x)}$$

ergibt. Da der Nenner dieses Ausdruckes (auf Grund von $\psi' > 0$) stets positiv ist, läßt sich die Unwesentlichkeitsbedingung für die kleine, parasitäre Kapazität $C_1\left(\frac{\partial F}{\partial w} < 0\right)$ offensichtlich auf die Ungleichung

$$\Delta(x, y) > 0$$

zurückführen, die auf den „steigenden" Abschnitten F^+ der Linie F $\left(\text{mit}\frac{\partial z}{\partial x} > 0\right)$ erfüllt wird[1]). Nur in den nächsten Umgebungen dieser Abschnitte F^+ der Phasenlinie des „entarteten" Systems darf also die kleine, parasitäre Kapazität C_1 vernachlässigt werden (natürlich muß $C_1 \ll C$ sein). Nur dort weichen die Phasentrajektorien „langsamer" Bewegungen (mit endlichen Phasengeschwindigkeiten für $\mu \to +0$) nur wenig von der Linie F ab, und die Bewegung des Bildpunktes wird (für $C_1 \ll C$) durch die „entarteten" Gleichungen

$$F = 0 \quad \text{oder} \quad z = \frac{y + Dx + \psi'(x)}{D}$$

und

$$\dot{z} = y - x$$

beschrieben, die, wie leicht einzusehen ist, den Gleichungen (10.36) äquivalent sind. Damit ist auch eine Begründung für die im ersten Teil von Abschnitt 2 verwendete Hypothese für den Schwingungscharakter in der Schaltung hergeleitet worden.

---

1) Auf der Linie F gilt

$$1 + D + \psi'(x) + [1 + D + \psi'(y)]\frac{dy}{dx} = 0$$

und

$$D\frac{dz}{dx} = D + \psi'(x) + \frac{dy}{dx} = D + \psi'(x) - \frac{1 + D + \psi'(x)}{1 + D + \psi'(y)} = \frac{\Delta(x, y)}{1 + D + \psi'(y)}.$$

Wegen $1 + D + \psi'(y) > 0$ stimmt das Vorzeichen von $\left(\frac{dz}{dx}\right)_{F=0}$ mit dem von $\Delta(x, y)$ überein.

Außerhalb der Linie F strebt $\dot{w} \to \infty$ für $\mu \to +0$, (oberhalb von F nach $+\infty$ und unterhalb dieser Linie nach $-\infty$), während z endlich bleibt. Diesem Sachverhalt nach ist das Gebiet der Phasenfläche Φ^* außerhalb der Linie F für $\mu \to +0$ von Phasentrajektorien „rascher" Bewegungen $\dot{z} = \text{const}$ ausgefüllt, auf denen sich der Bildpunkt oberhalb der Kurve F (bei Zunahme von w und x) sprunghaft nach links, d. h. zu den Abschnitten F^+ der Linie F, bewegt.

Wird die Schaltung von selbst erregt, gilt also im Gleichgewichtszustand $\Delta < 0$, dann erreicht die Linie F maximale und minimale Werte z, bei denen es sich gleichzeitig um die Randpunkte der Phasentrajektorien „langsamer" Bewegungen F^+ handelt, da dort $\Delta(x, y)$ und $\dfrac{\partial F}{\partial w}$ Null werden[1]). In diesen Punkten geht die „langsame" Bewegung des Bildpunktes auf einer entsprechenden Trajektorie $z = \text{const}$ in eine „rasche", sprunghafte Bewegung über, die den Bildpunkt erneut auf einen der Abschnitte F^+ überführt. Während dieser Sprünge bleibt z, d. h. die Spannung u_C am Kondensator C, für $\mu \to +0$ ungeändert, was die Sprungbedingungen (10.39) ergibt.

Die Zerlegung der Phasenfläche in Trajektorien „rascher" Bewegungen gewährleistet im Gegensatz zu den Sprungbedingungen (10.39) stets die Eindeutigkeit der Zuordnung zwischen den Anfangs- und den Endpunkten der Sprünge, und zwar auch dann, wenn die Linie F in mehr als einem Punkt ein Maximum und ein Minimum von z besitzt. In Übereinstimmung mit dieser Zerlegung führt z aus einem Maximum oder Minimum auf der Kurve F entlang einer Trajektorie $z = \text{const}$ einen Sprung nach rechts (oder nach links) in den nächstgelegenen Schnittpunkt der Geraden $z = \text{const}$ mit der Linie F aus.

Die Grenzzerlegung (für $\mu \to +0$) der Phasenfläche Φ^* in Trajektorien unterscheidet sich nur wenig von der Zerlegung dieser Fläche für $\mu \ll 1$, d. h. für $C_1 \ll C$, wenn sich die Schaltung selbst erregt (Abb. 206). Offensichtlich existieren in der Schaltung unter beliebigen Anfangsbedingungen unstetige selbsterregte Schwingungen, die auf der Phasenfläche den Grenzzyklus $abcda$ darstellen (als Projektion hat man in der x, y-Ebene den unstetigen Grenzzyklus $B_2\,\gamma_1 \to B_1\,\gamma_2 \to B_2$).

Bei Berücksichtigung wenigstens einer der wesentlichen parasitären Kapazitäten läßt sich also ein „Modell von guter Qualität" für die FRÜHAUFsche Schaltung herleiten, das eine vollständige Untersuchung der Schwingungen in der Schaltung ohne ergänzende Hypothesen und Voraussetzungen ermöglicht.

§ 9. Der Multivibrator mit einer Induktivität im Anodenkreis

Wie bereits dargelegt wurde, vereinfacht sich die Betrachtung selbsterregter Schwingungssysteme bedeutend, wenn einer der wesentlichen Schwingungsparameter klein ist und die Systembewegungen infolgedessen in relativ einfache „rasche" und „langsame" Bewegungen zerfallen. Die zuerst genannten Bewegungen

---

[1]) In Abb. 206 ist der Fall dargestellt, wenn die Linie F nur ein Maximum (im Punkt b) und nur ein Minimum (im Punkt d) von z und folglich zwei Abschnitte F^+, nämlich F_1^+ und F_2^+ aufweist. Die Projektionen dieser Punkte auf die x, y-Ebene liegen offensichtlich auf der Kurve Γ.

werden von den Gleichungen (10.17) oder durch ein entsprechend formuliertes Sprungpostulat beschrieben, während die letzteren den Gleichungen (10.16) genügen, die ohne Berücksichtigung parasitärer Parameter aufgestellt wurden und aus diesem Grund eine niedrige Ordnung besitzen.

Es sollen nun kompliziertere Systeme mit unstetigen Schwingungen betrachtet werden, deren Gleichungen für die „langsamen" Bewegungen von zweiter Ordnung sind. Als erstes Beispiel soll hier die bereits bekannte Schaltung eines Multivibrators mit einem RC-Glied, aber mit induktiver Belastung im Anodenkreis dienen (Abb. 207). Um die Aufgabe etwas zu vereinfachen, soll der ohmsche Widerstand der Induktivität im Anodenkreis unberücksichtigt bleiben.

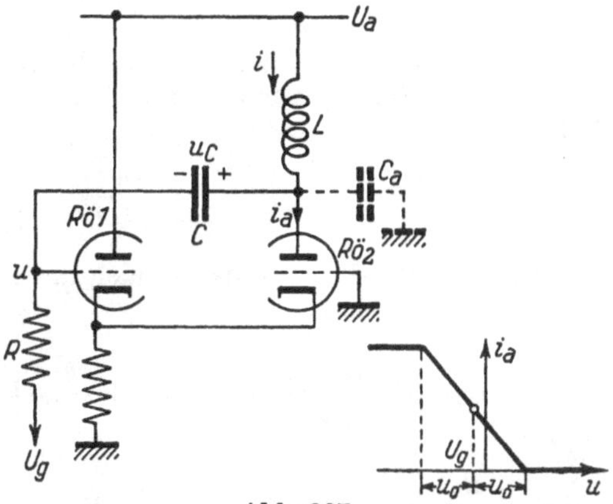

Abb. 207

1. Die Gleichungen für die „langsamen" Bewegungen

Wenn alle parasitären Parameter, die Gitterströme und die Anodenrückwirkung vernachlässigt werden, dann lassen sich (in den Bezeichnungen von Abb. 207) aus der Anwendung der Kirchhoffschen Regeln auf die Schaltung die folgenden Schwingungsgleichungen für den Multivibrator herleiten:

$$L\frac{di}{dt} = U_a - (u + u_C),$$

$$i = i_a(u) + \frac{u - U_g}{R},$$

$$C\frac{du_C}{dt} = \frac{u - U_g}{R}.$$

Es sind Gleichungen zweiter Ordnung (dementsprechend lassen sich auch die Zustände des Multivibrators durch Punkte in einer u, u_C-Phasenebene veranschaulichen. Es existiert offensichtlich ein einziger Gleichgewichtszustand, für den

$$u = U_g, \quad i_a = i_a^0 = i_a(U_g), \quad i = i_a^0, \quad u_C = u_{C_0} = U_a - U_g$$

gilt. Um die Untersuchung der Multivibratorschwingungen zu vereinfachen, soll die Kennlinie der Röhrengruppe $i_a = i_a(u)$ näherungsweise durch eine stückweise lineare Funktion dargestellt werden (Abb. 207). Dabei sei angenommen, daß die Gittervorspannung U_g so gewählt ist, daß der Arbeitspunkt, der dem Gleichgewichtszustand entspricht, in der Mitte des fallenden Kennlinienbereiches liegt. Man führt sodann die neuen, dimensionslosen Variablen x, y, z ein, die den veränderlichen Komponenten der Spannungen u, u_C und der Stromstärke i proportional sind

$$x = \frac{u - U_g}{u_0}, \quad y = \beta \frac{u_C - u_{C_0}}{u_0}, \quad z = \frac{R}{u_0}(i - i_a^0).$$

In diesen Gleichungen bezeichnet u_0 die halbe „Länge“ des fallenden Kennlinienbereichs der Röhrengruppe. Außerdem verwendet man die neue, dimensionslose Zeit

$$t_{\text{neu}} = \frac{t}{\sqrt{LC}}$$

und die ebenfalls dimensionslose Kennlinie der Röhrengruppe

$$\varphi(x) = \frac{1}{u_0 S}[i_a(U_g + u_0 x) - i_a(U_g)] = \begin{cases} +1 & \text{für} \quad x < -1, \\ -x & \text{für} \quad |x| \leqq 1, \\ -1 & \text{für} \quad x > +1, \end{cases}$$

wobei S den absoluten Betrag der Kennliniensteilheit im fallenden Bereich bezeichnet. Wird dann noch

$$\beta = R\sqrt{\frac{C}{L}}$$

gewählt, dann gehen die Multivibratorgleichungen in die dimensionslose Form

$$\begin{aligned} \dot{z} &= -2hx - y, \\ z &= x + k\varphi(x), \\ \dot{y} &= x \end{aligned} \tag{10.41}$$

mit

$$k = SR, \quad h = \frac{\beta}{2} = \frac{R}{2}\sqrt{\frac{C}{L}}$$

über. Nach Elimination von z entsteht

$$\begin{aligned} \dot{x} &= -\frac{2hx + y}{1 + k\varphi'(x)}, \\ \dot{y} &= x. \end{aligned} \tag{10.41 a}$$

Die x, y-Phasenlinie zerfällt bei dieser stückweise linearen Kennlinie der Röhrengruppe $\varphi(x)$ augenscheinlich in drei Linearitätsbereiche: 1. $|x| < 1$; 2. $x > +1$ und 3. $x < -1$. Da $\varphi'(x) = -1$ für $|x| < 1$ ist, lassen sich im ersten Gebiet, welches den einzigen Gleichgewichtszustand ($x = 0$, $y = 0$) enthält, die Gleichungen (10.14a) in Form des linearen Systems

$$\begin{aligned} (1 - k)\dot{x} &= -2hx - y, \\ \dot{y} &= x \end{aligned}$$

mit der charakteristischen Gleichung

$$(1 + k)\lambda^2 + 2h\lambda + 1 = 0$$

schreiben. Demnach ist der Gleichgewichtszustand (0, 0) für $k < 1$ stabil und für $k > 1$ instabil.

Im weiteren soll nur der letzte Fall $k > 1$ (Selbsterregung des Generators) betrachtet werden (ohne Schwierigkeiten läßt sich feststellen, daß für $k < 1$ alle Trajektorien bei zunehmenden t zum einzigen stabilen Gleichgewichtszustand laufen; in diesem Fall können also keine selbsterregten Schwingungen auftreten).

Man untersucht nun den Verlauf der Phasentrajektorien des Gleichgewichtszustandes (10.41a) in der Umgebung der Geraden $x = \pm 1$, die den Linearitätsbereich begrenzen. Da beim Überschreiten dieser Geraden der Ausdruck $1 + k\varphi'(x)$ (für $k > 1$) das Vorzeichen ändert, sind die Punkte dieser Geraden oder, genauer gesagt, die Punkte der Halbgeraden $x = +1$, $y > -1$ und $x = -1$, $y < +1$ Scheidepunkte der Phasentrajektorien. Bei ihnen handelt es sich nicht um Gleichgewichtszustände, obwohl die Phasentrajektorien von beiden Seiten zu diesen Punkten laufen.

Wenn also die parasitären Parameter vernachlässigt werden, dann entsteht ein „defektes" Multivibratormodell, ein Modell, das die Betrachtung der Schwingungen im Multivibrator nicht ermöglicht. Die Gleichungen (10.41a) überführen nämlich das System auf den Geraden $x = \pm 1$ in solche Zustände, die nicht Gleichgewichtszustände sind und in denen andererseits auch keine Phasentrajektorien beginnen. Damit ein Multivibratormodell „von guter Qualität" entsteht, muß man entweder die Gleichungen (10.41a) durch ein entsprechendes Sprungpostulat ergänzen oder die wesentlichen, parasitären Parameter der Schaltung berücksichtigen.

Bei der Untersuchung von Schwingungen eines Wasserfahrzeuges, das von einer Zweipositions-Selbststeuerung auf Kurs gehalten wird (Kap. VIII, § 6), existierte in der Phasenebene ebenfalls eine Scheidelinie der Phasentrajektorien. Das Differentialgleichungssystem für die Bewegung des Systems war dort so ergänzt worden, daß eine Bildpunktbewegung auch entlang dieser Linie möglich wurde. Diese Bewegung des Bildpunktes entsprach der in der Praxis beobachteten sogenannten „gleitenden" Arbeitsweise einer Zweipositions-Selbststeuerung.

Beim betrachteten Multivibratorproblem kann eine solche Ergänzung der Bildpunktbewegung entlang der Halbgeraden $x = +1$, $y > -1$ und $x = -1$, $y < +1$, mit Ausnahme des Verlaufs ins Unendliche, nirgends angegeben werden, d. h., man erhält auch keine Resultate, die wenigstens qualitativ mit dem Experiment übereinstimmen.

Es sei auch noch hervorgehoben, daß man ein solches „defektes" Modell (mit Scheidelinien der Phasentrajektorien) auch für einen Multivibrator erhält, der im Anodenkreis mit einem Widerstand R_a und einer Induktivität L belastet ist. Aus diesem Grund führt die Berücksichtigung der parasitären Induktivität des Anodenkreises im Multivibrator mit einem RC-Glied (§ 4 des vorliegenden Kapitels) nicht zu einem Multivibratormodell von guter Qualität.

2. Die Gleichungen des Multivibrators bei der Berücksichtigung einer parasitären Kapazität C_a

Es sollen nun die Schwingungsgleichungen für den Multivibrator unter Berücksichtigung der kleinen, parasitären Kapazität C_a (Anoden-Kathoden-Kapazität) aufgestellt werden. (Wie sich herausstellen wird, genügt dies für die Aufstellung eines Multivibratormodells von guter Qualität.) Auf der Grundlage der KIRCHHOFFschen Regeln entsteht

$$L\frac{di}{dt} = U_a - (u + u_C), \quad i = i_a(u) + C\frac{du_C}{dt} + C_a\frac{d(u + u_C)}{dt},$$

$$C\frac{du_C}{dt} = \frac{u - U_g}{R}$$

oder, in den Veränderlichen x, y, z, t_{neu}, wenn die kleine Kapazität C_a im Ausdruck $C + C_a$ vernachlässigt wird,

$$\mu\dot{x} = z - x - k\varphi(x) \equiv F(x, z), \quad \dot{y} = x, \quad \dot{z} = -zhx - y. \qquad (10.42)$$

$$\mu = \frac{RC_a}{\sqrt{LC}}$$

bedeutet einen kleinen, positiven Parameter, der die Geringfügigkeit der parasitären Kapazität C_a charakterisiert (die übrigen Bezeichnungen stimmen mit denen von (10.41) überein.

Setzt man $\mu = 0$, wird also die kleine parasitäre Kapazität C_a vernachlässigt, dann ergeben sich wiederum die Gleichungen (10.41) oder (10.41a), bei denen es sich um die Gleichungen für „langsame“ Bewegungen des Systems handelt. Sie sind nicht auf der gesamten Phasenfläche F des „entarteten“ Systems (mit $C_a = 0$)

$$F(x, z) = 0 \quad \text{oder} \quad z = x + k\varphi(x)$$

richtig, sondern gelten nur auf dem Teil F^+ dieser Fläche, auf dem die Unwesentlichkeitsbedingung für die kleine, parasitäre Kapazität C_a

$$F'_x = -1 - k\varphi'(x) < 0$$

erfüllt ist. Das ist aber nur für $|x| > 1$ der Fall[1]):

Außerhalb einer kleinen Umgebung der Fläche F^+ führt der Bildpunkt „rasche“ Bewegungen aus (dort strebt $\dot{x} \to \infty$ für $\mu \to +0$, d. h., x ändert sich sprunghaft).

---

[1]) Hier wird der Fall $k > 1$ betrachtet; für $|x| < 1$ ist dann $F'_x = k - 1 > 0$. Wenn jedoch $k < 1$ ist, dann ist die Unwesentlichkeitsbedingung für die kleine, parasitäre Kapazität C_a auf der gesamten Fläche $F = 0$ erfüllt, und in der x, y-Ebene des Multivibratormodells ohne Kapazität C_a gibt es keine Scheidelinie der Phasentrajektorien. Es sei auch darauf hingewiesen, daß die Phasenfläche F des „entarteten“ Modells und die x, y-Ebene zueinander homöomorph sind (ihre Punkte entsprechen einander umkehrbar eindeutig und stetig). Aus diesem Grunde braucht man die „langsamen“ Systembewegungen nicht durch die Bildpunktbewegung auf der Fläche F^+ darzustellen, es kann auch die x, y-Ebene ($|x| > 1$) benutzt werden.

Die Trajektorien „rascher" Bewegungen unterscheiden sich dabei für kleine μ nur wenig von den Geraden $y = \text{const}$, $z = \text{const}$ und verlaufen für zunehmendes x oberhalb der Fläche F [für $z > x + k\varphi(x)$], und für $\mu \to +0$ strebt $\dot{x} \to +\infty$ und für zunehmendes x unter ihr [für $z < x + k\varphi(x)$]. Die Grenzzerlegung des x, y, z-Phasenraumes in Trajektorien des Systems (10.42) (für $\mu \to +0$), von der sich die Zerlegung in Trajektorien für ausreichend kleine μ nur wenig unterscheidet, ist qualitativ in Abb. 208 dargestellt; insbesondere ist dort ein Grenzzyklus zu erkennen, der, wie sich herausstellen wird, tatsächlich für $\mu \to +0$ existiert.

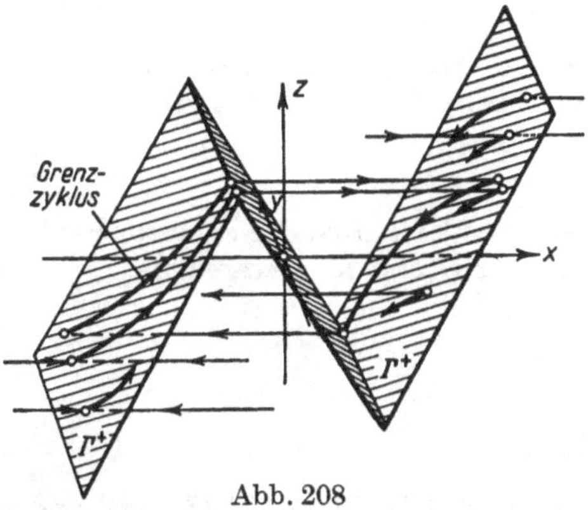

Abb. 208

Wird also das Multivibratormodell betrachtet, das bei Berücksichtigung der kleinen, parasitären Kapazität C_a entsteht, dann gelangt man zu folgenden Schlußfolgerungen in bezug auf die Schwingungen in der Schaltung (für $C_a \to +0$):

1. In der Schaltung sind unstetige Schwingungen möglich, da alle Trajektorien „rascher" Bewegungen zur Fläche F^+ laufen und dort in Trajektorien „langsamer" Bewegungen übergehen, die sich ihrerseits wieder auf den Rändern der Fläche F^+, d. h. für $x = \pm 1$, in Trajektorien „rascher" Bewegungen verwandeln.

2. „Langsame Bildpunktbewegungen gibt es nur auf der Fläche F^+:

$$z = x + k\varphi(x), \; |x| > 1;$$

nur für $|x| > 1$ spiegeln die Gleichungen (10.41) oder (10.41a) die Bewegungsgesetzmäßigkeiten der Schaltung wider[1]).

3. Während „rascher" Bewegungen (während der Sprünge) des Bildpunktes ändert sich die Variable x (oder die Spannung u am Gitter der Röhre Rö 1) plötzlich, und die Variablen y und z (d. h. die Spannung u_C am Kondensator C und die Stromstärke i in der Anodenbelastung) bleiben ungeändert[2]).

3. *Unstetige Schwingungen der Schaltung*

Nunmehr soll eine eingehende Betrachtung der unstetigen Schwingungen in der Schaltung vorgenommen werden, wobei die eben formulierten Besonderheiten als Anhalt dienen; insbesondere soll bewiesen werden, daß selbsterregte Schwingungen existieren können.

[1]) Umgekehrt, die Phasentrajektorien „rascher" Bewegungen entfernen sich vom Abschnitt $F^-(|x| < 1)$ der Phasenfläche F des „entarteten" Modells; aus diesem Grund sind dort keine „langsamen" Bewegungen möglich, und die Gleichungen (10.41) haben keine Gültigkeit.

[2]) Die Bedingungen dafür, daß die Spannung u_c und die Stromstärke i bei einem Sprung des Systemzustandes ungeändert bleiben, folgen ebenfalls aus der zusätzlichen Voraussetzung endlicher Werte von Strom und Spannung in der Schaltung.

Oben war gezeigt worden, daß „langsame“ Systembewegungen nur für $|x| > 1$ vonstatten gehen; diese Bewegungen werden deshalb von den linearen Gleichungen

$$\begin{aligned} \dot{x} &= -2hx - y, \\ \dot{y} &= x \end{aligned} \tag{10.41 b}$$

beschrieben, weil $\varphi'(x) = 0$ für $|x| > 1$ ist. Da die charakteristische Gleichung für das System (10.41 b) lautet

$$\lambda^2 = 2h\lambda + 1 = 0, \tag{10.43}$$

wird das Verhalten der Schaltung während „langsamer“ Zustandsänderungen nur von der Größe des Parameters

$$h = \frac{R}{2}\sqrt{\frac{C}{L}}$$

abhängen. Für $h > 1$, d. h. $L < \frac{1}{4} CR^2$, sind beide Wurzeln der charakteristischen Gleichung (10.43) reell und negativ, und das System zeigt ein aperiodisches Verhalten. Seine Phasentrajektorien haben außerhalb des schraffierten Streifens $|x| < 1$, in dem die Gleichungen (10.41 b) nicht gelten, eine Form, wie sie auch bei einem linearen Oszillator auftritt, dessen singulärer Punkt ein stabiler Knoten ist (Abb. 209)[1]).

Dagegen verhält sich das System für $h < 1$ (oder, anders ausgedrückt, $L > \frac{1}{4} CR^2$), (während einer „langsamen“ Bewegung) wie ein lineares Schwingungssystem mit einem stabilen Brennpunkt als singulärem Punkt im Koordinatenursprung; die Phasentrajektorien außerhalb des schraffierten Streifens $|x| < 1$ sind Spiralenabschnitte (Abb. 210). In beiden Fällen ist die Gerade $y = -2hx$ Isokline für die vertikalen Tangenten und die y-Achse $x = 0$ Isokline für die horizontalen Tangenten [die letztere liegt allerdings außerhalb des Anwendbarkeitsbereiches der Gleichungen (10.41 b)]. Die Pfeile auf den Phasentrajektorien (Abb. 209 und 210) zeigen in Richtung der Bildpunktbewegung, die durch das Vorzeichen von $\dot{x}$ oder $\dot{y}$ in den verschiedenen Gebieten festgelegt ist. Es sei darauf hingewiesen, daß sich der Bildpunkt auf den Phasentrajektorien der Gleichungen (10.41 b) nicht wie üblich im Uhrzeigerdrehsinn, sondern in entgegengesetzter Richtung bewegt. Die Ursache hierfür liegt darin, daß y nicht einfach gleich $\dot{x}$ ist, sondern vielmehr mit x und $\dot{x}$ durch die Gleichung

$$y = -\dot{x} - 2hx$$

verbunden ist.

---

[1]) Die in der Schaltung ablaufenden Schwingungen sollen nicht durch die Bildpunktbewegung im dreidimensionalen x, y, z-Phasenraum, sondern in der x, y-Ebene veranschaulicht werden. Es ist klar, daß bei einer derartigen Betrachtungsweise sich die Phasentrajektorien „langsamer“ und „rascher“ Bewegungen in der x, y-Ebene, bei denen es sich um die Projektionen der Phasentrajektorien im x, y, z-Raum handelt, überschneiden können.

Ohne Schwierigkeiten kann festgestellt werden, daß die Phasentrajektorien „langsamer Bewegungen unabhängig vom Wert des Parameters h zu den Geraden $x = \pm 1$ führen, von denen aus der Bildpunkt einen Sprung entlang einer entsprechenden Trajektorie „rascher“ Bewegung $y = \text{const}$ (und $z = \text{const}$) ausführt. Die Stelle, an die der Bildpunkt im Ergebnis des Sprunges gelangt, ist durch die Bedingungen festgelegt, daß die Variablen y und z beim Sprung ungeändert bleiben. Da der Sprungendpunkt (im x, y, z-Raum) wiederum auf der Fläche

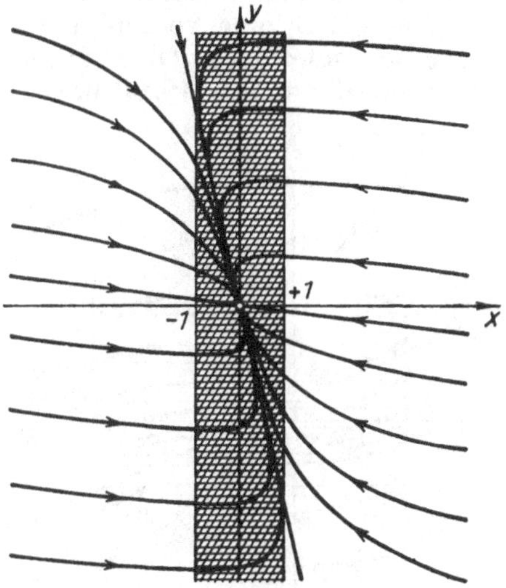

Abb. 209

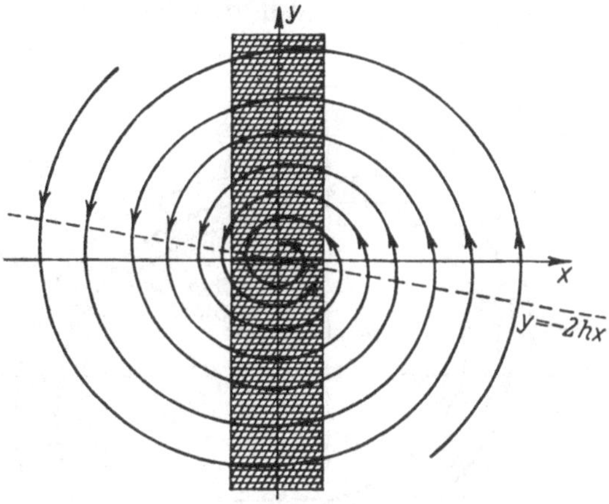

Abb. 210

$z = x + k\varphi(x)$ liegt, sind seine Koordinaten (x_2, y_2) mit den Koordinaten des Sprunganfangspunktes (x_1, y_1) (es ist $x_1 = \pm 1$) durch die Gleichungen

$$y_2 = y_1,$$
$$x_2 + k\varphi(x_2) = x_1 + k\varphi(x_1)$$

verbunden und durch diese eindeutig festgelegt.

$$\begin{aligned} y_2 &= y_1, \\ x_2 &= -(2k - 1)x_1. \end{aligned} \tag{10.44}$$

Demnach springt der Bildpunkt von der Geraden $x = +1$ entlang einer Sprungtrajektorie $y = \text{const}$ in einen Punkt der Geraden $x = -(2k + 1)$ über und umgekehrt gelangt er von der Geraden $x = -1$ aus auf die Gerade $x = 2k - 1$. Nach einem Sprung bewegt sich der Bildpunkt wieder solange auf einer Phasentrajektorie „langsamer“ Bewegung weiter, bis er erneut auf eine der Geraden $x = \pm 1$ gerät, usw. Auf diese Weise entstehen aus den Stücken der Phasentrajektorien „langsamer“ Bewegungen und aus den Sprüngen die Phasentrajektorien (genauer gesagt, die positiven Halbtrajektorien) des Multivibrators, die seine unstetigen Schwingungen widerspiegeln (Abb. 211 und 212). Es soll nun gezeigt werden, daß sich diese Trajektorien für $t \to +\infty$ einem stabilen Grenzzyklus nähern.

Die Untersuchungen beginnen mit dem Fall einer ausreichend großen Induktivität L ($L > \frac{1}{4} CR^2$, d. h. $h < 1$). Für diesen Fall ergibt sich die in Abb. 211 dargestellte Zerlegung der x, y-Ebene in Trajektorien (die Trajektorien bestehen aus Spiralenbogenstücken „langsamer" Bewegungen und aus geradlinigen Abschnitten von Sprungtrajektorien $y = \text{const}$). Diese Zerlegung verläuft symmetrisch in bezug auf den Koordinatenursprung, da sowohl die Gleichungen „langsamer Bewegungen (10.41 b) als auch die Sprungbedingungen (10.44) unver-

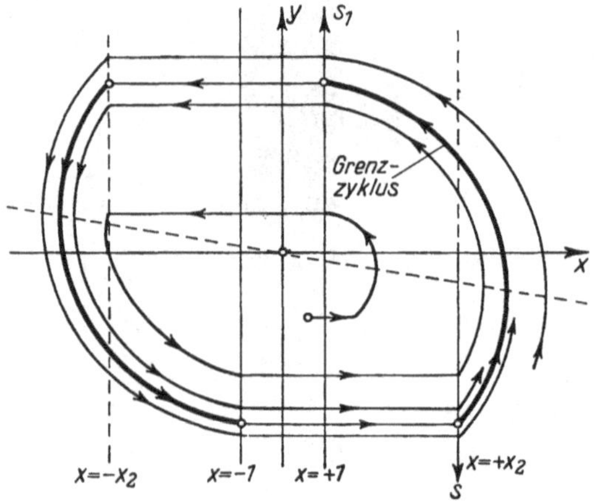

Abb. 211

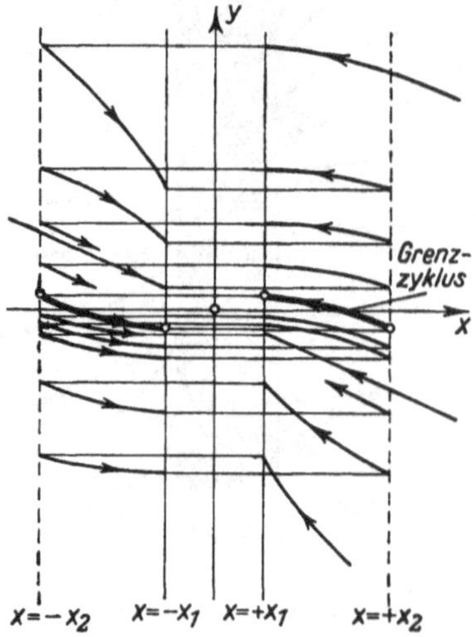

Abb. 212

ändert bleiben, wenn die Variablen x, y durch $-x$, $-y$ ersetzt werden. Aus diesem Grund kann man sich bei der Untersuchung der Schwingungen in der Schaltung (und insbesondere auch beim Beweis für die Existenz und Eindeutigkeit des Grenzzyklus) auf die Betrachtung der Transformation $s_1 = f(s)$ der Punkte $y = -s$ der Geraden $x = x_2 = 2k - 1$ in die Punkte $y = s_1$ der Geraden $x = +1$ beschränken, die von den Phasentrajektorien „langsamer" Bewegungen in der Halbebene $x > 1$ realisiert wird. Der Fixpunkt s^* dieser Transformation entspricht offensichtlich einem Grenzzyklus.

Von den Phasentrajektorien des Gleichungssystems (10.41 b) soll diejenige betrachtet werden, die für $t = 0$ vom Punkt $(x_2, -s)$ ausgeht

$$x = e^{-ht}\left[x_2 \cos \omega t - \frac{hx_1 - s}{\omega} \sin \omega t\right],$$

$$y = e^{-ht}\left[-s \cos \omega t + \frac{x_2 - hs}{\omega} \sin \omega t\right].$$

In diesen Gleichungen ist $\omega = \sqrt{1 - h^2}$ (für $h < 1$ hat die charakteristische Gleichung (10.43) die konjugiert-komplexen Wurzeln $\lambda_{1,2} = -h \pm j\omega$). Für $t = \frac{\tau}{\omega}$ möge nun der Bildpunkt bei seiner Bewegung auf dieser Trajektorie die Gerade $x = +1$ im Punkt $y = s_1$ erreichen (offensichtlich ist $0 < \tau < \pi$). Es gilt dann

$$1 = e^{-\gamma\tau}\left[x_2 \cos \tau + \left(\frac{s}{\omega} - \gamma x_2\right) \sin \tau\right],$$

$$s_1 = e^{-\gamma\tau}\left[-s \cos \tau + \left(\frac{x_2}{\omega} - \gamma s\right) \sin \tau\right]$$

mit

$$\gamma = \frac{h}{\omega} = \frac{h}{\sqrt{1 - h^2}}.$$

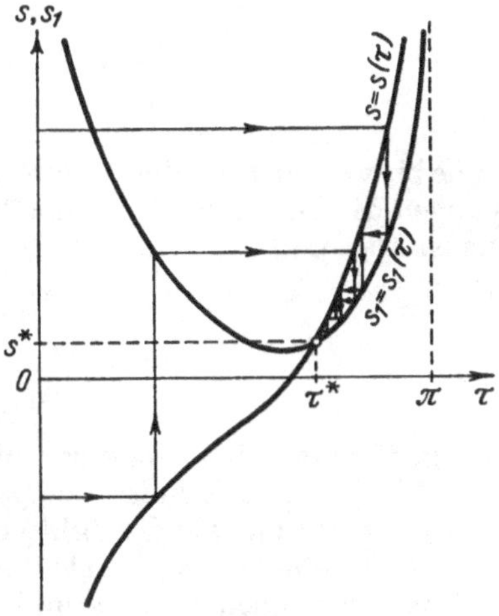

Abb. 213

Wenn man diese Beziehungen nach s und s_1 auflöst, dann erhält man die folgenden Parameterausdrücke für die Zuordnungsfunktion $s_1 = f(s)$:

$$\begin{aligned} s &= \omega \frac{e^{\gamma\tau} - x_2 (\cos \tau - \gamma \sin \tau)}{\sin \tau}, \\ s_1 &= \omega \frac{x_2 e^{-\gamma\tau} - (\cos \tau + \gamma \sin \tau)}{\sin \tau}. \end{aligned} \tag{10.45}$$

Diese Funktionen sind stetig im Bereich $0 < \tau < \pi$ (Abb. 213). Für $\tau \to +0$ strebt $s \to -\infty$ und $s_1 \to +\infty$, für $\tau \to \pi - 0$ aber $s \to +\infty$ und $s_1 \to +\infty$, wobei jedoch $s_1 < s$. Es existiert also wenigstens ein Schnittpunkt dieser beiden Kurven, nämlich ein Fixpunkt s^* der betrachteten Punkttransformation. Der Parameterwert für diesen Punkt $(\tau = \tau^*)$ wird offensichtlich durch die Gleichung

$$e^{\gamma\tau} - x_2(\cos \tau - \gamma \sin \tau) = x_2 e^{-\gamma\tau} - (\cos \tau + \gamma \sin \tau)$$

oder

$$e^{\gamma\tau} + \cos \tau + \gamma \sin \tau = x_2[e^{-\gamma\tau} + \cos \tau - \gamma \sin \tau] \tag{10.46}$$

definiert, und zwar eindeutig, wie leicht festgestellt werden kann. Die Punkttransformation $s_1 = f(s)$ besitzt also einen einzigen Fixpunkt s^*; und in der x, y-Phasenebene ist ein einziger Grenzzyklus vorhanden. Dieser Grenzzyklus ist stabil, weil im Fixpunkt die Ungleichung

$$\left|\frac{ds_1}{ds}\right| < 1$$

gilt.

Damit ist nachgewiesen, daß in der betrachteten Schaltung auch unstetige, selbsterregte Schwingungen möglich sind. Die Form dieser Schwingungen wird jedoch merklich von einer Sinuslinie abweichen, da sich x (d. h. die Spannung am

Gitter der Röhre Rö 1) und mit ihm auch die Spannung an der Anode der Röhre Rö 2 in bestimmten Zeitabschnitten ändert.

Die Periodendauer der selbsterregten Schwingungen ist offensichtlich gleich $2\frac{\tau^*}{\omega}$ (in Einheiten der dimensionslosen Zeit) wegen der Symmetrie der Zerlegung der x, y-Ebene in Trajektorien oder in gewöhnlichen Einheiten gleich

$$T = \frac{2\sqrt{LC}}{\sqrt{1-h^2}}\,\tau^*.$$

(Wie bisher wurde bei der Berechnung der Periodendauer der selbsterregten Schwingungen die Dauer der „raschen" Bewegungen, also der Sprünge vernachlässigt.) Es ist klar, daß T kleiner ist als die „bedingte" Periodendauer

$$T' = \frac{2\pi\sqrt{LC}}{\sqrt{1-h^2}} \tag{10.47}$$

der gedämpften Schwingungen des Oszillators, für den überall die Gleichungen (10.41 b) gelten. Als Folge der plötzlichen Sprünge führt der Bildpunkt schneller einen Umlauf aus als der Bildpunkt in der Darstellung der Schwingungen dieses Oszillators (deshalb auch $\tau^* < \pi$).

Nun sollen noch Periode und Amplitude der selbsterregten Schwingungen für den Fall sehr großer L $\left(L \gg \frac{1}{4}\,CR^2\right)$ berechnet werden, wenn $h \ll 1$ (und $\gamma \ll 1$) ist. Wenn man in (10.46) $\gamma = 0$ setzt, dann erhält man die nullte Näherung

$$\tau^* = \pi,$$

und die Periodendauer der selbsterregten Schwingungen liegt für ausreichend große L nahe bei der Periodendauer $T_0 = 2\pi\sqrt{LC}$ der Schwingungen eines verlustlosen LC-Kreises. Zur Ermittlung der Periodenkorrektur

$$a = \pi - \tau^*$$

(für kleine γ) setzt man $\tau^* = \pi - a$ in (10.46) ein und erhält

$$e^{\gamma(\pi-a)} - \cos a + \gamma\sin a += x_2[e^{-\gamma(\pi-a)} - \cos a - \gamma\sin a] \tag{10.46a}$$

oder

$$\gamma\pi + \frac{\gamma^2(\pi-a)^2}{2} + \cdots + \frac{a^2}{2} + \frac{a^4}{4!} + \cdots - \gamma\frac{a^3}{3!} + \cdots$$

$$= x_2\left[-\gamma\pi + \frac{\gamma^2(\pi-a)^2}{2} + \cdots + \frac{a^2}{2} - \frac{a^4}{4!} + \cdots + \gamma\frac{a^3}{3!} - \cdots\right]. \tag{10.46b}$$

Aus dieser Beziehung folgt, daß a die Größenordnung $\gamma^{\frac{1}{2}}$ hat und durch

$$\gamma\pi + \frac{a^2}{2} = x_2\left(-\gamma\pi + \frac{a^2}{2}\right) + O(\gamma^2)$$

definiert wird, daher ist[1])

$$a = \sqrt{\frac{2\pi k}{k-1}}\,\gamma^{\frac{1}{2}} + O\left(\gamma^{\frac{2}{3}}\right). \tag{10.47a}$$

Für $L \gg \frac{1}{4}\,CR^2\left(\text{d. h. für } h = \frac{R}{2}\sqrt{\frac{C}{L}} \ll 1\right)$ gilt somit

$$T = 2\pi\sqrt{LC}\left\{1 - \sqrt{\frac{2k}{\pi(k-1)}}\,h^{\frac{1}{2}} + O\left(h^{\frac{3}{2}}\right)\right\}. \tag{10.47b}$$

Es ist zu erkennen, daß die Periodenkorrektur in der Größenordnung $h^{\frac{1}{2}}$ relativ groß ist (zum Vergleich sei daran erinnert, daß in einem gewöhnlichen Röhrengenerator die Periodenkorrektur die Größenordnung h^2 hat).

Trägt man nun (10.47) in (10.45) ein, dann erhält man

$$\bar{s} = \frac{2k + O(\gamma)}{\sin a} = \sqrt{\frac{2k(k-1)}{\pi h}} + O\left(h^{-\frac{1}{2}}\right)$$

als Amplitude der selbsterregten Schwingungen der Variablen y. Für kleine h unterscheiden sich die Phasentajektorien „langsamer“ Bewegungen nur wenig von den Kreisen $x^2 + y^2 = \text{const}$. Deshalb stellt sich auch angenähert die Amplitude der selbsterregten Schwingungen der Variablen x ein. Geht man sodann von den

---

[1]) Ohne Schwierigkeiten läßt sich auch das nachfolgende Glied in der asymptotischen Entwicklung für die Periodenkorrektur bestimmen. Setzt man in (10.46b) $a = a_0\gamma^{\frac{1}{2}} + a_1$ mit $a_1 = 0\left(\gamma^{\frac{3}{2}}\right)$ und

$$a_0 = \sqrt{\frac{2\pi k}{k-1}},$$

dann entsteht Gleichung

$$\frac{\gamma^2\pi^2}{2} + a_0\gamma^{\frac{1}{2}}\,a_1 - \frac{a_0^4\gamma^2}{4!} = x_2\left[\frac{\gamma^2\pi^2}{2} + a_0\gamma^{\frac{1}{2}}\,a_1 - \frac{a_0^4\gamma^2}{4!}\right] + O\left(\gamma^{\frac{5}{2}}\right),$$

die das folgende Glied in der asymptotischen Entwicklung liefert.
Es ist dann

$$a_1 = \left(\frac{a_0^3}{4!} - \frac{\pi^2}{2a_0}\right)\gamma^{\frac{3}{2}} + O(\gamma^2)$$

und folglich

$$a = \sqrt{\frac{2\pi k}{k-1}}\left\{\gamma^{\frac{1}{2}} + \left[\frac{1}{12}\,\frac{\pi k}{k-1} - \frac{\pi}{4}\,\frac{k-1}{k}\right]\gamma^{\frac{3}{2}}\right\} + O(\gamma^2).$$

dimensionslosen Variablen zu den dimensionsbehafteten über, dann erhält man

$$U_0 = u_0 \bar{s} = u_0 \sqrt{\frac{2k(k-1)}{\pi}}\, h^{-\frac{1}{2}} + O\left(h^{\frac{1}{2}}\right),$$

$$U_{C0} = u_0 \frac{\bar{s}}{2h} = u_0 \sqrt{\frac{k(k-1)}{2\pi}}\, h^{-\frac{3}{2}} + O\left(h^{-\frac{1}{2}}\right)$$

als Amplitude der selbsterregten Schwingungen der Spannungen u (am Gitter der Röhre Rö 1) und u_C (am Kondensator C). Für kleine h ist $U_{C0} \gg U_0$, und die Schwingungsamplitude der Spannung $u + u_C$ an der Anode der Röhre Rö 2 ist näherungsweise gleich U_{C0}. Alle diese Amplituden wachsen mit zunehmendem L (oder, was dasselbe ist, mit abnehmendem $h = \frac{R}{2}\sqrt{\frac{C}{L}}$[1]).

Nun interessiert noch der Fall, daß L klein ist oder, anders ausgedrückt, der Fall $h > 1$. Jetzt sind die Wurzeln der charakteristischen Gleichung (10.43) reell und negativ; das System verhält sich während „langsamer" Bewegungen wie ein lineares System, für das im Koordinatenursprung ein singulärer Punkt vom Knotentyp erscheint (Abb. 209). Insbesondere gibt es im Bereich „langsamer" Bewegungen, d. h. für $|x| > 1$, zwei geradlinige Phasentrajektorien [ihre Steigungskoeffizienten sind gleich den reziproken Werten der Wurzeln der charakteristischen Gleichung (10.43)]. Die Zerlegung der x, y-Ebene in Trajektorien für kleine L war bereits in Abb. 212 angegeben worden (die Trajektorien der Bildpunktbewegung bestehen aus Abschnitten von Phasentrajektorien „langsamer" Bewegungen und aus Abschnitten von Trajektorien „rascher" Bewegungen), nämlich aus den Sprüngen $y = \text{const}$.

Eine ausführliche Untersuchung zeigt, daß auch in diesem Fall eine stabile, periodische Bewegung existiert, die aus zwei Bewegungen mit endlicher Geschwindigkeit und zwei Sprüngen besteht; diese Bewegung ist unter beliebigen Anfangsbedingungen möglich (diese Behauptung kann beispielsweise durch Konstruktion und Untersuchung der entsprechenden Punkttransformation bewiesen werden). Die Bewegungen des Bildpunktes entlang des Grenzzyklus entsprechen auch den unstetigen, selbsterregten Schwingungen im Multivibrator. Die Amplitude dieser Schwingungen läßt sich sofort bestimmen, denn die Variable x ändert sich nämlich zwischen den Grenzen x_2 und $-x_2$. Die Amplitude der selbsterregten Schwingungen der Variablen x ist also $x_2 = 2k - 1$ [die Schwingungsamplitude der Spannung u am Gitter der Röhre Rö 1 ist daher $U_0 = (2k-1)u_0$]. Die Periodendauer der selbsterregten Schwingungen kann bestimmt werden, indem das Integral über t längs der Abschnitte des Grenzzyklus berechnet wird, auf denen eine „langsame" Bewegung des Bildpunktes verläuft.

Die Berechnung der Periodendauer läßt sich jedoch in dem Fall beträchtlich vereinfachen, wenn L sehr klein ist (es ist $L \ll \frac{1}{4} C R^2$, aber wie früher $L \gg \frac{R^2 C_a^2}{C}$

[1]) Da die Amplitude der Spannungsschwingungen an der Anode der Röhre Rö 2 bei einer Vergrößerung von L wie $L^{\frac{3}{4}}$ zunimmt, verliert die hier für den Multivibrator bei Vernachlässigung der Anodenrückwirkung entwickelte Theorie für ausreichend große L augenscheinlich ihre Gültigkeit.

und $\mu \ll 1$). Es ist dann auch $h \ll 1$, und die Phasentrajektorien weichen im Bereich einer „langsamen" Bewegung (aber außerhalb einer kleinen Umgebung der Geraden $y = -2hx$) nur wenig vom horizontalen Geraden ab[1]). Dementsprechend liegt der Grenzzyklus in der Nähe der Achse $y = 0$. Aus diesem Grund ist während einer „langsamen" Bewegung des Bildpunktes auf dem Grenzzyklus $\dot{x} \approx -2hx$ oder

$$\frac{dx}{dt} = -\frac{R}{L}x$$

(t bezeichnet die nicht normierte Zeit) und folglich

$$dt = -\frac{L}{R}\frac{dx}{x}.$$

Die Integration (auf der rechten Seite dieser Gleichung in den Grenzen x_2 und 1) ergibt die Dauer der Halbperiode der selbsterregten Schwingungen

$$\frac{T}{2} = -\frac{L}{R}\int_{x_2}^{1}\frac{dx}{x} = \frac{L}{R}\ln x_2,$$

und folglich auch die volle Periodendauer der selbsterregten Schwingungen

$$T = \frac{L}{R}\ln(2k-1). \tag{10.47c}$$

Es ist interessant, daß im betrachteten Fall die Kapazität C keinen merklichen Einfluß auf die Periodendauer hat. Dies ist dadurch zu erklären, daß für kleine L relativ hochfrequente, unstetige, selbsterregte Schwingungen auftreten, in deren Verlauf die Kapazität C praktisch nicht aufgeladen wird (die Schwingungsamplitude der Kondensatorspannung ist gleich $U_{C0} = \frac{(k-1)L}{RC^2}u_0 \ll u_0$).

Somit sind ausführlich die beiden Grenzfälle großer und kleiner Induktivitäten L untersucht und alle Fragen beantwortet worden, die gewöhnlich bei der Unter-

---

[1]) Außerhalb einer kleinen Umgebung der Geraden $y = -2hx$ ist

$$\frac{dy}{dx} = -\frac{x}{2hx+y} \simeq -\frac{1}{2h} \approx -0.$$

Aus diesem Grund wird insbesondere die Amplitude der selbsterregten Schwingungen von y im betrachteten Fall $h \gg 1$ annähernd gleich

$$\frac{1}{2}\frac{x_2-1}{2h} = \frac{k-1}{2h},$$

und die Schwingungsamplitude der Spannung u_c am Kondensator C ist

$$U_{C0} \approx \frac{u_0}{2h}\frac{k-1}{2h} = \frac{(k-1)L}{CR^2}u_0.$$

suchung selbsterregter Schwingungsprozesse auftauchen; dies betrifft die Amplitude, die Periodendauer, die Form der selbsterregten Schwingungen und ihr Einschwingverhalten. In Abb. 214 sind für die betrachtete Schaltung einige Kurvenverläufe in der $u, (u + \mu_C)$-Ebene als Schirmbilder eines Katodenstrahloszillographen dargestellt worden (an die Ablenkplatten der Oszillographenröhre wurden

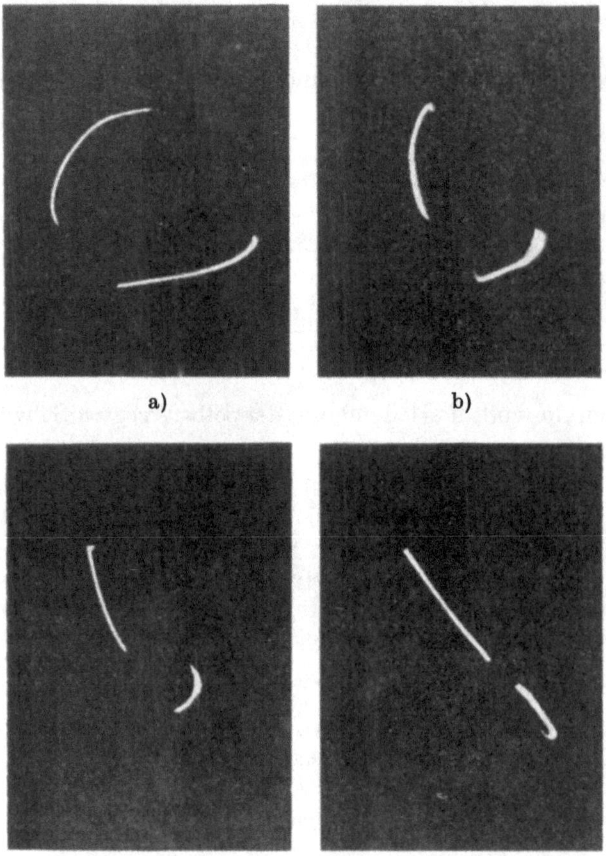

a) b) c) d)

Abb. 214

die Spannungen am Gitter der Röhre Rö 1 und an der Anode von Rö 2 angelegt)[1]. Die Photographien sind in der Abbildung nach zunehmendem L angeordnet. Der dargestellte Verlauf des periodischen Prozesses stimmt im allgemeinen mit den Feststellungen bei der theoretischen Untersuchung überein.

[1]) Wie das Phasenbild bei Verwendung eines Kathodenstrahloszillographen gewonnen werden kann s. Ergänzung II.

§ 10. Die „Universalschaltung“

In diesem Kapitel sind Systeme betrachtet worden, in denen nur unstetige, selbsterregte Schwingungen ablaufen können. Es gibt aber auch Systeme, in denen sowohl stetige als auch unstetige selbsterregte Schwingungen möglich sind, wobei diese ineinander übergehen, wenn sich der eine oder andere Systemparameter ändert (wenn dieser Parameter einen gewissen kritischen Bifurkationswert durchläuft). Ein solches Verhalten zeigt beispielsweise die sogenannte „Universalschaltung“ [125], die in Abb. 215 dargestellt ist (die spezifischen Merkmale ihrer Gleichgewichtszustände waren bereits in Kap. V, § 4 untersucht worden). Diese Schaltung nimmt eine Mittelstellung zwischen einem Generator quasisinusförmiger (und somit stetiger) Schwingungen mit einer zweigliedrigen RC-Kette (s. Kap. V, § 12 und Kap. VIII, § 5) und einem Multivibrator mit einem einfachen RC-Glied ein. In die erstgenannte Schaltung geht die „Universalschaltung“ über, wenn sich der Potentiometerabgriff r in der unteren Stellung befindet $\left(\beta = \frac{r_1}{r} = 0\right)$,

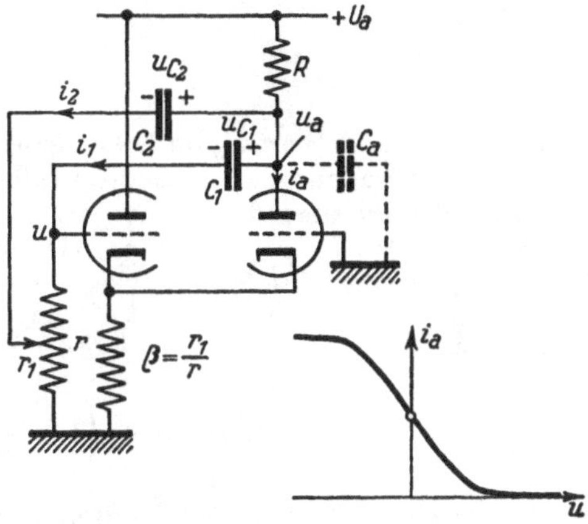

Abb. 215

bei der oberen Lage des Abgriffs $\left(\beta = \frac{r_1}{r} = 1\right)$ geht sie in die zweite Schaltung über, in der die Kapazität C_2 zur Kapazität C_1 parallel geschaltet ist. Aus diesem Grund ist zu erwarten, daß sich bei einer Verschiebung des Potentiometerabgriffes von unten nach oben (bei einer Änderung von β von 0 bis 1) in der Schaltung ein Übergang von stetigen selbsterregten Schwingungen zu unstetigen vollzieht. Die Untersuchung der Schaltung wird das bestätigen.

Die Schwingungsgleichungen der „Universalschaltung“ erhält man unter Vernachlässigung der Gitterströme, der Anodenrückwirkung und aller parasitärer Schaltungsparameter mit Ausnahme der kleinen, parasitären Kapazität C_a (sie ist in Abb. 215 punktiert gezeichnet) bei Anwendung der Kirchhoffschen Regeln auf die Schaltung (in den Bezeichnungen von Abb. 215) in der Form

$$\frac{U_a - u_a}{R} = i_a(u) + C_a \frac{du_a}{dt} + i_1 + i_2, \quad C_1 \frac{du_{C1}}{dt} = i_1, \quad C_2 \frac{du_{C2}}{dt} = i_2,$$

$$u = r(i_1 + \beta i_2), \quad u_a = u + u_{C1}, \quad u_{C2} = u_{C1} + (1 - \beta)\, r i_1.$$

In den Veränderlichen u, u_{C1} und $z = r i_1$ (für $C_a \ll C_1, C_2$) lauten sie

$$\begin{aligned} \mu \dot{u} &= U_a - R i_a(u) - \left(1 + \frac{R}{\beta r}\right) u + (1 - \beta) \frac{R}{\beta r} z - u_{C1}, \\ \dot{u}_{C1} &= z, \quad (1 - \beta) \dot{z} = \frac{C_1}{\beta C_2} u - \left(1 + \frac{C_1}{\beta C_2}\right) z, \end{aligned} \tag{10.48}$$

$\mu = \frac{RC_a}{rC}$ bezeichnet dabei einen kleinen, positiven Parameter, der die Geringfügigkeit der parasitären Kapazität C_a ausdrücken soll ($0 < \mu \ll 1$). Die Punkte über den Veränderlichen symbolisieren die Differentiation nach der dimensionslosen Zeit $t' = \frac{t}{rC_1}$. Die Kennlinie $i_a = i_a(u)$ der Röhrengruppe ist in Abb. 215 dargestellt; der Bestimmtheit halber sei im weiteren angenommen, daß der absolute Betrag der Kennliniensteilheit

$$S(u) = -\frac{di_a}{du}$$

seinen maximalen Wert S_0 im Gleichgewichtszustand ($u = 0$) der Schaltung hat und mit zunehmendem $|u|$ monoton fällt und gegen Null strebt.

Vernachlässigt man die kleine parasitäre Kapazität C_a, setzt man also in den Gleichungen (10.48) $\mu = 0$, dann wird die Zustandsmenge eines solchen Systems im u, z, u_{C1}-Raum eine Fläche

$$F(u, z, u_{C1}) = 0,$$

mit

$$F(u, z, u_{C1}) = U_a - Ri_a(u) - \left(1 + \frac{R}{\beta r}\right) u + (1 + \beta) \frac{R}{\beta r} z - u_{C1} \tag{10.49}$$

bilden. Die rechte Seite der zweiten Gleichung wird von der rechten Seite der ersten Gleichung von (10.48) gebildet, bei der die Ableitung den kleinen Koeffizienten μ enthält. Die Fläche F im u, z, u_{C1}-Raum ist der u, z-Koordinatenebene homöomorph; aus diesem Grund lassen sich die „langsamen" Bewegungen des Systems durch Trajektorien in dieser Ebene veranschaulichen. In Übereinstimmung mit (10.19) ergibt sich dann die folgende Bedingung für die Unwesentlichkeit der kleinen, parasitären Kapazität C_a:

$$\frac{\partial F}{\partial u} = RS(u) - 1 - \frac{R}{\beta r} < 0. \tag{10.49a}$$

Danach sind nun zwei Fälle möglich.

Für $RS_0 < 1 + \frac{R}{\beta r}$ oder, anders ausgedrückt, für

$$\beta < \beta_{kr} < \frac{R}{r} \frac{1}{RS_0 - 1}$$

wird die Bedingung (10.49a) auf der gesamten Phasenfläche F des Systems mit $C_a = 0$ erfüllt sein. In diesem Fall ist die kleine, parasitäre Kapazität C_a für die Schwingungsprozesse in der Schaltung unwesentlich und darf deshalb vernachlässigt werden. Die Schwingungen in der „Universalschaltung" lassen sich dann als Schwingungen eines Systems mit einem Freiheitsgrad ansehen, welches durch die Gleichung (10.49) und die beiden letzten Gleichungen von (10.48) beschrieben wird. Das steht offensichtlich mit der Tatsache im Zusammenhang, daß für $\beta < \beta_{kr}$ alle Trajektorien „rascher" Bewegungen des Bildpunktes die für kleine C_a

(für $\mu \to +0$) im u, z, u_{C1}-Phasenraum außerhalb der Fläche F vorhanden sind, zu dieser Fläche führen (Abb. 216). Wenn man aus diesen Gleichungen eine der Veränderlichen, beispielsweise u_{C1}, eliminiert, dann ergibt sich für die Variablen u und z ein System von zwei Differentialgleichungen

$$\dot{u} = \frac{\frac{R}{\beta r}\frac{C_1}{\beta C_2}u - \left[1 + \frac{R}{\beta r}\left(1 + \frac{C_1}{\beta C_2}\right)\right]z}{1 + \frac{R}{\beta r} - RS(u)},$$
$$\dot{z} = \frac{C_1}{\beta(1-\beta)\,C_2}u - \left(1 + \frac{C_1}{\beta C_2}\right)\frac{z}{1-\beta} \tag{10.50}$$

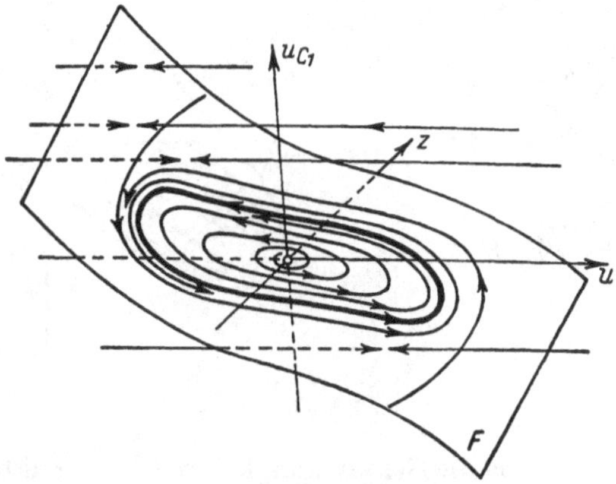

Abb. 216

mit regulären rechten Seiten (der Nenner der rechten Seite der ersten Gleichung ist überall positiv). Diese Gleichungen ermöglichen es, das Verhalten des betrachteten Systems zu verfolgen; außerdem lassen sie Schlußfolgerungen über den Schwingungsverlauf zu.

Falls jedoch die Bedingung

$$RS_0 > 1 + \frac{R}{r}\,\frac{C_1 + C_2}{C_1 + \beta C_2} \tag{10.51}$$

für die Selbsterregung nicht erfüllt ist, dann handelt es sich bei dem einzigen Gleichgewichtszustand $u = 0, z = 0$ um einen stabilen Brenn- oder Knotenpunkt, zu dem alle Phasentrajektorien laufen. In diesem Falle wird die Schaltung unter beliebigen Anfangsbedingungen in den Gleichgewichtszustand gelangen und kann deshalb weder stetige noch unstetige selbsterregte Schwingungen ermöglichen.

Wenn aber die Bedingung für die Selbsterregung (10.51) erfüllt ist (wie früher gelte $RS_0 < 1 + \frac{R}{\beta r}$), dann wird der einzige Gleichgewichtszustand (0, 0) instabiler Brenn- oder Knotenpunkt sein, und in der u, z-Ebene existiert unter den hier angegebenen Voraussetzungen in bezug auf die Form der Kennlinie $i_a = i_a(u)$

der Röhrengruppe ein einziger, stabiler Grenzzyklus, zu dem alle übrigen Phasentrajektorien laufen (Abb. 217 und 218). Die Zerlegungen der u, z-Ebene in Trajektorien, die in den Abbildungen 217 und 218 dargestellt sind, wurden durch graphische Integration der Gleichungen (10.50) (bei Verwendung der Isoklinenmethode) ermittelt. Die erste Zerlegung liefert den Fall, daß es sich bei dem Gleichgewichtszustand um einen instabilen Brennpunkt handelt, die zweite stellt den Fall dar, in dem dieser Gleichgewichtszustand instabiler Knoten ist. In der Schaltung bilden sich also unter beliebigen Anfangsbedingungen stetige selbst-

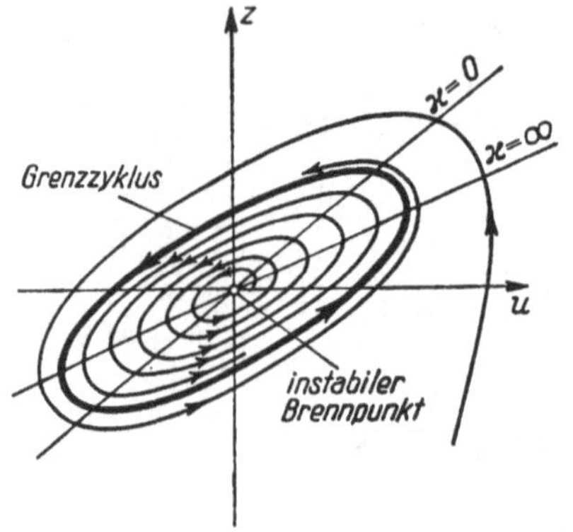

Abb. 217

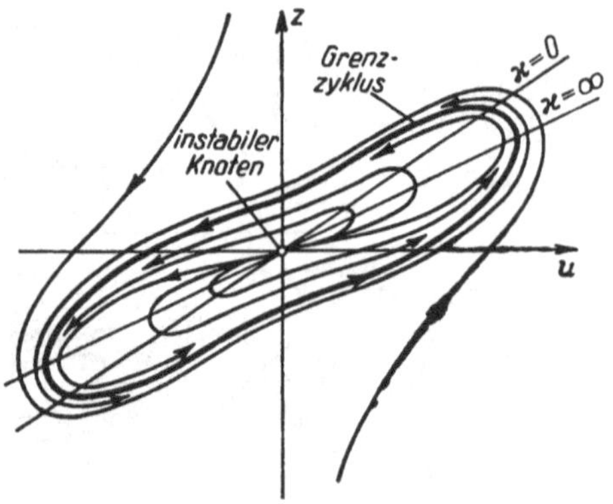

Abb. 218

erregte Schwingungen aus, da die Geschwindigkeit des Bildpunktes auf dem Grenzzyklus und auch in der gesamten u, z-Ebene beschränkt bleibt (wie klein auch die parasitäre Kapazität C_a sein mag).

Ein anderes Bild ergibt sich für

$$RS_0 > 1 + \frac{R}{\beta r},$$

d. h. für

$$\beta > \beta_{kr} = \frac{R}{r} \frac{1}{RS_0 - 1}. \tag{10.52}$$

Bei Erfüllung dieser Bedingung existiert wegen der Stetigkeit und der monotonen Änderung von $S(u)$ von einem Wert S bis zum Wert 0 bei Zunahme von $|u|$ offensichtlich ein solcher Wert u^* der Spannung u am Gitter der linken Triode, daß

$$RS(\pm u^*) = 1 + \frac{R}{\beta r}$$

ist, und für $|u| < u^*$

$$RS(u) > 1 + \frac{R}{\beta r}$$

gilt. Demnach ist die Unwesentlichkeitsbedingung für die kleine, parasitäre Kapazität C_a [die Bedingung (10.49a)] nicht erfüllt. Aus diesem Grund laufen die Phasentrajektorien „rascher" Bewegungen (der Sprünge) im u, z, z_{C1}-Phasenraum von einem Streifen $|u| \leqq u^*$ der Phasenfläche F des Systems ohne parasitäre Kapazität C_a weg, d. h., für $|u| < u^*$ sind in der betrachteten Schaltung nur „rasche" Bewegungen des Bildpunktes, also nur Sprünge der Spannung u, möglich, die natürlich nicht den Gleichungen (10.50) genügen, welche bei Vernachlässigung der kleinen, parasitären Kapazität C_a aufgestellt worden waren. Im Gegensatz dazu ist auf dem übrigen Teil der Fläche F (für $|u| > u^*$) die Bedingung (10.49a) erfüllt; dort laufen die Trajektorien „rascher" Bewegungen zur Fläche F. In deren Umgebung wird demzufolge die Bildpunktbewegung (die Schwingungen der Schaltung) in befriedigender Weise von den Gleichungen „langsamer" Bewegungen (10.50) beschrieben, wenn nur die Kapazität C_a tatsächlich klein ist.

Für $\beta > \beta_{kr}$ erhält man also die in Abb. 219 angegebene Zerlegung des u, z, u_{C1}-Phasenraumes in Trajektorien und demnach unstetige Schwingungen in der Schaltung. Auf dem Teil F^+ der Fläche F, für den $|u| > u^*$ gilt, gibt es „langsame" Bewegungen des Bildpunktes (mit endlichen Geschwindigkeiten für $\mu \to +0$) auf Trajektorien, die für ausreichend kleine C_a (für $\mu \to +0$) durch die Gleichungen (10.50) definiert sind. Außerhalb von F^+ hat man $\dot{u} \to \infty$ für

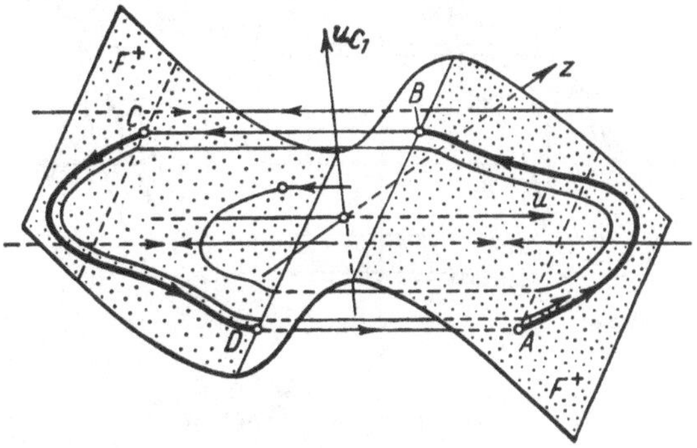

Abb. 219

$\mu \to +0$, während $\dot{z}$ und $\dot{u}_{C1}$ endlich bleiben. Aus diesem Grund erfolgen dort „rasche" Bewegungen (Sprünge) des Bildpunktes längs der Trajektorien „rascher" Bewegungen $z = \text{const}$, $u_{C1} = \text{const}$[1]). Da für $\mu \to +0$ oberhalb der Fläche $\dot{u} \to -\infty$ und unter ihr $\dot{u} \to +\infty$ strebt, laufen alle Trajektorien „rascher" Bewegungen zur Fläche F^+, wo sie in Trajektorien „langsamer" Bewegungen übergehen. Alle Trajektorien „langsamer" Bewegungen gehen ihrerseits für $u = u^*$ oder für $u = -u^*$ in Sprungtrajektorien über. Aus diesen einander sich abwechselnden Abschnitten von Trajektorien „rascher" und „langsamer" Bewegungen sind die Trajektorien der Bildpunktbewegung, also die Phasentrajektorien der betrachteten Schaltung im u, z, u_{C1}-Raum, zusammengesetzt. Man kann zeigen, daß alle Phasentrajektorien für $t \to +\infty$ zu einem einzigen stabilen Grenzzyklus streben. In der Schaltung sind also für $\beta > \beta_{kr}$ unter beliebigen Anfangsbedingungen unstetige selbsterregte Schwingungen möglich.

---

[1]) Die Bedingungen dafür, daß z und u_{C1} beim Sprung der Spannung u ungeändert bleiben, ergeben sich ebenfalls aus der ergänzenden (physikalischen) Voraussetzung über die endlichen Werte der Ströme und Spannungen in der Schaltung. Bleibt der Strom in der Schaltung begrenzt (der Strom kann also nicht unendlich groß werden), dann können sich die Spannungen u_{C1} und u_{C2} an den Kondensatoren C_1 und C_2 nicht sprunghaft ändern ($\dot{u}_{C1}$ und $\dot{u}_{C2}$ müssen beschränkt sein). Während eines plötzlichen Sprunges bleiben dann u_{C1} und $u_{C2} - u_{C1} = (1 - \beta)\, r i_1 = (1 - \beta) z$, also auch z selbst ungeändert.

In Abb. 220 ist die Projektion dieser Zerlegung des u, z, u_{C1}-Phasenraumes in Trajektorien auf die u, z-Koordinatenebene dargestellt. Die Trajektorien „langsamer" Bewegungen, die in den Bereich $|u| > u^*$ führen, wurden durch graphische Integration der Gleichungen (10.50) ermittelt. Sprungtrajektorien sind die Geraden $z = \text{const}$, wobei die Endpunkte $(\mp u^{**}, z_2)$ dieser Trajektorien, die in den Punkten $(\pm u^*, z_1)$ ihren Anfang nehmen, durch die Beziehungen

$$z_2 = z_1, \quad Ri_a(\mp u^{**}) \mp \left(1 + \frac{R}{\beta r}\right) u^{**} = Ri_a(\pm u^*) \pm \left(1 + \frac{R}{\beta r}\right) u^*$$

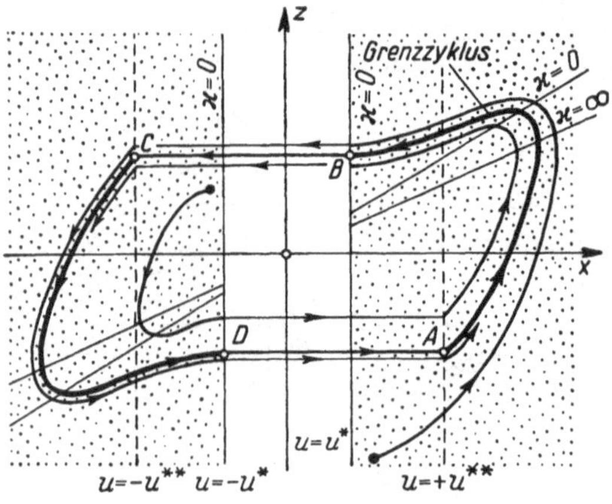

Abb. 220

festgelegt sind (die Menge der Endpunkte der Sprungtrajektorien bildet also die Geraden $u = -u^{**}$ und $u = +u^{**}$). Wie ersichtlich ist, nähern sich alle Trajektorien für $t \to +\infty$ asymptotisch dem Grenzzyklus $ABCDA$, der aus den beiden Abschnitten von Trajektorien „langsamer" Bewegungen AB und CD und aus den beiden Trajektorienabschnitten „rascher" Bewegungen BC und DA besteht[1]).

Es sei noch hervorgehoben, daß sich der Übergang von stetigen selbsterregten Schwingungen zu unstetigen für $\beta = \beta_{kr}$ stetig vollzieht. Nähert sich β dem Wert β_{kr} von links ($\beta < \beta_{kr}$), so nimmt die Schnelligkeit der Änderung der Spannung u auf der Geraden $u = 0$ unbeschränkt zu und wird für $\beta = \beta_{kr}$ unendlich groß. Andererseits wächst die Änderung der Spannung u im Ergebnis eines Sprungs $(u^{**} + u^*)$ bei Zunahme von β für $\beta > \beta_{kr}$ monoton, wobei sie für $\beta = \beta_{kr}$ Null ist.

§ 11. Der Blocking-Generator (Sperrschwinger)

In der modernen Radiotechnik wird für die Erzeugung kurzer Spannungsimpulse oft ein sogenannter Blocking-Generator verwendet [65, 71, 91], für den eine Schaltung in Abb. 221 dargestellt ist.

Ein Blocking-Generator ist ein Generator mit induktiver Rückkoppelung, in dem die Röhre nahezu während der gesamten Periodendauer der selbsterregten Schwingungen gesperrt bleibt. Beim Öffnen der Röhre wird in der Gitterwicklung

---

[1]) Ein exakter Beweis für die Existenz des Grenzzyklus und für die Tatsache, daß zu ihm alle übrigen Trajektorien streben, kann beispielsweise für eine stückweise lineare Kennlinie der Röhrengruppe erbracht werden, in dem man die Punkttransformation der Geraden $\mu = +u$ in die Gerade $\mu = -u^*$ konstruiert und untersucht, die von den Trajektorien des Systems realisiert wird.

des Transformators eine positive Spannung induziert, in deren Ergebnis die Spannung u am Gitter der Röhre rasch große positive Werte (von einigen hundert Volt) erreicht und durch die Röhre beträchtliche Anoden- und Gitterströme fließen. Diese Ströme induzieren beim Durchfließen der Wicklungen des Transformators in dessen Ausgangswicklung einen Spannungsimpuls. Gleichzeitig lädt der Gitterstromimpuls den Kondensator C auf, was eine Verminderung der Gitterspannung u hervorruft. Aus diesem Grund wird die Röhre nach Ablauf eines gewissen Zeitintervalls, das gewöhnlich nur einen sehr kleinen Teil der Periode ausmacht, wieder geschlossen (bei einer Abnahme des Anodenstromes entsteht in der Gitterwicklung des Transformators durch Induktion eine negative Spannung, die im weitern eine Sperrung der Röhre hervorruft)[1]. Im Verlauf des übrigen Teils der Periode ist die Röhre gesperrt. Es fließt kein Gitterstrom und der Kondensator C wird über den Widerstand R entladen. Die Gitterspannung u vergrößert sich allmählich, und nach einem Zeitintervall (von der Größenordnung RC) wird ein solcher Wert erreicht, daß die Röhre Strom führt und der Blocking-Generator einen Impuls abgibt.

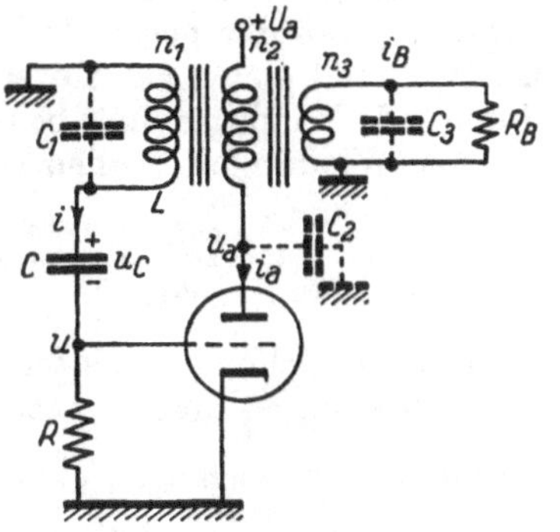

Abb. 221

1. Die Schwingungsgleichungen

Bei der Untersuchung der selbsterregten Schwingungen eines Blocking-Generators dürfen weder die Gitterströme noch die Anodenrückwirkung vernachlässigt werden, da beide für die Arbeitsweise des Generators wesentliche Bedeutung haben. Während der Erzeugung von Impulsen fließen in der Röhre beträchtliche Gitterströme, die den Kondensator C aufladen und eine Sperrung der Röhre nach Beendigung des Impulses hervorrufen. Die Spannung an der Anode u_a sinkt jedoch (wegen des großen Spannungsabfalls an der Anodenwicklung des Transformators) bis zu sehr kleinen Werten ab, wodurch sowohl die Größe der Impulse des Anodenstromes als auch der Gitterspannung begrenzt wird. Aus diesem Grund soll der Anodenstrom sowohl als Funktion der Gitter- als auch der Anodenspannung angenommen werden

$$i_a = i_a(u, u_a).$$

Damit eine gewisse Vereinfachung des Problems erreicht wird, sei jedoch vorausgesetzt, daß der Gitterstrom nur von der Gitterspannung abhängt

$$i_g = i_g(u).$$

Dieser Sachverhalt ist dann ausreichend gut erfüllt, wenn es sich bei der im Blocking-Generator verwendeten Röhre um eine Pentode handelt.

[1]) Hier liegt der Fall einer sogenannten kapazitiven Wiederherstellung der Zustände des Blocking-Generators mit gesperrter Röhre vor, der für ausreichend große Werte von L/C realisiert wird.

Des weitern ist für die Erzeugung von Impulsen mit steilen Flanken erforderlich, daß die Streuung und die Wicklungskapazität des Blocking-Generators so klein wie möglich gehalten werden (Verwendung eines Ringkerns). Aus diesem Grund wird naturgemäß zuerst (als erste Näherung) angenommen, daß die Streuung Null ist, d. h., daß der magnetische Fluß in allen Querschnitten des Transformatorkerns überall gleich ist. Unter dieser Voraussetzung wird der magnetische Fluß durch jede Windung einer beliebigen Transformatorwicklung von der Summe der Ampere-Windungen in allen Wicklungen bestimmt und ist gleich

$$\Phi = \frac{L}{n_1^2}(n_1 i - n_2 i_a + n_3 i_B) = \frac{L}{n_1}(i - k i_a + k' i_B).$$

In dieser Gleichung bedeutet L die Induktivität der Gitterwicklung des Transformators. n_1, n_2 und n_3 bezeichnen die Anzahl der Windungen in den Gitter-, Anoden- und Ausgangswicklungen und $k = \frac{n_2}{n_1}$ sowie $k' = \frac{n_3}{n_1}$ die Transformationskoeffizienten für die Spannung von der Gitter- in die Anoden- und Ausgangswicklung; i bedeutet die Stromstärke im Kondensatorkreis und i_B den Belastungsstrom. Weiter soll

$$I = i - k i_a + k' i_B \tag{10.53}$$

der Magnetisierungsstrom (des Transformatorkerns) sein[1]). Die induzierten Spannungen in den Gitter-, Anoden- und Ausgangswicklungen des Transformators sind

$$-\frac{d}{dt}(n_1\Phi) = -L\frac{dI}{dt}, \quad +\frac{d}{dt}(n_2\Phi) = kL\frac{dI}{dt}$$

und

$$-\frac{d}{dt}(n_3\Phi) = -k'L\frac{dI}{dt}.$$

Wenn man außerdem alle parasitären Schaltungsparameter (insbesondere die kleinen Kapazitäten der Transformatorwicklungen und die Kapazitäten zwischen Elektroden der Röhre) vernachlässigt, dann ergeben sich die folgenden Schwingungsgleichungen für den Blocking-Generator:

$$\left.\begin{aligned} -L\frac{dI}{dt} &= u + u_C = \frac{U_a - u_a}{k} = \frac{R_B i_B}{k'}, \\ C\frac{du_C}{dt} &= i = \frac{u}{R} + i g(u). \end{aligned}\right\} \tag{10.54}$$

In ihnen bedeutet R_B den Widerstand der äußeren Belastung, der als rein reell (als ohmisch) angenommen werden soll. Setzt man diese Gleichungen in den Ausdruck

[1]) Es wird nun angenommen, daß der Windungssinn der Gitter- und Anodenwicklungen des Transformators so ist, daß die partiellen magnetischen Flüsse, die im Transformator von den (positiven) Strömen i und i_a hervorgerufen werden, entgegengesetzte Vorzeichen haben. Nur unter dieser Bedingung entsteht eine positive Rückkoppelung, die für die Anregung des Blocking-Generators erforderlich ist.

(10.53) für den Magnetisierungsstrom ein, dann erhält man

$$I = \frac{u}{R} + ig(u) - ki_a(u, u_a) + \frac{k'^2}{R_B}\,\frac{U_a - u_a}{k} = I(u, u_a) \tag{10.53a}$$

und, wenn man noch die Spannung am Kondensator C

$$u_C = \frac{U_a - u_a}{k} - u \tag{10.54a}$$

eliminiert, dann entsteht

$$L\left\{\frac{1}{R} + S_g(u) - kS(u, u_a)\right\}\frac{du}{dt} + L\left\{\frac{k^2}{R_i(u, u_a)} + \frac{k'^2}{R_B}\right\}\frac{1}{k}\,\frac{du_a}{dt} = \frac{U_a - u_a}{k},$$

$$-\frac{du}{dt} - \frac{1}{k}\,\frac{du_a}{dt} = \frac{1}{C}\left[\frac{u}{R} + i_g(u)\right].$$

Darin bezeichnen $S_g(u)$, $S(u, u_a)$ und $R_i(u, u_a)$ jeweils die Steilheit der Kennlinie des Gitter- und Anodenstromes und den inneren Widerstand der Röhre; es ist also

$$S_g(u) = \frac{di_g}{du},\quad S(u, u_a) = \frac{\partial i_a}{\partial u} \quad \text{und} \quad \frac{1}{Ri(u, u_a)} = \frac{\partial i_a}{\partial u_a}.$$

Löst man diese Gleichungen nach den Ableitungen auf, dann erhält man

$$Lg(u, u_a)\,\frac{du}{dt} = \frac{u_a - U_a}{k} - \frac{L}{C}\left\{\frac{k^2}{Ri(u, u_a)} + \frac{k'^2}{R_B}\right\}\left[\frac{u}{R} + i_g(u)\right], \tag{10.55}$$

$$Lg(u, u_a)\,\frac{1}{k}\,\frac{du_a}{dt} = \frac{U_a - u_a}{k} - \frac{L}{C}\left\{\frac{1}{R} + Sg(u) - kS(u, u_a)\right\}\left[\frac{u}{R} + i_g(u)\right]$$

mit

$$g(u, u_a) = \frac{1}{R} + Sg(u) + \frac{k^2}{R_2(u, u_a)} + \frac{k'^2}{R_B} - kS(u, u_a).$$

Offensichtlich hat der Blocking-Generator nur einen Gleichgewichtszustand, der von den Gleichungen

$$u_a - U_a = 0 \quad \text{und} \quad u + Ri_g(u) = 0$$

definiert wird. Im Gleichgewichtszustand gilt

$$u = 0,\quad u_a = U_a,$$

wenn der Gitterstrom für $u = 0$ vernachlässigt wird. Die charakteristische Gleichung für den Gleichgewichtszustand des Blocking-Generators hat, wie leicht einzusehen ist, die Form

$$\begin{vmatrix} Lg(0, U_a)\lambda + \frac{L}{C}\left[\frac{k^2}{Ri(0, U_a)} + \frac{k'^2}{R_B}\right]\left[\frac{1}{R} + S_g(0)\right] & -1 \\ \frac{L}{C}\left[\frac{1}{R} + S_g(0) - kS(0, U_a)\right]\left[\frac{1}{R} + S_g(0)\right] & Lg(0, U_a)\lambda + 1 \end{vmatrix} = 0$$

oder

$$L_g(0, U_a)\lambda^2 + \left\{1 + \frac{L}{C}\left[\frac{k^2}{Ri(0, U_a)} + \frac{k'^2}{R_B}\right]\left[\frac{1}{R} + S_g(0)\right]\right\}\lambda + \frac{1}{C}\left[\frac{1}{R} + S_g(0)\right] = 0.$$

Im weiteren soll nur der Fall betrachtet werden, daß der einzige Gleichgewichtszustand des Blocking-Generators instabil ist und der Generator sich von selbst erregt. Es wird also angenommen, daß die Bedingung für die Selbsterregung

$$g(0, U_a) = \frac{1}{R} + S_g(0) + \frac{k^2}{R_i(0, U_g)} + \frac{k'^2}{R_B} - kS(0, U_a) < 0 \qquad (10.56)$$

erfüllt ist.

2. *Sprünge von Spannungen und Stromstärken*

Bei Erfüllung der Bedingung (10.56) existiert in der u, u_a-Phasenebene sicher eine Kurve (sie sei mit Γ bezeichnet), in deren Punkten

$$g(u, ua) = 0 \qquad (10.57)$$

ist und in denen die Geschwindigkeit der Änderung von u und u_a unendlich wird. In der Tat, für ausreichend große $|u|$ ist die Steilheit der Kennlinie für den Anodenstrom $S(u, u_a)$ gering (für negative u, weil die Röhre gesperrt ist und für positive u wegen der Anodenrückwirkung)[1]), d. h., dort ist $g(u, u_a) > 0$. Andererseits besteht auf Grund der Bedingung (10.56) die Ungleichung $g(0, U_a) < 0$. Hieraus und wegen der Voraussetzung, daß es sich bei $S_g(u)$, $S(u, u_a)$, $[R_i(u, u_a)]^{-1}$ und folglich auch bei $g(u, u_a)$ um stetige Funktionen handelt, folgt in der u, u_a-Ebene die Existenz eines steigenden geometrischen Ortes von Punkten, in denen $g(u, u_a) = 0$, d. h., die Kurve Γ existiert. Die Gestalt dieser Kurve ist in Abb. 222 dargestellt.

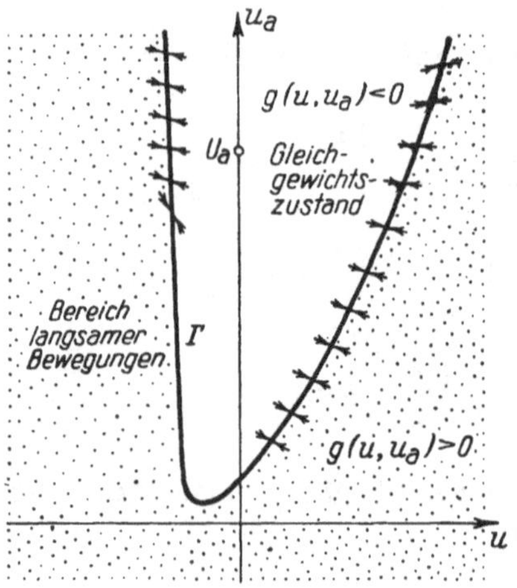

Abb. 222

Es ist nun von Bedeutung, daß die Funktionen $g(u, u_a)$ beim Überschreiten der Kurve Γ das Vorzeichen ändern; aus diesem Grund ist ein Teil dieser Punkte von Γ

[1]) Für die hohen positiven Gitterspannungen (für große Anodenströme) hängt der Anodenstrom fast nicht von der Gitterspannung ab und wird hauptsächlich von der Anodenspannung bestimmt.

Scheidepunkte der Phasentrajektorien. Wenn man also alle kleinen, parasitären Schaltungsparameter einschließlich der kleinen, parasitären Kapazitäten der Schaltung und der Streuung des magnetischen Flusses im Transformator vernachlässigt, dann gelangt man zu einem „defekten" Modell des Blocking-Generators, das in seiner Phasenebene Scheidepunkte der Phasentrajektorien besitzt und demzufolge nicht gestattet, den Schwingungsverlauf in der Schaltung zu verfolgen. Aus diesem Grund ist man gezwungen, das dynamische Modell des Blocking-Generators entweder durch Ergänzungen (Postulate) im Hinblick auf die charakteristischen Merkmale der Schwingungen abzuändern oder wenigstens einige kleine, parasitäre Parameter zu berücksichtigen, die trotz ihrer Geringfügigkeit für die Schwingungsprozesse im Blocking-Generator wesentlich sind.

Genau wie früher bedeutet das Auftreten von Scheidepunkten der Phasentrajektorien in der Phasenebene, daß die Gleichungen (10.55), die ohne Berücksichtigung parasitärer Parameter aufgestellt wurden, die Schwingungsgesetzmäßigkeiten des Blocking-Generators nicht für alle Werte von u und u_a ordnungsgemäß beschreiben können. Anders ausgedrückt, in einem der beiden Gebiete, in welche die u, u_a-Ebene von der Kurve Γ aufgeteilt wird, haben einige der nicht berücksichtigten kleinen, parasitären Parameter wesentliche Bedeutung und demnach genügen dort die Gleichungen (10.55) nicht für die Beschreibung der Systemschwingungen. Zuerst muß man also herausfinden, in welchem der Gebiete der u, u_a-Ebene die kleinen, parasitären Parameter für die Schwingungen des Blocking-Generators unwesentlich sind und die Gleichungen (10.55) die Schwingungsgesetzmäßigkeit mit einem gewissen Genauigkeitsgrad beschreiben.

Man verwendet nun die folgenden ergänzenden Voraussetzungen (Postulate) in bezug auf den Schwingungscharakter im Blocking-Generator:

1. Im Gebiet

$$g(u, u_a) > 0$$

spielen die kleinen, parasitären Schaltungsparameter keine wesentliche Rolle, und die Schwingungen des Blocking-Generators (die „langsamen" Bewegungen) werden von den Gleichungen (10.55) beschrieben. Eine gewisse Begründung dieses Postulates ist die Tatsache, daß zum Gebiet $g(u, u_a) > 0$ der Bereich der Werte von u und u_a gehört, in dem die Röhre gesperrt ist und in dem die kleinen, parasitären Parameter augenscheinlich keine wesentliche Bedeutung haben.

2. Erreicht der Bildpunkt bei seiner Bewegung in der u, u_a-Ebene [im Gebiet $g(u, u_a) > 0$] auf einer Trajektorie der Gleichungen (10.55) die Kurve Γ, dann gelangt er von dort aus durch einen plötzlichen Sprung in einen anderen Punkt, der wiederum dem Bereich „langsamer" Bewegungen $g(u, u_a) > 0$ angehört.

3. Wenn alle Spannungen und Stöme in der Schaltung als begrenzt vorausgesetzt werden, dann muß man annehmen, daß während eines plötzlichen Sprunges der Zustand der Spannung u_C am Kondensator C und der magnetische Fluß durch die Transformatorwicklungen konstant bleiben[1]). Da während einer „langsamen"

[1]) Würde sich während eines plötzlichen Sprunges der Spannung auch der magnetische Fluß durch irgendeine Transformatorwicklung um eine endliche Größe ändern, dann müßten der Strom $i = C\,\dfrac{du_C}{dt}$ und die induzierte Spannung in der entsprechenden Wicklung unendlich groß werden, was der Voraussetzung über die Begrenzung von Strom und Spannung in der Schaltung widerspricht.

Bewegung vor und nach dem Bildpunktsprung die Spannung u_C mit u und u_a durch die Beziehung (10.54a) verbunden ist, der magnetische Fluß durch die Transformatorwicklungen aber vollständig durch den Magnetisierungsstrom $I = I\,(u, u_a)$ gegeben ist (s. 10.53a), muß der Sprungendpunkt (u^*, u_a^*) mit dem Anfangspunkt (u, u_a) (er liegt auf der Kurve Γ) durch die Beziehungen

$$u^* + \frac{U_a^*}{k} = u + \frac{U_a}{k}, \qquad I\,(u^*, u_a^*) = I\,(u, u_a) \tag{10.58}$$

verknüpft sein.

Diese ergänzenden Voraussetzungen reichen zusammen mit den Gleichungen (10.15) für die Untersuchung der Schwingungen eines Blocking-Generators aus.

Man beweist das für den Fall unstetiger Schwingungen des Blocking-Generators angegebene Postulat, indem die Dynamik eines Modells dritter Ordnung untersucht wird, welches bei Berücksichtigung der kleinen, parasitären Kapazitäten der Transformatorwicklungen entsteht (diese Kapazitäten sind in Abb. 221 punktiert dargestellt; die Kapazität C_2 ergibt sich als Summe der Kapazität der Anodenwicklung und der Ausgangskapazität der Röhre, bei C_3 handelt es sich um die Summe der Kapazitäten der Ausgangswicklung und der Ausgangskreise des Blocking-Generators). Die übrigen kleinen, parasitären Parameter (unter ihnen die Streuung des magnetischen Flusses im Transformator) werden wie früher vernachlässigt. Für ein solches Modell ergeben sich die Schwingungsgleichungen

$$-L\,\frac{dI^*}{dt} = u + u_C = \frac{U_a - u_a}{k} = \frac{u_{\text{ausg.}}}{k'}, \quad C\,\frac{du_C}{dt} = \frac{u}{R} + i_g(u) = i\,(u)$$

mit

$$\begin{aligned} I &= i + C_1\,\frac{d(u + u_C)}{dt} - k\left[i_a + C_2\,\frac{du_a}{dt}\right] + \left[\frac{u_{\text{ausg.}}}{R_B} + C_3\,\frac{du_{\text{ausg.}}}{dt}\right] \\ &= i(u) - k i_a(u, u_a) + \frac{k'^2}{R_B}\,\frac{U_a - u_a}{k} - \frac{C'}{k}\,\frac{du_a}{dt} = I\,(u, u_a) - \frac{C'}{k}\,\frac{du_a}{dt} \end{aligned}$$

als Magnetisierungsstrom(in diesem Ausdruck hat $C' = C_1 + k^2C^2 + k'^2C_3$ auch die Bedeutung einer kleinen äquivalenten, parasitären Kapazität, die parallel zur Gitterwicklung des Transformators geschaltet ist). Eliminiert man aus diesen Gleichungen

$$u = \frac{U_a - u_a}{k} - u_C,$$

dann entsteht das folgende Differentialgleichungssystem dritter Ordnung (in den Variablen I^*, u_C und u_a):

$$\begin{aligned} L\,\frac{dI^*}{dt} = \frac{u_a - U_a}{k}, \quad C\,\frac{du_C}{dt} = i = i\left(\frac{U_a - u_a}{k} - u_C\right), \quad \frac{C'}{k}\,\frac{du_a}{dt} = I\left(\frac{U_a - u_a}{k}\right. \\ \left. - u_C, u_a\right) - I^* = F\,(u_a, u_C, I^*). \end{aligned} \tag{α}$$

Gemäß den Gleichungen (α) strebt $\frac{du_a}{dt} \to \infty$ im u_a, u_C, I^*-Phasenraum außerhalb der Fläche

$$F(u_a, u_C, I^*) \equiv I - I^* = 0$$

für $C' \to +0$, $\frac{du_C}{dt}$ und $\frac{dI}{dt}$ bleiben jedoch endlich. Aus diesem Grund gibt es außerhalb der Fläche F auf den Trajektorien

$$u_C = \text{const}, \quad J^* = \text{const} \tag{β}$$

„rasche" Bewegungen des Bildpunktes, in deren Verlauf sich die Spannungen u und u_a sprunghaft ändern, während die Spannung u_C am Kondensator C und der magnetische Fluß durch die Transformatorwicklungen ungeändert bleiben.

Diese Trajektorien „rascher" Bewegungen (β) führen bekanntlich, da die Beziehung

$$k\frac{\partial F}{\partial u_a} = -\frac{\partial I}{\partial u} + k\frac{\partial I}{\partial u_a} = -\frac{1}{R} - S_g(u) + kS(u, u_a)$$
$$- \frac{k^2}{R_i(u, u_a)} - \frac{k'^2}{R_B} = -g(u, u_a)$$

besteht, zu dem Teil der Fläche F, auf dem

$$\frac{\partial F}{\partial u_a} < 0 \quad \text{oder} \quad g(u, u_a) > 0$$

gilt. Im Gegensatz dazu entfernt sich der Bildpunkt sprunghaft von jenem Teil der Fläche F, auf dem die Ungleichung $g(u, u_a) < 0$ besteht. Demnach gibt es „langsame" Bewegungen des Bildpunktes („langsame" Zustandsänderungen des Blocking-Generators mit endlicher Geschwindigkeit der Änderungen der Variablen für $C' \to +0$) nur in einer kleinen Umgebung der Fläche F^+

$$I^* = I(u, u_a), \quad u = \frac{U_a - u_a}{k} - u_C, \quad g(u, u_a) > 0 \tag{F^+}$$

(nach dem Grenzübergang $C' \to +0$ finden diese Bewegungen auf der Fläche F^+ selbst statt). Auf Grund dieses Sachverhaltes lassen sich die Gleichungen „langsamer" Bewegungen für ausreichend kleine, parasitäre Kapazitäten (für hinreichend kleine C') in Form der Gleichungen (10.54) oder (10.55) schreiben.

Außerhalb der Fläche F^* verlaufen die „raschen" Bewegungen des Bildpunktes entlang der Trajektorien (β) mit Geschwindigkeiten der Änderungen der Spannungen u und u_a, die um so größer sind, je kleiner die parasitären Kapazitäten des Blocking-Generators sind; diese Trajektorien „rascher" Bewegungen projizieren sich auf die u, u_a-Ebene in Gestalt der Linien $u_C = \text{const}$, d. h. in Gestalt der Geraden

$$u + \frac{u_a}{k} = \text{const}. \tag{β'}$$

Die Trajektorien „langsamer“ Bewegungen auf der Fläche F^+ gehen auf dem Rand derselben in Trajektorien „rascher“ Bewegungen (in Sprungtrajektorien) über (diese Randkurve projiziert sich in Form der Kurve Γ auf die u, u_a-Ebene). Die Trajektorien „rascher“ Bewegungen laufen ihrerseits, wie leicht festgestellt werden kann, wieder zur Fläche F^+, wo sie sich in Trajektorien „langsamer“ Bewegungen verwandeln. Offensichtlich sind dabei die Anfangs- und Endpunkte der Sprungtrajektorien, die auf der Fläche F^+ liegen, miteinander durch die Bedingungen (10.58) verknüpft, da während eines Sprunges u_C und I^* ungeändert bleiben und $I^* = I(u, u_a)$ auf der Fläche F^+ ist. Zur Illustration des soeben Gesagten wurde in Abb. 223 die Fläche F^+ und einige Phasentrajektorien im u, u_a, I^*-Phasenraum mit ihren Projektionen in der u, u_a-Koordinatenebene dargestellt.

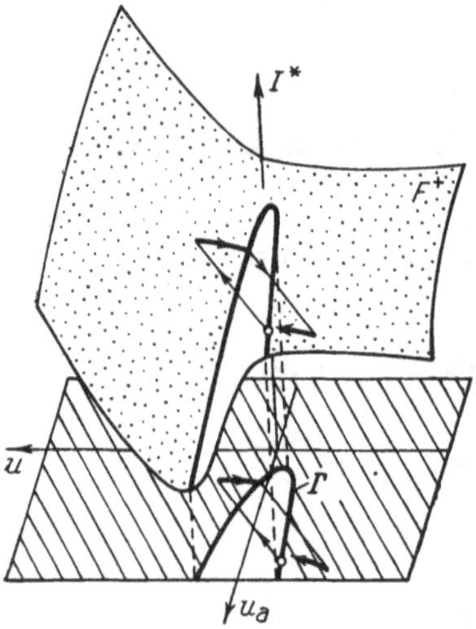

Abb. 223

Wenn man also die kleinen, parasitären Kapazitäten der Schaltung, die während der Zustandssprünge wesentlich sind, berücksichtigt, dann entsteht für den Blocking-Generator ein „Modell von guter Qualität“ (ein Modell dritter Ordnung), welches befriedigend das Verhalten des Blocking-Generators widerspiegelt und beim Grenzübergang $C' \to +0$ zu den oben formulierten Postulaten im Zusammenhang mit der Unstetigkeit der Schwingungen dieses Generators führt.

Es sei auch noch hervorgehoben, daß man zu diesen Postulaten auch bei der Betrachtung der Dynamik eines Modells des Blocking-Generators (eines Modells dritter Ordnung) kommt, welches bei Berücksichtigung der geringen Streuung des magnetischen Flusses im Transformator entsteht, wenn alle parasitären Kapazitäten vernachlässigt werden. Auch von einem Modell fünfter Ordnung kann ausgegangen werden, in dem sowohl die kleinen, parasitären Kapazitäten als auch die geringe Streuung des magnetischen Flusses Berücksichtigung finden. Die Trajektorien „rascher“ Bewegungen (ihre Projektionen in der u, u_a-Ebene) werden sich jedoch von den Geraden (β') unterscheiden. So werden beispielsweise, wenn nur die Streuung des magnetischen Flusses im Transformator berücksichtigt wird, die Projektionen der Phasentrajektorien „rascher“ Bewegungen in der u, u_a-Ebene von den Linien

$$I(u, u_a) = \text{const} \qquad (\beta'')$$

gebildet.

3. *Unstetige Schwingungen*

Für eine weitere, ins einzelne gehende Untersuchung der unstetigen selbsterregten Schwingungen des Blocking-Generators soll nun eine stückweise lineare Approximation der Röhrenkennlinie verwendet werden, die in Abb. 224 dargestellt ist und eine Idealisierung der Pentodenkennlinie ist

$$i_a = i_a(u, u_a) = \begin{cases} 0 & \text{für } u_a \leqq 0 \text{ für } u \leqq -u_0, \\ S(u+u_0) & \text{für } 0 < S(u+u_0) < \dfrac{u_a}{R_0}, \\ \dfrac{u_a}{R_0} & \text{für } S(u+u_0) \geqq \dfrac{u_0}{R_0} > 0, \end{cases}$$

$$i_g = i_g(u) = \begin{cases} 0 & \text{für } u < 0, \\ S_g u & \text{für } u \geqq 0. \end{cases}$$

u_0 bedeutet die Sperrspannung der Röhre, S und S_g bezeichnen die Steilheit der Kennlinien des Anoden- und des Gitterstromes auf den steigenden (geradlinigen

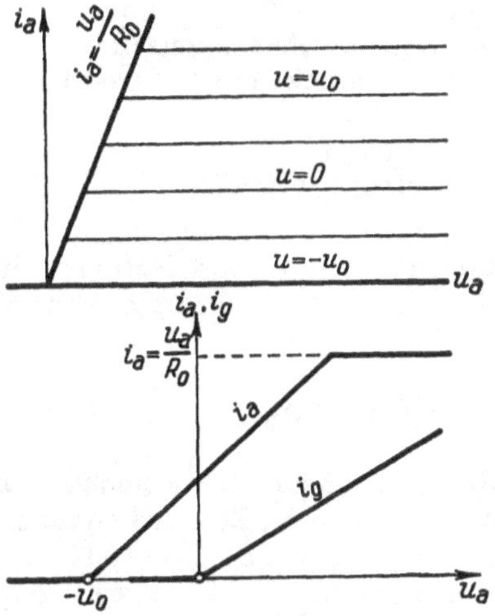

Abb.224

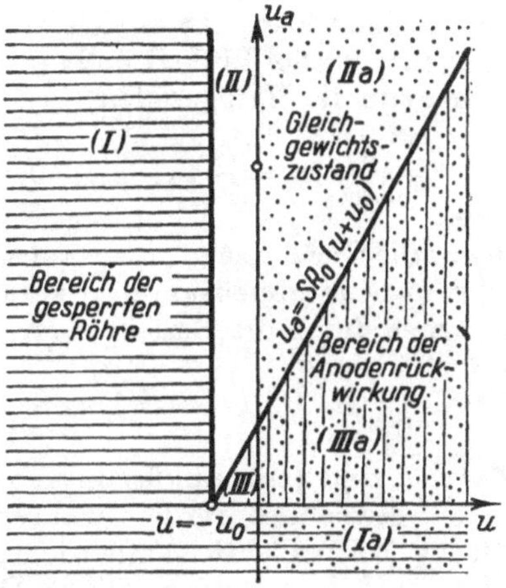

Abb. 225

Abschnitten, und R_0 symbolisiert den inneren Widerstand der Röhre im Bereich der Anodenrückwirkung [es wird also angenommen, daß keine Anodenrückwirkung vorhanden ist, d. h., der Anodenstrom i_a hängt für ausreichend große Spannungen an der Anode der Röhre, nämlich für $u_a > SR_0(u + u_0)$, nur von der Gitterspannung u ab, und umgekehrt, im Bereich der Anodenrückwirkung für $u_a \leqq SR_0$ (u, u_0) ist der Anodenstrom vollständig durch die Anodenspannung festgelegt und hängt nicht von der Gitterspannung ab].

Bei einer solchen stückweisen linearen Approximation der Röhrenkennlinie zerfällt die u, u_a-Ebene in sechs „Linearitätsbereiche", in denen jeweils die Schwingungsgleichungen des Blocking-Generators linear sind. Diese Bereiche wurden in Abb. 225 dargestellt: Die Bereiche (I) und (I a) entsprechen der gesperrten Röhre $(i_a = 0)$, in den Bereichen (II) und (II a) fehlt die Anodenrückwirkung, und der Anodenstrom i_a hängt nur von der Gitterspannung u ab; schließlich handelt es sich bei den Bereichen (III) und (III a) um die Bereiche der „vollständigen" Anodenrückwirkung, in denen der Anodenstrom nicht von der Gitterspannung abhängt und vollständig durch die Spannung an der Anode der Röhre festgelegt ist; in (Ia), (IIa), (IIIa) gilt $u > 0$, und in der Röhre fließt ein Gitterstrom.

Es gelte

$$kS > \frac{1}{R} + S_g + \frac{k'^2}{R_B} \quad \text{und} \quad U_a > SR_0 u_0. \tag{10.59}$$

Der Gleichgewichtszustand des Blocking-Generators $(0, u_a)$ liegt dann auf dem Rand der Bereiche (II) und (IIa), in denen $R_i = \infty$ gilt und in denen deshalb auch die Ungleichung $g(u, u_a) < 0$ besteht. Dieser Gleichgewichtszustand wird dann instabil sein, und in (II) und (IIa) gibt es nur „rasche" Bewegungen (Sprünge) des Bildpunktes. Im Gegensatz dazu sind in den Bereichen (I), (Ia), (III) und (IIIa), d. h. in den Bereichen der gesperrten Röhre und der Anodenrückwirkung, in denen $S(u, u_a) = 0$ und $g(u, u_a) > 0$ ist, „langsame" Bewegungen des Bildpunktes (mit endlichen Geschwindigkeiten) möglich, die den Gleichungen (10.55) genügen. Es ist klar, daß es sich bei dem Rand des Bereiches „langsamer" Bewegungen, d. h. bei der Linie Γ, im betrachteten Fall einer stückweise linearen Röhrenkennlinie um die Halbgeraden

$$u = -u_0, \quad u_a > 0 \quad \text{und} \quad u_a = SR_a(u + u_0) > 0$$

handelt.

Damit die Gleichungen „langsamer" Bewegungen dimensionslose Form erhalten, führt man neue dimensionslose Veränderliche x, y, t_{neu} ein, die mit den alten Veränderlichen durch die Beziehungen

$$u = u_0 x, \quad u_a = k u_0 y, \quad t_{\text{alt}} = L_g(u, u_a) t_{\text{neu}} \tag{10.60}$$

verbunden sind (zur Abkürzung soll im weiteren die neue dimensionslose Zeit t_{neu} mit t bezeichnet werden, während die alte gewöhnliche Zeit das Symbol t_{alt} erhält; der Zeitmaßstab ist offensichtlich in den verschiedenen Linearitätsbereichen der Phasenebene unterschiedlich). Die Gleichungen „langsamer" Bewegungen — die Gleichungen (10.55) — erhalten dann die Form

$$\begin{aligned} \dot{x} &= y - A - a(x, y)x, \\ \dot{y} &= A - y - b(x)x \end{aligned} \tag{10.61}$$

mit

$$a(x, y) = \frac{L}{C}\frac{G(x)}{r(x, y)}, \quad b(x) = \frac{L}{C}[G(x)]^2,$$

der gesamte Leitwert des Gitterkreises

$$G(x) = \begin{cases} \dfrac{1}{R} & \text{für } x < 0, \\ G = \dfrac{1}{R} + S_g & \phantom{\text{für }} x \geqq 0, \end{cases} \quad \frac{1}{r(x, y)} = \frac{k^2}{Ri} + \frac{k'^2}{R_B} = \begin{cases} \dfrac{1}{r_1} = \dfrac{k'^2}{R_B}, \\ \dfrac{1}{r_2} = \dfrac{k^2}{R_0} + \dfrac{k'^2}{R_B}, \end{cases}$$

(und zwar $1/r_1$ in den Bereichen (I) u. (Ia) und $1/r_2$ in (III) u. (IIIa)) ist dabei eine stückweise konstante Funktion (sie ist in jedem der Linearitätsbereiche konstant).

$$A = \frac{u_a}{k u_0}$$

ist die bezogene, dimensionslose Anodenspannung (die Betriebsspannung).

Der Rand

$$x = -1, \quad y > 0 \quad \text{und} \quad y = \frac{S R_0}{k}(x + 1) > 0 \tag{10.62}$$

des Bereiches „langsamer" Bewegungen in der x, y-Ebene wird von den Halbgeraden Γ gebildet. Die Sprungbedingungen (10.58) bestehen darin, daß die Werte von

$$G(x)x - \frac{y}{r(x, y)} \quad \text{und} \quad x + y \tag{10.58a}$$

unmittelbar nach dem Sprung des Bildpunktes von den Halbgeraden (10.62) mit ihren Werten vor dem Sprung übereinstimmen.

Zum Beweis der Sprungbedingungen (10.58a) sei bemerkt, daß im Bereich „langsamer" Bewegungen, d. h. in (I), (Ia), (III) und (IIIa), für den Anodenstrom

$$i_a = \frac{u_a}{Ri} - \frac{k u_0 y}{R_i}$$

gilt, wobei R_i den inneren Widerstand der Röhre bedeutet (es ist $R_i = \infty$ in den Bereichen (I) und (Ia) und $R_i = R_0$ in den Bereichen (III) und (IIIa). Aus diesem Grund erhält man für den Magnetisierungsstrom

$$I = u_0 \left\{ G(x)x - \frac{y}{r(x, y)} + \frac{A}{r_1} \right\}. \tag{α}$$

Die Spannung am Kondensator C ist

$$u_C = u_0 \{A - (x + y)\}. \tag{β}$$

Die oben angegebenen Sprungbedingungen (10.58a) lassen sich aus den Sprungbedingungen (10.58) und aus diesen Ausdrücken für I und u_C herleiten.

Der Bestimmtheit wegen sei im weiteren angenommen, daß die parasitären Kapazitäten diejenigen unter den parasitären Parametern sind, die während der Zustandssprünge des Blocking-Generators wesentlich sind; die geringe Streuung des magnetischen Flusses im Transformator soll vernachlässigt werden. Die Sprungtrajektorien werden dann in der x, y-Ebene von Geraden

$$x + y = \text{const} \tag{γ}$$

gebildet, da die Spannung u_C am Kondensator C sowohl während „langsamer" als auch während „rascher" Zustandsänderungen des Blocking-Generators durch den Ausdruck (β) gegeben ist; wenn kein Streufluß existiert; diese Spannung bleibt während eines plötzlichen Sprunges ungeändert (sie ändert sich nur wenig, wenn die parasitären Kapazitäten des Blocking-Generators ausreichend klein sind). Während eines Sprunges bleibt auch der Magnetisierungsstrom ungeändert, er stimmt jedoch während eines Sprunges (weil parasitäre Kapazitäten vorhanden sind) nicht mit dem Ausdruck (α) überein, sondern nur nach Beendigung des Sprunges.

Die Sprungtrajektorien (γ) werden in den Darstellungen, die die Zerlegung der x, y-Ebene in Trajektorien erläutern, durch dünne Linien gekennzeichnet.

Für die weiteren Untersuchungen ist die Gleichung

$$\frac{d}{dt}(x + y) = -\{a(x, y) + b(x)\}x \tag{10.61 a}$$

von Nutzen, die sich aus den Gleichungen (10.61) herleiten läßt. Aus dieser Gleichung folgt insbesondere, daß $x + y$ für $x < 0$ (also für $u < 0$) zunimmt (die Spannung u_C nimmt dann ab) und umgekehrt, daß $x + y$ für $x > 0$ (für $u > 0$) abnimmt (u_C nimmt dann zu).

Es soll nun die Zerlegung der x, y-Phasenebene in Trajektorien für den Blocking-Generator betrachtet werden, wobei

$$A \gg 1 \quad \text{und} \quad \frac{R_0}{k^2}, \ \frac{R_B}{k'^2}; \ \sqrt{\frac{L}{C}} \ll \sqrt{\frac{R R_B}{k'^2}} \ll R \tag{10.63}$$

angenommen wird. Diese Bedingungen sind für die gewöhnlich in einem Blocking-Generator vorkommenden Parameterwerte erfüllt (A hat die Größenordnung von einigenmal Zehn; dagegen sind R_0/k^2, $1/S_g$ und R_B/k^2 nur einige hundert Ohm groß und damit bedeutend kleiner als der Widerstand R).

Im Bereich (I), in dem die Röhre gesperrt ist, gilt

$$i_a = 0, \ i_g = 0, \ G(x) = \frac{1}{R}$$

und

$$r(x, y) = r_1 = \frac{R_B}{k'^2}.$$

Die Gleichungen für die „langsamen" Schwingungen des Blocking-Generators assen sich in Gestalt des linearen Differentialgleichungssystems

$$\begin{aligned} \dot{x} &= y - A - a_1 x, \\ \dot{y} &= A - y - b_1 x \end{aligned} \tag{10.64}$$

mit

$$a_1 = \frac{L}{C R r_1} \quad \text{und} \quad b_1 = \frac{L}{C R^2}$$

schreiben, wobei für die üblichen Parameterwerte die Ungleichung $0 < b_1 \ll a_1 \ll 1$ gültig ist. Im Bereich (I) ist

$$t_{\text{alt}} \approx \frac{L}{r_1} t_{\text{neu}},$$

denn es gilt

$$g(u, u_a) = \frac{1}{R} + \frac{k'^2}{R_B} \approx \frac{1}{r_1}.$$

Die charakteristische Gleichung des Systems (10.64)

$$\lambda^2 + (1 + a_1)\lambda + a_1 + b_1 = 0 \tag{10.64a}$$

hat für $0 < b_1 \ll a_1 \ll 1$ die beiden reellen, negativen Wurzeln

$$\lambda_1 = -\gamma_1 < 0 \quad \text{und} \quad \lambda_2 = -\gamma_1' < 0$$

mit

$$\gamma_1 = a_1 + b_1\,[1 + O(a_1)] \approx a_1 \quad \text{und} \quad \gamma_1' = 1 - b[1 + O(a_1)] \approx -1\,.$$

Die allgemeine Lösung der Gleichungen (10.64) lautet somit

$$x = B_1 e^{-\gamma_1 t} + B_1' e^{-\gamma_1' t} \approx B_1 e^{-a_1 t} + B_1' e^{-t}, \tag{10.64b}$$
$$y = A + B_1(a_1 - \gamma_1)e^{-\gamma_1 t} + B_1'(a_1 - \gamma_1')e^{-\gamma_1' t} \approx A - B_1 b_1 e^{-a_1 t} - B_1' e^{-t}.$$

Die entsprechende Zerlegung des Bereiches (I) in Trajektorien „langsamer“ Bildpunktbewegungen zeigt Abb. 226. In diesem Bereich gibt es die beiden geradlinigen Trajektorien $y = A + \varkappa_1 x$ und $y = A + \varkappa_2 x$ mit $\varkappa_1 = -b_1 \approx 0$ und $\varkappa_2 \approx -1$[1]). Die übrigen Trajektorien unterscheiden sich (außerhalb der unmittelbaren Nachbarschaft von $y = A + \varkappa_1 x$) nur wenig von den Geraden $x + y = \text{const}$ (genauer gesagt, sie weichen nur wenig von den Geraden ab, die zu $y = A + \varkappa_2 x$ parallel laufen), und der Bildpunkt bewegt sich auf ihnen in Richtung der zuerst genannten geradlinigen Trajektorie. Es läßt sich leicht feststellen, daß alle Trajektorien, die im Bereich $y > 0$ verlaufen, den Rand

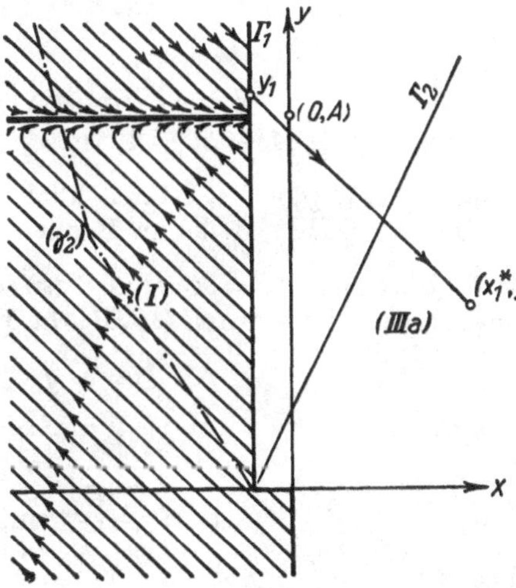

Abb. 226

$$x = -1\,, \quad y \geqq A - a_1$$

des Bereiches (I), nämlich die Halbgerade Γ_1 erreichen, da $\dot{x} \geqq 0$ nur für $y \geqq A - a_1$ möglich ist. Alle Trajektorien, die unterhalb der Geraden $x + y$

---

[1]) Für den Steigungskoeffizienten der geradlinigen Phasentrajektorie $y = A + \varkappa x$ gilt gemäß (10.64)

$$\varkappa^2 + (1 - a_1)\,\varkappa + b_1 = 0,$$

woraus

$$\varkappa_1 = -b_1[1 + O(a_1)] \approx 0 \text{ und } \varkappa_2 = -1 + a_1 + b_1[1 + 0(a_1)] \approx -1\,.$$

folgt.

$= A - 1$ verlaufen, münden dabei in der unmittelbaren Nachbarschaft der nahezu horizontalen Phasentrajektorie $y = A + \varkappa_1 x$ und erreichen deshalb die Halbgerade Γ_1 in Punkten, die sehr nahe bei $(-1, A)$ liegen[1]).

Gelangt der Bildpunkt auf der Halbgeraden $x = -1$ in einen Punkt mit der Ordinate $y_1 (y_1 \geqq A - a_1)$, so springt er von dort aus entlang einer entsprechenden Tajektorie „rascher" Bewegung (auf der Trajektorie $x + y = y_1 - 1$) in den Punkt (x_1^*, y_1^*) über, der eindeutig durch die Sprungbedingungen (10.58a) (durch die Bedingungen für die Erhaltung der Spannung am Kondensator C und des Magnetisierungsstromes im Transformator) festgelegt ist; dieser Punkt liegt, wenn die Bedingungen (10.63) erfüllt sind, im Bereich (IIIa). Der Sprungendpunkt (x_1^*, y_1^*) läßt sich nämlich aus dem Sprunganfangspunkt unter Verwendung der Gleichungen

$$G x_1^* - \frac{y_1^*}{r_2} = -\frac{1}{R} - \frac{y_1}{r_1} \approx -\frac{y_1}{r_1}, \text{ da gewöhnlich } r_1 \ll R$$

und

$$x_1^* + y_1^* = -1 + y_1$$

ermitteln, woraus

$$x_1^* \approx \frac{y_1\left(\frac{1}{r_2} - \frac{1}{r_1}\right) - \frac{1}{r_2}}{G + \frac{1}{r_2}} \quad \text{und} \quad y_1^* \approx \frac{y\left(G + \frac{1}{r_1}\right) - G}{G + \frac{1}{r_2}} \tag{10.65}$$

folgt (wegen $y_1 \geqq A - a_1 \gg 1$ ist $x_1^* > 0$ und $0 < y_1^* < \frac{S R_0}{k}(x_1^* + 1)$, d. h., der Punkt (x_1^*, y_1^*) liegt tatsächlich im Bereich (IIIa) und es ist $y_1^* < y_1$).

Im Bereich (IIIa), d. h. im Bereich der Anodenrückwirkung und des Gitterstromes (dort gilt $R_1 = R_0$ und $G(x) = G \approx -\frac{1}{S_g}$, da gewöhnlich $S_g \gg \frac{1}{R}$ ist) haben die Gleichungen (10.61) die Form

$$\begin{aligned} \dot{x} &= y - A - a_2 x, \\ \dot{y} &= A - y - b_2 x \end{aligned} \tag{10.66}$$

mit

$$a_2 = \frac{L}{C}\frac{G}{r_2} \quad \text{und} \quad b_2 = \frac{L}{C} G^2,$$

und es gilt

$$t_{\text{alt}} = L\left(G + \frac{1}{r_2}\right) t_{\text{neu}}.$$

1) Es sei darauf hingewiesen, daß die Bewegung des Bildpunktes auf der Trajektorie $y = A + \varkappa_1 x \approx A$ und auch in der unmittelbaren Umgebung dieser Geraden der Entladung des Kondensators C über den Widerstand R bei sehr kleinen Spannungen an den Transformatorentwicklungen entspricht. Bei der Bewegung des Bildpunktes auf dieser Trajektorie ändert sich x (die Spannung u am Röhrengitter) wie $e^{-a_1 t}$ oder wie $e^{-\frac{t_{\text{alt}}}{RC}}$ (t_{alt} bezeichnet die gewöhnliche Zeit), während sich bei Bewegungen entlang der übrigen Trajektorien die Veränderlichen x und y wie e^{-t} oder wie $e^{-\frac{r_1}{L} t_{\text{alt}}}$, d. h. relativ rasch, ändern.

Die Differentialgleichung für die Integralkurven (oder für die Phasentrajektorien, da sich im Bereich (IIIa) keine Gleichgewichtszustände der Gleichungen (10.66) befinden) lautet

$$\frac{dy}{dx} = \frac{A - y - b_2 x}{y - A - a_2 x}. \tag{10.66a}$$

Die charakteristische Gleichung des linearen Systems (10.66)

$$\lambda^2 + (1 + a_2)\lambda + a_2 + b_2 = 0 \tag{10.66b}$$

besitzt in Abhängigkeit von der Größe der Parameter a_2 und b_2 (in Abhängigkeit vom Verhältnis zwischen dem charakteristischen Widerstand

$$\varrho = \sqrt{\frac{L}{C}}$$

des Gitterkreises des Blocking-Generators und den Widerständen

$$\frac{1}{G} \approx \frac{1}{S_g} \quad \text{sowie} \quad \sqrt{\frac{r_2}{G}} \approx \left\{S_g \left(\frac{k_0}{R_0} + \frac{k'^2}{R_B}\right)\right\}^{-1/2}$$

entweder zwei reelle, negative (für $(1 - a_2)^2 > 4b_2$) oder zwei konjugiert-komplexe Wurzeln mit negativem Realteil (für $(1 - a_2)^2 < 4b_2$). Offenbar existieren zwei solche Werte ϱ_1 und ϱ_2 (mit $\varrho_1 < \sqrt{\frac{r_2}{G}} < \varrho_2$), daß für $\varrho < \varrho_1$ und $\varrho > \varrho_2$ die Wurzeln der charakteristischen Gleichung (10.66b) reell und negativ, für $\varrho_1 < \varrho < \varrho_2$ aber konjugiert-komplex werden.

In Übereinstimmung mit diesem Sachverhalt sind die Trajektorien in Bereich (IIIa) entweder Parabeln eines stabilen Knotenpunktes, der sich im Gleichgewichtszustand $(0, A)$, d. h. außerhalb des Bereiches (IIIa) befindet, oder sie werden von den Abschnitten der Spiralen eines stabilen Brennpunktes gebildet, der in demselben Punkt liegt. Die einfachste Form erhalten diese Trajektorien, wenn die Werte für den charakteristischen Widerstand

$$\varrho = \sqrt{\frac{L}{C}}$$

des Blocking-Generators ausreichend groß oder klein sind.

Für ausreichend große Werte von ϱ, wenn die Ungleichungen $a_2, b_2 \gg A$ bestehen, gilt außerhalb der nächsten Umgebung der Ordinatenachse [in Übereinstimmung mit der Gleichung (10.66a)]

$$\frac{dy}{dx} \approx + \frac{b_2}{a_2}.$$

Die Phasentrajektorien unterscheiden sich nur wenig von den Geraden

$$y - \frac{b_2}{a_2} x = \text{const}$$

oder

$$\frac{y}{r_2} - Gx = \text{const},$$

die einem konstanten Magnetisierungsstrom im Transformator entsprechen; im Bereich (IIIa) ist ja der Magnetisierungsstrom durch

$$I = u_0 \left\{Gx - \frac{y}{r_2}\right\}$$

gegeben.

Bei einer Bildpunktbewegung entlang dieser Geraden nehmen x und y ab (d. h. eine Verringerung der Spannungen am Gitter und an der Anode der Röhre und auch des Anodenstromes). Die Folge davon ist eine im Vergleich dazu bedeutendere Verringerung von $x + y$, verbunden mit einem Anwachsen der Spannung u_C am Kondensator C. Anders ausgedrückt, für $a_2, b_2 \gg A$, d. h., für

$$\varrho \gg \frac{1}{G}, \sqrt{\frac{r_2}{G}}$$

bleibt der Magnetisierungsstrom I im Transformator während der Erzeugung eines Anodenstromimpulses nahezu konstant. Eine Verringerung der Gitterspannung u, die letzten Endes die Sperrung der Röhre bewirkt, wird durch eine wesentliche und relativ rasche Zunahme der Spannung u_C am Kondensator C (wegen des vorhandenen Gitterstromes in der Röhre) verursacht und erfolgt, obwohl die Spannung in der Gitterentwicklung des Transformators ansteigt. Ein derartiger Unterbrechungsvorgang bei der Erzeugung eines Anodenstromimpulses wird als kapazitative Wiederherstellung der Zustände des Blocking-Generators mit gesperrter Röhre bezeichnet.

Andererseits unterscheiden sich die Phasentrajektorien für ausreichend kleine Werte von $\varrho = \sqrt{\frac{L}{C}}$, wenn außerhalb der nächsten Umgebung der Geraden $y = A + a_2 x$ und $y = A - b_2 x$ gilt $a_2, b_2 \ll 1$ und $\frac{dy}{dx} \approx -1$ nur wenig von den Geraden $x + y = \text{const}$ (entsprechend einer konstanten Spannung am Kondensator C. In diesem Fall (für $y < A - b_2 x$) nimmt x ab und y zu, was zu einer relativ großen Verminderung des Magnetisierungsstromes I führt. Jetzt ändert sich während der Erzeugung eines Anodenstromimpulses die Spannung u_C am Kondensator C fast nicht. Die Verringerung der Gitterspannung u, die schließlich zur Sperrung der Röhre führt, ist hauptsächlich eine Folge der Abnahme sowohl des Magnetisierungsstromes I als auch der Spannung $-L \frac{dI}{dt_{\text{alt}}}$ an der Gitterwicklung des Transformators. Dieser Unterbrechungsvorgang bei der Impulserzeugung wird gewöhnlich induktive Wiederherstellung der Zustände des Blocking-Generators mit gesperrter Röhre genannt.

Die im Bereich (III) gültigen Schwingungsgleichungen für den Blocking-Generator können aus den Gleichungen (10.66) gewonnen werden, wenn in ihnen G durch $\frac{1}{R}$ ersetzt wird. In diesem Bereich können wohl die Gitterströme, aber nicht die Anodenrückwirkung vernachlässigt werden. In den Bereich (III) laufen auch die aus dem Bereich (IIIa) kommenden Phasentrajektorien hinein. Bei den Phasentrajektorien in diesem Bereich handelt es sich um die Trajektorien eines stabilen Knotens im Punkt $(0, A)$, die sich ebenfalls nur wenig von den Geraden $x + y = \text{const}$ unterscheiden.

Der Bildpunkt erreicht bei seiner Bewegung auf Trajektorien „langsamer" Bewegungen in den Bereichen der Anodenrückwirkung (IIIa) und (III) sicher die Begrenzung dieser Bereiche, und zwar die durch

$$y = \frac{SR_0}{k}(x + 1) > 0$$

gegebene Halbgerade Γ_2, die gleichzeitig den Rand des Bereiches „langsamer" Bewegungen darstellt; von hier aus springt der Bildpunkt in den Bereich (I) über.

Wenn der Punkt (x_2, y_2) der Halbgeraden Γ_2 Sprunganfangspunkt war, dann wird der Sprungendpunkt (x_2^*, y_2^*) eindeutig durch die Sprungbedingungen

$$\frac{x_2^*}{R} - \frac{y_2^*}{r_1} = G(x_2)x_2 - \frac{y_2}{r_2} \quad \text{und} \quad x_2^* + y_2^* = x_2 + y_2,$$

d. h. durch

$$\begin{aligned} y_2^* &\approx \frac{r_1}{r_2} y_2 - r_1 G(x_2) x_2 = r_1 \left\{ \left[\frac{SR_0}{kr_2} - G(x_2) \right] x_2 + \frac{SR_0}{kr_2} \right\}, \\ x_2^* &= x_2 + y_2 - y_2^* \approx \left(1 - \frac{r_1}{r_2}\right) y_2 + [1 + r_1 G(x_2)] x_2 = \\ &\qquad - r_1 \left\{ \left[kS - \frac{1}{r_1} - G(x_2) \right] x_2 + kS \right\}, \end{aligned} \tag{10.67}$$

festgelegt. Der geometrische Ort der Sprungendpunkte, die der Bildpunkt von den Punkten der Halbgeraden Γ_2 aus erreicht, ist in Abb. 226 durch die punktierte Linie (γ_2) dargestellt[1]). Nach dem Sprung in den Punkt (x_2^*, y_2^*) führt der Bildpunkt eine „langsame" Bewegung im Bereich (I) entlang einer entsprechenden Trajektorie von (10.64) aus und gelangt erneut zur Halbgeraden Γ_1; von dort aus springt er in den Bereich (IIIa) über, usw.

Der Blocking-Generator wird also, wenn die Bedingung für die Selbsterregung (10.59) erfüllt ist, unstetige Schwingungen ausführen, denen „langsame" Bewegungen des Bildpunktes in den Bereichen (I) und (IIIa) + (III) entsprechen, die sich mit „raschen" (plötzlichen) Sprüngen aus dem Bereich (I) in den Bereich (IIIa) und aus dem Bereich (IIIa) [oder (III)] in Bereich (I) abwechseln. Offensichtlich sind dabei die Bildpunktbewegungen im Bereich (I) denjenigen Etappen der Schwingungsprozesse im Blocking-Generator zugeordnet, bei denen die Röhre

---

[1]) Man erkennt leicht, daß auf Grund der ersten Ungleichung aus den Selbsterregungsbedingungen (10.59) gilt $x_2^* < -1$, d. h., der Sprungendpunkt (x_2, y_2) liegt tatsächlich im Bereich (I), wobei $y_2^* > y_2 > 0$ ist. Weiterhin nimmt x_2^* ab und y_2^* zu auf Grund der gleichen Bedingung und wegen der Ungleichung $r_2 < \frac{R_0}{k^2}$, wenn x_2 (oder y_2) vergrößert wird.

des Generators gesperrt ist. Umgekehrt entsprechen die Bewegungen des Bildpunktes in den Bereichen (IIIa) und (III) den Anodenstromimpulsen (die Röhre ist entsperrt, die Anodenspannung niedrig und die Anodenrückwirkung nicht vernachlässigbar).

4. Unstetige selbsterregte Schwingungen eines Blocking-Generators

Zur Ermittlung der periodischen, unstetigen Schwingungen (der selbsterregten Schwingungen) eines Blocking-Generators und zur Untersuchung ihrer Stabilität betrachtet man die Punkttransformation F der Halbgeraden Γ_1 in sich, die von den Phasentrajektorien realisiert wird (Abb. 227). s bedeutet die Ordinate des Ausgangspunktes der mit Γ_1 bezeichneten Halbgeraden

$$x = -1, \quad y \geqq A - a_1.$$

Von diesem Punkt aus springt der Bildpunkt entlang einer Trajektorie „rascher“ Bewegung in den Punkt (x_1^*, y_1^*) über, der in bezug auf s durch die Beziehungen

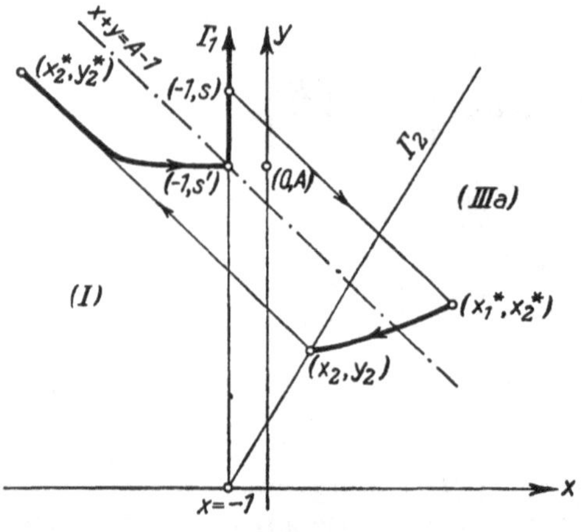

Abb. 227

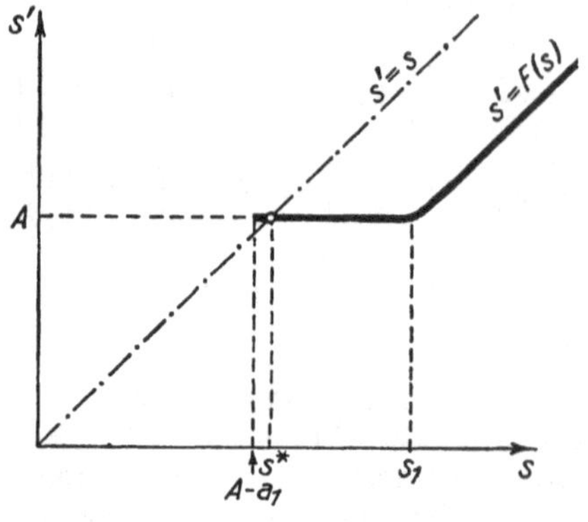

Abb. 228

(10.65) festgelegt ist. Danach erreicht der Bildpunkt auf einer Trajektorie „langsamer“ Bewegung im Bereich (IIIa) (oder in den Bereichen (IIIa) und (III)) in einem Punkt (x_2, y_2) die Halbgerade Γ_2, von dem aus er in den Punkt (x_2^*, y_2^*) überspringt, der im Bereich (I) liegt. Schließlich gelangt der Bildpunkt, indem er sich auf einer entsprechenden Trajektorie „langsamer“ Bewegung im Bereich (I) bewegt, erneut zur Halbgeraden Γ_1 in einem bestimmten Punkt $(-1, s')$, der Nachfolgerpunkt der betrachteten Punkttransformation

$$s' = F(s)$$

sein wird.

Offensichtlich existiert ein solches Intervall von Ausgangspunkten $A - a_1 \leqq s < s_1$ der Halbgeraden Γ_1, für die die Punkte (x_2, y_2) unterhalb der Geraden

$x + y = A - 1$ liegen[1]). Unter dieser Geraden befinden sich dann auch die entsprechenden Punkte (x_2^*, y_2^*) und die Phasentrajektorien für $b_1 \ll 1$ im Bereich (I), die in den Punkten (x_2^*, y_2^*) beginnen, führen deshalb in eine kleine Umgebung der Trajektorie $y \approx A$ und erreichen die Halbgerade Γ_1 in Punkten, die in der Nähe von $(-1, A)$ angeordnet sind. Für $A - a_1 \leqq s < s_1$ hat man also $s' \approx A$, d. h., das Bild der Folgefunktion $s' = F(s)$ unterscheidet sich auf diesem Variationsintervall von s nur wenig von einer horizontalen Geraden. Ohne Schwierigkeiten zeigt man durch direkte Berechnung der Folgefunktion, daß für $s \geqq s_1$ die Ungleichung $s' < s$ besteht. Aus diesem Grund hat das Bild der Folgefunktion (d. h. das Diagramm von LAMERE) für die betrachtete Punkttransformation F die in Abb. 228 angegebene Form. Da die Bildkurve der Folgefunktion einen einzigen Schnittpunkt $s = s^* \approx A$ mit der Halbierungslinie $s' = s$ hat, wobei in diesem Punkt $\left|\frac{ds'}{ds}\right| \ll 1$ gilt, enthält die Punkttransformation F einen einzigen, obendrein stabilen Fixpunkt $s = s^*$, dem in der x, y-Phasenebene ein einziger, stabiler Grenzzyklus entspricht. Dieser schneidet die Halbgerade Γ_1 in einem Punkt, der für $b_1 \ll 1$ in der Nähe von $(-1, A)$ liegt. Zu diesem Grenzzyklus streben für $t \to +\infty$ alle übrigen Trajektorien. Anders ausgedrückt, im Blocking-Generator entsteht unter beliebigen Anfangsbedingungen ein und derselbe Betriebszustand unstetiger selbsterregter Schwingungen.

Die Form des Grenzzyklus und folglich auch die Form der unstetigen selbsterregten Schwingungen des Blocking-Generators hängen hauptsächlich von der Form der Phasentrajektorien im Bereich (IIIa) ab, die ihrerseits durch die Größen der Parameter a_2 und b_2 festgelegt ist. In den Abb. 229 bis 231 sind die Grenzzyklen und die ihnen entsprechenden Oszillogramme für die Gitter- und Anodenspannungen und auch für den Anodenstrom bei verschiedenen Werten des charakteristischen Widerstandes

$$\varrho = \sqrt{\frac{L}{C}}$$

des Blocking-Generators dargestellt, und zwar in Abb. 229 für

$$\varrho \gg \frac{1}{G}, \sqrt{\frac{r_2}{G}}$$

d. h. für den Fall einer kapazitiven Wiederherstellung, bei der sich die Trajektorien im Bereich (IIIa) nur wenig von der Geraden $y - \frac{b_2}{a_2} x = \text{const}$ oder $I = \text{const}$ unterscheiden); in Abb. 230 für Werte von ϱ, die die Größenordnung $\frac{1}{G}, \sqrt{\frac{r_2}{G}}$

[1]) Für den Beweis dieser Behauptung genügt der Hinweis, daß sich $x + y$ bei einem Bildsprungpunkt nicht ändert (da die Spannung u_C am Kondensator C ungeändert bleibt) und daß in den Bereichen (IIIa) und (III)

$$\frac{d}{dt}(x + y) = -[a + b]x < 0.$$

gilt.

besitzen und in Abb. 231 für

$$\varrho \ll \frac{1}{G}, \sqrt{\frac{r_2}{G}}$$

[d. h. für den Fall einer induktiven Wiederherstellung, wenn die Trajektorien im Bereich (IIIa) nur wenig von den Geraden $x + y = \text{const}$ oder $u_C = \text{const}$ abweichen].

Den angegebenen Zeichnungen ist zu entnehmen, daß der Impuls des Anodenstromes i_a, aber auch der Impuls der Anodenspannung u_a und der Ausgangsspan-

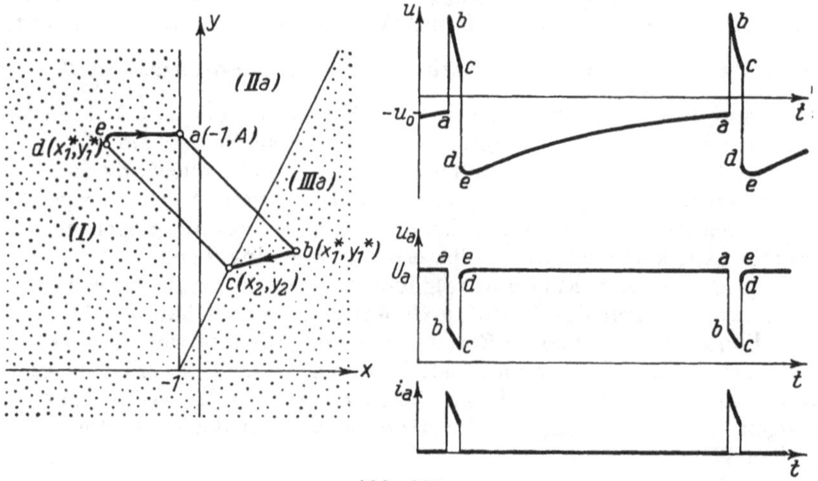

Abb. 229

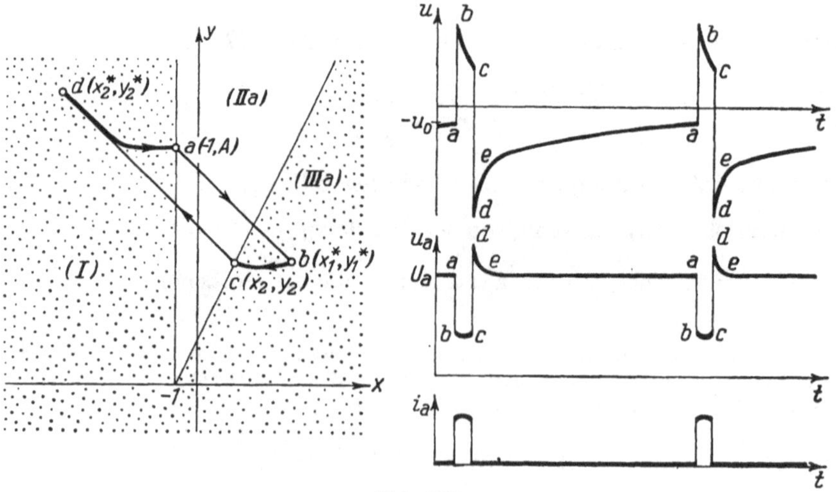

Abb. 230

nung, die linear von u_a abhängt, die flachste Spitze für

$$\sqrt{\frac{L}{C}} \sim \frac{1}{G}, \sqrt{\frac{r_2}{G}}$$

d. h. im Fall einer „gemischten" Wiederherstellung (der Zustände desBl ocking Generators mit gesperrter Röhre) besitzt.

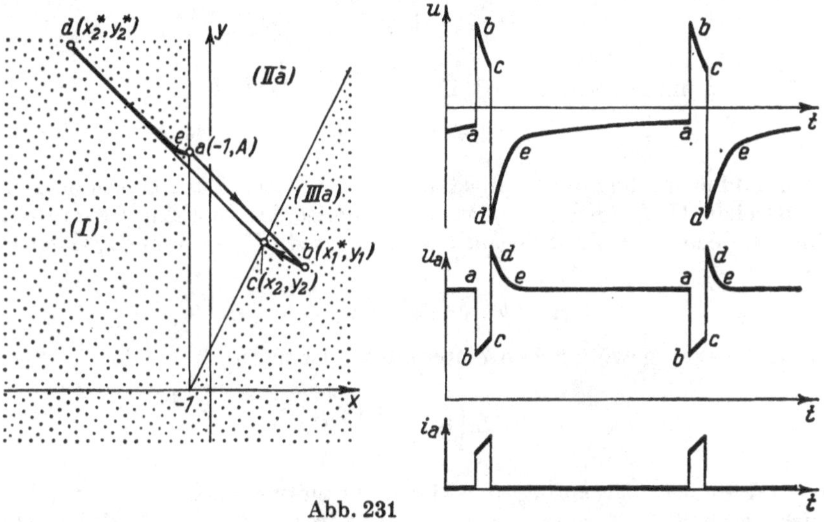

Abb. 231

Die Berechnungen der Schwingungsperioden, der Impulsdauer des Anodenstromes und der Amplituden der Spannungen und Ströme im stationären Zustand der unstetigen selbsterregten Schwingungen des Blocking-Generators werden wesentlich durch den Umstand vereinfacht, daß für $b_1 \ll 1$, d. h. für

$$\sqrt{\frac{L}{C}} \ll R,$$

der Grenzzyklus die Halbgerade Γ_1 in einem Punkt schneidet, der sich in der Nähe von $(-1, A)$ befindet. Auf Grund dieser Tatsache ergibt sich für die Koordinaten (x_1^*, y_1^*) des Sprungendpunktes, die durch die Beziehungen (10.65) festgelegt sind

$$x_1^* \approx \frac{A\left(\frac{1}{r_2} - \frac{1}{r_1}\right) - \frac{1}{r_2}}{G + \frac{1}{r_2}} \approx A \frac{\frac{k^2}{R_0}}{S_g + \frac{k^2}{R_0} + \frac{k'^2}{R_B}},$$

$$y_1^* \approx \frac{A\left(G + \frac{1}{r_1}\right) - G}{G + \frac{1}{r_2}} = A \frac{S_g + \frac{k'^2}{R_B}}{S_g + \frac{k^2}{R_0} + \frac{k'^2}{R_B}} < A;$$

diese Größen hängen praktisch weder von C noch von L ab. Es seien nun $x = \varphi(t)$, $y = \psi(t)$ die Gleichungen einer Phasentrajektorie „langsamer“ Bewegungen im Bereich (IIIa), die für $t = 0$ im Punkt (x_1^*, y_1^*) beginnt und mit einem Bogenstück des Grenzzyklus zusammenfällt [anders ausgedrückt, $x = \varphi(t)$, $y = \psi(t)$ ist diejenige Lösung der Gleichungen (10.66), die den Anfangsbedingungen $\varphi(0) = x_1^*$, $\psi(0) = y_1^*$ genügt]; diese Trajektorien möge die Halbgerade Γ_2 im Punkt (x_2, y_2) erreichen. Ferner gelte

$$\Phi(t) = \frac{SR_0}{k}[1 + \varphi(t)] - \psi(t)$$

[es ist $\Phi(t) > 0$ im Bereich (IIIa)]. Die Wurzel t' der Gleichung

$$\Phi(t) = 0$$

liefert dann offensichtlich die Impulsdauer [in Einheiten der dimensionslosen Zeit für den Bereich (III)] für die Anodenstromimpulse des Blocking-Generators. Die Koordinaten desjenigen Punktes auf der Halbgerade Γ_2, in dem der Grenzzyklus beginnt, sind

$$x_2 = \varphi(t'), \quad y_2 = \psi(t')$$ [1].

Die Impulsdauer in gewöhnlichen Zeiteinheiten ist dann

$$\tau = L\left(G + \frac{1}{r_2}\right)t'$$ [2].

Aus dem Punkt (x_2, y_2) springt der Bildpunkt plötzlich (auf einem Trajektorienabschnitt „rascher“ Bewegung $x + y = \text{const}$) in den Punkt (x_2^*, y_2^*) [3] des Grenz-

---

[1]) Wenn die Gleichung $\Phi(t) = 0$ mehrere Wurzeln hat [was nur für $(1 - a_2)^2 < 4b_2$ möglich ist], dann soll t' die kleinste positive Wurzel sein.

[2]) Läuft jedoch der Grenzzyklus in den Bereich (III) hinein und erreicht er nur dort die Halbgerade Γ_2, dann ermittelt man durch Integration der Schwingungsgleichungen des Blocking-Generators in den Bereichen (IIIa) und (III) unter Beachtung der bekannten Stetigkeitsbedingungen für den Durchgang der Trajektorien durch die Bereichsgrenzen die Gleichung des Bogens auf dem Grenzzyklus, der in (IIIa) und (III) verläuft. Mit dem Ergebnis

$$x = \varphi_1(t_{\text{alt}}), \quad y = \psi_1(t_{\text{alt}})$$

bildet man die Funktion

$$\Phi_1(t_{\text{alt}}) = \frac{SR_0}{k}[1 + \varphi_1(t_{\text{alt}})] - \psi_1(t_{\text{alt}}).$$

Die Wurzel der Gleichung

$$\Phi(t_{\text{alt}}) = 0$$

liefert dann die Impulsdauer τ (in gewöhnlichen Zeiteinheiten); die Koordinaten des Punktes (x_2, y_2) sind

$$x_2 = \varphi_1(\tau), \quad y_2 = \psi_1(\tau).$$

[3]) Wenn man für $t = 0$ annimmt, daß $x = x_2^*$ und $y = y_2^*$ ist, dann erhält man aus (10.64b)

$$B_1 + B_1' = x_2^* \quad \text{und} \quad A - B_1' = y_2^*,$$

oder wegen $b_1 \ll 1$

$$B_1 = x_2^* + y_2^* - A = -[A - (x_2 + y_2)] \quad \text{und} \quad B_1' = A - y_2^*.$$

zyklus über, der durch die Beziehungen (10.67) festgelegt ist und im Bereich (I) liegt. Danach bewegt er sich im Bereich (I) gemäß (10.64b) auf einer Trajektorie „langsamer" Bewegung

$$x \approx -[A - (x_2^* + y_2^*)]\, e^{-a_1 t} + (A - y_2^*)\, e^{-t},$$
$$y \approx A - (A - y_2^*)\, e^{-t},$$

die (für $t = 0$) im Punkt (x_2^*, y_2^*) beginnt. t_1 sei der Zeitpunkt, in dem der Bildpunkt seine Bewegung im Bereich (I) entlang diesem Grenzzyklusabschnitt auf der Halbgerade Γ_1 beginnt; er ist offensichtlich durch die Gleichung $x = -1$, oder wegen $a_1 \ll 1$ und $e^{-t_1} \ll e^{-a_1 t_1}$ durch

$$-1 \approx -[A - (x_2 + y_2)]\, e^{-a_1 t_1}$$

definiert. Die Sperrzeit für die Röhre des Blocking-Generators in Einheiten der dimensionslosen Zeit [für den Bereich (I)] ist

$$t_1 = \frac{1}{a_1} \ln\, [A - (x_2 + y_2)]$$

oder in Einheiten der gewöhnlichen Zeit

$$T_1 = \frac{L}{r_1}\, t_1 = CR \ln\, [A - (x_2 + y_2)]\,.$$

Da gewöhnlich die Dauer eines Impulses $\tau \ll T_1$ sein wird, kann man für die Periodendauer der selbsterregten Schwingungen des Blocking-Generators näherungsweise

$$T = T_1 + \tau \approx T_1$$

annehmen.

§ 12. Der symmetrische Multivibrator

Es sollen nun die selbsterlegten Schwingungen eines symmetrischen Multivibrators untersucht werden (Abb. 232), wie er von ABRAHAM und BLOCH vorgeschlagen wurde und oft als Generator für unstetige Schwingungen verwendet wird [131, 6, 61].

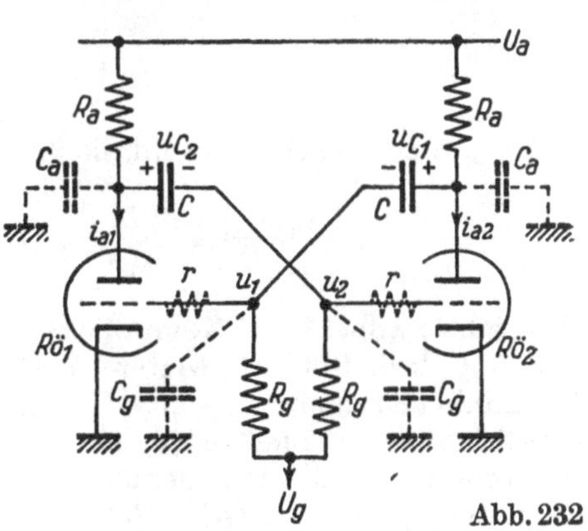

Abb. 232

1. *Die Schwingungsgleichungen*

Für die Schaltung gemäß Abb. 232 erhält man unter Vernachlässigung der Gitterströme, der Anodenrückwirkung und aller parasitären Parameter, unter ihnen auch der parasitären Kapazitäten, und wenn die Schaltung als symmetrisch angesehen wird (gleiche Kennlinien der Röhren Rö 1 und Rö 2 und auch gleiche

Größe der einander bei Schaltungssymmetrie entsprechenden Kapazitäten und Widerstände) in den Bezeichnungen von Abb. 232 die Schwingungsgleichungen

$$\frac{U_a - (u_1 + u_{C1})}{R_a} = i_{a2} + \frac{u_1 - U_g}{R_g}, \qquad C\frac{du_{C1}}{dt} = \frac{u_1 - U_g}{R_g},$$

$$\frac{U_a - (u_2 + U_{C2})}{R_a} = i_{a1} + \frac{u_2 - U_g}{R_g}, \qquad C\frac{du_{C2}}{dt} = \frac{u_2 - U_g}{R_g}.$$

Darin sind die Anodenströme i_{a1} und i_{a2} der Röhren jeweils Funktionen von u_1 und u_2

$$i_{a1} = i_a(u_1), \quad i_{a2} = i_a(u_2).$$

Die Schaltung hat offensichtlich nur einen Gleichgewichtszustand, in dem die Gleichungen

$$u_1 = u_2 = U_g,$$

$$i_{a1} = i_{a2} = i_a(U_g)$$

und

$$u_{C1} = u_{C2} = u_{C0} = U_a - R_a i_a(U_g) - U_g$$

gelten.

Zur Vereinfachung der Rechnungen werden die dimensionslosen Veränderlichen x_1, x_2, y_1, y_2 eingeführt, die mit den Spannungen u_1, u_2, u_{C1}, u_{C2} durch die Gleichungen

$$u_{1,2} = U_g + u_0 x_{1,2},$$

$$u_{C1,2} = u_{C0} + \left(1 + \frac{R_a}{R_g}\right) u_0 y_{1,2}$$

verknüpft sind, wobei u_0 den Spannungsmaßstab bezeichnet (x_1, x_2, y_1, y_2 sind den Wechselstromkomponenten der Spannungen an den Röhrengittern und an den Kondensatoren C proportional). Außerdem werden die dimensionslose Zeit

$$t_{\text{neu}} = \frac{t_{\text{alt}}}{(R_a + R_g)}$$

und die dimensionslose Kennlinie der Röhren

$$\varphi(x) = \frac{1}{u_0 S}\left[i_a\,(U_g + u_0 x) - i_a(U_g)\right]$$

eingeführt, wobei S die Kennliniensteilheit der Röhren im Arbeitspunkt (d. h. für $u = U_g$) bedeutet. Als weitere Voraussetzung soll gelten, daß die Röhren eine Kennlinie und auch eine solche Gittervorspannung U_g haben, daß die dimensionslose Kennliniensteilheit $\varphi'(x)$ eine gerade, stetige Funktion von x wird, die monoton abnimmt und mit zunehmenden $|x|$ gegen Null strebt; augenscheinlich gilt dann $0 \leqq \varphi'(x) \leqq 1$ (Abb. 233).

In den neuen, dimensionslosen Veränderlichen haben die Schwingungsgleichungen des Multivibrators die Form

$$\begin{aligned} -y_1 &= x_1 + k\varphi(x_2), & -y_2 &= x_2 + k\varphi(x_1), \\ \dot{y}_1 &= x_1, & \dot{y}_2 &= x_2, \end{aligned} \tag{10.68}$$

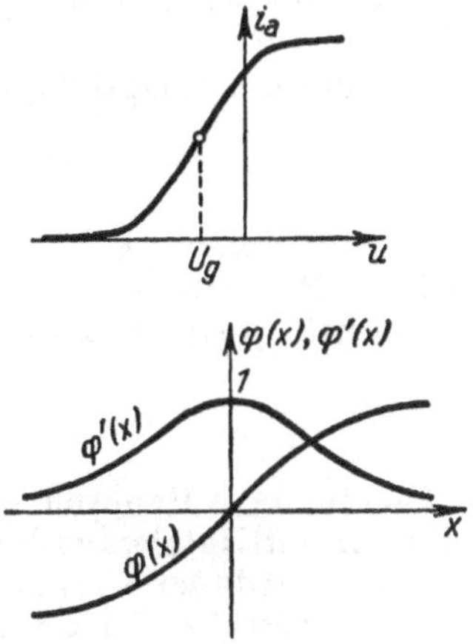

Abb. 233

wobei

$$k = \frac{S R_a R_g}{R_a + R_g}$$

den Schaltungsparameter bezeichnet (Verstärkungskoeffizient des Verstärkers bei hohen Frequenzen) der aus den Elementen einer Schaltungshälfte zusammengestellt ist. Wenn y_1 und y_2 eliminiert werden, dann entstehen für x_1 und x_2 zwei Differentialgleichungen erster Ordnung

$$\begin{aligned} \dot{x}_1 + k\varphi'(x_2)\dot{x}_2 + x_1 &= 0, \\ \dot{x}_2 + k\varphi'(x_1)\dot{x}_1 + x_2 &= 0. \end{aligned} \tag{10.68a}$$

Löst man diese nach $\dot{x}_1$ und $\dot{x}_2$ auf, dann wird

$$\begin{aligned} \dot{x}_1 &= \frac{x_1 - k\varphi'(x_2)x_2}{b^2\varphi'(x_1)\varphi'(x_2) - 1}, \\ \dot{x}_2 &= \frac{x_2 - k\varphi'(x_1)x_1}{k^2\varphi'(x_1)\,\varphi'(x_2) - 1}. \end{aligned} \tag{10.68b}$$

Der betrachtete Multivibrator ist also (wenn alle parasitären Parameter vernachlässigt werden) ein System zweiter Ordnung, und seine Zustände lassen sich durch Punkte in einer x_1, x_2-Ebene veranschaulichen.

Bei Anwendung der Kriterien von Benedixon auf die Gleichung der Integralkurven

$$\frac{dx_1}{dx_2} = \frac{P(x_1, x_2)}{Q(x_1, x_2)} = \frac{x_1 - k\varphi'(x_2)x_2}{x_2 - k\varphi'(x_1)x_1},$$

die sich aus (10.68) ergibt, überzeugt man sich leicht davon, daß das Gleichungssystem (10.68b) keine stetigen, periodischen Lösungen zuläßt, da der Ausdruck

$$\frac{\partial P}{\partial x_1} + \frac{\partial Q}{\partial x_2} = +2$$

stets positiv ist.

Die charakteristische Gleichung für den einzigen Gleichgewichtszustand $(x = 0, y = 0)$ hat die Form

$$(1 - k^2)\lambda^2 + 2\lambda + 1 = 0,$$

da nach Definition der dimensionslosen Röhrenkennlinie $\varphi'(0) = 1$ gilt. Für $k < 1$ wird dieser Gleichgewichtszustand stabil (stabiler Knoten) und zu ihm streben für $t \to +\infty$, wie leicht einzusehen ist, alle Phasentrajektorien. Anders ausgedrückt, der Multivibrator gelangt unter beliebigen Anfangsbedingungen in den Gleichgewichtszustand und kann keine selbsterregten Schwingungen ausführen.

Aus diesem Grund soll im weiteren nur der Fall

$$k > 1$$

betrachtet werden, wenn der einzige Gleichgewichtszustand instabiler Sattel ist und der Multivibrator sich von selbst erregen kann. Für $k > 1$ existiert aber offensichtlich in der x_1, x_2-Ebene eine Menge solcher Punkte, in denen die Gleichung

$$k^2 \varphi'(x_1) \varphi'(x_2) - 1 = 0 \tag{10.69}$$

erfüllt ist; diese Punktmenge bildet eine stetige, geschlossene Kurve Γ, die symmetrisch zur Halbierungslinie und zu den Koordinatenachsen der x_1, x_2-Ebene verläuft. Auf dieser Kurve Γ werden $\dot{x}_1$ und $\dot{x}_2$ unendlich groß, wobei es von Bedeutung ist, daß die Punkte eines Teils dieser Kurve Scheidepunkte der Phasentrajektorien der Gleichungen (10.68b) sind. In diesen geben die Gleichungen (10.68b), die bei Vernachlässigung der parasitären Schaltungsparameter aufgestellt wurden, keine Möglichkeiten zur Fortsetzung der Lösung. Bei Vernachlässigung der parasitären Parameter hat sich also wiederum ein „defektes" dynamisches Modell ergeben, dessen Gleichungen es nicht gestatten, das Multivibratorverhalten zu verfolgen. Offensichtlich deshalb, weil bei der Aufstellung dieser Gleichungen parasitäre Parameter unberücksichtigt gelassen worden sind, die für die Schwingungsprozesse im Multivibrator wesentlich sind.

2. *Sprünge der Spannungen* u_1, u_2

Es wird nun gezeigt, daß bei Berücksichtigung der kleinen, parasitären Kapazitäten C_a und C_g (sie sind in Abb. 232 punktiert gezeichnet) der Multivibrator für $k > 1$ unstetige Schwingungen ausführen wird [61].

Die Schwingungsgleichungen des Multivibrators lassen sich bei Berücksichtigung der kleinen, parasitären Kapazitäten C_a und C_g (jedoch unter den übrigen, früher angegebenen vereinfachenden Voraussetzungen) mit den dimensionslosen Veränderlichen, die oben eingeführt wurden, in Gestalt des folgenden Systems von Differentialgleichungen vierter Ordnung schreiben:

$$\begin{gathered}\mu \dot{x}_1 = -y_1 - x_1 - k\varphi(x_2) \equiv F_1(x_1, x_2, y_1),\\ \mu \dot{x}_2 = -y_2 - x_1 - k\varphi(x_1) \equiv F_2(x_1, x_2, y_2),\\ \dot{y}_1 = x_1, \quad \dot{y}_2 = x_2\end{gathered}$$

mit

$$\mu = \frac{\dfrac{R_a}{R_g}}{\left[1 + \dfrac{R_a}{R_g}\right]^2} \frac{C_a + C_g}{C}. \tag{10.70}$$

Der kleine, positive Parameter μ charakterisiert die Geringfügigkeit der parasitären Kapazitäten C_a und C_g im Vergleich zur Kapazität C. Die Herleitung der Schwingungsgleichungen für den Multivibrator bei Berücksichtigung der parasitären Kapazitäten C_a und C_g und die Überführung dieser Gleichungen in die dimensionslose Form wird hier ausgelassen, da die Rechnungen völlig analog zu denjenigen verlaufen, die im § 5 des vorliegenden Kapitels bei der Herleitung der Gleichungen (10.26) durchgeführt wurden. Die Gleichungen (10.70) sind schon für den Fall ausreichend kleiner Werte der Kapazitäten C_a und C_g ($C_a, C_g \ll C$) aufgeschrieben worden.

Es soll nun in allgemeinen Zügen die Grenzzerlegung (für $\mu \to +0$) des vierdimensionalen x_1, x_2, y_1, y_2-Phasenraumes in Phasentrajektorien des Gleichungssystemes (10.70) betrachtet werden. Man zeichnet in diesem Raum die mit F bezeichnete Fläche

$$-y_1 = x_1 + k\varphi(x_2), \quad -y_2 = x_2 + k\varphi(x_1)$$

bei der es sich um die Phasenfläche des „entarteten" Systems (mit $\mu = 0$) handelt; diese Fläche ist offensichtlich der x_1, x_2-Koordinatenebene homöomorph, d. h., die Punkte der Fläche F und der x_1, x_2-Ebene entsprechen einander umkehrbar eindeutig und stetig. In jedem Punkt (x_1, x_2, y_1, y_2) des vierdimensionalen Phasenraumes außerhalb dieser Fläche F gilt $\dot{x}_1 \to \infty$, $\dot{x}_2 \to \infty$ für $\mu \to +0$, während $\dot{y}_1$ und $\dot{y}_2$ endlich bleiben. Aus diesem Grund wird für $\mu \to +0$ der gesamte Phasenraum außerhalb der Fläche F von Phasentrajektorien ausgefüllt, die in den Ebenen

$$y_1, y_2 = \text{const}$$

liegen. Entlang dieser Trajektorien bewegt sich der Bildpunkt „sprunghaft" (mit beliebig großen Geschwindigkeitsänderungen der Veränderlichen x_1 und x_2, wenn μ ausreichend klein ist), was „raschen" Änderungen des Multivibratorzustandes entspricht, bei denen sich die Gitterspannungen u_1 und u_2 in Form eines Sprunges ändern, während die Spannungen u_{C1} und u_{C2} an den Kondensatoren ungeändert bleiben (diese Änderungen erfolgen um so rascher, je kleiner die parasitären Kapazitäten sind).

Für ausreichend kleine μ erhält man die Näherungsdifferentialgleichungen

$$\begin{aligned} \mu\dot{x}_1 &= -y_1^0 - x_1 - k\varphi(x_2) \equiv F_1(x_1, x_2, y_1^0), \\ \mu\dot{x}_2 &= -y_2^0 - x_2 - k\varphi(x_1) = F_2(x_1, x_2, y_2^0) \end{aligned} \tag{10.71}$$

(die asymptotischen Gleichungen) für die Trajektorien „rascher" Bewegungen, die in der Umgebung einer bestimmten Ebene $y_1 = y_1^0$, $y_2 = y_2^0$ ($y_1^0, y_2^0 = \text{const}$) liegen, aus den beiden ersten Gleichungen von (10.70), wenn dort die Veränderlichen y_1 und y_2 durch die Konstanten y_1^0 und y_2^0 ersetzt werden.

Diese Gleichungen haben natürlich nur außerhalb einer kleinen Umgebung der Schnittpunkte der Ebene $y_1 = y_1^0$, $y_2 = y_2^0$ mit der Fläche F Gültigkeit, und ihre Lösungen approximieren für ausreichend kleine μ (und zwar um so genauer, je kleiner μ ist) die Lösung des exakten Gleichungssystems (10.70) (ebenfalls außerhalb von F) nur für endliche Zeitintervalle.

Da

$$\frac{\partial F_1}{\partial x_1} + \frac{\partial F_2}{\partial x_2} = -2$$

gilt, können die Näherungsgleichungen (10.71) nach dem Kriterium von BENEDIXON keine geschlossenen Phasentrajektorien haben. Aus diesem Grund ist der Verlauf aller Trajektorien „rascher" Bewegungen durch die singulären Punkte der Gleichungen (10.71) und deren Trennkurven festgelegt. Die singulären Punkte der Gleichungen (10.11) werden offensichtlich von den Schnittpunkten der Ebene $y_1 = y_1^0$, $y_2 = y_2^0$ mit der Fläche F geliefert, wobei ein Punkt (x_1, x_2, y_1^0, y_2^0) der Fläche F stabiler Knoten der Näherungsgleichungen (10.71) ist, wenn

$$k^2 \varphi'(x_1) \varphi'(x_2) - 1 < 0 \qquad (10.72)$$

gilt, während es sich für

$$k^2 \varphi'(x_1) \varphi'(x_2) - 1 > 0 \qquad (10.72\text{a})$$

um einen Sattelpunkt handelt[1]). Demzufolge laufen alle Phasentrajektorien „rascher" Bewegungen (sie liegen für $\mu \to 0$ in den Ebenen $y_1, y_2 = \text{const}$) aus dem Unendlichen und von den Punkten der Fläche F, in denen

$$k^2 \varphi'(x_1) \varphi'(x_2) - 1 > 0$$

gilt, in kleinen Umgebungen der Punkte des Teils von F, auf dem die Ungleichung

$$k^2 \varphi'(x_1) \varphi'(x_2) - 1 < 0$$

gültig ist. Dieser Teil der Fläche F, zu dessen Punkten alle Phasentrajektorien „rascher" Bewegungen führen, wird im weiteren mit F^+ bezeichnet.

Für ausreichend kleine μ liegen also die Phasentrajektorien „langsamer" Bewegungen des Bildpunktes (mit beschränkten Phasengeschwindigkeiten für $\mu \to +0$) nur in einer kleinen Umgebung (mit Abmessungen der Ordnung μ) der Fläche F^+, für die

$$-y_1 = x_1 + k\varphi(x_2), \quad -y_2 = x_2 + k\varphi(x_1), \quad k^2 \varphi'(x_1) \varphi'(x_2) - 1 < 0 \qquad (10.73)$$

gilt. Nach dem Grenzübergang $\mu \to +0$ befinden sich diese Trajektorien „langsamer" Bewegungen auf der Fläche F^+ selbst und ihre Differentialgleichungen erhält man aus den Gleichungen der Fläche F^+ und aus den beiden letzten Glei-

---

[1]) Die charakteristische Gleichung für einen Punkt (x_1, x_2, y_1^0, y_2^0) — für einen singulären Punkt der Näherungsgleichungen „rascher" Bewegungen (10.71) — hat (s. auch (10.18) in § 3 dieses Kapitels] die Form

$$\begin{vmatrix} \frac{\partial F_1}{\partial x_1} - \lambda & \frac{\partial F_1}{\partial x_2} \\ \frac{\partial F_2}{\partial x_1} & \frac{\partial F_2}{\partial x_2} - \lambda \end{vmatrix} = 0$$

oder

$$\lambda^2 - 2\lambda + 1 - k^2 \varphi'(x_1) \varphi'(x_2) = 0 .$$

chungen von (10.70), d. h., sie stimmen mit den Gleichungen (10.68) überein, die schon früher bei Vernachlässigung der Schaltungsparameter gewonnen wurden.

Der Rand des Bereiches „langsamer“ Bewegungen (des Bereiches F^+) wird von einer geschlossenen Linie γ auf der Fläche F gebildet, die durch die Gleichung

$$k^2\varphi'(x_1)\varphi'(x_2) - 1 = 0$$

erklärt ist. Dabei wird, auf Grund der oben angegebenen Voraussetzungen in bezug auf die Kennlinie der Röhren, F^+ den Teil der Fläche F bilden, der außerhalb der Kurve γ liegt. Da im Bereich „langsamer“ Bewegungen (auf der Fläche F^+) weder Gleichgewichtszustände noch geschlossenen Phasentrajektorien liegen und Trajektorien „langsamer“ Bewegungen nicht in unendlich ferne Teile der Fläche F^+ laufen [s. die Gleichungen (10.68)], wird der Bildpunkt, wenn er sich längs der Trajektorien „langsamer“ Bewegungen auf der Fläche F^+ bewegt, sicher zur Randkurve γ gelangen und dann eine „rasche“ Bewegung (einen Sprung) auf einer entsprechenden Trajektorie $y_1, y_2 = \text{const}$ ausführen, um erneut auf die Fläche F^+ zu gelangen. Die Koordinaten des Sprungendpunktes $x_1 = x_1^+$, $x_2 = x_2^+$ sind offensichtlich mit den Koordinaten des Sprunganfangspunktes $x_1 = x_1^-$, $x_2 = x_2^-$ durch die Gleichungen

$$\begin{aligned} x_1^+ + k\varphi(x_2^+) &= x_1^- + k\varphi(x_2^-),\\ x_2^+ + k\varphi(x_1^+) &= x_2^- + k\varphi(x_1^-) \end{aligned} \qquad (10.74)$$

verbunden, da während des Sprunges y_1 und y_2 (d. h. die Spannungen u_{C1} und u_{C2} an den Kondensatoren C) ungeändert bleiben und die Anfangs- und Endpunkte der Sprünge auf der Fläche F^+ liegen.

Beim betrachteten Problem liefern die Sprungbedingungen (10.74) für jeden Punkt (x_1^-, x_2^-) der Kurve γ einen einzigen Sprungendpunkt (x_1^+, x_2^+) und die Verwendung der Sprung-Differentialgleichung (10.71) ist deshalb für die Bestimmung der Sprungendpunkte nicht erforderlich. Die Untersuchung dieser Gleichungen ermöglicht es jedoch, die Trajektorien „rascher“ Bewegungen selbst zu ermitteln (Näherungen für ausreichend kleine Werte des Parameters μ), d. h., Beziehungen zwischen den Veränderlichen x_1 und x_2 während der Sprünge zu ermitteln. Ein Sprunganfangspunkt der auf der Kurve γ liegt, ist für die Näherungsgleichungen (10.71) singulärer Punkt vom Sattel-Knoten-Typ, in dem eine einzige Trajektorie der Gleichungen (10.71) beginnt, die auch die hier interessierende Trajektorie „rascher“ Bewegung (die Sprungtrajektorie) ist.

3. Unstetige Schwingungen des Multivibrators

Für $k > 1$ wird also der betrachtete Multivibrator unstetige Schwingungen ausführen, die abwechselnd aus „langsamen“ Änderungen (die Gitterspannungen u_1, u_2 mit endlicher Schnelligkeit ändern sich) und „raschen“, sprunghaften Änderungen $\left(\text{mit } \frac{du_1}{dt} \to \infty,\ \frac{du_2}{dt} \to \infty \text{ für } C_a, C_g \to +0\right)$ des Multivibratorzustandes bestehen. Wenn man mit berücksichtigt, daß die x_1, x_2-Koordinatenebene und die Fläche F sowie die x_1, x_2-Ebene und die Ebenen $y_1, y_2 = \text{const}$ homöomorph sind, dann lassen sich diese unstetigen Schwingungen an Hand der Zerlegung der x_1, x_2-Ebene,

d. h. der Zerlegung der Ebene der Gitterspannungen u_1, u_2 in Trajektorien „langsamer“ und „rascher“ Bewegungen [in Trajektorien der Gleichungen (10.68) und (10.71)] betrachten. Es sei bemerkt, daß es sich bei den Trajektorien in der x_1, x_2-Koordinatenebene um die Projektionen der Phasentrajektorien im vierdimensionalen x_1, x_2, y_1, y_2-Phasenraum handelt; die Kurven können sich aus diesem Grund überschneiden.

Die Zerlegung der x_1, x_2-Ebene in Trajektorien ist qualitativ in Abb. 234 dargestellt. Da die Kurve γ — die Randkurve der Fläche F^+ — auf die x_1, x_2-Ebene als Kurve Γ projiziert werden kann [s. (10.69)], wird der Bereich „langsamer“ Bewegungen (die Projektion der Fläche F^+) derjenige Teil der x_1, x_2-Ebene sein, der außerhalb der geschlossenen Kurve Γ liegt. Im Inneren von Γ sind keine „langsamen“, sondern nur „rasche“ sprunghafte Bewegungen des Bildpunktes möglich. Der Bildpunkt erreicht bei seiner Bewegung längs einer Trajektorie der Gleichungen (10.68) im Bereich „langsamer“ Bewegungen bestimmt den Rand dieses Bereiches — die Kurve Γ —, von der aus er auf einer Trajektorie „rascher“ Bewegung [auf einer entsprechenden Trajektorie der Gleichungen (10.71)] erneut in den Bereich „langsamer“ Bewegungen „überspringt“. Der geometrische Ort der Sprungendpunkte (x_1^+, x_2^+), die gemäß (10.74) den Sprunganfangspunkten — den Punkten (x_1^-, x_2^-) der Kurve Γ — zugeordnet sind, ist in Abb. 234 in Form der Kurve Γ' dargestellt worden (Γ' ist unter den oben angegebenen, vereinfachenden Voraussetzungen ebenfalls eine geschlossene und stetige Kurve, die symmetrisch zur Halbierungslinie der x_1, x_2-Ebene verläuft und die Kurve Γ umschließt).

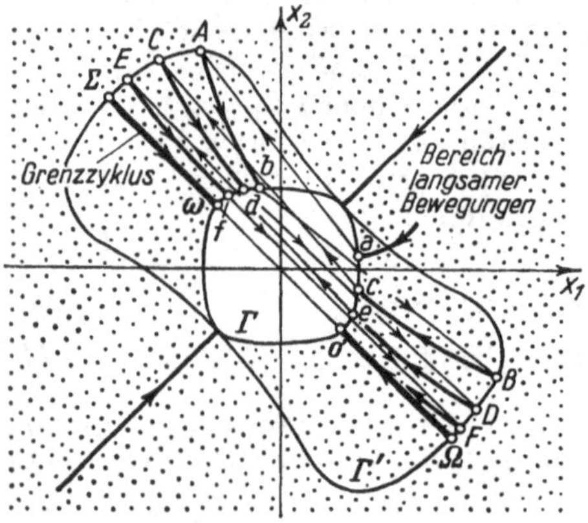

Abb. 234

Wenn der Bildpunkt die Linie Γ in einem bestimmten Punkt a erreicht hat (Abb. 234), dann wird er sich danach entlang einer Trajektorie $aAbBcCd\ldots$ bewegen, die aus Abschnitten von Trajektorien „langsamer“ Bewegungen Ab, Bc, $Cd, \ldots$ und aus Abschnitten von Sprungtrajektorien aA, bB, $cC, \ldots$ zusammengesetzt ist (in Abb. 234 sind die Trajektorien „langsamer“ Bewegungen durch fette und die Sprungtrajektorien durch dünne Linien dargestellt worden). Man kann zeigen, daß sich das System im Ergebnis dieser Bewegung asymptotisch für $t \to +\infty$ einem periodischen Prozeß nähert, zu dem der Grenzzyklus $\Sigma\omega\Omega\Sigma$ gehört, der aus zwei Abschnitten von Trajektorien „langsamer“ Bewegungen $\Sigma\omega$ und $\sigma\Sigma$ und aus den beiden Sprungtrajektorien $\omega\Omega$ und $\sigma\Sigma$ besteht[1]).

[1]) Die Entstehung periodischer unstetiger Schwingungen im Multivibrator wurde in [6] durch graphische Integration der Gleichungen und in [58] an Hand der Punkttransformationsmethode (bei stückweise linearer Approximation der Röhrenkennlinien) nachgewiesen.

Beim betrachteten Problem wird der Grenzzyklus — die geschlossene Phasentrajektorie im vierdimensionalen x_1, x_2, y_1, y_2-Phasenraum auf den Abschnitt $\Sigma\Omega$ der Halbierungslinie $x_2 = -x_1$ der x_1, x_2-Ebene projiziert. Auf Grund dieser Tatsache wird dieser Abschnitt vom

Bei einer solchen periodischen Bewegung müssen in jedem Zeitpunkt die Gleichungen

$$x_2 = -x_1, \quad y_2 = -y_1$$

erfüllt sein. Der symmetrische Schwingungsverlauf folgt natürlich aus der Symmetrie der Schaltung und der Kennlinie der Multivibratorröhren. Wenn am Anfang der Betrachtungen vorausgesetzt worden wäre, daß die entstehenden selbsterregten Schwingungen symmetrisch sein sollen, dann hätte man in den Gleichungen (10.70) sofort $x_2 \equiv -x_1$, $y_2 \equiv -y_1$ und $\varphi(x_2) \equiv -\varphi(x_1)$ setzen können; es wäre das Gleichungssystem zweiter Ordnung

$$\mu x = -x - y + k\varphi(x),$$

$$y = x$$

entstanden.

Ein ähnliches System war bereits in § 5 dieses Kapitels bei der Untersuchung der unstetigen Schwingungen eines Multivibrators mit einem RC-Glied betrachtet worden. Die in § 5 gewonnenen Resultate, insbesondere die Ausdrücke für die Periode der selbsterregten Schwingungen, sind also auch für die stationären Schwingungen des symmetrischen Multivibrators gültig. Bei einer solchen Behandlungsweise würde jedoch die Möglichkeit verlorengehen, die Einschwingungsprozesse dieser Schwingungen in der Schaltung untersuchen zu können.

Abb. 235 zeigt das Schirmbild der Darstellung einer Zerlegung in der Ebene der Gitterspannungen u_1, u_2 (der x_1, x_2-Ebene) in Trajektorien mit Hilfe eines Kathodenstrahloszillographen[1]). Die Photographie bestätigt vollkommen die oben gewonnenen Schlußfolgerungen über den unstetigen Verlauf der Schwingungen

---

Bildpunkt (x_1, x_2) bald in der einen, bald in der anderen Richtung durchlaufen. Es kann jedoch so eingerichtet werden, daß sich die unstetigen Schwingungen durch die Bewegung des Bildpunktes längs eines gewöhnlichen Grenzzyklus auf einer bestimmten Phasenfläche veranschaulichen lassen, wenn nur auf entsprechende Weise (an Stelle einer Phasenebene) die Form dieser Fläche gewählt wird. Es wurde bereits festgestellt, daß der Bildpunkt, wenn er auf die geschlossene Kurve Γ gelangt, zur Kurve Γ' überspringt. Demnach sind die Trajektorien „langsamer" Bewegungen im Bereich zwischen diesen beiden Kurven eingeschlossen. Identifiziert man den Punkt a mit A, den Punkt b mit B usw., dann läßt sich dieser Bereich (umkehrbar eindeutig und stetig) auf eine Kugelfläche abbilden. Die unstetigen selbsterregten Schwingungen werden dabei auf einen Grenzzyklus abgebildet (beispielsweise auf den Äquator). Außerdem erhält man auf der Kugel zwei singuläre Punkte (zwei instabile Knotenpunkte), die auf verschiedenen Seiten des Zyklus (beispielsweise in den Polen) angeordnet sind und den Berührungspunkten der Kurven Γ und Γ' entsprechen. Nach einer solchen Abbildung wird sichtbar, daß im Multivibrator keine quasiperiodischen Schwingungen auftreten können (solche Schwingungen würden nur dann existieren, wenn die Phasenfläche ein Zylinder wäre). Periodische Bewegungen des Bildpunktes auf einer geschlossenen Trajektorie, die die Kugel zweimal umläuft, sind ebenfalls nicht möglich. Diese Resultate liegen a priori nicht auf der Hand.

[1]) Bei der hier entwickelten Theorie waren die Gitterströme vernachlässigt worden. Hier wurden aber, um die Oszillographenbilder der Trajektorien zu ermöglichen, Begrenzungswiderstände r in die Gitterkreise des Multivibrators eingeführt, die die Gitterströme beträchtlich verringert haben (in Abb. 232 sind diese Widerstände punktiert gezeichnet).

des Multivibrators und über die sich in ihm herausbildenden periodischen, unstetigen Schwingungen. Es ist deutlich zu erkennen, daß die Sprünge der Spannungen u_1 und u_2 nicht nur in den Punkten der Kurve Γ, sondern auch in Punkten des Gebiets beginnen, das im Inneren dieser Kurve liegt. Die Bildpunkte, die im Anfangsmoment im Inneren von Γ vernachlässigt wurden, bewegen sich sprunghaft von dort weg.

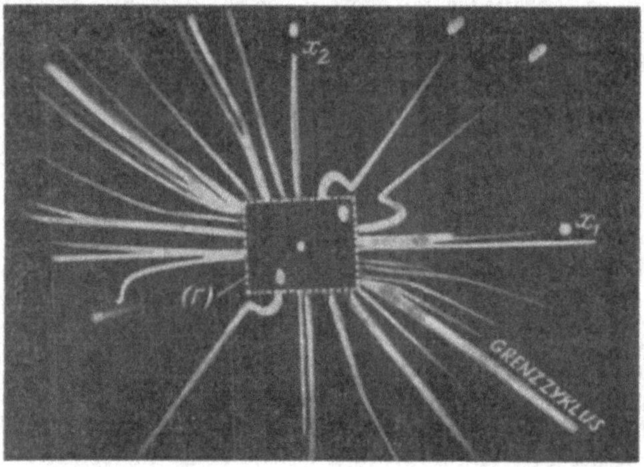

Abb. 235

§ 13. Der symmetrische Multivibrator (mit Gitterströmen)

Am Ende dieses Kapitels sollen nun ausführlich die unstetigen selbsterregten Schwingungen eines symmetrischen Multivibrators untersucht werden (seine Schaltung zeigt Abb. 236), wobei wie früher die Anodenrückwirkung vernachlässigt wird[1]), während die Gitterströme Berücksichtigung finden sollen, weil sie gewöhnlich für die Arbeit des Multivibrators von wesentlicher Bedeutung sind [62]. Für die Ermittlung qualitativer Resultate werden die Röhrenkennlinien durch die stückweise linearen Funktionen (ohne Sättigung)

$$i_a = i_a(u) = \begin{cases} 0 & \text{für } u \leqq -u_0, \\ S(u + u_0) & \text{für } u > -u_0, \end{cases} \qquad i_g = i_g(u) = \begin{cases} 0 & \text{für } u \leqq 0, \\ S_g u & \text{für } u > 0 \end{cases}$$

approximiert. Darin bedeute u die Gitterspannung, u_0 die Sperrspannung und S_g die Werte der Steilheit der steigenden Abschnitte der Anoden- und Gitterstromkennlinien der Röhren.

---

[1]) Die Anodenrückwirkung in den Röhren darf vernachlässigt werden, wenn die im Multivibrator verwendeten Röhren Pentoden oder Trioden mit ausreichend großem inneren Widerstand R_i sind und wenn die Spannungen an den Anoden der Röhren während der Schwingungen ausreichend groß bleiben. Die zuletzt genannte Bedingung wird sicher für kleine Widerstände R_a und eine ausreichend große Betriebsspannung U_a erfüllt sein.

Diese Funktionen (siehe Abb. 237) gelten für moderne Röhren, die praktisch keine Sättigung des Anoden- und des Gitterstromes zeigen.

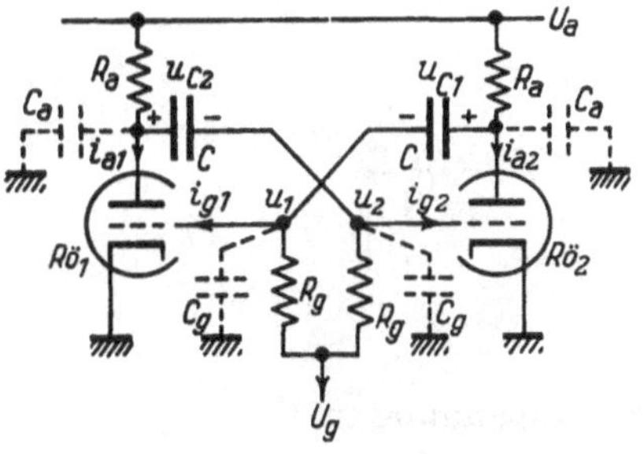

Abb. 236

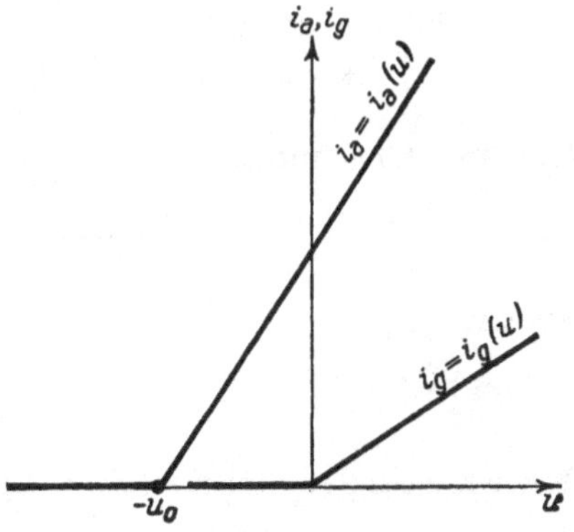

Abb. 237

1. *Die Schwingungsgleichungen, Sprünge der Spannungen u_1 und u_2*

Wenn man die parasitären Parameter vernachlässigt, dann entstehen bei Anwendung der KIRCHHOFFschen Regeln (Bezeichnungen nach Abb. 236) die Gleichungen

$$C\frac{du_{C1}}{dt} = \frac{u_1 - U_g}{R_g} + i_g(u_1), \quad C\frac{du_{C2}}{dt} = \frac{u_2 - U_g}{R_g} + i_g(u_2),$$

$$\frac{U_a - (u_1 + U_{C1})}{R_a} = i_a(u_2) + C\frac{du_{C1}}{dt'}, \quad \frac{U_a - (u_2 + u_{C2})}{R_a} = i_a(u_1) + C\frac{du_{C2}}{dt'}$$

für „langsame“, nicht sprunghafte Änderungen des Multivibratorzustandes[1]). Man führt, genau wie im vorangegangenen Paragraphen, die neuen dimensionslosen Veränderlichen x_1, x_2, y_1, y_2, die mit den Spannungen u_1, u_2, u_{C1}, u_{C2} durch die Beziehungen

$$u_{1.2} = u_0 x_{1.2},$$

$$u_{C1.2} = U_a + \frac{R_a}{R_g} U_g + u_0\left(1 + \frac{R_a}{R_g}\right) y_{1.2}$$

verbunden sind und die neue, dimensionslose Zeit

$$t = \frac{t'}{C(R_a + R_g)}$$

[1]) Während „langsamer“ Änderungen des Multivibratorzustandes haben die kleinen, parasitären Parameter keine Bedeutung und dürfen deshalb vernachlässigt werden. Weiterhin sei die Zeit mit t' bezeichnet, da im weiteren t die dimensionslose Zeit bedeutet.

ein. In diesen Veränderlichen gehen die Gleichungen „langsamer" Änderungen des Multivibratorzustandes über in die dimensionslose Form

$$\begin{aligned} -y_1 &= x_1 + \alpha\psi(x_1) + k\varphi(x_2), & \dot{y}_1 &= x_1 + \beta\psi(x_1) - \sigma, \\ -y_2 &= x_2 + \alpha\psi(x_2) + k\varphi(x_1), & \dot{y}_2 &= x_2 + \beta\psi(x_2) - \sigma. \end{aligned} \tag{10.75}$$

In diesen Gleichungen wurde

$$k = \frac{S\,R_a R_g}{R_a + R_g}, \quad \alpha = \frac{S_g\,R_a\,R_g}{R_a + R_g}, \quad \beta = S_g\,R_g$$

gesetzt,

$$\sigma = \frac{U_g}{u_0}$$

bezeichnet die reduzierte (dimensionslose) Gittervorspannung und

$$\varphi(x) = \frac{1}{u_0 S}\,i_a(u_0 x) = \begin{cases} 0 & \text{für } x < -1, \\ x + 1 & \text{für } x \geqq -1, \end{cases}$$

$$\psi(x) = \frac{1}{u_0 S_g}\,i_g(u_0 x) = \begin{cases} 0 & \text{für } x < 0, \\ x & \text{für } x \geqq 0 \end{cases}$$

die reduzierten (dimensionslosen) Kennlinien des Anoden- und des Gitterstromes der Röhren. Die ersten zwei Gleichungen stellen einen funktionellen Zusammenhang zwischen x_1, x_2 und y_1, y_2 (d. h. zwischen den Gitterspannungen u_1, u_2 und den Spannungen u_{C1}, u_{C2} an den Kondensatoren C) dar, der, das sei nochmals hervorgehoben, nur während „langsamer" Änderungen des Multivibratorzustandes Gültigkeit hat. Bei den beiden letzten Gleichungen handelt es sich um die Differentialgleichungen, die die Gesetzmäßigkeit der Änderung des Multivibratorzustandes als Funktion der Zeit wiedergeben.

Eliminiert man aus den Gleichungen (10.75) die Veränderlichen y_1, y_2, dann entsteht das System von Differentialgleichungen für x_1, x_2

$$\begin{aligned} [1 + \alpha\psi'(x_1)]\dot{x}_1 + k\varphi'(x_2)\,(\dot{x}_2) + x_1 + \beta\psi(x_1) &= \sigma, \\ k\varphi'(x_1)\dot{x}_1 + [1 + \alpha\psi'(x_2)]\dot{x}_2 + x_2 + \beta\psi(x_2) &= \sigma. \end{aligned} \tag{10.75a}$$

Die Auflösung nach den Ableitungen ergibt

$$\dot{x}_1 = \frac{P_1(x_1, x_2)}{\Delta(x_1, x_2)}, \quad \dot{x}_2 = \frac{P_2(x_1, x_2)}{\Delta(x_1, x_2)} \tag{10.75b}$$

mit

$$\begin{aligned} P_1(x_1, x_2') &= k\varphi'(x_2)\,[x_2 + \beta\psi(x_2) - \sigma] - [1 + \alpha\psi'(x_2)]\,[x_1 + \beta\psi(x_1) - \sigma], \\ P_2(x_1, x_2) &= k\varphi'(x_1)\,[x_1 + \beta\psi(x_1) - \sigma] - [1 + \alpha\psi'(x_1)]\,[x_2 + \beta\psi(x_2) - \sigma], \\ \Delta(x_1, x_2) &= [1 + \alpha\psi'(x_1)]\,[1 + \alpha\psi'(x_2)] - k^2\varphi'(x_1)\varphi'(x_2). \end{aligned}$$

Da das gewonnene Differentialgleichungssystem ein System zweiter Ordnung ist, lassen sich die Zustände des Multivibrators (während langsamer Änderungen) durch die Punkte der x_1, x_2-Ebene und die „langsamen" Prozesse im Multivibrator durch die Bewegung des Bildpunktes entlang der Phasentrajektorien [entlang der Trajektorien der Gleichungen (10.75b)] in dieser Ebene veranschaulichen. Dennoch sind, genau wie bei einem Multivibrator ohne Gitterströme (s. den vorangegangenen Paragraphen), die von den Gleichungen (10.75) wiedergegebenen „langsamen" Änderungen des Zustandes eines Multivibrators mit Gitterströmen nicht für alle Werte der Veränderlichen x_1, x_2 möglich. Der Bereich „langsamer" Systembewegungen [der Anwendungsbereich der Gleichungen (10.75)] umfaßt nämlich nur das Teilgebiet M der x_1, x_2-Ebene, in dem die Ungleichung

$$\Delta(x_1, x_2) = [1 + \alpha\psi'(x_1)]\,[1 + \alpha\psi'(x_2)] - k^2\varphi'(x_1)\varphi'(x_2) > 0$$

Gültigkeit hat; außerhalb von M können nur „rasche" sprunghafte Änderungen des Multivibratorzustandes — „plötzliche Sprünge" der Gitterspannungen u_1, u_2 (oder der Veränderlichen x_1, x_2) — auftreten[1]).

Den Rand des Bereiches M „langsamer" Bewegungen bildet die Linie Γ, auf der die Funktion $\Delta(x_1, x_2)$, welche in den Nennern der rechten Seiten von (10.75b) steht, das Vorzeichen ändert. Aus diesem Grund sind die Punkte eines Teils von Γ Scheidepunkte der Phasentrajektorien der Gleichungen (10.75b). Wenn der Bildpunkt bei seiner Bewegung längs einer Trajektorie „langsamer" Bewegung (längs einer Trajektorie der Gleichungen (10.75b) im Bereich M) die Linie Γ in einem Punkt (x_1^-, x_2^-) erreicht, dann springt er von dort aus plötzlich in einen Punkt (x_1^+, x_2^+) über, der ebenfalls dem Bereich M angehört. Da sich die Spannungen u_{C1} und u_{C2} an den Kondensatoren und folglich auch die Werte der Veränderlichen y_1 und y_2 während eines plötzlichen Sprunges nicht ändern können (anderenfalls würden im Multivibrator unendlich große Ströme auftreten) und weil Anfangs- und Endpunkt eines Sprungs dem Gebiet M angehören, sind gemäß der ersten beiden Gleichungen von (10.75), die in diesem Bereich Gültigkeit haben, die Koordinaten des Sprunganfangs- und Sprungendpunktes (x_1^-, x_2^- und x_1^+, x_2^+) durch die

---

1) Folgende Überlegungen können als Begründung für das eingeführte Sprungpostulat dienen. Wenn $x_1 > -1$ und $x_2 > -1$ (d. h. beide Röhren des Multivibrators geöffnet sind) und der Verstärkungskoeffizient k so klein ist, daß $\Delta(x_1, x_2) < 0$ ist, dann läßt sich nachrechnen, daß bei hohen Frequenzen der Übertragungskoeffizient im Kreis der Elemente, die den Multivibrator bilden (das Gitter der Röhre Rö 1, das RC-Glied zwischen der Anode der Röhre Rö 1 und dem Gitter der Röhre Rö 2, die Röhre Rö 2 selbst, das zweite RC-Glied und das Gitter der Röhre Rö 1) größer als Eins ist. Wenn die positive Rückkoppelung in der Schaltung genügend stark ist, führt eine beliebige „rasche", sprungförmige Änderung der Gitterspannung (beispielsweise von u_1) zu einer lawinenförmigen zunehmenden Änderung der Gitterspannungen, die sich solange fortsetzt, wie beide Röhren geöffnet sind. Aus diesem Grund sind in der Schaltung für $\Delta(x_1, x_2) < 0$ nur rasche, sprunghafte Änderungen des Multivibratorzustandes möglich.
Umgekehrt, für $x_1 < -1$ oder für $x_2 < -1$, wenn wenigstens eine der Röhren gesperrt ist, wird der Kreis der positiven Rückkoppelung unterbrochen, wodurch die sprunghaften Änderungen der Gitterspannungen gedämpft werden. Dies macht die „langsamen" Bewegungen in bezug auf die Sprünge der Gitterspannungen stabil und somit möglich.

Gleichungen (Sprungbedingungen)

$$\begin{aligned} x_1^+ + \alpha\psi(x_1^+) + k\varphi(x_2^+) &= x_1^- + \alpha\psi(x_1^-) + k\varphi(x_2^-), \\ x_2^+ + \alpha\psi(x_2^+) + k\varphi(x_1^+) &= x_2^- + \alpha\psi(x_2^-) + k\varphi(x_1^-) \end{aligned} \tag{10.76}$$

miteinander verbunden.

Zur Begründung der Aussagen über den Anwendungsbereich der Gleichungen (10.75) und über die Sprünge des Multivibratorzustandes (ohne Hinzuziehung ergänzender physikalischer Überlegungen) müssen wenigstens einige der kleinen, parasitären Schaltungsparameter Berücksichtigung finden, die während „rascher" Bewegungen des Systems wesentlich sind. Solche parasitären Parameter sind die kleinen parasitären Kapazitäten C_a und C_g, die in Abb. 236 punktiert dargestellt wurden. Wenn man diese Kapazitäten berücksichtigt, dann lauten (für $C_a, C_g \ll C$) die Schwingungsgleichungen des Multivibrators

$$\begin{aligned} \mu\dot{x}_1 &= -y_1 - x_1 - \alpha\psi(x_1) - k\varphi(x_2) \equiv F_1(x_1, x_2, y_1), \quad \dot{y}_1 = x_1 + \beta\psi(x_1) - \sigma \\ &\equiv G(x_1), \\ \mu\dot{x}_2 &= -y_2 - x_2 - \alpha\psi(x_2) - k\varphi(x_1) \equiv F_2(x_1, x_2, y_2), \quad \dot{y}_2 = x_2 + \beta\psi(x_2) - \sigma \\ &\equiv G(x_2). \end{aligned} \tag{10.77}$$

Hierbei bedeutet

$$\mu = \frac{R_a/R_g}{(1 + R_a/R_g)^2} \frac{C_a + C_g}{C}$$

einen kleinen, positiven Parameter, der die Geringfügigkeit der parasitären Kapazitäten C_a und C_g im Vergleich zur Kapazität C charakterisiert. Der entsprechende Phasenraum ist der vierdimensionale x_1, x_2, y_1, y_2-Raum.

Da die Beziehungen

$$\frac{\partial F_1}{\partial x_1} + \frac{\partial F_2}{\partial x_2} = -2 - \alpha[\psi'(x_1) + \psi'(x_2)] < 0$$

und

$$\frac{\partial(F_1, F_2)}{\partial(x_1, x_2)} = [1 + \alpha\psi'(x_1)]\,[1 + \alpha\psi'(x_2)] - k^2\varphi'(x_1)\varphi'(x_2) \equiv \Delta(x_1, x_2)$$

gelten, existieren die „langsamen" Bewegungen des Systems (d. h. die Bewegungen mit beschränkten $\dot{x}_1$ und $\dot{x}_2$ für $\frac{C_a}{C}, \frac{C_g}{C} \to +0$) gemäß § 3 des vorliegenden Kapitels nur in einer kleinen $O(\mu)$-Umgebung der Fläche F^+, die durch die Gleichungen

$$F(x_1, x_2, y_1) = 0, \quad F_2(x_1, x_2, y_2) = 0, \quad \Delta(x_1, x_2) > 0$$

definiert wird; nach dem Grenzübergang $\mu \to +0$ gibt es diese Bewegungen auf der Fläche F^+ selbst. Demzufolge stimmen die Näherungsgleichungen „langsamer" Bewegungen mit den Gleichungen (10.75) überein, die unter Vernachlässigung aller parasitärer Schaltungsparameter aufgestellt wurden. Es sei auch noch darauf hingewiesen, daß die Fläche F^+ auf das zu ihr homöomorphe Gebiet M der x_1, x_2-Koordinatenebene projiziert wird.

Außerhalb der Fläche F^+ finden „rasche" Bewegungen des Bildpunktes entlang der Trajektorien $y_1, y_2 = \text{const}$ statt (für $\mu \to +0$ streben $\dot{x}_1, \dot{x}_2 \to \infty$, während $\dot{y}_1$ und $\dot{y}_2$ beschränkt bleiben), d. h. dort vollziehen sich Sprünge der Gitterspannungen u_1 und u_2 bei konstanten Spannungen u_{C1} und u_{C2} an den Kondensatoren C. Die Näherungsdifferentialgleichungen

$$\begin{aligned} \mu \dot{x}_1 &= -y_1^0 - x_1 - \alpha\psi(x_1) - k\varphi(x_2) \equiv F_1(x_1, x_2, y_1^0), \\ \mu \dot{x}_2 &= -y_2^0 - x_2 - \alpha\psi(x_2) - k\varphi(x_1) \equiv F_2(x_1, x_2, y_2^0) \end{aligned} \tag{10.77a}$$

„rascher" Systembewegungen (für $0 < \mu \ll 1$) längs Trajektorien, die in der Nähe der Ebene $y_1 = y_1^0, y_2 = y_2^0$ ($y_1^0, y_2^0 = \text{const}$) verlaufen, erhält man aus den beiden ersten Gleichungen von (10.77), wenn man darin y_1, y_2 durch die Konstanten y_1^0, y_2^0 ersetzt. Natürlich beschreiben diese Gleichungen die Dynamik „rascher" Änderungen des Multivibratorzustandes nur außerhalb einer kleinen Umgebung [beispielsweise einer $O(\sqrt{\mu})$-Umgebung]

$$F_1(x_1, x_2, y_1) = 0, \quad F_2(x_1, x_2, y_2) = 0$$

der Fläche F, von der F^+ ein Teil ist.

Auf folgendes sei hingewiesen:

1. Da

$$\frac{\partial F_1}{\partial x_1} + \frac{\partial F_2}{\partial x_2} < 0$$

für alle Werte x_1, x_2, y_1, y_2 gilt, können die Gleichungen (10.77a) auf Grund des Kriteriums von Benedixson keine geschlossenen Phasentrajektorien beschreiben.

2. Die Schnittpunkte der Ebene $y_1 = y_1^0, y_2 = y_2^0$ mit der Fläche F^+ sind für die Näherungsgleichungen (10.77a) stabile Gleichgewichtszustände.

3. Es gibt keine Trajektorien „rascher" Bewegungen, die ins Unendliche laufen.

Aus diesem Grund führen alle Trajektorien „rascher" Bewegungen (für C_a, $C_g \to 0$) in eine kleine $O(\mu)$-Umgebung der Fläche F^+, wo sie in die Trajektorien „langsamer" Bewegungen übergehen. Die Trajektorien „langsamer" Bewegungen auf der Fläche F^+, die zur Randkurve γ dieser Fläche führen, verwandeln sich ihrerseits auf γ in Trajektorien „rascher" Bewegungen (in Sprungtrajektorien). γ wird auf die x_1, x_2-Ebene als Linie Γ projiziert, auf der $\Delta(x_1, x_2)$ das Vorzeichen von plus zu minus wechselt. Die Endpunkte derartiger Sprungtrajektorien (sie gehen von der Randkurve γ des Bereiches „langsamer" Bewegungen aus) liegen wieder auf der Fläche F^+ und genügen deshalb den Sprungbedingungen (10.76). Es sei auch darauf hingewiesen, daß der Sprungendpunkt nach Vorgabe des Sprunganfangspunktes eindeutig durch die Sprungbedingungen (10.76) festgelegt ist und daß auf Grund dieser Tatsache die Verwendung der Sprungdifferentialgleichungen (10.77a) für die Ermittlung eines Sprungendpunktes, genau wie bei einem Multivibrator ohne Gitterströme, nicht erforderlich ist.

Im Multivibrator können also unstetige Schwingungen auftreten, die abwechselnd aus „langsamen“ Bewegungen (mit beschränkter Schnelligkeit der Änderungen der Spannungen u_1 und u_2) und „raschen“, sprunghaften Bewegungen (mit sehr großen Werten von $\dot{u}_1$ und $\dot{u}_2$ für kleine parasitäre Parameter) des Systems bestehen. Die ersten werden durch die Gleichungen (10.75) beschrieben, während die letzteren den Sprungbedingungen (10.76) oder, genauer gesagt, den Gleichungen (10.77a) genügen, und zwar um so genauer, je kleiner die parasitären Schaltungsparameter sind.

2. *Unstetige Schwingungen*

Im weiteren sollen nun unstetige Schwingungen des symmetrischen Multivibrators mit Gitterströmen betrachtet werden, wenn der für die praktischen Anwendungen sehr interessante Fall

$$k > 1 + \alpha, \quad \beta \ll 1 + \alpha, \sigma \qquad (10.78)$$

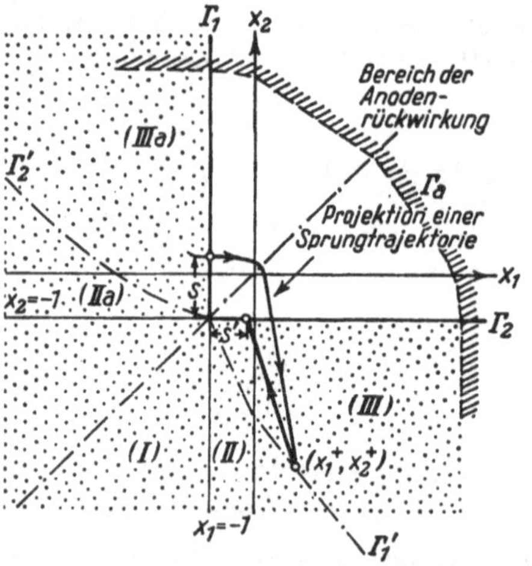

Abb. 238

vorliegt. Die erste der Bedingungen (10.78) gewährleistet die Selbsterregung des Multivibrators für $\sigma > -1$ (d. h. für $U_g > -u_0$), die zweite vereinfacht beträchtlich die Untersuchung der Phasentrajektorien „langsamer“ Bewegungen im Bereich mit Gitterstrom in einer der Röhren[1]). Auf Grund der ersten Bedingungen von (10.78) gilt $\Delta(x_1, x_2) > 0$ nur für $\varphi'(x_1) \cdot \varphi'(x_2) = 0$, d. h. für $x_1 < -1$ oder für $x_2 < -1$. Anders ausgedrückt, der Rand Γ des Bereiches M „langsamer“ Bewegungen (in der x_1, x_2-Ebene) wird von den Halbgeraden $\Gamma_1 (x_1 = -1, x_2 > -1)$ und $\Gamma_2 (x_2 = -1, x_1 > -1)$ gebildet; der Bereich M „langsamer“ Bewegungen ist das Gebiet, das links und unterhalb dieser Halbgeraden liegt und in dem wenigstens eine der Multivibratorröhren gesperrt ist. Umgekehrt sind im

---

1) Die Bedingungen (10.78) sind den Ungleichungen $SR_a > 1 + S_g R_a$, $R_a \ll R_g$ und $S_g R_g \gg 1$, $\frac{U_g}{u_0}$ äquivalent, die gewöhnlich erfüllt sind, da in den verwendeten Schaltungen die einzelnen Parameter die folgenden Größenordnungen besitzen: $R_a \sim 10^3 \div 10^4\,\Omega$, $R_g \sim 10^4 \div 10^6\,\Omega$, $S \sim 3 \div 10$ m A/V, $S_g \ll 0{,}1 \div 1$ m A/V, $U_g \sim 0 \div 300$ V und $u_0 \leq 5 \div 20$ V, d. h. $k \sim 5 \div 20$, $\alpha \sim 0{,}1 \div 1$, $\beta \sim 10 \div 10^3$ und $\sigma \sim 0 \div 60$.
Es sei darauf hingewiesen, daß für $k < 1$ in der gesamten x_1, x_2-Ebene die Ungleichung $\Delta(x_1, x_2) > 0$ erfüllt ist, d. h., die gesamte x_1, x_2-Ebene ist Bereich „langsamer“ Bewegungen. Ohne Schwierigkeiten erkennt man, daß in diesem Fall alle Trajektorien zum stabilen Gleichgewichtszustand führen und daß im Multivibrator keine selbsterregten Schwingungen auftreten können.

Der Fall $1 < k < 1 + \alpha$, in dem unstetige selbsterregte Schwingungen möglich sind, ist für die praktische Anwendungen nicht von Interesse.

Variationsbereich der Veränderlichen x_1, x_2, der rechts und oberhalb der Halbgeraden Γ_1 und Γ_2 liegt, beide Röhren geöffnet; dort ist $\Delta(x_1, x_2) < 0$, und es können nur „rasche" sprunghafte Änderungen des Multivibratorzustandes erfolgen (Abb. 238).

Bei ausreichend großer Gitterspannung u_1 oder u_2 macht sich in der Röhre Rö 1 oder Rö 2 die Anodenrückwirkung bemerkbar. Der Anodenstrom i_a wird von der Anodenspannung u_a abhängig und wird fast nicht von der Gitterspannung beeinflußt (s. beispielsweise § 10 dieses Kapitels). Der Rand des Bereiches der Anodenrückwirkung ist unter der Voraussetzung, daß dort

$$i_a = \frac{u_a}{R_0}$$

gilt, in Abb. 238 qualitativ in Form der schraffierten Linie Γ_a dargestellt. Das Gebiet der x_1, x_2-Werte, welches rechts und oberhalb dieser Linie liegt, ist der Bereich der Anodenrückwirkung und gehört ebenfalls, wie leicht einzusehen ist, zum Bereich „langsamer" Bewegungen. Hier wird angenommen, daß bei den Schwingungen des Multivibrators der Bildpunkt (x_1, x_2) nicht in den Bereich der Anodenrückwirkung gelangt.

Der einzige Gleichgewichtszustand liegt auf der Halbierungslinie $x_1 = x_2$ und genügt der Gleichung

$$x + \beta\psi(x) = \sigma;$$

seine Koordinaten sind also

$$x_1 = x_2 = x_0(\sigma) = \begin{cases} \sigma & \text{für} \quad \sigma \leqq 0, \\ \dfrac{\sigma}{1+\beta} \approx 0 & \text{für} \quad \sigma > 0. \end{cases}$$

Die charakteristische Gleichung, die die Merkmale des Gleichgewichtszustandes festlegt, hat die Form

$$\begin{vmatrix} \mu\lambda + \alpha^* & k^* & 1 & 0 \\ k^* & \mu\lambda + \alpha^* & 0 & 1 \\ \beta^* & 0 & \lambda & 0 \\ 0 & \beta^* & 0 & \lambda \end{vmatrix} \equiv [\lambda(\mu\lambda + \alpha^*) + \beta^*]^2 - k^{*2}\lambda^2\, 0$$

mit $\alpha^* = 1 + \alpha\psi'(x_0)$, $\beta^* = 1 + \beta\psi'(x_0)$ und $k^* + k\varphi'(x_0)$; für $0 < \mu \ll 1$ sind

$$\lambda_{1,2} = -\frac{\beta^*}{\alpha^* + k^*} \quad \text{und} \quad \lambda_{3,4} = -\frac{\frac{1}{\mu}}{\alpha^* + k^*}$$

ihre Wurzeln. Zwei dieser Wurzeln sind von der Größenordnung Eins, die beiden anderen von der Ordnung $\frac{1}{\mu}$. Für $\sigma < -1$ (d. h. für $U_g < -u_0$), wenn $x_0 = \sigma < -1$ und $k^* = 0$ gilt, sind alle vier Wurzeln negativ, und der Gleichgewichtszustand, der sich in diesem Fall im Bereich „langsamer“ Bewegungen befindet, ist stabil (für die Trajektorien „langsamer“ Bewegungen bildet er in der x_1, x_2-Ebene einen stabilen Knoten). Jedoch für $\sigma > -1$ $(U_g > -u_0)$, liegt der Gleichgewichtszustand im Bereich „rascher“ Bewegungen $(x_0 > -1)$ und wird, da für $x_0 > -1$ gilt $k^* = k > 1 + \alpha$ [auf Grund der ersten Bedingung von (10.78)], instabil sein. Die charakteristische Gleichung hat dann zwei positive Wurzeln, von denen eine die Größenordnung $\frac{1}{\mu}$ hat, d.h., der Bildpunkt entfernt sich vom Gleichgewichtszustand mit einer Geschwindigkeit der Ordnung $\frac{1}{\mu}$ (für $\mu \to +0$ sprunghaft). In diesem Fall (für $\sigma > -1$) erregt sich der Multivibrator selbst, und es entstehen, wie unten gezeigt wird, periodische, unstetige Schwingungen, und zwar für alle Anfangsbedingungen die gleichen. Es handelt sich also um einen weichen Einschwingvorgang für unstetige Schwingungen. Stabile, unstetige selbsterregte Schwingungen sind auch für $\sigma < -1$ möglich, wenn der Gleichgewichtszustand stabil ist, d. h., für $\sigma < -1$ kann sowohl ein harter Anfachungsvorgang für die selbsterregten Schwingungen möglich sein als auch der Fall eintreten, daß selbsterregte Schwingungen überhaupt fehlen.

Der Bereich M „langsamer“ Bewegungen (in der x_1, x_2-Ebene) wird bei Anwendung der stückweisen linearen Approximation der Röhrenkennlinien durch die Geraden $x_1 = -1$, $x_1 = 0$, $x_2 = -1$ und $x_2 = 0$ in die fünf Bereiche (I), (II), (IIa), (III) und (IIIa) zerlegt (Abb. 238), in denen jeweils die Gleichungen „langsamer“ Bewegungen linear sind. Diese Gleichungen lassen sich im Bereich (I) $(x_1 < -1,\ x_2 < -1)$, wenn beide Multivibratorröhren gesperrt sind, offensichtlich in der Form

$$\begin{aligned} \dot{x}_1 + x_1 &= \sigma, \\ \dot{x}_2 + x_2 &= \sigma \end{aligned} \tag{10.79a}$$

schreiben. Im Bereich (II) $(-1 < x_1 < 0,\ x_2 < -1)$, in dem die Röhre Rö 2 gesperrt, Rö 1 aber geöffnet ist (sie führt jedoch keine Gitterströme) gilt

$$\begin{aligned} \dot{x}_1 + x_1 &= \sigma, \\ \dot{x}_2 + x_2 &= \sigma - k\dot{x}_1. \end{aligned} \tag{10.79b}$$

Im Bereich (III) $(x_1 > 0,\ x_2 < -1)$ schließlich, in dem die Röhre Rö 2 wie vorher gesperrt ist, die Röhre Rö 1 aber Anoden- und Gitterstrom führt, lauten die Gleichungen

$$\begin{aligned} (1 + \alpha)\dot{x}_1 + (1 + \beta)x_1 &= \sigma, \\ \dot{x}_2 + x_2 &= \sigma - k\dot{x}_1. \end{aligned} \tag{10.79c}$$

Da die Veränderlichen x_1 und x_2 in die Schwingungsgleichungen des Multivibrators symmetrisch eingehen (dies ist offensichtlich eine Folge der Schaltungssymmetrie), wird die Zerlegung des Bereichs M „langsamer“ Bewegungen in Trajektorien der Gleichungen (10.75) in bezug auf die Halbierungslinie $x_1 = x_2$, die stets Integralkurve dieser Gleichungen ist, symmetrisch angeordnet sein. Insbesondere gewinnt man die Gleichungen „langsamer“ Änderungen des Multivibratorzustandes in den Bereichen (IIa) und (IIIa), in denen die Röhre Rö 1 gesperrt, Rö 2 aber geöffnet ist, aus den Gleichungen (10.79b) und (10.79c), wenn dort die Variablen x_1 und x_2 durch x_2 und x_1 ersetzt werden.

Im Bereich (I) sind die Geraden

$$\frac{x_2 - \sigma}{x_1 - \sigma} = \text{const}$$

Integralkurven, die (oder deren Fortsetzungen für $\sigma > -1$) den Punkt (σ, σ) durchlaufen. Dieser Bereich enthält für $\sigma < -1$ den Gleichgewichtszustand (σ, σ).

Im Bereich (II) bildet die Gerade

$$x_2 - \sigma - k(x_1 - \sigma) = 0$$

die Isokline der horizontalen Tangenten; ihre Fortsetzung durchläuft ebenfalls den Punkt (σ, σ) und schneidet die Halbgerade Γ_2 (im Intervall $-1 \leqq x_1 \leqq 0$) nur für

$$\sigma \leqq \frac{1}{k-1}.$$

Links von dieser Isokline ist $\dot{x}_2 < 0$ (d. h., die Trajektorien entfernen sich von der Halbgeraden Γ_2), rechts von ihr ist $\dot{x}_2 > 0$ (die Trajektorien nähern sich Γ_2). Insbesondere erreichen sämtliche Trajektorien im Bereich (II) für

$$\sigma \geqq \frac{1}{k-1}$$

die Halbgerade Γ_2 nicht, sondern gehen in den Bereich (III) über. Außerdem liegt im Bereich (II) für $-1 < \sigma < 0$ die geradlinige Phasentrajektorie $x_1 \equiv \sigma$ (auf ihr ist $\dot{x}_2 > 0$).

Im Bereich (III) ist außerhalb einer kleinen Umgebung der Ordinatenachse $x_1 = 0$ auf Grund der Ungleichungen (10.78) die Ableitung

$$\frac{dx_2}{dx_1} = -k + \frac{1+\alpha}{1+\beta} \, \frac{x_2 - \sigma}{x_1 - \dfrac{\sigma}{1+\beta}}$$

annähernd gleich $-k$. Deshalb unterscheiden sich alle Trajektorien im Bereich (III) außerhalb dieser Umgebung nur wenig von den Geraden

$$x_2 + kx_1 = \text{const},$$

wobei die Schnelligkeit der Änderungen der Veränderlichen x_1 und x_2 bei der Bewegung des Bildpunktes entlang dieser Trajektorien die Größenordnung

$$\frac{1+\beta}{1+\alpha} \gg 1$$

hat; es geht hier also um relativ rasche Bildpunktbewegungen. Diese Bewegungen sollen bedingt als „halbrasch“ bezeichnet werden[1]). Außerdem gibt es für $\sigma \geqq 0$ im Bereich (III) die geradlinige Phasentrajektorie „langsamer“ Bewegung

$$x_1 \equiv \frac{\sigma}{1+\beta} = x_0 \approx 0$$

(auf ihr ist $\dot{x}_2 > 0$ und eine Größe der Ordnung Eins).

Die Zerlegung des Bereichs M „langsamer“ Bewegungen in Trajektorien ist für die drei möglichen, qualitativ verschiedenen Fälle, nämlich $\sigma < -1$, $-1 < \sigma < 0$ und $\sigma \geqq 0$ in Abb. 239 dargestellt. Der Zerlegung für $\sigma > -1$ ist zu entnehmen, daß alle Trajektorien „langsamer“ Bewegungen für zunehmendes t zum Rand Γ des Bereichs „langsamer“ Bewegungen — zu den Halbgeraden Γ_1 und Γ_2 — gelangen. Für $\sigma < -1$, wenn im Bereich (I) der stabile Gleichgewichtszustand (σ, σ) vorhanden ist, führt ein Teil der Trajektorien „langsamer“ Bewegungen zu diesem Gleichgewichtszustand, während die übrigen Trajektorien die Halbgeraden Γ_1 und Γ_2 erreichen. Aus diesem Grund gibt es im Bereich „langsamer“ Bewegungen keine geschlossenen Phasentrajektorien, und selbsterregte Schwingungen im Multivibrator, wenn sie existieren, müssen unbedingt unstetig sein, d. h., sie bestehen abwechselnd aus „langsamen“ und „raschen“, sprunghaften Änderungen des Multivibratorzustandes[2]).

Die ihnen entsprechenden Trajektorien (sie wurden in der x_1, x_2-Ebene konstruiert) schneiden die Halbgeraden Γ_1 und Γ_2. Aus diesem Grund kann die Untersuchung der Multivibratorschwingungen auf die Konstruktion von Punkttransformationen der Halbgeraden Γ_1 und Γ_2 in sich oder ineinander, die von den Trajektorien des Systems realisiert werden, und auf die Untersuchung dieser Transformationen zurückgeführt werden.

---

[1]) Damit die „halbraschen“ Bildpunktbewegungen im Bereich (III) der Klasse der „langsamen“ Bewegungen angehören, muß man offensichtlich

$$\frac{1+\beta}{1+\alpha} \ll \frac{1}{\mu}$$

annehmen. Die „halbraschen“ Bildpunktbewegungen entsprechen Prozessen einer relativ raschen Aufladung des Kondensators C (in einer Zeit der Ordnung $\frac{C}{S_g} \ll C R_g$), der sich im Gitterkreis der Röhre Rö 1 befindet, in der Gitterströme fließen, die bedeutend größer sind als die Ströme im Widerstand R_g.

[2]) Das Fehlen von geschlossenen Phasentrajektorien, die vollständig im Bereich „langsamer“ Bewegungen liegen, läßt sich auch beweisen, indem das Kriterium von Benedixon auf die Gleichung der Integralkurven

$$\frac{dx_2}{dx_1} = \frac{P_2(x_1, x_2)}{P_1(x_1, x_2)}$$

angewandt wird [s. die Gleichungen (10.75b)]: Geschlossene Trajektorien sind nicht vorhanden, da auf der gesamten x_1, x_2-Phasenebene

$$\frac{\partial P_1}{\partial x_1} + \frac{\partial P_2}{\partial x_2} < 0$$

ist.

Man führt nun auf den Halbgeraden Γ_1 und Γ_2 die Koordinate s — den Abstand der Punkte dieser Halbgeraden vom Punkt $(-1, -1)$ — ein, und zwar $s = 1 + x_2$ auf Γ_1 und $s = 1 + x_1$ auf Γ_2, wobei $s > 0$ sein soll und betrachtet die Bewegung des Bildpunktes, die in dem Punkt der Halbgeraden Γ_1 mit der Koordinate s, d. h. im Punkt $(-1, s-1)$ beginnt. Von diesem Punkt aus springt der Bildpunkt (auf einer entsprechenden Trajektorie „rascher" Bewegung) in den Punkt (x_1^+, x_2^+) über,

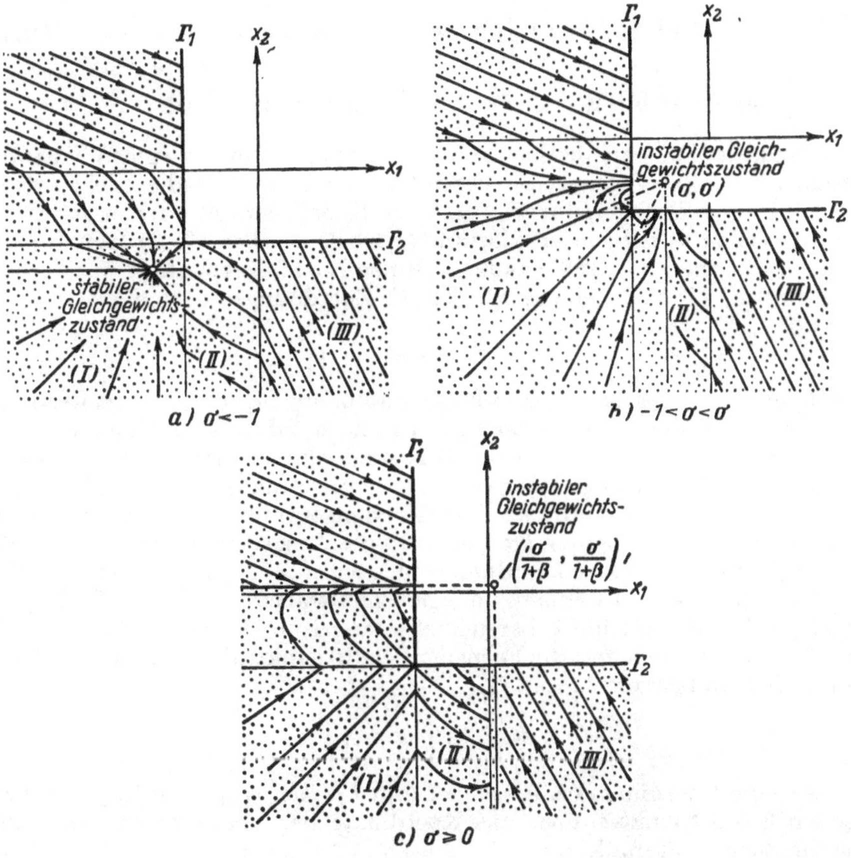

Abb. 239

dessen Koordinaten eindeutig durch die Sprungbedingungen (10.78) festgelegt sind. Es ist leicht einzusehen, daß es sich bei den Punkten der Bereiche (I), (IIa) und (IIIa) nicht um Sprungendpunkte handeln kann, in die der Bildpunkt von der Halbgeraden Γ_1 aus überspringt. In der Tat, wird $x_1^+ = -1$ angenommen, dann ergibt sich aus (10.76), daß $x_1^+ = -1$ und $x_2^+ = s - 1$ sein muß, d. h., der Sprungendpunkt stimmt mit dem Anfangspunkt überein, was jedoch unmöglich ist, da ein Sprungendpunkt nur im Inneren des Bereiches „langsamer" Bewegungen, aber nicht auf dessen Rand liegen kann. Aus diesem Grund kann sich ein Sprungendpunkt nur in den Bereichen (II) und (III) (dort ist $x_1^+ > -1$, $x_2^+ < -1$)

befinden, und seine Koordinaten wurden nach Vorgabe eines Wertes durch die Gleichungen

$$\begin{aligned} x_1^+ + \alpha\,\psi(x_1^+) &= ks - 1\,, \\ x_1^+ + kx_1^+ &= s - 1 + \alpha\,\psi(s-1) - k \end{aligned} \tag{10.80}$$

definiert, die sich aus (10.76) ergeben. Insbesondere liegt der Punkt (x_1^+, x_2^+) mit

$$x_1^+ = ks - 1 < 0, \quad x_2^+ = -(k^2-1)s - 1 \tag{10.80a}$$

für $s < \dfrac{1}{k}$ im Bereich (II) und für $s > \dfrac{1}{k}$ im Bereich (III)[1]).

Vom Punkt (x_1^+, x_2^+) aus bewegt sich der Bildpunkt auf derjenigen Trajektorie „langsamer" Bewegung weiter, die diesen Punkt durchläuft und erreicht entweder einen Punkt der Halbgeraden Γ_2 (mit der Koordinate s') oder er nähert sich asymptotisch dem Gleichgewichtszustand (σ, σ), der im Bereich (I) liegt. Im ersten Fall hat der Punkt s der Halbgeraden Γ_1 einen Nachfolgerpunkt s' auf der Halbgeraden, wobei, wie leicht einzusehen ist, die Zuordnungsfunktion

$$s' = F(s)$$

eindeutig und stetig ist. Im zweiten Fall (er kann nur für $\sigma < -1$ eintreten) hat der Punkt s der Halbgeraden Γ_1 weder auf Γ_2 noch auf Γ_1 einen Nachfolger.

Ebenso wird auch (auf Grund der Schaltungssymmetrie) die Transformation der Punkte $(s-1, -1)$ der Halbgeraden Γ_2 in die Punkte $(-1, s'-1)$ der Halbgeraden Γ_1, d. h. in die Koordinate s' des Nachfolgerpunktes (auf der Halbgeraden Γ_1), wenn sie existiert, über die Koordinate s des Ausgangspunktes (auf der Halbgeraden Γ_2) durch die gleiche Zuordnungsfunktion $s' = F(s)$ definiert. Aus diesem Grund handelt es sich im weiteren um eine Punkttransformation der Halbgeraden Γ_1 und Γ_2 ineinander, die mit F bezeichnet werden soll. Die mehrfache Anwendung dieser Transformation liefert die Folge der Schnittpunkte der betrachteten Trajektorie mit den Halbgeraden Γ_1 und Γ_2

$$s,\ s_1,\ s_2,\ \ldots,\ s_k,\ s_{k+1},\ \ldots .$$

In ihr wird die Koordinate (d. h. $x_2 + 1$ auf Γ_1 und $x_1 + 1$ auf Γ_2) jedes nachfolgenden Schnittpunktes über die Koordinate des vorangegangenen Punktes durch die Zuordnungsfunktion

$$s_1 = F(s), \quad s_2 = F(s_1), \ldots, \quad s_{k+1} = F(s_k), \ldots$$

der Transformation F festgelegt, unabhängig davon, auf welcher der Halbgeraden (auf Γ_1 oder auf Γ_2) der vorangegangene Schnittpunkt liegt.

---

[1]) Der geometrische Ort der Punkte (x_1^+, x_2^+), in die der Bildpunkt aus den Punkten der Halbgeraden Γ_1 überspringt, ist in Abb. 238 durch die punktierte Linie Γ_1', dargestellt worden, welche aus drei geradlinigen Abschnitten besteht. In derselben Zeichnung veranschaulicht der Streckenzug Γ_2' der zu der Linie Γ_1' symmetrisch verläuft, den geometrischen Ort der Sprungendpunkte des Bildpunktes, in die er von der Halbgeraden Γ_2 aus gelangt.

Kennt man die Folge der Schnittpunkte der Trajektorien mit den Halbgeraden Γ_1 und Γ_2, dann kann auch der Schwingungsverlauf im Multivibrator verfolgt werden. Wenn beispielsweise zur Punkttransformation F der stabile Fixpunkt s^* gehört und die angegebene Folge $s, s_1, s_2, \ldots$ gegen diesen Punkt konvergiert, dann bedeutet das offensichtlich, daß ein stabiler unstetiger Grenzzyklus existiert dem sich für $t \to +\infty$ die betrachtete Trajektorie asymptotisch nähert. Das besagt nichts anderes, als daß im Multivibrator periodische, unstetige Schwingungen entstehen. Wenn jedoch die Punktfolge $s, s_1, s_2, \ldots$ endlich ist, also ein bestimmter Punkt s_N keinen Nachfolger hat, dann gelangt die dieser Folge entsprechende Trajektorie nach N Schnitten mit den Halbgeraden Γ_1 und Γ_2 nicht mehr zum Rand des Bereichs „langsamer" Bewegungen und läuft demzufolge zum stabilen Gleichgewichtszustand (dieser Fall ist nur für $\sigma < -1$ möglich).

3. Die Punkttransformation F

Nun soll die Berechnung und Untersuchung der Zuordnungsfunktion $s' = F(s)$ der Punkttransformation F vorgenommen werden, indem wie früher (jedoch ausführlicher) der Verlauf der Systemtrajektorien betrachtet wird, die in den Punkten der Halbgeraden Γ_1 beginnen. Wie bisher bezeichne s die Koordinate des Ausgangspunktes auf der Halbgeraden Γ_1, x_1^+, x_2^+ die Endpunktkoordinaten des Bildpunktsprunges aus dem Punkt s der Halbgeraden Γ_1 [der Punkt (x_1^+, x_2^+) liegt im Bereich (II) oder (III)], L eine positive Halbtrajektorie „langsamer" Bewegungen, die in (x_1^+, x_2^+) beginnen, und mit s' die Koordinate des Auftreffpunktes der Halbtrajektorie L auf der Halbgerade Γ_2; sie ist auch die Koordinate des Nachfolgerpunktes der Transformation F, wenn die letztere existiert, d. h. wenn L auf der Halbgeraden Γ_2 herauskommt.

Zu Beginn ist zu bemerken:

1. Da es sich bei x_1^+ und x_2^+ um stetige, stückweise lineare Funktionen von s handelt und da die rechten Seiten der Differentialgleichungen „langsamer" Bewegungen (10.75b) stückweise lineare Funktionen von x_1 und x_2 sind, wird die Zuordnungsfunktion $s' = F(s)$ eine stetige, stückweise differenzierbare Funktion sein (ihre Ableitung $\frac{ds'}{ds}$ weist in den Punkten $s = \frac{1}{k}$ und $s = 1$ eine Unstetigkeitsstelle erster Ordnung auf).

2. Es mögen s_1 und s_2 die Koordinaten zweier Ausgangspunkte der Transformation F bedeuten, wobei $s_2 > s_1$ gilt und der Punkt s_1 den nachfolgenden Punkt s_1' besitzt. Dann hat auch der Punkt s_2 einen Nachfolger s_2' und es gilt $s_2' > s_1'$. Folglich nimmt die Zuordnungsfunktion $s' = F(s)$ monoton zu und es gilt

$$\frac{ds'}{ds} > 0$$

(in den Punkten $s = \frac{1}{k}$ und $s = 1$ genügen dieser Ungleichung der linke und der rechte Grenzwert von $\frac{ds'}{ds}$).

Zum Beweis dieser Behauptung sei auf folgendes hingewiesen: Nach (10.80) gilt für den geometrischen Ort der Sprungendpunkte (x_1^+, x_2^+) (für die Kurve Γ_1' von Abb. 238)

$$\frac{dx_1^+}{ds} = \frac{k}{1 + \alpha\,\psi'(x_1^+)} > 0,$$

d. h., x_1^+ ist eine monoton zunehmende Funktion von s, und es gilt

$$\frac{dx_2^+}{\partial x_1^+} = -k + \frac{1}{k}\,[1 + \alpha\,\psi'(x_1^+)]\,[1 + \alpha\,\psi'(s-1)] \geqq -\left(k - \frac{1}{k}\right) > -k$$

[das Gleichheitszeichen hat nur für diejenigen Punkte (x_1^+, x_2^+) Gültigkeit, die im Bereich (II) liegen, d. h. nur für $s < \frac{1}{k}$]. Weiterhin ist festzustellen, daß die Halbtrajektorien L in den Bereich hineinlaufen, der oberhalb des geometrischen Orts der Punkte (x_1^+, x_2^+) (oberhalb der Linie Γ_1') im Bereich (III) und, wenn die Bedingung

$$s > -\frac{(1+\sigma)\,(k-1)}{k^3}$$

erfüllt ist, im Bereich (II) liegt. Die Halbtrajektorien L im Bereich (II), die den Werten

$$s < -\frac{(1+\sigma)\,(k-1)}{k^3}$$

zugeordnet sind (derartige Halbtrajektorien existieren nur für $\sigma < -1$), führen in den Bereich, der unterhalb der Linie Γ_1' liegt, überschneiden diese Linie Γ_1' nicht mehr und können demzufolge die Halbgerade Γ_2 nicht erreichen[1]).

---

[1]) Im Bereich (III) (außerhalb einer kleinen Umgebung der Ordinatenachse) bewegt sich der Bildpunkt längs Trajektorien, die sich nur wenig von den Geraden $x_2 + kx_1 = \text{const}$ unterscheiden, in Richtung abnehmender x. Die Halbtrajektorie L im Bereich (III) läuft in das Gebiet hinein, das über der Linie Γ_1 liegt, auf der

$$-k < \frac{dx_2^+}{dx_1^+} < 0.$$

gilt.

Um den Verlauf der Trajektorien „langsamer" Bewegungen im Bereich (II) untersuchen zu können, betrachtet man die Schnitte dieser Trajektorien mit der Schar der parallelen Geraden

$$x_2 + \left(k - \frac{1}{k}\right)x_1 = a = \text{const},$$

von denen eine [im Bereich (II) und für $a = \frac{k^2 + k - 1}{k}$] die Linie Γ_1' bildet. Da wegen (10.79b)

$$\frac{d}{dt}\left[x_1 + \left(k - \frac{1}{k}\right)x_1\right] = \sigma - x_2 - \frac{1}{k}(\sigma - x_1),$$

$[(x_1^+)_1, (x_2^+)_1]$ und $[(x_1^+)_2, (x_2^+)_2]$ mögen nun die Koordinaten der Endpunkte der Sprünge sein, die der Bildpunkt in den hier betrachteten Punkten s_1 und s_2 auf der Halbgeraden Γ_1 beginnt und mit L_1 und L_2 die positiven Halbtrajektorien „langsamer" Bewegungen, die jeweils in den Punkten $[(x_1^+)_1, (x_2^+)_2]$ und $[(x_1^+)_2, (x_2^+)_2]$

---

ist, überschneiden die Trajektorien „langsamer" Bewegungen im Bereich (II) die Geraden (A) für

$$\sigma - x_2 - \frac{1}{k}(\sigma - x_1) > 0,$$

d. h. unterhalb der Geraden

$$x_2 - \sigma = \frac{1}{k}(x_1 - \sigma),$$

in Richtung von unten nach oben und oberhalb derselben von oben nach unten. Für $\sigma \geqq -1$ liegt die Gerade (B) über dem Bereich (II), und alle Trajektorien in (II) (insbesondere alle Halbtrajektorien L) überschneiden deshalb die Geraden (A) von unten nach oben, wobei sie sich der Halbgeraden Γ_2 nähern. Da in den Punkten der Linie Γ_1' gemäß (10.80a)

$$\sigma - x_2 - \frac{1}{k}(\sigma - x_1) = \sigma - x_2^+ - \frac{1}{k}(\sigma - x_1^+) = k^2 s + \frac{(1+\sigma)(k-1)}{k}$$

gilt, verlaufen im Bereich, der oberhalb von Γ_1' angeordnet ist, für $\sigma < -1$ nur diejenigen Halbtrajektorien L [im Bereich (II)], welche Werten

$$s > -\frac{(1+\sigma)(k-1)}{k^3}$$

zugeordnet sind. Da für die Punkte (x_1^+, x_2^+) in (II) $0 < s < \frac{1}{k}$ gilt, existieren solche Trajektorien nur für

$$-\frac{k^2+k+1}{k-1} < \sigma < -1.$$

Umgekehrt, die Halbtrajektorien L, die den Werten

$$s < -\frac{(1+\sigma)(k-1)}{k^3}$$

entsprechen, laufen in das Gebiet hinein, das sich unter der Linie Γ_1' befindet, schneiden Γ_1' nicht mehr und können folglich auch nicht zur Halbgeraden Γ_2 gelangen. Für den Beweis der letzten Behauptung sei angenommen, daß für $\sigma < -1$ eine bestimmte Halbtrajektorie, die in einem Punkt $(\bar{x}_1^+, \bar{x}_2^+)$ beginnt und zu einem Wert

$$\bar{s} < -\frac{(1+\sigma)(k-1)}{k^3}$$

gehört, die Linie Γ_1' wenigstens noch einmal überschneidet. In diesem Schnittpunkt (x_1^+, x_2^+) (oder im ersten der Schnittpunkte, wenn es mehrere gibt) würde dann die Halbtrajektorie L die Linie Γ_1' von unten nach oben überschneiden, was jedoch unmöglich ist, da für $\sigma < -1$ im Bereich (II) $x_1 < 0$ und $\tilde{x}_1^+ < \bar{x}_1^+$ gilt, d. h., der Punkt $(\tilde{x}_1^+, \tilde{x}_2^+)$ müßte einem Wert

$$\tilde{s} < \bar{s} < -\frac{(1+\sigma)(k-1)}{k^3}$$

entsprechen (es sei daran erinnert, daß es sich bei x_1^+ um eine monoton zunehmende Funktion von s handelt).

beginnen. Die Halbtrajektorie L_1 erreicht die Halbgerade Γ_2 und läuft folglich vom Punkt $((x_1^+)_1, (x_2^+)_1)$ aus in den Bereich hinein, der sich über der Linie Γ_1' befindet. Wegen $s_2 > s_1$ ist nach den oben ausgeführten Darlegungen $(x_1^+)_2 > (x_1^+)_1$, und die Halbtrajektorie L_2 führt ebenfalls in den Bereich, der über der Linie Γ_1' liegt. Sie muß rechts von L_1 verlaufen, weil sich die Halbtrajektorien L_1 und L_2 nicht überschneiden können. Aus diesem Grund gelangt auch die Halbtrajektorie L_2 zur Halbgeraden Γ_2, wobei für die Koordinate ihres Ausgangspunktes $s_2' > s_1'$ gilt. Die Behauptung 2) ist somit bewiesen.

Es sei noch hervorgehoben, daß für $\sigma \geqq -1$ alle Trajektorien „langsamer“ Bewegungen in den Bereichen (II) und (III) zur Halbgeraden Γ_2 führen. Aus diesem Grund haben alle Punkte $s > 0$ Nachfolger s', wobei wegen der bewiesenen Behauptung 2 $s' > s_0' = F(0)$ gilt. Wenn jedoch $\sigma < -1$ ist, dann haben nur diejenigen Punkte s Nachfolger s', für die $s > s_0$ ist; s_0 bedeutet in diesem Zusammenhang die Koordinate desjenigen Punktes der Halbgeraden Γ_1, der in den Punkt $s' = 0$ der Halbgeraden Γ_2 transformiert wird (den Punkten $s < s_0$ entsprechen die Halbtrajektorien L, die die Halbgerade Γ_2 nicht erreichen und sich asymptotisch für $t \to +\infty$ dem stabilen Gleichgewichtszustand (σ, σ) nähern; (s. Abb. 240).

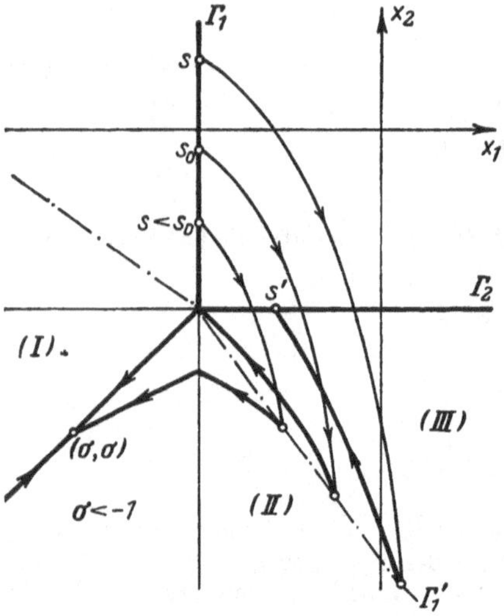

Abb. 240

3. Die Zuordnungsfunktion hängt natürlich von den Systemparametern und insbesondere von der bezogenen (dimensionslosen) Gittervorspannung σ ab. Da im Bereich (II)

$$\frac{dx_2}{dx_1} = -k + \frac{\sigma - x_2}{\sigma - x_1}$$

und im Bereich (III)

$$\frac{dx_1}{dx_2} = -k + \frac{(1+\alpha)(\sigma - x_2)}{\sigma - (1+\beta)x_1}$$

ist, ergibt die Differentiation dieser Beziehungen nach σ im Bereich (II)

$$\frac{\partial}{\partial \sigma}\left[\frac{dx_2}{dx_1}\right] = -\frac{x_1 - x_2}{(\sigma - x_1)^2} < 0$$

und im Bereich (III)

$$\frac{\partial}{\partial \sigma}\left[\frac{dx_2}{dx_1}\right] = -(1+\alpha)\frac{(1+\beta)\,x_1 - x_2}{[\sigma - (1+\beta)x_1]^2} < 0,$$

d.h., in beiden Bereichen dreht sich mit zunehmenden σ das Vektorfeld der Tangentenrichtungen an die Trajektorien „langsamer“ Systembewegung im Uhrzeigersinn. Im Bereich (III) ist auf Grund der Bedingungen (10.78)

$$\frac{\partial}{\partial \sigma}\left[\frac{dx_2}{dx_1}\right] \approx 0;$$

Demnach darf in diesem Bereich die Drehung des Vektorfeldes der Tangentenrichtungen vernachlässigt werden. Da außerdem die Koordinaten x_1^+ und x_2^+ der Sprungendpunkte nicht von σ abhängen, kann die Behauptung aufgestellt werden, daß sich bei Zunahme von σ die Ausgangspunkte auf der Halbgeraden Γ_2 der positiven Halbtrajektorie, die beliebig vorgegebenen (festen) Werten von s entsprechen, nach rechts bewegen werden. Demzufolge gilt

$$\frac{\partial s'}{\partial \sigma} > 0 \tag{10.81}$$

und offensichtlich $\dfrac{ds'}{d\sigma} \approx 0$ für Werte von s, denen diejenigen Halbtrajektorien L zugeordnet sind, die vollständig im Bereich (III) liegen[1]). Bei Zunahme von σ bleibt also das Bild der Zuordnungsfunktion $s' = F(s)$ im LAMEREschen Diagramm (in der s, s'-Ebene) entweder ungeändert oder es wird, wenn auch nur teilweise, nach unten verschoben.

Nun kann die Berechnung und eine ausführlichere Untersuchung der Zuordnungsfunktion $s' = F(s)$ der Punkttransformation vorgenommen werden.

Da die Sprunggleichungen (10.80) und auch die Differentialgleichungen „langsamer" Bewegungen stückweise linear sind, macht es sich erforderlich, das Variationsintervall $0 < s < +\infty$ für $\sigma \geqq -1$ und $s_0 < s < +\infty$ für $\sigma < -1$ in Intervalle zu zerlegen, in denen jeweils die genannten Gleichungen linear sind und auf denen die Berechnung der Zuordnungsfunktion durchgeführt werden kann.

a) Die Punkttransformation F für

$$s \geqq 1 + \frac{k-1}{1+\alpha}.$$

Für ausreichend große Werte von s gelangt der Bildpunkt nach dem Sprung in einen Punkt (x_1^+, x_2^+) auf einer der Trajektorien „halbrascher" Bewegungen im Bereich (III)

$$x_2 + kx_1 = a = \text{const} \geqq -1$$

und erreicht auf ihr die Halbgerade Γ_2 in einem Punkt mit der Abszisse

$$x_1' = \frac{1+a}{k} \geqq 0.$$

Da wegen (10.80)

$$a = x_2^+ + kx_1^+ = (1+\alpha)(s-1) - k$$

gilt, kann dieser Fall nur für

$$s \geqq 1 + \frac{k-1}{1+\alpha} = \frac{k+\alpha}{1+\alpha}$$

eintreten, und die Koordinate des Nachfolgerpunktes der Transformation F ist dann

$$s' = 1 + x_1' = \frac{1+a}{k} + 1$$

[1]) Für diese s-Werte ist $\dfrac{\partial s'}{\partial \sigma}$ klein von der Ordnung $\dfrac{1+\alpha}{1+\beta}$ und $\dfrac{\sigma}{1+\beta}$.

oder

$$s' = \frac{1+\alpha}{k}\, s - \frac{\alpha}{k} \geqq 1\,.$$

Man beachte, daß dem Punkt

$$s = 1 + \frac{k-1}{1+\alpha}$$

der Nachfolgerpunkt $s' = 1$ zugeordnet ist und daß für

$$s > 1 + \frac{k-1}{1+\alpha}$$

auf Grund der ersten Ungleichung von (10.78)

$$\frac{ds'}{ds} = \frac{1+\alpha}{k} < 1$$

gilt[1]). Aus diesem Grund ist $s' < s$ und die Punkttransformation F kann keinen Fixpunkt mit einer Koordinate

$$s^* \geqq 1 + \frac{k-1}{1+\alpha}$$

besitzen.

b) Die Punkttransformation F für

$$\frac{1}{k} \leqq s < 1 + \frac{k-1}{1+\alpha} \quad \text{und} \quad \sigma \geqq -1\,.$$

Für

$$\frac{1}{k} < s < 1 + \frac{k-1}{1+\alpha}$$

liegt der Sprungendpunkt (x_1^+, x_2^+) ebenfalls im Bereich (III), nur gelangt jetzt der Bildpunkt auf einer entsprechenden Trajektorie „halbrascher" Bewegung

$$x_2 + kx_1 = a = x_2^+ + kx_1 < -1$$

entweder für $\sigma \geqq 0$ in die unmittelbare Umgebung einer Phasentrajektorie „langsamer" Bewegung

$$x_1 \equiv x_0 = \frac{\sigma}{1+\beta} \approx 0$$

[1]) Die oben hergeleiteten Ausdrücke für s und $\frac{ds'}{ds}$ sind natürlich nur Näherungen; sie unterscheiden sich von den exakten Werten um kleine Größen der Ordnung $\frac{1+\alpha}{1+\beta}$ und $\frac{\sigma}{1+\beta}$.

und erreicht die Halbgerade Γ_2 in einem Punkt mit der Abszisse $x_1' \approx x_0 \approx 0$, oder er erreicht für $\sigma < 0$ den Rand der Bereiche (III) und (II) im Punkt (0, a), um dann in den Bereich (II) hinein zu laufen.

Für $\sigma \geqq 0$ ist die Koordinate des Nachfolgerpunktes[1])

$$s' = 1. \tag{10.83}$$

Folglich wird der Punkt $s^* = 1$ ein Fixpunkt der Transformation F sein, der obendrein stabil ist.

Es wird nun der Fall $-1 \leqq \sigma < 0$ betrachtet. Integriert man die Differentialgleichungen (10.79b), dann erhält man ohne Schwierigkeiten die folgenden Gleichungen für eine Trajektorie, die im Bereich (II) liegt und für $t = 0$ im Punkt $(0, a)$ ihren Anfang nimmt:

$$x_1 = \sigma(1 - e^{-t}), \quad x_2 = \sigma - (\sigma - a + k\sigma t)e^{-t}. \tag{10.84}$$

Der Bildpunkt erreicht bei seiner Bewegung auf dieser Trajektorie für ein bestimmtes $t = \tau > 0$ die Halbgerade Γ_2; zu diesem Zeitpunkt ist dann

$$s' - 1 = \sigma(1 - e^{-\tau}),$$
$$-1 = \sigma - (\sigma - a + k\sigma\tau)e^{-\tau}.$$

Wegen

$$a = \begin{cases} (1 + \alpha)(s - 1) - k & \text{für} \quad s \geqq 1, \\ s - 1 - k & \text{für} \quad \dfrac{1}{k} \leqq s \leqq 1 \end{cases}$$

entstehen, wenn die gewonnenen Gleichungen nach s und s' aufgelöst werden, die folgenden Gleichungen für die Zuordnungsfunktion der Transformation F (in Parameterform)

$$s = 1 + \frac{k + \sigma + k\sigma\tau - (1 + \sigma)e^{\tau}}{1 + \alpha}, \quad s' = 1 + \sigma(1 - e^{-\tau}) \tag{10.85a}$$

und

$$s = 1 + k + \sigma + k\sigma\tau - (1 + \sigma)e^{\tau}, \; s' = 1 + \sigma(1 - e^{-\tau}). \tag{10.85b}$$

Es sei auch darauf hingewiesen, daß die Gleichungen (10.58b) aus (10.85a) hervorgehen, wenn in den letzteren α durch 0 ersetzt wird. Dem Punkt

$$s = 1 + \frac{k - 1}{1 + \alpha}$$

---

[1]) Genaugenommen gilt $s' = 1 + g(s)$ und $\dfrac{ds'}{ds} = g'(s)$, wobei $g(s)$ und $g'(s)$ klein von der Ordnung $\dfrac{1 + \alpha}{1 + \beta}$ und $\dfrac{\sigma}{1 + \beta}$ sind.

entspricht der Wert $\tau = 0$ und es ist $s' = 1$, dem Punkt $s = 1$ der Wert $\tau = \tau_1$ und dem Punkt $s = \frac{1}{k}$ der Wert $\tau = \tau_2$, wobei τ_1 und τ_2 eindeutig durch die Gleichungen

$$(1 + \sigma)e^{\tau_1} = k + \sigma + k\sigma\tau_1, \quad (1 + \sigma)e^{\tau_2} = 1 + \frac{1}{k} + k + \sigma + k\sigma\tau_2 \tag{10.86}$$

erklärt sind. Die graphische Lösung dieser Gleichungen ist in Abb. 241 dargestellt; offensichtlich ist $\tau_2 > \tau_1$.

Wegen

$$\frac{ds}{d\tau} = \begin{cases} \dfrac{k\sigma - (1 + \sigma)e^{\tau}}{1 + \alpha} & \text{für} \quad 1 < s < 1 + \dfrac{k - 1}{1 + \alpha}, \\ k\sigma - (1 + \sigma)e^{\tau} & \text{für} \quad \dfrac{1}{k} < s < 1, \end{cases}$$

$$\frac{ds'}{d\tau} = \sigma e^{-\tau} < 0, \quad \text{da} \quad \sigma < 0,$$

$$\frac{ds'}{ds} = \begin{cases} (1 + \alpha)\dfrac{-\sigma e^{-\tau}}{-k\sigma + (1 + \sigma)e^{\tau}} & \text{für} \quad 1 < s < 1 + \dfrac{k - 1}{1 + \alpha}, \\ \dfrac{-\sigma e^{-\tau}}{-k\sigma + (1 + \sigma)e^{\tau}} & \text{für} \quad \dfrac{1}{k} < s < 1 \end{cases}$$

ist $\frac{ds}{d\tau} < 0$ für $-1 \leqq \sigma < 0$, und wenn man τ monoton von 0 bis τ_2 ändert, dann nimmt s monoton von $1 + \frac{k - 1}{1 + \alpha}$ bis $\frac{1}{k}$ ab. Weiterhin gilt auf Grund der ersten Bedingung von (10.78)

$$0 < \frac{ds'}{ds} < \frac{1 + \alpha}{k} < 1 \quad \text{für} \quad 1 < s < 1 + \frac{k - 1}{1 + \alpha},$$

$$0 < \frac{ds'}{ds} < \frac{1}{k} < 1 \quad \text{für} \quad \frac{1}{k} < s < 1.$$

Die Punkttransformation F hat also für $-1 \leqq \sigma < 0$ auf dem Intervall

$$1 < s < 1 + \frac{k - 1}{1 + \alpha}$$

keinerlei Fixpunkte s^*, da dort $s' < 1$ ist, und kann auf dem Intervall

$$\frac{1}{k} \leqq s < 1$$

nur einen einzigen, stabilen Fixpunkt besitzen (die Eindeutigkeit und die Stabilität des Fixpunktes, wenn er existiert, folgen aus der Ungleichung

$$0 < \frac{ds'}{ds} < 1,$$

die oben für alle $\frac{1}{k} < s < 1$ bewiesen wurde). Der Transformationsparameter $\tau = \tau^*$ für diesen Fixpunkt wird gemäß (10.85b) durch die Gleichung

$$k + k\sigma\tau^* + \sigma e^{-\tau^*} - (1 + \sigma)e^{\tau^*} = 0 \tag{10.87}$$

definiert und liefert die Halbperiodendauer der unstetigen selbsterregten Schwingungen (in Einheiten der dimensionslosen Zeit), wenn die Dauer der „raschen" und „halbraschen" Bewegungen vernachlässigt wird.

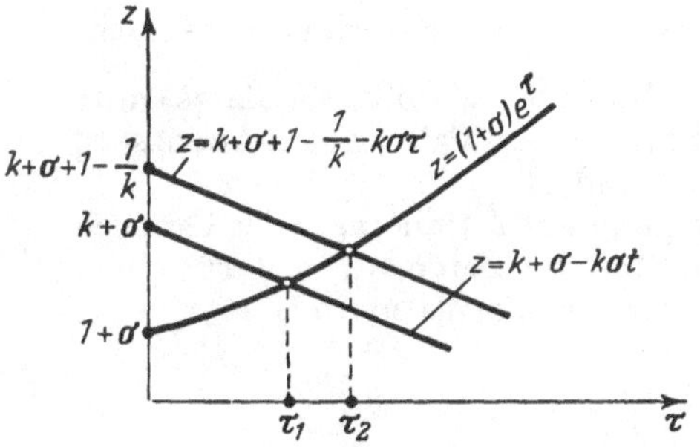

Abb. 241

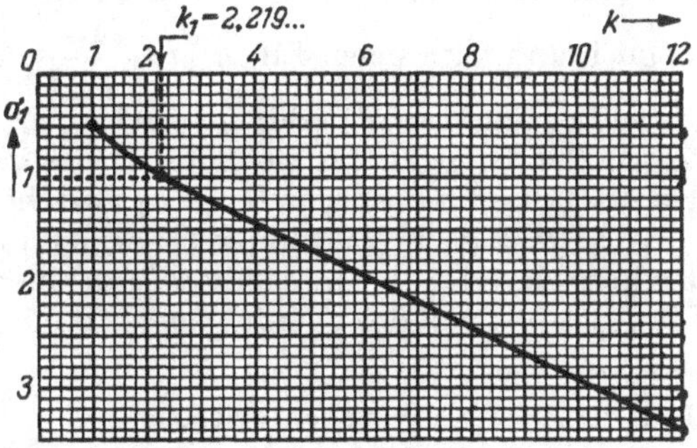

Abb. 242

Die Existenzbedingung für den Fixpunkt s^* auf $\frac{1}{k} \leqq s < 1$ lautet offensichtlich

$$(s')_{\tau=\tau_2} \geqq \frac{1}{k}$$

oder, wenn (10.81) verwendet wird,

$$\sigma \geqq \sigma_1 = \sigma_1(k). \tag{10.88}$$

σ_1 ist der Bifurkationswert des Parameters σ, der durch Gleichung

$$(s')_{\tau=\tau_2} = 1 + \sigma(1 - e^{-\tau_2}) = \frac{1}{k}$$

zusammen mit der zweiten Gleichung von (10.86), welche τ_2 durch σ und k ausdrückt, festgelegt wird. Da $\tau_2 > 0$ für $k > 1$ gilt, ist $\sigma_1 < 0$ und außerdem $\sigma_1 = -1$ für $k = k_1 = 2{,}219\ldots$[1]). Abb. 242 zeigt die auf der Grundlage einer

[1]) k_1 bedeutet die einzige Wurzel der Gleichung

$$k e^{-\left(1 - \frac{1}{k^2}\right)} = 1.$$

numerischen Lösung der angegebenen Gleichungen konstruierte Bildkurve der Funktion $\sigma_1 = \sigma_1(k)$[1]). Da für $k > k_1 \simeq 2{,}2\ldots$ gilt $\sigma_1 < -1$, wird der Fixpunkt s^* auf dem Intervall für alle $-1 < \sigma < 0$ existieren, wenn $k > k_1$ ist.

c) Die Punkttransformation F für $0 < s < \frac{1}{k}$ und $\sigma \geqq -1$. Für $0 < s < \frac{1}{k}$ liegt der Endpunkt (x_1^+, x_2^+) für den Bildpunktsprung, der im Punkt s der Halbgeraden Γ_1 beginnt, gemäß (10.80a) im Inneren des Bereiches (II). Integriert man die Differentialgleichungen (10.75b), dann entsteht ohne Schwierigkeit die folgende Gleichung für diejenige Trajektorie „langsamer" Bewegungen, die für $t = 0$ im Punkt (x_1^+, x_2^+) beginnt und im Bereich (II) verläuft:

$$x_1 = \sigma + (x_1^+ - \sigma)e^{-t}, \quad x_2 = \sigma + [k(x_1^+ - \sigma)t + x_2^+ - \sigma]e^{-t}. \qquad (10.89)$$

Diese Trajektorie gelangt für $\sigma \geqq -1$ entweder zum Rand der Bereiche (II) und (III) und führt danach in den Bereich (III) hinein (das ist nur für $\sigma > 0$ möglich und tritt sicher für $\sigma \geqq \frac{1}{k-1}$ ein, wenn $s' = 1$ Koordinate des nachfolgenden Punktes ist) oder sie erreicht die Halbgerade Γ_2, wobei sie die gesamte Zeit in den Grenzen des Bereichs (II) verbleibt (in diesem Fall liegt die Abszisse x_1' des Ausgangspunktes von L auf Γ_2 zwischen x_1^+ und σ).

Es möge nun der Bildpunkt bei seiner Bewegung auf L [innerhalb der Grenzen des Bereichs (II)] die Halbgerade Γ_2 zu einer bestimmten Zeit $t = \tau > 0$ erreichen. Die Koordinate s' des nachfolgenden Punktes der Transformation $F(s' = x_1' - 1)$

---

[1]) Die numerische Lösung der Gleichung

$$\frac{1}{k} = 1 + \sigma_1(1 - e^{-\tau_2})$$

und der zweiten Gleichung von (10.86)

$$(1 + \sigma_1)e^{\tau_2} = 1 - \frac{1}{k} + k + \sigma_1 + k\sigma_1\tau_2$$

läßt sich bequem auf die folgende Weise durchführen: Man trägt die erste Gleichung in die zweite ein und löst nach σ_1 auf:

$$\sigma_1 = \frac{k - e^{\tau_2}}{e^{\tau_2} - e^{-\tau^2} - k\tau_2}.$$

Setzt man diesen Ausdruck wiederum in die erste Gleichung ein, erhält man

$$k^2(\tau_2 - 1 + e^{-\tau_2}) - k(\tau_2 + 1 - e^{-\tau_2}) + e^{\tau_2} - e^{-\tau_2} = 0.$$

Nun gibt man verschiedene Werte $\tau_2 > 0$ vor, die aber so beschaffen sein müssen, daß die Diskriminante der quadratischen Gleichung (B) positiv wird (τ_2 muß der Ungleichung $0 < \tau_2 < 0{,}82\ldots$ genügen). Man erhält dann aus Gleichung (B) für jedes τ_2 zwei Werte für k und danach aus Gleichung (A) die ihnen entsprechenden Werte für σ_1. Es ist zu bemerken, daß für $\tau_2 \to +0$ die eine Wurzel der quadratischen Gleichung (B) gegen 1 und die andere gegen $+\infty$ strebt. Die entsprechenden Werte für σ_2 konvergieren gegen $-\frac{1}{2}$ und gegen $-\infty$.

ist dann durch die Gleichungen

$$\begin{aligned} s' - 1 &= \sigma + (ks - 1 - \sigma)e^{-\tau}, \\ -1 &= \sigma + [k(ks - 1 - \sigma)\tau - (k^2 - 1)s - 1 - \sigma]e^{-\tau} \end{aligned} \tag{10.89a}$$

festgelegt [hier sind die Beziehungen (10.68a) verwendet worden, die für $0 < s < \frac{1}{k}$ die Koordinaten des Sprungendpunktes durch die Koordinate s des Sprunganfangspunktes auf der Halbgerade Γ_1 ausdrücken].

Für $\sigma = -1$ liefert die zweite Gleichung von (10.89a) für alle Trajektorien L ein und dieselbe Durchlaufszeit τ, und zwar $\tau = 1 - \frac{1}{k^2}$. Auf Grund der ersten Gleichung von (10.89) ist die Zuordnungsfunktion (für $0 < s < \frac{1}{k}$) linear:

$$s' = ske^{-\left(-1\frac{1}{k}\right)}. \tag{10.90}$$

Ihr Bild wird von einem Geradenabschnitt mit dem Steigungskoeffizient $ke^{-\left(1 - \frac{1}{k^2}\right)}$ gebildet, der im Koordinatenursprung beginnt. Offensichtlich liegt für $k > k_1$, wobei $k_1 = 2{,}2\ldots$ die einzige Wurzel der Gleichung

$$ke^{1-\left(1 - \frac{1}{k^2}\right)} = 1$$

bezeichnet, dieser Abschnitt über der Halbierungslinie $s = s'$ und für $k < k_1$ unter derselben[1]).

Für $\sigma > -1$ verläuft die Zuordnungsfunktion $s' = F(s)$ für $0 < s \leqq \frac{1}{k}$ wegen (10.81) überall oberhalb der Geraden (10.90), d. h., es gilt

$$s' = F(s) > ske^{-\left(1 - \frac{1}{k^2}\right)};$$

aus diesem Grund wächst s' (wegen $\frac{ds'}{ds} > 0$) monoton von einem bestimmten Wert $s'_0 = F(0) > 0$ bis zu einem Wert $F\left(\frac{1}{k}\right) > e^{-\left(1 - \frac{1}{k^2}\right)}$, wenn sich s von 0 bis $\frac{1}{k}$ ändert. Löst man die Gleichungen (10.89a) nach s und s' auf, dann entsteht, natürlich unter der Bedingung $s' = 1$, die Zuordnungsfunktion in Parameterform

$$s = (1 + \sigma)\frac{1 + k\tau - e^{\tau}}{k^2\tau - (k^2 - 1)}, \quad s' = (1 + \sigma)\frac{k^2\tau - (k^2 + k - 1)(1 - e^{-\tau})}{k^2\tau - (k^2 - 1)}. \tag{10.91}$$

---

[1]) Hieraus folgt wegen (10.81) nochmals, daß für $-1 < \sigma < 0$ und $k \geqq k_1$ die Ungleichung

$$(s')_{s = \frac{1}{k}} > \frac{1}{k}$$

besteht und daß demzufolge die Transformation F einen Fixpunkt $\frac{1}{k} < s^* < 1$ enthält.

Liefert jedoch die zweite Beziehung von (10.91) für diesen oder jenen Wert von s aus $0 < s < \frac{1}{k}$ Werte $s' > 1$, dann bedeutet das offensichtlich, daß die betrachteten Trajektorien L nicht zu dem Abschnitt der Halbgeraden Γ_2 gelangen, der zwischen den Begrenzungen des Bereichs (II) liegt; sie laufen dann vielmehr in den Bereich (III) hinein. Demnach wird die Zuordnungsfunktion für diese Werte von s nicht durch die Beziehungen (10.91) beschrieben. Dieser Sachverhalt ist nur für $\sigma > 0$ möglich und tritt sicher für alle $0 < s \leqq \frac{1}{k}$ und $\sigma \geqq \frac{1}{k-1}$ ein, wenn alle Trajektorien vom Bereich (II) in den Bereich (III) übertreten[1]). Aus diesem Grund führen die Trajektorien L, die derartigen Werten von s entsprechen und in den Punkten (x_1^+, x_2^+) im Bereich (II) beginnen, in den Bereich (III) hinein, und zwar in eine kleine Umgebung der Trajektorie

$$x_1 \equiv x_0 = \frac{\sigma}{1+\beta} \approx 0,$$

wo sie auch in Punkten mit Abszissen $x_1' \approx x_0 \approx 0$ die Halbgerade Γ_2 erreichen. Für derartige Werte von s ist die Koordinate des nachfolgenden Punktes

$$s' = 1. \tag{10.91 a}$$

Es soll nun kurz die Zuordnungsfunktion (10.91) betrachtet werden. Offensichtlich entspricht dem Punkt $s = \frac{1}{k}$ der Wert $\tau = \tau_2$, der durch die zweite Gleichung von (10.86) festgelegt wird, und dem Punkt $s = 0$ der Wert $\tau = \tau_3 > 0$, der (für $k > 1$) eindeutig durch die Gleichung

$$e^{\tau_3} = 1 + k\tau_3$$

definiert wird. Weiterhin kann leicht gezeigt werden, daß den Werten von s aus dem Intervall $0 < s < \frac{1}{k}$ Werte des Parameters τ aus $\tau_3 > \tau > \tau_2$ zugeordnet sind.

Zum Beweis der letzten Behauptung führt man die Hilfsfunktion

$$\Psi(\tau) = \frac{1 + k\tau - e^\tau}{k^2\tau - (k^2 - 1)}$$

---

[1]) Auf Grund der ersten Gleichung von (10.89a) gilt $s' < 1$ für alle $0 < s < \frac{1}{k}$, wenn $\sigma < 0$ ist. Andererseits läuft die Trajektorie L_1, die dem Wert $s = \frac{1}{k}$ entspricht, für $\sigma > 0$ in den Bereich (III) hinein. Deshalb werden auch auf Grund der stetigen Abhängigkeit der Trajektorien L von den Anfangsbedingungen diejenigen Trajektorien in den Bereich (III) hineinlaufen, die sich nur wenig von L_1 unterscheiden und Werten von $s \left(s < \frac{1}{k}\right)$ aus der Nachbarschaft von $\frac{1}{k}$ entsprechen, d. h., für $\sigma > 0$ existieren stets solche s-Werte aus $0 < s < \frac{1}{k}$, für die die Zuordnungsfunktion nicht durch die Beziehungen (10.91) gegeben ist.

ein, deren Vorzeichen (für $\sigma > -1$) mit dem von s übereinstimmt. Der Nenner $k^2\tau - (k^2 - 1)$ dieser Funktion ist für $\tau < \tau_4$ kleiner und für $\tau > \tau_4$ größer als Null, wobei $\tau_4 = 1 - \frac{1}{k^2}$ ist. Für $\tau = \tau_4$ wird der Nenner von $\overline{\Psi}$ gleich Null und die Funktion selbst unendlich. Der Zähler $1 + k\tau - e^\tau$ von $\overline{\Psi}$ ist für $\tau = 0$ gleich Null, für $0 < \tau < \tau_3$ größer als Null (τ_3 wurde oben eingeführt), für $\tau = \tau_3$ erneut gleich Null und für $\tau > \tau_3$ kleiner als Null.

Bei $\tau = \tau_4$ ist wegen

$$0 < \tau_4 < 1, \quad k = (1 - \tau_4)^{-\frac{1}{2}}$$

der Zähler von $\overline{\Psi}$

$$1 + k\,\tau_4 - e^{\tau_4} = 1 + \tau_4(1 - \tau_4)^{-\frac{1}{2}} - e^{\tau_4} > 0,$$

und für alle $0 < \tau < 1$ besteht die Ungleichung

$$\tau(1 - \tau)^{-\frac{1}{2}} > e^\tau - 1$$

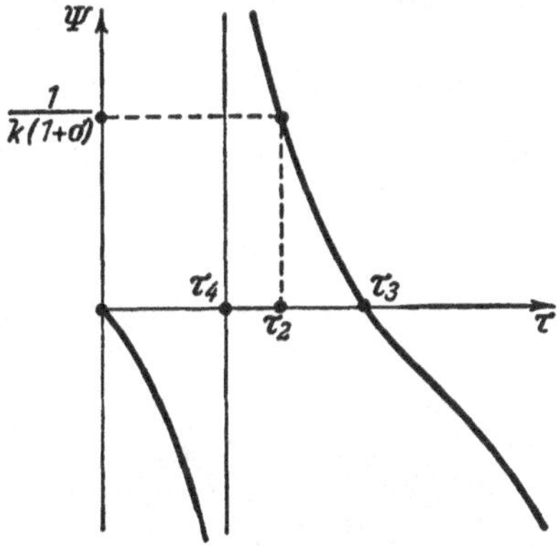

Abb. 243

und es ist $\tau_4 < \tau_3$. Diese Kenntnisse reichen für eine qualitative Konstruktion der Bildkurve von $\overline{\Psi}$ aus (offensichtlich hat man $\overline{\Psi} < 0$ für $0 < \tau < \tau_4$, $\overline{\Psi} > 0$ für $\tau_4 < \tau < \tau_3$ und $\overline{\Psi} < 0$ für $\tau > \tau_3$, wobei $\overline{\Psi} \to \infty$ strebt für $\tau \to +\infty$). Dieses Verhalten wurde in Abb. 243 dargestellt. Es ist klar, daß $\tau_4 < \tau_2 < \tau_3$, da τ_2 der Gleichung

$$\overline{\Psi}(\tau_2) = \frac{1}{k(1 + \sigma)} > 0$$

genügt. Den Werten von s aus $0 < s < \frac{1}{k}$ sind also die Werte des Parameters τ aus dem Intervall $\tau_3 > \tau > \tau_2$ zugeordnet, wobei auf diesem Intervall $\frac{ds}{d\tau} < 0$ und folglich auch $\frac{ds'}{d\tau} < 0$ (wegen $\frac{ds'}{ds} > 0$) gilt. Deswegen nimmt s von $\frac{1}{k}$ bis 0 und s' von $(s')_{\tau=\tau_2} > e^{-\left(1 - \frac{1}{k^2}\right)}$ bis $s'_0 = (s')_{\tau=\tau_3} > 0$ monoton ab, wenn der Parameter τ von τ_2 bis τ_3 monoton wächst.

Wenn die Punkttransformation F auf dem Intervall $0 < s < \frac{1}{k}$ einen Fixpunkt s^* enthält, dann läßt sich der Transformationsparameter $\tau = \tau^*(\tau_2 < \tau^* < \tau_3)$ für diesen Punkt aus der Bedingung $s = s' < \frac{1}{k} < 1$ oder gemäß (10.91) aus der Gleichung

$$e^\tau + k(k - 1)\tau + (k^2 - k - 1)(1 - e^{-\tau} - 1) = 0 \qquad (10.92)$$

ermitteln. Man kann auch leicht nachweisen, daß diese Gleichung nur eine positive Wurzel τ^* besitzt (genügt dann τ^* der Ungleichung $\tau_2 < \tau^* < \tau_3$, dann hat die

Transformation nur einen Fixpunkt s^* auf $0 < s < \frac{1}{k}$). Zu diesem Zweck betrachtet man die Hilfsfunktion

$$\Phi(\tau) = e^{\tau} + k(k-1)\tau - (k^2 + k - 1)(1 - e^{\tau})$$

für die die Beziehungen

$$\Phi'(\tau) = e^{\tau} + k(k-1) - (k^2 + k - 1)e^{-\tau}, \quad \Phi(0) = 0, \quad \Phi'(0) = -2(k-1) < 0,$$

$$\Phi''(\tau) = e^{\tau} + (k^2 + k - 1)e^{-\tau} > 0, \quad \Phi(+\infty) = +\infty, \quad \Phi'(+\infty) = +\infty$$

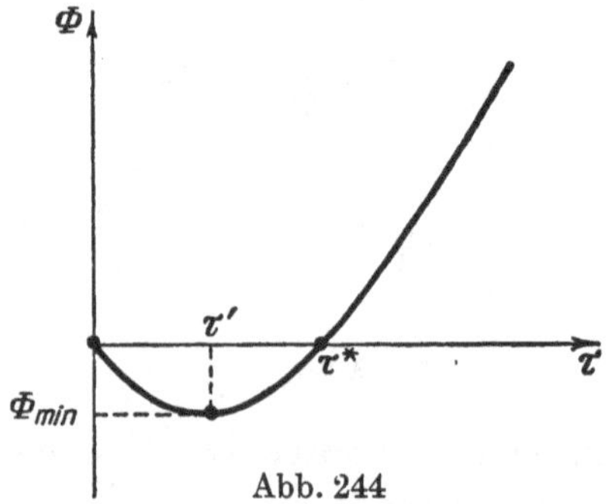

Abb. 244

gelten. Aus diesem Grund hat die Bildkurve der Funktion $\Phi(\tau)$ die in Abb. 244 dargestellte Form. Für ausreichend kleine, positive τ ist $\Phi(\tau) < 0$ und für ein bestimmtes $\tau = \tau' > 0$, das der Gleichung $\Phi'(\tau) = 0$ genügt, ist ein einziges Minimum $\Phi_{\min} < 0$ vorhanden; für $\tau > \tau'$ wächst $\Phi(\tau)$ monoton, und zwar von $\Phi_{\min} < 0$ für $\tau = \tau'$ bis $+\infty$ für $\tau \to +\infty$. Folglich schneidet die Bildkurve der Funktion $\Phi(\tau)$ die τ-Achse (für $\tau > \tau'$) nur einmal. Die Gleichung $\Phi(\tau) = 0$ hat also nur eine positive Wurzel τ^*, und die Punkttransformation F kann im Intervall $0 < s < \frac{1}{k}$ nicht mehr als einen Fixpunkt haben.

Da für $k > k_1 = 2{,}2\ldots$ die Gerade (10.90) oberhalb der Halbierungslinie $s' = s$ liegt, wird auch die Bildkurve der Zuordnungsfunktion $s' = F(s)$ für $k > k_1$ und $\sigma > -1$ über dieser Halbierungslinie verlaufen, d. h. für alle $0 < s < \frac{1}{k}$ hat die Ungleichung $s' = F(s) > s$ Gültigkeit. Folglich liegen in diesem Fall auf dem Intervall $0 < s < \frac{1}{k}$ keine Fixpunkte der Transformation F.

Für $\sigma > -1$, wobei jedoch $k < k_1$ (wenn $\sigma_1(k) > -1$ ist), sind zwei Fälle möglich:

1. Bei $\sigma > \sigma_1(k)$ gilt, wie oben gezeigt werden konnte [s. (10.98)],

$$(s')_{\tau=\tau_2} > \frac{1}{k} = (s)_{\tau=\tau_2}$$

oder, anders ausgedrückt, $s' - s > 0$ für $\tau = \tau_2$ (oder $s = \frac{1}{k}$). Die Differenz $s' - s$ hat auch für $\tau = \tau_3$ (für $s = 0$) positives Vorzeichen. Aus diesem Grund wird die Differenz $s' - s$, bei der es sich um eine stetige Funktion von s handelt, entweder auf $0 < s < \frac{1}{k}$ nirgends Null oder sie hat in diesem Intervall eine gerade Anzahl von Nullstellen. Das letztere ist aber unmöglich, wie soeben bewiesen wurde. Deshalb hat die Transformation F in diesem Fall auf dem Intervall $0 < s < \frac{1}{k}$ keinerlei Fixpunkte.

2. Für $-1 < \sigma < \sigma_1(k)$ gilt $(s')_{\tau=\tau_2} < \frac{1}{k}$, d. h., die Differenz $s' - s$ ist für $s = \frac{1}{k}$ (für $\tau = \tau_2$) kleiner als Null; für $s = 0$ (für $\tau = \tau_3$) hat sie aber wie früher positives Vorzeichen. Aus diesem Grund wird auf dem Intervall $0 < s < \frac{1}{k}$ die Differenz $s' - s$ gleich Null, d. h., es existiert ein Fixpunkt s^* der Transformation F, der, wie oben bewiesen wurde, auch der einzige ist. Dieser Fixpunkt wird wegen seiner Eindeutigkeit sicher auch stabil sein. In der Tat, wäre nämlich s instabil, dann müßte für $s = s^*$ die Ungleichung

$$\frac{ds'}{ds} > 1 \quad \text{oder} \quad \frac{d}{ds}(s' - s) > 0$$

gelten. Für Werte $s > s^*$, die in der Nähe von s^* liegen (für $s^* < s \leqq s^* + \varepsilon$, wobei ε eine hinreichend kleine, positive Zahl bedeutet), müßte dann die Differenz $s' - s$ positiv sein und wenigstens noch einmal auf dem Intervall $s^* + \varepsilon < s < \frac{1}{k}$ Null werden. Die Punkttransformation F hätte also auf $0 < s < \frac{1}{k}$ außer s^* noch einen Fixpunkt, was unmöglich ist.

d) Die Punkttransformation F für $\sigma < -1$. Für $\sigma < -1$ existiert im Bereich (I) der stabile Gleichgewichtszustand (σ, σ), zu dem ein Teil der Trajektorien „langsamer" Bewegungen laufen (s. Abb. 239 und 240). Aus diesem Grund gibt es ein $s_0 > 0$, das die untere Grenze der s-Werte für diejenigen Punkte bildet, die Nachfolger haben, d. h. die Punkttransformation F ist nur für $s > s_0$ erklärt (s. auch S. 368). Natürlich ist diese untere Grenze des Existenzintervalls der Transformation F sicher kleiner als $1 + \frac{k-1}{1+\alpha}$, da die Punkte

$$s \geqq 1 + \frac{k-1}{1+\alpha}$$

Nachfolger s' haben, die durch die Funktion (10.82) für beliebige σ und insbesondere für $\sigma < -1$ erklärt sind. Bei der Herleitung der Ausdrücke (10.85a), (10.85b) und (10.91) für die Zuordnungsfunktion der Transformation F war nirgends die Bedingung $\sigma \geqq -1$ benutzt worden (diese Bedingung hat nur bei deren Analyse Verwendung gefunden). Aus diesem Grunde bleiben die angegebenen Ausdrücke in den entsprechenden Variationsintervallen von s auch für $\sigma < -1$ gültig (jedoch nur in den Grenzen des Existenzintervalls der Transformation F, also für $s > s_0$).

Schließlich sei noch hervorgehoben, daß wegen (10.81) für $\sigma < -1$ und alle

$$s_0 < s < 1 + \frac{k-1}{1+\alpha}$$

die Ungleichung

$$s' = F(s) < (s')_\sigma = -1 \tag{10.93}$$

besteht, in der

$$(s')_{\sigma=-1} = \begin{cases} ske^{-\left(1-\frac{1}{k^2}\right)} & \text{für } 0 < s \leqq \frac{1}{k}, \\ e^{-\left(1-\frac{s}{k}\right)} & \text{für } \frac{1}{k} \leqq s \leqq 1, \\ e^{-\left(1+\frac{\alpha}{k}-\frac{1+\alpha}{k}s\right)} & \text{für } 1 \leqq s \leqq 1 + \frac{k-1}{1+\alpha} \end{cases}$$

die Zuordnungsfunktion für $\sigma = -1$ bezeichnet[1]). Aus der Ungleichung (10.93) folgt, daß für $\sigma < -1$, $k < k_1 = 2{,}2\ldots$ und alle $s > s_0$ die Beziehung $s' < s$ gilt, da für $k < k_1$

$$(s')_{\sigma=-1} < s$$

ist. Das bedeutet nichts anderes, als daß die Transformation F in diesem Fall keine Fixpunkte hat; sie kann nur für $k > k_1$ Fixpunkte haben. Dabei können die Fixpunkte s^* nur auf dem Intervall $s_0 < s < 1$ liegen, da $s' < 1$ für $\sigma < -1$ und alle

$$s_0 < s < 1 + \frac{k-1}{1+\alpha}$$

gilt [s. Ungleichung (10.93)]. Folglich werden die Parameterwerte $\tau = \tau^*$ zu diesen Punkten im Bereich $\frac{1}{k} < s^* < 1$ durch Gleichung (18.87) und für $s^* < \frac{1}{k}$ durch Gleichung (10.92) festgelegt. Die zuletzt genannte Gleichung kann, wie oben bewiesen worden war, (s. den Beweis auf S. 378, der auch für $\sigma < -1$ richtig bleibt), nicht mehr als eine positive Wurzel τ^* besitzen. Liegt demzufolge im Intervall $s_0 < s < \frac{1}{k}$ ein Fixpunkt s^* der Transformation F, dann muß es der einzige sein (es versteht sich von selbst, daß für die Existenz eines solchen Fixpunktes $s_0 < \frac{1}{k}$ erforderlich ist).

Es gelte nun $\sigma < -1$ und $k > k_1 = 2{,}2\ldots$. Da für $s = s_0$ die Differenz $s' - s = -s_0 < 0$ ist, hat die Transformation F einen einzigen Fixpunkt, wenn für $s = \frac{1}{k}$ die Ungleichung

$$s' - s = (s') - \frac{1}{k} > 0$$

Gültigkeit hat, d. h. wenn [s. (10.88)]

$$\sigma > \sigma_1(k)$$

---

[1]) Die expliziten Ausdrücke der Zuordnungsfunktion für $\sigma = -1$ und

$$\frac{1}{k} \leqq s \leqq 1 + \frac{k-1}{1+a}$$

erhält man aus (10.85a) und (10.85b). Für $\sigma = -1$ gilt $s' = e^{-\tau}$, und τ ist eine stückweise lineare Funktion von s.

ist (es sei daran erinnert, daß $\sigma_1(k) < -1$ für $k > k_1$ gilt). In diesem Fixpunkt $s = s^*$ ändert die Differenz $s' - s$ ihr Vorzeichen von minus (bei $s < s^*$) zu plus ($s > s^*$), daher ist

$$\frac{d}{ds}(s' - s) > 0 \quad \text{für} \quad s = s^*$$

oder

$$\frac{ds'}{ds} > 1 .$$

Der einzige Fixpunkt s der Transformation F (im Intervall $s_0 < s < \frac{1}{k}$), der für $k > k_1$ und $\sigma_1(k) < \sigma < -1$ existiert, ist also instabil.

Gilt jedoch $\sigma < \sigma_1(k)$, dann ist

$$s' - s = (s')_{\tau=\tau_2}, \quad -\frac{1}{k} < 0 \quad \text{für} \quad s = \frac{1}{k}.$$

Deshalb wird die Differenz aus Stetigkeitsgründen entweder auf $s_0 < s < \frac{1}{k}$ nirgends Null oder sie hat in diesem Intervall eine gerade Anzahl von Nullstellen. Das letztere ist aber unmöglich, und die Transformation F hat demzufolge auf dem Intervall $s_0 < s < \frac{1}{k}$ und für $\sigma < \sigma_1(k)$ keinerlei Fixpunkte.

Es soll nun die Zuordnungsfunktion auf dem Intervall $\frac{1}{k} < s < 1$ betrachtet werden. Da auf dem gesamten Existenzintervall der Transformation F (für alle $s > s_0) s' > 0$ gilt, ist wegen (10.85b)

$$s' = 1 + \sigma(1 - e^{-\tau}) > 0, \quad \text{d. h.} \quad \frac{1+\sigma}{\sigma} e^{\tau} < 1$$

und

$$\frac{ds}{ds'} = e^{\tau}\left(k - \frac{1+\sigma}{\sigma} e^{\tau}\right) > e^{\tau}(k-1) > e^{\tau}(k_1 - 1) > 1$$

(es darf nicht vergessen werden, daß der Fall $\sigma > -1$ und $k > k_1 = 2{,}2 \ldots > 2$ betrachtet wird). Für alle s, die den Ungleichungen

$$s > s_0 \quad \text{und} \quad \frac{1}{k} < s < 1$$

genügen, gilt also

$$0 < \frac{ds'}{ds} < 1 \quad \text{und} \quad \frac{d}{ds}(s' - s) < 0 .$$

Hieraus ergibt sich folgendes: Wenn im Intervall $\frac{1}{k} < s < 1$ ein Fixpunkt der Transformation F existiert, dann ist er stabil und außerdem (in diesem Intervall) der einzige, da es sich auf dem oben angegebenen Variationsintervall von s bei der Differenz $s' - s$ um eine monoton fallende Funktion von s handelt, die nicht mehr als einmal Null werden kann. Da $s' - s < 0$ für $s = 1$ ist, existiert dieser Fixpunkt nur für

$$\sigma > \sigma_1(k),$$

wenn für $s = \frac{1}{k}$ die Ungleichung

$$s' - s = (s')_{\tau=\tau_2} - \frac{1}{k} > 0$$

besteht.

Falls jedoch $\sigma < \sigma_1(k)$ ist, dann wird für $s = \frac{1}{k}$, wenn $s_0 < \frac{1}{k}$ gilt, oder für $s = s_0$, wenn $\frac{1}{k} < s_0 < 1$ ist, die Differenz $s' - s < 0$. Sie bleibt auch für alle s aus dem betrachteten Intervall negativ, weil dort

$$\frac{d}{ds}(s' - s) < 0$$

ist[1]). Folglich hat die Transformation F in diesem Fall im Intervall $\frac{1}{k} < s < 1$ keine Fixpunkte.

Für $\sigma < -1$ hat also die Transformation F sowohl für $k < k_1$ als auch für $k > k_1$ und $\sigma < \sigma_1(k)$ keine Fixpunkte. Für $k > k_1$ und $\sigma_1(k) < \sigma < -1$ sind zwei Fixpunkte vorhanden, und zwar ein stabiler im Intervall $\frac{1}{k} < s < 1$ und ein instabiler in $s_0 < s < \frac{1}{k}$.

4. *Die Lamereschen Diagramme. Der weiche und der harte Einschwingvorgang der unstetigen selbsterregten Schwingungen*

Die oben gewonnenen Aussagen für die Transformation F und ihre Fixpunkte gestatten die Konstruktion der Lamereschen Diagramme (der Bilder der Zuordnungsfunktionen in der s, s'-Ebene) und nachfolgend bei deren Verwendung eine Analyse der möglichen Arbeitsweisen des Multivibrators. Die Kurvenschar der Zuordnungsfunktion $s' = F(s)$, die für verschiedene σ konstruiert wurde, hat für $k > k_1 = 2{,}2\ldots$ die in Abb. 245 und für $k < k_1$ die in Abb. 246 dargestellte Form (es sei daran erinnert, daß der Fall $k > 1 + \alpha$ und $\beta \equiv 1 + \alpha, \sigma$ betrachtet wird).

Für $\sigma < -1$ existiert die Transformation F für alle $s > 0$ und hat einen einzigen, stabilen Fixpunkt s^* $(0 < s^* \leqq 1)$, zu dem, wie man leicht durch

---

[1]) Der Fall

$$1 < s_0 < 1 + \frac{k-1}{1+\alpha}$$

wird nicht betrachtet, da in diesem Fall die Transformation F für $s < 1$ nicht existiert und folglich auch keine Fixpunkte haben kann.

Konstruktion der „LAMEREschen Leitern“ erkennt, alle Folgen der Schnittpunkte der Systemtrajektorien mit den Halbgeraden Γ_1 und Γ_2 konvergieren. Demnach existiert im Phasenraum ein einziger stabiler, unstetiger Grenzzyklus, dem sich für $t \to +\infty$ alle übrigen Trajektorien nähern. Für $\sigma > -1$ (für $U_g > -u_0$) entstehen also im Multivibrator ein und dieselben periodischen unstetigen Schwingungen (unstetige selbsterregte Schwingungen) unter beliebigen Anfangsbedingungen, d.h., es läuft ein weicher Einschwingvorgang für die unstetigen selbsterregten Schwingungen ab.

Für $\sigma < -1$ gibt es im Phasenraum einen stabilen Gleichgewichtszustand, und die Punkttransformation F existiert nur für $s > s_0$ (s_0 hängt sowohl von k als auch von σ ab; den Punkten $0 < s < s_0$ entsprechen diejenigen Trajektorien

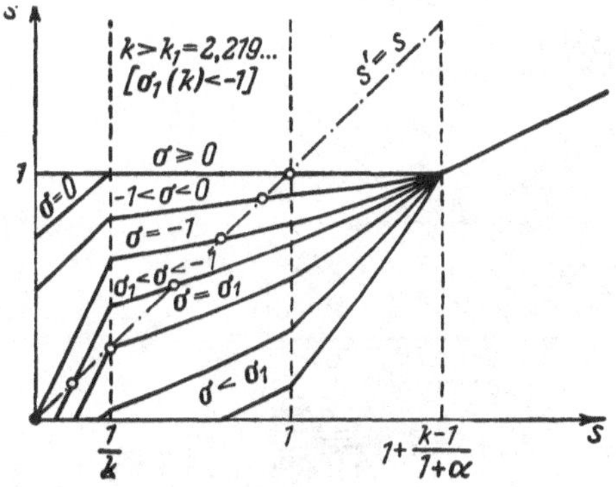

Abb. 245

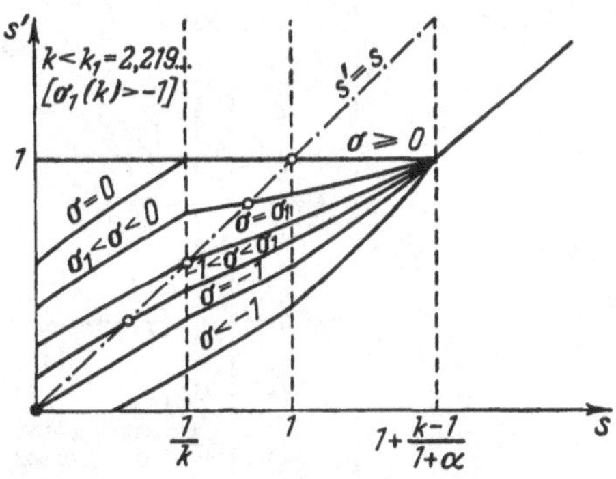

Abb. 246

des Systems, die sich asymptotisch dem Gleichgewichtszustand nähern, ohne aus dem Bereich „langsamer“ Bewegungen herauszutreten). In Abhängigkeit von den Parametern k und σ können zwei Fälle auftreten.

Für $k < k_1$, aber auch für $k > k_1$, wobei jedoch $\sigma < \sigma_1(k) < -1$ ist, hat die Transformation F keinerlei Fixpunkte; es ist $s' < s$ für alle $s > s_0$. Demnach sind alle Trajektorien mit den Halbgeraden Γ_1 und Γ_2 endlich, wobei ihr letzter Punkt dem Intervall $0 < s < s_0$ angehört. Also nimmt in diesem Fall (nach einer endlichen Anzahl von unstetigen Schwingungen) der Multivibrator (unter beliebigen Anfangsbedingungen) einen stabilen Gleichgewichtszustand an, d. h. der Multivibrator kann keine selbsterregten Schwingungen ausführen.

Für $k > k_1 = 2{,}2\ldots$ und $\sigma_1(k) < \sigma < -1$ hat die Punkttransformation F die beiden Fixpunkte s_1^* und s_2^* $\left(s_0 < s_1^* < \frac{1}{k} < s_2^* < 1\right)$, von denen der erste instabil und der zweite stabil ist. Dementsprechend gibt es im Phasenraum, vom stabilen Gleichgewichtszustand abgesehen, noch zwei unstetige Grenzzyklen, von denen der eine (er entspricht $s = s_2^*$) stabil und der andere (er ist $s = s_1^*$ zugeordnet) instabil ist. Ohne Schwierigkeiten erkennt man, daß alle Folgen

$$s, s_1, s_2, \ldots$$

der Schnittpunkte der Systemtrajektorien mit den Halbgeraden Γ_1 und Γ_2 und Anfangspunkten $s > s_1$ gegen den stabilen Fixpunkt s_2^* konvergieren, während die Folgen mit Anfangspunkten $s < s_1$ endlich sind, da ihr letzter Punkt $s_N < s_0$ ist. Von der Richtigkeit dieses Sachverhaltes kann man sich beispielsweise durch Konstruktion der „Lamereschen Leitern" überzeugen.

In diesem Fall entsteht also in Abhängigkeit von den Anfangsbedingungen entweder ein stabiler Gleichgewichtszustand oder ein stabiler selbsterregter Schwingungsvorgang, d. h., im Multivibrator läuft ein harter Einschwingvorgang für die unstetigen selbsterregten Schwingungen ab[1]). Für festes $k > k_1$, wenn $\sigma_1 = \sigma_1(k) < -1$ gilt, erhält man eine, für den harten Vorgang typische „Hyste-

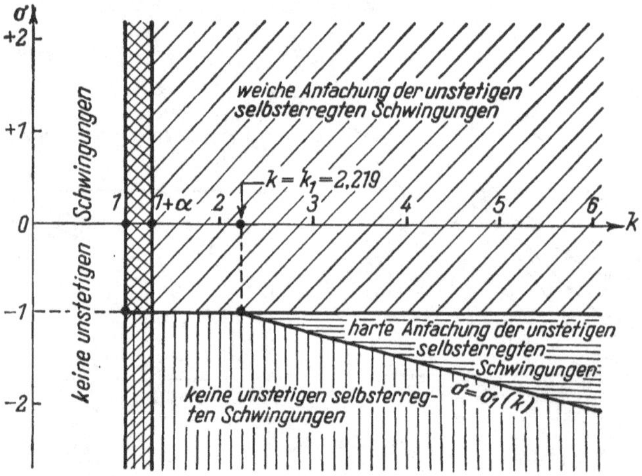

Abb. 247

resis-Abhängigkeit" der Amplitude der selbsterregten Schwingungen von der Gittervorspannung U_g (vom Parameter σ). Es möge nun σ ausreichend langsam wachsen, wobei diese Zunahme bei negativen Werten $\sigma < \sigma_1$ beginnt. Der Multivibrator wird sich dann so lange im Gleichgewichtszustand befinden, wie σ den Wert $\sigma = -1$ nicht erreicht, für den der Gleichgewichtszustand instabil wird. Für $\sigma = -1$ wird der Multivibrator zu einem selbsterregten Schwingungsvorgang mit endlicher, von Null verschiedener Schwingungsamplitude übergehen (es sei daran erinnert, daß der selbsterregte Schwingungsvorgang für $\sigma > \sigma_1$ existiert). Bei einer weiteren Vergrößerung der Gittervorspannung bleiben die selbsterregten Schwingungen erhalten, aber ihre Amplitude ist ebenfalls größer. Ändert man nun die Gittervorspannung in entgegengesetzter Richtung, wird also der Parameter (ebenfalls ausreichend langsam) geändert, dann bleiben die selbsterregten Schwingungen im Multivibrator für $\sigma > \sigma_1$ erhalten (mit verringerter Amplitude, die für $\sigma \to \sigma_1 + 0$ gegen eine endliche von Null verschiedene Größe konvergiert). Für $\sigma = \sigma_1$ verschwinden die selbsterregten Schwingungen, da der

[1]) Erstmals wurde die Existenz der harten Einschwingweise unstetiger selbsterregter Schwingungen im Multivibrator in einer Arbeit von W. W. Witkewitsch [43] nachgewiesen.

stabile Gleichgewichtszustand mit dem instabilen verschmilzt; der Multivibrator nimmt den Gleichgewichtszustand ein.[1])

Zur Illustration dieser Darlegungen wurde in Abb. 247 die Parameterebene dargestellt, die in Bereiche zerfällt, von denen ein jeder einer bestimmten Arbeitsweise des Multivibrators entspricht. Die Begrenzung dieser Bereiche wird von den Linien $k = 1$, $\sigma = -1$ und $\sigma = \sigma_1(k)$ (für $\sigma < -1$) gebildet[2]). Die Zerlegung des Streifens $1 < k < 1 + \alpha$ in Bereiche verschiedener Arbeitsweisen ist in Abb. 247 nicht dargestellt worden, da dieser Fall nicht betrachtet wurde.

5. *Die selbsterregten Schwingungen des Multivibrators für* $U_g \geqq 0$

Es soll nun die Periode der selbsterregten Schwingungen berechnet und das Spannungsoszillogramm für den Fall $U_g \geqq 0$ konstruiert werden, das für praktische Anwendungen von Interesse ist [wie früher sei angenommen, daß die Bedingungen (10.78) erfüllt sind]. Wie festgestellt werden konnte, ist für $U_g \geqq 0$ (für $\sigma \geqq 0$) der einzige Gleichgewichtszustand des Multivibrators

$$x_1 = s x_2 = \frac{\sigma}{1+\beta} \approx 0$$

instabil, und alle Trajektorien nähern sich für $t \to +\infty$ dem einzigen stabilen, unstetigen Grenzzyklus, dem der einzige stabile Fixpunkt $s^* \approx 1$ der Punkt-

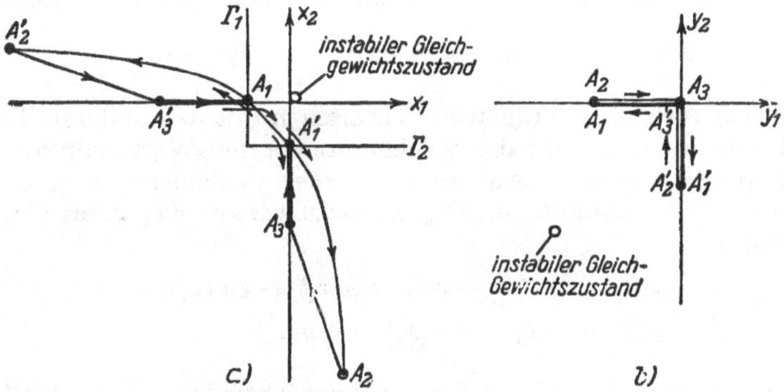

Abb. 248

transformation F zugeordnet ist. Die Projektionen dieses Grenzzyklus auf die x_1, x_2- und y_1, y_2-Ebene sind qualitativ in Abb. 248 dargestellt. Dieser Grenzzyklus

[1]) Die Schnelligkeit, mit der sich der Parameter σ ändert, muß so klein sein, daß sich die Arbeitsweise des Multivibrators zu jedem Zeitpunkt wenig von den stationären Prozessen für den entsprechenden konstanten Wert von σ unterscheidet, d. h., der Bildpunkt verbleibt in der Nähe des stabilen Gleichgewichtszustandes oder des stabilen unstetigen Grenzzyklus, ungeachtet der Änderung des Parameters σ.

[2]) Für $k > 1$ gibt es, wie bereits gezeigt wurde, keine unstetigen Schwingungen, und unter beliebigen Anfangsbedingungen ergibt sich ein stabiler Gleichgewichtszustand.

besteht aus den Trajektorien „rascher" Bewegungen A_1A_2 und $A_1'A_2'$ (diese projizieren sich auf die y_1, y_2-Ebene in Punkte, da während einer „raschen" Bildpunktbewegung $y_1, y_2 \approx$ const gilt), aus den Trajektorieabschnitten „halbrascher" Bewegungen A_2A_3 und $A_2'A_3'$, die vom Bildpunkt in Zeitintervallen der Ordnung

$$\frac{1+\alpha}{1+\beta} \ll 1$$

(in Einheiten der dimensionslosen Zeit) durchlaufen werden und aus den Trajektorienabschnitten „langsamer" Bewegungen A_3A_1' und $A_3'A_1$ [1]).

Da für $\sigma \geqq 0$ der Fixpunkt der Transformation F die Koordinate $s^* = 1$ bis auf Glieder der Ordnung $\dfrac{1+\alpha}{1+\beta}$ und $\dfrac{\sigma}{1+\beta}$ hat, beginnt die Trajektorie „rascher" Bewegung A_1A_2 im Punkt A_1 mit den Koordinaten [2])

$$x_1^{(1)} = -1, \quad x_2^{(1)} = s^* - 1 = 0, \quad y_1^{(1)} = -(k-1), \quad y_2^{(1)} = 0;$$

die Koordinaten A_2 des Endpunktes dieser Trajektorien werden über $x_1^{(1)}$, $x_2^{(1)}$ durch die Sprungbedingungen (10.80) definiert

$$x_1^{(2)} = \frac{k-1}{1+\alpha}, \quad x_2^{(2)} = -k\,\frac{k+\alpha}{1+\alpha}, \quad y_1^{(2)} = -(k-1), \quad y_2^{(2)} = 0.$$

Für eine „rasche" Bewegung des Bildpunktes entlang der Trajektorie A_1A_2 gilt

$$y_1 = y_1^{(1)} = -(k-1), \quad y_2 = y_2^{(1)} = 0.$$

Gemäß (10.77a) wird diese Trajektorie zusammen mit den anderen Trajektorien „rascher" Bewegungen, die für die gleichen konstanten Werte von y_1 und y_2 existieren, näherungsweise (und zwar um so genauer, je kleiner μ ist, d. h., je kleiner die parasitären Kapazitäten C_a und C_g im Vergleich zur Kapazität C sind) durch die Gleichungen

$$\begin{aligned} \mu\dot{x}_1 &= k - 1 - x_1 - \alpha\psi(x_1) - k\varphi(x_2), \\ \mu\dot{x}_2 &= -x_2 - \alpha\psi(x_2) - k\varphi(x_1) \end{aligned} \tag{10.94}$$

außerhalb einer kleinen Umgebung der Gleichgewichtszustände dieser Gleichungen (wo „rasche" Bewegungen mit $\dot{x}_1, \dot{x}_2 \to \infty$ für $\mu \to 0$ stattfinden) oder durch die Differentialgleichungen der Integralkurven

$$\frac{dx_2}{dx_1} = \frac{-x_2 - \alpha\psi(x_2) - k\varphi(x_1)}{k - 1 - x_1 - \alpha\psi(x_1) - k\varphi(x_2)} \tag{10.94a}$$

---

[1]) Die zusammenfallenden Projektionen der Trajektorien „langsamer" und „halbrascher" Bewegungen in der y_1, y_2-Ebene sind aus Gründen der Anschaulichkeit in ihrer Lage ein wenig verschoben worden.

[2]) Hier und im weiteren werden für die Berechnung der Veränderlichen y_1, y_2 während „langsamer" und „halbrascher" Bewegungen (insbesondere für die Punkte A_1, A_2 und A_3 des Grenzzyklus) die beiden ersten Gleichungen von (10.75) benutzt.

definiert. Die Zerlegung der x_1, x_2-Ebene in Trajektorien der Näherungsgleichungen (10.94) ist in Abb. 249 angegeben. Diese Gleichungen haben die beiden Gleichgewichtszustände A_1 und A_2. Der Punkt $A_1(-1, 0)$ — der Sprunganfangspunkt — ist ein instabiler, zusammengesetzter singulärer Punkt vom Sattel-Knoten-Typ, während es sich beim Punkt

$$A_2\left(\frac{k-1}{1+\alpha}, \quad -k\,\frac{k+\alpha}{1+\alpha}\right)$$

um einen stabilen Knoten handelt, zu dem alle Trajektorien „rascher" Bewegungen (für $y_1 = -(k-1)$ und $y_2 = 0$) führen. Vom Punkt A_1 (genauer gesagt aus einer kleinen Umgebung desselben) geht eine einzige Phasentrajektorie — die Trennkurve dieses singulären Punktes aus. Diese Trennkurve ist nach § 3 des vorliegenden Kapitels auch die Trajektorie „rascher" Bewegung A_1A_2, welche einen Teil des unstetigen Grenzzyklus bildet.

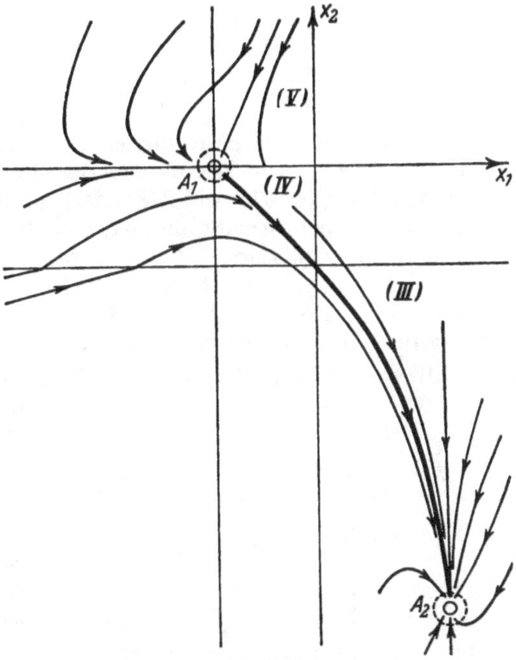

Abb. 249

Im Inneren des Quadrats (IV) $-1 \leqq x_1 \leqq 0$, $-1 \leqq x_2 \leqq 0$ (s. Abb. 249) hat die Gleichung der Integralkurven „rascher" Bewegungen [die Gleichung (10.94a)] die Form

$$\frac{dx_2}{dx_1} = \frac{x_2 + k(x_1+1)}{x_1 + 1 + kx_2}.$$

Aus diesem Grund bildet die Trennkurve, die vom Punkt A_1 ausgeht [innerhalb der Grenzen des Bereiches (IV)] den Geradenabschnitt[1])

$$x_2 = -(x_1 + 1).$$

Im weiteren läuft die Trennkurve im Punkt $(0, -1)$ in den Bereich (III) $x_1 = 0$, $x_2 = -1$ hinein, wo sie durch die Differentialgleichung

$$\frac{dx_2}{dx_1} = \frac{-x_2 - k(x_1+1)}{k - 1 - (1+\alpha)x_1}$$

[1]) Eine andere Trennkurve, die sich asymptotisch dem singulären Punkt A_1 nähert, verläuft im Bereich (V) $-1 \leqq x_1 \leqq 0$, $x_2 > 0$ und wird (innerhalb dieses Bereiches) von dem Geradenabschnitt $x_2 = \varkappa(x_1 + 1)$ mit dem Steigungskoeffizienten

$$\varkappa = \frac{\alpha}{2k} + \sqrt{\left(\frac{\alpha}{2k}\right)^2 + 1}$$

gebildet.

dieses Bereiches festgelegt ist. Integriert man diese Gleichung und benutzt die Anfangsbedingung $x_2 = -1$ für $x_1 = 0$, dann entsteht die folgende Gleichung für die betrachtete Trennkurve [im Bereich (III)]

$$x_2 = -k\frac{k+\alpha}{1+\alpha} - \frac{k}{\alpha}\left(\frac{k-1}{1+\alpha} - x_1\right)$$
$$+ \left[k\frac{k+\alpha}{1+\alpha} + \frac{k}{\alpha}\,\frac{k-1}{1+\alpha} - 1\right]\left(1 - \frac{1+\alpha}{k-1}x_1\right)^{\frac{1}{1+\alpha}}.$$

Unter Verwendung der gewonnenen Gleichungen wurde die Trajektorie „rascher" Bewegung A_1A_2 — die Trennkurve des singulären Punktes A_1 — konstruiert und in den Abbildungen 249 und 248a dargestellt.

Es sei auch noch hervorgehoben, daß die Gleichungen (10.94) gestatten, näherungsweise die Abhängigkeit der Veränderlichen x_1 und x_2 von t während der „raschen", sprunghaften Bewegung des Bildpunktes vom Rand einer kleinen Umgebung des Punktes A_1 zum Rand einer kleinen Umgebung des Punktes A_2 aufzustellen. Man kann beispielsweise ohne Schwierigkeiten zeigen, daß das Zeitintervall, welches der Bildpunkt benötigt, um vom Rand einer $O(\sqrt{\mu})$-Umgebung des Punktes A_1 zum Rand einer $O(\sqrt{\mu})$-Umgebung des Punktes A_2 zu gelangen, von der Größenordnung $\mu \ln \frac{1}{\mu}$ ist.

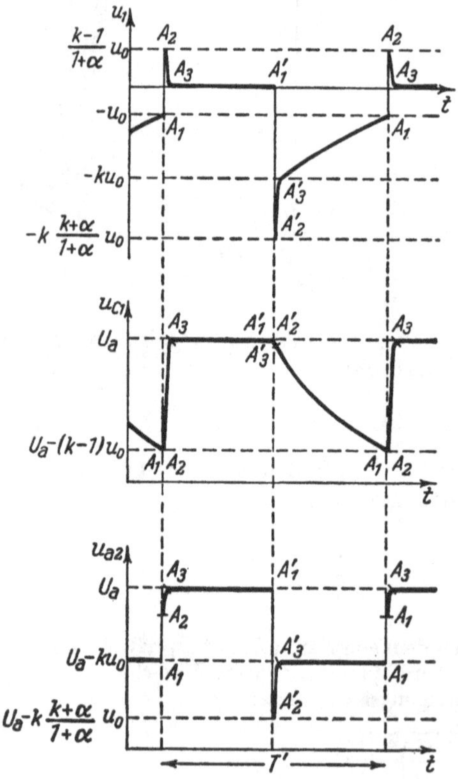

Abb. 250

Im Punkt A_2 geht die „rasche" Bewegung des Bildpunktes in eine „halbrasche" über, die sich auf einer Trajektorie vollzieht, welche sich nur wenig von der Geraden

$$x_2 + kx_1 = \text{const} = x_2^{(2)} + kx_1^{(2)} = -k$$

unterscheidet. Auf dieser Trajektorie gelangt der Bildpunkt im Ablauf eines Zeitintervalls der Ordnung $\frac{1+\alpha}{1+\beta}$ zum Punkt A_2 mit den Koordinaten

$$x_1^{(3)} = 0,\quad x_2^{(3)} = -k,$$
$$y_1^{(3)} = 0,\quad y_2^{(3)} = 0.$$

Danach bewegt er sich entlang der durch A_3A_1' gekennzeichneten Trajektorie „langsamer" Bewegung

$$x_1 \equiv 0,$$

wobei die Schnelligkeit der Änderung von x_2 die Größenordnung Eins besitzt.

Für diese Trajektorie gilt

$$\dot{x}_2 + x_2 = \sigma$$

[s. Gleichung (10.79c)] und demzufolge

$$x_2 = \sigma - (k + \sigma)e^{-t}$$

(die Zeit wird von dem Moment an gerechnet, in dem sich der Bildpunkt in A_3 befunden hat). Der Bildpunkt gelangt deshalb nach dem Zeitintervall

$$\tau^* = \ln \frac{k + \sigma}{1 + \sigma}$$

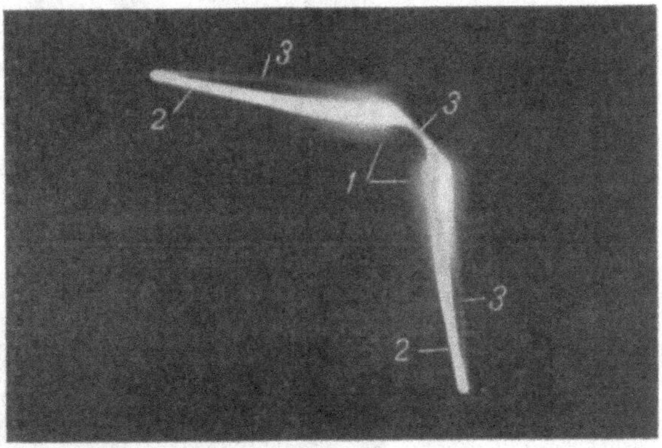

Abb. 251

im Punkt A_1' auf die Halbgerade Γ_2, wo erneut eine „rasche“ Bewegung beginnt. Die andere Hälfte des Grenzzyklus $A_1' A_2' A_3' A_1$ liegt symmetrisch zu dem soeben betrachteten Abschnitt $A_1 A_2 A_3 A_1'$ (im x_1, x_2, y_1, y_2-Raum liegt sie symmetrisch in bezug auf die Ebene $x_1 = x_2$, $y_1 = y_2$, in den x_1, x_2- und y_1, y_2-Ebenen verläuft sie jedoch in bezug auf die Halbierungslinien $x_1 = x_2$ und $y_1 = y_2$ symmetrisch.

Kennt man den unstetigen Grenzzyklus $A_1 A_2 A_3 A_1' A_2' A_3' A_1$ (Abb. 248), dann lassen sich auch leicht die Oszillogramme für die Spannungen im Multivibrator während der selbsterregten Schwingungen konstruieren, die der Bildpunktbewegung auf diesem Grenzzyklus entsprechen. Diese Oszillogramme für die Spannungen u_1, u_{C1} und $u_{a1} = u_1 + u_{C1}$ sind in Abb. 250 dargestellt. Die selbsterregten Schwingungen verlaufen symmetrisch und es gilt deshalb, wenn die Dauer der „raschen“ und „halbraschen“ Bewegungen vernachlässigt wird, für die Periode der unstetigen selbsterregten Multivibratorschwingungen mit Gitterströmen für $\sigma \geqq 0$ ($U_g \geqq 0$) in Einheiten der dimensionslosen Zeit

$$T = 2\tau^* = 2 \ln \frac{k + \sigma}{1 + \sigma}$$

und in gewöhnlichen Einheiten

$$T' = 2(R_a + R_g)\, C \ln \frac{\dfrac{S R_a}{1 + R_a/R_g} + \dfrac{U_g}{u_0}}{1 + \dfrac{U_g}{u_0}}.$$

Am Ende dieses Paragraphen sei noch vermerkt, daß die experimentelle Überprüfung völlig (sowohl qualitativ als auch quantitativ) die hier entwickelte Theorie bestätigt. Als Beispiel sei hier die Photographie eines Grenzzyklus in der u_1, u_2-Ebene der Spannungen (Abb. 251) und die Photographien der Oszillogramme der Spannungen u_1, U_{C1} und u_{a2} (Abb. 252) angeführt, die experimentell bei Ver-

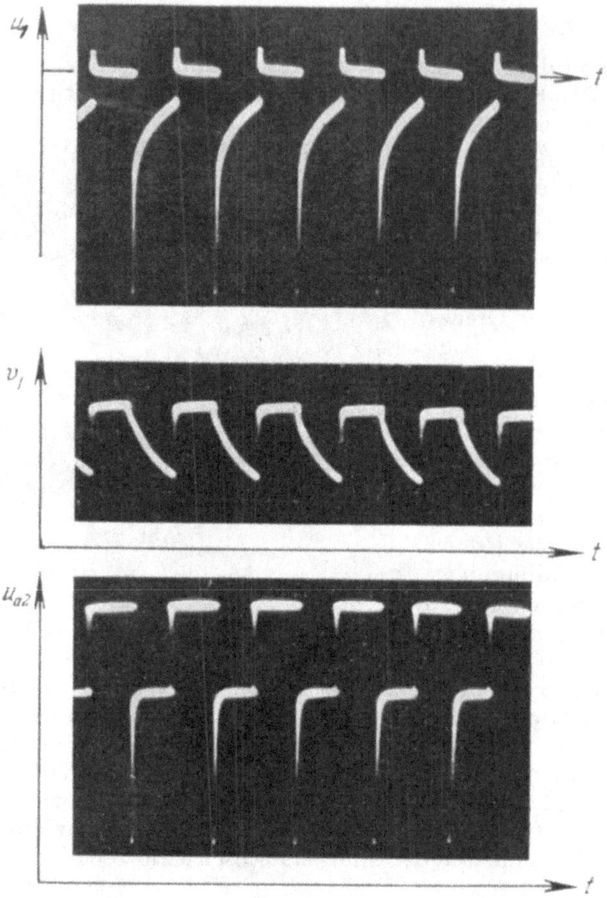

Abb. 252

wendung eines Elektronenstrahloszillographen erhalten wurden (zum Vergleich s. Abb. 248 und 250)[1]).

[1]) Damit auf der Photographie des Grenzzyklus die Abschnitte „rascher" Bewegungen sichtbar wurden, mußte im Multivibrator eine künstliche Vergrößerung der parasitären Kapazitäten durch eine Zuschaltung von Kapazitäten an den Anoden der Röhren vorgenommen werden. Auch wurde beim Photographieren eine ziemlich große Belichtung gewählt (wegen der großen Belichtung haben die Trajektorien „langsamer" und „halbrascher" Bewegungen auf der Photographie einen starken Lichthof.

Ergänzung I

Hauptsätze der Theorie der Differentialgleichungen

In der vorliegenden Ergänzung sind ohne Beweis die wichtigsten Sätze zusammengestellt worden, die sich auf die im Text dieser Monographie verwendeten Differentialgleichungen beziehen. Die entsprechenden Beweise findet der Leser beispielsweise in [103, 113, 129].

Es möge das Differentialgleichungssystem

$$\begin{aligned} \frac{dx_1}{dt} &= P_1(x_1, x_2,, \dots, x_n, t), \\ &\vdots \\ \frac{dx_n}{dt} &= P_n(x_1, x_2, \dots, x_n, t) \end{aligned} \tag{E.1}$$

gegeben sein. In ihm seien die Funktionen $P_n(x_1, x_2, \dots, x_i, t)$ in einem bestimmten Gebiet R erklärt und stetig; außerdem sollen die P_i in R stetige partielle Ableitungen nach $x_1, x_2, \dots, x_n$ haben. Diese Forderungen sind allenfalls erfüllt, wenn es sich bei den rechten Seiten um analytische Funktionen der Variablen $x_1, x_2, \dots, x_n, t$ handelt.

Satz I (über die Existenz und Eindeutigkeit der Lösung):
Wie auch immer im Gebiet R ein Punkt M_0 $(t_0, x_1^0, \dots, x_n^0)$ gewählt wird, es existiert stets ein Intervall $t_1 < t < t_2$, welches t_0 enthält, und ein und nur ein System von Funktionen

$$x_k = \varphi_k(t) \quad (k = 1, 2, \dots n),$$

das auf diesem Intervall definiert ist und den folgenden Bedingungen genügt:

a) *Es gilt* $\varphi_k(t_0) = x_k^0$;

b) *für alle t aus $t_1 < t < t_2$ liegt der Punkt $M[t, \varphi_1(t), \dots, \varphi_n(t)]$ im Gebiet R;*

c) *für alle $t_1 < t < t_2$ gilt $\varphi_k(t) = P_k[t, \varphi_1(t), \dots, \varphi_n(t)]$, d. h. das Funktionssystem genügt dem Differentialgleichungssystem* (E.1);

d) *wie immer auch ein abgeschlossenes Gebiet $\overline{R}_1$ ganz im Inneren von R gewählt wird, es lassen sich stets Werte t' und t'' $(t_1 < t' < t_2$ und $t_1 < t'' < t_2)$ von der Beschaffenheit angeben, daß die Punkte M_1 $[t', \varphi_1(t'), \dots, \varphi_n(t')]$ und $M_2[t'', \varphi_1(t''), \dots, \varphi$ $(t'')]$ außerhalb von $\overline{R}_1$ liegen.*

Man kann zeigen, daß das Intervall $t_1 < t < t_2$, welches im Satz I auftritt, auf Grund der Bedingung d) im folgenden Sinn „maximales Definitionsintervall der Lösung" ist: Es existiert kein Intervall (t_1^*, t_2^*), welches das Intervall (t_1, t_2) enthält, auf dem den Bedingungen a), b) und c) des vorliegenden Satzes genügende Funktionen $x_k = \varphi_k^*(t)$ erklärt sind und folglich auf (t_1, t_2) mit $x_k = \varphi_k(t)$ übereinstimmen.

Die Bedingung d), die die Tatsache charakterisiert, daß (t_1, t_2) das maximal mögliche Intervall ist, wird oft wie folgt zum Ausdruck gebracht: „Die Lösung des Systems kann bis zum Rand des Gebiets R fortgesetzt werden."

Im vorliegenden Buch ist als Lösung eines Systems der Gestalt (E.1) stets diejenige Lösung zu verstehen, die auf dem maximal möglichen Zeitintervall erklärt ist. Dabei wird in dieser Monographie gewöhnlich die Lösung für alle t-Werte, d. h. für Werte aus dem Intervall $-\infty < t < +\infty$, definiert sein.

Im $t, x_1, x_2, \ldots, x_n$-Raum definieren die Funktionen $x_k = \varphi_k(t)$ eine Integralkurve. Auf Grund von Satz I führt durch jeden Punkt $M_0(t_0, x_1^0, \ldots, x_n^0)$ des Gebiets R eine und nur eine derartige Kurve.

Um direkt hervorzuheben, daß die Lösung von den Anfangswerten $t_0, x_1^0, \ldots, x_n^0$ abhängt, schreibt man auch

$$x_k = \varphi_k(t, t_0, x_1^0, \ldots, x_n^0). \tag{E.2}$$

Es ist dann

$$\varphi_k(t_0, x_1^0, \ldots x_n^0) \equiv x_k^0.$$

Wenn $t_0, x_1^0, \ldots, x_n^0$ als willkürliche Parameter angesehen werden (die natürlich so beschaffen sein müssen, daß der Punkt $M(t_0, x_1^0, \ldots x_n^0)$ im Gebiet R liegt), dann nennt man das Funktionensystem (E.2) „allgemeine Lösung". Sind $t_0, x_1^0, \ldots, x_n^0$ fest, dann wird das System der Funktion (E.2) „partikuläre Lösung" oder einfach „Lösung" genannt. Somit haben die Begriffe „Lösung" und „partikuläre Lösung" ein und dieselbe Bedeutung. Es gilt dann der folgende Satz.

Satz II (über die stetige Abhängigkeit von den Anfangswerten): *Es sei*

$$x_k = \varphi_k(t, t^*, x_1^*, x_2^*, \ldots, x_n^*)$$

irgendeine Lösung des Systems (E.1), *welche für alle Werte* $t_1 < t < t_2$ *erklärt ist, und es mögen* τ_1 *und* τ_2 *beliebige Zahlen bedeuten, die diesem Intervall angehören, wobei* $\tau_1 < \tau_2$ *gilt. Zu einem beliebigen* $\varepsilon > 0$ *kann stets ein* $\delta > 0$, $\delta = \delta(\varepsilon, \tau_1, \tau_2)$ *so angegeben werden, daß für alle* $t_0, x_1^0, \ldots, x_n^0$, *für die*

$$|t_0 - t^*| < \delta, \quad |x_i^* - x_i^0| < \delta \quad (i = 1, 2, \ldots, n)$$

gilt, die Lösung

$$x_k = \varphi_k(t, t_0, x_1^0, \ldots, x_n^0)$$

für alle Werte $\tau_1 \leqq t \leqq \tau_2$ *definiert ist und für alle diese t-Werte der Ungleichung*

$$|\varphi_k(t, t_0, x_1^0, \ldots x_n) - \varphi_k(t, t^*, x_1^*, \ldots x_n^*)| < \varepsilon$$

genügt.

Satz III. *Wenn die partiellen Ableitungen der Funktionen* $P_i(t, x_1, \ldots, x_n)$ *in den rechten Seiten des Systems* (E.1) *nach den Variablen* $x_1, x_2, \ldots, x_n$ *stetig sind, dann haben die Funktionen*

$$x_k = \varphi_k(t, t_0, x_1^0, x_2^0, \ldots, x_n^0) \; (k = 1, 2, \ldots, n)$$

stetige, partielle Ableitungen nach $x_1^0, \ldots, x_n^0$[1]). *Diese partiellen Ableitungen genügen zusammen mit den Funktionen φ_k dem Differentialgleichungssystem*

$$\frac{d\varphi_k}{dt} = P_k(t, \varphi_1, \ldots \varphi_k), \quad \frac{d}{dt}\frac{\partial \varphi_k}{\partial x_i} = \frac{\partial P_k}{\partial \varphi_1}\frac{\partial \varphi_1}{\partial x_i^0} + \cdots + \frac{\partial P_k}{\partial \varphi_n}\frac{\partial \varphi_n}{\partial x_i^0},$$

$$i = 1, 2, \ldots, n, \; k = 1, 2, \ldots, n.$$

Falls die rechten Seiten des Systems (E.1) analytische Funktionen ihrer Variablen sind, dann gilt der folgende Satz:

Satz IV. *Wenn die Funktionen $P_k(t, x_1, \ldots, x_n)$ analytische Funktionen der Variablen $x_1, x_2, \ldots, x_n$ sind, dann sind auch die Funktionen*

$$x_k = \varphi_k(t, t_0, x_1^0, \ldots, x_n^0)$$

in der Umgebung eines jeden Wertesystems, für das sie erklärt sind, analytische Funktionen ihrer Argumente.

Die Sätze I—IV werden insbesondere bei der Betrachtung der Folgefunktion benutzt. Bei Anwendung der Konstruktionsmethode für eine Folgefunktion kann nämlich in dem Fall, daß die rechten Seiten des dynamischen Systems analytische Funktionen sind, leicht gezeigt werden, daß auf Grund von Satz IV die Folgefunktion ebenfalls eine analytische Funktion ist. Wenn die rechten Seiten stetige Ableitungen nach x und y haben, dann folgt aus den Sätzen I, II und III, daß die Folgefunktion stetig ist und auch eine stetige Ableitung hat (s. Kap. I, § 7).

Es sei angenommen, daß neben dem System (E.1)

$$\frac{\partial x_k}{dt} = P_k(t, x_1, \ldots, x_n) \; (k = 1, 2, \ldots, n)$$

das „abgeänderte“ System

$$\frac{\partial x_k}{dt} = P_k(t, x_1, \ldots x_n) + p_k(t, x_1, \ldots, x_n) \; (k = 1, 2, \ldots, n) \tag{E.3}$$

betrachtet wird, in dem die $p_k(t, x_1, \ldots, x_n)$ Funktionen bedeuten, die in demselben Gebiet R erklärt sind wie die Funktionen P_k; sie sollen in diesem Gebiet stetig sein und stetige partielle Ableitungen nach den Variablen $x_1, x_2, \ldots, x_n$ aufweisen.

Insbesondere wird vorausgesetzt, daß die rechten Seiten des gegebenen Systems von einem bestimmten Parameter μ abhängen. Das System lautet also

$$\frac{dx_k}{dt} = P_k(t, x_1, \ldots, x_n, \mu) \quad (k = 1, 2, \ldots, n). \tag{E.4}$$

Es soll nun für einen speziellen Wert $\mu = \mu_0$ betrachtet werden

$$\frac{dx_k}{dt} = P_k(t, x_1, \ldots, x_n, \mu_0) \quad (k = 1, 2, \ldots, n). \tag{E.5}$$

---

[1]) Haben die rechten Seiten des Systems (E.1) stetige partielle Ableitungen nach den x_i bis zu einer Ordnung $k \geqq 1$, dann hat auch die Lösung dieses Systems stetige partielle Ableitungen nach den x_i bis zur Ordnung k. Im vorliegenden Buch wird jedoch der Fall $k > 1$ nicht benötigt.

Außerdem soll neben diesem System auch das System (E.4) für irgendeinen Parameterwert μ untersucht werden, der nicht mit μ_0 übereinstimmt. In diesem Fall darf angenommen werden, daß das System (E.4) für $\mu \neq \mu_0$ in bezug auf (E.5) ein abgeändertes System bildet und als

$$\frac{dx_k}{dt} = P_k(t, x_1, \ldots, x_n, \mu_0) + p_k(t, x_1, \ldots, x_n)$$

mit

$$P_k(t, x_1, \ldots, x_n) = P_k(t, x_1, \ldots x_n, \mu) - P_k(t, x_1, \ldots, x_n, \mu_0).$$

geschrieben werden kann.

S a t z V (über die stetige Abhängigkeit einer Lösung von den abgeänderten rechten Seiten und vom Anfangswert): *Es sei*

$$x_k = \varphi_k(t, t_0, x_1^0, \ldots, x_n^0) \; (k = 1, 2, \ldots, n)$$

eine Lösung des Systems (E.1), *die für alle t aus*

$$t_1 < t < t_2 \quad (t_1 < t_0 < t_2)$$

definiert ist. Außerdem mögen τ_1 und τ_2 irgendwelche Zahlen bedeuten, die der Ungleichung $t_1 < \tau_1 < t_0 < \tau_2 < t_2$ genügen. Für ein beliebiges $\varepsilon > 0$ existiert dann stets ein $\delta > 0$ von der Beschaffenheit, daß für

$$|p_k(t, x_1, \ldots, x_n)| < \delta \quad (k = 1, 2, \ldots, n)$$

im Gebiet R und

$$|x_i^0 - x_i^*| < \delta \quad (i = 1, 2, \ldots, n)$$

die Lösung

$$x_k = \varphi_k^*(t, t_0, x_1^*, \ldots, x_n^*)$$

das für alle Werte aus $t_1 \leqq t \leqq t_2$ definiert ist und für alle diese Werte den Ungleichungen

$$|\varphi_k^*(t, t_0, x_1^*, \ldots, x_n^*) - \varphi_k(t, t_0, x_1^0, \ldots, x_n^0)| < \varepsilon \quad (k = 1, 2, \ldots, n)$$

genügt.

F o l g e r u n g : Wenn die rechten Seiten des betrachteten Systems (E.4) stetige Funktionen des Parameters μ sind, dann ist dies auch für die Funktionen $\varphi_k(t, t_0, x_1^0, \ldots, x_n^0)$ in der Lösung

$$x_k = \varphi_k(t, t_0, x_1^0, \ldots, x_n^0, \mu)$$

dieses Systems der Fall.

Es wird vorausgesetzt, daß die Funktionen $P_k(t, x_1, x_2, \ldots, x_n)$ und $P_k(t, x_1, \ldots, x_n) + p_k(t, x_1, \ldots, x_n)$ stetige partielle Ableitungen nach $x_1, x_2, \ldots, x_n$ haben. Auf Grund von Satz III haben dann auch die Funktionen $\varphi_k(t, t_0, x_1^0, \ldots, x_n^0)$

und $\varphi_k(t, t_0, x_1^0, \ldots, x_n^0)$ in der Lösung des Systems (E.1) und auch in der Lösung des Systems (E.3) partielle Ableitungen

$$\frac{\partial \varphi(t, t_0, x_1^0, \ldots, x_n^0)}{\partial x_i} \quad \text{und} \quad \frac{\partial \varphi^*(t, t_0, x_1^0, \ldots, x_n^0)}{\partial x_i^0}$$

nach $x_1^0, x_2^0, \ldots, x_n^0$.

Die Lösuug des Systems (E.1) möge für alle t aus $t_1 < t < t_2$ definiert sein, außerdem seien τ_1 und τ_2 irgendwelche Zahlen, die der Ungleichung $t_1 < \tau_1 < \tau_2 < t_2$ genügen. Es gilt dann der folgende Satz.

Satz VI. *Für jedes $\varepsilon > 0$ existiert ein $\delta > 0$ so, daß für*

$$|p_k(t, x_1, \ldots, x_n)| < \delta, \left|\frac{\partial p_k(t, x_1, \ldots, x_n)}{\partial x_i}\right| < \delta, \quad |x_i^0 - x_i^*| < \delta$$

$$(k = 1, 2, \ldots, n; \quad i = 1, 2, \ldots, n)$$

im Gebiet R die Lösung

$$x = \varphi^*(t, t_0, x_1^*, \ldots, x_n^*)$$

des Systems (E.3) *für alle Werte von t aus dem Intervall $\tau_1 \leqq t \leqq \tau_2$ definiert ist und für diese Werte der Ungleichung*

$$\left|\frac{\partial \varphi(t, t_0, x_1^0, \ldots, x_n^0)}{\partial x_i^0} - \frac{\partial \varphi^*(t, t_0, x_1^*, \ldots, x_n^*)}{\partial x_i^*}\right| < \varepsilon$$

genügt. Wenn die rechten Seiten $p_k(t, x_1, \ldots, x_n, \mu)$ des betrachteten dynamischen Systems (E.4) *und die Ableitungen*

$$\frac{\partial P_k(t, x_1, \ldots, x_n, \mu)}{\partial x_i}$$

stetige Funktionen von μ sind und $x_k = \varphi_k(t, x_1^0, \ldots, x_n^0, \mu)$ die Lösung dieses Systems bedeutet, dann sind die Ableitungen

$$\frac{\partial \varphi_k(t, x_1^0, \ldots, x_n^0, \mu)}{\partial x_k^0}$$

ebenfalls stetige Funktionen von μ.

Es soll nun noch der Fall betrachtet werden, daß ein System

$$\frac{dx_k}{dt} = P_k(t, x_1, \ldots, x_n, \mu)$$

vorliegt, dessen rechte Seiten analytische Funktionen sämtlicher Argumente sind. Für ein solches System hat der folgende Satz Gültigkeit.

Satz VII. *Wenn die Funktionen $P_k(t, x_1, \ldots, x_n, \mu)$ analytische Funktionen ihrer Argumente sind, dann ist dies auch für die Funktionen*

$$x_k = \varphi_k(t, t_0, x_1^0, \ldots, x_n^0, \mu)$$

in der Umgebung eines jeden Wertesystems $t, t_0, x_1^0, \ldots, x_n^0$, für das sie definiert sind, erfüllt.

Folgerung. Die Lösung

$$x_k = \varphi_k(t, t_0, x_1^*, \ldots, x_n^*, \mu^*)$$

möge für die Werte $t_0, x_1^*, \ldots, x_n^*, \mu^*$ und für alle t aus dem Intervall $t_1 < t < t_2$ erklärt sein, τ_1 und τ_2 seien irgendwelche Zahlen, die der Ungleichung $t_1 < \tau_1 < \tau_2 < t_2$ genügen. Die Funktionen

$$x_k = \varphi_k(t, t_0, x_1^0, \ldots, x_n^0, \mu)$$

lassen sich dann nach Potenzen von $(x_i^0 - x_i^*)$ $(i = 1, 2, \ldots, n)$ in Reihen entwickeln, die für alle t und μ, welche den Ungleichungen

$$\tau_1 \leqq t \leqq \tau_2, \quad |\mu - \mu^*| < \delta \tag{E.6}$$

genügen und für alle

$$| x_i^0 - x_i^* | < h_0$$

konvergieren. h_0 bedeutet hierbei eine Konstante, die nicht von der Wahl der Werte t und μ abhängt, die den Ungleichungen (E.6) genügen. Die Koeffizienten dieser Reihen sind analytische Funktionen von μ für alle Werte dieses Parameters, die dem Intervall

$$|\mu - \mu^*| < \delta$$

angehören.

Ergänzung II

Die experimentelle Untersuchung der Zerlegung des Phasenraumes in Trajektorien bei Verwendung eines Elektronenstrahloszillographen

Die Untersuchung von Schwingungsprozessen in den verschiedensten Systemen bei Betrachtung der Zerlegung des entsprechenden Phasenraumes in Trajektorien stellt nicht nur ein theoretisches (mathematisches) Verfahren dar, es handelt sich dabei auch um eine experimentelle Methode. Wird ein Elektronenstrahloszillograph verwendet, dann läßt sich nicht nur die Form der Schwingungen beobachten, man kann auch die Bewegung des Bildpunktes in der x, y-Phasenebene verfolgen. Zu diesem Zweck legt man an das eine Paar der Ablenkplatten (direkt oder über einen entsprechenden Verstärker) die zur Veränderlichen x proportionale Spannung an, beispielsweise die Kondensatorspannung des Generatorschwingkreises. Das andere Plattenpaar erhält die zu y proportionale Spannung, die beispielsweise der Stromstärke im Schwingkreis proportional ist. Die Lage des Lichtpunktes auf dem Leuchtschirm des Oszillographen gibt dann genau die Lage des Bildpunktes in der Phasenebene an. Wird der Systemzustand verändert, dann ändert sich auch in entsprechender Weise die Lage des Lichtpunktes auf dem Schirm, wobei dieser Punkt auf dem Schirm eine Phasentrajektorie (genauer gesagt, eine positive Halbtrajektorie) sichtbar macht, die dem gegebenen Anfangszustand entspricht. Diese Trajektorie kann photographiert oder visuell beobachtet werden, wenn die Oszillographenröhre eine lange Nachleuchtdauer hat.

Verwendet man jedoch einen Oszillographen mit wenig nachleuchtender Röhre, dann lassen sich die Phasentrajektorien nur dann visuell beobachten, wenn ein und derselbe Phasentrajektorienabschnitt mehrfach und ausreichend oft (10- bis 15mal in der Sekunde) auf dem Leuchtschirm geschrieben wird. In vielen Fällen ist diese Bedingung von selbst erfüllt, und zwar dann, wenn periodische Prozesse zu beobachten sind. Der Bildpunkt (der Lichtpunkt auf dem Schirm) kehrt dann immer wieder in die Ausgangslage zurück und beschreibt eine geschlossene Kurve

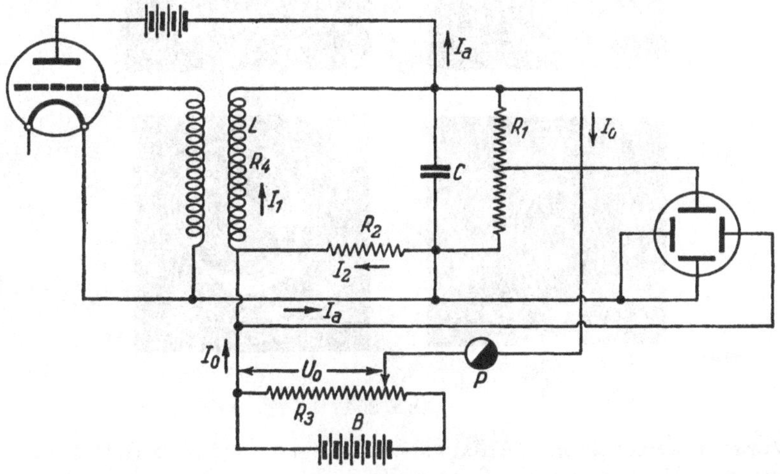

Abb. 253

— einen Grenzzyklus. Bei Benutzung des Elektronenstrahloszillographen kann also ein Grenzzyklus in der Phasenebene direkt nachgebildet werden. Wenn man jedoch das gesamte Phasenporträt auf dem Leuchtschirm des Oszillographen darstellen will, das ja nicht nur die Grenzzyklen, sondern auch alle anderen Trajektorien enthält, die keinen periodischen Bewegungen zugeordnet sind, dann muß die Rückkehr des Bildpunktes in die Ausgangslage durch irgendeine Spezialvorrichtung gewährleistet werden. Diese Vorrichtung muß so beschaffen sein, daß der Bildpunkt, nachdem er den gesamten Schirm überstrichen oder einen stationären Zustand erreicht hat, erneut in die Ausgangslage zurückkehrt; hierfür ist es erforderlich, das System wieder in die gleichen Anfangsbedingungen zu überführen.

Als Beispiel soll hier eine Schaltung beschrieben werden, die von V. Bowschewerow [140] zur Aufzeichnung der Phasenporträts von Röhrengeneratoren ausgearbeitet wurde. Diese Schaltung ist in Abb. 253 dargestellt. In den kapazitiven Zweig des Generatorschwingkreises ist ein kleiner Widerstand R_2 eingeschaltet worden. Der Spannungsabfall an R_2 ist der Stromstärke im kapazitiven Zweig proportional und wird dem einen Paar der Ablenkplatten der Oszillographenröhre zugeführt. Dem anderen Paar der Ablenkplatten wird die Spannung u am Kondensator C über ein hochohmiges Potentiometer R_1 zugeführt. Der Widerstand R_1 ist so groß und der Widerstand R_2 so klein zu wählen, daß die Dämpfung im Schwingkreis nicht wesentlich geändert wird. Der Einfluß der beiden Widerstände auf den Schwingkreis kann also vernachlässigt werden.

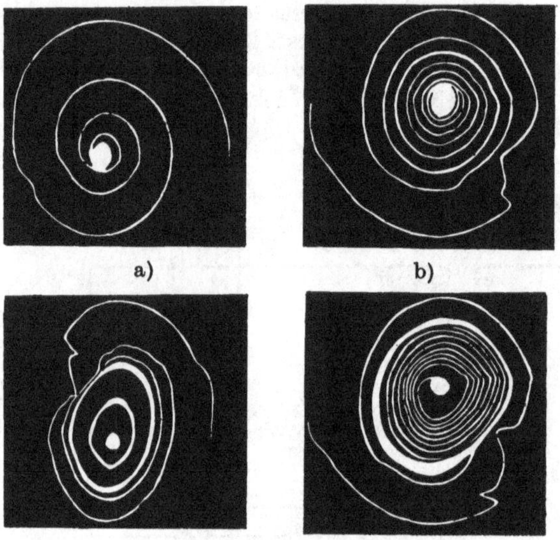

a) b) c) d)

Abb. 254

Zur Vorgabe verschiedener Anfangsbedingungen wird eine Batterie B über ein niederohmiges Potentiometer R_3 parallel zum Schwingkreis geschaltet. Das Potentiometer ist mit dem Kreis durch den Schalter P verbunden, der periodisch in kurzen Zeitintervallen den Stromkreis unterbricht. Solange der Schalter geschlossen ist, wird dem Kreis der kleine Widerstand R_3 parallelgeschaltet, so daß er auch bei sehr starker Rückkoppelung gedämpft bleibt. Während der Schalter geschlossen ist, fließt im Kreis ein mehr und mehr konstanter Strom und am Kondensator C entsteht eine entsprechend konstante Spannung. Die sich in der Schaltung einstellenden Werte von Strom und Spannung hängen von der Spannung U_0 am Ausgang des Potentiometers R_3 ab. Diese konstanten Werte lassen sich genau ermitteln, und besonders leicht kann man angenäherte Werte für sie finden, wenn man berücksichtigt, daß der Widerstand der Induktionsspule $R_4 \ll R_1$ ist und auch $R_2 \ll R_1$ ist. Demnach fließt nahezu der gesamte Strom I_0 vom Potentiometer durch die Induktionsspule L. Das gleiche gilt auch für den Anodenstrom I_a der Röhre. Aus diesem Grund gilt $I_2 \ll I_0$, und die Stromstärke im induktiven Zweig wird $I_1 \approx I_0 + I_a$. Andererseits fällt fast die gesamte Spannung U_0 in dem von den Widerständen R_1 und R_2 gebildeten Zweig am Widerstand R_1 ab. Das ergibt eine Näherung für die Spannung am Kondensator:

$$U_C \approx U_0 = R_4(I_0 + I_a)$$

Beim Ausschalten von P ereignet sich folgendes: Der Strom I_0 wird ausgeschaltet, der Strom I_1 im induktiven Kreis kann sich jedoch nicht sprunghaft ändern. Auf Grund dessen muß sich der Strom im Kreis, der den Widerstand R_2 enthält, sprunghaft von Null bis zum Wert I_0 verändern, da nur unter dieser Bedingung der Strom I_1 beim Ausschalten von P ungeändert bleibt. Die Spannung am Kondensator kann sich jedoch nicht in der Form eines Sprunges ändern und behält ihren früheren Wert (beispielsweise U_0). Im Anfangsmoment (unmittelbar nach dem Ausschalten von P) wird die Spannung am Kondensator gleich U_0 sein, und im kapazitiven Zweig fließt der Strom

$$I_0 = \frac{U_0}{R_4} - I_a.$$

Da beim Ausschalten von P der kleine Widerstand R_3 abgeschaltet wird, der sonst parallel zum Kreis geschaltet ist, läuft im weiteren in der Schaltung ein Prozeß ab, der durch die Anfangsbedingungen festgelegt ist. Auf dem Leuchtschirm des Oszillographen wird ein Abschnitt sichtbar, der einer positiven Halbtrajektorie des Schwingungsvorganges im Röhrengenerator entspricht. Durch Schalten von P wird der Widerstand R_3 erneut parallel zum Schwingkreis geschaltet, und das System wird sehr rasch in den Ausgangszustand ($u = U_0$, $i = i_0$) versetzt. Beim erneuten Schalten beginnt der Prozeß wiederum in den gleichen Anfangsbedingungen, usw. Auf dem Leuchtschirm des Oszillographen kehrt der Bildpunkt plötzlich in die Ausgangslage zurück, und beim Schalten von P wird erneut die gleiche Phasentrajektorie aufgezeichnet, usw.[1]).

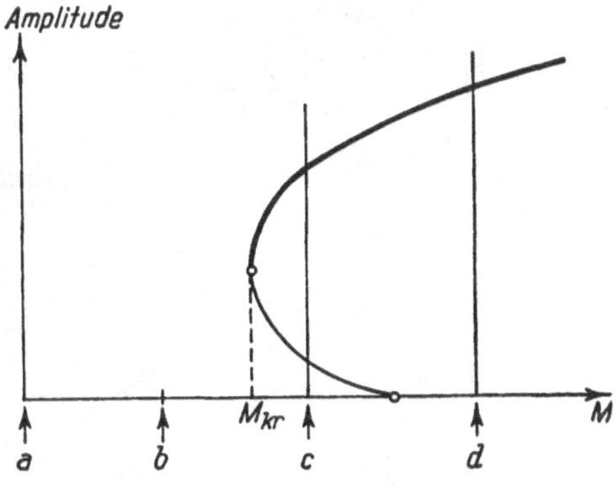

Abb. 255

Durch Abänderung von U_0 lassen sich die Anfangsbedingungen verändern, und man erhält auf dem Leuchtschirm des Oszillographen die Abbildungen verschiedener Phasentrajektorien.

Auf die soeben beschriebene Weise sind die „Phasenporträts" eines Röhrengenerators photographiert worden, die in Abb. 254 dargestellt sind. Diese Photographien[2]) entsprechen vier verschiedenen Werten der Rückkoppelung eines Röhrengenerators bei harter Anfachung. In Abb. 255 sind diese Werte der Rückkopplung mit entsprechenden Buchstaben bezeichnet. In Abb. 254 a ist ein Phasenporträt für einen Schwingungsablauf ohne Rückkopplung angegeben; hier zeigt

[1]) Für das periodisch wiederkehrende Schließen und Öffnen der Potentiometerschaltung R_3 kann ein Kreisschalter verwendet werden, der durch einen Elektromotor mit konstanter Drehzahl angetrieben wird. Auch ein rasch schaltendes (beispielsweise ein polarisiertes) Relais kann benutzt werden, dessen Wicklung von einer Wechselspannung geeigneter (Ton-) Frequenz gespeist wird.

[2]) In den gezeigten Photographien ist eine „Bildpunktbewegung", entgegengesetzt zum Uhrzeigersinn dargestellt.

sich das übliche Bild für ein Schwingungssystem mit relativ großer Dämpfung. Abb. 254b gehört zu einer Rückkopplung, die noch nicht den kritischen Wert erreicht. Das Phasenporträt ist ein Bild, welches einen Oszillator mit einer geringeren Dämpfung als im ersten Fall charakterisiert (unter Einwirkung der Rückkopplung ist die Dämpfung kleiner). In Abb. 254c ist das Phasenporträt eines Röhrengenerators mit einer Rückkopplung dargestellt, die den kritischen Wert übertrifft, aber noch keine Selbsterregung bewirkt. Das Phasenporträt enthält zwei Grenzzyklen, von denen der äußere stabil und der innere instabil ist. Soll der instabile Grenzzyklus photographiert werden, dann muß man wie folgt verfahren: Die Anfangsbedingungen sind so zu wählen, daß sie einem bestimmten Punkt entsprechen, der direkt auf dem instabilen Grenzzyklus liegt. Da sich von diesem Grenzzyklus die Phasentrajektorien sehr langsam entfernen, kann sich der Bildpunkt während einer Bewegung (wenn P ausgeschaltet ist) nur wenig vom Grenzzyklus entfernen. Letzten Endes wird dann auf der Photographie die Abbildung des instabilen Grenzzyklus erscheinen. Die Photographie von Abb. 254c (und auch

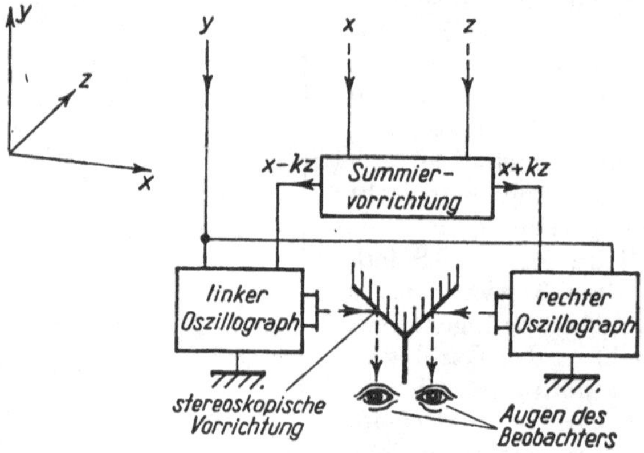

Abb. 256

die von Abb. 254d) stellt im Grunde genommen eine Kombination von zwei Photographien dar, die zwei verschiedenen Anfangszuständen des Generators entsprechen. Der eine liegt außerhalb des stabilen Grenzzyklus und der andere direkt auf dem instabilen Zyklus. Abb. 254d entspricht einer starken Rückkopplung, für die im Generator eine Selbsterregung eintritt; in der Phasenebene existiert ein einziger, stabiler Grenzzyklus. Dieses Porträt besteht, genau wie das vorangegangene, aus zwei Teilen, d. h. es wurden zwei Phasentrajektorien aufgenommen, von denen die eine außerhalb des Grenzzyklus und die andere in dessen Innerem beginnt.

Phasentrajektorien in einem dreidimensionalen Phasenraum lassen sich bei Verwendung von zwei Oszillographen und einer stereoskopischen Vorrichtung beobachten. Das Schema einer derartigen Anordnung ist in Abb. 256 angegeben. Die den drei Koordinaten des x, y, z-Phasenraumes proportionalen Spannungen werden vom zu untersuchenden System auf eine gewöhnliche Summiervorrichtung und auf die Oszillographen geleitet. Die zu y proportionale Spannung wird direkt an die beiden Oszillographen — an die Vertikalablenkplatten der Oszillographenröhren gelegt, während die zu x und z proportionalen Spannungen der Summiervorrichtung zugeleitet werden. An einem Ausgang dieser Vorrichtung erhält man eine Spannung, welche $x - kz$ proportional ist; am anderen Ausgang liegt eine zu $x + kz$ proportionale Spannung vor. Die Spannungen werden von den Ausgängen der Summiervorrichtungen jeweils auf die Horizontalablenkplatten der linken und rechten Oszillographenröhren geleitet. Im Endergebnis entstehen dann auf den Leuchtschirmen der Oszillographen Abbildungen der Phasentrajektorien in Projektionen für das linke und rechte Auge. Diese Abbildungen ergeben bei gleichzeitiger Beobachtung durch die stereoskopische Vorrichtung (auf Grund des Stereoeffekts) Phasentrajektorien im Raum. Damit sich die Vorgabe ein und derselben Anfangsbedingungen mehrfach wiederholt, wird im zu untersuchenden System ein Unterbrecher verwendet, ähnlich der Schaltung, die V. Bowschewerow in der oben angegebenen Arbeit benutzte[1]).

Ergänzung III

Einige trigonometrische Formeln

$$\sin^2 z = \frac{1}{2} - \frac{1}{2}\cos 2z.$$

$$\sin^3 z = \frac{3}{4}\sin z - \frac{1}{4}\sin 3z.$$

$$\sin^4 z = \frac{3}{8} - \frac{1}{2}\cos 2z + \frac{1}{8}\cos 4z.$$

$$\sin^5 z = \frac{5}{8}\sin z - \frac{5}{16}\sin 3z + \frac{1}{16}\sin 5z.$$

$$\sin^6 z = \frac{5}{16} - \frac{15}{32}\cos 2z + \frac{3}{16}\cos 4z - \frac{1}{32}\cos 6z.$$

$$\cos^2 z = \frac{1}{2} + \frac{1}{2}\cos 2z.$$

$$\cos^3 z = \frac{3}{4}\cos z + \frac{1}{4}\cos 3z.$$

$$\cos^4 z = \frac{3}{8} + \frac{1}{2}\cos 2z + \frac{1}{8}\cos 4z.$$

---

[1]) Eine ähnliche Anordnung wurde am Lehrstuhl für Schwingungstheorie der Universität Gorki (vom Diplomanden G. G. Denisow) im Jahre 1952 ausgearbeitet. Es sei darauf hingewiesen, daß die verwendete lineare Koordinatentransformation die Verringerung der Winkelmaßstäbe der Objekte in ihrer Entfernung vom Beobachter nicht berücksichtigt. Aus diesem Grund werden in dieser Anordnung die Phasentrajektorien nur mit einer gewissen perspektivischen Verzerrung zu beobachten sein.

$$\cos^5 z = \frac{5}{8}\cos z + \frac{5}{16}\cos 3z + \frac{1}{16}\cos 5z.$$

$$\cos^6 z = \frac{5}{16} + \frac{15}{32}\cos 2z + \frac{3}{16}\cos 4z + \frac{1}{32}\cos 6z.$$

$$\sin^2 z \cos z = \frac{1}{4}\cos z - \frac{1}{4}\cos 3z.$$

$$\cos^2 z \sin z = \frac{1}{4}\sin z + \frac{1}{4}\sin 3z.$$

Ausdrücke der Form $\cos^2 z \sin z$, $\sin^2 z \cos z$ lassen sich aus den oben angegebenen Formeln für $\sin^3 z$ und $\cos^3 z$ durch einfache Differentation gewinnen.

$$\sin\alpha \sin\beta = \frac{1}{2}[\cos(\alpha-\beta) - \cos(\alpha+\beta)].$$

$$\sin\alpha \cos\beta = \frac{1}{2}[\sin(\alpha+\beta) + \sin(\alpha-\beta)].$$

$$\cos\alpha \cos\beta = \frac{1}{2}[\cos(\alpha-\beta) + \cos(\alpha+\beta)].$$

Es sollen auch noch die Rekursionsformeln für die Berechnung der Mittelwerte von $\sin^m z$ und $\cos^m z$ angegeben werden. Für

$$A_m = \frac{1}{2\pi}\int_0^{2\pi} \sin^m z\, dz = \frac{1}{2\pi}\int_0^{2\pi} \cos^m z\, dz$$

erhält man

$$A_{m+2} = \frac{m+1}{m+2} Am.$$

Wegen $A_0 = 1$ und $A_1 = 0$ ist $A_3 = A_5 = A_7 = \cdots = 0$ und

$$A_2 = \frac{1}{2},\ A_4 = \frac{3}{8},\ A_6 = \frac{5}{16},\ A_8 = \frac{35}{128},\ \ldots.$$

Literaturverzeichnis

[1] Aisermann, M. A., Einführung in die Dynamik der automatischen Regelung von Motoren. Maschgis, 1950.

[2] Aisermann, M. A., Physikalische Grundlagen für die Anwendung der Methoden des kleinen Parameters auf die Lösung nichtlinearer Probleme in der Theorie der automatischen Regelung. Automatik und Telemechanik **14** (1953) 597.

[3] Andronow, A. A., Poincarésche Grenzzyklen und die Theorie der selbsterregten Schwingungen. Samml. d. Arb. v. A. A. Andronow, S. 41. Verl. d. Akad. Wiss. UdSSR, 1956.

[4] Andronow, A. A., Mathematische Probleme in der Theorie der selbsterregten Schwingungen, Samml. d. Arb. v. A. A. Andronow, S. 85. Verl. d. Akad. Wiss. UdSSR, 1956.

[5] Andronow, A. A., Poincarésche Grenzzyklen und die Theorie der selbsterregten Schwingungen. Samml. d. Arb. v. A. A. Andronow, S. 32. Verl. d. Akad. Wiss. UdSSR, 1956.

[6] Andronow, A. A., Witt, A. A., Unstetige periodische Lösungen und die Theorie des Multivibrators von Abraham und Bloch. Ber. Akad. Wiss. UdSSR **8** (1930) 189; Samml. d. Arb. v. A. A. Andronow, S. 65. Verl. d. Akad. Wiss. UdSSR, 1956.

[7] Andronow, A. A., Witt, A. A., Zur Erzwingungstheorie von van der Pol. Arch. f. Elektrotechn. **24** (1930) 99; Samml. d. Arb. v. A. A. Andronow, S. 51. Verl. d. Akad. Wiss. UdSSR, 1956.

[8] Andronow, A. A., Witt, A. A., Über Ljapunowsche Stabilität. J. f. exp. u. theor. Physik **3** (1933) 373; Samml. d. Arb. v. A. A. Andronow, S. 140. Verl. d. Akad. Wiss. UdSSR, 1956.

[9] Andronow, A. A., Wosnesenski, I. N., Über die Arbeiten von D. K. Maxwell, I. A. Wyschnegradski und A. Stodola auf dem Gebiet der Regelung von Maschinen. Sammelbd. „D. K. Maxwell, I. A. Wyschnegradski, A. Stodola. Theorie der automatischen Regelung (wissensch. Klassiker).“ Verl. d. Akad. Wiss. UdSSR, 1949; Samml. d. Arb. v. A. A. Andronow, S. 490, Verl. d. Akad. Wiss. UdSSR, 1956.

[10] Andronow, A. A., Leontowitsch, E. A., Zur Änderungstheorie der qualitativen Zerlegungsstruktur einer Ebene in Trajektorien. Ber. Akad. Wiss. UdSSR **21** (1938) 427; Samml. d. Arb. v. A. A. Andronow, S. 217, Verl. d. Akad. Wiss. UdSSR, 1956.

[11] Andronow, A. A., Leontowitsch, E. A., Einige Fälle der Abhängigkeit von Grenzzyklen von einem Parameter. Wiss. Schriften d. staatl. Univ. Gorki (1939) **3**; Samml. d. Arb. v. A. A. Andronow, S. 188. Verl. d. Akad. Wiss. UdSSR, 1956.

[12] Andronow, A. A., Leontowitsch, E. A., Die Entstehung von Grenzzyklen aus einem nicht groben Brenn- oder Zentrumspunkt und aus einem nicht groben Grenzzyklus. Ber. Akad. Wiss. UdSSR **99** (1954) 885.

[13] Andronow, A. A., Leontowitsch, E. A., Die Entstehung von Grenzzyklen aus einem nicht groben Brenn- oder Zentrumspunkt und aus einem nicht groben Grenzzyklus. Mat. sbornik **40** (1956) 179.

[14] Andronow, A. A., Ljubina, A. G., Die Anwendung der Poincaréschen Theorie über „Bifurkationspunkte“ und „Stabilitätswechsel“ auf einfachste selbsterregte Schwingungssysteme. J. f. exp. u. theor. Physik **5**, Heft 3–4 (1935); Samml. d. Akad. Wiss. UdSSR, 1956.

[15] Andronow, A. A., Mandelstam, L. I., Papaleksi, N. D., Neue Untersuchungen auf dem Gebiet der nichtlinearen Schwingungen. Radioisdat, 1936; Physics of the USSR **11**, No 2—3 (1935) 1.

[16] Andronow, A. A., Neumark, J. I., Über die Bewegungen eines idealen Uhrenmodells mit zwei Freiheitsgraden. Ein Modell vorgalileischer Uhren. Ber. Akad. Wiss. UdSSR **51** (1946); Samml. d. Arb. v. A. A. Andronow, S. 313, Verl. d. Akad. Wiss. UdSSR, 1956.

[17] Andronow, A. A., Pontrjagin, L. S., Grobe Systeme. Ber. Akad. Wiss. UdSSR **14**. (1937) 247; Samml. d. Arb. v. A. A. Andronow, S. 181. Verl. d. Akad. Wiss. UdSSR, 1956.

[18] Barkhausen, G. G., Kathodenröhren, Bd. II, 1928.

[19] Bautin, N. N., Zur Theorie der Synchronisation. J. f. techn. Physik **9** (1939) 510.

[20] Bautin, N. N., Über einen Fall nichtharmonischer Schwingungen. Wiss. Schriften d. staatl. Univ. Gorki **12** (1939) 231.

[21] Bautin, N. N., Über eine Differentialgleichung, die einen Grenzzyklus besitzt. J. f. techn. Physik **9** (1939) 601.

[22] Bautin, N. N., Über die Bewegung eines idealen Uhrenmodells mit zwei Freiheitsgraden. Ein Uhrenmodell von Galilei-Huygens. Ber. Akad. Wiss. UdSSR **61** (1948) 17.

[23] Bautin, N. N., Über das Mandelstamsche Problem der Uhrentheorie. Ber. Akad. Wiss. UdSSR **65** (1949) 279.

[24] Bautin, N. N., Ein dynamisches Modell des Bewegungsvorganges im Chronometer. Ing. sborn. Akad. Wiss. UdSSR **12** (1952) 3.

[25] Bautin, N. N., Ein dynamisches Modell des Bewegungsvorganges in einer Uhr ohne Eigenperiode. Ing. sborn. Akad. Wiss. UdSSR **16** (1953) 3.

[26] Bautin. N. N., Über die periodischen Lösungen eines Systems von Differentialgleichungen, PMM **18** (1954) 128.

[27] Bautin, N. N., Eine dynamische Theorie des Bewegungsvorganges in einer Uhr ohne konstruktiv bedingtes Anhalten des Laufrades. Ing. sborn. Akad. Wiss. UdSSR **21** (1955) 3.

[28] Bautin, N. N., Dynamische Modell des freien Bewegungsvorganges in Uhren. Sammelbd. zum Gedächtnis an A. A. Andronow, S. 109. Verl. d. Akad. Wiss. UdSSR, 1955.

[29] Besmenow, A. E., Die Methoden von Barkhausen-Möller vom Gesichtspunkt der exakten Theorie der selbsterregten Schwingungen. J. f. techn. Physik **6** (1936) 467.

[30] Besmenow, A. E., Die Theorie der Reißdiagramme von Rukop. Elektrowesen No 4, (1938) 13.

[31] Beljustina, L. N., Die Bestimmung der qualitativen Struktur der Zerlegung der Phasenebene in Trajektorien für grobe Systeme (im Druck).

[32] Bendrikow, G. A., Gorelik, G. S., Die Anwendung der Braunschen Röhren auf die Untersuchung der Bildpunktbewegung in der Ebene der van der Polschen Variablen. J. f. techn. Physik **5** (1935) 620.

[33] Bessonow, L. A., Elektrische Schaltungen mit Stahl. Gosenergoisdat, 1948.

[34] Birkhof, D. D., Dynamische Systeme. Moskau/Leningrad 1941.

[35] Bogoljubow, N. N., Über einige statistische Methoden in der mathematischen Physik. Verl. d. Akad. Wiss. Ukr. SSR, 1945.

[36] Bogoljubow, N. N., Mitropolski, J. A., Asymptotische Methoden in der Theorie der nichtlinearen Schwingungen. Akademie-Verlag, Berlin 1965.

[37] Bremsen, A. S., Fainberg, I. S., Eine Analyse der Arbeitsweise zweier gekoppelter Relaxationsgeneratoren. J. f. techn. Physik **11** (1941) 959.

[38] Bulgakow, B. W., Über die Anwendung der Methode von Poincaré auf pseudolineare Schwingungssysteme. PMM **6** (1942) 263.

[39] Bulgakow, B. W., Über die Anwendung der Methode von van der Pol auf pseudolineare Schwingungssysteme mit mehreren Freiheitsgraden. PMM **6** (1942) 395.

[40] Bulgakow, B. W., Selbsterregte Schwingungen von Regelungssystemen. PMM **7** (1943) 97.

[41] Bulgakow, B. W., Schwingungen. Gostechisdat, 1954.

[42] Wasiljewa, A. B., Über Differentialgleichungen, die kleine Parameter enthalten. Mat. sbornik **31** (73) (1952) 587.

[43] Witkewitsch, W. W., Der „harte" Vorgang bei der Selbsterregung eines Relaxationsgenerators (eines Multivibrators). J. f. techn. Physik **16**, Heft 3 (1946) 309.

[44] Wlasow, N. P., Ein selbsterregtes Schwingungssystem mit Einphasen-Asynchronmotor. J. f. techn. Physik **5** (1935) 641.

[45] Gause, G. F., Witt, A. A., Über periodische Schwankungen der Bevölkerungszahl. Verl. d. Akad. Wiss. UdSSR, Ser. **7** (1934) 1551.

[46] Goldfarb, L. S., Über einige nichtlineare Probleme in Regelungssystemen. Automatik u. Telemechanik **8** (1947) 347.

[47] Goldfarb, L. S., Eine Untersuchungsmethode nichtlinearer Regelungssysteme auf der Grundlage des Prinzips der harmonischen Bilanz. Sammelbd. „Theorie der automatischen Regelung". Maschgis, 1951.

[48] Gorelik, G., Kusowkin, W., Sekerskaja, W., Eine Untersuchung der intermittierenden Anregung. Radio- und Schwachstromtechnik **11** (1932) 629.

[49] Gradstein, I. S., Nichtlineare Differentialgleichungen mit kleinen Faktoren vor einigen Ableitungen. Ber. Akad. Wiss. UdSSR **66** (1949) 789.

[50] Gradstein, I. S., Differentialgleichungen, die verschiedene Potenzen eines kleinen Parameters als Faktoren enthalten. Ber. Akad. Wiss. UdSSR **82** (1952) 5.

[51] Granowski, W. L., Der elektrische Strom im Gas. Bd. I. Gostechisdat, 1952.

[52] Dorodnizyn, A. A., Eine asymptotische Lösung der van der Polschen Gleichungen. PMM **11** (1947) 313.

[53] Jewtjanow, S. I., Die Theorie eines Autogenerators. Elektrowesen No. **9** (1940) 66.

[54] Shewakin, S. A., Zur Theorie der Sternveränderung. Ber. Akad. Wiss. UdSSR **99** (1954) 217.

[55] Shewakin, S. A., Über Phasenverschiebungen zwischen den Leuchtschwingungen und den Schwingungen der Strahlengeschwindigkeit veränderlicher Sterne. Ber. Akad. Wiss. UdSSR **99** (1954) 353.

[56] Shewakin, S. A., Über selbsterregte Schwingungen veränderlicher Sterne „großer Folge". Gedenkbd. für A. A. Andronow, S. 629. Verl. d. Akad. Wiss. UdSSR, 1955.

[57] Sheleszow, N. A., Eigenmodulation selbsterregter Schwingungen eines Röhrengenerators mit automatischer Vorspannungserzeugung im Kathodenkreis. J. f. techn. Physik **18** (1948) 495.

[58] Sheleszow, N. A., Zur Theorie des symmetrischen Multivibrators. J. f. techn. Physik **20** (1950) 778.

[59] Sheleszow, N. A., Zur Theorie des Röhrengenerators mit zweigliedriger RC-Kette. Arb. d. Physiko-techn. Inst. Gorki u. d. radio-physik. Fak. d. staatl. Univ. Gorki, Moskau-Gorki 1957.

[60] Sheleszow, N. A., Zur Theorie unstetiger Schwingungen in Systemen zweiter Ordnung. Radiophysik **1**, No. 1 (1958).

[61] Sheleszow, N. A., Rodygin, L. W., Zur Theorie des symmetrischen Multivibrators. Ber. Akad. Wiss. UdSSR **81** (1951) 391.

[62] Sheleszow, N. A., Feigin, M. I., Über die Funktionsbedingungen des symmetrischen Multivibrators. Radio- und Elektrotechnik **2** (1957) 751.

[63] Shukowski, N. E., Über die Bewegung eines Pendels mit Reibung im Aufhängepunkt. Gesamm. Werke, Bd. I., S. 290. Gostechisdat, 1948.

[64] Shukowski, N. E., Über den Vogelflug. Arb. der Sekt. physik. Wiss. d. Gesellsch. der Freunde der Naturkunde **4**, Heft 2 (1891) 29; Gesamm. Werke, Bd. **4**, S. 5. Gostechisdat, 1949.

[65] Izchoki, J. S., Impulstechnik. Sowradio, 1949.

(66] Kasakewitsch, W. W., Über eine Näherungslösung der van der Polschen Gleichung. Ber. Akad. Wiss. UdSSR **49** (1945) 424.

[67] Kasakewitsch, W. S., Mehrfache Systeme und einfachste dynamische Uhrenmodelle. Ber. Akad. Wiss. UdSSR **74** (1950) 665.

[68] Kaidanowski, N. L., Die Natur der mechanischen selbsterregten Schwingungen, die durch trockene Reibung hervorgerufen werden. J. f. techn. Physik **19**, Heft 9 (1949).

[69] Kaidanowski, N. L., Chaikin, S. E., Mechanische Relaxationsschwingungen, J. f. techn. Physik **3**, Heft 1 (1933).

[70] Kamke, E., Gewöhnliche Differentialgleichungen. Akad. Verlagsgesellschaft, Leipzig 1959.

[71] Kaptschinski, I. M., Methoden der Schwingungstheorie in der Radiotechnik. Gosenergoisdat, 1954.

[72] Karaman, T., Bio, M., Mathematische Methoden im Ingenieurwesen. Gostechisdat, 1948.

[73] Kobsarew, J. B., Frequenzstabilität selbsterregter Schwingungssysteme. Sammelbd. „Erste Allunionskonferenz über Schwingungen", Bd. I, S. 5, Moskau 1933.

[74] Kobsarew, J. B., Über eine quasilineare Methode für die Untersuchung der Erscheinungen in einem Röhrengenerator (nahezu sinusförmige Schwingungen). J. f. techn. Physik **5** (1935) 216.

[75] Kolmogorow, A. N., Analytische Methoden der Wahrscheinlichkeitstheorie. Uspechi mat. nauk Heft 5 (1938) 5.

[76] Krylow, A. N., Vorlesungen über Näherungsrechnung. Verl. d. Akad. Wiss. UdSSR, 1933.

[77] Krylow, A. N., Über die Anwendung der Methode der sukzessiven Näherungen auf die Ermittlung der Lösung gewisser Differentialgleichungen einer schwingenden Bewegung. Nachr. d. Akad. Wiss. UdSSR, (1933) 1.

[78] Krylow, N. M., Bogoljubow, N. N., Neue Methoden der nichtlinearen Mechanik in ihrer Anwendung auf die Untersuchung der Arbeitsweise elektronischer Generatoren. Teil 1. ONTI, 1934.

[79] Krylow, N. M., Bogoljubow, N. N., Einführung in die nichtlineare Mechanik. Verl. d. Akad. Wiss. Ukr. SSR, 1937.

[80] Leontowitsch. E. A., Maier, A. G., Über Trajektorien, die die qualitative Struktur der Zerlegung der Kugeloberfläche in Trajektorien festlegen. Ber. Akad. Wiss. UdSSR **14** (1937) 251.

[81] Leontowitsch, E. A., Maier, A. G., Eine allgemeine qualitative Theorie. Ergänzung zu den Kap. 5 und 6 des Poincaréschen Werkes „Über Kurven, die durch Differentialgleichungen definiert sind". Gostechisdat, 1947.

[82] Leontowitsch, E. A., Maier, A. G., Über ein Schema, welches die topologische Zerlegungsstruktur der Trajektorien festlegt. Ber. Akad. Wiss. UdSSR **103** (1955) 557.

[83] Leontowitsch, M. A., Statistische Physik. Gostechisdat, 1944.

[84] Ljapunow, A. M., Das allgemeine Problem der Stabilität einer Bewegung. Charkow 1892, Gostechisdat, 1950.

[85] Maier, A. G., Untersuchungen der Gleichungen von Raleigh und van der Pol. Nachr. der staatl. Univ. Gorki, Heft 2 (1936).

[86] Maier, A. G., Zur Theorie der gekoppelten Schwingungen zweier sich selbsterregender Generatoren. Wiss. Schriften d. staatl. Universität Gorki, Heft 2 (1935) 3.

[87] Malkin, I. G., Die Methoden von Ljapunow und Poincaré in der Theorie der nichtlinearen Schwingungen. Gostechisdat, 1949.

[88] Mandelstam, L. I., Probleme elektrischer Schwingungssysteme und der Radiotechnik. Sammelbd. „Erste Allunionskonferenz über Schwingungen", Bd. I, S. 5, GTTI, 1933.

[89] Mandelstam, L. I., Papaleksi, N. D., Andronow, A. A., Witt, A. A., Gorelik, G. S., Chaikin, S. E., Neue Untersuchungen nichtlinearer Schwingungen. Radioisdat, 1936.

[90] Mandelstam, L. I., Papaleksi, N. D., Über die Begründung einer Methode für die Näherungslösung von Differentialgleichungen. J. f. exp. und theor. Physik **4** (1934) 117.

[91] Meerowitsch, L. A., Selitschenko, L. G., Impulstechnik. Sowradio, Moskau 1953.

[92] Migulin, W. M., Lewitas, D. M., Über die Arbeitsweise eines Sperrschwingers. J. f. techn. Physik **17**, Heft 10 (1947).

[93] Mischtschenko, E. F., Die asymptotische Berechnung der periodischen Lösungen eines Systems von Differentialgleichungen, die kleine Parameter bei den Ableitungen enthalten. Nachr. Akad. Wiss. UdSSR (math. Ser.) **21** (1957) 627.

[94] Mischtschenko, E. F., Pontrjagin, L. S., Periodische Lösungen eines Systems von Differentialgleichungen, die nahezu unstetig sind. Ber. Akad. Wiss. UdSSR **102** (1955) 889.

[95] Neumark, J. I., Die Stabilität linearisierter Systeme. Leningrad 1949.

[96] Nemyzki, W. W., Stepanow, W. W., Qualitative Theorie der Differentialgleichungen. Gostechisdat, 1949.

[97] Netuschil, A. W., Zu einer Frage über „Sprünge" in nichtlinearen Systemen. J. f. techn. Physik **15** (1945) 873.

[98] Nikolski, G. N., Zu einer Frage der automatischen Stabilität eines Schiffes auf vorgegebenen Kurs. Arb. des Zentr. Laboratoriums für Draht-Nachrichtentechnik, Heft 1 (1934).

[99] Grundlagen der automatischen Regelung. Sammelbd. unter Redaktion v. W. W. Solodownikow, Maschgis, 1954.

[100] Papaleksi, N. D., Über moderne Probleme in der Schwingungstheorie. Uspechi fis. nauk **11** (1931) 185.

[101] Papaleksi, N. D., Andronow, A. A., Gorelik, G. S., Rytow, S. M., Einige Untersuchungen, die in der UdSSR seit 1935 auf dem Gebiet der nichtlinearen Schwingungen durchgeführt wurden. Uspechi fis. nauk **33** (1947) 335.

[102] Petrow, W. W., Ulanow, G. M., Eine Theorie für zwei sehr einfache Relaissysteme der Selbstregelung. Automatik und Telemechanik **11** (1950) 289.

[103] Petrowski, I. G., Vorlesungen über die Theorie gewöhnlicher Differentialgleichungen. B. G. Teubner, Leipzig 1955.

[104] van der Pol, B., Eine nichtlineare Theorie elektrischer Schwingungen. Swjastechisdat, 1935.

[105] Pontrjagin, L. S., Das asymptotische Verhalten der Lösungen von Differentialgleichungssystemen, in denen ein kleiner Parameter bei den höchsten Ableitungen auftritt. Nachr. d. Akad. Wiss. UdSSR (math. Ser.) **21** (1957) 605.

[106] Pontrjagin, L. S., Andronow, A. A., Witt, A. A., Über die statistische Untersuchung dynamischer Systeme. J. f. exp. u. theor. Physik **3** (1933) 165; Samml. d. Arb. v. A. A. Andronow, S. 142. Verl. d. Akad. Wiss. UdSSR, 1956.

[107] Pontrjabin, L. S., Über dynamische Systeme, die sich nur wenig von Hamilton-Systemen unterscheiden. J. f. exp. und theor. Physik **4** (1934) 883.

[108] Poincaré, A., Über Kurven, die durch Differentialgleichungen definiert sind. Gostechisdat, 1947.

[109] Rshewkin, S. N., Wedenski, B. A., Der intermittierende Triodengenerator, seine Theorie und Anwendung. Drahtlose Telegraphie und Telephonie. No. 11 (1921) 67.

[110] Runge, K., Graphische Methoden mathematischer Berechnungen. GTTI, 1932.

[111] Rytow, S. M., Die Entwicklung der nichtlinearen Schwingungstheorie in der UdSSR. Radiotechnik und Elektronik **2** (1957) 1435.

[112] Skibarko, A. P., Strelkow, S. P., Qualitative Untersuchungen der Prozesse in einem Generator mit komplizierter Schaltung. J. f. techn. Physik **4** (1938) 158.

[113] Stepanow, W. W., Lehrbuch der Differentialgleichungen. VEB Deutscher Verlag der Wissenschaften, Berlin 1963.

[114] Stocker, D., Nichtlineare Schwingungen in mechanischen und elektrischen Systemen. Verlag für fremdspr. Literatur, 1952.

[115] Strelkow, S. P., Einführung in die Schwingungstheorie. Gostechisdat, 1950.

[116] Strelkow, S. P., Das Froudsche Pendel. J. f. techn. Physik **3** (1933) 563.

[117] Strett, D. W., Die Theorie des Schalls, Bd. I, S. 235. Gostechisdat, 1955.

[118] TEODORTSCHIK, K. F., Selbsterregte Schwingungssysteme. Gostechisdat, 1952.
[119] TICHONOW, A. M., Systeme von Differentialgleichungen, die kleine Parameter bei den Ableitungen enthalten. Mat. sbornik **31** (73) (1952) 575.
[120] TOLLE, M., Die Regelung von Kraftmaschinen. Gosenergoisdat, 1948.
[121] FELDBAUM, A. A., Einführung in die Theorie der nichtlinearen Schaltungen. Gosenergoisdat, 1948.
[122] FELDBAUM, A. A., Einfachste Relaissysteme der automatischen Regelung. Automatik u. Telemechanik **10** (1949) 249.
[123] FRANK-KAMENEZKI, D. A., Der Mechanismus der Zweistadien-Entflammung. J. f. phys. Chemie **14** (1940) 30.
[124] FRANK-KAMENEZKI, D. A., Ein Problem der selbsterregten Schwingungen in der Theorie der veränderlichen Sterne. Sammelbd. z. Gedächt. an A. A. Andronow, S. 691. Verl. d. Akad. Wiss. UdSSR, 1955.
[125] CHAIKIN, S. E., Stetige und unstetige Schwingungen. J. f. prakt. Physik **7**, Heft 6 (1930) 21.
(126) CHAIKIN, S. E., Selbsterregte Schwingungssysteme. Sammelbd. „Erste Allunionskonferenz über Schwingungen" Bd. 1, S. 72, GTTI, 1933.
[127] CHAIKIN, S. E., Über den Einfluß kleiner Parameter auf den Charakter der stationären Zustände eines dynamischen Systems. J. f. techn. Physik **5** (1935) 1389.
[128] SCHISCHELOW, L. P., Die Mechanik des Uhrenmechanismus, Teil **1**, **2**, **3**. Leningrad 1933—1937.
[129] ELSHOLZ, L. S., Gewöhnliche Differentialgleichungen. Gostechisdat, 1954.
[130] JUSWINSKI, W., Über selbsterregte Schwingungen eines Systems, das der Zunge einer Harmonika und einer Klarinette ähnlich ist. J. f. techn. Physik **4** (1934) 1295.
[131] ABRAHAM, N. et BLOCH, E., Mesures en valeur absolue des périodes des oscillations électriques de haute fréquence. Ann. Physique, Ser. **9**, **12** (1919) 237.
[132] AIRY, C., On the Regulator of the Clock-work for effecting Uniform Movement of Equatoreales. Mem. Roy. Astr. Soc., London **11** (1840) 249; **20** (1850—51) 115.
[133] ANDRADE, J., L'Horlogerie et Chronometrie. Paris 1925.
[134] APPLETON, E., and GREAVES, W., On the Solution of the Representative Differential Equation of the Triode Oscillator. Phil. Mag., Ser. **6**, **45** (1923).
[135] APPLETON, E. and VAN DER POL, B., On a type of oscillation — hysteresis in a simple triode generator. Phil. Mag., Ser. **6**, **43** (1922) 177.
[136] BARKHAUSEN, H., Die Vakuumröhre und ihre technische Anwendung. Jahrbuch d. drahtl. Telegraphie **14** (1919) 27; **16** (1920) 82.
[137] BENDIXSON, I., Sur les courbes définies par des équations differentielles. Acta Math. **24** (1901) 1.
[138] BIEBERBACH, L., Theorie der Differentialgleichungen. Berlin 1930.
[139] BIRKHOFF, G., Quelques théorèmes sur les mouvements des systemes dynamiques. Bull. Soc. Math. de France **40** (1912).
[140] BOWSCHEWEROW, V., Experimentelle Untersuchung des Phasenraumes autoschwingender Systeme. Tech. Phys. of the USSR **11** (1936) 43.
[141] CHAIKIN, S., LOCHAKOV, L., Oscillations „discontinués" dans un circuit a capacité et self-induction. Tech. Phys. of the USSR **11** (1935) 18.
[142] CHOLODENKO, L., Zur Theorie der Frühaufschen Kipp-Schaltung. Tech. Phys. of the USSR **2** (1935) 552.
[143] LE CORBEILLER, P., Les systèmes auto-entretenues et les oscillations de relaxation. Paris 1931.
[144] LE CORBEILLER, P., La mechanisme de la production des oscillations. Annales des Postes, Telegraphes et Telephones **21** (1932) 697.
[145] DEBAGGIS, L., Contributions of the Theory of Nonlinear Oscillations. Princeton 1952; russ. Übersetzung in: Uspechi mat. nauk **10**, Heft 4 (1955) 66.
[146] DECAUX et CORBEILLER, P., Sur one systéme électrique autoentretenues, utilisant un tube au neon. Comp. Rend. **193** (1931) 723.

[147] Dulac, H., Sur les cycles limites. Bull. Soc. Math. de France **51** (1923).
[148] Dulac, H., Recherche des cycles limites. Comp. Rend. **204** (1937) 23.
[149] Fatou, P., Sur le mouvement d'un système soumis à courte periode. Bull. Soc. Math. de France **56** (1928) 98.
[150] Friedländer, E., Steuerungsvorgänge durch Feldzerfall und Kippschwingungen in Elektronenröhren. J. f. techn. Physik **7** (1926) 481.
[151] Friedländer, E., Über Stabilitätsbedingungen und ihre Abhängigkeit von Steuerorganen und Energiespeichern. Phys. Z. **27** (1926) 361.
[152] Friedländer, E., Über Kippschwingungen, insbesondere bei Elektronenröhren. Arch. f. Elektrotechn. **17** (1927) 103.
[153] Friedländer, E., Einige Berichtigungen und Ergänzungen zum Problem der Kippschwingungen. Arch. f. Elektrotechn. **20** (1928) 158.
[154] Frommer, M., Singuläre Punkte. Math. Ann. **99** (1928).
[155] Frühauf, G., Eine neue Schaltung zur Erzeugung von Schwingungen mit linearem Spannungsverlauf. Arch. f. Elektrotechn. **21** (1929) 471.
[156] Haag, J., Sur les oscillations auto-entretenues. Comp. Rend. **199** (1934) 906.
[157] Haag, J., Sur l'étude asymptotiques des oscillations de relaxation. Comp. Rend. **292** (1936) 102.
[158] Haag, J., Étude asymptitique des oscillations de relaxation. Ann. Sci. Ecole Norm. Sup. **60** (1943).
[159] Haag, J., Exemples concrets d'étude asymptotique d'oscillations de relaxation. Ann. Sci. Ecole Norm. Sup. **61** (1944).
[160] den Hartog, Mechanical Vibrations. Mc Graw-Hill Compl., New York and London 1947.
[161] Heegner, K., Über Schwingungserzeugung mittels eines Elektronenröhrensystems, das keine Selbstinduction enthält. Z. f. Hochfrequenztechnik **29** (1927) 151.
[162] Heegner, K., Watanabe, I., Über Schwingungserzeugung mittels eines Elektronenröhrensystems, bei welchem die Kapazität von untergeordneter Bedeutung ist. Z. f. Hochfrequenztechnik **34** (1929) 49.
[163] Hopf, E., Zwei Sätze über den wahrscheinlichen Verlauf der Bewegung dynamischer Systeme. Math. Ann. **103**, Heft 3—5.
[164] Hull, Das Dynatron, eine Vakuumröhre mit der Eigenschaft des negativen elektrischen Widerstandes. Jahrbuch der drahtlosen Telegraphie **14** (1919) 47, 157.
[165] Iobst, G., Drei Beiträge über Schwingungserzeugung. Telefunken Zeitung, Nr. **47** (1927) 11.
[166] Ikonnikov, E., On the dynamics of symmetrical flight of an aeroplane. Techn. Phys. of the USSR **4**, Nr. 6 (1937) 1.
[167] Kamke, E., Differentialgleichungen reeller Funktionen. Akad. Verlagsgesellschaft, Leipzig 1930.
[168] Koenigs, Recherches sur les substitutions uniforms. Bulletin des Sciences mathématiques (1883).
[169] Koenigs, Recherches sur les équations functionelles. Annales de l'Ecole Norm. (1884).
[170] Krüger, Mechanische Schwingungssysteme mit Stoßanregung. Ann. Physik **70** (1923) 291.
[171] Lanchester, F., Aerodonetics, London 1908.
[172] Leaute, H., Sur les oscillations a longues périodes dans les machines actinnées par des moteurs hydrauliques et sur les moyens de prévenir des oscillations. J. de l'École Polytechnique **55** (1885) 1.
[173] Levinson, N., Perturbations of discontinoues solutions of nonlinear differential equations. Acta Math. **82** (1951) 71.
[174] Lienard, A., Étude des oscillations entretenues. Revue Generale d'Électricité **23** (1928) 901, 946.
[175] Lotka, Elements of Physical Biology, Baltimore 1925.

[176] Mayer, A., On the theory of Coupled Vibrations of Two Self-Excited Generators. Tech. Phys. of the USSR **2**, Nr. 5 (1935) 1.

[177] Mayer, A., A Contribution to the Theory of Forced Oscillations in a Generator with Two Degress of Freedom. Tech. Phys. of the USSR **3**, Nr. 12 (1936) 1.

[178] Müller, H., Quantitative Behandlung der Schwingungen im Röhrengenerator mit Hilfe der Schwingkennlinien. Jahrbuch der drahtlosen Telegraphie **14** (1919) 326.

[179] Ollendorf, F., Peters, W., Schwingungsstabilität Parallelarbeiten der Synchronmaschinen. Wissenschaftliche Veröffentlichungen aus dem Siemens-Konzern **5** (1926).

[180] Papalexi, N., Theorie des Elektronenröhrengenerators. Odessa 1922.

[181] Poincaré, H., Euvres, Vol. **1**. Gauthier-Villars, Paris 1928.

[182] Poincaré, H., Sur l'équilibre d'une masse fluide animée d'un mouvement de rotation. Acta Math. **7** (1885).

[183] Poincaré, H., Figures d'équilibre d'une masse fluide. Paris 1903.

[184] Poincaré, H., Sur le problème de trois corps et les équations de la dynamiques. Acta Math. **13** (1890).

[185] Poincaré, H., Les méthodes nouvelles de la mécanique céleste. Gauthier-Villars, Paris 1892—1899.

[186] van der Pol, B., A theory of the amplitude of free and forced triode vibration. Radio Review **1** (1920) 701.

[187] van der Pol, B., An Oscillation-Hysteresis in a Triode-Generator. Phil. Mag. **43** (1922) 177.

[188] van der Pol, B., On relaxation oscillation. Phil. Mag. (7) **2** (1926) 978.

[189] van der Pol, B., Über Relaxationsschwingungen. Z. f. Hochfrequenztechnik **28** (1926) 178; **29** (1927) 114.

[190] van der Pol, B., Forced oscillations in a circuit with non-linear resistance. Phil. Mag. (7) **3** (1927) 65.

[191] van der Pol, B., Oscillations sinusoidales et de relaxation. L'Onde electrique, 1930.

[192] van der Pol, B. et van der Mark, M., Le battement du coeur considéré comme oscillation de relaxation et un modéle électrique de coeur. L'Onde electrique **7** (1928) 365.

[193] Robb, A., On a graphical solution of a class of differential equation occuring in wireless telegraphy. Phil. Mag. (6) **43** (1922) 700.

[194] Rukop, H., Reißdiagramme von Senderröhren, Telefunken Zeitung **6** (1923) 27; **9** (1923) 20.

[195] Rukop, H., Reißdiagramme von Senderröhren. Z. f. techn. Physik **5** (1924) 260, 299, 387, 441, 569.

[196] la Salle, J., Relaxation oscillations. Quart. of Appl. Math. **7** (1949) 1.

[197] Schunk, H., Zenneck, I., Über Schwingungskreise mit Eisenkernspulen. Jahrbuch der drahtlosen Telegraphie **19** (1922) 170.

[198] Tricomi, F., Integrazione di un'equazione differenziale presentatasi in electrotechnica. Annali della R. Scuola Normale Superiore di Pisa, Ser. 11, **2** (1933) 1.

[199] Volterra, V., Lecons sur la Theorie Mathematique de la Lutte pour la Vie. Gauthier-Villars, Paris 1931.

[200] Wagner, K., Der Lichtbogen als Wechselstromerzeuger. Leipzig 1910.

[201] Webb, H., Becher, G., Theory of Multivibrator. J. Appl. Physics 15 (1944) 825.

Sachwortverzeichnis

Kolibri 360 GmbH
Ferdinand-Jühlke-Straße 7
99095 Erfurt, Deutschland
produktsicherheit@kolibri360.de